제7판

철근콘크리트 구조설계

Design of Reinforced Concrete Structures

심종성·오홍섭·문도영·김용재 | 공저

도서출판 구미서관

머리말

제7판 "철근콘크리트 구조설계" 교재의 주된 목적은, 이 교재를 사용하는 독자들로 하여금 구조역학적 개념과 실험결과를 토대로 한 콘크리트 이론 및 공식 등을 적절히 사용하여 여러 가지 형태의 하중을 받는 철근콘크리트 구조물을 최근 국가에서 발간된 "콘크리트 구조기준"에 근거하여 설계할 수 있는 능력을 배양함에 있다.

우리나라의 콘크리트 구조물에 관한 구조설계기준의 적용은 예전에는 토목구조물과 건축구조물에 대하여 서로 달리 해왔으나, 지난 2000년 건설교통부의 요청으로 한국콘크리트학회에서 이들을 통합하였다. 따라서 오래전 건축분야에서 사용해오던 "콘크리트 구조기준" 및 토목분야에서 사용해오던 "콘크리트 표준시방서 설계편"의 내용은 2000년 이후에는 하나의 기준으로 통일되었다. 본 교재에서는 한국콘크리트학회에서 제정한 설계기준의 중요한 항목들에 대하여 적절한 해설을 제공하고 있으므로 본 교재를 통하여 해당 항목의 취지를 이해한다면, 국가에서 제정한 "콘크리트 구조기준"의 실무 적용에 크게 도움을 줄 수 있다고 믿는다. 국가건설기준센터에서는 선진 외국에서 사용 중인 콘크리트 구조기준의 변화와 우리 기준의 세계화에 민감하게 대응해오고 있으며, 2022년에도 설계기준을 개정하였다.

이번에 출간하는 제7판에서는 2022년 설계기준을 근거로 하고 있다. 따라서 본 교재에서는 "극한강도설계법"을 근거로 하고 있으며, 부재의 휨, 전단 및 압축설계 이론의 기본 개념 및 배경을 상세히 기술하고 있을 뿐 아니라 처짐, 균열 등의 사용성 문제도 이론적으로 언급하고 있다. 본 교재에서는 이러한 기본적인 설계이론을 근거로 실제 구조물의 설계 기법들을 습득하기 위하여 슬래브, 기초, 옹벽 등을 대상으로 기본적인 사항부터 실무에 이르는 부분까지 상세하게 서술하고 있다.

본 교재의 내용상 중요 특징으로는 철근콘크리트 구조물의 파괴특성의 실험을 통한 언급, 전단저항과 스터럽의 관계 서술, 변단면 부재의 설계방법 서술, 편심을 받는 기둥의 간편 설계방법 언급, 그리고 철근콘크리트 구조설계 및 구조 해석을 위한 도구를 부록에 첨부한 것 등을 들 수 있다. 뿐만 아니라 철근콘크리트 구조설계를 위한 기본이론을 단계별로 진행하며 이에 상응하는 충분한 예제를 수록하였다.

끝으로 본 교재를 2022년에 개정된 콘크리트구조 설계기준(KDS 14 20 01) 의 내용과 부합되도록 수정하고 보완하는 작업을 함께한 경상국립대학교의 오홍섭 교수와 경성대학교의 문도영 교수 그리고 강원대학교의 김용재 교수의 수고에 고마움을 표하며, 구미서관 임해진 사장님을 비롯한 편집부 관계자 여러분께도 감사드린다.

2023년 3월

대표저자 심종성

목차

CHAPTER **14**
옹벽설계

부 록

CHAPTER 01

서 론

CHAPTER 01

Design of Reinforced Concrete Structures

서 론

1.1 서 언

콘크리트는 19세기 초 Aspdin에 의해 현대적인 포틀랜트 시멘트가 개발된 이후 높은 경제성과 내구성으로 인하여 현재까지 건설분야에서 가장 광범위하게 사용되는 재료이다. 특히 1855년 파리세계박람회에 선보인 철망을 사용한 콘크리트 배는 철근콘크리트 구조 형식의 시초로 여겨지고 있으며, 현재에도 새로운 재료와 기술이 활발히 개발되어 현장에서 적용되고 있다. 철근콘크리트(Reinforced Concrete)라는 단어에서 알 수 있듯이 상반되는 특성을 갖는 두 재료의 장점을 최대한 살리고, 단점을 보완함으로서 뛰어난 경제성과 효율성을 확보한 합성단면으로 활용할 수 있게 되었다.

철근콘크리트는 고정하중과 활하중에 대한 높은 내하력과 강성, 그리고 우수한 내구성뿐만 아니라 내화 및 내후성을 갖고 있다. 또한 천연자원을 활용하고, 재활용할 수 있기 때문에 다른 건설재료와 비교하여 환경부하가 작은 장점이 있으며, 최근에는 탄소배출을 획기적으로 줄이거나, 반대로 탄소를 저장할 수 있는 콘크리트 재료들이 개발되고 있다. 수명동안의 유지관리비용이 저렴하기 때문에 사회기반시설인 도로와 철도, 항만, 발전소, 댐, 상하수도, 건축물 등을 구성하는 역사, 건물, 교량, 터널, 지하저류시설, 옹벽, 기초 등의 구조물의 설계와 시공에 적용되고 있다.

철근콘크리트는 철근과 콘크리트라는 서로 다른 이질의 재료가 결합하여 외력에 저항할 수 있도록 설계되기 때문에 다양한 환경에 적응할 수 있다. 철근콘크리트 구조가 성립되는 가장 중요한 이유는 사용되는 2가지의 다른 재료가 서로의 구조적인 취약점을 보완해 준다는 것이다. 즉, 취성이고 인장력이 약한 콘크리트는 압축에 저항하고, 연성적이고 탄성인 철근은 인장에 저항하게 된다. 또한, 적절한 수밀성을 갖고 있고, 알칼리성인 콘크리트는 철근의 부식을 억제할 수 있고, 시간이 지남에 따라 콘크리트 내부 조직이 치밀화되고, 수화반응이 지속되기 때문에 꾸준히 강도가 증가하므로 철근콘크리트는 긴 수명을 가질 수 있다.

철근콘크리트가 구조체로 성립되는 이유는 다음과 같은 성질을 갖고 있기 때문이다.

- 콘크리트가 경화된 후, 철근과 콘크리트 사이에 물리, 화학적 부착뿐만 아니라, 기계적 부착력이 유지된다. 특히 부착력이 높은 이형철근을 사용하는 경우, 같은 위치에서의 콘크리트와 철근은 외력에 대해 동일하게 변형된다.
- 콘크리트의 온도팽창계수(10~15×10^{-6}/℃)와 철근의 온도팽창계수(12×10^{-6}/℃)가 거의 비슷하여 온도에 의한 응력차이가 발생하지 않는다. 약 80℃ 이하의 온도변화에서는 두 재료간의 변형률 차이는 무시할 수 있으며, 두 재료 사이에 미끄러짐(slipping)은 일어나지 않는다.
- 콘크리트는 시간이 경과함에 따라 강도가 증가하고, 조직이 치밀화되기 때문에 염분, 황산염 등의 특별한 손상원인이 주어지지 않는 이상 시간에 의한 내구성능 저하는 거의 발생하지 않는다. 또한 콘크리트의 내화저항성으로 인하여 내부의 철근을 높은 온도로부터 보호할 수 있다.

이상 언급한 것처럼 철근콘크리트는 다양한 재료에 의한 복합재료이면서 동시에 합성구조이나, 지난 세기동안의 다양한 이론과 실험 연구 등을 통해 그 구조거동이 비교적 정확하게 파악되고 있으며, 이를 근거로 합리적인 방법으로 구조물의 해석과 설계를 수행할 수 있다.

1.2 역사적 배경

시멘트를 무기질 결합재료로 정의하면 석고 또는 석회석을 사용하여 만든 모든 재료를 시멘트로 정의할 수 있으며, BC 5000년경에 이집트 피라미드 건설에 사용된 소석고를 그 시초라 할 수 있다. 소석고의 형태는 메소포타미아 문명에서도 발견되었으며, 이후 석회를 소성하는 방식으로 발전되었다. 기원전 2세기경에는 포졸리 지역의 화산재와 소석회를 섞어 물로 반죽한 모르타르가 시간경과에 따라 강도가 증가하게 되는 것을 발견하고 구조물의 건설에 사용하였다. 포졸란이란 명칭은 원래 이 지역의 자연산 화산재를 의미하는 것이었으나, 현재는 화산재 또는 시멘트내의 가용성분이 시멘트의 수화반응에서 생성된 수산화칼슘과 반응하여 불용성 칼슘실리게이트 수화물 등을 생성하는 반응을 정의하는 의미로도 사용되고 있다.

현대에 와서 콘크리트를 사용한 첫 번째 기록은 1760년에 영국에서 John Smeaton이 Calder강의 수문을 만들 때이며, 당시 수문벽은 콘크리트로 뒤채움을 한 돌로 만들어졌다. 1796년에 J. Parkar는 로마인들의 자연시멘트를 다시 발견하였고, 15년 후에 Vicat이 시멘트를 만들기 위해 진흙과 석회 혼합물을 소성하였다. 1824년에는 Joseph Aspdin이 영국의 Wakefield에서 포틀랜드 시멘트를 제조하였는데, 시멘트가 경화되고 난 후, 이것의 색채가 포틀랜드 섬의 채석장돌과 유사하다 하여, "포틀랜드 시멘트"라고 불리우게 되었다.

철근콘크리트는 영국에서 1832년에 Sir Marc Isambard Brunel에 의해 아치를 만들 때 최초로 사용되었다. 프랑스에서는 1832년 Moissac에 경간 약 6m의 콘크리트 아치를 사용한 건물이 Francois Marten Le Brun에 의하여 건설되었다. 또한 그는 1834년에 St. Aignan에 학교를 지을 때와 1835년에 Corbariece에서 교회를 지을 때 철근콘크리트를 사용하였다. Joseph Louis Lambot는 1854년 파리 박람회에 철근콘크리트로 만든 조그만 배를 전시하였고, 같은 해에 영국의 W. B. Wilkinson은 꼬인(twisted) 케이블로 보강된 콘크리트 바닥에 대한 특허를 얻어냈다. 프랑스인 Francois Coignet은 1855년에 강봉을 콘크리트 바닥에 배근시켜 지지점까지 확장시키는 구조로 처음 특허를 얻어냈다. 1년 후에 그는 강봉의 끝에 나사와 너트(nut)를 추가하였고, 1869년 철근콘크리트의 응용에 관한 책을 저술하였다.

정원사인 Joseph Monier는 많은 과학자들의 연구결과로부터 철근콘크리트의 발명에 관한 정보를 수집하여, 1867년 6월 16일 파리에서 특허를 획득하였다. 그는 철망으로 보강된 콘크리트로 정원의 수조와 물통을 만들어 1867년 파리에서 전시하였고, 1873년에 물탱크와 교량에서 철근콘크리트의 사용에 관한 특허를 등록하였으며, 4년 후에는 보와 기둥에서 철근콘크리트의 사용에 관한 특허를 등록하였다.

변호사인 미국의 Thaddeus Hyatt는 철근콘크리트 실험의 개척자였는데 인장철근으로 보강된 50개의 보를 휨 실험하여 그 결과를 1877년에 발표하였다. 또한 그는 내화력 측정을 위해 철근콘크리트 슬래브를 고온에서 실험하였고, 또한 콘크리트의 수축, 콘크리트와 철근의 팽창계수에 관한 연구를 통해 철근과 콘크리트가 모든 실제적인 사용 환경 하에서 동질의 재료처럼 거동하는 것으로 가정할 수 있다고 발표하였다. 이 가정은 탄성이론을 이용하여 철근콘크리트 부재를 설계하는데 있어서 매우 중요하다. 그는 실험에 조립식 슬래브를 사용하였으며, 조립단계에서 바닥 슬래브를 형성하기 위해 T형보를 나란히 배치하는 것이 가장 적합다고 생각하였다. Hyatt는 철근콘크리트의 해석과 설계에 관한 규정을 발전시키는데 큰 공헌을 하였다.

미국에서 처음 만들어진 철근콘크리트 건물은 Ward W. E.에 의해 New York의 Port Chester 근처에 시공되었으며, 그 건물은 철근콘크리트를 사용하여 벽, 보, 슬래브, 계단 등을 만들었다. 폭풍, 화재, 그리고 습기로부터 집을 보호하기 위해, Ward는 구멍이 뚫린 벽의 사용을 제안하였는데, Write P. B.는 1877년에 "American Architect and Building News"에서 빌딩건설의 새로운 방법으로서 철근콘크리트로 만들어진 Ward의 건물을 소개하였다. Ward는 구조재료로서의 철근과 콘크리트에 관한 많은 강연을 하였고 철근콘크리트를 광범위하게 사용할 것을 제안하였다.

샌프란시스코의 철근콘크리트 회사 사장인 Ransome E. L.은 1870년에 철근콘크리트를 구조물 시공에 사용하기 시작하였고, 1884년에 처음으로 이형철근을 사용하였다. 1889년부터 1891년 동안 그는 철근콘크리트를 사용하여 샌프란시스코에 2층 건물인 Leland Stanford Museum을 건설하고, Pacific Coast Borax Company 공장을 건설하는 것 외에도 샌프란시스코에 철근콘크리트 교량을 시공하였다. 1900년 Ransome이 철근콘크리트 골격을 도입한 이후, 두꺼운 벽의 사용이 점차 사라지게 되었다. 그는 골격형(skeleton type) 구조물을 1902년에 특허 등록하였으며, 펜실베이니아 주의 Greensburg에 4층 건물인 Kelly and Jones Factory에 이를 사용하였고, 프랑스의 Armand Considére가 제안한 것처럼 기둥에 나선철근을 사용하였다.

일리노이 대학의 Talbot A. N.과 위스콘신 대학의 Turneaure F. E.와 Withey M. O.는 콘크리트의 압축강도와 탄성계수를 결정하고 거동을 예측하기 위한 많은 실험을 수행하였다.

독일에서는 1879년에 Wayss G. A.가 프랑스 Monier의 특허를 사들여 1887년에 그의 저서에 "Monier methods of construction"을 발표하였다. 또한 Rudolph Schuster는 오스트리아에서 특허권을 사들여 유럽에 Monier란 이름을 퍼뜨림으로써 Monier는 철근콘크리트의 창시자로서 큰 명성을 얻게 되었다.

프랑스의 Francois Hennebique는 철근콘크리트 구조물의 역사에 중요한 역할을 담당하게 되었는데, 그는 기술 연구소를 만들어 많은 기술자들을 채용하여 수천 개의 철근콘크리트 구조물을 설계하였고, 실제적인 구조재료로서 철근콘크리트를 발전시켰다. Hennebique는 많은 실험을 통해 구조 부재의 전단력에 저항하기 위해 처음으로 스터럽과 구부린 철근을 사용하였다. 그는 1898년 파리 월간지에 철근콘크리트 기사를 게재하였고, 1899년에는 스위스의 Morges에 있는 극장에 3m 길이의 캔틸레버 보를 사용하였으며, 1898년에는 11m의 단순 경간보와 3.6m의 캔틸레버를 사용하여 파리의 Grand and Petit Palais 건물에 철근 콘크리트 나선형 계단을 설계하였다.

프랑스 토목국에서는 철근콘크리트에 관한 시방서를 만들기 위해 도로와 교량의 기술 책임자인 Armand Considere를 의장으로 하는 위원회를 1900년에 소집하였으며, 1906년에 시방서가 제정되었다.

철근콘크리트의 사용하중상태에서 과다한 균열이 발생하는 것을 제어하기 위해 인장영역에 압축력(pre-compression)을 미리 도입하는 공법이 개발되었으며, 이것이 부분적인 혹은 완전한 프리스트레싱(prestressing) 공법의 시초가 되었다. 1928년에 Eugene Freyssinet은 프리스트레스 콘크리트를 사용하는 방법을 확립하였다.

1915년부터 1935년까지 축하중을 받는 기둥과 콘크리트의 크리프 영향에 대한 많은 연구가 이루어졌고, 1940년에 들어서는 편심하중을 받는 기둥에 대하여 연구가 계속되었다. 전단보강과 프리스트레스 외에도 구조물의 극한상태 내하력으로 안전도를 평가하는 극한강도설계법이 점차 주목을 받게 되어 1963년에 미국콘크리트협회(American Concrete Institute) 설계기준에 처음으로 극한강도설계법(USD, Ultimate Strength Design)의 사용 가능성을 명시하였다. 이후 1971년, 1977년, 1983년 개정된 설계기준에서는 이 설계법이 점차 주요 설계법으로 변경되어 사용되었고, 1989년 이후의 모든 설계기준에서는 이 설계법만이 본문에 언급하고 있다. 유럽에서는 1975년 유럽공동체(European Community)를 중심으로 유럽국가간의 통일된 기준을 사용하기 위하여 위원회를 설치하였으며, 1989년에 현재 우리가 알고 있는 형태의 European Standard (EN)가 Eurocode 0: 일반사항부터 Eurocode 9:알루미늄 구조까지 제정되어 사용되기 시작하였다. 이중 콘크리트구조물의 설계기준은 Eurocode 2:콘크리트 구조 설계에서 다루고 있으며, 미국과는 다른 형태의 한계상태설계법(LSD, Limit State Design)으로 구조물을 설계하도록 제시하고 있다. 한계상태설계법은 1978년 CEB와 FIP가 공동으로 작성한 모델코드부터 시작되었으며, 이 코드들에서 국가기준으로 발전하게 되었다.

현재 철근콘크리트 구조물의 사용에 관한 규정은 대부분의 국가에서 제정되어 있으며, 경제적이고 안전한 설계를 위해 새로운 해석방법 등을 개발하기 위한 수많은 연구들이 지속되고 있다. 그 예로서, 기존 설계법의 단점을 보완하고 외력에 대한 확률분포함수와 함께 내적 저항에 대한 구조물의 파괴 확률을 신뢰성 이론에 기초하여 여러 한계상태에 대하여 검토할 수 있도록 하고 있는 한계상태설계법(LSD, Limit State Design)이 2015년부터 국내에서도 도로교 설계에 도입되어 적용되고 있다. 또한 각 구조물이 가지고 있는 위험도와 하중의 불확실성, 구조물의 내하력의 불확실성 등을 고려하여 사용자의 다양한 요구조건을 만족할 수 있도록 구조물의 목적성능을 설정하고 이를 만족하도록 하는 성능기반설계법(PBD, Performance Based Design) 개념 또한 철근콘크리트 구조물 설계에 도입이 되고 있다.

1.3 철근콘크리트의 특징

철근콘크리트는 앞서 언급된 것처럼 경제적이면서 시공이 용이하고, 사용중 유지관리가 편리하기 때문에 다양한 형태의 구조물에 적용되고 있다. 건설재료로서 콘크리트와 강재는 서로의 장단점이 뚜렷하기 때문에 지난 수세기동안 서로의 장점을 극대화하고, 단점을 극복하는 형태로 기술이 개발되어 왔다. 현재도 이러한 발전과정은 지속되고 있으며, 기존과는 다른 혁신적인 철근콘크리트 재료와 구조형식들이 현장에서 사용되고 있기도 하다. 전통적인 의미에서 철근콘크리트와 강재의 장·단점을 비교하면 다음과 같다.

철근콘크리트의 장점은 다음과 같이 요약할 수 있다.

- 높은 압축강도를 가진다.
- 강재보다 높은 내화력을 가지고 있다.
- 저렴한 유지비로 오랜 수명을 갖는다.
- 댐, 교각, 기초 같이 중량을 요구하는 구조물에서는 가장 경제적인 구조재료이다.
- 임의 형상으로 만들 수 있기 때문에 다양한 형태의 건축물과 조립(precast) 구조 부재로서 폭넓게 사용할 수 있다.
- 최소의 처짐을 갖는 단단한 부재를 만들 수 있다.

철근콘크리트의 단점은 다음과 같이 요약될 수 있다.

- 압축강도의 1/9~1/13 정도인 낮은 인장강도를 갖는다.
- 혼합과 성형, 양생이 필요한데, 이들 모든 공정이 콘크리트 강도에 영향을 미친다.
- 콘크리트를 성형하는 거푸집 비용이 상대적으로 고가이다.
- 강재에 비해 낮은 압축강도를 갖는다. 이는 고층건물의 기둥에 큰 단면을 요구하게 된다.
- 건조 수축과 활하중 등에 의해 사용하중상태에서 균열이 발생한다.

최근에는 압축강도 150MPa의 콘크리트와 철근의 경우 항복강도가 600MPa 이상인 재료가 현장에서 사용되고 있으며, 콘크리트의 균열과 같은 취성적인 특성을 제어하기 위하여 강섬유 등을 혼입한 섬유보강콘크리트의 사용 또한 증가하고 있다. 또한 철근을 대체하는 다양한 복합소재로서 FRP(Fiber Reinforced Plastic)가 철근을 대체한 소재로서 사용되고 있다.

1.4 측정단위

2000년 초까지 우리나라는 공학에서 중력단위계(MKS 또는 CGS)를 측정단위로 사용하였으나, 현재는 국제적 공동사용을 목적으로 제안된 SI 단위(Syste me international d'unite s)로 대체되었다. 이 측정단위는 길이와 힘을 각각 미터(m)와 뉴턴(N)으로 표시하고 있으며, 현재 미국을 제외한 거의 모든 나라에서 표준단위계로 사용되고 있다. 미국은 공학분야에서는 SI 단위와 미국 관용단위(USCS)를 혼용하여 사용하고, 실생활에서는 관용단위를 사용하고 있기 때문에 완전하게 SI 단위만을 사용하게 되는 시기는 확실하지 않다. 예전에 관용단위를 주로 사용하던 영국이나 캐나다, 호주는 몇 년 전부터 SI 단위로 변경하여 사용하고 있다.

SI 단위계에서 기본 단위는 길이, 질량, 시간이며, 각각 미터(m), 킬로그램(kg), 초(sec)를 사용한다. 힘의 기본단위는 뉴턴(N)이고, 질량 1kg의 물체가 1m/sec^2의 가속도를 가질 때의 힘으로 다음과 같이 규정한다.

$$1\,\text{N} = 1\text{kg}\cdot\text{m/sec}^2$$

SI 단위계의 초기 규정에는 힘에 대해서는 kgf로 표기하고, 응력에 대해 kgf/mm^2를 사용하였으나, 현재는 각각 N과 $\text{MPa(N/mm}^2)$로 통일하여 사용하고 있다. 여기서 1kgf=9.81N이다.

구조해석에 사용되는 몇몇 SI 단위계의 예가 표 1.1에 나타나 있다. 어떤 물체의 중량 W는 질량 m에 중력가속도 $g(9.81\text{m/sec}^2)$를 곱한 것과 같으며, 뉴턴(N)으로 표시된다. 질량 1kg인 물체의 중량은,

$$W = mg = 1\text{kg} \times 9.81\text{m/sec}^2 = 9.81\,\text{N}$$

기존 SI 단위의 배수와 약수는 접두어를 사용하며, 구조계산에서 빈번히 사용되는 접두어는 킬로(k), 메가(M), 밀리(mm), 마이크로(μ) 등이다. 예를 들면,

$$1\text{km} = 1{,}000\text{m} \qquad 1\text{mm} = 0.001\text{m} \qquad 1\mu\text{m} = 1\times 10^{-6}\text{m}$$
$$1\text{kN} = 1{,}000\text{N} \qquad 1\text{Mg} = 1{,}000\text{kg} = 1\times 10^{6}\text{g}$$

표 1.1 SI 단위의 예

양	SI 단위	단위의 명칭
면적	m^2	제곱미터
부피	m^3	입방미터
부피(액체)	$l = 0.001\,m^3$	리터
밀도	kg/m^3	
속도	m/s	
가속도	m/s^2	
힘	$N = kg\cdot m/s^2$	뉴턴
압력, 응력	$Pa = N/m^2 = kg/(m\cdot s^2)$	파스칼
에너지, 일, 열량	$J = N\cdot m = kg\cdot m^2/s^2$	주울
일률, radiant flux	$W = J/s = kg\cdot m^2/s^3$	와트
모멘트	$N\cdot m = kg\cdot m^2/s^2$	뉴턴미터
표면장력	$N/m = kg/s^2$	
각	rad	라디안
각속도	rad/s	
각가속도	rad/s^2	
주파수	$Hz = 1/s$	헤르츠
충격력	$N\cdot s = kg\cdot m/s$	
무게	$t = 1{,}000\,kg$	톤(metric톤)
힘	$dyn = 10^{-5}N$	다인

1.5 설계기준

대부분의 나라에서 구조설계자들은 구조물설계시 실행코드(code of practice)라 부르는 설계기준(Design Code)을 따라야 하며, 설계기준은 사람들의 안전을 위해 필요한 최소조건을 규정하기 위해 국가기관 또는 여러 단체들에 의해 만들어진다.

설계기준에서는 설계하중, 허용응력, 재료의 성질, 건설형태 등 건설에 관계되는 모든 요구 조건들을 명시하고 있다.

우리나라의 철근콘크리트 구조설계에 사용되는 설계기준은 그동안 국토교통부에서 관리하면서 2007년과 2012년 개정까지는 한국콘크리트학회(KCI)에서 개정작업을 주관하였으나, 2015년부터는 국가기준센터에서 현재 우리나라에서 사용되고 있는 모든 건설기준에 대하여 통합하여 관리하고 있다. 건설기준 코드는 크게 설계기준 KDS(Korean Design Standard)과 표준시방서 KCS(Korean Construction Specification)로 구분되어 있으며, 각각 공통사항, 시설물편, 사업분야편으로 구성된다. 이중 콘크리트분야에 대한 설계기준은 공통편의 구조설계기준과 시설물편의 도로교와 철도교 설계기준에서 주로 다루고 있으며, 시방서에서는 공통편의 구조재료공사와 시설물편의 교량공사에서 다루고 있다. 건설기준 코드는 분야에 따라 KDS 00 00 00 또는 KCS 00 00 00으로 표기되며, 앞의 2자리 숫자는 공통, 시설물, 사업분야 등의 대분류, 중간 두자리는 재료 등의 중분류, 마지막 두자리는 세부 설계 항목을 다루며, 2021년 개정된 콘크리트 구조기준은 다음과 같이 구성되어 있다.

KDS 14 20 01 콘크리트구조 설계(강도설계법) 일반사항
KDS 14 20 10 콘크리트구조 해석과 설계 원칙
KDS 14 20 20 콘크리트구조 휨 및 압축 설계기준
KDS 14 20 22 콘크리트구조 전단 및 비틀림 설계기준
KDS 14 20 24 콘크리트구조 스트럿-타이모델 기준
KDS 14 20 26 콘크리트구조 피로 설계기준
KDS 14 20 30 콘크리트구조 사용성 설계기준
KDS 14 20 40 콘크리트구조 내구성 설계기준
KDS 14 20 50 콘크리트구조 철근상세 설계기준
KDS 14 20 52 콘크리트구조 정착 및 이음 설계기준
KDS 14 20 54 콘크리트용 앵커 설계기준
KDS 14 20 60 프리스트레스트 콘크리트구조 설계기준
KDS 14 20 62 프리캐스트 콘크리트구조 설계기준
KDS 14 20 64 구조용 무근콘크리트 설계기준
KDS 14 20 66 합성콘크리트 설계기준
KDS 14 20 70 콘크리트 슬래브와 기초판 설계기준
KDS 14 20 72 콘크리트 벽체 설계기준
KDS 14 20 74 기타 콘크리트구조 설계기준

KDS 14 20 80 콘크리트 내진설계기준
KDS 14 20 90 기존 콘크리트구조물의 안전성 평가기준

미국의 콘크리트 설계기준은 미국콘크리트협회(American Concrete Institute)내의 건축기준을 담당하고 있는 318 committee에서 개발한 Building Code Requirement for Structural Concrete가 대표적이며, ACI 318 Code라고 간략히 불리운다. 미국에서는 이외에도 Uniform Building Code, Standard Building Code, National Building Code, Basic Building Code 등이 건축물의 설계에 사용되고 있다. 또한 각 주마다 주의 특성을 반영하여 South Florida Building Code와 같은 독자적인 설계기준을 제시하는 경우도 있다. 하중의 형태가 일반 구조물과는 다른 도로교와 철도교의 경우는 American Association of State Highway and Transportation Officials(AASHTO) Specification, American Railway Engineering Association(AREA) Specification 등의 별도의 설계기준이 존재한다.

캐나다의 경우는 National Building Code와 National Standard of Canada내에 도로교 등의 설계기준을 두고 있다. 영국의 British Standard(BS), Code of Practice for Reinforced Concrete(CP-110), 독일의 German Code of Practice for Reinforced Concrete(DIN 1045)와 소련의 Specifications for the Design of Reinforced Concrete Structures 및 GOST Specification for Steel Reinforcement, 그리고 프랑스의 Technical Specifications for the Theory and Design of Reinforced Concrete Structures(CC-BA-78) 등이 있다.

유럽지역에서는 유럽연합이 확대되면서 Comité Euro-International du Béton(CEB)와 Fédération International de la Précontrainte(FIP)의 협력으로 콘크리트 구조물에 대한 첫 번째 CEB/FIP Model Code가 1978년에 발간되었으며, 현재의 한계상태설계법의 기초가 되는 내용을 제시하고 있었기 때문에 각국에 설계기준에 많은 영향을 미치게 되었다. 그 후 FIP와 CEB가 통합하여 fib를 창설한 이래, fib가 주도하여 현재 사용되고 있는 한계상태설계법 개념의 Model Code 2010(MC2010)을 발표였으며, 최근에는 Model Code 2020의 초안이 제시된 상태이다. Model Code는 국가기준으로서의 역할을 하고 있지 않기 때문에 유럽연합(Commission of the European Community) 차원에서 국가간의 건설, 기술적 장벽을 허물기 위하여 표준화된 기준을 개발하고자 하는 움직임이 1975년부터 시작되었으며, European Committee for Standardization(CEN)을 중심으로 기준을 개발하였다. 첫 번째 Euro Code는 1980년대에 제시되었으며, 현재 우리가 사용하고 있는 형태로 발전된 한

계상태설계법의 Euro Code는 1994년에 제시되었다. EN1990 Eurocode는 다음과 같이 구성되어 있다.

EN 1990 Eurocode 0 : Basis of Structural Design
EN 1991 Eurocode 1: Actions on structures
EN 1992 Eurocode 2: Design of concrete structures
EN 1993 Eurocode 3: Design of steel structures
EN 1994 Eurocode 4: Design of composite steel and concrete structures
EN 1995 Eurocode 5: Design of timber structures
EN 1996 Eurocode 6: Design of masonry structures
EN 1997 Eurocode 7: Geotechnical design
EN 1998 Eurocode 8: Design of structures for earthquake resistance
EN 1999 Eurocode 9: Design of aluminium structures

지역 연합으로서의 fib와 유사한 개념의 위원회를 아시아에서 만들고자 하는 움직임에 의해 2000년초에 Asia Concrete Federation(ACF)이라는 발족하였으며, 1994년에 만들어진 The International Committee on Concrete Model Code for Asia (ICCMC)와 통합하여 성능기반설계 개념의 Asian Concrete Model Code (ACMC)를 2014년도에 발표하였다. ACMC는 성능기반설계개념으로 3개의 Level로 구성되어 있으며, 현재 제시된 ACMC 2014는 Level 1단계로서 세부구성은 Part 1~3으로 구성되어 있다. Part1은 설계기본사항, Part 2는 재료 및 시공, Part 3에서는 유지관리를 다루고 있다. Level 2에서는 공통단위의 성능기반 설계를 Level 3에서는 국가 특성을 반영한 실질적인 성능중심설계기준으로 구성될 예정이다.

각국의 기준들의 발전과정을 살펴보면 기술의 표준화를 위하여 기준들이 개발되었으나, 현재와 같은 WTO와 FTA 체계하에서는 국가간의 장벽 또는 국가간의 기술경쟁력으로 작용하게 된다. 이에 국가간의 기술격차를 해소하고 전지구적 기술의 표준화를 위하여 International Organization for Standardization(ISO)에서는 기술표준뿐만 아니라 구조물의 설계와 시공기준 등에 대해서도 ISO기준으로 인증하고 있다. 따라서 다른나라에 진출하거나 역으로 우리나라에 진출하고자 하는 기업들은 ISO인증을 받은 기준에 의해 설계하고 시공하도록 하고 있으며, 현재 미국의 ACI318, 유럽의 EN1990, 그리고 우리나라의 콘크리트 구조기준(KDS 14 20)은 ISO의 인증을 받은 기준으로 세계적으로 통용될 수 있는 기준이다.

1.6 설계 개념

넓은 의미에서의 구조물의 설계는 최신 공학과 기술에 근거하여 외적 작용에 대해 효율적으로 저항할 수 있도록 구조물의 여러 요소 또는 부재를 계획하고, 적합한 재료를 선택하여 수명기간 동안 요구 성능을 충분히 발휘할 수 있도록 단면을 결정하고 해체시까지의 계획을 모두 포함하는 일련의 과정을 의미한다. 그 목적을 달성하기 위해, 구조물은 안전성, 효능성, 경제성, 그리고 기능성을 만족하여야 한다. 이를 위하여 지금까지 다양한 설계개념들이 제시되었으며, 지역적 특성과 구조물이 특성 등에 따라 적절한 설계법을 채택하여 사용하고 있다. 현재 우리나라에서는 콘크리트 구조물에 대해서는 강도설계법(USD)을 채택하여 사용하고 있으며, 콘크리트 도로교와 철도교에 대해서는 한계상태설계법(LSD)을 적용하고 있다. 이책에서는 철근콘크리트 구조설계의 설계개념으로서 강도설계법(USD)을 채택하여 설명하고자 하며, 부분적으로 한계상태설계법을 설명함으로서 두 설계법의 차이를 다루고자 한다. 우리나라에서 현재 콘크리트 구조물의 설계방법을 규정하고 있는 국가건설기준 KDS는 2021년도에 개정되었으며, 본 교재의 내용도 현행기준에 근거하여 작성되었다.

현재 대부분의 국가에서 사용하는 설계법의 형태는 크게 한계상태설계로 규정할 수 있으며, 강도설계법 또한 철근콘크리트 부재의 파괴를 일으키는 극한강도를 기준으로 설계하도록 규정하고 있기 때문에 한계상태태설계 방법의 일종이다. 철근콘크리트 부재의 파괴는 콘크리트의 파괴 또는 철근의 항복에 의해 발생하는 것으로 정의한다. 실제로는 철근 항복이후에도 파단시까지 일정강도를 유지하지만 설계시에는 이를 고려하지 않고 항복강도까지만을 설계에 반영하고 있다. 강도설계법(USD)과 한계상태설계법(LSD)은 모두 부분안전계수를 적용하여 안전도를 확보하는 한계상태 설계방법으로서 외적작용(하중)과 내적 저항력에 각각의 안전계수를 적용하여 안전도를 확보하는 설계방법이다.

한편, 1980년대까지 사용하던 허용응력설계법(Allowable Stress Design Method)은 탄성론에 기초하여 외적하중과 내적 저항의 특성을 구분하지 않고, 구조물에 사용하중 작용시 발생하는 응력이 안전율을 고려한 허용응력을 초과하지 않도록 설계하는 방법이다. 이때 구조적 안전성을 확보하기 위하여 허용응력은 구조재료가 파괴되거나 항복이 발생하기 전의 최대응력에 경험에 의한 안전여유(항복 또는 파괴강도의 40%~50%정도)를 반영하여 허용응력을 결정하게 된다. 이 허용응력 설계법은 2007년까지는 콘크리트구조기준에서 대체설계법으로 부록에 수록하였으나, 현재는 실무에서 사용되지 않는다는 이유로 삭제하였다. 그러나 허용응력 설계방법에 사용되던 탄성론에 기반한 응력 해석은 부재 응력이 탄성범위에 존재하게 되는 사용성 검증 또는 사용한계상태 설계 등에서는 아직까지 부분적으로 사용되고 있다.

도로교 설계기준에서 사용하고 있는 한계상태설계법(LSD)은 강도설계법과 달리 극한한계상태이외에도 구조물 또는 부재가 사용기간 중에 발생할 수 있는 다양한 형태의 한계상태를 고려하도록 하고 있다. 이를 위해 사용기간동안의 극한한계, 사용한계, 피로한계 및 지진과 충돌과 같은 특수상황한계상태 발생시 구조물의 안전도를 확률로 정의하여 파괴확률이 기준 이하가 되도록 설계하는 방법이다. 따라서 한계상태설계법과 강도설계법과 큰 차이점은 사용재료의 품질과 시공정밀도의 차이 및 하중의 차이 등을 고려하여 확률론에 기초하여 구조물의 안정성을 결정한다는 점이다.

1.7 외적작용

구조물에 작용하는 하중을 포함한 모든 외적작용을 의미하며, 일반적으로 고정하중과 활하중이 대표적인 외적작용이다. 고정하중은 구조물의 자중과 영구히 부착되는 재료, 즉 타일, 지붕재료, 연석, 난간 등의 무게를 의미하며, 이들은 크기와 단위중량으로 정확하게 산정될 수 있다. 활하중은 고정하중을 제외한 모든 것으로 일정하거나 혹은 일정하지 않을 수 있으며, 천천히 또는 갑자기 혹은 수직적으로 또는 횡적으로 작용할 수도 있고, 그 크기는 시간의 경과에 따라 변화한다. 일반적인 활하중의 종류는 다음과 같다.

- 사람이나 가구, 물건에 의한 점유하중(occupancy load)
- 눈이 쌓였을 경우는 눈의 중량(설하중)
- 바람이나 온도 변화에 따른 힘
- 흙이나 물에 의한 압력
- 교량 위의 차량하중
- 이동하중 혹은 지진으로 인한 동하중
- 폭발에 의한 폭발하중
- 온도변화에 의한 온도하중

현행 우리나라의 구조기준은 구조물에 작용하는 여러 가지 하중에 관하여 명시하고 있으며, American National Standards Institute(ANSI)는 여러 종류의 구조물에 작용하는 점유하중을 규정하고 있다. 대표적인 점유하중의 값이 표 1.2에 주어져 있고, 표 1.3에는 여러 재료들의 중량과 비중(specific gravity)을 제시하였다.

교량에 적용하는 차량하중은 KDS 24 12 20 교량 설계하중(일반설계법)과 KDS 24 12 21 (한계상태설계법)에 각각 철도교에 적용하는 철도차량과 도로교에 적용하는 트럭하중에 대하여 규정하고 있다.

구조물에 작용하는 설하중은 그 지방의 기후에 따라 150~700kg/m^2 사이에서 다양하다.

풍하중은 풍속에 따라 75~300kg/m^{2}에서 다양한데 상세한 내용은 전문시방서를 참조하여야 한다.

표 1.2 전형적인 점유하중

장 소	용 도	설계하중	
		kN/m^2	1b/ft^2
회의장	고정좌석 이동좌석	2.9 4.8	60 100
병원	수술실 사무실	2.9 1.9	60 40
호텔	객실 접견실 발코니	1.9 4.8 4.8	40 100 100
주택	개인주택이나 아파트 공공주택	1.9 4.8	40 100
연구소	강의실 복도	1.9 4.8	40 100
도서관	열람실 서고	2.9 7.2	60 150
회사 빌딩	사무실 대기실	2.4 4.8	50 100
계단		4.8	100
창고	경량 중량	4.8 12.0	100 250
정원과 뜰		4.8	100

표 1.3 재료의 밀도와 비중 밀도

재 료	밀 도		비 중
	kg/m³	lb/ft³	
건축재료			
벽돌	1,924	120	1.8~2.0
느슨한 포트랜드, 시멘트	1,443	90	–
조밀한 포트랜드, 시멘트	2,933	183	2.7~3.2
건조한 흙	1,523	95	–
습기 있는 흙	1,539	96	–
유리	2,500	156	2.4~2.6
모르타르	1,651	103	1.4~1.9
건조한 모래 또는 자갈	1,600~1,924	100~120	–
젖은 모래 또는 자갈	1,892~1,924	118~120	–
소나무 목재	480~705	30~44	0.48~0.70
오우크 목재	657~946	41~59	0.65~0.95
액체			
기름	930	58	0.9~0.94
물(4℃)	1000	62.4	1.0
얼음	989	56	0.88~0.92
바닷물	1,026	64	1.02~1.03
금속과 광물질			
알루미늄	2,645	165	2.55~2.75
구리	8,913	556	9.0
철	7,214	450	7.2
납	11,380	710	11.4
압연 강철	7,855	490	7.85
석고	2,549	159	2.3~2.8
석회암 또는 대리석	2,645	165	2.5~2.8
사암	2,356	147	2.2~2.5
세일 또는 슬레이트	2,805	175	2.7~2.9
보통 중량 콘크리트			
무근	2,324	145	2.2~2.4
철근	2,405	150	2.3~2.5
프리스트레스	2,405	150	2.3~2.5

1.8 안전규정

구조부재는 파괴에 대한 적절한 안전율을 제공하기 위해 공용하중 혹은 실제하중 보다 큰 하중에 대하여 저항할 수 있어야 한다. 극한강도설계법에서 부재는 설계하중에 저항할 수 있도록 설계되는데 설계하중이란 공용하중에 하중계수를 곱함으로써 얻어지고, 하중계수는 하중특성에 따라 다르다. 고정하중은 정확한 측정이 가능하므로 고정하중 계수는 많은 불확실성을 내재하는 활하중 계수보다 작다. 최대 및 최소 설계하중을 계산하기 위해 여러 가지 하중조합이 설계에 고려하여야 한다. 몇몇 하중조합에서는 그 하중들이 모두 동시에 발생할 가능성이 적으므로 감소계수(reduction factor)가 사용되기도 한다. 현행 콘크리트 구조 설계기준(KDS 14 20, 2021)에서 콘크리트 구조물의 설계에 사용되는 각종 하중계수 값은 본서의 3.4.4에 정리하였다.

이 하중계수 외에도, 콘크리트 구조설계기준(KDS 14 20, 2021)에는 구조 부재의 지지능력에 추가적인 여유를 확보하기 위해 다른 안전계수를 명시하고 있다. 공칭강도는 정적인 평형상태를 토대로 하는 일반적인 해석과정을 통하여 계산될 수 있으며, 공칭강도를 계산하는데 있어서 그 정확성과 재료와 크기의 다양한 불확실성을 감안하기 위해 강도 감소계수 ϕ가 사용된다. 현행 콘크리트 구조설계기준(KDS 14 20: 2021)에서 사용되고 있는 강도 감소계수 값들도 본서의 3.4.5절에 정리하였다.

위에 언급한 사항들을 요약하면, 설계기준에서 안전을 확보하기 위한 안전계수는 하중계수와 강도 감소계수 ϕ로 분리되어 있다. 안전한 설계는 공칭강도(저항력)에 감소계수 ϕ를 곱함으로써 얻어진 구조물의 강도가 하중계수를 곱한 계수하중에 의한 작용력과 동일하거나 그 이상일 때 얻어진다. 여기에서 감소계수 ϕ와 하중계수 γ_i는 경험적 확률론에 기초하여 제시되며, 강도설계법에서는 이를 다음과 같이 정의할 수 있다.

$$\phi \mathrm{R_n} \geq \Sigma \gamma_i Si \tag{1.1}$$

여기서, $\mathrm{R_n}$: 구조부재의 공칭강도

ϕ : 감소계수(< 1.0)

γ_i : 하중계수

S_i : 하중

외적 하중과 내적저항의 관계는 설계방법에 따라 차이를 갖게 되며, 한계상태 설계의 일종인 AASHTO(American Association of State Highway Officials) LRFD(Load and Resistance Factored Design)에서는 신뢰성 이론에 근거하여 외적 하중을 식 (1.2)와 같이 정의하고 있다.

캐나다의 National Building Code에서도 기본적인 하중의 경우를 구체화하기 위해 다음과 같은 확률계수식을 사용하고 있다.

$$\text{Factored Load Effects(F.L.E)} \\ = u\left[v_D \mathrm{D_n} + \alpha\left(v_L \mathrm{L_n} + v_W \mathrm{W_n}\right)\right] \tag{1.2}$$

여기서, u : 하중효과(고정하중, 활하중, 풍하중 등)

$\mathrm{D_n}$, $\mathrm{L_n}$, $\mathrm{W_n}$: 공칭 고정하중, 공칭 활하중, 공칭 풍하중

v_D, v_L, v_W : 고정하중, 활하중 및 풍하중에 대한 하중계수

계수 α는 하중조합 확률계수로서, 식 (1.2)에 1가지 하중이 사용되면 1.0이고, 2가지 하중일 때는 0.7이다. 이것은 고정하중, 활하중, 풍하중과 다른 하중들의 최대치가 동시에 발생할 확률은 작다는 것을 설명하고 있다.

식 (1.2)과 비슷한 형태의 외적하중을 산정방법을 Euro Code에서도 채택하여 사용하고 있으며, 하중계수 γ는 외력의 불확실성을 의미하는 것으로 하중에 대한 신뢰성 해석에 기초하여 제시된다.

$$E_d = \sum \gamma_{D,j} D_j + \gamma_{L,1} L_{k,1} + \sum \gamma_{L,i} \psi_{o,i} L_{k,i} (i \geq 2) \tag{1.3}$$

여기서, $\gamma_{D,j}$와 D_j는 각각 고정하중 j의 하중계수와 표준값, $\gamma_{L,1}$과 $L_{k,1}$는 지배활하중 하중계수와 하중계수, $\gamma_{L,i}$와 $L_{k,i}$는 동반활하중의 하중계수와 하중표준값이다. 그리고 $\psi_{o,i}$는 하중조합시 적용하게 되는 동반활하중의 조합계수이다.

따라서 식 (1.1)의 관계를 모멘트와 전단력에 대해 표현하면 식(1.4)와 같다.

$$\mathrm{M_u} \leq \phi \mathrm{M_n}, \text{ 그리고 } \mathrm{V_u} \leq \phi \mathrm{V_n} \tag{1.4}$$

여기서, $\mathrm{M_u}$, $\mathrm{V_u}$: 단면에서의 설계(극한) 모멘트와 설계(극한) 전단력

$\mathrm{M_n}$, $\mathrm{V_n}$: 부재 단면의 공칭 모멘트와 공칭 전단력

KDS 14 20 10에서 정의하고 있는 것처럼 고정하중과 활하중에 대한 하중계수를 각각 1.2와 1.6을 적용하면 고정하중 D와 활하중 L을 받는 구조물의 안전율은,

$$\text{안전율} = \frac{1.2D + 1.6L}{D + L} \times (1/\phi) = \frac{1.2 + 1.6(L/D)}{1 + (L/D)} \times (1/\phi)$$

와 같이 산정할 수 있으며, L/D의 비에 따른 안전율을 정리하면 표 1.4와 같다.

표 1.4 L/D에 따른 안전율

ϕ	0.85				0.8				0.7			
L/D	0	1	2	3	0	1	2	3	0	1	2	3
안전계수	1.41	1.64	1.73	1.76	1.50	1.75	1.83	1.88	1.71	2.00	2.10	2.14

표 1.4와 같이 휨을 받는 부재(보)에서는 $\phi = 0.85$이고, 안전계수의 범위는 L/D=0일 때 1.41에서, L/D=3일 때, 1.76까지이다. 활하중의 크기가 커질수록 높은 안전율을 갖는 것을 알 수 있다.

축력을 받는 부재에서는 $\phi = 0.7$이고 안전율의 범위는 L/D=0일 때 1.71에서 L/D=3일 때 2.14까지이다. 축력을 주로 받는 기둥에서 안전율이 증가하는 이유는 좀 더 중요한 부재에 더 큰 안전도를 확보하기 위함이다.

1.9 콘크리트 구조물의 예

기술의 발전 등에 의하여 메가시티가 개발됨에 따라 고층건물의 건설이 현저하게 증가하고 있으며, 많은 건축물들이 철근콘크리트로 설계되고 건설되었다. 비록 20세기 초반에는 콘크리트의 성질과 철근과 콘크리트의 부착거동이 완전히 이해되지 않았으나, 기술자들의 도전에 의하여 1902년에 높이가 64m이고 16층 건물인 Ingalls Building이 신시내티에 건설되었다. 1922년에는 높이 70m인 Medical Arts Building이 텍사스 주의 달라스에 세워졌으며, 이 콘크리트 건물들은 지금의 기준으로는 상당히 큰 단면을 가지고 있었다. 1956년 ACI 설계기준에서 극한강도 설계법을 허용하기도 이전에 이미 콘크리트 건물은 더욱 고층화되었다. 이후 광범위한 연구들에 의하여 높은 강도를 갖는 콘크리트와 철근이 개발되고, 새로운 개념의 설계방법을 철근콘크리트 부재 설계에 적용하는 것이 가능하게 됨에 따라 재료의

절약과 함께 신뢰성 있으면서도 동일한 성능을 확보할 수 있는 최적의 콘크리트 설계가 가능하게 되었다. 미국 내의 몇몇 대표적인 철근콘크리트 고층건물이 표 1.5에 수록되어 있다.

철근콘크리트 교량구조도 큰 발전을 이루었다. 다양한 철근콘크리트 교량형식이 있으나, 가장 경관이 긴 철근콘크리트 교량 형식은 아치교이며, 최근 기술의 발전을 거듭하여 장경간의 아치교가 건설되고 있다. 세계 각국에 건설된 철근콘크리트 아치 교량이 표 1.6에 수록되어 있다.

표 1.5 철근콘크리트 고층건물

시공년도	건물명	위치	높이, m
1959	Executive House Hotel	Chicago	113
1960	Bank of Georgia Building	Atlanta	119
1962	Marina City Towers	Chicago	180
1965	1000 Lake Shore Plaza Apartments	Chicago	195
1967	Lake Point Tower	Chicago	197
1069	One Shell Plaza	Houston	218
1975	Peachtree Center Plaza Hotel	Atlanta	220
1976	Water Tower Place	Chicago	262
1976	CN Tower	Toronto	447
1977	Renaissance Center Westin Hotel	Detroit	226
1980	Trump Tower	New York	203
2014	One World Trade Center	New York	541

표 1.6 철근콘크리트 아치형 교량

시공년도	교량명	위치	경간, m
1980	Krk bridge	크로아티아	416
1997	Wanxian bridge	중국	420
2016	Qinglong Railway bridge	중국	445
2016	Almonte River Railway Viaduct	Spain	384

CHAPTER 02

재료의 성질

CHAPTER 02

Design of Reinforced Concrete Structures

재료의 성질

2.1 콘크리트

보통 콘크리트의 주 구성 재료는 굵은 골재, 잔골재, 시멘트 및 물이다. 시멘트 풀이 골재 입자 사이의 모든 공극을 채울 때 균일한 밀도의 콘크리트가 생산된다. 이를 위해서는 모든 재료가 적절히 혼합되어야 할 뿐만 아니라, 유동성이 확보되어야만 콘크리트를 거푸집에 타설할 수 있고, 적절한 양생을 한 후, 요구되는 강도를 나타내게 된다.

콘크리트 강도는 이와 같이 많은 요인에 의존하며, 같은 생산방법이라도 폭넓은 범위 내에서 변화할 수 있다. 콘크리트 강도에 영향을 미치는 주요한 요인은 다음과 같다.

2.1.1 물-시멘트 비

물-시멘트 비는 콘크리트 강도에 영향을 미치는 가장 중요한 요인이다. 주어진 양의 시멘트의 완전한 수화작용을 위하여, 최소한 25% 정도의 물-시멘트 비(중량비)가 필요하다. 하지만 원활한 작업성을 위해서는 10~15% 정도 더 많은 물-시멘트 비가 콘크리트에 필요하다. 이것은 중량비로 할 때 35~40%보다 큰 물-시멘트 비를 사용해야 함을 의미한다. 35% 물-시멘트 비는 시멘트 50kg당 17.5리터의 물의 양에 해당된다. 일반적으로 물-시멘트 비가 50% 이상이면 좋은 작업성(workability)을 갖게 된다. 그러나 너무 큰 물-시멘트 비를 가지게 되면 강도의 저하와 함께 작업성의 저하도 유발할 수 있다. 보통 콘크리트의 물-시멘트 비와 압축 및 휨강도와의 관계를 표 2.1에 나타내었다.

2.1.2 콘크리트 성분의 성질 및 비율

콘크리트는 시멘트, 골재, 물의 혼합물이다. 이 중 골재는 콘크리트 전체 부피의 약 75%를 차지하므로 이의 성질은 콘크리트의 경화 전과 경화 후의 강도와 내구성을 포함한 여러 가지 성질에 영향을 미치게 된다. 특히 골재의 입도는 워커빌리티와 강도에 많은 영향을 끼칠 수 있다. 사용 수량이 일정한 경우, 시멘트의 함량이 증가하면 결과적으로 물-시멘트 비의 감소 효과를 가지므로 콘크리트 강도를 증가시킨다. 또한 입도가 작은 시멘트의 사용은 강도증진에 탁월한 효과가 있다.

표 2.1 물-시멘트 비와 보통 콘크리트의 압축과 휨강도의 관계

물-시멘트 비		28일 콘크리트 강도	
중량비	50kg 시멘트당 물의 부피(l)	압축 (MPa)	휨 (MPa)
0.35	17.5	42.0	4.6
0.40	20.0	41.0	4.3
0.44	22.0	37.7	4.2
0.49	24.5	34.0	4.0
0.53	26.5	32.0	3.8
0.58	29.0	27.5	3.6
0.62	31.0	25.5	3.5
0.67	33.5	22.4	3.2
0.71	35.5	20.4	3.1

2.1.3 혼합, 치기, 다짐 및 양생

적절한 콘크리트 믹서의 사용과 혼합시간은 콘크리트의 강도에 바람직한 영향을 미친다. 또한 진동기(vibrator)의 사용은 최소 공극을 가진 밀도가 큰 콘크리트를 만들게 한다. 5%의 공극비는 약 30%의 콘크리트 강도 감소를 가져올 수 있다.

양생조건은 콘크리트 강도에 중요한 영향을 미친다. 양생조건의 습도 및 온도는 시멘트의 수화작용에 직접적인 영향을 미치며, 습윤 저장기간이 길수록 강도는 증가한다. 양생온도가 초기타설(casting) 온도보다 높을수록, 콘크리트의 강도 발현은 빨라진다.

2.1.4 설계기준강도(f_{ck})와 배합강도

콘크리트 부재를 설계할 때 기준이 되는 강도는 설계기준강도 f_{ck}로 정의하며, 콘크리트의 배합을 정할 때 목표로 하는 압축강도를 배합강도 f_{cr}이라 한다. 콘크리트는 철근과 달리 품질관리가 상대적으로 용이하지 않기 때문에 배합강도 및 설계기준강도를 정하는 것이 매우 중요하다.

콘크리트 압축강도를 측정하기 위해서는 굳지 않은 콘크리트 시료를 KS F 2401(굳지 않은 콘크리트이 시료 채취방법)에 따라 채취하여 KS F 2403(콘크리트 강도 시험용 공시체 제작방법)에 규정한 대로 공시체를 제조하고 28일 동안 20℃±3℃의 조건에서 양생한 후에 KS F 2405(콘크리트의 압축강도 시험방법)의 기준에 따라 압축강도를 시험한다.

콘크리트 배치마다 3개의 공시체를 제작하고 시험하면 많은 수의 압축강도 자료를 취득하게 되며, 압축강도결과와 그 압축강도 결과(cylinder strength)를 나타낸 공시체의 빈도수(frequency)를 그래프로 나타내면 그림 2.1과 같이 정규분포곡선을 갖게 된다. 가장 많은 빈도수를 나타내는 것은 평균압축강도 f_{cm}이며, 설계기준이 되는 압축강도 f_{ck}는 이 평균값 f_{cm}으로부터 k배의 표준편차 값을 제외한 값이 된다. 이 때 k는 시험체의 수에 따라 정해지는 값으로 시험체의 수가 많을수록 감소한다.

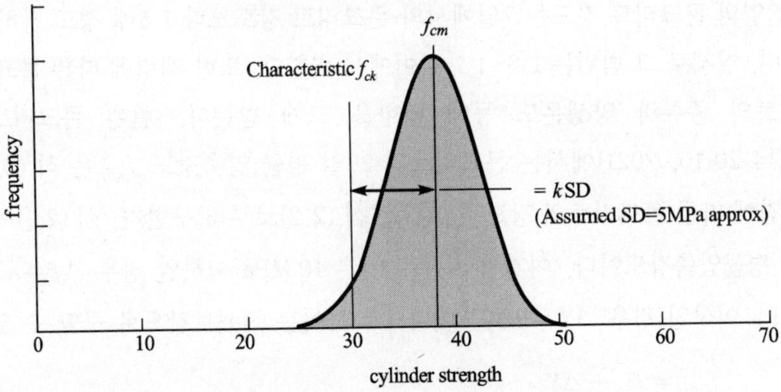

그림 2.1 콘크리트 압축강도 정규분포 곡선

콘크리트 배합강도는 설계기준강도 보다 크게 확보되어야 한다. 이는 구조물의 어느 부분에 사용된 콘크리트의 압축강도도 구조물의 설계에서 기준으로 한 압축강도에 비하여 과소로 되지 않도록 보증하여야 하기 때문이다. 배합강도는 압축강도결과의 변동계수에 따라 달리 설정하여야 하며, 압축강도 시험값이 설계기준강도 이하로 되는 일이 1/10의 확률로 일어나도록 설정하여야 한다. 현행 콘크리트구조기준 KDS(KDS 14 20 01, 2022)에서는 배합강도의 설정방법을 상세히 제시하고 있으며, 다음과 같다.

- $f_{ck} \le 35\text{MPa}$인 경우,

$$\max\ of \begin{cases} f_{cr} = f_{ck} + 1.34s \\ f_{cr} = (f_{ck} - 3.5) + 2.33s \end{cases}$$

- $f_{ck} > 35\text{MPa}$인 경우,

$$\max\ of \begin{cases} f_{cr} = f_{ck} + 1.34s \\ f_{cr} = 0.9f_{ck} + 2.33s \end{cases}$$

- 표준편차의 계산을 위한 현장강도 기록 자료가 없거나 시험횟수가 14회 이하인 경우

$$f_{cr} = f_{ck} + 7.0 \quad (f_{ck} < 21\text{MPa 일 때})$$

$$f_{cr} = f_{ck} + 8.5 \quad (35\text{MPa} \ge f_{ck} \ge 21\text{MPa 일 때})$$

$$f_{cr} = 1.1f_{ck} + 5.0 \quad (f_{ck} > 35\text{MPa 일 때})$$

2.1.5 콘크리트의 시간에 따른 압축강도 변화

콘크리트의 압축강도는 재령 7일과 28일의 원주형 공시체나 입방체 공시체를 이용하는 실험에서 결정할 수 있다. 우리나라 KS에서는 원주형 공시체를 사용하는 것으로 명시하고 있다. 재령 28일의 콘크리트 강도는 7일에서의 콘크리트 강도보다 1.5배 정도 강하다고 가정할 수 있으며, 실제로 그 범위는 1.3~1.7 사이에서 변한다. 또한 재령에 따른 콘크리트의 강도는 시멘트의 종류와 양생온도 등에 영향을 크게 받는다. 현행 콘크리트구조기준 KDS(KDS 14 20 10, 2021)에서는 콘크리트의 28일 평균 압축강도 f_{cm}은 식 (2.1)에 의해 구하며, 시간에 따른 콘크리트의 강도 $f_{cm}(t)$는 식 (2.2)로부터 구한다. 식 (2.1)에서 f_{cm}는 $f_{cm}(28)$의 평균압축강도이다. 여기서 Δf는 $f_{ck} = 40\text{ MPa}$ 이하일 경우 $\Delta f = 4\text{ MPa}$이며, $f_{ck} = 60\text{ MPa}$ 이상일 경우 $\Delta f = 6\text{ MPa}$이다. 그 사이는 직선보간으로 구할 수 있다.

$$f_{cm} = f_{ck} + \Delta f$$

$$f_{cm}(t) = \beta_{cc}(t) f_{cm} \tag{2.1}$$

$$\beta_{cc}(t) = \exp\left(\beta_{sc}\left(1 - \sqrt{\frac{28}{t}}\right)\right) \tag{2.2}$$

여기서, $\beta_{cc}(t)$는 시간에 따른 압축강도발현 속도이고, β_{sc}는 시멘트의 종류에 따른 상수로 값은 아래와 같다. t는 콘크리트 재령(day)이다.

$$\beta_{sc} = \begin{bmatrix} 0.35 : \text{1종시멘트 사용 습윤양생시} \\ 0.15 : \text{1종시멘트 사용 증기양생시} \\ 0.25 : \text{3종시멘트 사용 습윤양생시} \\ 0.12 : \text{3종시멘트 사용 증기양생시} \\ 0.40 : \text{2종시멘트 사용시} \end{bmatrix}$$

콘크리트의 압축강도는 재령의 따라 지속적으로 증가하지만, 일반적으로 28일 이후의 증가는 그리 크지 않으며, 보통 포틀랜드 시멘트를 사용하는 경우, 시간에 따른 강도의 증가를 28일 강도와 비교하면 표 2.2와 같다.

표 2.2 재령에 따른 콘크리트 압축강도비

재 령	7일	14일	28일	3개월	6개월	1년	2년	5년
강도비	0.67	0.86	1.0	1.17	1.23	1.27	1.31	1.35

2.1.6 하중 상태

콘크리트의 압축강도는 원주형 공사체나 입방형 공사체에 짧은 시간(몇 분) 동안 하중을 재하하는 정적실험을 통하여 예측할 수 있다. 수년간의 지속하중을 받는 경우에는 콘크리트의 극한강도가 약 30% 정도 감소되며, 1일의 지속하중에서는 콘크리트 압축강도가 약 10% 정도 감소된다. 지속하중뿐만 아니라, 만일 동적하중이나 충격하중이 구조물에 작용한다면 이들의 영향도 철근콘크리트 부재의 설계에 고려되어야 한다. 이러한 하중재하 시간의 영향을 변형률속도(strain rate)의 영향이라고 일컫는다.

2.1.7 시편의 형상 및 치수

압축강도를 예측하기 위하여 사용하는 콘크리트의 시편의 일반적인 크기는 150×300mm 원주형 공시체이거나 150mm 입방체이다. 콘크리트의 형태는 같지만 크기가 다른 원주형 공시체를 사용하여 압축시험을 실시했을 때, 큰 시편이 크기효과 등에 의해 낮은 강도를 나타낸다. 크기가 다른 원주형 공시체에서 표준 원주형 공시체의 강도비에 따른 상대 강도를 표 2.3에 나타내었다. 이때 모든 원주형 공시체의 높이는 직경의 2배를 기준으로 하고 있다.

표 2.3 콘크리트 압축강도의 시편의 크기에 따른 영향

공시체의 크기(mm)	상대 압축강도
50×100	1.09
75×150	1.06
150×300	1.00
200×400	0.96
300×600	0.91
450×900	0.86
600×1,200	0.84
900×1,800	0.82

때때로 비표준형태의 원주형 콘크리트 공시체를 실험하게 되는데, 직경에 대한 높이의 비가 클수록 압축강도는 작으며, 임의 형상을 갖는 콘크리트의 압축강도를 표준형태의 등가강도로 환산하기 위해서는 시험결과에 보정계수를 곱해야 한다. ASTM C 42-03에서 발췌한 보정계수의 근사값을 표 2.4에 나타내었으며, 여러 압축강도에 대한 원주형 공시체와 입방체의 상대강도는 표 2.5에 나타내었다. 우리나라 KS에서는 실린더 공시체를 사용하며 높이와 직경의 비는 2.0으로 고정하고 있다.

표 2.4 높이-직경비가 다른 원주형 공시체에 대한 보정계수

비(높이/직경)	2.0	1.75	1.50	1.25	1.00
강도보정계수	1.00	0.98	0.96	0.93	0.87
표준공시체에 관한 강도	1.00	1.02	1.04	1.06	1.18

표 2.5 원주형 공시체와 입방체의 상대강도

압축강도(MPa)	7	15	20	24	27	34	37	41	44	51
실린더 공시체의 입방체 공시체에 대한 강도비	0.77	0.76	0.81	0.87	0.91	0.93	0.94	0.95	0.96	0.96

2.1.8 경량콘크리트

콘크리트를 구성하는 골재를 경량골재로 사용한 콘크리트를 경량 콘크리트라 한다. 잔골재와 굵은골재 모두 경량골재를 사용한 콘크리트는 전경량콘크리트라 하며, 잔골재만을 자연산 모래를 사용한 콘크리트는 모래경량콘크리트라고 칭한다. 경량골재에는 천연 경량골재와 인공경량 골재가 사용되며, 통상적으로 보통중량 콘크리트보다 낮은 역학적 특성을 갖는다. 이를 설계에 반영하기 위하여 현행 콘크리트구조기준 KDS(KDS 14 20 10, 2021)에서는 경량콘크리트 계수(λ)를 다음과 같이 제시하고 있다. 보통콘크리트의 경우 $\lambda = 1$이다.

- 쪼갬인장강도(f_{sp})가 규정되어 있지 않은 경우 : 0.75(전경량콘크리트)
  0.85(모래경량콘크리트)

  다만, 0.75에서 0.85 사이의 값은 모래경량콘크리트의 잔골재를 경량잔골재로 치환하는 체적비에 따라 직선보간한다. 0.85에서 1.0 사이의 값은 보통중량콘크리트의 굵은 골재를 경량골재로 치환하는 체적비에 따라 직선보간한다.
- 쪼갬인장강도(f_{sp})가 주어진 경우 : $\lambda = f_{sp}/(0.56\sqrt{f_{ck}}) \leq 1.0$

2.2 콘크리트의 강도

콘크리트는 철근콘크리트 구조물의 설계목적에 따라 여러 가지 다른 강도, 즉 압축, 인장, 휨, 전단강도가 필요하다. 이들 강도를 예측하기 위한 실험을 수행하기는 어렵지만, 이들을 압축강도와 연관시키는 것은 가능하다.

2.2.1 압축강도

구조 부재 설계에서 콘크리트는 압축응력에 저항하고 인장응력에는 저항하지 않는다고 가정하므로, 압축강도는 콘크리트 품질의 기준이 된다. 콘크리트의 다른 강도는 압축강도의 비로서 나타낼 수 있으며, 이것은 실험으로부터 비교적 쉽고 정확하게 예측할 수 있다. 압축강도를 결정하기 위해서 사용되는 시편은 원주형이거나 입방체 또는 각주형이다. 우리나라에서는 직경 150mm, 높이 300mm인 원주형 시편이 콘크리트의 강도를 결정하기 위하여 사용된다. 실험과정의 상세한 설명은 KS F 2401, F 2403 및 F 2405에 규정되어 있다. 영국, 독일 및 유럽의 다른 국가에서는 150mm 또는 200mm의 변을 가진 입방체 시편이 사용된다. 프랑스, 소련, 기타 여러 다른 국가에서는 각주 시편이 사용되며, 그 크기는 보통 70×70×350mm이거나 100×100×500mm이다.

실험 전의 대부분의 시편은 습윤 또는 건식 양생된 후에, 재령 28일에서 정적하중을 파괴시까지 가함으로써 압축강도를 구하게 된다. 압축강도 실험은 콘크리트 시편이 정확한 일축

압축력 하에서 파괴된다고 가정을 하지만 실제로는 콘크리트 시편 내의 인장응력(부착 파괴), 전단응력(미끄럼 파괴), 압축응력(파쇄파괴) 또는 위에서 언급한 응력의 조합의 형태로 작용하는 응력에 의해 파괴된다. 이는 실험을 할 때 시편의 끝단에서 시편과 실험기의 마찰력으로 인해 발생하는 수평방향의 구속 때문이다. 그림 2.2는 콘크리트 시편의 일반적인 파괴 모드(mode)를 나타내고 있다. 그림 2.2(a)의 경우, 시편의 양 끝단은 마찰력으로 인해 수평으로 구속되어있어 이 부분의 응력상태는 일축압축이 아닌 3축의 복잡한 응력상태가 된다. 작용하는 전단응력은 끝단으로부터 멀어질수록 감소하며 이러한 경우 그림에 나타난 바와 같이 가운데의 짧은 구간만이 순수 압축응력을 받게 된다. 이러한 콘크리트의 파괴까지의 저항은 결합력과 내부마찰력에 기인한다. 전단저항은 그림 2.3에 나타난 것과 같이 Mohr의 원과 Coulomb의 식에 의하여 나타날 수 있다.

$$\tau = c + P\tan\phi \tag{2.3}$$

여기서, τ : 전단응력

c : 점착력

ϕ : 내부마찰각

P : 전단면을 가로지르는 골재입자 사이의 압력

결합력이 없다면 각 α는 45°이며, 콘크리트 입자에 결합력이 있다면 $\alpha = \left(45 - \dfrac{\phi}{2}\right)^{\circ}$ 이다.

콘크리트의 내부마찰각이 20°라고 가정된다면, 이 경우에는 $\alpha = \left(45 - \dfrac{20}{2}\right)^{\circ} = 35°$이다.

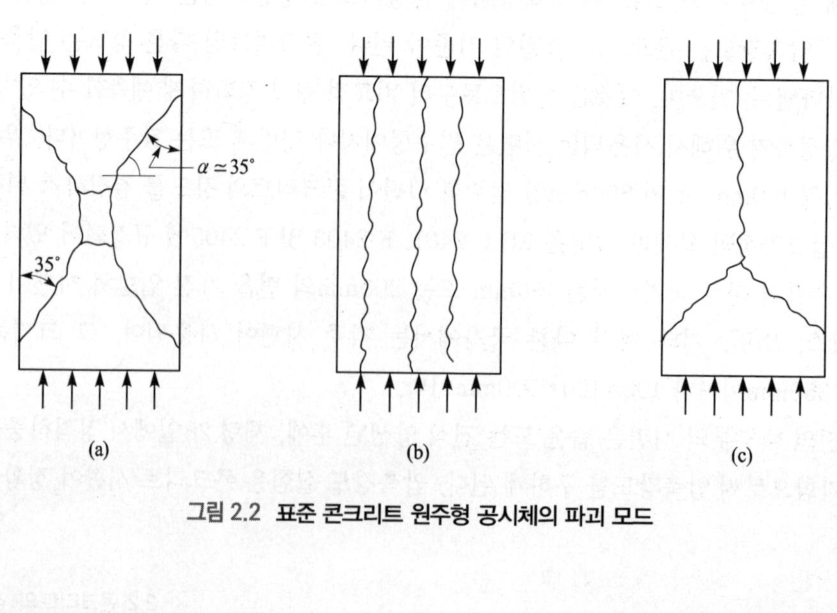

그림 2.2 표준 콘크리트 원주형 공시체의 파괴 모드

두 번째 파괴형태(그림 2.2(b))는 쪼갬(splitting) 또는 원주상파괴(columnar failure)라고 하며 원주입자로 시편을 분리시키면서 일어난다. 이와 같은 경우는 순수 압축응력에 가까운 응력에 의해 파괴되는 형태이다. 이 파괴는 콘크리트의 강도가 높고 단지 압면(end bearing surface)에서 횡방향 변위(lateral expansion)가 상대적으로 자유스러울 때 일어난다.

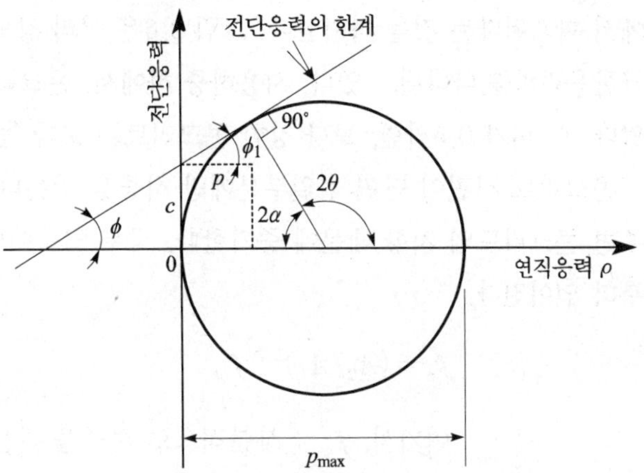

그림 2.3 내부마찰각 ϕ 와 파괴각 α 사이의 관계를 나타내는 Mohr의 원

파괴의 세 번째 형태(그림 2.2(c))는 전단과 쪼갬(splitting) 파괴의 조합으로 일어난다. 그림 2.4는 전단에 의한 표준 입방체 파괴 모드를 나타내고 있다.

2.2.2 응력-변형률 곡선

하중을 받는 철근콘크리트 부재의 거동은 콘크리트와 철근의 응력-변형률 관계와 밀접한 관계가 있으며, 부재에 작용하는 응력의 형태에 좌우된다. 콘크리트에 대한 응력-변형률 곡선은 재령 28일에서의 콘크리트 원주형 공시체 파괴 과정에서 여러 하중 상태에서 측정한 변형률을 기록함으로써 얻을 수 있다.

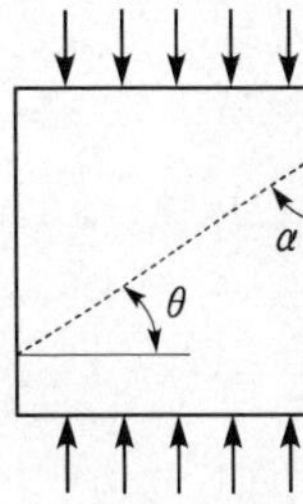

그림 2.4 표준 콘크리트 입방체의 파괴 모드

그림 2.5는 여러 강도의 콘크리트에 대한 전형적인 응력-변형률 곡선을 보여주고 있다. 모든 곡선은 초기에 비교적 직선으로 된 탄성부분으로 이루어져 있으며, 약 0.002의 변형률에서 최대응력에 도달한 후, 약 0.0035의 변형률에서 파괴가 일어나지만, 설계시에는 변형율 0.003에서 파괴가 일어나는 것으로 가정한다.

철근콘크리트 구조물에서는 통상 21MPa~42MPa의 압축강도를 가지는 콘크리트가 사용되는 것으로 명시되어 있다. 프리스트레스 콘크리트에서는 28~56 MPa 정도의 보다 높은 강도를 갖는 콘크리트가 사용된다. 일반적으로 낮은 강도의 콘크리트는 높은 강도의 콘크리트보다 덜 취성적이다. 이것은 저강도 콘크리트는 고강도 콘크리트의 변형률보다 큰 변형률에서 파괴된다는 것을 의미한다. 그림 2.6은 여러 강도의 콘크리트 변형률 값에 따른 응력/극한응력비를 나타내고 있다. 사용하중 하에서, 콘크리트 응력은 최대 강도의 1/2에 이를 수 있다. 이 비가 0.5라면, 보다 강한 콘크리트는 보다 높은 변형을 가진다는 것을 알 수 있다.

콘크리트 시편이 단면의 일부분에만 하중을 받는다면, 강도는 하중을 받지 않는 부분의 주변 콘크리트의 저항 때문에 증가한다. 국부 압축이나 붕괴에서의 극한강도는 식 (2.4)로부터 얻어진다.

$$f_c = (A_2/A_1)^{1/3} f_{ck} \tag{2.4}$$

여기서, f_c : 부분적으로 하중을 받는 시편의 극한강도

f_{ck} : 전체적인 하중을 받는 콘크리트의 설계기준강도

A_2 : 시편의 전체면적

A_1 : 하중을 받는 면적

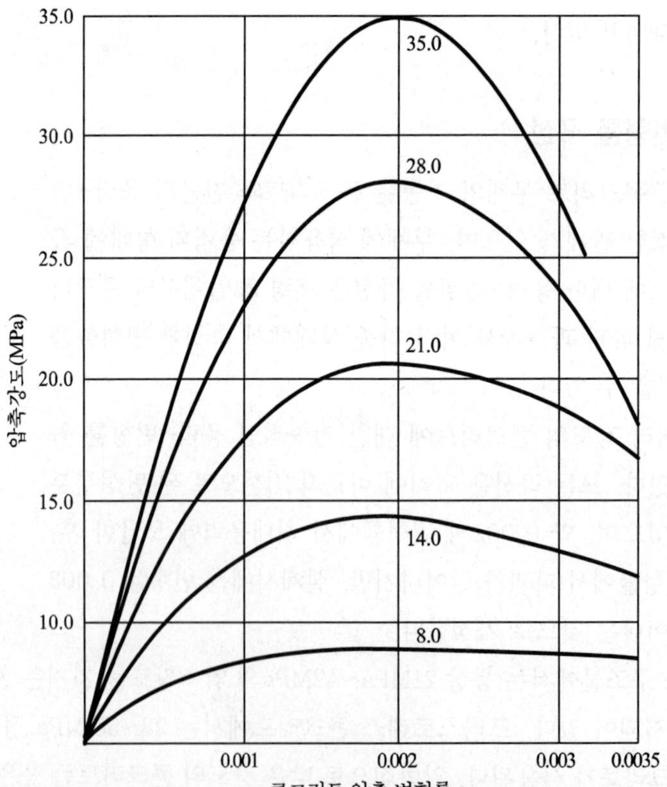

그림 2.5 콘크리트의 대표적인 응력-변형률 곡선

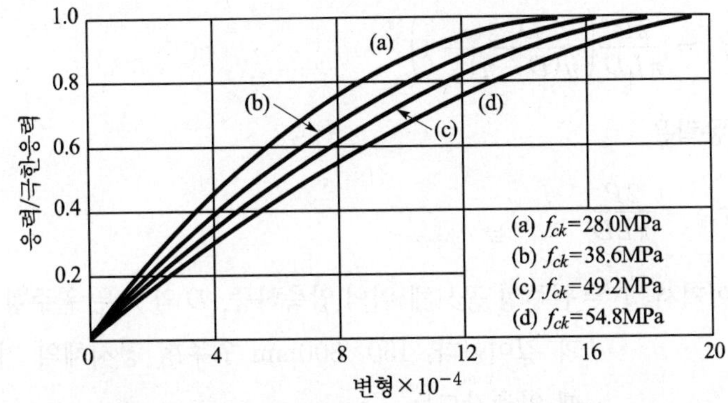

그림 2.6 응력/극한응력 비에 대한 콘크리트 강도 f_{ck} 에서의 변형률 응력/극한응력변형

면적 비에 대해서는 다음과 같이 그 값을 제한하고 있다.

$$(A_2/A_1)^{1/3} \le 1.5 \text{ 국부적 하중만이 작용하는 경우}$$
$$\le 2.0 \text{ 국부적 하중과 다른 하중이 작용하는 경우} \qquad (2.5)$$

국부적 하중이 비대칭으로 작용한다고 하더라도, A_2는 하중을 받는 면적 A_1의 무게 중심에 대하여 대칭인 것으로 간주한다. 위에서 언급한 조건에서 ACI 318-14 Code 10.14절에서는 하중을 받는 면적의 설계 지압 강도는 $\sqrt{A_2/A_1}$ 에 2 이하의 값을 곱해야 한다고 명시하고 있다.

2.2.3 인장강도

콘크리트는 취성재료이며, 따라서 균열, 전단, 비틀림 문제를 고려할 때 높은 인장응력에 저항할 수 없다.

인장 도입을 위한 조임장치에서의 약간의 오차나 응력집중 때문에, 직접 인장실험으로 콘크리트의 인장강도를 예측하기는 상대적으로 어렵기 때문에 150×300mm 원주형 공시체를 쪼개는 형태의 간접 인장실험을 브라질 사람인 Feranado Carneiro가 제안하였다. 이 실험은 보통 쪼갬(splitting)실험으로 불리나, Brazilian실험이라고 명명되기도 한다. 이 실험에서는 콘크리트 원주형 공시체를 압축실험기계에 수평하게 위치시킨다. 그림 2.7에 보여진 것과 같이, 두 합판대(plywood pad)를 통과하는 원주형 공시체의 면에 대해 두 마주보는 선을 따라 균일하게 하중을 작용시킨다. 상면으로부터의 거리 y에 있는 수직선상의 요소에 대해 고려하면, 이 요소는 압축응력을 받는다.

$$f_c = \frac{2P}{\pi LD}\left(\frac{D^2}{y(D-y)} - 1\right) \quad (2.6)$$

그리고 쪼갬인장응력은

$$f_{sp} = \frac{2P}{\pi LD}$$

여기서, P = 원주형 공시체 위의 압축하중, D 와 L 은 원주형 공시체의 직경과 길이이다. 150×300mm 원주형 공시체와 거리 $y = D/2$ 일 때 압축강도는

$$f_c = 0.0265P \quad (2.7)$$

이고 쪼갬인장강도는

$$f_{sp} = 0.0088P = f_c/3 \quad (2.8)$$

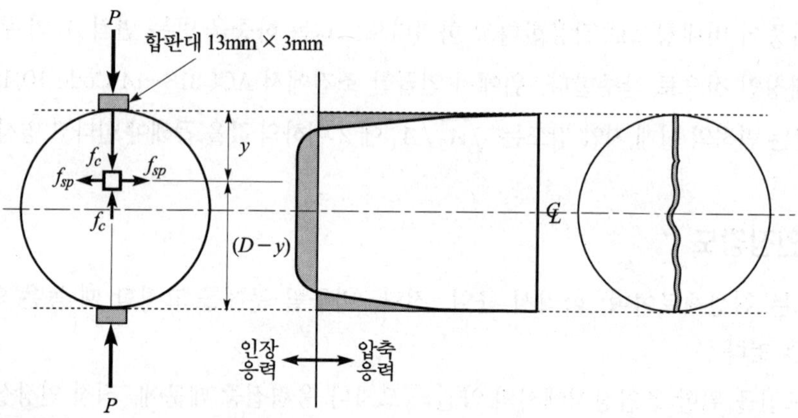

(a) 원주형 공시체 쪼갬실험 (b) 수평 응력 분포 (c) 실험 후 공시체

그림 2.7 원주형 공시체 쪼갬실험

입방체 역시 쪼갬실험에서 사용될 수 있다. 이때 하중은 입방체 위에 놓여있는 반원주형 강철 로울러를 통해 작용한다.

쪼갬강도 f_{sp}는 콘크리트의 압축강도와 관계 지을 수 있는데, 보통 콘크리트에서는 $\sqrt{f_{ck}}$의 약 0.5~0.6배 사이에서 변화하며, 우리나라 설계기준 및 해설에서는 f_{sp}값을 $0.569\sqrt{f_{ck}}$라고 제시하였다. 따라서 콘크리트에 대하여 f_{sp}가 결정된 때에는 모든 $\sqrt{f_{ck}}$의 값을

$1.76f_{sp}$로 대체하되, $1.76f_{sp}$의 값은 $\sqrt{f_{ck}}$ 이하로 하여야 한다. 또한 직접 인장응력 f_t는 쪼갬실험으로부터 계산될 수 있다. 즉, 그 값은 $0.5f_{sp}$와 $0.7f_{sp}$ 사이에 있다. 쪼갬강도 f_{sp}는 $f_{ck}=42$ MPa까지는 압축강도의 10%로써 계산할 수도 있다. 보다 높은 압축강도에 대해 f_{sp}는 f_{ck}의 9%로 간주한다. 일반적으로, 콘크리트의 인장강도는 압축강도의 7~11% 범위에 있으며 평균 10% 정도이다.

2.2.4 휨 강도(파괴계수)

휨에서의 극한 인장강도는 직접 혹은 쪼갬실험에 의해 얻어진 인장응력보다 크다는 것이, 콘크리트 보 실험에서 나타나고 있다.

휨 강도는 콘크리트의 파괴계수(f_r)로서 나타내어지며, 이것은 휨에서의 콘크리트 최대 인장응력이다. 파괴계수는 무근 콘크리트 보를 실험하고, 탄성재료에 사용되는 휨 공식으로부터 계산할 수 있다($f_r = My/I$). 이 실험에서는 150×150×700mm의 보가 600mm 경간 위에 지지되고 중심에서 100mm 떨어진 2점 재하에 의하여 파괴될 때까지 하중을 받게 된다. 또한 400mm 경간에서는 보다 작은 100×100×500mm의 보가 사용된다.

콘크리트의 파괴계수는 압축강도의 10~15% 사이의 범위를 갖는다. 약 28MPa의 강도에서는 15%의 값으로 가정될 수 있다. 콘크리트의 파괴계수와 압축강도를 관련시켜주는 많은 실험식이 있다. 현행 콘크리트구조기준 KDS(14 20 30, 2021)에서는 일반 콘크리트에 대한 파괴계수는 다음과 같다.

$$f_r = 0.63\lambda\sqrt{f_{ck}} \tag{2.9}$$

여기서, λ는 경량콘크리트 계수이다.

원주형 공시체에 대한 쪼갬실험으로부터 얻어진 강도(f_{sp})와 파괴계수의 관계는 다음과 같다.

$$f_r = (1.25 \sim 1.5)f_{sp} \tag{2.10}$$

2.2.5 전단강도

순수 전단은 철근콘크리트 부재에서 거의 찾아보기 힘들며, 보통 수직력의 작용과 수반된다. 순수 전단을 받는 부재는 횡방향으로 분할되면서 부서진다. 따라서 콘크리트 부대는 작용된 전단에 저항할 수 있을 만큼 충분히 강해야만 한다.

전단강도는 콘크리트의 인장강도보다 20~30% 크게 고려하며, 압축강도의 약 12% 정도이다. 무근 콘크리트 단면에서 현행 콘크리트구조기준 KDS(KDS 14 20 22)에서는 $\frac{1}{6}\lambda\sqrt{f_{ck}}$의 극한 전단강도를 사용한다. 여기서 λ는 경량 콘크리트 계수로서 일반 콘크리트의 경우 1이다.

2.3 콘크리트의 탄성계수

콘크리트의 역학적 성질을 표현하는 가장 중요한 계수는 탄성계수이다. 이것은 콘크리트 원주형 공시체의 압축실험에서 얻을 수 있다. 탄성계수 E_c는 탄성 범위 내에서 변형률의 변화에 대한 응력의 변화로서 정의한다.

$$E_c = \frac{\text{응력}}{\text{변형률}} \tag{2.11}$$

2.3.1 압축력을 받는 콘크리트의 탄성계수

탄성계수란 강성의 정도 혹은 변형에 대한 재료의 저항의 정도를 나타낸다. 임의의 탄소성 재료에서와 같이 콘크리트에서도 응력은 변형률에 비례하지 않으며, 응력-변형률 관계는 곡선이다. 이러한 관계를 나타내는 일반적인 형태는

$$\text{변형률} = K(\text{응력})^m \tag{2.12}$$

혹은

$$\varepsilon = Kf^m$$

이다. 여기서, ε : 변형률, f : 응력, K와 m은 상수이다. 콘크리트의 실제 응력-변형률 곡선은 표준 원주형 공시체에서 하중을 증가시키면서 변형률을 측정함으로써 얻어진다.

초기접선계수(그림 2.8)은 탄성 변형하의 원점에서 곡선의 접선 기울기를 표시한다. 이 계수는 한정된 값이며, 정확하게 결정되지 않는다. 기하학적으로, 콘크리트의 접선 탄성계수 E_c는 주어진 응력에서 응력-변형률 곡선의 접선기울기이다. 장기간의 하중 작용상태 하에서는 소성변형이 발생하기 때문에, 응력-변형률 비는 변하게 된다. 그래서 변하는 콘크리트의 탄성계수 E_c는 변형률에 대한 응력의 도함수이다.

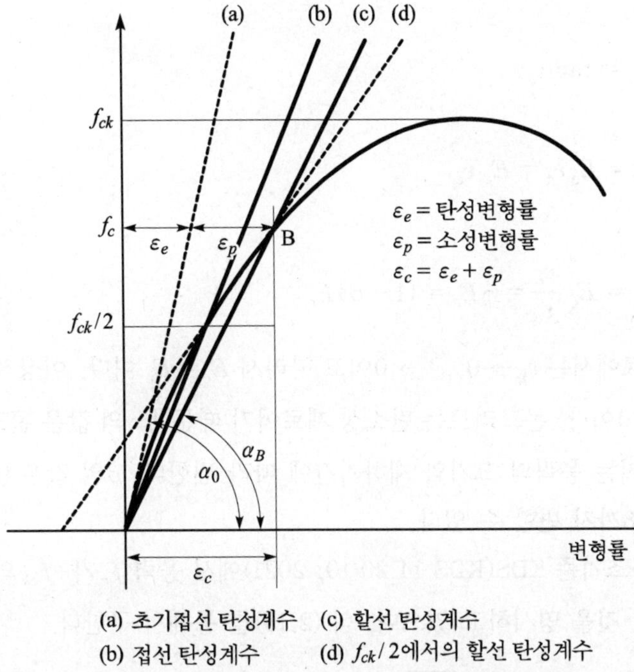

그림 2.8 응력–변형률 곡선과 콘크리트의 탄성계수

$$E_c = \frac{df_c}{d\epsilon_c} \tag{2.13}$$

이러한 방법으로 E_c를 결정하는 것은 실질적으로는 어렵기 때문에 할선(secant)탄성계수가 사용된다. 할선탄성계수는 원점에서 응력–변형률 곡선위의 명시된 응력점(B)까지 직선을 그어, 그려진 선의 기울기로서 나타낸다. 또한 그림 2.8에서 ε_e와 ε_p를 응력 f_c의 위치에서의 탄성 및 소성 변형률이라고 하면, 절대 콘크리트 변형률은 $\varepsilon_c = \varepsilon_e + \varepsilon_p$이다.

$$\beta = \frac{\varepsilon_p}{\varepsilon_c} = \text{소성 변형률 계수}$$

그리고

$$\gamma = \frac{\varepsilon_e}{\varepsilon_c} = \text{탄성 변형률 계수}$$

$$= \frac{\varepsilon_c - \varepsilon_p}{\varepsilon_c} = (1-\beta)$$

그리고

$$E_e = \tan\alpha_o$$

라고 하면

$$f_c = E_c\,\varepsilon_c = E_e\,\varepsilon_e$$

혹은

$$E_c = E_e\,\frac{\varepsilon_e}{\varepsilon_c} = \gamma E_e = (1-\beta)\,E_e \tag{2.14}$$

이상적인 탄성 재료에서는 $\varepsilon_p \to 0$, $\beta \to 0$이고 따라서 $E_c = E_e$ 이다. 이상적인 소성 재료에서는 $\varepsilon_p \to \infty$, $\gamma \to 0$이다. 콘크리트는 탄소성 재료이기 때문에 γ의 값은 콘크리트에서 크리프 작용을 야기시키는 응력의 크기와 재하기간에 따라 변한다. β의 값은 0에서 최대(장기 재하 상태에서) 0.8까지 변할 수 있다.

현행 콘크리트구조기준 KDS(KDS 14 20 10, 2021)에서 응력 f_c가 f_{ck}의 1/2일 때 할선 탄성계수를 측정할 것을 명시하고 있으며, 식 (2.15)를 통해서 구한다.

$$E_c = 0.077 m_c^{1.5}\,\sqrt[3]{f_{cm}}\,(\mathrm{MPa}) \tag{2.15}$$

여기서 m_c는 콘크리트의 단위중량(1,450~2,500kg/m^3)이고, f_{cm} =콘크리트의 평균압축강도(MPa)이다. 보통 중량의 콘크리트에서, m_c는 대략 2,300kg/m^{3}이다. 따라서

$$E_c = 8{,}500\,\sqrt[3]{f_{cm}}\,(\mathrm{MPa}) \tag{2.16}$$

여기서 f_{cm}에 대한 충분한 시험자료가 없는 경우에는 $f_{cm} = f_{ck} + \Delta f$로 구할 수 있으며, Δf는 $f_{ck} = 40\,\mathrm{MPa}$ 이하일 경우 $\Delta f = 4\,\mathrm{MPa}$이며, $f_{ck} = 60\,\mathrm{MPa}$ 이상일 경우 $\Delta f = 6$ MPa이다. 그 사이는 직선보간으로 구할 수 있다.

2.3.2 전단계수

콘크리트의 전단계수는 대응하는 압축 탄성계수의 약 0.4~0.6 범위에 있다. 탄성이론에 의하면 전단계수는 다음과 같다.

$$G_c = \frac{E_c}{2(1+\mu)} \tag{2.17}$$

여기서, μ =콘크리트의 포아슨(Poisson)의 비이다. 예를 들어 $\mu = 1/6$이면, $G_c = 0.43\,E_c$이다.

2.4 포아슨 비 (Poisson's ratio)

포아슨 비 μ는 탄성범위 내의 축응력 상태에서 종방향 변형률에 대한 횡방향 변형률의 비이다. 이 비는 보통과 경량 콘크리트에서 0.15~0.20 사이에서 변한다. 포아슨 비는 평슬래브(flat slab), 터널, 탱크, 아아치, 댐, 부정정 구조물 등의 구조해석 과정에서 사용된다. 등방성의 탄성재료에 대해 포아슨 비는 0.25이다. 콘크리트에서는 평균값으로 0.18이 일반적으로 사용된다.

2.5 탄성계수비

탄성계수비 n은 콘크리트의 탄성계수에 대한 철근의 탄성계수비이다.

$$n = \frac{E_s}{E_c}$$

철근의 탄성계수는 상수로서 2.0×10^5 MPa이므로, 탄성계수비(n)는 다음과 같다.

$$n = \frac{2.0 \times 10^5}{0.077 m_c^{1.5} \sqrt[3]{f_{cu}}}$$

보통 중량의 콘크리트에서 $E_c = 8{,}500 \sqrt[3]{f_{cu}}$ 이므로, n은 다음과 같다.

$$n = \frac{23.5}{\sqrt[3]{f_{cu}}} \quad (f_{cu}\text{의 단위는 MPa}) \tag{2.18}$$

2.6 체적변화

콘크리트가 경화하는 동안에 체적의 변화가 일어난다. 건조한 환경에 노출되어 증발에 의해 수분을 잃게 되면, 콘크리트는 수축하게 된다. 그와는 반대로 습윤 상태에서 경화할 경우 체적은 팽창하는 성질을 갖고 있다. 이러한 콘크리트의 체적변화는 콘크리트 내의 수분함유량의 변화, 물과 시멘트의 화학반응, 온도변화 및 작용하중 등의 여러 가지 이유에 의해 일어난다.

2.6.1 건조수축(Drying shrinkage)

건조로 인하여 발생하는 콘크리트의 체적변화는 제거된 물의 체적과 일치하지는 않는다. 이는 자유수의 증발만이 건조수축의 모든 원인이 아니라는 의미이다. 콘크리트가 계속 건조될 경우 수분은 증발하고 시멘트 풀의 체적은 변화하여 콘크리트의 수축을 야기 시키는데, 아마도 이것은 콘크리트에 남아있는 물에서 일어나는 모세현상 때문일 것이다. 모세 공동은 건조수축 없이 물의 손실을 야기 시킨다. 그러나 일단 흡수된 물이 제거되면 건조수축이 발생한다. 콘크리트의 건조수축에 많은 영향을 미치는 요인은 수분 상태의 변화이다. 다음은 콘크리트의 건조수축에 영향을 미치는 요인들을 정리한 것이다.

- **시멘트와 물의 함량** : 콘크리트 배합에서 물-시멘트가 클수록 건조수축도 크다.
- **시멘트의 조성과 분말도** : 조강, 저열 시멘트는 보통 포틀랜드 시멘트보다 많은 건조수축을 나타낸다. 시멘트의 분말도가 클수록 습윤 상태에서 팽창이 커지게 된다.
- **골재의 형태, 양, 입도** : 골재입자의 크기가 작을수록 건조수축은 커지게 된다. 골재함량이 클수록 건조수축은 작게 된다.
- **환경조건, 습도와 온도** : 습윤 양생한 콘크리트 시편은 $200 \sim 300 \times 10^{-6}$의 팽창변화를 하게 되나, 공기 중에서 건조되는 경우 콘크리트는 수축한다. 높은 온도는 물의 증발을 촉진시켜 결과적으로 건조수축을 증가시킨다.
- **혼화재** : 콘크리트를 형성하기 위한 물의 양을 증가시키는 혼화재의 사용은 건조 수축을 증가시킨다.
- **시편의 크기와 형태** : 건조 상태에서 큰 용적의 콘크리트의 건조 수축량은 표면에서 내부까지 변화하며, 따라서 서로 다른 건조수축을 야기시킨다. 이것이 내부인장응력을 발생케 하여 균열을 형성시킨다.
- **철근의 양과 분포** : 철근콘크리트 부재에서는 건조수축이 일어남에 따라 콘크리트에서 인장응력이 발생하고, 같은 크기의 압축응력이 철근에서 일어난다. 이들 응력은 작용하중에 의해 일어난 응력에 첨가된다. 그러므로 높은 철근비가 사용될 때, 콘크리트에서 균열이 발생한다. 콘크리트에 철근을 적절히 배치함으로서 인장응력을 분배시켜 서로 다른 내부응력을 감소시킬 수 있다.

일반적으로 콘크리트에서 건조수축 값은 $200 \sim 700 \times 10^{-6}$ 정도의 값을 가지며, 보통 중량의 콘크리트에서는 300×10^{-6}의 값이 사용된다. British Code CP 110에는 500×10^{-6}의 값이 제시되고 있는데, 이는 얇은 무근 콘크리트 단면을 가진 길이 3m의 시편에서 발생되는 건조수축량(1.5mm)을 나타낸다. 건조수축이 진행 중일 때 부재가 구속되었다면, 약 10MPa의 인장응력이 일어나며 이로 인해 균열을 야기할 수 있다. 콘크리트가 응결 후, 일정기간동안 수분이 유지된다면, 건조수축은 감소될 것이다. 그러므로 7일 이상 동안 콘크리트를 습윤 양생하는 것이 중요한다. 바람에 콘크리트를 양생시키는 것은 바람을 받는 면의 건조수축률을 증가시킨다.

건조수축은 구조부재의 처짐을 증가시키는 원인이 되며, 따라서 처짐은 시간과 함께 증가한다. 콘크리트 단면에서 대칭으로 배근된 철근은 건조수축으로 인한 휨과 처짐을 방지할 수 있다.

일반적으로 콘크리트는 경화초기에는 빠른 속도로 수축하나, 경화 후에는 그 속도가 점차적으로 감소한다. 예를 들면, 건조수축의 값의 15~30%가 2주 내에 발생하고, 1개월 내에 40~80%, 1년 이내에 70~85%가 발생한다.

2.6.2 온도 상승으로 인한 팽창

콘크리트는 온도의 증가에 따라 팽창하고, 온도감소와 함께 수축한다. 콘크리트의 열팽창계수는 1℃ 당 1.0×10^{-5}~1.3×10^{-5} 사이에서 변한다. 보통 콘크리트에서는 1℃ 당 1.2×10^{-5} 정도의 값이 사용되고 있다. BS Code에서는 1℃ 당 10^{-5}의 값을 제안하고 있다. 이 값은 33℃ 의 온도변화를 받는 30m 부재에서 10mm의 길이변화를 나타낸다. 만일 이 부재가 구속되어 있고, 철근으로 보강되지 않았다면 약 7MPa의 응력이 발생할 것이다. 따라서 철근콘크리트 구조물이 장대할 경우 약 25mm 정도의 폭을 가지는 팽창 이음부(expansion joint)를 약 20~ 60m의 간격으로 사용하여 균열을 방지할 수 있다. 콘크리트는 열전도율이 좋지 않으나 철근은 좋으며, 하중을 받을 수 있는 콘크리트의 능력은 온도에 의해 많은 영향을 받지는 않는다.

2.7 크리프(Creep) 및 피로강도

콘크리트는 탄소성 재료이며, 낮은 응력에서도 소성변형률이 탄성변형률에 첨가되어 나타난다. 특히, 지속하중에서 소성변형은 수년 동안 계속 진행될 수도 있다. 그와 같은 변형은 하중작용 후, 처음 4개월 동안 비교적 빠른 속도로 증가한다. 이러한 일정 응력상태에서 느리게 일어나는 소성변형을 크리프라 한다.

그림 2.9는 하중을 받는 콘크리트 원주형 공시체를 나타낸다. 순간변형은 ε_1으로, 이것은

응력을 탄성계수로 나눈 값과 같다. 일정 기간 동안 같은 응력이 작용한다면, 크리프 영향으로 인한 추가적인 변형률 ε_2가 발생한다. 하중이 제거되면, 탄성변형률 ε_1과 약간의 크리프 변형률이 회복될 것이다. 그러나 그림 2.9에 보이는 것과 같이 콘크리트는 ε_3의 크기를 가지는 최종 영구소성변형률을 가지게 될 것이다. 이러한 경우 $\varepsilon_3 = (1-\alpha)\varepsilon_2$ 이며, 여기서 α는 전체 크리프 변형률에 대한 회복크리프 변형률의 비이다. α는 0.1과 0.2 사이의 범위에 있다. 크리프의 회복 크기는 선행된 크리프와 하중의 지속기간에 의존한다. 재하기간이 증가되면 아마도 변형상태 동안의 콘크리트 경화 때문에 크리프 회복률은 적어질 것이다.

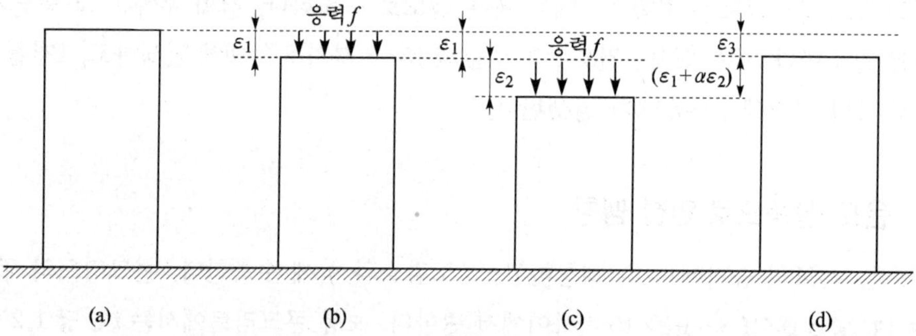

그림 2.9 하중을 받는 콘크리트 원주형 공시체의 변형

극한 크리프의 크기는 단위길이에 대한 단위응력당 $0.2\sim2.0\times10^{-6}$ 사이에서 변한다. 1×10^{-6}의 값이 일반적인 값으로 사용될 수 있다. 탄성변형률에 대한 크리프 변형률의 비는 1.5~4.0 정도이다.

크리프는 튼튼한 골재 주변의 경화된 시멘트 결합재(matrix)에서 일어난다. 그것은 결정격자 내의 면을 따라 미끄러진 현상, 결정격자 내의 변화에 의한 내부응력 또는 콘크리트 속의 시멘트 겔(gel)로부터의 점차적인 수분의 손실 등에 의하여 발생된다. 콘크리트의 크리프에 영향을 미치는 요소들은 다음과 같으며, 그림 2.10은 시간에 따른 크리프 변형의 변화를 나타낸다.

- **응력 수준** : 콘크리트의 강도와 재하기간이 같은 경우 응력의 증가에 따라 크리프는 증가한다.
- **하중재하기간** : 크리프는 재하 기간에 따라 증가한다. 크리프의 약 80%는 처음 4개월 내에 발생하며, 약 2년 후에 90%가 일어난다.
- **콘크리트의 강도와 재령** : 콘크리트가 높은 재령에서 하중을 받을수록 크리프는 보다 작아지는 경향이 있다. 또한, 강도 14MPa인 콘크리트의 크리프는 단위응력 및 단위시간

당 약 1.4×10^{-6}인 반면에, 강도 28MPa인 콘크리트의 크리프는 약 0.8×10^{-6}이다.

- **환경조건** : 순환공기의 습도 증가에 따라 크리프는 감소한다.
- **하중재하속도** : 장기하중을 받을 때 크리프는 하중재하속도의 증가에 따라 증가한다.
- **철근콘크리트 부재에서 철근비 및 분포** : 철근의 분포가 잘 되어 있을수록 철근비율이 크면 클수록 크리프는 작아지는 경향이 있다.
- **콘크리트의 크기** : 시편의 치수가 클수록 크리프는 감소한다.
- **시멘트 형태, 분말도, 함량** : 시멘트 풀에서는 콘크리트보다 15배 큰 크리프가 일어나기 때문에 시멘트량은 콘크리트의 최종 크리프에 대단히 큰 영향을 미친다.
- **물-시멘트 비** : 크리프는 물-시멘트 비의 증가에 따라 증가한다.
- **골재의 형태 및 입도** : 입도가 좋은 골재는 조밀한 콘크리트를 나타낼 것이며, 결과적으로 크리프는 감소한다.
- **양생방법** : 감수제(plasticizer)의 적절한 사용뿐 아니라 콘크리트의 고온 증기 양생은 크리프량을 감소시킬 것이다.

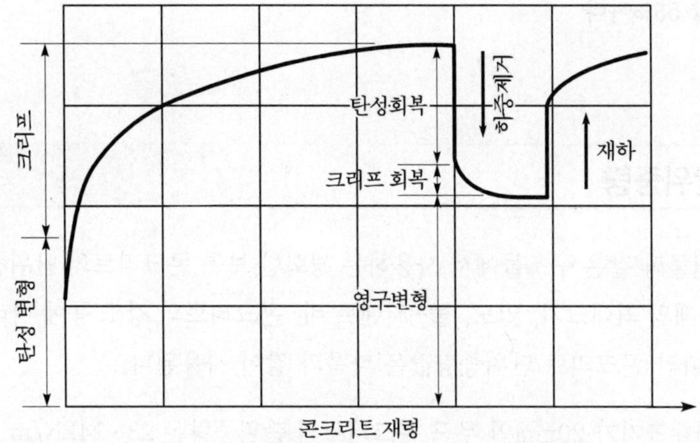

그림 2.10 각종 하중(제거, 재하중)을 받는 콘크리트의 탄성변형과 크리프 변형

크리프는 압축에서 뿐만 아니라 인장, 휨, 비틀림에서도 발생한다. 인장에서의 크리프 변화율의 압축에서의 크리프에 대한 비는 처음 두 주일 동안에는 클 것이나, 기간이 길수록 감소할 것이다.

압축을 받는 콘크리트에서의 크리프는 많은 사람에 의해 실험되어졌다. Troxell, Davis and Raphael 등은 20년 동안 주기적으로 크리프 변형률을 측정하였으며, 20년 후의 전체 크리프 변형률을 계산하였는데, 2주일에 18~35%, 3개월에 30~70%, 그리고 1년 내에

64~83%가 발생한다고 하였다. 시간과 크리프를 관련시킨 여러 실험식이 여러 조사자들에 의해 제안되어졌다.

이 중 한 가지 간단한 식은

$$C_r = x^y \sqrt{t} \tag{2.19}$$

여기서, C_r =단위길이당, 단위응력당 크리프 변형률

x, y =실험에 의해 결정되는 상수

t =시간(일)

지속하중은 콘크리트의 변형뿐 아니라, 강도에도 영향을 미친다. 콘크리트가 1년 동안 집중하중을 받을 때 30%까지 철근콘크리트의 강도 감소가 예상된다.

콘크리트의 피로강도는 정적강도보다 훨씬 작다. 하중을 반복적으로 재하 시키고 제거함으로써 소성변형은 점진적으로 커지게 된다. 압축에서 콘크리트가 약 2백만 번의 재하를 받는다면, 피로한계는 정적압축강도의 약 50~60%이다. 보에서 콘크리트의 피로한계는 정적압축강도의 약 55%이다.

2.8 단위중량

일반적으로 건물과 같은 구조물에서 사용하는 경화한 보통 콘크리트의 단위중량 W는 콘크리트 배합, 골재의 최대크기, 입도, 물-시멘트 비, 콘크리트의 강도 등에 따라 서로 다르다. 각종 경우에 따라 콘크리트 단위중량값은 다음과 같이 사용된다.

- 골재의 최대크기가 20mm인 무근 콘크리트의 단위중량은 23~24kN/m^3 사이에서 변한다. 28MPa보다 작은 강도를 갖는 콘크리트에서 23kN/m^3 정도의 값이 사용되는 반면에, 보다 높은 강도의 콘크리트에서는 24kN/m^3 정도의 값이 사용된다.
- 골재의 최대크기가 100~150mm인 무근 콘크리트의 단위중량은 24~25kN/m^3 사이에서 변한다. 일반적으로 25kN/m^{3}의 값이 사용된다.
- 콘크리트 단면에 약 0.7~1.5%의 철근을 사용한 철근콘크리트의 단위중량은 24kN/m^{3}으로 간주한다. 보다 높은 철근비에서의 단위중량 W는 25kN/m^{3}이라고 가정할 수 있다.
- 구조용 경량 콘크리트의 단위중량은 14~19kN/m^3 사이에서 변한다.

- 내화, 조적조(masonry), 절연(insulation) 등의 목적을 위해 사용하는 경량 콘크리트의 단위중량은 13~14kN/m^3 사이에서 변한다. 위의 값은 하중저항 콘크리트 부재에 사용할 수 있다.
- 중량콘크리트의 단위중량은 32~43kN/m^3 사이에서 변한다. 최대 크기가 38mm인 천연 중정석 골재로 만들어진 중량 콘크리트는 약 36kN/m^{3}의 중량을 갖는다. 철광석 골재를 사용할 경우에는 43kN/m^{3}의 단위중량을 나타낸다.

2.9 내화성

재료의 내화성이란 강도의 저하, 변형, 붕괴가 없이 불에 저항하는 능력이다. 콘크리트의 경우, 내화성은 두께, 건축형태, 골재의 형태 및 크기, 시멘트의 함량 등에 따라 그 값이 다르다. 1층 이상의 높은 건물에서는 불의 영향을 고려하는 것이 중요한데, 이는 거주자가 대피하기 위한 충분한 시간이 필요하기 때문이다.

철근콘크리트는 강재보다 훨씬 좋은 내화재료이다. 강철 제품은 급속히 열을 받으며, 강재의 강도는 단시간에 현저하게 줄어든다. 콘크리트 자체는 낮은 열전도체이다. 따라서 250℃ 이하에서의 온도영향은 크지 않으나, 보다 높은 온도에서는 어느 정도의 손상이 예상된다. 또한, 압축강도보다 휨 강도가 불에 의해 영향을 많이 받는 것으로 알려지고 있다.

콘크리트 슬래브의 상면에 벌레 먹은 모양의 세공과 같은 25mm 두께의 절연재료의 사용은 약 2시간 정도의 내화성을 보장하고 있는 것으로 알려져 있다.

2.10 철근

철근은 콘크리트 부재 내부에 놓이며, 부재에 외부하중으로 인해 생기는 인장력에 저항하기 위해 주로 인장 측에 놓인다. 철근은 또한 부재의 압축저항을 증가시키기 위하여 사용되기도 한다. 철근은 콘크리트에 비해 고가이나 콘크리트 압축강도의 약 10배의 항복강도를 갖는다. 철근콘크리트 부재에서 철근과 콘크리트의 기능 및 거동은 3장에서 논의할 것이다.

철근콘크리트 부재에서 인장력이나 압축력을 부담하는 종방향 철근을 주철근이라 한다. 주철근에 수직한 방향으로 슬래브에 추가하는 철근을 2차 혹은 배력(distribution)철근이라 부른다. 철근콘크리트 보에서 주철근에는 횡방향으로 네모형이나 U형으로 구부러진 다른 형태의 철근이 사용된다. 이들은 스터럽(stirrup)이라 부른다. 유사한 철근이 기둥에서 사용되며, 이들은 형태에 따라 띠철근(tie) 또는 나선철근(spiral)이라 부른다(그림 2.11).

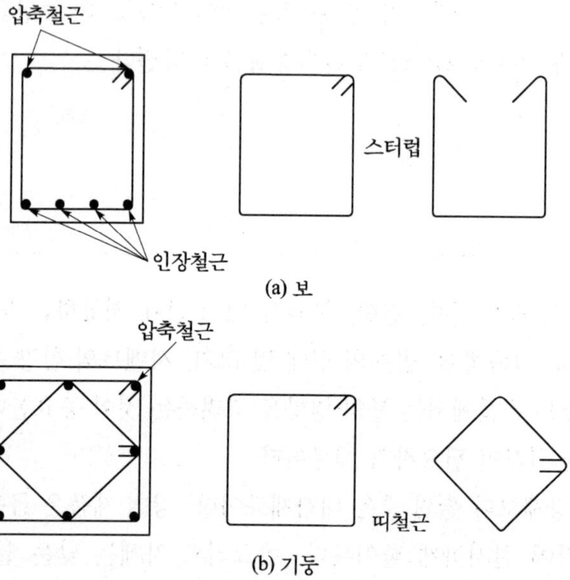

그림 2.11 철근콘크리트 구조물 내의 철근배근형태

2.10.1 철근의 형태

여러 가지의 철근콘크리트 부재에서 여러 형태의 철근이 사용된다. 이들 형태는 다음과 같이 분류할 수 있다.

- **철근(Reinforcement Bar)** : 이들은 철근콘크리트에서 가장 폭넓게 사용된다. 철근은 6mm에서 38mm 직경의 넓은 범위에 걸쳐 생산되며, 41mm와 51mm의 특별한 형태도 있다. 철근은 표면형태에 따라 원형철근과 이형철근으로 나뉜다. 원형철근은 최근에는 사용되지 않지만, 가끔 이차보강이나 스터럽, 띠철근에서 사용한다. 이형철근은 콘크리트와 부착을 향상시키고 인장 측에서의 균열 폭이 벌어짐을 억제할 목적으로 표면에 돌출부나 주름(deformation)을 갖는다.

원형철근의 직경은 쉽게 측정되나, 이형철근에서는 이형철근의 단면적과 같은 원형철근 표면의 직경인 공칭직경을 사용한다. 철근상의 표면돌출부 형성에 대한 규정은 KS D3504에 명시되어 있다. 철근 크기는 D6~D51의 번호로 표시된다. 예를 들면, D22 철근은 공칭직경이 22.2mm이며, D13 철근은 12.7mm의 공칭직경을 갖는다. 철근의 등급은 연속선체계(continuous line system)나 수체계(number system)에 의해 철근 위에 나타난다. 첫 번째 체계에서, 1개의 종철근선이 KS D 3504에 따른 400MPa의 고강도 등급이라는 것을 나타내기 위하여, 주 리브에 추가하여 철근에 첨가된다. 어떤 추가적인 선 없이 주 리브만이 철근에 나타나있다면, 구조등급에서 KD D 3504에 따른 보통등급의 철근(f_y =300MPa)을 의미한다. 수체계에서, 고강도등급의 항복강도는 모든 철근에 분명하게 표시되어있다. 보통 등급의 경우, 강도 표시가 없다. 2가지의 표기 형태가 그림 2.12에 나타나 있다.

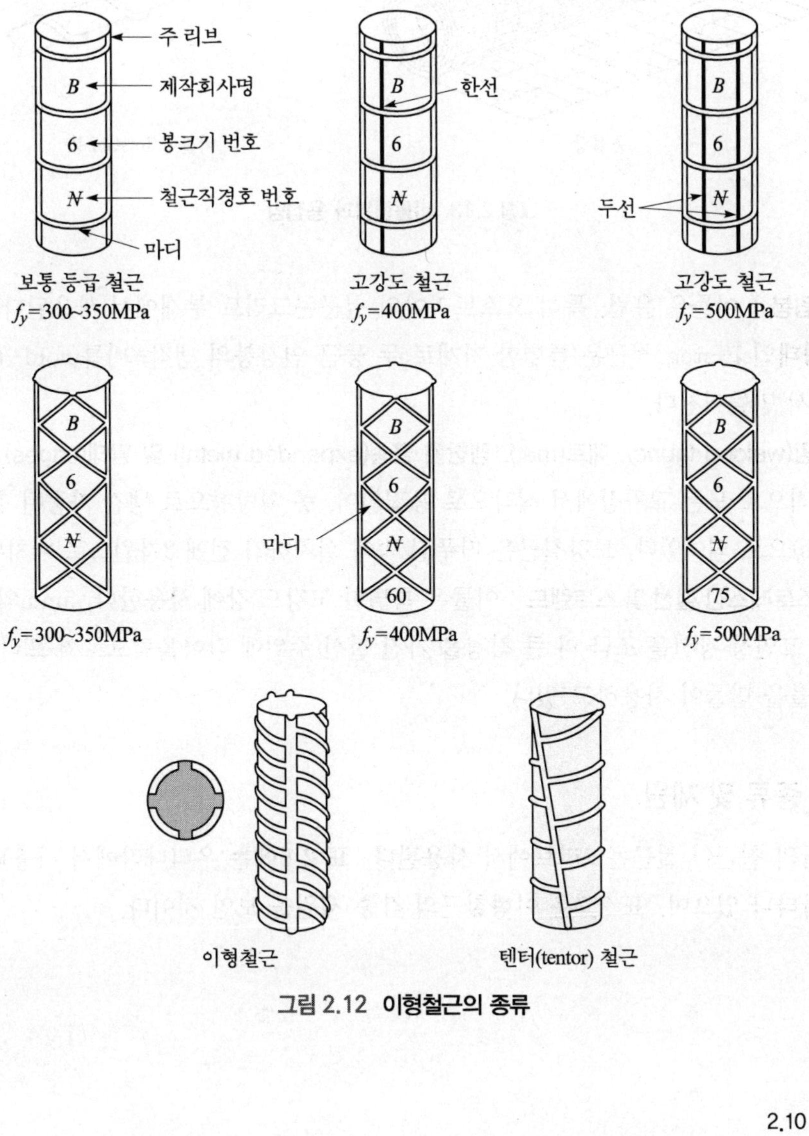

그림 2.12 이형철근의 종류

그림 2.13은 여러 가지 다른 형태의 철근을 나타내고 있다.

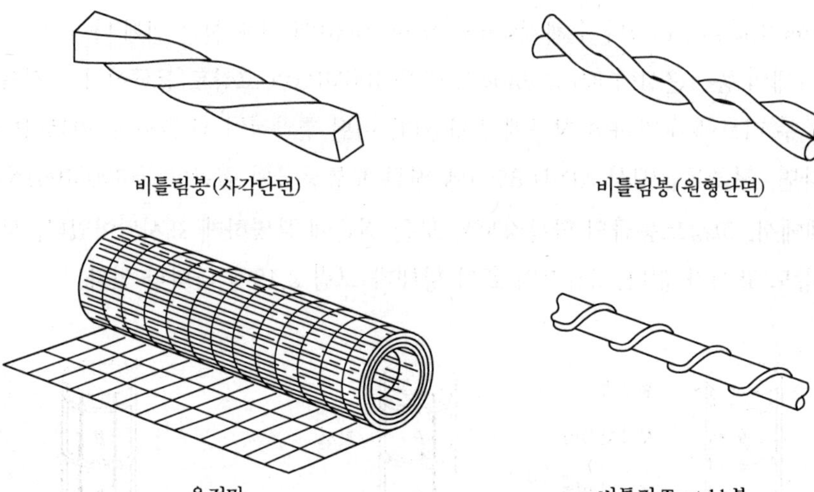

그림 2.13 비틀림봉과 용접망

- **비틀림봉** : 이들은 유럽, 특히 오스트리아의 철근콘크리트 부재에서 사용된다. 이 중의 한 형태인 I-steg 철근은 특별한 기계로 두 둥근 연강봉의 냉각-비틂(cold-twisting)으로서 만들어진다.
- **용접망(welded fabric), 매트(mat), 팽창된 금속(expanded metal) 및 망태(cages)** : 이들은 일반적으로 모든 교차점에서 직각으로 용접되어, 종·횡방향으로 냉간 가공된 철선(steel wires)으로 되어있다. 보강철근은 거푸집 속에 설치하기 전에 3차원으로 배치된다.
- **프리스트레스싱 철선 및 스트랜드** : 이들은 특별한 고강도 강에 사용한다. 5mm와 7mm 직경의 고인장 강선을 조금 더 큰 직경을 가진 철선 주위에 감아올림으로써 프리스트레싱 케이블을 만들어 사용하고 있다.

2.10.2 종류 및 제원

여러 등급의 철근이 철근콘크리트에서 사용된다. 표 2.6에는 우리나라에서 사용되는 철근 종류가 나타나 있으며, 표 2.7은 이형철근의 각종 제원을 보인 것이다.

표 2.6 철근의 종류

종류		기호	항복점(MPa)	인장강도(MPa)	색깔
원형철근	1종	SR 240	240 이상	380 이상	청 색
	2종	SR 300	300 이상	440 이상	녹 색
이형철근	1종	SD 300	300 이상	440 이상	녹 색
	2종	SD 350	350 이상	490 이상	척 색
	3종	SD 400	400 이상	560 이상	황 색
	4종	SD 500	500 이상	620 이상	흙 색
	5종	SD 400W	400 이상	560 이상	백 색
	6종	SD 500W	500 이상	620 이상	분홍색

표 2.7 이형철근의 제원

호칭	단위중량(kg/m)	공칭지름(mm)	공칭단면적(mm^2)	공칭둘레(mm)
D6	0.249	6.35	31.67	20
D10	0.560	9.53	71.33	30
D13	0.995	12.7	126.7	40
D16	1.56	15.9	198.6	50
D19	2.25	19.1	286.5	60
D22	3.04	22.2	387.1	70
D25	3.98	25.4	506.7	80
D29	5.04	28.6	642.4	90
D32	6.23	31.8	794.2	100
D35	7.51	34.9	956.6	110
D38	8.95	38.1	1140.0	120
D41	10.50	41.3	1340.0	130
D51	15.9	50.8	2027.0	160

2.10.3 응력-변형률 곡선

철근의 응력-변형률 곡선과 철근의 기계적 성질에 영향을 미치는 중요한 요소는 화학적 성분이다. 철근에 탄소를 첨가하는 것과 첨가제를 합금하는 것은 강도를 증가시키나, 연성을 감소시킨다. 상업용 철강은 1.2% 이상의 탄소를 사용하지 않는다. 구조용 강재에서 사용되는 탄소의 비율은 0.2~0.3% 정도이다. 그림 2.14는 연강으로 된 보강철근의 대표적인 응력-변형률 곡선을 나타낸다.

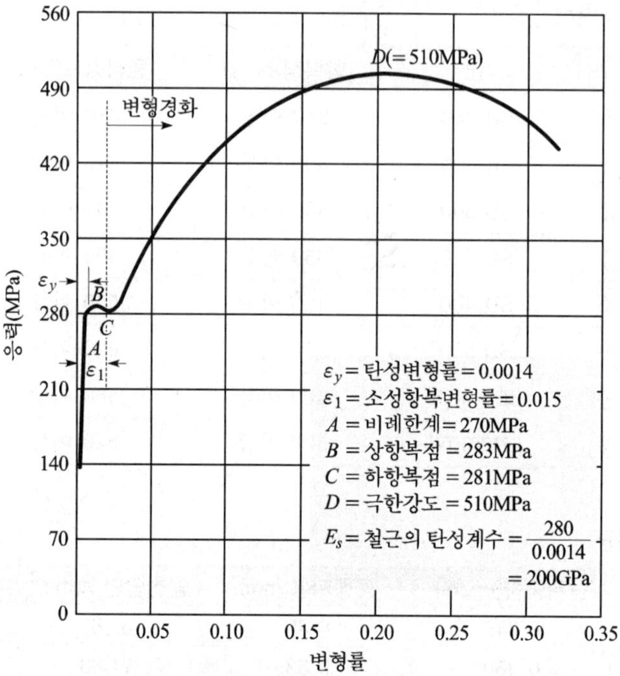

그림 2.14 인장철근의 응력-변형률 곡선

철근콘크리트 구조물의 설계에서는 2가지 철근의 성질이 사용된다. 첫 번째는 탄성계수 E_s이다. 탄성계수는 모든 종류의 철근에 대해 일정한 것으로 알려져 있다. 현행 콘크리트구조기준 KDS(14 20 10, 2021)에서는 E_s의 값으로서 2.0×10^5MPa을 채택하고 있다. 탄성계수는 비례한계까지 탄성범위 내의 응력-변형률 곡선의 기울기이다.

$$E_s = \frac{\text{응력}}{\text{변형률}}$$

두 번째는 항복강도 f_y이다. 항복강도가 350MPa 이하인 저탄소강에 대한 응력-변형률 곡선은 항복점까지는 탄성 거동을 보인다(그림 2.15 참조). 항복응력에 도달한 후 즉시, 변형률은 초기항복 변형률 ε_y의 약 8~15배만큼 증가한다.

고인장 철근에서, 응력-변형률 곡선 위에 명확한 항복점이 나타나지 않는 수가 있다. 이러한 경우에, 응력이 증가함에 따라 점차적으로 극한강도에 이르게 된다(그림 2.15). 항복강도 또는 Proof 응력은 하중을 제가하였을 때 0.2%의 잔류 변형률을 남기는 응력 또는 하중을 받는 상태에서 0.5~0.6%의 총변형률을 남기는 응력으로서 정의된다.

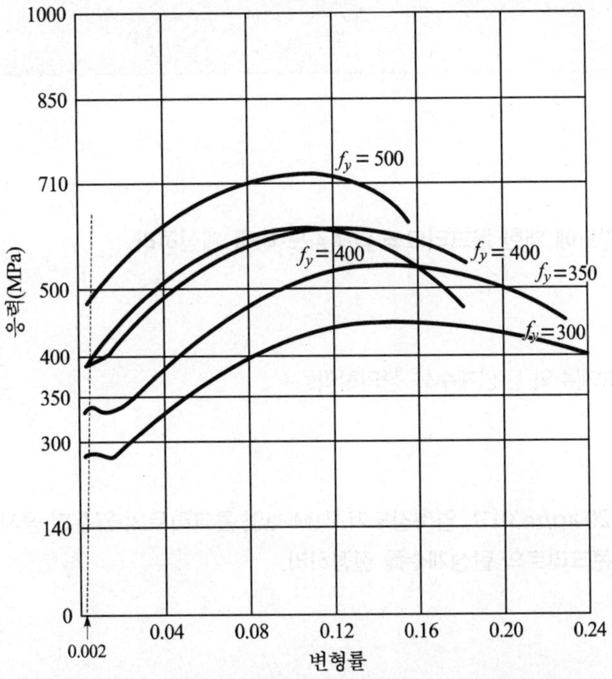

그림 2.15 여러 등급의 철근에 대한 대표적인 응력–변형률 곡선

연습문제

2.1 인장, 휨, 전단강도에 대한 콘크리트의 압축강도 비를 계산하라.

2.2 콘크리트의 파괴계수와 탄성계수를 정의하라.

2.3 단위중량이 1,920 kg/m^3이고, 압축강도가 21MPa인 콘크리트의 원주형 공시체에 대하여, 시방서 식을 사용하여 콘크리트의 탄성계수를 결정하라.

2.4 포아슨의 비 $\mu=0.18$을 사용하여, 단위중량이 2,400 kg/m^3이고 압축강도가 31MPa인 콘크리트 시편의 탄성계수와 전단계수를 계산하라.

2.5 콘크리트의 건조수축에 영향을 미치는 요소는 무엇인가?

2.6 콘크리트의 크리프에 영향을 미치는 요소는 무엇인가?

2.7 철근콘크리트에 사용하는 철근의 종류 및 등급은 어떠한가?

2.8 철근의 응력-변형률에서, 다음을 나타내고 설명하라 : 비례한계, 항복응력, 극한응력, 항복 변형률, 탄성계수

CHAPTER 03

설계이론 및 방법

CHAPTER

03

Design of Reinforced Concrete Structures

설계이론 및 방법

3.1 서 언

구조물 설계는 발주자와 사용자가 요구하는 안전(Safety)을 합리적인 방법에 의하여 확보하고, 이를 객관적으로 증명할 수 있어야 하며, 동시에 경제성을 확보할 수 있어야 한다. 구조물의 안전은 파괴상태에 도달할 때까지의 안전, 사용시의 안전, 시간에 따른 구조물의 변화에 대한 안전 등으로 구분할 수 있으며, 이를 구조적 안전, 사용성, 내구성 등으로 정의할 수 있다. 이와 같은 안전에 대한 요구조건을 만족시키기 위하여 현장여건을 충분히 반영한 계획, 적절한 재료의 선정, 정확한 이론에 근거한 해석과 설계, 그리고 이를 반영한 상세와 도면화가 이루어져야 하며, 현장에서는 엄격한 시공관리를 통해 수명주기동안 요구되는 수준의 안전을 확보, 유지할 수 있어야 한다. 구조물은 사용하는 동안 다양한 원인에 의하여 안전에 영향을 받고, 변화하게 된다. 안전에 영향을 주는 인자로는 크게 구조물에 작용하는 다양한 형태의 외력과 이에 저항하게 되는 내력으로 구분할 수 있다.

3.1.1 허용응력 설계법

산업혁명 이후 강구조물의 설계와 시공이 증가하고, 구조물의 안전성을 확보하기 위하여 탄성론에 기초한 설계방법을 구조물에 적용하기 시작하였다. 탄성론에 의하면 외력에 의해 부재에 발생하게 되는 응력의 분포와 크기를 산정할 수 있고, 부재를 구성하는 재료의 최대강도를 알고 있으면 부재의 파괴 정도를 예측할 수 있게 된다. 이때 부재에 발생하는 응력과 최대강도의 비를 다음과 같이 안전율로 정의할 수 있다. 여기에서 f_r은 부재가 갖고 있는 파괴강도(항복강도)이며, f_E는 외력에 의해 부재에 발생하게 되는 응력이다.

$$\frac{f_r}{f_E} = safety\ factor(\gamma) \tag{3.1}$$

식 (3.1)는 설계 목적으로 $f_r/\gamma = f_a$로 정의할 수 있으며, f_a를 허용응력으로 정의하게 된다. 그러나 안전계수 또는 안전율 γ는 외력과 저항력에 대해 필요한 안전율을 경험에 의해 결정하여 사용하였다. 또한 탄성론에 기반하여 부재를 설계하고 있기 때문에 사용하중상태에서 부재의 응력은 탄성응력 범위에 있게 되며, 실제 사용상태의 응력과 변위 등을 평가할 수 있는 장점이 있다. 탄성체인 강구조물의 경우에는 사용하중 상태에서 완벽한 탄성거동을 하고 단일 재료를 사용하기 때문에 허용응력 설계에 의해 부재의 거동을 정확하게 설명할 수 있다. 그러나 콘크리트와 철근의 합성단면인 철근콘크리트는 탄성계수와 강도 등이 모두 다르기 때문에 각 재료의 안전율을 다르게 적용하여 설계반영하는 것이 보다 합리적이다. 따라서 허용응력설계법에 의한 철근콘크리트 구조의 설계식은 다음과 같이 표현된다.

$$\frac{f_{ck}}{\gamma_c} = f_{ca} \geq f_c, \qquad \frac{f_y}{\gamma_s} = f_{sa} \geq f_s \tag{3.2}$$

여기서, f_{ck}와 f_y는 콘크리트 설계기준강도와 철근의 항복강도이고, f_c와 f_s는 사용하중상태에서 구조물의 발생하는 콘크리트와 철근의 응력, γ_c와 γ_s는 콘크리트와 철근의 안전율(일반적으로 2.5와 2.0)

3.1.2 극한상태 설계법

모든 구조물은 외적요인인 하중과 내적요인인 내부저항력의 상호작용에 의해 거동하게 되므로 각 특성들을 설계에 정확하게 반영할 수 있어야 한다. 그러나 허용응력설계법은 두 개의 독립적인 물리적 특성을 구분하여 설계에 반영할 수 없는 한계가 있으며, 콘크리트의 비탄성 특성으로 인하여 허용응력 설계법으로는 구조적 파괴상태인 한계상태 설계가 거의 불가능하다. 따라서 대부분의 국가에서는 외적하중의 영향과 내적구조체의 저항을 분리하여 안전도를 확보하고자 하는 설계법을 채택하고 있으며, 이를 부분안전계수 설계법이라 한다. 이때 구조물의 구조적 한계(강도)를 정의하고, 내적 저항의 안전도를 어떻게 해석하는지에 따라 극한강도설계법 또는 한계상태설계법으로 정의하고 있다.

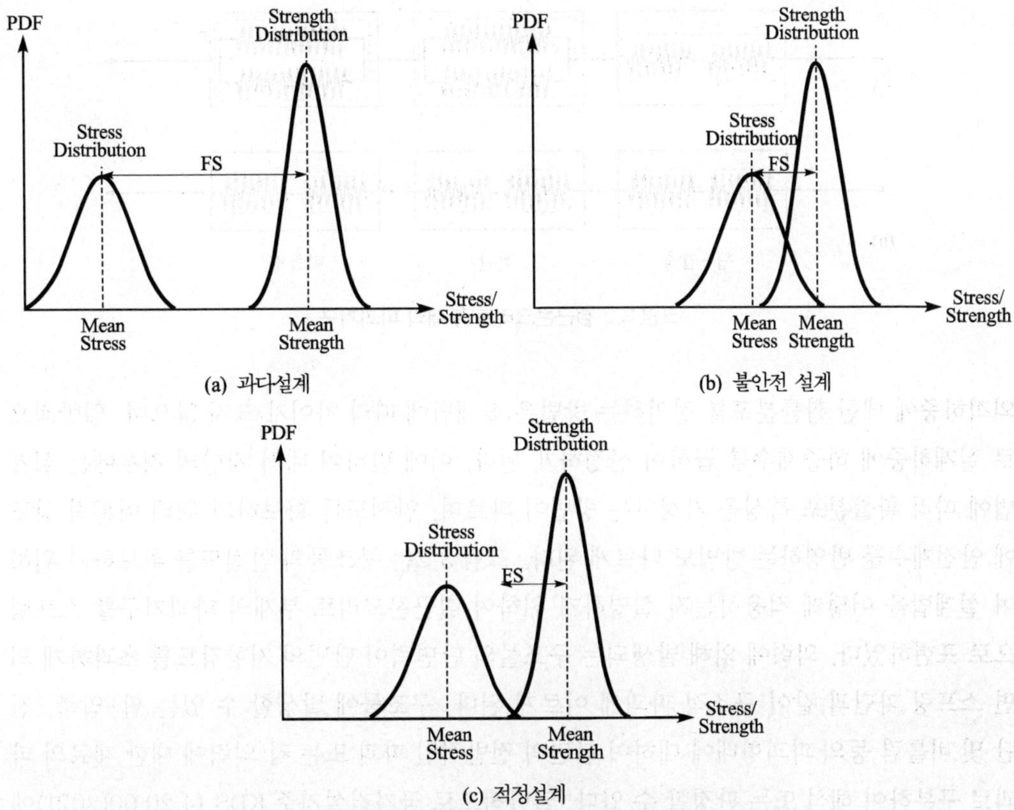

그림 3.1 구조물에 작용하는 하중과 내적저항력의 확률분포특성

구조물에 작용하는 하중은 대표적으로 수명주기동안 변화가 작은 고정하중과 변동폭이 상대적으로 큰 이동하중 또는 활하중이 있으며, 이외에도 수압/토압 등의 하중과 온도, 설하중 등의 다양한 외력이 존재할 수 있다.

외력에 저항하는 내적 저항력 또한 하중 재하 위치나 부재 형태 등에 따라 휨-압축, 전단 및 비틀림 응력에 의해 파괴되며, 내적 저항 또한 확률론적 특성을 갖고 있다. 따라서 많은 연구자들이 구조물의 외적과 내적 불확실량을 어떻게 효과적으로 설계에 반영할 것인가에 대해서 고민해 왔으며, 내적저항력과 외적하중간의 기초적인 확률분포 관계는 그림 3.1과 같이 나타낼 수 있다. 저항강도의 확률분포와 외적하중의 분포가 교차하는 부분은 안전에 대하여 신뢰할 수 없는 영역 또는 구조물의 파괴가 발생할 수 있는 구간을 의미하며, 그림 3.1 (a)와 같이 두 확률분포가 너무 떨어져 있으면 과다설계를 의미하고, (b)와 같이 너무 가까운 경우는 반대로 불안전한 설계가 되는 것이다. 따라서 최적의 구조물 설계는 수명주기동안 발생할 파괴확률 또는 두 확률분포의 교차구역이 일정 이하가 되도록 설계되어야 한다.

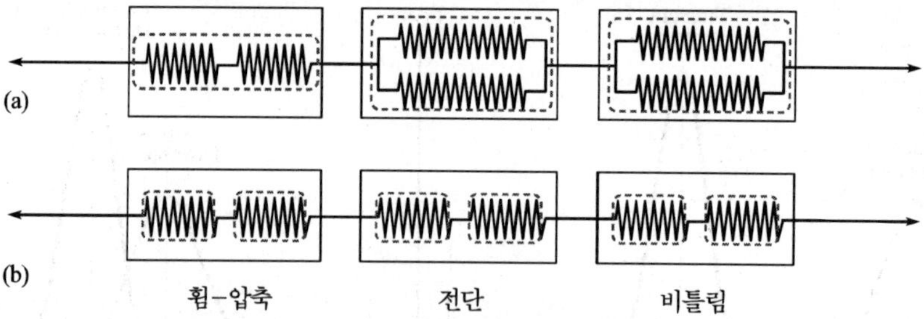

그림 3.2 철근콘크리트 부재의 파괴기구

외적하중에 대한 확률분포를 정의하는 방법은 설계법에 따라 차이가 크지 않으며, 일반적으로 실제하중에 하중계수를 곱하여 산정하게 된다. 이에 반하여 내적 저항의 경우에는 설계법에 따라 확률분포 특성을 가정하는 방법이 다르며, 안전도를 확보하기 위해 이론적 강도에 안전계수를 반영하는 방법도 다르게 된다. 그림 3.2는 구조물의 안전도를 확보하기 위하여 설계법을 어떻게 적용하는지 설명하기 위하여 철근콘크리트 부재의 파괴기구를 스프링으로 표현하였다. 외력에 의해 발생되는 구조물의 단면력이 단면의 저항강도를 초과하게 되면 스프링 파단과 같이 구조적 파괴에 이르게 된다. 구조물에 발생할 수 있는 휨-압축, 전단 및 비틀림 등의 파괴형태에 대하여 단면의 전반적인 파괴 또는 각 외력에 대한 재료의 파괴로 구분하여 해석 또는 판정할 수 있다. 일반적으로 국가건설기준 KDS 14 20 00(2021)에서 사용하고 있는 강도설계법은 그림 3.2(a)와 같이 휨-압축응력에 대해서 단면의 전체적인 파괴 특성의 형태로 예측하고 있으며, 전단에 대해서는 중첩의 원리를 적용하여 콘크리트 전단 강도와 철근의 인장강도의 합으로 해석하고 있다. 이에 반하여 그림 3.2(b)의 해석방법은 도로교설계기준(KDS 24 14 21)와 유로코드(EC 2)에서 적용하고 있는 방법이며, 파괴 형태에 관계없이 콘크리트와 철근의 강도 특성을 분리하여 해석하고 있다. 전체적으로 강도설계법의 경우는 파괴형태에 따른 강도감소계수라는 안전율의 개념을 적용하고 있기 때문에 거동에 따른 보다 직관적인 해석이 가능하고, 한계상태설계법의 경우는 재료의 불확실성에 기반한 재료안전계수를 적용하기 때문에 상대적으로 확장성이 뛰어난 장점이 있다.

한계상태 설계법의 하나인 강도설계법은 1955년 구소련에서 처음 제정되었으며, 미국과 영국에서는 각각 1956년과 1957년에 소개되었다. 1963년 미국의 ACI 설계기준에서는 강도설계법과 허용응력설계법 모두를 병행하여 사용하도록 하고 있으나, 1971년부터 강도설계법이 더욱 강조되었으며, 1989년 이후부터는 강도설계법만을 ACI 설계기준의 본문에서 다루고 있다.

우리나라에서도 1960년대부터 시방서에 강도설계법을 소개하여 왔고, 지난 1978년 이래로 강도설계법의 사용을 권장해오다 1989년 콘크리트 표준시방서에서 주설계법으로 채택한 후, 1996년 콘크리트 표준시방서부터는 이 방법만을 소개하고 있다. 건설교통부의 제안으로 토목분야와 건축분야가 통합하여 1999년 콘크리트구조기준을 한국콘크리트학회에서 처음 작성하였다. 그리고 현재는 국내의 모든 설계기준을 국가건설기준센터에서 개정을 담당하고 있으며, 2021년에 KDS 14 20의 일부를 마지막으로 개정하였다. 우리나라의 경우에는 교량을 제외한 콘크리트 구조물의 설계는 강도설계법에 의해 설계하도록 규정하고 있다.

철근콘크리트 구조물을 설계하기 위한 기법 중 강도설계법은 외부의 계수하중 및 단면의 설계강도를 토대로 하여 구조부재의 단면 크기를 결정하는 방법이다. 계수하중은 작용하중, 즉 고정하중과 예상되는 활하중에 하중계수를 곱함으로써 얻어지며, 단면의 설계강도는 공칭강도에 안전율을 곱하여 계산한다. 계수하중은 하중이 구조물에 작용하는 방법에 따라 휨모멘트, 전단, 비틀림(twist) 등과 같은 형태에 따라 다르며, 이때 구조부재의 단면은 내부 저항력이 부재에 작용하는 외부 계수하중에 의한 힘(휨모멘트, 전단, 비틀림 등)과 같거나 그 이상이 되도록 설계된다.

현재 사용되고 있는 한계상태설계법의 시초는 1975년 유럽 공동체 위원회에서 역내 국가간의 기술적 장벽을 제거하고 기술의 표준화를 위하여 제안된 실행프로그램에서 시작되었다. BS, DIN 등의 국가간의 건설기준을 통합하고 조화된 기술기준으로 개발하기 위하여 유럽표준화위원회의를 통해 1980년대 1세대 유로코드가 개발되었으며, 1992년에 EC 2가 제정되었고, 현재 2세대 유로코드를 2026년에 발표하기 위하여 개발하고 있다. 유로코드는 전체 건설분야에서 적용할 수 있도록 총 10개의 기준으로 구성되어 있으며, 극한한계상태, 사용한계상태, 피로한계상태 및 사고한계상태 등의 4개의 한계상태에 대하여 구조물을 설계하도록 정의하고 있다. 유로코드 중 콘크리트 기준은 EN 1992 : Eurocode 2에서 다루고 있으며, 신뢰성해석에 기반하여 안전계수와 재료계수를 산정하도록 하고 있다.

우리나라에서는 2015년 도로교설계기준에 대해서 유로코드 기반의 한계상태설계법이 개발되어 2018년부터는 도로교 설계시에 그리고 2021년부터는 철도교 설계시 한계상태 설계를 실시하도록 하고 있다.

철근콘크리트 부재를 설계하기 위해서는 다음의 주요 사항 등을 검토하는 것이 필요하다.

1) 구조물의 안전

예측되는 모든 외력들에 대하여 안전을 확보하기 위해 구조물은 적절한 내적 저항강도를 확보하여야 한다. 작용 가능한 외력은 구조물에 일상적인 고정하중, 활하중, 토압, 수압 뿐만 아니라 지진, 태풍, 화재, 충돌 등과 같은 예측하기 어려운 외력들에 대해서도 설계자는 안전을 최대한 확보할 수 있도록 설계하여야 한다.

2) 작용하중 하에서 사용성능

구조물은 극단의 하중에 의해 발생할 수 있는 위험뿐만 아니라 항시 작용하는 사용하중에 의한 변형과 손상을 최대한 제어함으로서 수명주기동안 사용자가 최대한 편안하게 사용될 수 있어야 한다. 이를 위해 설계자는 균열과 처짐 등과 같은 사용성능에 대한 설계를 수행하여야 한다. 구조물의 과도한 변위는 시설물의 손상과 함께 사용자의 불편과 미적으로도 좋지 않은 영향을 갖게 된다. 따라서 모든 구조체는 기준에서 정하고 있는 최대변위 이상의 변형이 발생하지 않도록 제어하여야 하며, 구조체의 변위는 부재길이와 지점/경계조건 등과 함께 재료의 탄성계수와 단면이차모멘트의 함수인 강성에 의해 결정된다.

또한 콘크리트는 이질 재료로 구성되기 때문에 사용하중 상태에서 균열을 피할 수 없고, 균열에 의해 미관이 나빠지는 것은 물론 균열부에서의 수분 또는 이산화탄소의 침투 등으로 철근의 부식을 유발하고, 이로부터 장기적인 구조물의 안전 성능이 낮아질 수 있는 위험이 있다. 따라서 균열의 경우도 균열의 폭을 직접 제어하거나 철근간격 또는 콘크리트 피복두께를 조절함으로서 구조물에 유해한 균열을 제어하여야 한다.

3) 수명기간 동안의 내구성능

콘크리트는 시간이 경과함에 따라 강도가 증가하고, 철근의 부식을 억제할 수 있는 특징이 있기 때문에 다른 재료와 비교하여 내구성이 상대적으로 우수하다. 그러나 동결융해, 황산염 및 알칼리 환경하에서는 내구성이 저하 될 수 있다. 이와 같은 내구성 문제는 본 교재에서 다루고 있지는 않으나, 설계자는 내구성에 대한 검토 또는 설계를 수행하도록 해야 한다.

4) 시공시 철근상세 및 콘크리트 제작

콘크리트는 공자에서 제작되거나 현장에서 철근 조립과 콘크리트 타설이 이루어지기 때문에 설계자는 설계도서를 통해 시공기술자에게 명확하게 의사전달이 될 수 있도록 노력해야 한다. 또한 철근은 현장에서 가공하고 이음을 두어 시공하게 되고, 콘크리트 접합부 또는 지점부에 사용되는 앵커 등도 현장시공하는 것이 일반적이다. 그러나 이와 같은 철근 상세 및 앵커 부 등은 구조물의 안전도에 중요한 영향을 미치는 요인임에도 불구하고 설계과정과 시공과정 등에서 상대적으로 소홀히 취급되는 경우가 있다. 따라서 설계자는 현장에서 철근상세와 앵커 등에 의한 구조물의 손상이 발생하지 않도록 주의를 기울여야 한다.

3.2 철근콘크리트 단순보의 파괴거동 비교

콘크리트는 인장에 약하기 때문에 하중을 받는 콘크리트 보는 인장 측에 균열이 발생하게 되며, 만일 인장 철근이 보강되어있지 않다면 보는 갑자기 파괴될 것이다. 부재의 균열은 최대 휨인장응력이 콘크리트 휨강도(파괴계수)에 도달할 때 발생한다. 그러므로 보의 모멘트 저항력을 증가시키기 위해 철근을 사용하게 되고, 결과적으로 부재의 휨단면은 압축력은 콘크리트가 저항하고 철근은 인장력에 저항하게 된다.

하중이 점차 증가할 때, 철근콘크리트 보의 거동을 조사하기 위해 다음과 같은 2개의 보가 어떻게 파괴에 이르는가를 비교, 검토하였다. 시험보에 관한 상세한 조건은 그림 3.3에

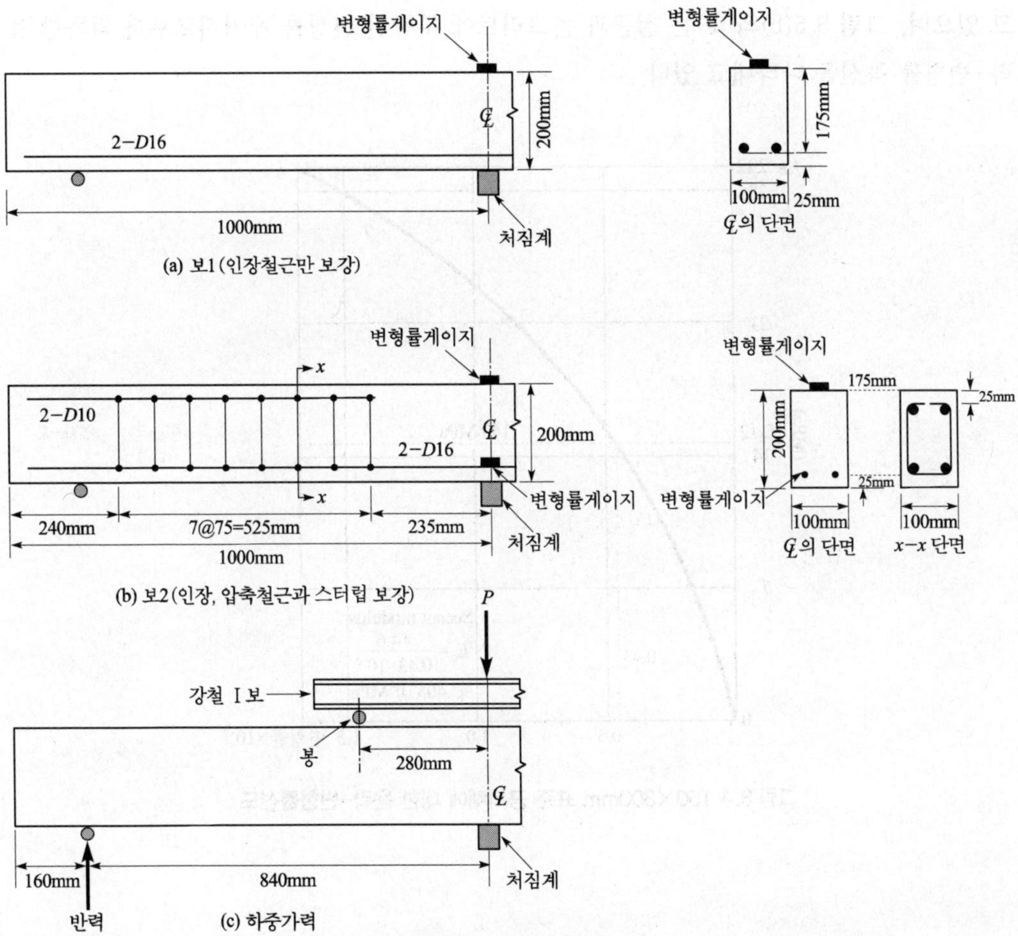

그림 3.3 시험보의 세부제원

도시하였으며, 시험보의 단면 크기는 100×200mm이고, 인장 측에 2개의 D16 철근이 보강되어 있다.

두 보에는 동일한 배합의 콘크리트가 타설되었으며, 보 1은 스터럽이 없고, 보 2는 75mm 간격으로 D6 스터럽이 보강되어 있다. 보 2의 압축 측에는 D10 철근이 보강되었다. 두 보 모두 동일한 하중과 시험 절차에 따라 수행되었다. 그림 3.4는 콘크리트의 압축강도와 탄성계수 E_c를 결정하기 위해 수행된 표준 콘크리트 공시체의 하중 증가에 따른 압축응력–변형률 곡선을 나타내고 있다. 압축응력–변형률 곡선은 변형률 0.0015까지의 응력의 상승부분만 나타내고 있다. 접선을 이용한 탄성계수 산정법을 통해 구해진 콘크리트 탄성계수는 그림에 표시한 것과 같이 3.4×10^4MPa로 나타났다. 표 3.1과 3.2에는 보 실험 결과를 정리하였다. 그림 3.5(a)는 보 1과 보 2의 중앙단면에서의 단계별 휨응력도와 변형률도를 나타내고 있으며, 그림 3.5(b)와 (c)는 철근과 콘크리트에 부착된 변형률 게이지로부터 획득한 응력–변형률 곡선을 나타내고 있다.

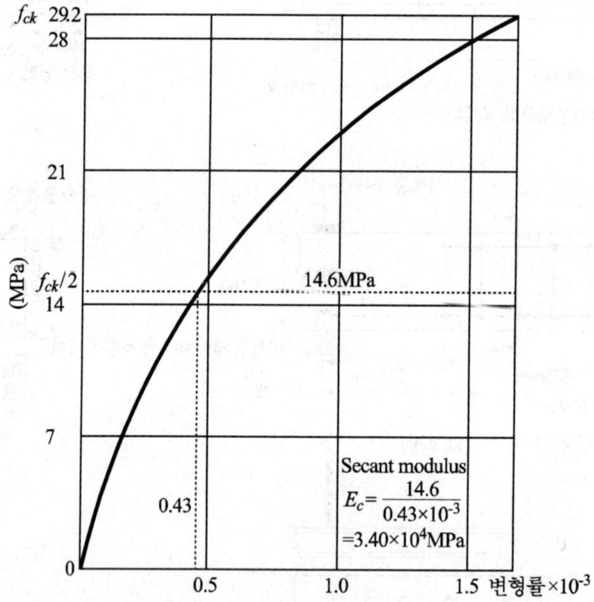

그림 3.4 150×300mm 표준 공시체에 대한 응력–변형률선도

표 3.1 보 1의 실험결과(스터럽은 없고, 인장철근만 보강)

하중(kN)	처짐(mm)	콘크리트 변형률×10^{-6}	관찰 사항
0	0	0	
4.50	0.329	60	
9.00	0.633	130	
13.50	0.990	320	
18.00	1.396	315	
22.50	1.878	429	경간 중앙 부근에서 연직균열 발생
27.00	2.350	529	
31.50	2.810	625	
36.00	3.260	723	
40.50	3.750	829	보의 1단에서 사인장 균열 발생
42.75	3.995	889	
45.00	4.225	935	
49.50	4.760	1,060	
54.00	5.295	1,170	
58.50	5.850	1,300	
60.75	6.200	1,365	
61.20	–	–	콘크리트파괴 및 보의 붕괴

표 3.2 보 2의 실험결과(인장, 압축철근과 스터럽 보강)

하중(kN)	처짐(mm)	콘크리트 변형률×10^{-6}	철근 변형률×10^{-6}	관찰 사항
0	0	0	0	
4.50	0.305	70	50	
9.00	0.610	140	120	
13.50	0.965	235	270	
18.00	1.438	345	430	
22.50	1.880	440	550	
27.00	2.362	550	685	경간 중앙에서 연직균열
36.00	3.175	720	940	
45.00	4.064	915	1,180	
49.50	4.520	1,030	1,310	사인장 균열 발생
54.00	4.980	1,120	1,430	
63.00	5.944	1,370	1,690	
66.38	9.804	1,500	–	철근항복
70.88	14.620	1,790	–	
72.90	–	–	–	보의 붕괴

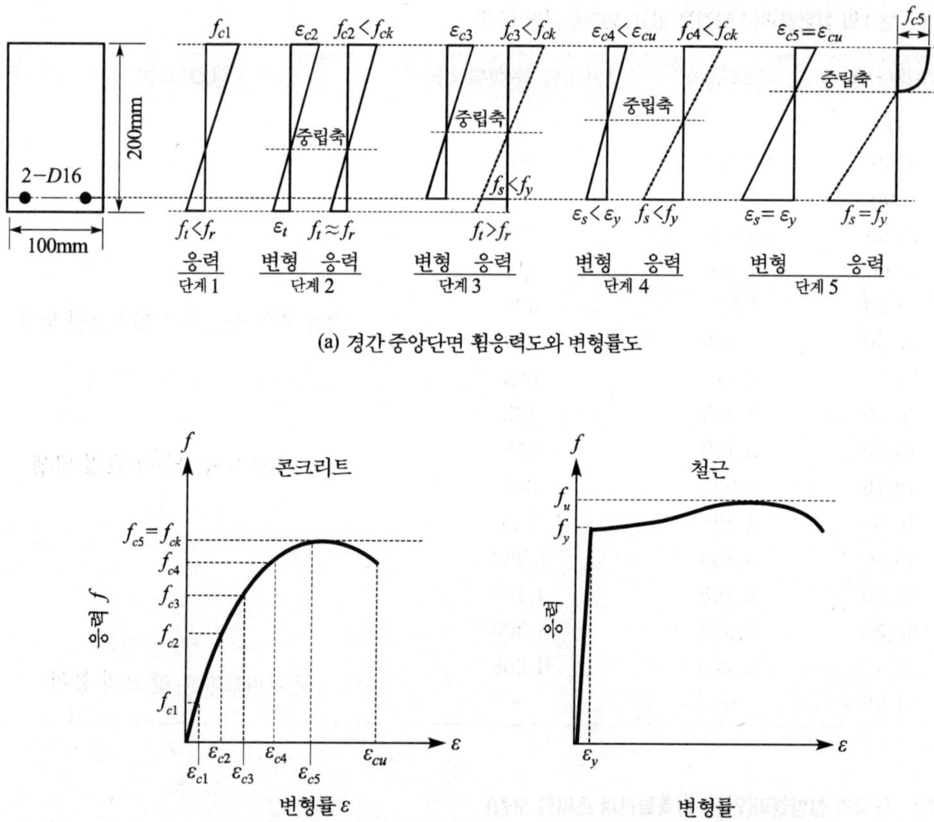

(a) 경간 중앙단면 휨응력도와 변형률도

(b) 콘크리트 압축응력−변형률도 (c) 철근 인장응력−변형률도

그림 3.5 보 1과 2의 경간중앙단면에서의 하중단계별 응력 및 변형률 분포

(1) 1단계

2개의 보 모두 외부하중이 0일 때, 각 보는 자중과 H형강, 그리고 몇 개의 판으로 구성된 하중장치의 중량만을 받는다. 2개의 보는 본 단계에서 비슷한 거동을 한다. 모든 단면에서 콘크리트와 철근이 외력인 휨 모멘트와 전단력에 저항하고 최대응력은 최대 휨모멘트가 발생하는 보의 중앙에 발생한다. 보의 중앙하단에 발생하는 최대 인장응력(f_t)은 콘크리트의 파괴계수(f_r) 보다 매우 작고 상단의 압축응력(f_{c1})은 콘크리트 설계기준 압축강도 f_{ck} 보다 매우 작다. 본 단계에서는 두 보에서 어떤 균열도 보이지 않는다. 이때 중앙단면의 휨응력도는 그림 3.3(a)의 단계 1과 같다. 또한 이때 콘크리트의 응력−변형률 곡선은 그림 3.3(b)와 같으며, 상단 콘크리트 압축변형률은 ε_{c1}, 압축응력은 f_{c1} 이다.

(2) 2단계

본 단계는 외부하중 P가 증가하여 보 중앙부 하단의 콘크리트 인장응력이(f_t) 콘크리트의 파괴계수(f_r)에 도달하는 단계이다. 이 단계에서는 아직 균열이 발생하지 않았기 때문에 전 콘크리트 단면은 유효하고, 인장 측의 철근은 철근을 감싸고 있는 주위의 콘크리트와 동일한 변형률을 갖는다. 이때 철근의 응력(f_s)은 인접하는 콘크리트 응력에 탄성계수비 $n= E_s / E_c$ 을 곱한 것과 같다. 보 상단에서 콘크리트의 압축응력(f_{c2})은 설계기준 압축강도 f_{ck} 보다 여전히 작으며, 보의 거동은 여전히 탄성적이다(그림 3.5(a)의 단계 2 참고).

이 단계에서 보 1과 보 2의 하중이 27.0 kN일 때, 계측된 콘크리트와 철근의 변형률로부터 응력을 계산하면 보 1과 보 2의 콘크리트의 변형률이 각각 529×10^{-6} 및 550×10^{-6}이고, 탄성계수가 3.4×10^4 MPa이므로, 응력은 17.9 MPa과 18.7 MPa이다. 보 2의 철근의 변형률은 685×10^{-6}으로 콘크리트와 비슷한 것을 알 수 있으며, E_s를 곱한 응력은 137 MPa이다.

(3) 3단계

이 단계는 하중이 더욱 증가하면서 보 하면의 콘크리트 인장응력(f_t)이 파괴계수 f_r 이상이 되어 균열이 발전하는 단계이다. 그림 3.5(a)의 3단계 그림과 같이 하중의 증가와 함께 중립축은 위로 이동하고 균열은 중립축 위치까지 성장한다. 따라서 중립축 하부의 콘크리트는 인장강도를 상실하고 철근이 전 인장력에 저항하게 된다. 균열과 균열 사이의 콘크리트는 인장응력을 갖고 있으나 무시할 만큼 작은 값이다. 즉, 중립축 아래 콘크리트는 외부 모멘트에 저항할 수 없다고 가정할 수 있다.

일반적으로 균열의 성장, 간격 및 최대 폭은 철근의 응력, 단면 내의 철근 분포, 콘크리트 피복 두께, 사용된 철근의 종류 등과 같은 여러 인자들의 영향을 받는다. 이 상태에서 보 하단의 콘크리트는 균열이 발생하였기 때문에 균열단면의 단면2차 모멘트는 비균열 단면의 모멘트보다 작게 되기 때문에 휨강성(탄성계수와 단면이차모멘트의 함수)의 저하로 보의 처짐은 매우 증가하게 된다. 보의 휨균열은 가력 초기에 보의 중앙부에서 주로 발생하고 지점부에는 발생하지 않으나, 하중이 더욱 증가하면서 중앙부 외측에서도 휨균열이 발생하게 된다. 발생된 균열들의 간격은 콘크리트 피복두께와 철근의 응력에 따라 달라지고 균열의 폭은 계속 증가한다. 1, 2개의 중앙부 균열은 하중에 큰 영향을 받고, 지점 근처의 사인장 균열 폭 증가에 비하여 중앙부 균열 폭은 매우 증가하게 된다.

이 단계에서 하중을 제거하면, 균열 폭은 무시할 수 있을 정도로 작아지나, 다시 하중을 가하면 균열 폭은 하중을 제거하기 이전과 같이 커지는데, 그 이유는 콘크리트의 인장강도가 벌써 상실되었기 때문이다. 따라서 일단 균열이 발생하면 균열이 회복되지는 않는다. 또한 중립축 이하 콘크리트 단면은 더 이상 휨에 저항할 수 없고, 전단면의 단면2차 모멘트도 더 이상 유효하지 않다.

그림 3.5(b)와 같이 철근콘크리트 보에 콘크리트의 압축 변형률(ε_{c3})은 급속히 증가하지만, 압축응력(f_{c3})는 여전히 설계압축강도 f_{ck}보다 여전히 작다. 철근의 응력(f_s)은 항복강도(f_y)보다 작으므로, 이 단계에서 철근의 응력은 철근의 변형률 ε_s에 철근의 탄성계수 E_s를 곱함으로써 구할 수 있다.

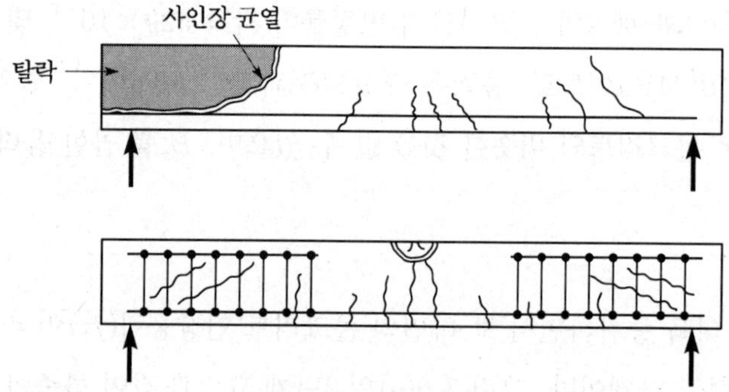

그림 3.6 보 1의 전단 파괴(위)와 보 2의 휨모멘트 파괴(아래)

(4) 4단계

보 1에서는 42.75kN의 하중을 받을 때, 지점으로부터 보의 유효높이 정도 떨어진 위치에서 전단응력이 증가하면서 전단력과 휨모멘트의 복합작용으로 주응력방향(약 45°)의 사인장 균열이 발생하게 된다. 이러한 사인장 균열은 주철근의 위치에서 수평으로 지점부까지 발전하게 된다. 사인장 균열이 보의 단부까지 도달하면, 콘크리트 조각이 탈락되며 갑작스럽게 파괴가 발생한다(그림 3.6 보 1의 전단파괴 참고). 이때 파괴하중은 61.2kN이다. 그러나 보 중앙단면에서 콘크리트와 철근의 응력(f_{c4} , f_s)은 콘크리트의 설계기준 압축강도 f_{ck}와 철근의 항복강도 f_y 보다 작다. 따라서 보는 휨파괴가 발생하지 않고, 지점부의 전단파괴에 의하여 부재가 파괴된 것이다.

보 2에서는 49.5 kN의 하중에서 보 1의 경우와 비슷한 사인장 균열이 발생하나, 스터럽에 의해 전단균열이 제어되기 때문에 보 1에서처럼 취성적인 전단파괴를 발생시키는 주철근과 평행한 균열은 발생하지 않았다. 하중이 더 증가하게 되면 휨균열과 함께 다른 단에서 사인장 균열이 발생하지만 스터럽이 효과적으로 저항하여 보 2의 파괴는 발생하지 않았다. 이 단계에서 콘크리트 상단의 압축변형률 ε_{c4}는 극한변형률 ε_{cu}보다 여전히 작다(그림 3.5(a)의 4단계 참고).

(5) 5단계

보 2에서 하중을 더 증가시키면 극한하중인 72.9 kN까지 증가하게 되고, 콘크리트 압축변형률(ε_{c5})이 급격히 증가하여 극한변형률 ε_{cu}에 도달하였다. 또한 철근은 이보다 낮은 66.38 kN의 하중에서 응력(f_s)이 항복응력(f_y)에 도달하며 항복한 상태이다. 철근이 항복한 후, 하중의 증가 없이 철근의 변형률은 항복변형률 보다 약 12배 정도 증가하였다. 균열의 폭이 점점 커지면서 보의 처짐이 상당히 증가하였고 콘크리트의 압축변형률(ε_{c5})도 증가하였다. 이후 철근의 경화 현상으로 인해 하중이 약간 더 증가하나, 콘크리트가 극한파괴변형률 ε_{cu}에 도달하면서 상단 콘크리트의 압축파괴와 함께 파괴되었다. 그림 3.6은 두 보의 파괴형상을 비교하여 보여주고 있다.

주목할 것은 보 1은 사인장 균열에 의하여 최종적으로 전단 파괴되었으나, 보 2는 전단(스터럽)보강으로 전단 파괴되지 않고 휨파괴가 되었다.

3.3 휨 파괴의 형태와 단면구분

3.3.1 휨파괴의 형태

콘크리트 보가 보의 축에 수직한 중력방향의 하중에 저항한다고 가정하면, 보의 중앙단면에서 중립축 상부는 압축응력이, 하부는 인장응력이 발생하게 된다. 콘크리트는 인장력을 받을 때 쉽게 파괴되며, 압축력을 받을 때는 매우 강하다. 이와 같이 콘크리트의 낮은 인장성능으로 인한 문제를 보완하기 위하여 중립축 이하에 철근을 보강한 보를 철근콘크리트 보라고 한다. 이때 단면에 사용된 철근량의 많고 적음에 따라 철근콘크리트 보의 파괴는 다음과 같이 3가지의 파괴 형태를 나타낸다.

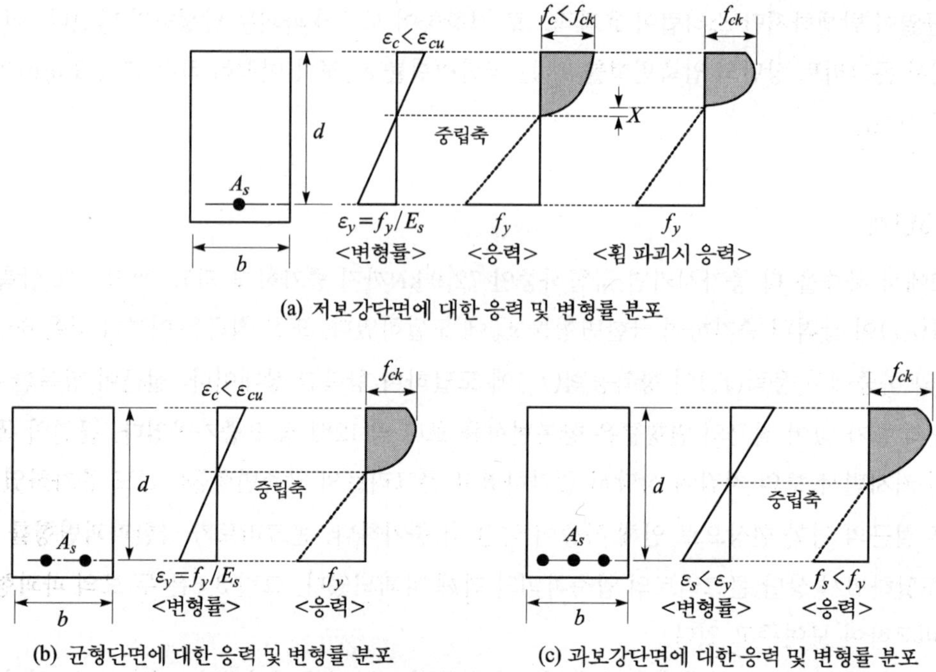

그림 3.7 철근콘크리트 보의 휨 파괴 형태

1) 콘크리트가 설계기준압축강도 f_{ck}에 도달하기 전에 철근이 먼저 항복강도 f_y에 도달할 수 있다(그림 3.7(a)의 〈응력〉 상태). 이 경우 보의 파괴는 철근의 항복에 기인한다. 이때 단면에는 상대적으로 적은 양의 철근이 보강되어 있으며, 이를 저보강단면이라 한다. 이때 하중이 더욱 증가하게 되면 철근은 항복한 이후에도 소성상태에서 변형이 증가하면서 파단될 때까지 큰 변형에도 불구하고 외력에 저항하며, 큰 처짐 등 변형과 많은 균열을 동반하지만 완전히 붕괴되지 않는다. 마침내 압축단의 콘크리트는 압축파괴상태에 도달한다. 이때의 극한상태를 구조적 파괴가 발생하였다고 정의할 수 있으며, 그림 3.7(a)의 〈휨파괴시 응력〉상태에 도달한다. 이러한 파괴의 형태는 연성적 파괴형태이며, 인장파괴라고 한다.

2) 콘크리트가 압축파괴상태에 도달(압축단의 콘크리트의 변형률이 극한변형률인 ε_{cu}에 도달)함과 동시에 철근이 항복(인장부 최외측에 배근된 철근의 변형률(ε_s)이 항복변형률 ε_y에 도달)하는 상태(그림 3.7(b))를 균형상태라고 하며, 이때를 균형변형률 상태에 있다고 한다. 또한 이러한 단면을 균형단면이라 한다. 파괴에 이르는 극한상태에서 철근의 항복과 동시에 압축단의 콘크리트가 파괴되었으므로 변형과 균열이 1)에 비해서는 덜 심각한

상태이다. 이러한 파괴는 사용자에게 충분한 위험신호를 주지 못하기 때문에 바람직하지 않으며, 설계에서 권장되지 않는 압축파괴에 해당한다.

3) 단면에 많은 양의 철근이 보강되어 철근 항복 전에 콘크리트가 압축파괴될 수 있다(그림 3.7(c)). 이 경우 콘크리트 응력은 최대 강도 f_{ck}에 도달한 후 응력은 감소하지만 변형률은 증가하여 극한변형률 ε_{cu}에 도달하며, 철근이 항복에 이르지 않은 상태, 즉 $f_s < f_y$ 또는 $\varepsilon_s < \varepsilon_y$인 상태에서 보가 파괴에 이른다. 이러한 단면을 과보강단면이라 한다. 극한상태에서 철근이 항복하지도 않은 상태에서 콘크리트가 압축에 의해 파괴되었기 때문에 충분한 변형도 발생하지 않고 균열도 거의 없는 상태에서 파괴가 발생한다. 즉, 이러한 콘크리트의 압축파괴는 철근의 인장항복파괴 보다 급작스럽게 발생하고, 구조물의 전체적인 붕괴에 갑자기 도달할 위험이 크기 때문에 위험하며, 이러한 압축 파괴형태는 설계에서 권장되지 않는다.

일반적으로 콘크리트 압축변형률(ε_c)이 극한압축변형률 ε_{cu}에 도달하였을 때 콘크리트는 압축파괴를 일으킨다고 가정할 수 있다. 실험결과에 의하면 압축파괴 극한변형률(ε_{cu})은 압축강도가 증가함에 따라 감소하며, 대략적인 범위는 0.0025~0.004이지만 현 KDS 설계기준(2021)에서는 압축강도 40MPa까지는 0.0033으로 가정하고 90MPa에서 0.0026을 적용하도록 하고 있다.

설계기준에서 정하고 있는 콘크리트의 극한압축변형률 ε_{cu}은 국가마다 다르게 정의하고 있으며, 유로코드(EC2)는 우리나라와 유사하게 보통강도 콘크리트는 0.0035이며, 압축강도 50MPa 이후부터 감소하여 90MPa에서 0.0026에 파괴되는 것으로 가정하고 있다. 미국 ACI 318 기준과 이전 콘크리트 구조기준(2012)은 모두 0.003으로 정의하고 있다. 이와 같이 콘크리트 극한압축변형률은 국가와 기준에 따라 변화될 수 있음을 인식하여야 한다.

정리하면, 저보강 단면에서는 콘크리트 압축 파괴 전에 철근이 항복하고, 이후 균열의 폭이 점점 넓어져 콘크리트가 파괴되기 전에 사용자에게 충분한 경고를 주고 종국에 구조물은 붕괴하게 된다. 현행 콘크리트구조 휨 및 압축 설계기준(KDS 14 20 20, 2021)에서는 이런 형태의 연성적인 파괴를 유도할 수 있는 저보강 단면으로 설계하도록 철근량을 제한하고 있다. 균형단면 혹은 과보강단면으로 설계된 구조물은 콘크리트가 갑자기 압축파괴되고 어떤 경고도 없이 즉시 구조물의 붕괴가 발생할 수 있기 때문에 현행 설계기준(KDS 14 20 20, 2021)에서는 허용하고 있지 않다.

3.3.2 단면구분

휨모멘트나 축력 또는 휨모멘트와 축력을 동시에 받는 단면의 설계강도의 산정은 상기 파괴의 형태와 상당한 관련이 있다. 따라서 현행 기준인 KDS 2021에서는 다음과 같이 단면을 구분하고 있다.

1) 압축연단 콘크리트가 가정된 극한변형률 ε_{cu}에 도달할 때 최외단 인장철근의 순인장변형률 ε_t가 압축지배변형률 한계 이하인 단면을 압축지배단면이라고 한다. 압축지배변형률 한계는 균형변형률 상태에서 인장철근의 순인장변형률과 같다. 프리스트레스트콘크리트의 경우에는 최외단 긴장재의 순인장변형률을 기준으로 하며 압축지배변형률 한계는 0.002로 한다.
2) 압축연단 콘크리트가 가정된 극한변형률 ε_{cu}에 도달할 때 최외단 인장철근의 순인장변형률 ε_t가 0.005의 인장지배변형률 한계 이상인 단면을 인장지배단면이라고 한다. 다만, 철근의 항복강도가 400 MPa을 초과하는 경우에는 인장지배변형률 한계를 철근 항복변형률의 2.5배로 한다. 순인장변형률 ε_t가 압축지배변형률 한계와 인장지배변형률 한계 사이인 단면은 변화구간 단면이라고 한다.
3) 휨부재는 파괴시 충분한 변형과 균열이 동반되며, 연성적인 인장파괴가 됨으로서 사용자에게 충분한 경고를 주어야 한다. 따라서 공칭강도 상태에서 순인장변형률 ε_t가 휨부재의 최소 허용변형률($\varepsilon_{t,a}$) 이상이어야 한다. 휨부재의 최소 허용변형률은 철근의 항복강도가 400 MPa 이하인 경우 0.004로 하며, 철근의 항복강도가 400 MPa을 초과하는 경우 철근 항복변형률의 2배로 한다. 이러한 조건에 부합하는 단면이 휨설계허용단면이다.

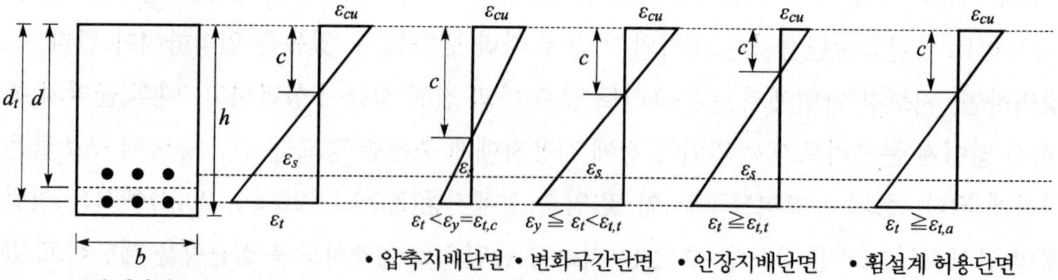

그림 3.8 휨부재의 단면구분

그림 3.8에서 d : 유효깊이(압축연다에서 인청철근 중심까지의 거리)

d_t : 최외측 철근의 유효깊이

ε_{cu} : 압축연단 콘크리트의 극한변형률

$\varepsilon_s, \varepsilon_t$: 각각 인장철근 중심 및 최외단 철근 중심의 순인장변형률

$\varepsilon_{t,t}$: 인장지배변형률 한계(0.005와 $2.5\varepsilon_y$ 중 큰 값)

$\varepsilon_{t,c}$: 압축지배변형률 한계(균형변형률 상태에서 최외측 철근의 순인장변형률=ε_y)

$\varepsilon_{t,a}$: 휨설계허용변형률 (0.004와 $2.0\varepsilon_y$ 중 큰 값)

3.4 강도설계법의 개요

이 절에서는 철근콘크리트 구조물의 설계 및 해석에 관한 일반사항, 즉 KDS 14 20 00(2021)에서 정의하고 있는 강도설계법의 기본개념과 설계하중 및 공칭강도에 관한 규정을 다루고자 한다.

철근콘크리트 구조는 철근과 콘크리트라는 서로 다른 재료 특성을 가진 두 재료의 합성구조체이므로 일반적으로 강구조물에 비하여 거동이 복잡하며 비탄성거동을 한다. 그 이유는 일정한 변형률 내에서 거의 완전한 탄성적인 거동을 하는 철근에 비하여 콘크리트는 근본적으로 비탄성적이며, 비균질 취성재료인데다 건조수축과 크리프가 심하게 발생하는 재료이기 때문이다. 그러므로 철근과 콘크리트가 결합하여 생성되는 철근콘크리트 구조체는 탄성적인 거동을 하지 못하고, 구조역학의 이론이 발전된 오늘날까지도 이론적으로나 해석적으로 정확하게 예측하기가 쉽지 않다. 따라서 철근콘크리트 구조물은 구조요소별로 가능한 모든 강도 및 사용성 한계상태를 모두 고려하여 실험이나 이론에 의해 합리적으로 도출된 탄성 또는 비탄성 거동예측을 기초로 하여 설계되어야 하며, 강도설계법 역시 한계상태설계법의 일종으로 정의할 수 있다.

이와 같은 이유로 종래의 허용응력 설계개념(탄성설계이론)에 기초한 철근콘크리트 구조의 설계는 불합리하고 모순이 많다. 현재의 강도설계법은 이론적인 거동예측이 거의 가능한 휨거동에 대한 해석 및 설계를 제외하고는 압축, 전단 및 비틀림, 부착 등에 관한 해석 및 설계는 주로 경험 및 실험식에 기초한 반이론적인 설계원리에 의해 설계하도록 규정하고 있다.

3.4.1 설계방법

현행 콘크리트구조기준(KDS 14 20 00, 2021)에서 규정하고 있는 강도설계법은 극한상태 내하력과 사용하중상태에서의 사용성능에 관한 2단계 설계를 요구하고 있다. 즉, 하중계수를 적용한 설계외력(휨, 전단, 축력 등)을 지지할 수 있는 설계저항력을 갖도록 단면을 결정하되, 사용하중 수준에서 구조물의 사용성 문제와 관련되는 처짐과 균열을 억제할 수 있는 단면 두께, 주철근의 간격 등에 관한 검토를 하도록 규정하고 있다.

극한상태 내하력과 관련하여 현행 강도설계법에서는 구조물의 안전도를 2가지 방법으로 확보하도록 규정하고 있다. 첫째는 설계단면력이 제공하는 안전도이다. 즉, 설계단면적 계산 시 하중의 불확실성과 구조해석의 단순화로 인해 발생하는 안전율 저하 가능성을 대비하여 1.0보다 큰 하중계수(r_i)를 사용하중에 곱하여 계수하중을 사용함으로써 안전을 확보한다. 둘째는 부재의 설계강도가 제공하는 안전도이다. 즉, 설계강도란 공칭강도(공칭저항강도) R_n에다 1.0보다 작은 값인 강도 감소계수(ϕ)를 곱하여 구한 강도이며, 이때 강도에 관한 안전율에 해당하는 강도감소계수는 설계계산상의 강도와 구조물의 실강도의 차이, 즉 이 단면의 변동제작, 시공, 해석모형화 과정에서 발생가능한 모든 불확실량을 고려하고 단면이 소정의 신뢰도를 갖도록 정해진 값이다. 이때의 신뢰도는 반경험적 확률론에 의해 강도감소계수를 결정하고 있다.

따라서 위에서 정의한 용어와 안전개념에 따라 강도설계법에서 안전한 설계를 위한 구조기준을 공식화하면 다음과 같다.

$$\phi R_n \geqq \sum \gamma_i S_i$$

여기서, R_n : 공칭강도
ϕ : 강도감소계수
γ_i : 하중계수
S_i : 공용하중 또는 그 하중효과

위의 조건은 모든 가능한 하중들의 조합 중에 가장 위험한 최대 작용력을 일으키는 하중조합에 의한 발생 가능한 모든 응력상태, 즉 휨, 축력, 전단, 비틀림 등에 대해 모두 만족시켜야 한다. 이를 구체적으로 나타내면

$$\phi M_n \geq M_u$$

$$\phi P_n \geq P_u$$

$$\phi V_n \geq V_u$$

$$\phi T_n \geq T_u$$

여기서, M_n, P_n, V_n, T_n : 각각 공칭 휨, 압축, 전단, 비틀림 저항강도

M_u, P_u, V_u, T_u : 각각 계수 휨, 압축, 전단, 비틀림 작용력

사용하중상태에서의 사용성능에 관련해서는 사용하중 상태에서 변형과 균열 등이 허용 변형 및 균열 기준 이하가 되도록 하여야 한다. 이에 대한 상세한 설명은 이 책의 7장에 자세하게 설명되어 있다.

3.4.2 설계원리

역사적으로 구조부재의 극한내력은 내력의 크기나 분포에 관한 해석적 지식이 없어도 실험으로 측정할 수 있기 때문에 극한강도(ultimate strength)란 개념이 설계에 가장 빨리 도입된 것을 알 수 있다. 실제로 1900년대 초 이래 실험에 의해 측정한 극한 내력을 추정하는 극한강도 설계이론을 발전시키기 위한 수많은 실험과 해석적 연구가 지속되어 왔다. 그 결과, 극한강도 개념에 의한 콘크리트 구조물의 설계법이 50년대에 유럽과 미국을 중심으로 대부분의 시방서에 도입되었으나, 비탄성 거동 등에 대한 이해부족으로 선진각국에서도 60년대까지는 주로 탄성이론에 의한 허용응력 설계법이 주로 사용되어 왔다.

콘크리트와 철근 모두 극한강도에 도달하면 비탄성거동을 나타내는 것은 명확하므로, 이론적으로는 두 재료의 비탄성거동을 고려하고 단면의 평형상태를 표현할 수 있어야 한다. 철근의 경우는 완전 탄소성체로 이상화시킨 탄소성거동으로 나타낼 수 있으나, 콘크리트는 인장응력에 취약하면서 지속하중 하에서 크리프가 심하게 일어나고 하중제거 후에도 잔류 변형률이 생기는 점착성의 비탄성 재료이다. 또한 경화시 건조 수축하는 성질도 크기 때문에 시공초기에 관리가 충분히 이루어져야 한다. 따라서 비탄성응력의 분포와 거동을 이론적으로 분석하거나 실험적으로 측정하는 일과 그 결과를 수학적으로 표현하는 일이 모두 어렵다.

이와 같이 복잡한 두 재료를 현 단계에서 합성구조체로서 과학적으로 해석하고 거동을 예측하기 위해 다음과 같은 기본 가정을 사용하고 있다.

1) 철근의 변형률은 철근을 둘러싸고 있는 콘크리트의 변형률과 같다. 즉, 두 재료는 완전한 합성구조체로 외력에 저항하고 거동한다.

2) 하중을 받기 전에 평면인 단면은 하중을 받은 후에도 평면을 유지한다. 즉, 변형률은 중립축으로부터 직선 변화한다.
3) 콘크리트는 압축강도에 비하여 인장강도가 몹시 작고 조그만 변형 후에도 쉽게 균열이 발생하기 때문에 인장 측의 콘크리트의 강도는 무시한다(단, 균열, 처짐 고려 시에는 인장강도를 고려하여야 한다).
4) 콘크리트와 철근은 변형특성이 매우 다르기 때문에 두 재료 사이의 부착파괴기구는 매우 복잡하므로 실험을 통한 정착 및 부착거동만 고려한다.
5) 기둥이나 보의 압축부에서는 지속하중에 대한 콘크리트의 크리프 때문에 철근과 콘크리트에 응력재분배가 일어나는 것을 고려하고, 특히 지속하중이 지배적인 압축부재의 경우는 강도개념에 의해 거동을 예측한다.

3.4.3 해석방법

철근콘크리트 구조물의 강도설계법에 의한 설계를 위한 구조해석방법은 탄성해석을 기본으로 하고 있다. 따라서 골조 또는 연속 구조물은 계수하중에 의한 최대 단면력으로 설계하여야 한다. 이때 사용되는 계수하중이란 사용하중에 하중계수를 곱한 하중을 의미한다.

철근콘크리트 구조물의 탄성해석은 쉘 및 판구조등과 같은 2~3차원 연속구조물이나 라멘, 아치 또는 연속보 등의 골조 구조물의 해석을 막론하고 유한요소법과 같은 엄밀해석방법에 의해 해석할 수 있으나, 구조기준에서 허용하는 단순화를 위한 가정이나 보편적인 근사 해석법을 사용하여 해석할 수도 있다. 또한 제한된 조건을 만족하는 범위 내에서는 연속휨부재는 KDS 14 20 10의 4.3.1에 규정된 모멘트 및 전단계수 등을 사용하여 해석할 수도 있다.

그러나 이론적으로는 계수하중의 작용 하에 콘크리트 부재단면에 발생하는 단면력은 콘크리트 구조물의 비탄성 거동과 극한상태에서의 하중 재분배로 인하여 탄성해석에 의한 설계단면력과는 상이한 값을 갖기 마련이다. 따라서 강구조물의 소성설계를 위한 소성해석과 같은 비탄성 또는 극한 해석결과에 따라 설계해야 하나, 철근콘크리트 구조물은 극한강도에서 단면의 철근비, 부재의 배근상태에 따라 좌우되는 반취성거동과 복잡한 비탄성거동으로 인하여 아직도 이론적으로 극한해석이 체계적이지 않은 상태에 있으므로, 현재까지는 이론적인 비탄성 극한해석은 연속부재에서의 부모멘트에 대해 제한된 범위 내에서의 재분배만 허용하고 있다. 즉, 현행 KDS 14 20 10의 4.3.2 연속 휨 부재의 모멘트 재분배 규정은 콘크리트 구조물의 비선형 비탄성 거동을 인정하는 극한설계를 향한 진일보된 규정이라

볼 수 있다.

KDS 14 20 10(2021)의 4.3.1의 내용을 포함한 표 3.3 및 그림 3.9에 도시한 바와 같은 골조 구조해석의 근사적인 해석방법은 오래전부터 사용해오고 있는 방법으로서 프리스트레스트콘크리트의 경우를 제외하고는 보편적인 시공법, 경간 및 층고를 갖는 골조구조의 근사해석에 사용할 수 있다. 근사해석에서 사용하는 하중 W_u 는 설계하중(=하중계수×사용하중)이며 활하중과 고정하중의 비 L/D가 3 이내이고, 등분포하중을 받는 2경간 이상의 연속보, 라멘 또는 1방향 슬래브의 인접 두 경간이 짧은 경간의 20% 이상 차이가 나지 않는 균일단면을 갖는 철근콘크리트 연속 휨 부재에만 적용하도록 제한하고 있다.

표 3.3 모멘트 및 전단계수

구분	내용	계수
1) 정모멘트		
(가) 최외측경간	불연속 단부가 구속되어있지 않은 경우	$(W_u l_n^2)/11$
	불연속 단부가 받침부와 일체로 된 경우	$(W_u l_n^2)/14$
(나) 내부경간		$(W_u l_n^2)/16$
2) 부모멘트		
(가) 첫 번째 내부 받침부 외측면 부모멘트	① 2개의 경간일 때	$(W_u l_n^2)/9$
	② 3개 이상의 경간일 때	$(W_u l_n^2)/10$
(나) 내부 받침부에서의 다른 면의 부모멘트		$(W_u l_n^2)/11$
(다) 모든 받침부면의 부모멘트로서 경간 3m 이하인 슬래브와 경간의 각 단부에서 보강성에 대한 기둥강성의 합의 비가 8 이상인 보		$(W_u l_n^2)/12$
(라) 받침부와 일체로 된 부재의 최외단 받침부 내면에서의 부모멘트	① 받침부가 내부 받침부 외측면에서 전단력	$(W_u l_n^2)/24$
	② 받침부가 기둥인 경우	$(W_u l_n^2)/16$
3) 전단력		
(가) 첫 번째 내부 받침부 외측면에서 전단력		$(1.15\,W_u l_n{}^*)/2$
	(나) (가) 이외의 받침부 면에서 전단력	$(W_u l_n^2)/2$

주) $*l_n$: 부재의 순경간

모멘트 계수들은 휨부재가 단순 지지되거나 라멘인 경우를 막론하고 적용될 수 있으나, 기둥 설계시 작용하는 모멘트는 보의 경우와 재하형태가 다르기 때문에 모멘트를 별도로 계산하여야 한다. 또한 근사적인 해석방법에서의 받침부 최대 부모멘트는 지지부의 영향과 어느 정도의 모멘트 재분배를 허용하기 위하여 감소시킨 것이라는 점을 유의해야 한다. 반면에 최대 정모멘트는 이러한 재분배를 고려하여 약간 증가시킨 것이다. 근사해법에 의해 휨모멘트를 계산한 경우를 제외하고, 어떠한 가정의 하중을 적용하여 탄성이론에 의하여 산정한 연속 휨부재 받침부의 부모멘트는 7.5%~20%만큼 증가 또는 감소시킬 수 있다(다만, 부모멘트의 재분배는 휨모멘트를 감소시킬 단면에서 최외측 인장철근의 순인장 변형률 ε_t가 0.0075 이상인 경우에만 가능하며 직접설계법에 의해 설계된 슬래브 시스템에는 적용할 수 없다). 또한 경간 내의 단면에 대한 휨모멘트의 계산은 수정된 부모멘트를 사용하여야 한다.

근사적인 해석방법이 주는 중요한 이점은 하중 및 골조가 구조기준의 제한규정 내에 있는 경우 골조의 직각방향의 부재의 비틀림 강도를 고려하는 3차원 해석이 요구되지 않는다는 점이다. 그러나 보-기둥골조에서 휨 부재가 지지부와 일체로 되어있거나 보가 있거나 없는 2방향 슬래브 및 기둥골조구조에서는 일반골조 해석방법에 의해 비틀림에 대한 해석을 해야 한다.

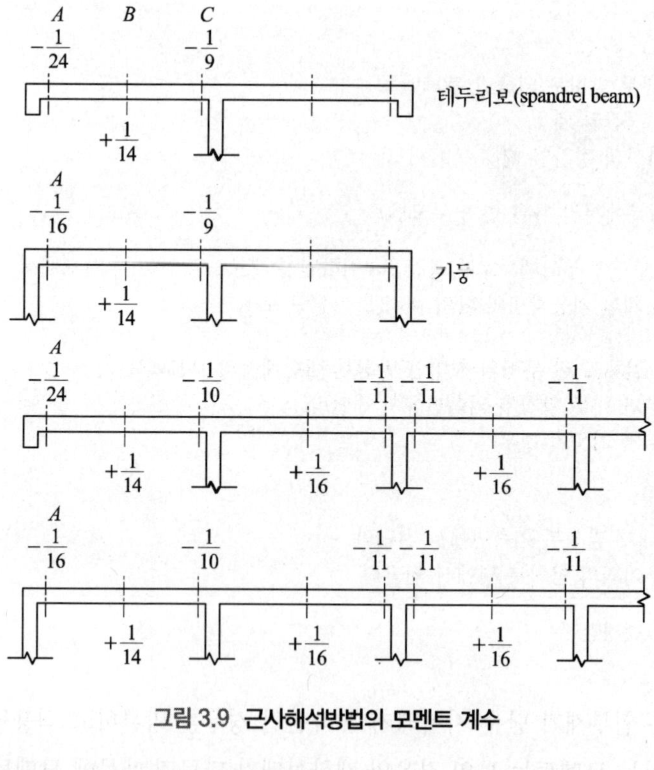

그림 3.9 근사해석방법의 모멘트 계수

3.4.4 설계하중조합 및 하중계수

하중의 종류와 안전규정들은 1.7절과 1.8절에서 이미 설명하였다. 강도설계법에서의 설계하중은 고정하중과 활하중에 각기 다른 하중계수를 곱함으로써 얻어진다. 하중계수의 크기는 설계하중의 조합별로 파괴확률에 따라 적절하게 결정되어야 한다. 적당한 하중계수의 선택 혹은 일반적으로 적당한 안전계수는 주로 구조물의 중요도, 붕괴 시에 경고의 정도, 각 구조부재의 중요성(보, 기둥), 예상되는 과하중, 작업숙련도의 정확성, 계산의 정확성 등에 좌우된다.

여러 구조물의 이론적 연구와 경험, 확률이론 등을 토대로 하여 현행 콘크리트구조 해석과 설계 원칙(KDS 14 20 10, 2021)에서는 고정하중과 활하중만이 작용할 경우 고정하중의 하중계수는 1.2, 활하중의 하중계수는 1.6을 채택하고 있다. 고정하중은 활하중보다 비교적 정확하게 계산할 수 있고 구조물의 수명에 따라 크게 변하지 않으므로 고정하중계수는 활하중계수 보다 작다. 하중계수의 선택은 구조물의 안정성의 정도 및 사용성의 문제뿐만 아니라 경제적인 문제도 반영하고 있다.

일반적으로, 철근콘크리트 부재나 단면의 소요강도는 구조기준에 규정한 하중계수를 사용하여 가능한 하중조합에 따라 계산된 휨, 축방향력, 전단 및 비틀림 등으로 나타나는 극한 외력에 대한 설계 단면력 U에 기초를 두어야 한다. 또한, 구조물이나 부재는 가장 불리한 재하조건을 고려하여 계산된 극한 외력에 대하여 설계되어야 한다. 가장 불리한 외력이란 때로는 재하효과의 상쇄작용으로 인하여 각종 활하중 가운데 하나 또는 그 이상이 작용하지 않는 경우에 발생할 수 있음을 유의해야 한다. 따라서 설계 단면력은 구조기준에 규정된 하중조합 중에 가장 불리한 외력을 일으키는 조합을 사용하여 계산되어야 한다. 예를 들면 지진하중, 풍하중 등이 재하하는 경우 이와 같은 특수 활하중의 재하효과도 하중조합에 포함시켜야 한다.

1) 고정하중(D)과 활하중(L), 적설하중, 강우하중, 풍하중(S, R, W)이 작용하는 경우

$$U = 1.2D + 1.6(L \text{ 또는 } S \text{ 또는 } R) + (1.0L \text{ 또는 } 0.65W) \tag{3.1}$$

2) 고정하중(D)과 풍하중(W) 및 활하중(L), 적설하중(S)이 작용하는 경우

$$U = 1.2(D + H_v) + 1.0E + 1.0L + 0.2S + (1.0H_h \text{ 또는 } 0.5H_h) \tag{3.2}$$

3) 고정하중(D), 활하중(L), 지진하중(E), 온도, 크리프, 건조수축, 부등침하(T) 및 횡토압과 지하수압(H)이 작용하는 경우

$$U = 1.2(D + H_v) + 1.0E + 1.0L + 0.2S + (1.0\,H_h \text{ 또는 } 0.5H_h) \tag{3.3a}$$

$$U = 1.2(D + F + T) + 1.6(L + \alpha_H H_p) + 0.8H_h + 0.5(L_r \text{ 또는 } S \text{ 또는 } R) \tag{3.3b}$$

4) 고정하중(D)과 풍하중(W), 지진하중(E) 및 횡토압과 지하수압(H)이 작용하는 경우

$$U = 0.9(D + H_v) + 1.3W + (1.6H_h \text{ 또는 } 0.8H_h) \tag{3.4a}$$

$$U = 0.9(D + H_v) + 1.0E + (1.0H_h \text{ 또는 } 0.5H_h) \tag{3.4b}$$

여기서, U : 계수하중 또는 이에 의해서 생기는 단면에서 저항하여야 할 소요강도

D : 고정하중 또는 이에 의해서 생기는 단면적

F : 유체의 밀도를 알 수 있고, 저장 유체의 높이를 조절할 수 있는 유체의 중량 및 압력에 의한 하중 또는 이에 의해서 생기는 단면력

H_h : 흙, 지하수 또는 기타 재료의 횡압력에 의한 수평방향 하중 또는 이에 의해서 생기는 단면력

H_v : 흙, 지하수 또는 기타 재료의 자중에 의한 연직방향 하중 또는 이에 의해서 생기는 단면력

L : 활하중 또는 이에 의해서 생기는 단면력

R : 강우하중 또는 이에 의해서 생기는 단면력

S : 적설하중 또는 이에 의해서 생기는 단면력

T : 온도, 크리프, 건조수축 및 부등침하의 영향 등에 의해서 생기는 단면력

W : 풍하중 또는 이에 의해서 생기는 단면력

α_H : 토피의 두께에 따른 연직방향 하중 H_v에 대한 보정계수

$h \le 2\text{m}$에 대해서, $\alpha_H = 1.0$

$h > 2\text{m}$에 대해서, $\alpha_H = 1.05 - 0.025h \ge 0.875$

3.4.5 설계강도 및 강도감소계수

콘크리트 구조 해석과 설계원칙 :KDS 14 20 10의 4.2.3에서는 단면의 공칭강도에 재료강도의 오차, 작업숙련도, 단면크기, 품질관리의 정도 등을 고려하는 강도감소계수 ϕ를 곱하여 감소시키고 이를 설계강도라 정의하고 있다. 강도감소계수 ϕ는 1.8절에서 설명한 것과 같이 안전율의 일부분을 나타내고 있다. 콘크리트 구조 해석과 설계원칙 :KDS 14 20 10의 4.2.3에서는 단면 내력에 따라 다음 값을 명시하고 있다.

1) 휨부재, 휨과 축방향인장을 겸하여 받는 부재
   - 인장지배단면(본 책 4.3.2장 참고) : $\phi = 0.85$
   - 프리스트레스트콘크리트 부재 : $\phi = 0.85$

2) 축방향 압축부재, 휨과 축방향 압축을 겸하여 받는 부재
   - 나선철근 보강 기둥 : $\phi = 0.70$
   - 기타 기둥 : $\phi = 0.65$
   - 공칭강도에서 최외단 인장철근의 순인장변형률 ε_t가 압축지배와 인장지배 단면 사이일 경우에는, ε_t가 압축지배 변형률 한계에서 인장지배 변형률 한계로 증가함에 따라 ϕ값을 압축지배 단면에 대한 값에서 0.85까지 증가시킨다(그림 3.10 참고).

3) 전단과 비틀림 : $\phi = 0.75$

4) 콘크리트의 지압 : $\phi = 0.65$

5) 무근 콘크리트 : $\phi = 0.55$

6) 스터럿 – 타이 모델에서 스터럿, 절점부 및 지압부 $\phi = 0.75$, 타이 $\phi = 0.85$

7) 긴장재 묻힘길이가 정착길이보다 작은 프리텐션 부재의 휨 단면
   - 부재의 단부부터 전달길이 단부까지 $\phi = 0.75$
   - 전달길이 단부부터 정착길이 단부 사이의 값은 0.75에서 0.85까지 선형적으로 증가

8) 무근콘크리트의 휨모멘트, 압축력, 전단력, 지압력 $\phi = 0.55$

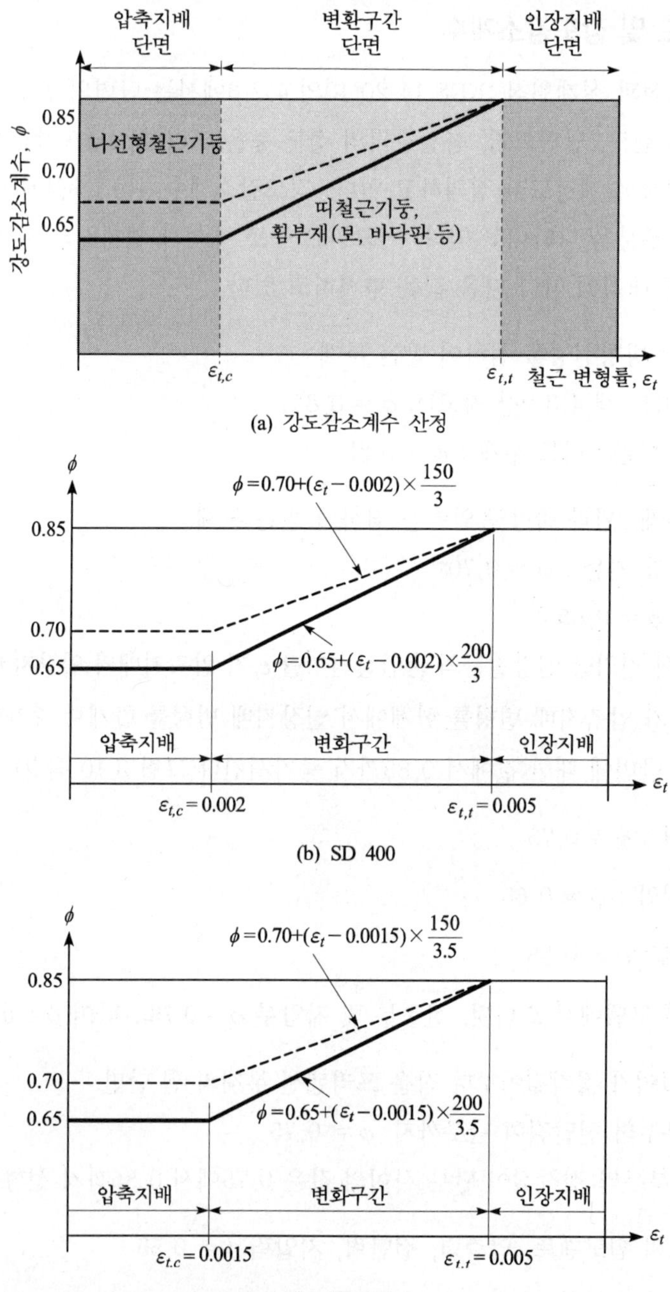

그림 3.10 철근 및 프리스트레싱 강재를 사용한 휨과 압축부재에 대한 강도감소계수 산정

3.4.6 해석과 설계

철근콘크리트 부재의 평가를 위해서는 2가지 방법, 즉 단면의 해석 및 설계가 필요하다. 이 2가지 방법은 다음과 같이 정의된다.

(1) 단면의 해석

이는 단면크기와 철근량, 그리고 콘크리트 및 철근의 강도가 주어진 경우 부재에 작용하는 외부 극한 모멘트 또는 설계모멘트와 비교하여 안전도를 검사할 목적으로 내부 저항 모멘트, 즉 설계강도를 계산하는 행위를 일컫는다.

(2) 단면의 설계

이는 구조해석으로 외부 극한모멘트를 알고 있는 경우에 적당한 콘크리트 단면과 철근량을 계산하는 행위를 일컫는다. 이 경우에는 일반적으로 사용될 철근의 항복강도와 콘크리트 강도가 주어진다.

3.5 한계상태설계법의 개요

현재 많은 국가에서 시설물의 설계시 강도설계법과 한계상태설계법(또는 강구조물의 경우에는 하중저항계수설계법)을 주로 사용하고 있다. 우리나라에서도 콘크리트구조의 설계시는 강도설계법(KDS 14 20 00)을 적용하고, 교량설계시에는 지간 150m이하 철도교는 강도설계법(KDS 24 10 10)을 그 외의 교량에서는 한계상태설계법(KDS 24 10 11)을 적용하도록 하고 있다. 따라서 본 절에서는 한계상태 설계법의 기본적인 내용을 다루고자 한다.

시설물(또는 구조물)을 사용함에 있어 발생할 수 있는 모든 상황에서 시설물과 사용자의 안전도가 일정 수준 이하로 낮아지는 상태를 극한상태로 정의할 수 있으며, 설계자는 각 상황에 대한 요구되는 안전도를 확보할 수 있도록 구조물을 설계하여야 한다. 이때 한계상태는 구조적 파괴(또는 극한)상태, 사용상태의 한계, 반복하중 등에 의한 피로 한계, 그리고 지진과 같은 사고시의 한계 등으로 정의할 수 있으며, 모든 한계상태에 대하여 요구되는 수준의 안전도가 확보되어야 한다. 이와 같은 한계상태설계법의 개념은 철근콘크리트 구조물뿐만 아니라 강구조, 합성구조 및 지반구조 등의 모든 시설물에 적용할 수 있으며, 현재 유럽을 중심으로 사용되고 있다.

이종의 재료가 결합된 철근콘크리트 구조는 구조적 극한파괴뿐만 아니라 반복하중 작용시와 충돌 등의 극단(사고)상태에서 필연적으로 비탄성거동 또는 소성 거동을 보이게 된다. 따라서 설계단계에서 재료적, 구조적 소성거동을 설계에 반영하기 위하여 구조해석시 재료적 기하학적 비선형 특성을 반영할 수 있어야 한다. 강도설계법의 경우에는 기하학적 비선형 특성을 일부 반영하고, 재료특성은 강도와 탄성계수만을 반영하는 선형해석을 수행하나, 한계상태설계법에서는 콘크리트와 철근의 응력-변형률관계에 의한 비선형 특성을 반영하여 극한상태를 보다 명확하게 반영할 수 있도록 제시하고 있다. 따라서 강도설계법에서 제시하고 있는 경험적 모멘트재분배 계수 등을 제시하지 않고 있다. 전단설계 등의 경우에도 합성단면의 소성상태를 고려한 설계가 이루어질 수 있도록 제시하고 있다.

3.5.1 설계방법

현행 도로교설계기준(KDS 24 10 00)에서 규정하고 있는 한계상태설계법은 철근콘크리트 구조물에 대하여 극한, 사용, 피로 및 사고한계상태에 대한 설계를 수행하도록 하고 있다. 이중 극한한계상태는 콘크리트 구조기준(KDS 14 20 00)의 강도설계법과 유사한 부분안전계수 설계법을 적용하고 있으나, 세부적인 내용은 상당한 차이를 갖고 있다. 부분안전계수는 외력에 대한 안전계수와 내적 저항에 대한 안전계수로 반영된다. 하중작용에 대해서는 하중별 확률분포 특성을 반영한 하중계수를 작용외력에 적용함으로서 외력과 구조해석의 불확실성 등에 의한 안전도를 확보하도록 하고 있다. 고정하중, 활하중 및 온도 등에 적용하는 하중계수는 하중의 빈도, 확률분포 특성을 등을 반영하여 확률적으로 결정하고 있으며, 단면력 결정을 위한 구조해석 시 발생가능한 모든 하중조합을 고려하여 계수단면력을 결정하도록 하고 있다. 이때 하중조합시 적용되는 하중계수는 외력이 부재단면력을 증가시키는 부재의 경우에는 1.0보다 값을 적용하게 되고, 부재 단면력을 감소시키는 경우에는 1.0보다 작은 계수를 사용하게 된다. 또한 사용하중, 피로한계상태 등에 대해서는 1.0과 같거나 낮은 계수를 사용하도록 하고 있다. 파괴형태별 안전계수를 다르게 사용하는 강도설계법과 달리 한계상태설계법에서는 재료계수를 사용하고 있으며, 콘크리트의 압축파괴와 철근의 인장파괴에 대한 안전도를 확률적으로 분석하여 계수를 산정하였다. 재료계수는 각 재료 강도 측정의 불확실성, 제작의 불확실성 등의 영향을 반영하고 있으며, 휨, 압축 및 전단에 대한 각 재료계수는 동일하게 적용하나, 파괴형태에 따라 달라지는 각 재료별 극한강도를 다르게 적용하게 된다.

이와 같이 정의된 개념에 따라 한계상태설계법에서의 안전확보를 위한 설계기본식은 다음과 같다.

$$R\{\phi_i, X_i\} \geqq \sum \eta_i \gamma_i Q_i \tag{3.5}$$

여기서, $R\{\phi_i, X_i\}$: 공칭강도 (ϕ_i는 재료계수, X_i는 재료의 기준강도)

$\phi_c(=1/\gamma_c)$는 콘크리트 재료계수, $\phi_s(1/\gamma_s)$는 철근의 재료계수

η_i : 하중수정계수(연성, η_D; 여용성, η_R; 중요도, η_I에 따른 계수)

γ_i : 하중계수

Q_i : 하중효과

위의 조건은 모든 가능한 하중조합 중에서 최대 작용력을 일으키는 하중조합에 의해 발생하는 모든 응력상태, 즉 휨, 축력, 전단, 비틀림 등에 대해 모두 만족시켜야 하며, 각 하중조합에서 적용하게 되는 재료계수는 다음과 같다.

표 3.4 하중 조합별 재료계수

하중조합	콘크리트 ϕ_c	철근 또는 프리스트레싱 강재 ϕ_s
극한하중조합-I, -II, -III, -IV, -V	0.65	0.90
극단상황하중조합-I, -II	1.0	1.0
사용하중조합-I, -III, -IV, -V	1.0	1.0
피로하중조합	1.0	1.0

3.5.2 설계원리

한계상태설계법은 강도설계법과 함께 1960년대 이후 적용되기 시작한 부분안전계수 설계방법이며, 단면의 평형조건으로부터 부재의 내력을 산정하는 방법을 사용하고 있다. 따라서 휨 및 압축, 전단력을 해석하는 방법은 근본적으로 강도설계법과 유사하나, 안전을 확보하기 위하여 강도설계법은 반경험적 확률론에 기반한 강도감소계수를 적용하는데 반하여 한계상태설계에서는 신뢰성이론에 기초한 재료계수를 적용하는 것이 가장 큰 차이이다. 이를 위하여 구조물에 작용하는 하중의 영향과 재료의 저항강도를 분리하여 평가하게 된다. 하중의 영향은 설계수명동안 구조물에 작용하게 되는 특정하중을 의미하며, 확률분포곡선상의 특정확률에 해당하는 하중의 크기를 표준하중으로 정의하게 된다. 이와 같은 표준하중은 구조물에 드물게 발생하나 안전에 영향을 미칠 수 있는 크기의 하중을 의미하며, 표준하

중에 파괴확률에 상응하는 하중계수를 곱함으로서 설계하중을 결정하게 된다. 이때 하중 특성에 따라 다양한 형태의 확률분포곡선을 사용하여 설계하중을 선정하게 된다.

재료의 저항강도 또한 유사한 방법으로 결정하게 된다. 재료의 특성치(characteristic value)는 그림 3.10과 같이 목표 평균강도에서 요구되는 신뢰수준을 확보할 수 있는 확률분포곡선의 특정분위 값(강도)을 의미하며, 일반적으로 90% 신뢰수준에서 하한측 5%를 의미하는 1.64×표준편차(SD)만큼 감소시킨다. 이와 같이 목표평균강도와 기준강도를 정의한 후 기준강도보다 더 낮게 설정되는 설계강도를 결정하게 된다. 이와 같은 설계강도는 다음으로 계산될 수 있다.

$$f_d = \frac{f_k}{\gamma_m} = \phi_m f_k = \phi_m \left(\frac{f_{tm}}{1.64SD} \right) \tag{3.6}$$

여기서, $\gamma_m \, (1/\gamma_m = \phi_m)$: 재료의 불확실량을 반영한 부분안전계수(재료계수)

f_d : 재료의 설계강도

f_k : 재료의 기준강도

f_{tm} : 목표평균강도

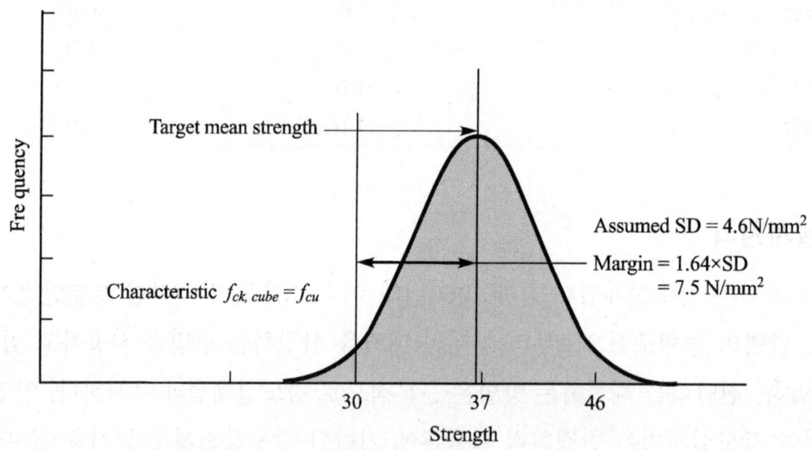

그림 3.10 기준강도와 목표평균강도의 관계

재료에 대한 부분안전계수(γ_m 또는 ϕ_m)는 사용된 재료의 시험방법의 불확실성, 재료 강도와 치수의 변동성 등을 고려하여 산정되는 값이며, γ_m은 일반적으로 1.0보다 큰 값을 갖으나, 지진시와 같이 극단상황한계상태 등에서는 1.0보다 작거나 같은 값을 갖기도 한다. 부재를 설계하기 위한 합성구조체로서의 기본적인 개념인 단면평형과 변형적합 조건 등과 같은 구조개념은 강도설계법과 근본적으로 큰 차이가 없다.

3.5.3 해석방법

설계를 위한 구조해석시 강도설계법에서는 탄성해석을 기본으로 하고 있으나, 한계상태설계법에서는 1) 선형 탄성 해석, 2) 선형 탄성 해석 후 모멘트 재분배, 3) 소생 해석, 4) 비선형 해석의 방법등과 같이 콘크리트부재의 비선형성을 해석에 반영하여 구조물의 형태, 목적 등에 따라 적절히 적용할 수 있도록 하고 있다. 구조해석시 구조물에 작용하는 하중, 구조물의 기하학적 형상 및 재료 특성, 경계조건 등을 최대한 실제와 동일하거나 유사하게 이상화하여야 한다. 이를 위해 구조물의 각 부재는 보, 기둥, 슬래브, 판, 아치 쉘 등으로 이상화하기 위해 단면의 응력 상태와 경계조건 등에 따라 부재 모델을 결정하게 된다. 또한 필요한 경우에는 구조물 해석시 지반 또는 기초의 응답특성을 포함시켜야 하며, 이를 위해 1차 및 2차 해석을 실시할 수 있다.

모멘트재분배, 소성해석과 비선형 해석의 필요성은 구조물의 중요도 및 사용목적 등에 따라 다르게 적용할 수 있으며, 구조물 또는 부재의 이상화 정도, 회전능력의 정도, 재료 및 기하학적 비선형 상태의 변형 정도 설계에 보다 정확하게 반영할 수 있다. 모멘트 재분배, 소성해석은 극한한계상태의 검증과 설계에만 적용할 수 있으며, 탄성해석과 비선형해석은 극한한계상태와 사용한계상태 설계에 모두 적용할 수 있다.

사용한계상태 검증시 모든 부재의 강성은 일정하고, 탄성범위에서 거동하는 것으로 가정한다. 그러나 실제는 사용상태에서 균열이 발생하고, 크리프와 건조수축 등에 의하여 초기탄성계수와는 다른 탄성계수를 갖게 된다. 따라서 균열에 의한 영향과 장기거동에 의한 영향평가시에는 강성에 이를 반영하여 해석을 수행하여야 한다. 이때 탄성계수는 장기하중의 영향을 고려하여 다음과 같은 값을 사용하게 된다.

$$E_{ce} = \frac{(M_D + M_L)E_c}{M_L + (1+\varphi)M_D} \tag{3.7}$$

여기서, M_D와 M_L은 각각 고정하중(장기하중)과 활하중에 의한 모멘트이며, φ는 크리프계수, E_c는 탄성계수

선형탄성해석은 구조물의 극한상태와 사용상태에서의 구조물의 응답(단면력 또는 변형)을 산정하기 위해 가장 보편적으로 사용하는 방법이다. 해석시 콘크리트의 할선탄성계수를 사

용하여 해석하기 때문에 구조물의 극한상태시의 응력과 처짐과는 차이를 갖으나, 전체적으로 극한상태에서 상대적으로 보수적인 설계가 이루어지기 때문에 편리성이 높다.

선형탄성해석에서는 판, 쉘 또는 연속체 해석보다는 상대적으로 간편하고 부재의 단면력을 쉽게 산정할 수 있는 보해석 또는 골조해석을 주로 수행하게 된다. 이때 기둥과 보의 접합부 등의 부재에서의 강성의 경우에는 유효강성을 적용하여 설계할 수 있다. 또한 선형해석에서는 탄성범위해석이 이루어지기 때문에 중첩의 원리에 의해 하중의 영향을 반영할 수 있는 장점이 있어 해석시간을 단축할 수 있으나, 복잡한 구조물의 경우에는 비경제적 설계가 발생할 수 있다.

연속보와 슬래브에서 활하중의 영향이 큰 경우에는 휨모멘트 재분배의 영향을 고려하도록 제시하고 있다. 이와 유사한 모멘트 재분배는 강도설계법에서도 제시하고 있으며, 휨이 지배적이거나 인접 부재와의 지간비가 0.5와 2 사이에 있을 때는 다음 식 3.8과 같은 비율로 휨모멘트를 재분배할 수 있다.

$$\eta \le 1 - \frac{0.0033}{\varepsilon_{cu}}\left(0.6 + \frac{c}{d}\right) \le 0.15 \tag{3.8}$$

여기서, η는 탄성해석으로 구한 휨모멘트에서 재분배할 수 있는 휨모멘트 비율($\eta = 1 - \delta$)

c = 극한한계상태에서의 중립축의 깊이

d = 단면의 유효깊이

ε_{cu} = 콘크리트 강도에 따른 극한한계변형률

위의 경우에 해당하지 않고, 부재의 회전능력을 확실할 수 없는 경우에는 모멘트 재분배를 하지 않아야 한다.

강구조물에서 많이 적용되는 소성강도는 부재에 발생할 수 있는 전체 위험단면이 소성상태에 이르게 되었을때의 강도를 의미하므로 부재의 극한한계상태 설계에만 적용되어야 한다. 또한 위험단면의 연성은 예상된 붕괴 메커니즘에 도달하기에 충분하도록 커야 하며, 소성해석은 하한계해나 상한계해에 기초하여야 한다. 하한계법은 한계해석(limit analysis)에서 평형조건만을 만족하는 경우의 해를 구하는 방법으로 슬래브의 경우는 스트립방법, 높이가 깊은보, 벽체 등은 스트럿-타이모델이 대표적이다. 상한계법은 한계해석에서 운동적합조건을 만족하는 경우의 해를 구하는 방법으로 일방향 구조에서는 소성힌지방법과 슬래브의 항복선이론이 대표적이다. 상한해는 부재에 발생할 수 있는 모든 붕괴기구에 대하여

극한값을 검토하여야 한다. 이때 하중은 점진적으로 증가하는 단조증가 하중으로 가정할 수 있다.

보와 골조 및 슬래브의 소성해석시 회전능력에 대한 요구조건을 만족하여야 하나, 아래의 인장철근량 요구조건과 받침부 부모멘트와 경간중앙의 정모멘트비가 0.5~2.0사이에 있는 경우에는 요구조건을 검토하지 않아도 된다.

$$c/d \le 0.15(f_{ck} \le 40\text{ MPa}) \tag{3.9a}$$

$$c/d \le 0.10(f_{ck} > 40\text{ MPa}) \tag{3.9b}$$

이외의 경우에는 소성회전 조건을 충족하기 위해서 다음의 인장철근량 규정과 소성힌지영역에서 계산된 회전각(θ_s)이 허용 소성회전각($\theta_{pl,d}$) 이하가 되도록 설계기준에서 규정하고 있다.

$$c/d \le 0.30(f_{ck} \le 40\text{ MPa}) \tag{3.10a}$$

$$c/d \le 0.23(f_{ck} > 40\text{ MPa}) \tag{3.10b}$$

이때 허용 소성회전각($\theta_{pl,d}$)은 다음 식에 의해 계산할 수 있다.

$$\theta_{pl,d} = k_\lambda\, \theta_{pl} \tag{3.11}$$

여기서, k_λ = 전단지간비에 따른 보정계수($=\sqrt{\lambda/3}$)

λ = 전단지간비($=M_u/(V_u\, d)$)

θ_{pl} = 그림 3.11의 기준 소성회전각으로서 40 MPa에서 80 MPa 범위의 콘크리트 압축강도에 상응하는 값은 보간하여 구한다.

철근콘크리트 구조물은 비탄성체인 콘크리트의 재료적 특성으로 인하여 거동초기부터 비선형거동을 하게 된다. 따라서 구조물의 비선형 해석을 위해서는 구성재료인 콘크리트와 철근의 응력-변형률 관계를 적용하여 하중단계별 응답을 단면 평형과 변형적합 조건 등에 맞도록 해석이 수행되어야 한다. 이를 위하여 각 설계기준에서 제시하고 있는 응력-변형률관계를 사용하거나, 실험 등을 통하여 검증된 재료성질을 사용하여 해석을 수행하여야 한다. 이때 해석방법은 신뢰성이 검증된 해석법 또는 해석프로그램을 활용하여 해석을 수행하여야 한다. 또한 비선형 해석시 하중의 변화에 따라 단면평형과 변형적합조건을 만족시키기 위하여 반복계산을 수행하어야 하고, 이때 오차가 발생하게 된다. 따라서 해석시에는 계산오차 등에 대한 영향을 충분히 분석하고, 허용오차 등에 대한 기준을 적절히 설정하여야 한다. 이와 같은 방법에 의하여 비선형 평형조건과 적합조건을 만족하며, 재료의 비선형 거동이 적절히 반영되었다면, 비선형 해석법은 극한한계상태와 사용한계상태 모두에 대하여 적용하여도 좋다. 해석은 1차 또는 2차 해석을 할 수 있다. 또한 극한한계상태에서 비탄성 변형이 발생하는 것으로 해석된 국부 위험단면의 강도는 불확실성을 적절히 고려하여 검토하여야 한다. 비선형해석을 하는 경우, 파괴에 대한 불확실성을 고려하는 것을 제외하고는 실질적인 강성을 나타내는 재료 성질을 사용하여야 하며, 적용 범위를 명확히 하여야 한다.

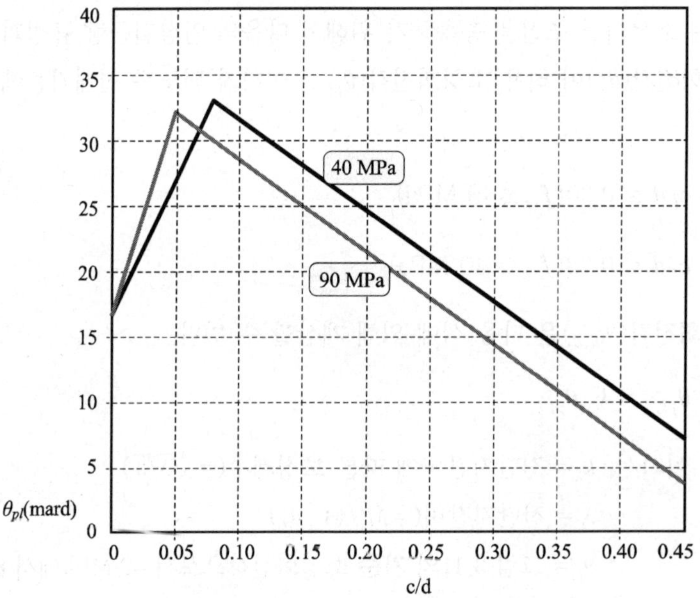

그림 3.11 기준 소성회전각(θ_{pl})

3.5.4 설계하중 및 설계하중조합

한계상태설계법에서는 극한한계상태, 사용한계상태, 극단상황한계상태 및 피로한계상태의 4개의 한계상태에 대하여 대표 설계하중조합을 도로교의 경우 표 3.5와 같이 제시하고 있다. 하중계수의 크기는 설계하중의 조합별로 파괴확률에 따라 적절하게 결정되며, 구조물의 중요도, 붕괴시 여용성 등에 따라 수정된다. 현행 도로교 및 철도교 설계기준의 한계상태 설계법에서는 하중조합시 부재의 활하중영향을 감소시키거나, 증가시키는 경우에 대하여 지속하중의 하중계수를 표 3.6과 같이 다르게 적용하도록 하고 있다. 교량 설계기준에서 제시하고 있는 하중의 종류는 다음과 같다.

(1) 지속하는 하중

① 고정하중: 구조부재와 비구조적 부착물의 중량(DC), 포장과 설비의 고정하중(DW)
② 프리스트레스힘(PS)
③ 시공 중 발생하는 구속응력(EL)
④ 콘크리트 크리프의 영향(CR)
⑤ 콘크리트 건조수축의 영향(SH)
⑥ 토압: 수평토압(EH), 상재토하중(ES), 수직토압(EV), 말뚝부마찰력(DD)

(2) 변동하는 하중

① 활하중: 차량활하중 및 열차활하중(LL), 상재활하중(LS), 보도하중(PL), 열차횡하중(LF), 충격(IM)
③ 풍하중: 차량에 작용하는 풍하중(WL), 구조물에 작용하는 풍하중(WS)
④ 온도변화의 영향: 단면평균온도(TU), 온도 경사(TG)
⑤ 지진의 영향(EQ)
⑥ 정수압과 유수압(WA)
⑦ 부력 또는 양압력(BP)
⑧ 설하중 및 빙하중(IC)
⑨ 지반변동의 영향(GD)
⑩ 지점이동의 영향(SD)
⑪ 파압(WP)
⑫ 원심하중(CF)
⑬ 제동하중(BR)
⑭ 가설 시 하중(ER)
⑮ 충돌하중: 차량충돌하중(CT), 선박충돌하중(CV)
⑯ 마찰력(FR)
⑰ 시제동하중(SB)
⑱ 탈선하중(DR)
⑲ 장대레일 종방향 하중(LR)

표 3.5 하중조합과 하중계수 (도로교)

하중 / 한계상태 하중조합	DC DD DW EH EV ES EL PS CR SH	LL IM BR PL LS CF	WA BP WP	WS	WL	FR	TU	TG	GD SD	이 하중들은 한 번에 한 가지만 고려			
										EQ	IC	CT	CV
극한 I	γ_p	1.80	1.00	–	–	1.00	0.50 / 1.20	γ_{TG}	γ_{SD}	–	–	–	–
극한II	γ_p	1.40	1.00	–	–	1.00	0.50 / 1.20	γ_{TG}	γ_{SD}	–	–	–	–
극한III	γ_p	–	1.00	1.40	–	1.00	0.50 / 1.20	γ_{TG}	γ_{SD}	–	–	–	–
극한IV – EH, EV, ES, DW DC만 고려	γ_p	–	1.00	–	–	1.00	0.50 / 1.20	–	–	–	–	–	–
극한V	γ_p	1.40	1.00	0.40	1.0	1.00	0.50 / 1.20	γ_{TG}	γ_{SD}	–	–	–	–
극단상황 I	γ_p	γ_{EQ}	1.00	–	–	1.00	–	–	–	1.00	–	–	–
극단상황II	γ_p	0.50	1.00	–	–	1.00	–	–	–	–	1.00	1.00	1.00
사용 I	1.00	1.00	1.00	0.30	1.0	1.00	1.00 / 1.20	γ_{TG}	γ_{SD}	–	–	–	–
사용II	1.00	1.30	1.00	–	–	1.00	1.00 / 1.20	–	–	–	–	–	–
사용III	1.00	0.80	1.00	–	–	1.00	1.00 / 1.20	γ_{TG}	γ_{SD}	–	–	–	–
사용IV	1.00	–	1.00	0.70	–	1.00	1.00 / 1.20	–	1.0	–	–	–	–
사용V	1.00	–	–	–	–	–	0.50	–	–	–	–	–	–
피로 – LL, IM & CF만 고려	–	0.75	–	–	–	–	–	–	–	–	–	–	–

표 3.6 γ_p에 관한 하중계수

하중의 종류	하중계수	
	최대	최소
DC : 구조부재와 비구조적 부착물	1.25 1.50(극한한계상태 조합IV에서만)	0.90
DD : 말뚝부마찰력	1.80	0.45
DW : 포장(도로교), 자갈도상(철도교)과 시설물	1.50	0.65
EH : 수평토압 주동 정지	 1.50 1.35	 0.90 0.90
EV : 연직토압 전체 안정성 옹벽 및 교대 강성 암거 (예, 콘크리트 박스) 뼈대형 강성구조물 (예, 라멘형) 연성 암거 (예, 파형강관) 박스형 연성 강재암거	 1.00 1.35 1.30 1.35 1.95 1.50	 – 1.00 0.90 0.90 0.90 0.90
ES : 상재토하중	1.50	0.75
EL : 시공중 발생하는 구속응력	1.0	1.0
PS : 프리스트레스힘 세그멘탈콘크리트교량의 상부, 하부구조 비세그멘탈콘크리트교량 상부구조 비세그멘탈콘크리트교량 하부구조 – I_g를 사용하는 경우 – $I_{effective}$를 사용하는 경우 강재 하부구조	 1.0 1.0 0.5 1.0 1.0	
CR, SH : 크리프, 건조수축 세그멘탈콘크리트교량의 상부, 하부구조 비세그멘탈콘크리트교량 상부구조 비세그멘탈콘크리트교량 하부구조 – I_g를 사용하는 경우 – $I_{effective}$를 사용하는 경우 강재 하부구조	 DC에 대한 γ_p 사용 1.0 0.5 1.0 1.0	

연습문제

3.1 사용하중과 계수하중을 설명하라.

3.2 고정하중계수와 활하중계수를 제시하라.

3.3 SD 300 철근을 사용할 때 최외단 인장철근의 순인장변형률 ε_t가 0.004이다. 강도감소계수는 얼마인가?

3.4 SD 400 철근을 사용할 때 최외단 인장철근의 순인장변형률 ε_t가 0.0035이다. 강도감소계수는 얼마인가?

CHAPTER 04

보의 휨 해석

CHAPTER 04

Design of Reinforced Concrete Structures

보의 휨 해석

4.1 설계 가정

철근콘크리트 구조는 철근과 콘크리트로 구성되기 때문에 비균질(non-homogeneous)한 재료이다. 따라서 휨모멘트와 축력을 받는 철근콘크리트 구조부재의 강도설계법에 의한 해석 및 설계는 다음 가정을 토대로 한다. 해석과 설계 시 철근과 콘크리트의 부착은 완전한 것으로 간주한다. 따라서 콘크리트의 변형률은 같은 위치에 있는 철근의 변형률과 같다.

① 휨모멘트와 축력을 받는 부재의 해석 및 강도설계는 다음 ②~⑥까지에 규정된 가정에 따라야 하며, 힘의 평형조건과 변형률 적합 조건을 만족시켜야 한다.

② 철근과 콘크리트의 변형률은 중립축으로부터 거리에 비례하는 것으로 가정할 수 있다. 그러나 깊은보는 (deep beam) 비선형 변형률 분포를 고려하여야 한다. 깊은보의 설계에서 비선형 변형률 분포를 고려하는 대신 스트럿-타이 모델을 적용 할 수 도 있다.

③ 휨모멘트 또는 휨모멘트와 축력을 동시에 받는 부재의 콘크리트 압축연단의 극한변형률(ε_{cu})은 콘크리트의 설계기준압축강도(f_{ck})가 40MPa 이하인 경우에는 0.0033으로 가정하며, 40MPa을 초과하는 경우에는 매 10MPa의 강도 증가에 대하여 0.0001씩 감소시킨다. 콘크리트의 설계기준압축강도(f_{ck})가 90MPa를 초과하는 경우에는 성능실험을 통한 조사연구에 의하여 콘크리트 압축연단의 극한변형률(ε_{cu})을 선정하고 근거를 명시하여

야 한다. 이를 식으로 표현하면 다음과 같다.

$$\varepsilon_{cu} = 0.0033 - \left(\frac{f_{ck} - 40}{100{,}000}\right) \le 0.0033$$

④ 철근의 응력(f_s)이 설계기준항복강도 f_y 이하일 때 철근의 응력은 그 변형률에 철근의 탄성계수 $E_s = 2.0 \times 10^5$ MPa를 곱한 값으로 하고, 철근의 변형률(ε_s)이 f_y에 대응하는 변형률(ε_y) 보다 큰 경우 철근의 응력(f_s)은 변형률에 관계 없이 f_y로 하여야 한다. 이를 식으로 표현하면 다음과 같다.

$$f_s = \varepsilon_s \times E_s \text{ (만일, } \varepsilon_s < \varepsilon_y)$$

$$f_s = f_y \text{ (만일, } \varepsilon_s \ge \varepsilon_y)$$

⑤ 콘크리트의 인장강도는 프리스트레스트 콘크리트(PSC) 구조를 제외하고는 철근 부재 단면의 축강도와 휨강도 계산에서 무시할 수 있다. 그 이유는

- 콘크리트의 인장강도는 압축강도의 10% 내외이며,
- 균열이 발생 된 콘크리트는 인장력을 발휘하지 못하는 것으로 간주하며,
- 균열이 발생하기 전에만 콘크리트 전단면이 외부 모멘트를 저항하는데 기여하기 때문이다.

⑥ 콘크리트 압축응력의 분포와 콘크리트 변형률 사이의 관계는 직사각형, 사다리꼴, 포물선형 또는 강도의 예측에서 광범위한 실험의 결과와 실질적으로 일치하는 어떤 형상으로도 가정할 수 있다. 현행 기준에서는 포물선-직선 형상 또는 직사각형 형상에 대하여 설명하고 있으며, 자세한 사항은 4.2장에서 설명한다.

4.2 콘크리트 압축응력의 분포와 콘크리트 변형률 관계

파괴 시 콘크리트 압축응력 분포는 직사각형, 사다리꼴, 포물선 혹은 실험결과와 잘 일치하는 다른 모양으로 가정될 수 있다. 보가 파괴될 때, 단면이 인장지배단면(저보강 단면)이라면 철근이 먼저 항복하는데, 이 경우 철근의 응력은 항복응력과 동일하다. 만약 단면이 압축지배단면(과보강단면)이라면 콘크리트가 먼저 파괴되고, 이때 콘크리트의 변형률은 극한변

형률 ε_{cu}에 도달했다고 가정한다. 이것은 보와 기둥에 관한 많은 실험결과와 일치하고 있다.

그림 4.1은 직사각형 단면의 철근콘크리트 보의 균형상태의 단면과 변형률과 응력상태, 압축력 C와 인장력 T를 보여준다. 균형단면은 콘크리트가 파괴됨과 동시에 철근이 항복하는 단면을 의미한다. 그러므로 콘크리트가 파괴될 때 콘크리트의 변형률 $\varepsilon_c = \varepsilon_{cu}$이고, 동시에 철근이 항복하기 때문에 철근의 변형률 $\varepsilon_s = \varepsilon_y$이다. 응력상태를 보면, 콘크리트의 f_c는 중립축에서 압축연단(상단)까지 비선형적인 변화를 나타내며, 중립축에서 인장연단(하단)까지는 인장응력이 표현되어 있지 않다. 이는 상기 설계가정 ⑤에 설명한 바와 같이 콘크리트의 인장력은 무시하기 때문이다. 그렇다면 압축력 C는 그림 4.1에서 중립축 상부 빗금으로 표시된 bc 단면에 작용하는 포물선 형태의 압축응력의 적분인 $C = b\int_0^c (f_c)dx$로 구해야 한다. 인장력은 중립축 이하의 콘크리트의 인장력은 무시하므로 철근에 의한 인장력 T만 존재한다. 따라서 인장력은 $T = A_s f_y$로 구할 수 있다. 한편, 각 힘들의 위치를 보면, 인장력 T는 철근의 도심 위치와 일치하므로 철근의 위치(상면에서 d만큼 떨어진 위치)에서 발생한다. 압축력 C의 위치는 포물선 형태의 분포를 가지고 있으므로 그 위치 z를 구하기 위해서는 응력에 대한 단면1차모멘트를 통해 계산하는 복잡한 과정을 거쳐야 한다. 이 두 힘은 힘의 크기는 같고 방향은 반대인 우력이며, 이 두 힘 간의 팔길이 $(d-z)$를 곱해주면 이 단면에 발생하는 휨모멘트와 같다.

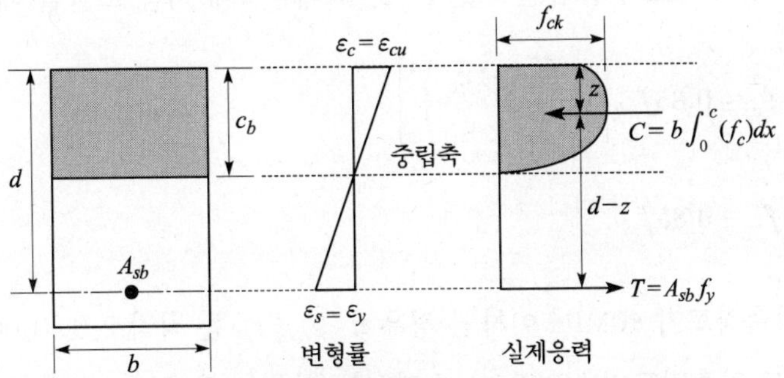

그림 4.1 균형단면의 변형률 및 응력분포와 단면우력

그런데 z를 구하는 것이 쉽지 않기 때문에 C와 T간의 수직거리인 $(d-z)$를 찾는 것도 쉽지 않다. 이러한 이유로 인해 콘크리트 압축응력의 분포를 포물선-직성형상의 등가응력 분포 또는 등가직사각형 응력블럭으로 가정하게 함으로서, 압축력 C의 압축체적과 그 무게중심을 적분을 하지 않고도 쉽게 구할 수 있게 된다. 이때 등가압축응력의 면적은 실제 콘크리트의 압축응력의 면적과 동일하며, 실제 압축응력 면적과 등가압측응력분포 면적의 합력에 대한 도심의 위치도 동일하여야 한다. 현행 KDS의 기준에는 콘크리트 압축응력의 분포와 콘크리트 변형률 사이의 관계를 포물선-직선 형 등가응력 분포 또는 등가직사각형 응력블럭으로 가정하도록 하고 있다. 본 장에서는 이에 대하여 설명한다.

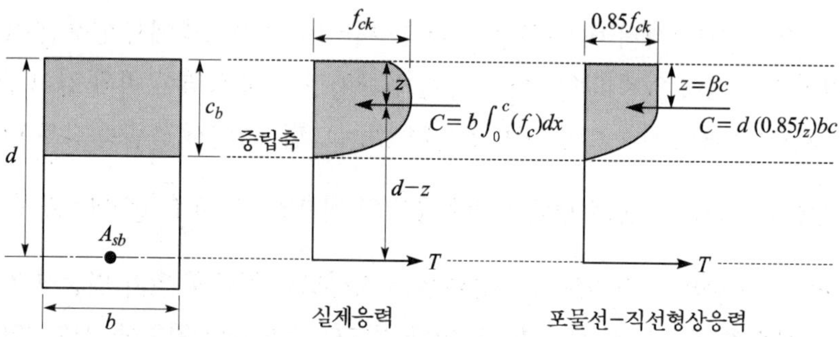

그림 4.2 포물선-직선형 등가응력 분포

- 포물선-직선형 등가응력 분포

① 그림 4.2에서 원점(중립축)에서 상승곡선부의 응력은 식 (4.1)에 의해 계산하고 이후 극한 변형률 ε_{cu}까지는 식 (4.2)에 의해 계산한다. 여기서 n은 상승 곡선부의 형상으로 나타내는 지수, ε_c는 콘크리트의 압축변형률, ε_{co}는 최대응력에 처음 도달할 때의 변형률이다.

$$f_c = 0.85 f_{ck}\left[1-\left(1-\frac{\varepsilon_c}{\varepsilon_{co}}\right)^n\right] \tag{4.1}$$

$$f_c = 0.85 f_{ck} \tag{4.2}$$

② 콘크리트의 압축강도가 40MPa 이하인 경우 n, ε_{co}, ε_{cu}는 각각 2.0, 0.002, 0.0033으로 한다. 콘크리트 압축강도가 40MPa을 초과하는 경우, n은 식 (4.3)에 따라 결정하며, 매 10MPa의 강도 증가에 대하여 식 (4.4)와 같이 ε_{co}의 값을 0.0001씩 증가시키고, 식 (4.5)와 같이 ε_{cu}의 값을 0.0001씩 감소시킨다. 단 콘크리트의 압축강도가 90MPa을 초과하는 경우에는 성능실험을 통한 조사연구에 의하여 이 값들을 선정하고 근거를 명시하여야 한다.

$$n = 1.2 + 1.5\left(\frac{100 - f_{ck}}{40}\right)^4 \leq 2.0 \tag{4.3}$$

$$\varepsilon_{co} = 0.002 + \left(\frac{f_{ck} - 40}{100,000}\right) \geq 0.002 \tag{4.4}$$

$$\varepsilon_{cu} = 0.0033 - \left(\frac{f_{ck} - 40}{100,000}\right) \leq 0.0033 \tag{4.5}$$

③ 포물선-직선 형상의 응력-변형률 관계에 의하여 콘크리트에 작용하는 압축응력의 평균값은 $\alpha(0.85 f_{ck})$로, 압축 연단으로부터 압축력의 작용 위치는 중립축 깊이 c와 β의 곱($z = \beta c$)으로 나타내며, 응력분포의 각 변수 및 계수는 표 4.1의 값을 적용한다. 여기서 α는 압축 합력의 크기(면적)와 관련된 계수로서 콘크리트의 실제 응력면적과 콘크리트의 최대응력을 기준으로 한 직사각형 응력 면적의 비로 즉 α=(포물선 직선형 부분면적/직사각형 면적)이다. β는 압축 합력의 작용 위치(도심점)와 관련된 계수로서, 중립축의 깊이에 대한 압축 합력의 작용 위치의 비이다.

표 4.1 응력분포의 변수 및 계수 값

f_{ck} (MPa)	≤ 40	50	60	70	80	90
n	0.2	1.92	1.50	1.29	1.22	1.2
ε_{co}	0.002	0.0021	0.0022	0.0023	0.0024	0.0025
ε_{cu}	0.0033	0.0032	0.0031	0.0030	0.0029	0.0028
α	0.80	0.78	0.72	0.67	0.63	0.59
β	0.40	0.40	0.38	0.37	0.36	0.35

- 등가직사각형응력블럭

① 최대 압축변형률이 일어나는 연단부터 $a = \beta_1 c$ 거리에 있고, 중립축과 평행한 직선에 의해 이루어지는 등가 압축영역에 $\eta(0.85 f_{ck})$인 콘크리트 응력이 등분포하는 것으로 가정한다.

② 최대변형률이 발생하는 압축연단에서 중립축까지 거리 c는 중립축에 대해 직각방향으로 측정한 것으로 한다.

③ 계수 η와 β_1은 표 4.2의 값을 적용한다.

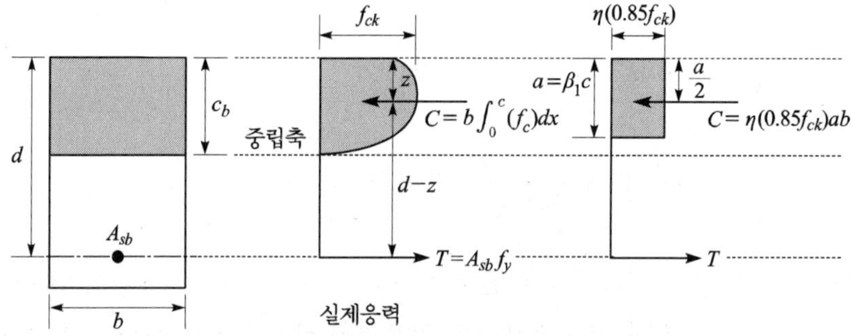

그림 4.3 등가직사각형 압축응력 블럭

표 4.2 등각직사각형 응력분포 변수 값

f_{ck} (MPa)	≤ 40	50	60	70	80	90
ε_{cu}	0.0033	0.0032	0.0031	0.0030	0.0029	0.0028
η	1.00	0.97	0.95	0.91	0.87	0.84
β_1	0.80	0.80	0.76	0.74	0.72	0.70

그림 4.4는 균형단면의 파괴시 상기 설명한 두 개의 등가응력블럭을 입체적으로 그려 비교하여 나타내고 있다. 그림에서 아래첨자 b는 균형단면임을 나타내는 것이다.

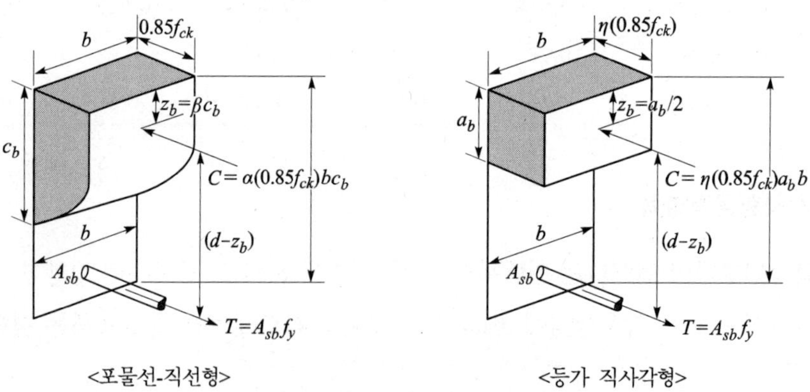

그림 4.4 균형단면 파괴 시 응력블럭 비교

이러한 등가압축응력블럭의 가정은 사각형 단면에만 국한되는 것이 아니나라, 모든 단면에 적용된다. 등가직사각형 응력블록으로 설명할 때, 사각형 단면에서 압축영역의 면적은 ab 이므로, 단위면적당 균일한 응력 $\eta(0.85f_{ck})$가 작용한 총 응력의 체적은 $\eta(0.85f_{ck})ab$가 되며, 이 값을 압축력 C라고 간주한다. 그런데 만일 임의의 다른 형상의 경우라면, 압축력 C는 압축영역 면적에 일정한 응력 $\eta(0.85f_{ck})$를 곱한 값과 같다. 예를 들어 그림 4.5의 단면에서, 압축력 C는 단면의 빗금 친 면적에 $\eta(0.85f_{ck})$를 곱한 값과 같다.

$$C = (\eta 0.85 f_{ck})(0.15 \times 0.075 + 0.25 \times 0.05) = 0.0202 \eta f_{ck} (\mathrm{MN})$$

압축력 C의 위치는 단면의 모든 요소력의 합력의 위치인 상단에서 거리 z에 있다. 응력이 일정하고 $\eta(0.85f_{ck})$일 때 합력 C는 깊이 a인 압축영역의 무게중심에 위치한다. 이 예에서 z는 압축상단에 대해 모멘트를 취함으로써 계산할 수 있다.

$$z = \frac{(150 \times 75^2/2 + 250 \times 50 \times 100)}{150 \times 75 + 250 \times 50} = 70.4\mathrm{mm}$$

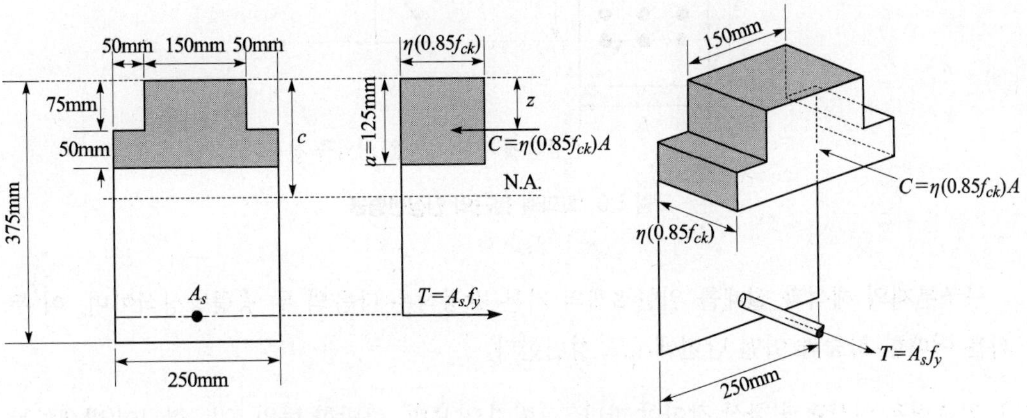

그림 4.5 사각형 이외의 단면의 내력 계산 예

4.3 휨을 받는 단철근 직사각형 보의 공칭휨강도와 설계휨강도

그림 4.6과 같이 휨을 받는 철근콘크리트 보의 단면에는 내력인 인장력 T와 압축력 C가 발생하며, T와 C는 우력으로서, 두 힘의 팔 길이를 곱한 우력 모멘트가 내력 휨강도가 되며, 보에 작용하는 외력 휨에 저항한다. 이때 인장력 T와 압축력 C는 콘크리트와 철근의 재료강도, 단면의 크기와 철근량에 따라 크게 달라진다. 현행 콘크리트구조설계기준(2021)에서는 휨을 받는 철근콘크리트 보의 공칭휨강도를 압축단 콘크리트의 압축변형률이 최대 변형률인 ε_{cu}에 도달했을 때를 단면의 휨강도로 정의한다. 공칭의 의미는 설계도면에 제시된 철근과 콘크리트의 단면적과 제시된 강도로부터 구해진 값을 의미한다.

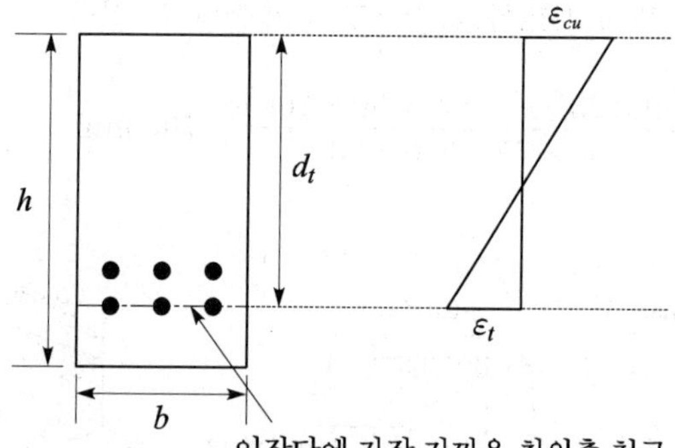

그림 4.6 최외측 철근의 인장변형률

구조부재의 해석과 설계를 위한 2개의 기본 방정식은 다음의 두 평형방정식이며, 이 두 식은 어떠한 하중과 어떤 단면에서도 성립한다.

① 압축력은 인장력과 항상 같아야 한다. 그렇지 않으면, 축방향 변위 또는 회전이 발생하는 불평형상태가 될 것이다.

$$C = T \tag{4.6}$$

② 공칭휨강도는 우력인 압축력 C나 인장력 T에 우력의 모멘트 팔 길이인 $(d-z)$를 곱한 것과 같다.

$$M_n = C(d-z) \tag{4.7a}$$

혹은

$$M_n = T(d - z) \tag{4.7b}$$

공칭휨강도를 강도감소계수 ϕ에 의해 감소시키면 설계휨강도 M_d를 얻는다. 설계강도 M_d는 계수모멘트 M_u 보다 최소한 크거나 같아야 한다. 강도설계법에서 계수모멘트 M_u는 외력에 하중계수를 곱한 하중으로부터 계산된 모멘트 값으로서 단면의 설계휨강도는 이 보다 커야 구조적 안전성을 확보할 수 있기 때문이다. 따라서 5장에 설명될 휨부재의 설계에서는 설계휨모멘트 M_d와 계수모멘트 M_u를 같게 놓고 계산한다.

$$M_d = \phi M_n \geq M_u \tag{4.8}$$

현행 콘크리트구조설계기준(2021)에서는 파괴를 지배하는 것이 철근인지 콘크리트인지에 따라 인장지배단면, 압축지배단면, 변화구간 단면으로 구분하고 있으며, 각 경우에 대하여 강도감소계수 ϕ를 달리 규정하고 있다. ϕ는 압축단 콘크리트 변형률(ε_c)이 극한변형률(ε_{cu})에 도달했을 때, 그림 4.6과 같이 인장연단에 가장 가까운 최외측 철근의 변형률(ε_t)이 어느 값에 도달했는지를 기준으로 하며, 각 단면에 대하여 그림 4.7과 같이 강도감소계수 ϕ를 결정한다. 인장지배, 압축지배 및 휨설계 최소허용 단면을 구분하는 기준이 되는 변형률의 값은 표 4.3과 같다. 각 지배단면의 상세한 설명은 3.3장에서 상세하게 설명하였다.

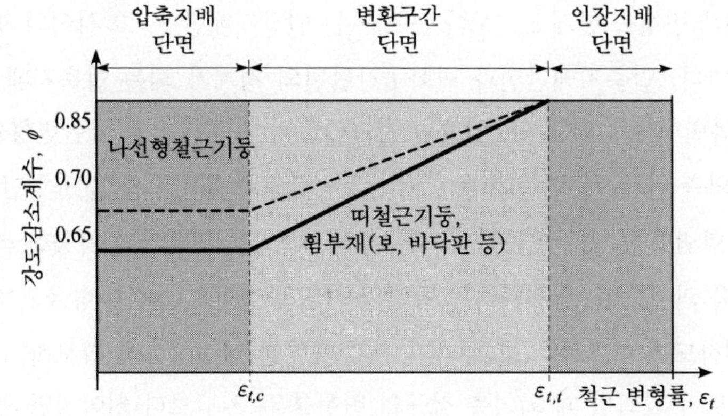

그림 4.7 최외측 철근 변형률에 따른 휨과 압축부재에 대한 강도감소계수 결정

표 4.3 철근 종류에 따른 최외측 철근의 인장변형률 기준

구분	압축지배 변형률 한계($\varepsilon_{t,c}$)	인장지배 변형률 한계($\varepsilon_{t,t}$)	휨설계 최소 허용변형률($\varepsilon_{t,a}$)
SD300	0.0015(= ε_y)	0.005	0.004
SD400	0.002(= ε_y)	0.005	0.004
SD500	ε_y	$2.5\varepsilon_y$	0.004와 $2\varepsilon_y$ 중에 큰 값
SD600	ε_y	$2.5\varepsilon_y$	0.004와 $2\varepsilon_y$ 중에 큰 값

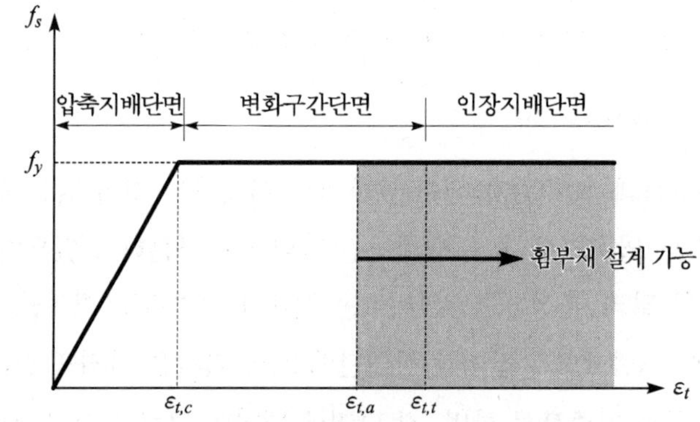

표 4.3의 하단에 제시된 그림을 자세히 보면, 압축단 콘크리트의 변형률이 극한변형률이 ε_{cu}에 도달할 때, 최외측 철근의 변형률 ε_t가 압축지배 변형률 한계 $\varepsilon_{t,c}$보다 작은 경우 압축지배단면, 인장지배 변형률 한계 $\varepsilon_{t,t}$ 보다 큰 경우는 인장지배단면, 그 사이의 경우 변화구간단면이라고 분류한다. 압축지배단면과 변화구간단면의 경계가 되는 압축지배 변형률 한계 $\varepsilon_{t,c}$는 철근의 항복변형률 ε_y와 같다. 압축단 콘크리트의 변형률 ε_c가 극한변형률 ε_{cu}에 도달할 때, 동시에 최외측 인장철근의 변형률 ε_t가 $\varepsilon_{t,c}$에 도달할 때의 단면을 균형단면이라 하며, 이때의 상태를 균형변형률 상태라고 한다. 표 4.3에서 $\varepsilon_{t,a}$는 휨설계가 가능한 최외측 철근의 최소 허용변형률을 의미하며, 휨설계하는 단면의 최외측 철근의 인장변형률 ε_t가 $\varepsilon_{t,a}$ 보다는 반드시 크게 설계하도록 함으로서 보의 파괴 전에 충분한 연성거동을 확보하기 위한 기준이 된다. 즉, 콘크리트가 파괴될 때 최외측 철근의 변형률은 $\varepsilon_{t,a}$ 보다 커야지만 충분하게 연성을 확보할 수 있다. 충분한 연성을 확보한다는 것은 철근콘크리트 구조물이 파괴에 이르기 전에 충분한 변형과 균열이 발생하게 되어 파괴를 사전에 인지할 수 있도록 하므로 철근콘크리트 구조물의 설계에서 반드시 확보되어야 할 매우 중요한 파괴모드이다. 그러므로 휨부재를 설계 할 때 최외측철근의 변형률 ε_t는 다음 조건을 만족하여야 한다. 다음 조건에서 마지

막항은 그림 4.6의 변형률도에서 삼각형의 비례로부터 유도된 식이다. 만일 그림 4.6과 같이 철근이 다열로 배근 된 것이 아니라 1열만 배근되어 있는 경우에는 최외측철근까지의 거리 $d_t = d$ 이다.

$$\varepsilon_t \geq \varepsilon_{t,a} = (0.004 \text{ 또는 } 2.0\varepsilon_y) = \varepsilon_{cu}\left(\frac{d_t - c}{c}\right)$$

최외측철근의 변형률이 상기조건을 만족한다면,

- 휨부재에 보강된 인장철근의 변형률 $\varepsilon_s = \varepsilon_y$, 인장철근의 응력 $f_s = f_y$이다.
- 휨부재는 변화구간 단면 및 인장지배단면의 파괴모드만을 갖는다.

4.3.1 균형단면, 균형철근비와 균형단면의 휨강도

계수하중을 받을 때 압축단 콘크리트 변형률(ε_c)이 ε_{cu}이고 동시에 최외측 철근의 변형률(ε_t)이 항복변형률 $\varepsilon_y = f_y / E_s$에 도달하는 상태의 단면을 가정해보자. 이 경우 다음과 같은 단계를 거쳐 균형철근비가 정의된다. 모든 수식에서 아래첨자 b는 균형(balanced)을 의미한다. 이하의 모든 식은 콘크리트의 압축응력분포를 등가직사각형 압축응력블럭으로 가정하여 유도하였다.

(1) 1단계

변형률 선도로부터 비례식에 의해(그림 4.1 참조)

$$\frac{c_b}{d} = \frac{\varepsilon_{cu}}{\varepsilon_{cu} + \varepsilon_y}$$

여기서, c_b는 균형단면의 c값이며, 상기 식은 다음과 같이 변형 가능하다.

$$c_b = \frac{\varepsilon_{cu}}{\varepsilon_{cu} + \varepsilon_y} d \tag{4.9}$$

(2) 2단계

평형방정식에 의해, $C = T$ 이어야 한다. 이때, 등가직사각형 응력블럭에서 $C = \eta(0.85 f_{ck}) a_b b$, $T = A_s f_y$이다. 따라서,

$$\eta(0.85f_{ck})a_b b = A_{sb}f_y \tag{4.10}$$

그리고

$$A_{sb} = \eta 0.85\frac{f_{ck}}{f_y}a_b b \tag{4.11}$$

$a_b = \beta_1 c_b$이므로 식 (4.9)를 식 (4.11)에 대입하면, 균형철근량

$$A_{sb} = \eta(0.85\beta_1)\frac{f_{ck}}{f_y}\frac{\varepsilon_{cu}}{\varepsilon_{cu}+\varepsilon_y}bd$$

여기서, a_b는 균형단면의 압축블록 깊이로서 $\beta_1 c_b$ 와 같다. 또한 A_{sb}는 균형단면의 철근량이다. 이때 철근량 A_{sb}를 단면의 폭 b와 유효깊이 d의 곱 bd로 나눈 값을 균형철근비 ρ_b로 정의하며, 따라서 균형철근비는 다음과 같다.

$$\rho_b = \frac{A_{sb}}{bd} = \eta(0.85\beta_1)\frac{f_{ck}}{f_y}\frac{\varepsilon_{cu}}{\varepsilon_{cu}+\varepsilon_y} \tag{4.12}$$

(3) 3단계

균형단면의 공칭휨모멘트 M_{nb}는 C 또는 T에 모멘트 팔을 곱함으로써 계산된다.

$$\begin{aligned} M_{nb} &= C(d-z) \\ &= T(d-z) \end{aligned}$$

직사각형단면에서 압축력 C는 등가압축블록 면적 ab의 무게중심에 작용하므로, 균형단면의 $z_b = a_b/2$, 여기서, a_b는

$$a_b = \frac{A_{sb}f_y}{\eta(0.85f_{ck})b}$$

그러므로

$$\begin{aligned} M_{nb} &= C(d-a_b/2) \\ &= T(d-a_b/2) \end{aligned}$$

균형단면의 정의에서 인장단 최외측 철근의 변형률 $\varepsilon_t = \varepsilon_y$이므로, 4.1장 가정 ④에 의해서 인장력 $T = A_{sb}f_y$이다. 따라서 균형단면의 공칭휨강도는

$$M_{nb} = A_{sb} f_y (d - a_b/2) \tag{4.13}$$

균형단면 공칭휨강도 M_{nb}에 휨강도감소계수 ϕ를 곱한 값은 계수휨모멘트 M_u보다 크거나 최적의 설계라면 최소한 같아야 한다.

$$M_{ub} = \phi M_{nb} = \phi A_{sb} f_y (d - a_b/2) \tag{4.14a}$$

또는

$$M_{ub} = \phi A_{sb} f_y \left(d - \frac{A_{sb} f_y}{\eta(1.7 f_{ck}) b} \right) \tag{4.14b}$$

식 (4.14b)를 철근비 ρ 항을 포함하여 표현하면 다음과 같다. 즉,

$$\rho_b = \frac{A_{sb}}{bd} \text{이므로 } A_{sb} = \rho_b bd$$

그러므로 균형단면의 계수모멘트는 다음과 같다.

$$\begin{aligned} M_{ub} &= \phi f_y \rho_b bd \left(d - \frac{\rho_b bd f_y}{\eta(1.7 f_{ck}) b} \right) \\ &= \phi f_y \rho_b bd^2 \left(1 - \frac{\rho_b f_y}{\eta(1.7 f_{ck})} \right) \end{aligned} \tag{4.15}$$

식 (4.15)는 다음과 같이 쓸 수 있다.

$$M_{ub} = R_{ub} bd^2 \tag{4.16}$$

여기서,

$$R_{ub} = \phi f_y \rho_b \left(1 - \frac{\rho_b f_y}{\eta(1.7 f_{ck})} \right) \tag{4.17}$$

균형단면의 유효깊이 d에 대한 등가압축응력 블록깊이 a_b의 비는 식 (4.9)에 의해 구할 수 있다.

식 (4.10)에 A_{sb} 대신 $\rho_b bd$를 대입하면

$$\eta(0.85 f_{ck}) a_b b = \rho_b bd f_y$$

$$\frac{a_b}{d} = \frac{\rho_b f_y}{\eta(0.85 f_{ck})} \tag{4.18}$$

이때 만약 균형단면의 무차원 값인 q_b를 다음과 같이 정의한다면,

$$q_b = \frac{\rho_b f_y}{\eta f_{ck}} = \frac{A_{sb} f_y}{\eta f_{ck}\, bd} \tag{4.19}$$

a_b/d는 다음과 같이 표현될 수 있다.

$$\frac{a_b}{d} = \frac{q_b}{0.85} \quad \text{혹은} \quad a_b = 1.18 q_b d \tag{4.20}$$

식 (4.17)에 q_b를 대입하면, 다음과 같은 식을 얻을 수 있다.

$$\begin{aligned} R_{ub} &= \phi \rho_b f_y \left(1 - \frac{\rho_b f_y}{\eta(1.7 f_{ck})}\right) \\ &= \phi q_b f_{ck}\left(1 - \frac{q_b}{1.7}\right) = \phi f_{ck}\, q_b (1 - 0.59 q_b) \end{aligned} \tag{4.21}$$

$$M_{ub} = R_{ub} bd^2 = \phi f_{ck}\, bd^2\, q_b (1 - 0.59 q_b) \tag{4.22}$$

여기까지 전개된 모든 이론식은 균형단면뿐만 아니라 최외측 철근의 인장변형률 ε_t가 항복하지 않는 압축지배단면을 제외한 모든 단면(변화구간 단면, 인장지배 단면)에 동일하게 적용된다.

만일 포물선-직선형 등가응력 분포를 사용하여 상기 식 중 중요한 식을 유도하면, 균형철근비는

$$\rho_b = \frac{A_{sb}}{bd} = (0.85\alpha)\frac{f_{ck}}{f_y}\frac{\varepsilon_{cu}}{\varepsilon_{cu} + \varepsilon_y}$$

균형단면의 중립축 위치, 균형단면의 계수모멘트는 각각 다음과 같다.

$$c_b = \frac{A_{sb} f_y}{\alpha(0.85 f_{ck}) b}, \qquad M_{ub} = \phi A_{sb} f_y (d - \beta c_b)$$

예제 4.1

그림 4.8의 단면에서 다음 값을 계산하라. 포물선-직선형 등가응력, 등가직사각형응력블럭으로 모두 계산하라. ($f_{ck}=21\,\text{MPa}$, $f_y=300\,\text{MPa}$)

1. 균형철근량(A_{sb})
2. 균형단면의 중립축의 위치(c_b)와 압축력이 작용위치 z
3. 균형단면의 계수모멘트 M_{ub}를 구하라($\phi=0.65$).

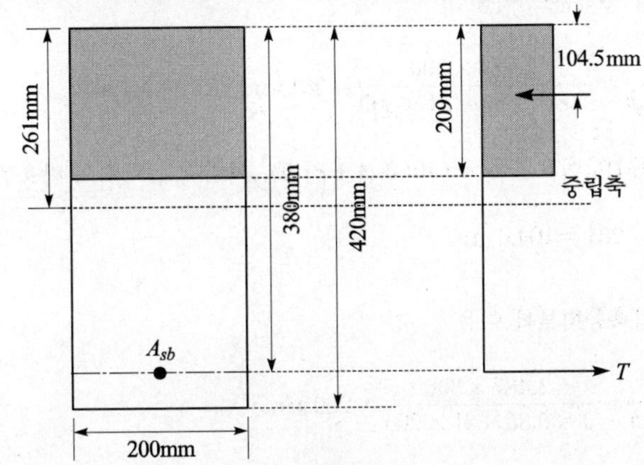

그림 4.8

▌풀이

1. 균형철근비 ρ_b는

1)포물선-직사각형 응력분포 이용

$$\rho_b=\frac{A_{sb}}{bd}=(0.85\alpha)\frac{f_{ck}}{f_y}\frac{\varepsilon_{cu}}{\varepsilon_{cu}+\varepsilon_y}$$

$f_{ck}<40$ MPa이므로 $\alpha=0.80$

$$\rho_b=0.8\times0.85\times\frac{21}{300}\times\frac{0.0033}{0.0033+0.0015}=0.0327$$

따라서 균형조건을 만족시키는 균형철근량은

$$A_{sb}=\rho_b bd=0.0327\times200\times380=2{,}487\,\text{mm}^2$$

2) 등가 직사각형 압축응력블록 이용

$$\rho_b=\frac{A_{sb}}{bd}=\eta(0.85\beta_1)\frac{f_{ck}}{f_y}\frac{\varepsilon_{cu}}{\varepsilon_{cu}+\varepsilon_y}$$

$f_{ck} < 40\text{MPa}$이므로 $\beta_1 = 0.80$

$$\rho_b = 1 \times 0.8 \times 0.85 \times \frac{21}{300} \times \frac{0.0033}{0.0033 + 0.0015} = 0.0327$$

따라서 균형조건을 만족시키는 균형철근량은

$$A_{sb} = \rho_b bd = 0.0327 \times 200 \times 380 = 2{,}487\,\text{mm}^2$$

2. A_{sb}를 사용하여 중립축의 위치, 압축력의 작용위치를 구하면,

1) 포물선-직사각형 응력분포 이용

$$c_b = \frac{A_{sb} f_y}{\alpha 0.85 f_{ck} b} = \frac{2{,}487 \times 300}{0.8 \times 0.85 \times 21 \times 200} = 261\,\text{mm}$$

그리고 $f_{ck} < 40\,\text{MPa}$이므로 $\beta = 0.40$(표 4.1 참고), 따라서 압축력의 작용위치

$$z = \beta c = 0.4 \times 261 = 104.4\,\text{mm}$$

2) 등가 직사각형 압축응력블록 이용

$$a_b = \frac{A_{sb} f_y}{\eta 0.85 f_{ck} b} = \frac{2{,}487 \times 300}{1 \times 0.85 \times 21 \times 200} = 209\,\text{mm}$$

최상단에서 중립축까지 거리 $c = a/\beta_1$, 그리고 $f_{ck} < 40\,\text{MPa}$이므로 $\beta_1 = 0.80$, 따라서

$$c_b = \frac{209}{0.80} = 261\,\text{mm}$$

압축력의 작용위치 $z = a_b/2 = 104.5\text{mm}$

3. 균형단면이 계수모멘트는

1) 포물선-직사각형 응력분포 이용

$$M_{ub} = \phi A_{sb} f_y (d - \beta c_b) = 0.65 \times 2487 \times 300 \times (380 - 104.4) = 133.6\text{kNm}$$

2) 등가 직사각형 압축응력블록 이용

$$M_{ub} = \phi A_{sb} f_y (d - a_b/2) = 0.65 \times 2487 \times 300 \times (380 - 209/2) = 133.6\text{kNm}$$

4.3.2 인장지배단면과 휨설계 최소 허용단면의 철근비(최대철근비)와 휨강도

인장지배 단면과 변화구간 단면 중 휨설계 최소 허용단면의 철근비는 그림 4.9의 변형률도에서 닮은꼴 삼각형의 비로 구할 수 있다. 유도 과정은 균형단면에 대하여 유도된 식 (4.9)와 식 (4.12)와 동일하며, 균형단면의 철근의 변형률 기준은 ε_y이지만 인장지배단면과 휨설계가 허용되는 단면의 철근의 변형률 기준이 $\varepsilon_{t,t}$와 $\varepsilon_{t,a}$이므로 이를 대치하여 구할 수 있다. 결과는 표 4.4에 정리하였다.

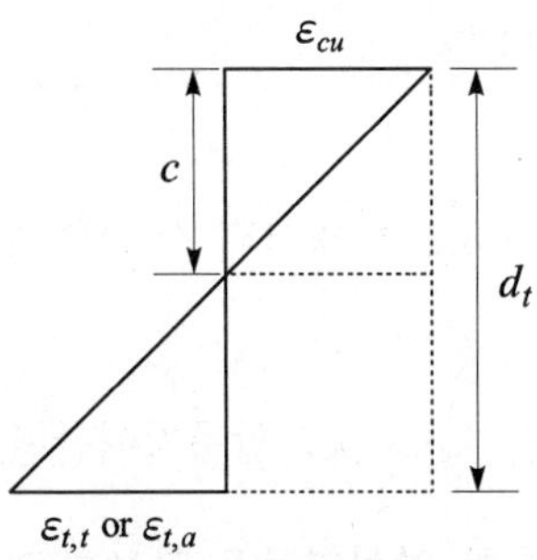

그림 4.9 변형률도

표 4.4 다양한 단면의 중립축과 철근비

구분	인장지배단면	휨설계 최소 허용단면
중립축까지의 거리(c)	$c_t = \dfrac{\varepsilon_{cu}}{\varepsilon_{cu}+\varepsilon_{t,t}} d_t$	$c_{\max} = \dfrac{\varepsilon_{cu}}{\varepsilon_{cu}+\varepsilon_{t,a}} d_t$
철근비(ρ)	$\rho_t = \eta(0.85\beta_1)\dfrac{f_{ck}}{f_y}\dfrac{\varepsilon_{cu}}{\varepsilon_{cu}+\varepsilon_{t,t}}$	$\rho_{\max} = \eta(0.85\beta_1)\dfrac{f_{ck}}{f_y}\dfrac{\varepsilon_{cu}}{\varepsilon_{cu}+\varepsilon_{t,a}}$

표 4.4에서 인장지배단면의 경우 "t"라는 아래첨자를 사용하여 구분하였고, 휨설계 최고 허용단면의 경우 "max"라는 아래첨자를 사용하였다. 이유는 휨설계 시 최외측 철근의 인장변형률이 한계치인 $\varepsilon_{t,a}$를 초과하지 않기 위해서는 사용 철근비가 이보다 작아야 하기 때문이다. 따라서 이 철근비는 휨설계 시 배근할 수 있는 최대철근비 $\rho_{\max}$이다.

인장지배단면과 최대철근비 ρ_t, $\rho_{\max}$를 균형철근비 ρ_b와의 비를 계산하는 식은

$$\frac{\rho_t}{\rho_b} = \frac{\varepsilon_{cu}+\varepsilon_y}{\varepsilon_{cu}+\varepsilon_{t,t}}, \quad \frac{\rho_{\max}}{\rho_b} = \frac{\varepsilon_{cu}+\varepsilon_y}{\varepsilon_{cu}+\varepsilon_{t,a}} \text{ 이다.}$$

만일 콘크리트의 설계기준강도가 40MPa 이하이며, 사용 철근이 SD400인 경우, 표 4.3을 참고하

면 $\varepsilon_{cu} = 0.0033$, $\varepsilon_y = 0.002$, $\varepsilon_{t,t} = 0.005$, $\varepsilon_{t,a} = 0.004$이므로, $\rho_t = 0.639\rho_b$, $\rho_{\max} = 0.726\rho_b$가 된다. 이를 철근의 종류에 따라 정리하면, 표 4.5와 같다.

표 4.5 철근 종류에 따른 각 단면의 철근비와 균형철근비와의 관계

철근의 종류	인장지배 단면 철근비(ρ_t)	휨설계 최소 허용단면 철근비($\rho_{\max}$)
SD300	$0.578\rho_b$	$0.658\rho_b$
SD400	$0.639\rho_b$	$0.726\rho_b$
SD500	$0.607\rho_b$	$0.698\rho_b$

보에 사용된 철근의 철근비 ρ를 표 4.5에 제시된 각 단면의 철근비와 비교하여 다음과 같이 평가할 수 있다.

$\rho < \rho_t$: 인장지배단면, $\rho > \rho_b$: 압축지배단면, $\rho_t < \rho < \rho_b$: 변화구간단면

또한, 휨부재를 설계 할 때는 충분한 연성거동을 확보하고 연성파괴를 유도하기 위하여 사용철근비가 최대철근비 이상이 되지 않도록 하여야 하므로 이때의 철근비를 $\rho_{\max}$로 명기하고 있다는 것을 주의하여야 한다.

각 단면의 공칭휨모멘트강도 M_n과 설계휨모멘트강도($M_d = M_u = \phi M_n$)는 균형단면의 식과 동일하게 유도된 식으로부터 구할 수 있으나, 각 단면에 해당하는 강도감소계수 ϕ를 사용하여야 함을 주의하여야 한다. 강도감소계수 ϕ는 그림 4.7에 따라 결정한다. 또한 인상지배단면과 변화구간 단면의 철근은 균형철근비 이하로 파괴시 모두 항복하기 때문에 휨강도의 계산 시 단면의 구분 없이 일반적인 식으로 표현할 수 있으며, 다음과 같다. 다만 식(4.23c)은 해석 보다는 설계에서 주로 사용하는 식으로 인장지배 단면으로 설계할 때는 ρ대신 ρ_t, 휨설계허용단면(최대철근비 단면)으로 설계할 때는 ρ대신 $\rho_{\max}$를 사용하여 계산하면 된다.

$$M_n = A_s f_y (d - \frac{a}{2}) \tag{4.23a}$$

$$M_u = \phi M_n = \phi A_s f_y (d - a/2) \tag{4.23b}$$

$$\begin{aligned} M_u &= R_u b d^2 \\ &= \phi f_{ck} b d^2 q (1 - 0.59q) \end{aligned} \tag{4.23c}$$

$$\text{여기서 } R_u = \phi\rho f_y\left(1-\frac{\rho f_y}{\eta(1.7f_{ck})}\right),\qquad q=\frac{\rho f_y}{\eta f_{ck}}$$

예제 4.2

그림 4.10에 제시된 사각형단면에서 철근이 ① D19 철근 3개($A_s = 860\,\text{mm}^2$), ② D29 철근 3개($A_s = 1927\text{mm}^2$), ③ D32 철근 3개($A_s = 2{,}383\,\text{mm}^2$)를 각각 사용할 때, 어떠한 단면에 해당 하는지 판단하고, 각 단면의 중립축의 위치와 공칭휨강도를 구하고, 설계휨강도를 구하라(다만, $f_{ck} = 21\,\text{MPa}$, $f_y = 300\,\text{MPa}$).

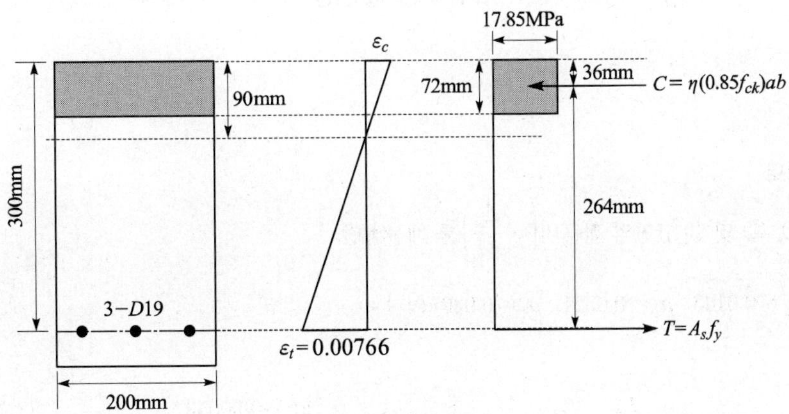

그림 4.10 ① 단면

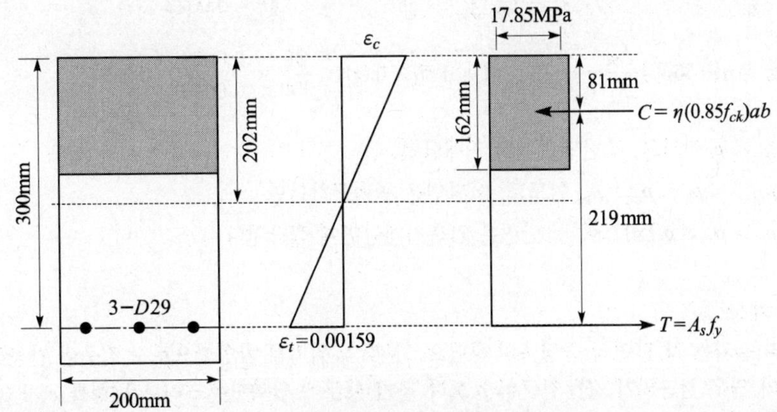

그림 4.10 ② 단면

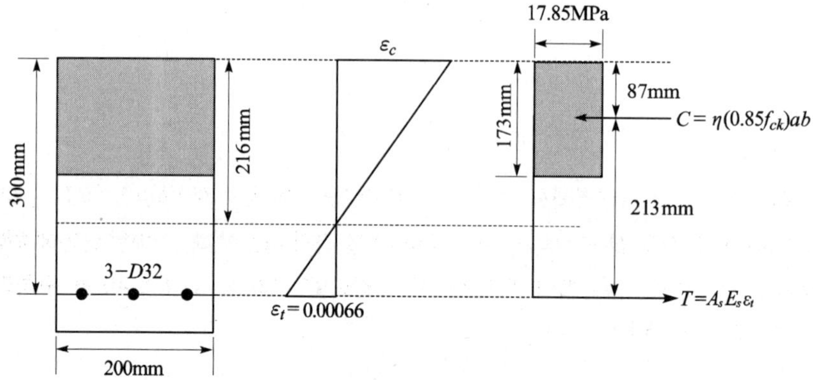

그림 4.10 ③ 단면

▌풀이

1. 단면검토

우선 ①, ② 및 ③ 단면의 철근비$\left(=\dfrac{A_s}{bd}\right)$를 계산하면,

$\rho_1=0.0143,\ \rho_2=0.0321,\ \rho_3=0.0397$이다.

$$\text{한편, } \rho_t=\eta(0.85\beta_1)\frac{f_{ck}}{f_y}\frac{\varepsilon_{cu}}{\varepsilon_{cu}+\varepsilon_{t,t}}=1\times0.85\times0.80\times\frac{21}{300}\times\frac{0.0033}{0.0083}=0.0189$$

$$\rho_{\max}=\eta(0.85\beta_1)\frac{f_{ck}}{f_y}\frac{\varepsilon_{cu}}{\varepsilon_{cu}+\varepsilon_{t,a}}=1\times0.85\times0.8\times\frac{21}{300}\times\frac{0.0033}{0.0073}=0.0215$$

$$\rho_c=\eta(0.85\beta_1)\frac{f_{ck}}{f_y}\frac{\varepsilon_{cu}}{\varepsilon_{cu}+\varepsilon_{t,c}}=1\times0.85\times0.80\times\frac{21}{300}\times\frac{0.0033}{0.0048}=0.0327$$

따라서 $\rho_1<\rho_t$이므로, ①단면은 인장지배단면
$\rho_{\max}<\rho_2<\rho_c(=\rho_b)$이므로, ②단면은 변화구간단면
$\rho_3>\rho_c(=\rho_b)$이므로, ③단면은 압축지배단면에 해당된다.

2. 중립축 계산

상기 1의 결과는 각 단면의 중립축의 상단으로부터의 위치를 확인함으로서 검증이 가능하다. ①, ②단면의 경우 철근비가 균형철근비 ρ_b보다 작기 때문에 압축단콘크리트 변형률 ε_c가 0.0033일 때, 최외측 변형률 $\varepsilon_t>\varepsilon_y$이므로 철근의 인장력 $T=A_sf_y$이며, 따라서

$$a_1 = \frac{860 \times 300}{1 \times 0.85 \times 21 \times 200} = 72.3\text{mm}, \ c_1 = \frac{a_1}{\beta_1} = \frac{72}{0.80} = 90.3\text{mm}$$

$$a_2 = \frac{1927 \times 300}{1 \times 0.85 \times 21 \times 200} = 161.9\text{mm}, \ c_2 = \frac{a_2}{\beta_1} = \frac{162}{0.80} = 202.4\text{mm}$$

따라서 ①, ② 단면의 변형률도는 그림 4.11과 같다.

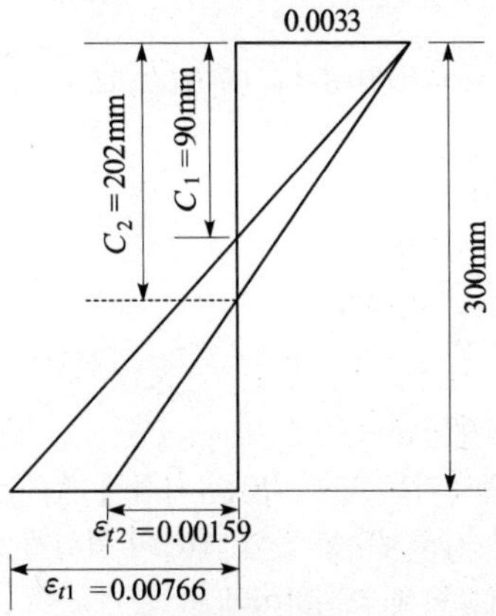

그림 4.11

그러므로 최외측 인장철근의 변형률은

$$\varepsilon_{t1} = 0.0033\frac{d-c}{c} = 0.0033 \times \frac{300 - 90.3}{90.3} = 0.00766 > \varepsilon_{t,t}(=0.005)$$

$$\varepsilon_{t2} = 0.0033\frac{d-c}{c} = 0.0033 \times \frac{300 - 202.4}{202.4} = 0.00159 > \varepsilon_{t,c}(=0.0015)$$
$$< \varepsilon_{t,t}(=0.005)$$

③단면의 경우 압축단콘크리트의 변형률이 0.0033에 도달할 때 최외측 철근의 변형률이 $\varepsilon_t < \varepsilon_y$ 이기 때문에 다음과 같이 단면에서 압축력 C와 인장력 T의 평형방정식이 2개의 미지수를 포함한다.

$\eta(0.85f_{ck})ab = A_s f_s$ (a와 f_s : 미지수)

$\eta(0.85f_{ck})\beta_1 cb = A_s E_s \varepsilon_t$

$\varepsilon_t = 0.0033\dfrac{d-c}{c}$ 이므로, 평형식은 $\eta(0.85f_{ck})\beta_1 cb = A_s E_s\left(0.0033\dfrac{d-c}{c}\right)$ 이며 이를 c에 대하여 2차식으로 정리하면,

$$\eta(0.85\beta_1)f_{ck}c^2 + 0.0033A_sE_sc - 0.0033dA_sE_s = 0$$

근의 공식으로 풀면 $c_3 = 215.6\text{mm}$가 된다. ③단면의 변형률도는 그림 4.12와 같다.

또한 최외측 인장철근의 변형률은

$$\varepsilon_{t.3} = 0.0033\frac{d-c}{c}$$

$$= 0.0033 \times \frac{300-215.6}{215.6} = 0.0013 < \varepsilon_y(=0.0015)$$

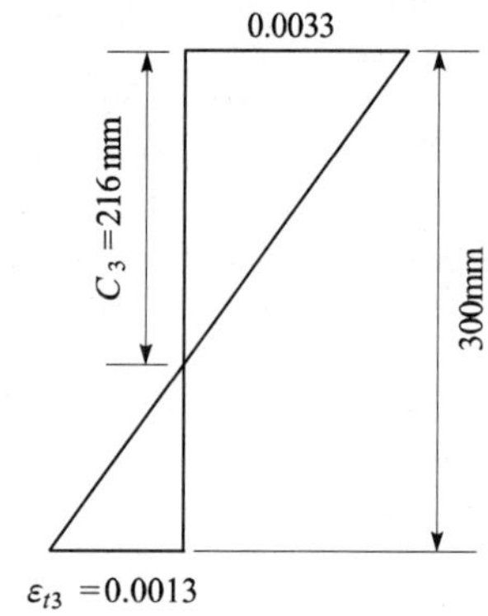

그림 4.12

그러므로 $c_1 = 90.3\text{mm}$(인장지배단면)

$c_2 = 202.4\text{mm}$(변화구간단면)

$c_3 = 215.6\text{mm}$(압축지배단면)이다.

3. 각 단면의 공칭휨강도와 휨설계모멘트

①단면은 인장지배단면으로 콘크리트가 파괴되는 시점에 철근은 이미 항복한 상태의 단면이다. 따라서 단면의 공칭강도에 강도감소계수를 곱한 ϕM_n이 휨설계 모멘트가 된다. 다만 ϕ의 값은 최외측 철근의 변형률에 따라 변동됨에 주의하여야 한다.

①단면의 강도감소계수 $\phi = 0.85$, $a_1 = 72.3\text{mm}$이므로

$$M_u = \phi M_n = \phi A_s f_y\left(d - \frac{a}{2}\right)$$

$$= 0.85 \times 860 \times 300\left(300 - \frac{72.3}{2}\right) = 57.9\text{kN}\cdot\text{m}$$

②단면의 강도감소계수 ϕ는 변화구간이므로 그림 4.7에 제시된 식 $\phi = 0.65 + (\varepsilon_t - 0.0015)\frac{200}{3.5}$을 이용하여 구한다.

$$\phi = 0.65 + (0.00159 - 0.0015)\frac{200}{3.5} = 0.655$$

$$M_u = \phi M_n$$

$$= 0.655 \times 1927 \times 300\left(300 - \frac{161.9}{2}\right) = 82.9\text{kN}\cdot\text{m}$$

③단면의 경우에는 압축지배단면이므로 $\phi = 0.65$이며, $a_3 = 172.5\text{mm}$이다. 그러나 철근이 항복하지 않으므로

$$M_u = \phi M_n$$

$$= \phi A_s E_s \varepsilon_t\left(d - \frac{a_3}{2}\right) = 0.65 \times 2{,}383 \times 200{,}000 \times 0.0013 \times \left(300 - \frac{172.5}{2}\right) = 85.6\text{kN}\cdot\text{m}$$

이상과 같이 각 단면의 설계모멘트는 ①단면이 57.9kN·m, ②단면이 82.9kN·m, ③단면이 85.6kN·m인 것으로 나타났다. 철근량이 증가할 때 단면이 저항할 수 있는 계수모멘트 M_u도 증가하는 것을 알 수 있다, 그러나 인장지배에서 변화구간과 압축지배단면으로 변화되면서 강도감소계수ϕ가 감소하여 철근량의 증가에 의한 효과가 모두 반영되지 않는 것을 확인 할 수 있다.

4.4 최소철근비

만약 보에 작용하는 외부 계수모멘트가 매우 작고, 단면의 크기에 제한은 없다고 가정하자. 이때 단면이 매우 커서 철근 보강 없이도 외부 계수모멘트에 충분히 저항할 수 있다면 철근은 필요하지 않다. 당연히 외부 휨모멘트로 인한 인장 연단의 최대 인장응력은 콘크리트의 파괴계수(f_r)와 같거나 또는 같으므로 전단면이 하중을 저항하는데 유효하며, 균열도 발생하지 않는다. 그러나 그럼에도 불구하고 이러한 단면은 구조적으로 안전하지 않다. 하중산정에는 큰 불확실성이 존재하며, 콘크리트의 저항성능에도 큰 불확실성이 존재하기 때문에 예기치 않은 원인에 의해 인장응력이 파괴계수를 초과하여 균열이 발생하게 될 때 그 보에는 균열의 급격한 성장을 저항할 수 있는 철근이 없기 때문에 급작스러운 파괴가 발생할 수 있다. 이러한 파괴를 취성파괴라고 하며, 취성파괴 방지를 위해서 설계기준에서는 계산상 철근이 필요 없는 경우라 할지라도 최소한의 인장철근을 보강하도록 하고 있다. 이 최소한의 인장철근을 최소철근이라하며, 이를 단면의 크기로 나눈 값을 최소철근비라 한다. 최소철근비 보강은 정모멘트와 부모멘트에 대하여 모두 필요하다.

현행 콘크리트구조설계기준(2021)에서는 해석에 의하여 인장철근 보강이 요구되는 휨부재의 모든 단면에 대하여 설계휨강도가 식 (4.24)의 조건을 만족하도록 인장철근을 배치하도록 하고 있다. 여기서, M_{cr}은 휨부재의 균열휨모멘트로 식 (4.25)를 따라 계산할 수 있다. 식 (4.25)에서 파괴계수 $f_r = 0.63\sqrt{f_{ck}}$이며, I_g는 비균열단면의 단면2차모멘트, y_t는 중립축에서 인장연단까지의 거리를 의미한다.

$$\phi M_n = 1.2M_{cr} \tag{4.24}$$

$$M_{cr} = \frac{f_r I_g}{y_t} \tag{4.25}$$

그러나 상기 최소철근 규정에 다음 2개의 예외 조건이 있다. 다음 조건에 해당하는 경우 최소철근비 규정을 준수하지 않아도 된다.

- **예외규정 1** : 부재의 모든 단면에서 해석에 의해 필요한 철근량 보다 1/3 이상 인장철근이 더 배치되어 식 (4.26)을 만족하는 경우

$$\phi M_n = \frac{4}{3} M_u \tag{4.26}$$

- **예외규정 2** : 두께가 균일한 구조용 슬래브와 기초판에 대하여 경간방향으로 보강되는 휨철근의 단면적은 1방향 슬래브의 수축·온도 철근 규정에서 제시하고 있는 철근량의 규정을 만족하여야 한다. 이때 철근의 최대간격은 슬래브 또는 기초판 두께의 3배와 450mm 중 작은 값을 초과하지 않도록 하여야 한다.

상기 식(4.24)에서 대략 $M_n = A_s f_y jd$이다. 이때 A_s는 인장철근의 단면적, f_y는 인장철근의 설계기준항복강도, jd는 압축력과 인장력 간의 중심간 거리, 즉 두 우력의 팔길이이다. 이 식의 철근량 A_s를 $A_{s,\min}$으로 대치하고 이 식과 식 (4.25)를 식 (4.24)에 대입하면,

$$\phi A_{s,\min} f_y jd = 1.2 \frac{f_r I_g}{y_t}$$

이를 최소철근량 $A_{s,\min}$으로 정리하면,

$$A_{s,\min} = 1.2 \frac{f_r I_g}{\phi f_y jd y_t}$$

$A_{s,\min} = \rho_{\min} bd$이므로 이를 상기식을 최소철근비 $\rho_{\min}$로 나타내면 식 (4.27)이 된다.

$$\rho_{\min} = 1.2 \frac{f_r I_g}{\phi f_y jd y_t} \frac{1}{bd} \tag{4.27}$$

단면폭이 b, 전체 높이가 h인 직사각형 단면에 대하여 철근의 영향을 무시할 경우, 전체 단면2차모멘트 I_g와 y_t는 각각 $I_g = bh^3/12$, $y_t = h/2$이다. 또한 직사각형 보의 경우 일반적으로 유효깊이 $d \approx 0.9h$이며, 팔길이 $jd = 0.875d$이므로 이를 상기 식 (4.27)에 대입하면 최소철근비($\rho_{\min}$)는 다음 식 (4.28)로 간단히 계산할 수 있다. 식 (4.28)은 반드시 직사각형 단면의 경우에만 사용할 수 있다. 즉, T형보와 같이 플랜지의 폭이 웨브의 폭과 다른 경우에

는 이 식을 사용할 수 없다. 또한 식 (4.28)에서 λ는 경량콘크리트 보정계수로서 8장에서 상세히 설명하였다. 일반 콘크리트의 경우 $\lambda=1$이다.

$$\rho_{\min} = 0.178\frac{\lambda\sqrt{f_{ck}}}{\phi f_y} \tag{4.28}$$

예외규정에 대하여 추가적으로 설명하면, 부재의 모든 단면에서 철근량이 해석상 필요한 값보다 1/3 이상 더 많은 경우와 두께가 균일한 구조용 슬래브와 기초판의 경간방향 철근의 경우에는 최소철근비 규정을 따를 필요가 없으며, 이 예외 사항은 단면이 단면해석에 의해 필요한 크기보다 크게 설계된 부재에서는 식 (4.28)에 규정된 철근량이 과다할 정도로 많은 양을 규정하기 때문에 이를 반영한 것이다.

예제 4.3

그림 4.13의 단면이 모멘트 $M_u = 41\,\text{kN}\cdot\text{m}$을 저항하기에 적합한 철근비가 사용되었는지를 검토하라. 다만, $f_{ck}=21\,\text{MPa}$, $f_y=300\,\text{MPa}$, $\lambda=1$

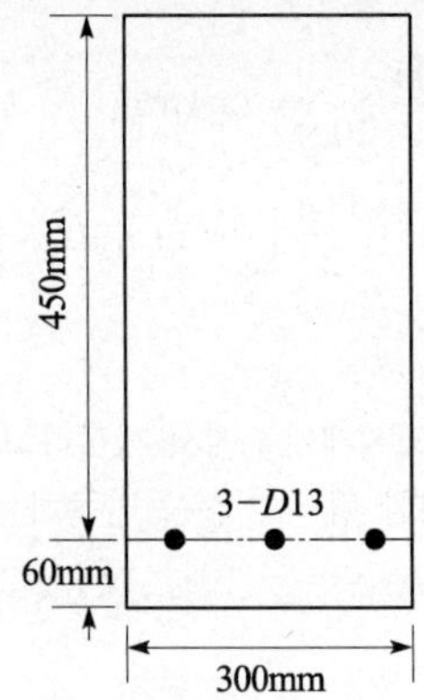

그림 4.13

▌풀이

1. 단면에 보강된 ρ를 검토한다.

$$\rho = \frac{A_s}{bd} = \frac{380}{300\times 450} = 0.0028$$

2. 구조기준에 따라 필요한 $\rho_{\min}$과 $\rho_{\max}$를 검토한다.

$$\rho_{\min} = 0.178 \times \frac{\lambda\sqrt{f_{ck}}}{\Phi f_y} = 0.0032$$

$$\rho_{\max} = \eta(0.85\beta_1)\frac{f_{ck}}{f_y}\frac{\varepsilon_{cu}}{\varepsilon_{cu} + \varepsilon_{t,a}} = 1 \times 0.85 \times 0.8 \times \frac{21}{300} \times \frac{0.0033}{0.0033 + 0.004} = 0.0215$$

$$\rho < \rho_{\min} = 0.0032$$

그러므로 최소 철근비 규정에 위배되는 단면이다.

3. 3개의 D16 철근($A_s = 596\,\mathrm{mm}^2$)을 사용하여 휨설계모멘트를 검토한다.

$$\rho = \frac{596}{300 \times 450} = 0.0044$$

이는 최소 철근비보다 약간 상회하고 $\rho_{\max}$보다 매우 작은 철근비에 해당한다.

따라서 인장지배단면이며 $\phi = 0.85$이다.

$$M_u = \phi A_s f_y\left(d - \frac{a}{2}\right)$$

$$a = \frac{A_s f_y}{\eta 0.85 f_{ck} b} = \frac{596 \times 300}{1 \times 0.85 \times 21 \times 300} = 33.4\,\mathrm{mm}$$

$$M_u = 0.85 \times 596 \times 300 \times \left(450 - \frac{33.4}{2}\right) = 6.59 \times 10^7\,\mathrm{N\cdot mm} = 65.9\,\mathrm{kN\cdot m}$$

이 값은 41kN·m보다 충분히 크다.

문제에서 주어진 철근비는 현행 구조설계기준에서 제시하고 있는 최소철근비 보다 부족하여 적합하지 않았으나 이를 3D16으로 변경한 경우 기준을 만족하는 것으로 확인된다.

4.5 단면의 적합성

단면의 적합성의 판단은 첫 번째로 설계휨모멘트(ϕM_n)가 외부에 작용하는 계수휨모멘트(M_u)와 동일하거나 그 이상일 때 주어진 단면이어야 하며, 두 번째로 철근비(ρ)가 4.3장에 제시된 최대철근비($\rho_{\max}$)와 4.4장에 제시된 최소철근비($\rho_{\min}$)의 사이에 있어야 한다. 이를 식으로 나타내면 다음과 같다. 다음의 예제들은 단면의 적합성을 판단하는 예를 설명하고 있다.

$$\phi M_n \geq M_u$$

$$\rho_{\min} \leq \rho \leq \rho_{\max}$$

예제 4.4

경간이 2.4m인 캔틸레버 보가 그림 4.14와 같은 사각형단면과 철근으로 보강되어 있다. 이 보는 자중을 포함한 고정하중 = 11.9kN/m와 활하중=10.5kN/m를 받는다. $f_{ck} = 21\text{MPa}$, $f_y = 300\text{MPa}$일 때 단면의 적합성을 검토하라.

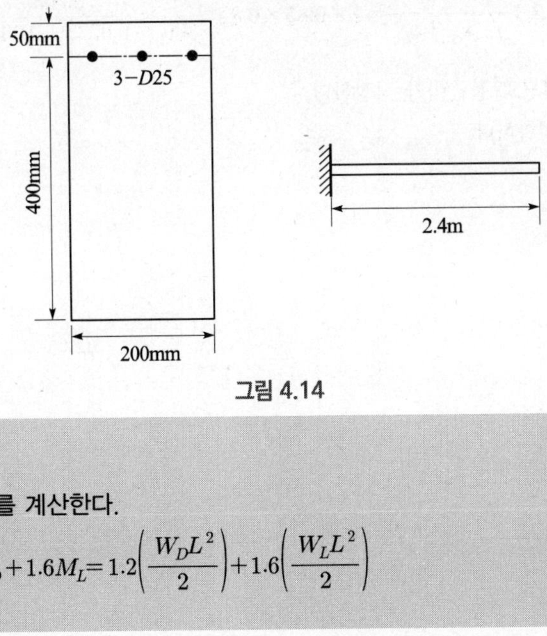

그림 4.14

풀이

1. 외부 계수모멘트를 계산한다.

$$M_u = 1.2M_D + 1.6M_L = 1.2\left(\frac{W_D L^2}{2}\right) + 1.6\left(\frac{W_L L^2}{2}\right)$$

$$= 1.2\left(\frac{11.9 \times 2.4^2}{2}\right) + 1.6\left(\frac{10.5 \times 2.4^2}{2}\right) = 89.5\text{kN}\cdot\text{m}$$

2. 설계휨모멘트를 계산한다.

$$A_s = 3 \times 506.7 = 1{,}520\,\text{mm}^2,\ \ \rho = \frac{1{,}520}{200 \times 400} = 0.019$$

$\rho_t = 0.578\rho_b$ (표 4.5참고)

$$= 0.578 \times 0.85 \times 0.80 \times \frac{21}{300} \times \frac{0.0033}{0.0033 + 0.0015} = 0.019 \fallingdotseq \rho$$

그러므로 단면은 인장지배단면이고 $\phi = 0.85$ 이다.
따라서

$$R_u = \phi\rho f_y\left(1 - \frac{\rho f_y}{\eta 1.7 f_{ck}}\right) = 0.85 \times 0.019 \times 300 \times \left(1 - \frac{0.019 \times 300}{1.7 \times 21}\right) = 4.07\,\text{MPa}$$

$$M_u = R_u bd^2 = 4.07 \times 200 \times 400^2 = 1.30 \times 10^8\,\text{N}\cdot\text{mm} = 130.2\,\text{kN}\cdot\text{m}$$

3. 설계휨모멘트 130.2kN·m는 외부에 작용하는 계수휨모멘트 89.51kN·m보다 크다.

4. 철근비의 적정성을 검토한다.

$$\rho_{\min} = 0.178\frac{\lambda\sqrt{f_{ck}}}{\phi f_y} = 0.178 \times \frac{1 \times \sqrt{21}}{0.85 \times 300} = 0.0032$$

$$\rho_{\max} = \eta(0.85\beta_1)\frac{f_{ck}}{f_y}\frac{\varepsilon_{cu}}{\varepsilon_{cu} + \varepsilon_{t,a}} = 1 \times 0.85 \times 0.8 \times \frac{21}{300} \times \frac{0.0033}{0.0033 + 0.0015} = 0.0215$$

$\rho_{\min} \le \rho \le \rho_{\max}$ 이므로 철근비가 적정하다.
그러므로 단면은 적합하다.

예제 4.5

단순지지된 보의 경간은 6m이다. 보의 단면이 그림 4.15와 같을 때 보에 작용할 수 있는 허용 등분포하중을 결정하라. 단, $f_{ck}=21\,\text{MPa}$, $f_y=300\,\text{MPa}$, $b=250\,\text{mm}$, $d=450\,\text{mm}$, $h=500\,\text{mm}$, 3개의 D25 철근($A_s=1{,}520\,\text{mm}^2$)으로 보강되어있다.

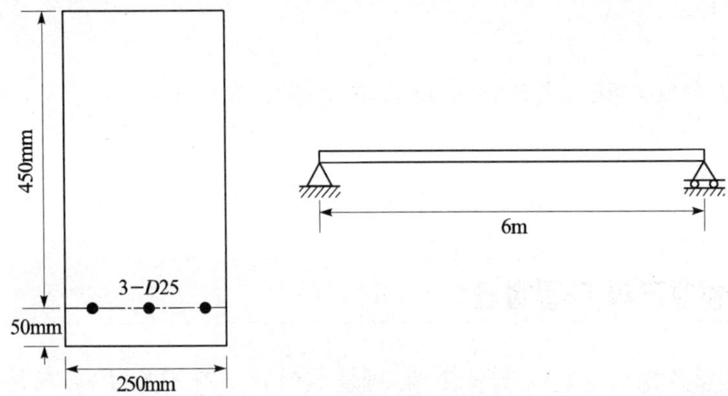

그림 4.15

▌풀이

1. 휨설계모멘트를 계산한다.

$$\rho=\frac{A_s}{bd}=\frac{1{,}520}{250\times450}=0.0135$$

$$\rho_t=0.578\rho_b=0.578\times0.85\times\beta_1\times\frac{f_{ck}}{f_y}\times\frac{\varepsilon_{cu}}{\varepsilon_{cu}+\varepsilon_y}=0.393\left(\frac{21}{300}\right)\left(\frac{0.0033}{0.0033+0.0015}\right)=0.019$$

$\rho<\rho_t$ 그러므로 단면은 인장지배단면이며 $\phi=0.85$이다.

인장지배단면으로 철근이 항복하기 때문에 다음과 같이 f_y를 사용하여 모멘트를 계산할 수 있다.

$$M_u=\phi A_s f_y\left(d-\frac{A_s f_y}{\eta 1.7 f_{ck} b}\right)=0.85\times1{,}520\times300\left(450-\frac{1{,}520\times300}{1.7\times21\times250}\right)$$

$$=1.546\times10^8\,\text{N}\cdot\text{mm}=154.6\,\text{kN}\cdot\text{m}$$

2. 보에 작용하는 고정하중은 보의 자중(W_D)을 계산하면

$$W_D=\frac{250\times500}{1000^2}\times25\,\text{kN/m}^3=3.13\,\text{kN/m}$$

여기서, $25\,\text{kN/m}^3$는 철근콘크리트의 단위중량이다.

3. 외부 계수모멘트

$$M_u = 1.2M_D + 1.6M_L = 1.2\left(\frac{3.1}{8}\times 6^2\right) + 1.6\left(\frac{W_L}{8}\times 6^2\right) = 16.7 + 7.2W_L$$

4. 설계휨모멘트와 외부 계수모멘트는 최소한 같아야 한다.

$$154.6 = 16.7 + 7.2W_L$$

$$W_L = 19.15\,\mathrm{kN/m}$$

보에 작용할 수 있는 허용 등분포하중은 19.15kN/m이다.

4.6 다발철근과 다열철근

단면의 설계에 많은 양의 철근이 필요할 때, 예를 들어 ρ_{max}가 사용될 때, 모든 철근을 단면 내에 배치하는 것은 이후에 설명될 철근의 간격 규정 때문에 쉽지 않을 경우가 발생한다. 현행 시방서는 그림 4.16과 같이 2개, 3개 혹은 4개의 철근을 다발로 묶은 다발철근(bundled bars) 설치를 허용하고 있는데 스터럽으로 둘러싸여 있을 때 4개까지 다발로 묶을 수 있다. 또한 다발철근이 띠철근으로 둘러싸인다면 다발철근은 기둥에서 사용할 수 있다. 다발철근은 철근의 간격, 콘크리트 피복 두께 등을 검사할 때 보통의 단철근처럼 취급된다.

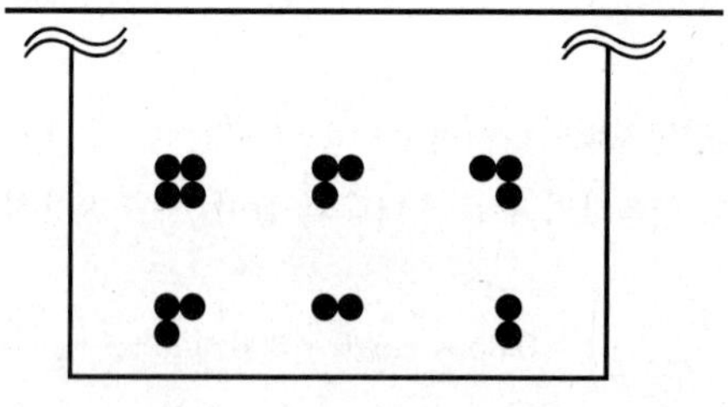

그림 4.16 다발철근 배치 예

그림 4.17은 인장철근만 배근된 단철근 직사각형 보이지만 인장철근이 1열로 구성된 것이 아니라 2열로 구성된 다열철근 직사각형 보를 나타내고 있다. 이 경우도 적합한 휨부재라면 이 단면은 인장지배 단면 또는 변화구간 단면에 해당하며, 최외측 철근인 A_{s2}의 변형률 $\varepsilon_{s2} \geq 2\varepsilon_y$이며, 응력 $f_{s2} = f_y$이다. 그보다 중립축 쪽에 위치한 철근인 A_{s1}의 변형률 $\varepsilon_{s1} < \varepsilon_{s2}$이지만 응력 $f_{s1} = f_y$이다. 결과적으로 모든 철근의 응력은 $f_s = f_y$ 상태이다.

한편 철근의 변형률은 각 열 철근 단면적의 중심에서 계산하며, 압축연단으로부터 각 열의 철근까지의 거리는 d_1, d_2이다. 1열 철근 단면적은 A_{s1}, 2열 철근의 단면적은 A_{s2}이며, 전체 철근량은 $A_s(= A_{s1} + A_{s2})$이다. 인장철근의 단면 중심까지의 거리 d는 A_{s1}과 A_{s2}의 직경이 같다면 1열 철근과 2열 철근의 가운데에 있지만 만일 철근의 직경이 동일하지 않다면 단면에 대한 1차모멘트로부터 다음식과 같이 구한다.

$$d = \frac{A_{s1}d_1 + A_{s2}d_2}{A_{s1} + A_{s2}} = \frac{A_{s1}d_1 + A_{s2}d_2}{A_s}$$

다열배근 단철근 직사각형 보의 휨강도는 전체인장철근의 단면중심까지의 거리 d를 사용하여 기존의 이론, 즉 식 (4.23)으로부터 구할 수 있다.

$$M_n = A_s f_y \left(d - \frac{a}{2}\right) \tag{4.23a}$$

$$M_u = \phi M_n = \phi A_s f_y (d - a/2) \tag{4.23b}$$

$$\begin{aligned} M_u &= R_u b d^2 \\ &= \phi f_{ck} b d^2 q (1 - 0.59q) \end{aligned} \tag{4.23c}$$

여기서 $R_u = \phi \rho f_y \left(1 - \dfrac{\rho f_y}{\eta(1.7 f_{ck})}\right)$, $\quad q = \dfrac{\rho f_y}{\eta f_{ck}}$

여기서, $a = \dfrac{(A_{s1} + A_{s2}) f_y}{\eta(0.85 f_{ck}) b}$이다. 이 결과는 각 열의 철근의 단면적, 위치, 응력상태를 반영한 식 (4.29)의 결과와 거의 근사하기 때문에 식 (4.23), 식 (4.29)의 결과 모두 인정된다.

$$M_n = A_{s1} f_y \left(d_1 - \frac{a}{2}\right) + A_{s2} f_y \left(d_2 - \frac{a}{2}\right) \tag{4.29}$$

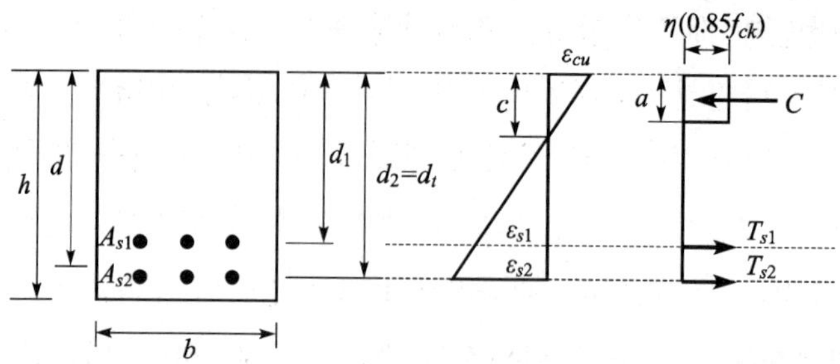

그림 4.17 다발철근 배치 예 (수정–보가 보이게)

그러나 균형단면과 같이 최외측 철근은 A_{s2}의 변형률 ε_{s2}가 항복변형률에 근사한 경우에는 이 보다 중립축에 위치한 A_{s1}의 변형률 $\varepsilon_{s1} < \varepsilon_y$이며, 이런 경우 $f_{s2} = f_y$이지만 $f_{s1} = E_s \varepsilon_{s1}$로 계산하여야 한다.

$$\begin{aligned} M_n &= T_1(d_1 - \frac{a}{2}) + T_2(d_2 - \frac{a}{2}) \\ &= A_{s1} E_s \varepsilon_{s1}(d_1 - \frac{a}{2}) + A_{s2} E_s \varepsilon_{s2}(d_2 - \frac{a}{2}) \end{aligned} \tag{4.30}$$

여기서, $a = \dfrac{A_{s1}E_s\varepsilon_{s1} + A_{s2}E_s\varepsilon_{s2}}{\eta(0.85 f_{ck})b}$이며, 철근은 변형률은 변형률도의 삼각형 비례로부터 다음과 같이 계산하며, 계산 결과가 ε_y 보다 클 경우에는 ε_y와 같다.

$$\varepsilon_{s1} = \varepsilon_{cu}\left(\frac{d_1 - c}{c}\right) \le \varepsilon_y$$

$$\varepsilon_{s2} = \varepsilon_{cu}\left(\frac{d_2 - c}{c}\right) \le \varepsilon_y$$

다열배근 단면에 대한 설계강도를 결정하기 위해서는 강도감소계수ϕ가 필요하다. ϕ는 최외측 철근의 변형률 ε_t로부터 결정되며, 이 값의 크기에 따라 그림 4.7로부터 결정된 값을 사용한다. 다만, 그림 4.17과 같은 다열의 경우에는 최외측 철근이 A_{s2}이므로 $\varepsilon_t = \varepsilon_{s2} = \varepsilon_{cu}\left(\dfrac{d_2 - c}{c}\right)$와 같다.

다열배근된 단철근 직사각형 보의 최대철근비 $\rho_{\max}$는 식 (4.31)을 통해 구할 수 있다. 식 (4.31)의 앞부분은 1열 배근된 단철근 직사각형 보의 최대철근비 $\rho_{\max}$와 동일하다(표 4.4 참고). 최외측 철근까지의 거리 d_t가 인장철근의 단면도심까지의 거리 d 보다 다소 크므로 이를 반영하기 위해서 d_t/d를 곱하여 다열철근 직사각형 보의 최대철근비를 계산할 수 있음을 알 수 있다.

$$\rho_{\max} = \eta(0.85\beta_1)\frac{f_{ck}}{f_y}\frac{\varepsilon_{cu}}{\varepsilon_{cu}+\varepsilon_{t,a}}\times\frac{d_t}{d} \tag{4.31}$$

예제 4.6

다음 그림 4.18의 두 개의 단철근 직사각형 철근콘크리트 단면이 있다. 폭 b는 300mm로 동일하며, 보강철근은 모두 SD400이며, 직경은 D25($A_s = 506.7\text{mm}^2$)이다. 주어진 조건이 다음과 같을 때 1) 두 단면의 휨모멘트 강도를 비교하라. 2) 최대철근비를 비교하라. $f_{ck} = 28\,\text{MPa}$, $f_y = 400\,\text{MPa}$, 단면 ⟨1⟩과 ⟨2⟩의 $d = 612.5\,\text{mm}$로 동일, 단면 ⟨2⟩에서 $d_1 = 600\,\text{mm}$, $d_2 = 625\,\text{mm}$

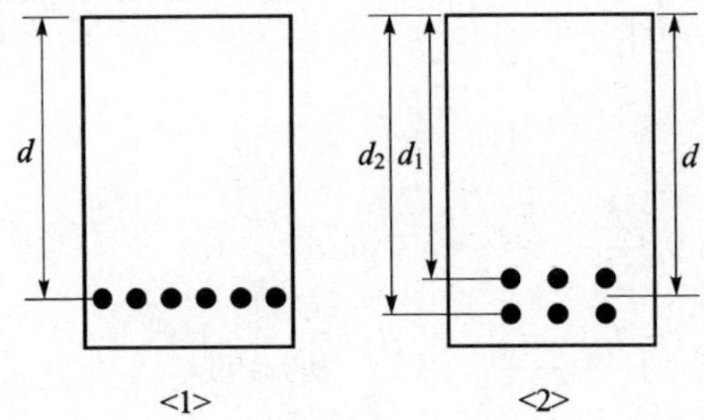

그림 4.18

▌풀이

1. 휨모멘트를 비교하라 ($\beta_1 = 0.8$, $\eta = 1$, $\varepsilon_{cu} = 0.0033$)

⟨1⟩ 단면에 대하여 휨강도를 계산하면,

$$a_{<1>} = \frac{A_s f_y}{\eta(0.85 f_{ck})b} = \frac{3040\times 400}{1\times(0.85\times 28)\times 300} = 170\text{mm}, \quad c_{<1>} = \frac{a_{<1>}}{\beta_1} = 212.9\text{mm}$$

$$\varepsilon_{s<1>} = \varepsilon_{cu}\left(\frac{d-c}{c}\right) = 0.0033\left(\frac{612.5-212.9}{212.9}\right) = 0.0062 > \varepsilon_y(=0.002)\text{ 이므로 항복}$$

$$\phi = 0.85\,(\varepsilon_t > 2.5\varepsilon_y\text{이므로})$$

$$M_{d<1>} = \phi M_n = \phi A_s f_y\left(d-\frac{a}{2}\right) = 0.85\times 3040\times 400\times(612.5-\frac{170}{2}) = 545.065\text{kNm}$$

〈2〉 단면에 대하여 휨강도를 계산하면,

$$a_{<2>} = \frac{(A_{s1}+A_{s2})f_y}{\eta(0.85f_{ck})b} = \frac{3040\times400}{1\times(0.85\times28)\times300} = 170\text{mm},\quad c_{<1>} = \frac{a_{<2>}}{\beta_1} = 212.9\text{mm}$$

$$\varepsilon_{s1<2>} = \varepsilon_{cu}\left(\frac{d_1-c}{c}\right) = 0.0033\left(\frac{600-212.9}{212.9}\right) = 0.0056 \rangle \varepsilon_y(=0.002)$$ 이므로 항복

$\phi = 0.85\,(\varepsilon_t > 2.5\varepsilon_y$ 이므로)

$$\varepsilon_{s2<2>} = \varepsilon_{cu}\left(\frac{d_2-c}{c}\right) = 0.0033\left(\frac{625-212.9}{212.9}\right) = 0.0064 = \varepsilon_t \rangle \varepsilon_y(=0.002)$$ 이므로 항복

$$M_{d<2>} = \phi M_n = \phi\left[A_{s1}f_y\left(d_1-\frac{a}{2}\right)+A_{s2}f_y\left(d_2-\frac{a}{2}\right)\right]$$

$$= 0.85\times\left[1520\times400\times(600-\frac{170}{2})+1520\times400\times(625-\frac{170}{2})\right] = 532.145\text{kNm}$$

∴ $M_{d<1>} > M_{d<2>}$, 그러므로 가능한 1열로 배근하는 것이 휨강도 확보 측면에서 유리하다. 그러나 1열로 배근하기 위해서는 이후 설명될 간격 규정을 반드시 체크하고 이를 만족할 경우에만 1열로 배근할 수 있다.

2. 최대철근비를 비교하라.

$$\rho_{\max,<1>} = \eta(0.85\beta_1)\frac{f_{ck}}{f_y}\frac{\varepsilon_{cu}}{\varepsilon_{cu}+\varepsilon_{t,a}} = 0.02152$$

$$\rho_{\max,<2>} = \eta(0.85\beta_1)\frac{f_{ck}}{f_y}\frac{\varepsilon_{cu}}{\varepsilon_{cu}+\varepsilon_{t,a}}\times\frac{d_t}{d} = 0.02196$$

∴ $\rho_{\max<1>} < \rho_{\max<2>}$, 〈2〉 단면의 최대철근비가 중립축에서 각 철근까지의 거리의 비만큼 미소하게 큰 것을 알 수 있다.

4.7 복철근 직사각형 단면

구조부재에 작용하는 외부하중으로 인한 휨모멘트를 저항하도록 만들어진 콘크리트 단면에서, 휨설계모멘트 강도는 계수모멘트와 같거나 그 이상이 되어야 한다. 폭과 유효깊이가 주어진 직사각형 단면의 인장부에 $\rho_{\max}$가 사용되면, 최대 내하력을 갖는다. 그러나 그럼에도 불구하고 계수모멘트가 설계모멘트보다 크다면, 인장부에 철근 보강은 허용되지 않으므로, 단면을 키우거나 압축철근을 사용하여 부족한 휨강도를 보충하여야 한다.

건축 상의 이유로 인해, 이를 테면 고층건물의 천장높이를 제한할 필요가 있는 경우, 단면의 높이는 특정크기로 제한되며 이 경우에는 압축철근이 사용된다. 이러한 단면을 복철근 직사각형 단면이라고 한다. 압축철근이 주는 장점은 장기처짐이 감소되고 전단력에 저항하는 스터럽의 위치를 고정시킬 수 있는 점이다. 보의 높이가 제한되는 예로서, 리브 슬래브를 들 수 있는데, 이와 같은 경우 보의 높이는 리브 슬래브의 깊이까지로 제한되며, 이로 인해 그림 4.19와 같이 복철근이 사용되는 것을 볼 수 있다.

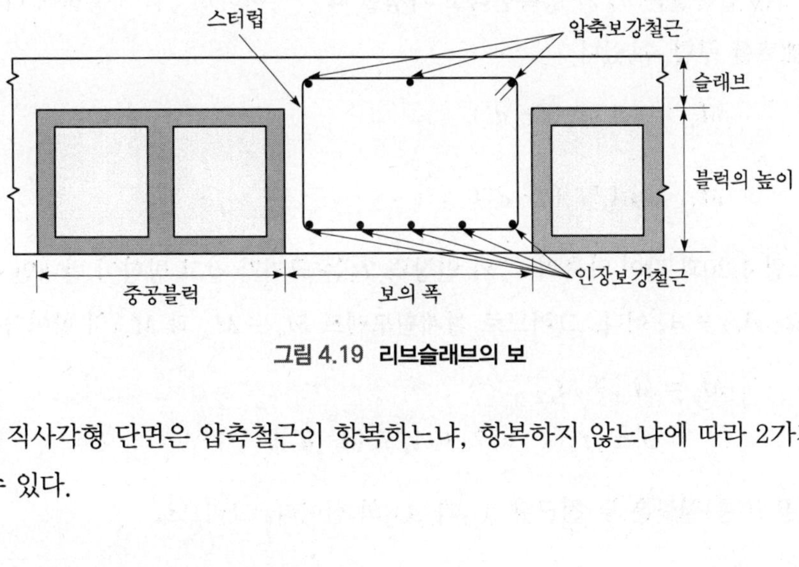

그림 4.19 리브슬래브의 보

복철근 직사각형 단면은 압축철근이 항복하느냐, 항복하지 않느냐에 따라 2가지 경우를 생각할 수 있다.

4.7.1 압축철근이 항복하는 경우

복철근 직사각형 보의 휨설계모멘트는 그림 4.20과 같이 2개의 모멘트 성분으로 나눌 수 있다. M_{u1}은 콘크리트 압축력과 같은 크기의 인장력을 주는 인장철근 A_{s1}에 의한 모멘트이고, M_{u2}는 압축철근 $A_s{}'$의 압축력과 추가 인장철근 A_{s2}의 인장력으로 인한 모멘트이다.

즉, M_{u1}은 단철근 콘크리트 단면의 모멘트 성분이며. M_{u2}는 인장철근과 압축철근만의 모멘트 성분이다. 단철근 콘크리트 단면의 모멘트 M_{u1}은 다음과 같이 계산된다.

$$T_1 = C_c \tag{4.32}$$

$$A_{s1}f_y = \eta(0.85f_{ck})ab \tag{4.33}$$

$$a = \frac{A_{s1}f_y}{\eta(0.85f_{ck})b} \tag{4.34}$$

$$M_{u1} = \phi A_{s1}f_y\left(d - \frac{a}{2}\right) \tag{4.35}$$

M_{u1}의 계산 시 〈단면 1〉의 철근비 $\rho_1 = A_{s1}/bd$이며, 표 4.4에 주어진 휨설계가 가능한 단면(휨설계 최소허용단면)의 철근비 $\rho_{\max}$와 같거나 작아야 한다.

$$\rho_1 \leq \rho_{\max} \tag{4.36}$$

M_{u2}의 크기는 압축철근 $A_s{}'$가 항복한다고 가정할 때, $A_s{}'$이나 A_{s2}를 사용하여 다음과 같이 설계휨모멘트를 구할 수 있다.

$$M_{u2} = \phi A_{s2}f_y(d - d') \tag{4.37a}$$

$$M_{u2} = \phi A_s{}'f_y(d - d') \tag{4.37b}$$

이 경우 그림 4.20과 같이 압축력 C_s와 인장력 T_2는 크기가 같고 방향이 반대인 우력을 발생시키므로, $A_{s2} = A_s{}'$이다. 그러므로 설계휨모멘트 M_u는 M_{u1}과 M_{u2}의 합이다.

$$\begin{aligned} M_u &= M_{u1} + M_{u2} \\ &= \phi[A_{s1}f_y(d - a/2) + A_s{}'f_y(d - d')] \end{aligned} \tag{4.38}$$

인장에 사용된 총 철근은 두 철근량 A_{s1}과 A_{s2}의 합이다. 그러므로

$$A_s = A_{s1} + A_{s2} \tag{4.39}$$

혹은

$$A_s = A_{s1} + A_s{}'$$

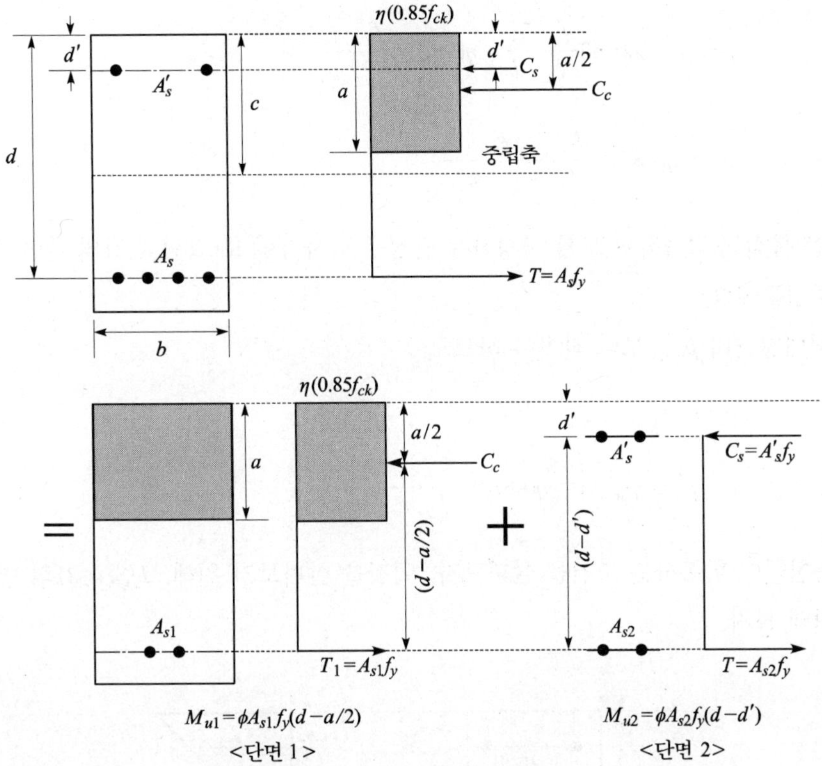

그림 4.20 복철근 직사각형 단면

따라서

$$A_{s1} = A_s - A_s{}'$$

이므로 식 (4.34), (4.35), (4.38)에서 A_{s1} 대신 $(A_s - A_s{}')$를 대입하면, 설계휨모멘트와 등가응력블록의 높이 a는 다음과 같다.

$$a = \frac{(A_s - A_s{}')f_y}{\eta(0.85 f_{ck})b} \tag{4.40}$$

$$M_u = \phi[(A_s - A_s{}')f_y(d - a/2) + A_s{}' f_y(d - d')] \tag{4.41}$$

식 (4.33)을 철근비로 다시 정리하면

$$(\rho - \rho')bdf_y = \eta(0.85 f_{ck})ab$$

$$\rho - \rho' = \eta 0.85 \frac{f_{ck}}{f_y}\frac{a}{d} = \eta 0.85 \beta_1 \frac{f_{ck}}{f_y}\frac{c}{d}$$

$$\rho_1 = \eta 0.85 \beta_1 \frac{f_{ck}}{f_y}\frac{\varepsilon_{cu}}{\varepsilon_{cu} + \varepsilon_{s1}}$$

이때 ε_{s1}은 복철근 직사각형 보를 구성하는 단철근 직사각형 보(그림 4.21의 단면 1)의 인장 철근의 변형률이다.

ρ_1은 최대철근비 $\rho_{\max}$보다 작아야 하므로

$$\rho_1 \le \rho_{\max}$$

$$\rho - \rho' \le \rho_{\max}\left(= \eta 0.85 \beta_1 \frac{f_{ck}}{f_y}\frac{\varepsilon_{cu}}{\varepsilon_{cu} + \varepsilon_{t,a}}\right) \quad (4.42)$$

또한 압축철근이 항복하는 조건을 살펴보자. 이것을 살펴보기 위해 그림 4.21의 변형률 선도를 고려해 보자.

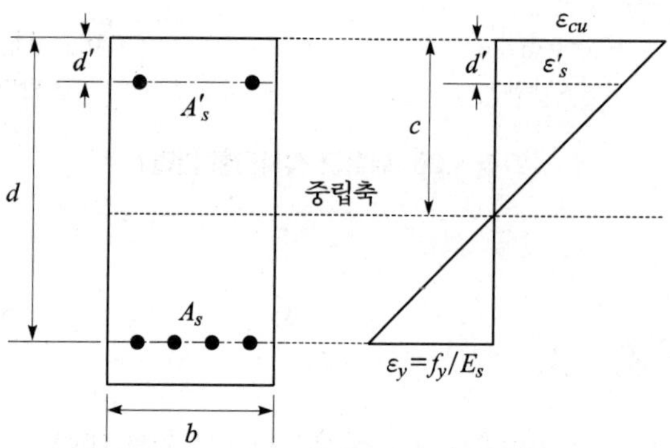

그림 4.21 복철근 단면의 변형률 선도

$$\varepsilon'_s \ge \varepsilon_y = \frac{f_y}{E_s}$$

중립축 위의 2개의 삼각형의 길이 비로부터

$$\frac{c}{d'} = \frac{\varepsilon_{cu}}{\varepsilon_{cu} - \varepsilon_y}$$

$$c = \frac{\varepsilon_{cu}}{\varepsilon_{cu} - \varepsilon_y} d' \tag{4.43}$$

식 (4.33)에서

$$A_{s1} = A_s - A_s{}'$$

$\rho_1 = \rho - \rho'$ 이므로

(ρ : 복철근 직사각형 보의 인장철근비, ρ' : 복철근 직사각형 보의 압축철근비)

식 (4.34)는 다음과 같다.

$$(A_s - A_s{}')f_y = \eta(0.85 f_{ck})ab,$$

$$(\rho - \rho')bdf_y = \eta(0.85 f_{ck})ab$$

$$(\rho - \rho') = \eta 0.85 \frac{f_{ck}}{f_y} \frac{a}{d},$$

이때, c는 식 (4.43)과 같이 계산되므로 $a = \beta_1 c = \beta_1 \dfrac{\varepsilon_{cu}}{\varepsilon_{cu} - \varepsilon_y} d'$

최종적으로

$$(\rho - \rho') = \eta 0.85 \beta_1 \frac{f_{ck}}{f_y} \frac{d'}{d} \frac{\varepsilon_{cu}}{\varepsilon_{cu} - \varepsilon_y} \tag{4.44}$$

임을 알 수 있다.

$(\rho - \rho')$는 그림 4.20의 〈단면 1〉(단철근 직사각형 보)의 철근비로서 $(A_s - A_s{}')/bd = A_{s1}/bd = \rho_1$이다. 만약 $(\rho - \rho')$가 식 (4.44)의 우변보다 크다면 그림 4.22에서 설명하는 효과로 인해 압축철근 역시 항복할 것이다. 그림 4.22에서, A_{s1}이 증가한다면 그림 4.22(b)와 같이 T_1과 C_1은 증가할 것이고 중립축은 아래로 이동하여 압축철근의 변형률은 증가하고 항복하게 된다는 것을 알 수 있다. 만약 사용된 A_{s1}이 식 (4.44)의 우변보다 작다면 T_1과 C_1은 작아지고 이에 대한 중립축은 그림 4.22(c)와 같이 위로 이동하여 압축철근은 $\varepsilon'_s < \varepsilon_y$가 되어 항복하지 않는다. 그러므로 식 (4.44)은 다음과 같이 쓸 수 있다.

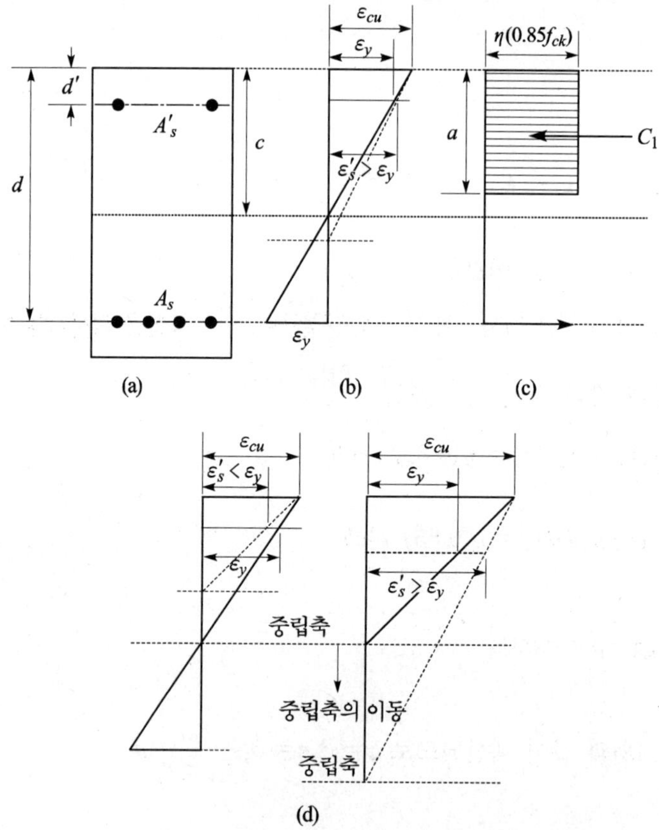

그림 4.22 압축철근이 항복하는 경우와 항복하지 않는 경우
(d)는 A_{s1} $(=A_s-A_s')$의 증가에 따라 중립축이 어떻게 변하는가를 보여줌.

$$(\rho-\rho') \geq \eta 0.85\beta_1 \frac{f_{ck}}{f_y}\frac{d'}{d}\frac{\varepsilon_{cu}}{\varepsilon_{cu}-\varepsilon_y} \tag{4.44}$$

식(4.44)은 압축철근이 항복하는 조건이다.

식 (4.42)와 식 (4.44)를 정리하면, 압축철근이 항복할 경우 $\rho-\rho'$의 허용구간이 다음과 같이 결정된다.

$$\eta 0.85\beta_1 \frac{f_{ck}}{f_y}\frac{d'}{d}\frac{\varepsilon_{cu}}{\varepsilon_{cu}-\varepsilon_y} \leq \rho-\rho' \leq \eta 0.85\beta_1 \frac{f_{ck}}{f_y}\frac{\varepsilon_{cu}}{\varepsilon_{cu}+\varepsilon_{t,a}} \text{이다.}$$

따라서 복철근 직사각형 단면의 압축철근이 항복할 때 최대 및 최소 철근비($\bar{\rho}_{max}$, $\bar{\rho}_{min}$)는

$\bar{\rho}_{\min} \le \rho - \rho' \le \bar{\rho}_{\max}$로 쓸 수 있으며,

이때 $\bar{\rho}_{\min} = \eta 0.85\beta_1 \frac{f_{ck}}{f_y}\frac{d'}{d}\frac{\varepsilon_{cu}}{\varepsilon_{cu} - \varepsilon_y}$로서, 압축철근의 항복조건과 같으며,

$\bar{\rho}_{\max} = \eta 0.85\beta_1 \frac{f_{ck}}{f_y}\frac{\varepsilon_{cu}}{\varepsilon_{cu} + \varepsilon_{t,a}}$로서, 단철근 직사각형 보의 최대 철근비 $\rho_{\max}$와 같다.

예제 4.7

사각형 보의 폭은 250mm이고 인장철근의 중심까지의 유효깊이 $d = 450\,\mathrm{mm}$이다. 인장철근은 6개의 D25 철근이 2줄로 배치되어 있고, 압축철근은 3개의 D22 철근으로 구성되어 있다. 보의 설계 휨모멘트를 계산하라. 다만, $f_{ck} = 21\,\mathrm{MPa}$, $f_y = 400\,\mathrm{MPa}$이다.

▌풀이

1. 압축철근이 항복하는지 검토한다.

$A_s = 3{,}040\mathrm{mm}^2$, $\rho = A_s/bd = 3{,}040/(250 \times 450) = 0.027$

$A_s' = 1161\mathrm{mm}^2$, $\rho' = A_s'/bd = 1{,}161/(250 \times 450) = 0.01032$

$A_s - A_s' = 1{,}879\mathrm{mm}^2$, $(\rho - \rho') = 0.0167$

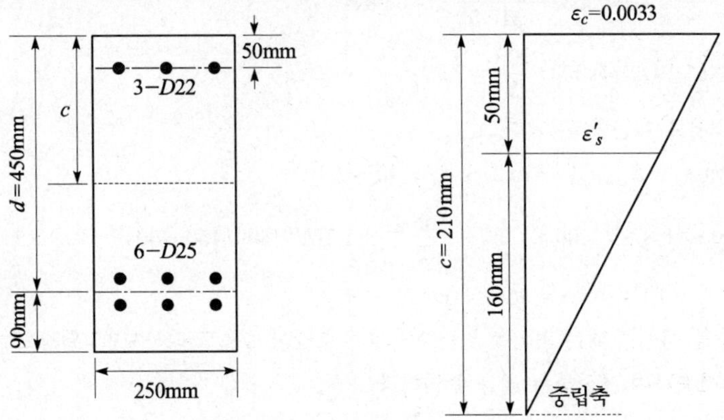

그림 4.23

압축철근이 항복하는 조건은

$$(\rho - \rho') \ge \eta 0.85\beta_1 \frac{f_{ck}}{f_y}\frac{d'}{d}\frac{\varepsilon_{cu}}{\varepsilon_{cu} - f_y}$$

여기서, $f_{ck} \leq 40\text{MPa}$이므로 $\beta_1 = 0.80$

$$\text{우변} = (0.85)(0.80)\left(\frac{21}{400}\right)\left(\frac{50}{450}\right)\left(\frac{0.0033}{0.0033-0.002}\right) = 0.0101$$

$$(\rho - \rho') = 0.0167 > 0.0101$$

그러므로 압축철근이 항복한다.

2. $(\rho - \rho') \leq \rho_{\max}$를 검토한다.

$$\rho_{\max} = \eta 0.85 \beta_1 \frac{f_{ck}}{f_y} \frac{\varepsilon_{cu}}{\varepsilon_{cu} + \varepsilon_{t.a}} = (0.85)(0.80)\left(\frac{21}{400}\right)\left(\frac{0.0033}{0.0033+0.004}\right) = 0.0161$$

$$(\rho - \rho') = 0.0167 \geq \rho_{\max} = 0.0161$$

최대 철근비보다 많은 철근량이 배근되었으므로 최외측 철근의 변형률 계산을 통하여 ϕ를 결정해야 한다.

3. $a = \dfrac{(A_s - A_s')f_y}{\eta 0.85 f_{ck} b} = \dfrac{1{,}879 \times 400}{1 \times 0.85 \times 21 \times 250} = 168.4\text{mm}$

$$c = \frac{a}{\beta_1} = \frac{168.4}{0.80} = 210.5\text{mm}$$

최외측 철근까지의 깊이(d_t)를 450mm+25mm로 가정하면,

$$\varepsilon_t = \varepsilon_{cu} \frac{d_t - c}{c} = 0.0033 \frac{475 - 210.5}{210.5} = 0.00415$$

$$\therefore \phi = 0.65 + (\varepsilon_t - 0.002)\frac{200}{3} = 0.8$$

M_u는 식 (4.38)로 계산할 수 있다.

$$M_u = \phi[(A_s - A_s')f_y(d - a/2) + A_s' f_y(d - d')]$$

$$M_u = (0.8)[1{,}879 \times 400 \times \left(450 - \frac{168.4}{2}\right) + 1{,}161 \times 400(450 - 50)]$$

$$= 3.47 \times 10^8 \text{N} \cdot \text{mm} = 369\text{kN} \cdot \text{m}$$

강도감소계수를 계산할 때는 최외측 철근까지의 유효깊이 d_t를 고려하지만, 휨강도 계산에서는 유효깊이 d를 사용하여 계산하는 것을 주의하라.

4. 이제 변형률 선도로부터 압축철근의 항복 여부를 검토한다.

변형률 선도로부터

$$\varepsilon_s' = 0.0033 \frac{c - d'}{c}$$

$$= 0.00252 > \varepsilon_y (= 0.002) \quad \therefore \text{항복}$$

4.7.2 압축철근이 항복하지 않는 경우

$$(\rho-\rho')<\eta 0.85\beta_1\frac{f_{ck}}{f_y}\frac{d'}{d}\frac{\varepsilon_{cu}}{\varepsilon_{cu}-\varepsilon_y}$$

상기식에 해당하는 경우이면, 압축철근은 항복하지 않는다. 이것은 복철근 직사각형 보에 적은 양의 인장철근이 사용된 경우로서, 콘크리트가 최대변형률 ε_{cu}에 도달하기 전에 인장철근은 항복하게 되고, 압축철근의 변형률, $\varepsilon_s{}'$는 파괴 시 ε_y에 도달하지 않는 경우임을 알 수 있다. 압축철근의 항복은 압축연단까지 거리 d'에 좌우된다. d'/c값이 높을수록, 즉 c값이 작을수록 압축철근의 변형률은 감소한다. 만약 압축철근이 항복하지 않으면 2가지 해결 방법이 시도될 수 있다.

① 압축철근을 완전히 무시한다. 이 방법은 현행 콘크리트구조설계기준(2021)에서 허용된다. 이 경우 단면은 단철근으로 가정되고 단철근 직사각형 보와 같이 취급한다.
② 압축철근은 실제응력을 계산($f_s<f_y$)하고, 일반적인 해석방법으로 극한모멘트를 계산한다.

예제 4.8

그림 4.24에 주어진 단면의 휨설계모멘트를 결정하라(다만, $f_{ck}=21\,\mathrm{MPa}$, $f_y=400\,\mathrm{MPa}$).

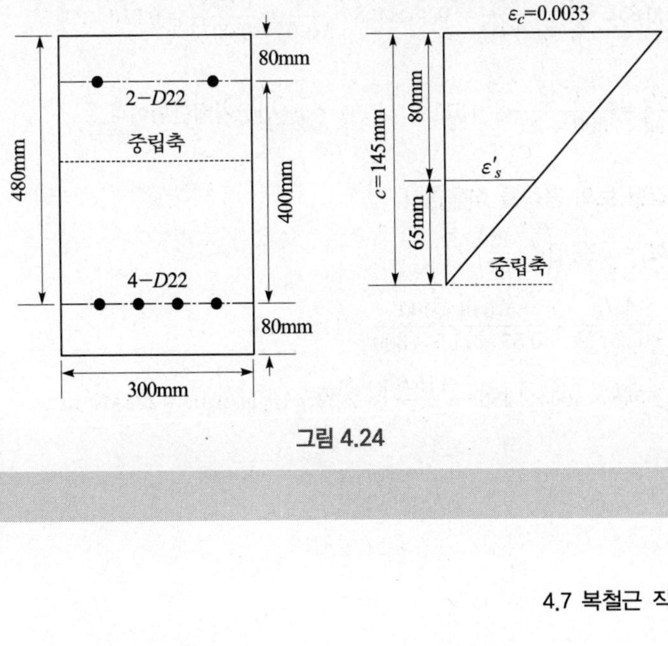

그림 4.24

▌풀이

1. ρ와 ρ'를 계산한다.

$$A_s = 1{,}548\,\text{mm}^2,\ A_s' = 774\,\text{mm}^2$$

$$\rho = \frac{1{,}548}{300 \times 480} = 0.0108,\ \rho' = \frac{774}{300 \times 480} = 0.0054$$

$$\rho - \rho' = 0.0054$$

2. 식 (4.44)의 우항을 계산한다. $f_{ck} = 21\,\text{MPa}$ 이므로 $\beta_1 = 0.80$

$$\eta 0.85\beta_1 \frac{f_{ck}}{f_y}\frac{d'}{d}\frac{\varepsilon_{cu}}{\varepsilon_{cu} - \varepsilon_y} = 0.85 \times 0.8 \times \frac{21}{400} \times \frac{80}{480} \times \frac{0.0033}{0.0033 - 0.002} = 0.0151$$

3. $(\rho - \rho')$ 값과 비교한다.

$$(\rho - \rho') = 0.0054 < 0.0151$$

그러므로 압축철근은 항복하지 않는다. 따라서 이전에 설명한 2가지 방법 중에 첫 번째 제시한 방법과 같이, A_s'는 무시하고, 인장철근 4-D22($A_s = 1{,}548\,\text{mm}^2$)만 보강된 단철근 직사각형 보로 계산한다.

4. 단면검토

$$\rho_b = \eta 0.85\beta_1 \frac{f_{ck}}{f_y}\frac{\varepsilon_{cu}}{\varepsilon_{cu} + \varepsilon_y} = 0.85 \times 0.8 \times \frac{21}{400} \times \frac{0.0033}{(0.0033 + 0.002)} = 0.022$$

$$\rho_t - \eta 0.85\beta_1 \frac{f_{ck}}{f_y}\frac{\varepsilon_{cu}}{\varepsilon_{cu} + \varepsilon_{t.t}} = 0.85 \times 0.8 \times \frac{21}{400} \times \frac{0.0033}{0.0083} = 0.014$$

$$\rho_{\max} = \eta 0.85 k_1 \frac{f_{ck}}{f_y}\frac{\varepsilon_{cu}}{\varepsilon_{cu} + \varepsilon_{t.a}} = 0.85 \times 0.8 \times \frac{21}{400} \times \frac{0.0033}{0.0073} = 0.016$$

철근비 $\rho = \dfrac{A_s}{bd} = \dfrac{1548}{300 \times 480} = 0.011$ 이므로, $\rho < \rho_t$ 인장지배단면이다.

5. 단철근 직사각형 보의 공식을 적용한다.

$$M_u = \phi M_n = \phi A_s f_y \left(d - \frac{a}{2}\right)$$

여기서, $a = \dfrac{A_s f_y}{\eta 0.85 f_{ck} b} = \dfrac{1{,}548 \times 400}{0.85 \times 17.5 \times 300} = 115.6\,\text{mm}$

$$M_u = 0.85 \times 1{,}548 \times 400 \times \left(480 - \frac{115.6}{2}\right) = 2.22 \times 10^8\,\text{N}\cdot\text{mm} = 222\,\text{kN}\cdot\text{m}$$

예제 4.9

그림 4.25에 주어진 단면의 휨설계모멘트를 결정하라(다만, $f_{ck}=35\,\text{MPa}$, $f_y=400\,\text{MPa}$).

▌풀이

1. ρ와 ρ'를 계산한다.

$$A_s=3{,}040\,\text{mm}^2,\ \ A_s{}'=1{,}160\,\text{mm}^2$$

$$\rho=\frac{A_s}{bd}=\frac{3{,}040}{250\times480}=0.0253$$

$$\rho'=\frac{A_s{}'}{bd}=\frac{1{,}160}{250\times480}=0.0097$$

$$\rho-\rho'=0.0253-0.0097=0.0156$$

2. 식 (4.44)로 압축철근 항복여부를 검토한다. $f_{ck}=35\,\text{MPa}$이므로 $\beta_1=0.80$, $\eta=1$

$$\eta 0.85\beta_1\frac{f_{ck}}{f_y}\frac{d'}{d}\frac{\varepsilon_{cu}}{\varepsilon_{cu}-\varepsilon_y}=0.85\times0.8\times\frac{35}{400}\times\frac{55}{480}\times\frac{0.0033}{0.0033-0.002}=0.0173$$

그러므로 압축철근은 항복하지 않는다.

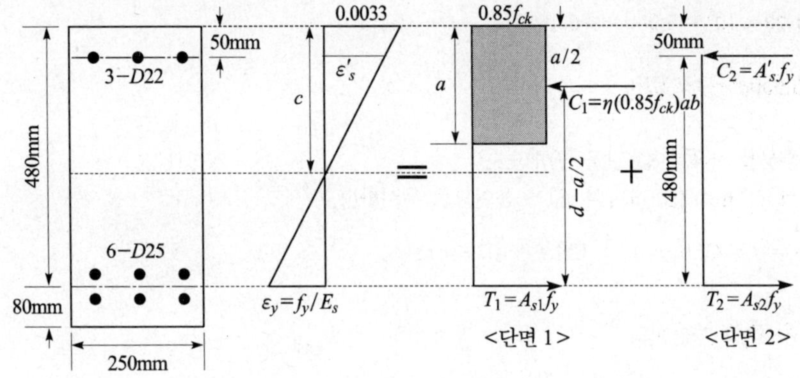

그림 4.25

3. 전술한 2가지 방법 중에 두 번째 해석적 방법②에 의해 계산한다.

내부력 : $C_1=\eta 0.85f_{ck}ab$, $a=\beta_1c=0.8c$

$$C_1=0.85\times35\times0.8c\times250=5{,}950c$$

C_2 =압축철근의 압축력

$$C_2 = A_s' f_s' - \text{대치된 콘크리트의 압축력}$$
$$= A_s' f_s' - A_s' \eta (0.85 f_{ck})$$

변형률 삼각형부터

$$\varepsilon_s' = 0.0033 \times \frac{c-d'}{c}$$

$$f_s' = E_s \varepsilon_s \fallingdotseq 2.0 \times 10^5 \times 0.0033 \times \frac{c-d'}{c} = 660 \times \frac{c-d'}{c}$$

그러므로

$$C_2 = 1{,}160 \times 660 \times \frac{c-d'}{c} - 1{,}160 \times 0.85 \times 35$$

$$= 765{,}600 \times \frac{c-d'}{c} - 34{,}510$$

$$T = T_1 + T_2 = (A_{s1} + A_{s2}) f_y = A_s f_y$$
$$= 3{,}040 \times 400 = 1.22 \times 10^6 \mathrm{N} = 1{,}220\,\mathrm{kN}$$

4. 중립축의 위치 c를 결정하기 위해 내력을 같다고 하면

$$T = C = C_1 + C_2$$

$$1.22 \times 10^6 = 5{,}950c + 765{,}600 \times \frac{c-d'}{c} - 34{,}510$$

$$5{,}950c^2 - 488{,}910c - 42{,}108{,}000 = 0$$

근의 공식을 사용하여 c값을 구하면,
$\therefore\ c = 134.7\,\mathrm{mm}$ (또 하나의 c값은 음이므로 무시한다.)

$$a = \beta_1 c = 0.8c = 0.8 \times 134.7 = 107.8\,\mathrm{mm}$$

5. f_s', C_1, C_2를 계산한다.

$$f_s' = 660 \times \frac{131.2 - 50}{131.2} = 390.5MPa < 400\,\mathrm{MPa}$$

그러므로 압축철근은 항복하지 않는다.

$$C_1 = 5{,}950c = 8.02 \times 10^5 \mathrm{N} = 802\,\mathrm{kN}$$
$$C_2 = A_s' f_s' - \eta (0.85 f_{ck}) A_s' = 1{,}160 \times 390.5 - (0.85 \times 35) \times 1{,}160$$
$$= 4.19 \times 10^5 \mathrm{N} = 419\mathrm{kN}$$

6. 최외측 철근의 변형률을 계산하면 $\varepsilon_t = \dfrac{d_t - c}{c}\varepsilon_{cu} = \dfrac{505 - 134.7}{134.7} \times 0.0033 = 0.0091$

그러므로 $\phi = 0.85$이다.

M_u를 계산하기 위해 인장철근 위치에서 모멘트 합은 다음과 같다.

$$M_u = \phi[C_1(d - a/2) + C_2(d - d')]$$

$$= 0.85\left[8.02 \times 10^5\left(480 - \frac{107.8}{2}\right) + 4.19 \times 10^5(480 - 55)\right]$$

$$= 4.42 \times 10^8\,\mathrm{N \cdot mm} = 442\,\mathrm{kN \cdot m}$$

다른 풀이방법①은 압축철근 A_s'를 무시하고 단면을 $A_s = 3{,}040\mathrm{mm}^2$(6D25 철근)을 갖는 단철근으로 생각하여 극한모멘트를 계산하는 것이다. 이 경우

$$M_u = \phi A_s f_y (d - a/2)$$

$$\rho_{\max} = 0.726\rho_b = 0.726 \times 0.85 \times 0.8 \times \frac{35}{400} \times \frac{660}{660 + 400} = 0.0269$$

$$\rho = 0.0253 < \rho_{\max} = 0.0269$$

$$a = \frac{A_s f_y}{\eta 0.85 f_{ck} b} = \frac{3{,}040 \times 400}{0.85 \times 35 \times 250} = 163\,\mathrm{mm},\ c = \frac{163}{0.8} \fallingdotseq 204\,\mathrm{mm}$$

$$\varepsilon_t = \frac{505 - 204}{204} \times 0.0033 = 0.0049,\ \phi = 0.65 + (0.0049 - 0.002)\frac{200}{3} = 0.843$$

$$M_u = 0.843 \times 3{,}040 \times 400 \times \left(480 - \frac{163}{2}\right) = 4.085 \times 10^8\,\mathrm{N \cdot mm} = 408.5\,\mathrm{kN \cdot m}$$

이상으로 보아 비록 ②에 의한 모멘트가 근사법으로 계산된 ①의 모멘트보다 다소 크더라도 현행 구조설계기준(2021)에서는 근사해석 ①의 방법을 사용할 수 있도록 하고 있다. 이 간단한 방법은 특히 압축철근의 위치가 압축선단에서 멀리 떨어져있을 때, 즉 d'가 클 때(70mm 이상) 많이 사용되는 방법이다.

4.8 T형 단면과 I형 단면

4.8.1 서언

슬래브와 보는 함께 만들어져 하나의 구조물처럼 거동하게 하는 것이 바람직하다. 슬래브의 두께는 보에 비하여 작다. 슬래브와 보의 합성단면에 휨이 발생하게 되면 슬래브가 압축응력을 받게 되는데 압축응력을 받는 부위의 범위는 보의 기하적인 특징에 따라 영향을 받는다. 보와 일체로 작용하는 슬래브 부분을 플랜지라 하고 이 부분은 그림 4.26(a)의 면적 bt_f로 표시된다. 단면의 나머지 부분 $(h-t_f)b_w$을 복부(stem or web)라 한다.

I형 단면의 경우 2개의 플랜지가 있다. 중립축 이상의 상부 플랜지 단면은 휨에 저항하지만, 중립축 이하의 하부 플랜지는 휨에 저항하지 못하는 것으로 간주되며 무시한다. 그러므로 I형 단면의 해석 및 설계는 T형 보와 유사하다.

4.8.2 유효폭

T형 단면에서, 상부 플랜지의 폭이 매우 크다면 슬래브에 발생하는 압축응력은 보와 인접하는 점에서 최대이고, 보에서 거리가 멀어질수록 포물선 형태로 점점 감소하여 거리 x에서 0으로 된다. 또한 압축응력은 플랜지의 상단에서 최댓값을 갖고 플랜지 하단에서 최솟값을 가지며 이러한 응력의 변화는 보의 중심선의 위치에 변화한다. 이러한 응력의 변화는 그림 4.26(c)에 잘 표현되어 있다.

T형 보에서 등가응력면적은 그림에서 포물선의 응력 하부면적과 동일한 면적을 갖는 등가사각형면적(음영으로 표시된 부분)을 의미하며, 이 등가사각형의 폭을 T형단면 상부 플랜지의 유효폭 b_e로 간주한다. 기존 문헌에 의하면 유효폭 b_e는 보의 경간 길이에 영향을 받는다. 이외에도 유효 폭 b_e에 영향을 주는 인자는 다음과 같다.

- 보의 간격
- 보의 복부폭 b_w
- T형 단면 총 높이에 대한 슬래브의 두께 비
- 보의 단부구속조건(단순지지 혹은 연속)
- 하중 형태 (집중하중 또는 분포하중)
- 슬래브와 보의 상대적인 강성

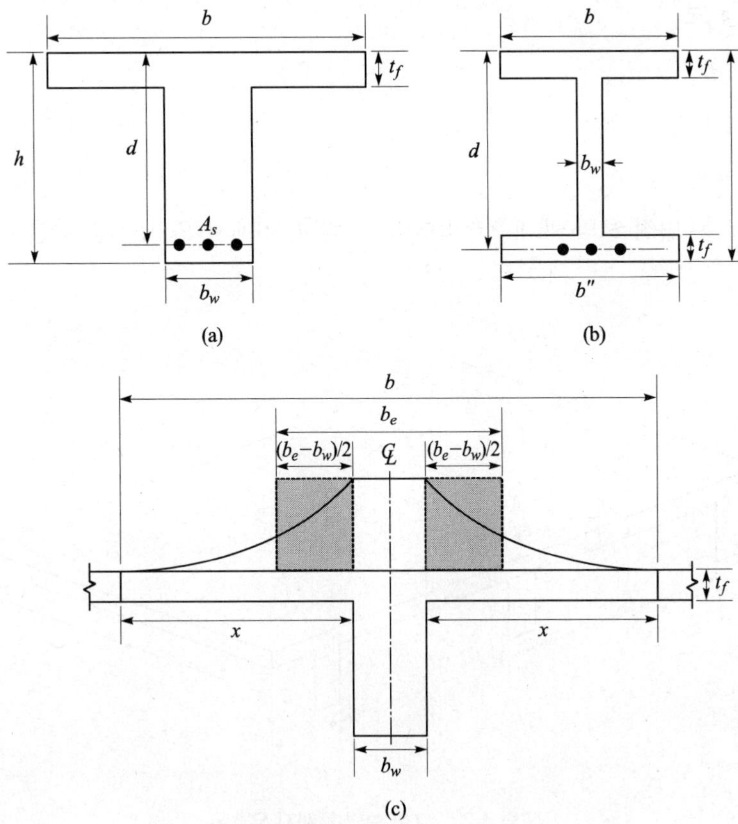

그림 4.26 (a) T형 단면, (b) I형 단면, (c) 유효플랜지폭 b_e

현행 구조설계기준(2021)에서는 경간이 L인 T형 단면 보의 플랜지 유효폭 b_e에 대한 다음과 같은 제한 조건을 명시하고 있다(그림 4.27 참조). 대칭 T형이든 비대칭 T형이든 제시된 3개의 조건 중에서 가장 작은 값을 b_e로 결정한다.

(1) 대칭 T형 보

① $b \le L/4$

② $b \le 16t_f + b_w$

③ $b_e \le b$(여기서, b는 인접 슬래브의 중심선 간의 길이)

(2) 비대칭 T형 보

① $b \le 6t_f + b_w$

② $b \le L/12 + b_w$

③ $b \le l_0/2 + b_w$

여기서, l_0는 인접 보와의 내측거리이며, 그림 4.26에서 S_1, S_2 중 작은 값

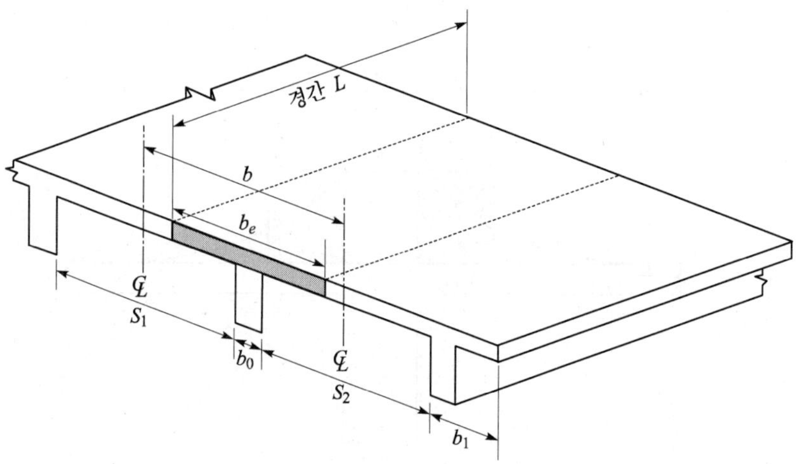

그림 4.27 T형 보의 플랜지 유효폭

이와 같은 유효폭의 결정방법은 상당히 안전측의 설계가 가능하게 한다. I형 보 단면에서도 동일한 방법을 통해 플랜지의 유효폭을 결정할 수 있다. 연구문헌에 의하면 하중이 증가할 때 유효폭도 증가한다는 연구결과가 있으며, 사용하중 하에서 플랜지의 응력은 탄성범위 내에 있다.

T형 단면이나 I형 단면은 보강 철근비에 따라 직사각형 단면 혹은 T형 단면으로 거동하는데 이 2가지 경우에 대해 고찰해 보자.

4.8.3 T형 단면을 직사각형 단면으로 해석하는 경우

$C = T$의 평형방정식으로부터 구한 등가응력블록의 깊이 a가 플랜지 두께 t_f 보다 작을 때, 즉 $a \le t_f$일 때 T형 단면은 직사각형 단면으로 해석할 수 있다. 그림 4.28(a)는 중립축 $c < t_f$일 때 변형률도, 응력도를 나타내고 있으며, 그림 4.28(b)는 $c > t_f$이지만, 등가직사

각형응력블럭의 높이 $a = t_f$일 때 변형률도와 응력도를 나타내고 있다. 따라서 T형 단면을 직사각형 단면으로 해석할 수 있는 등가직사각형높이 a의 최대치는 t_f이다. 이 경우 압축면적은 $b_e a$가 된다. 중립축 이하 콘크리트 단면은 휨인장에 크게 저항하지 못하므로 무시되며 폭 b_e를 갖는 단철근 직사각형 보로 해석된다.

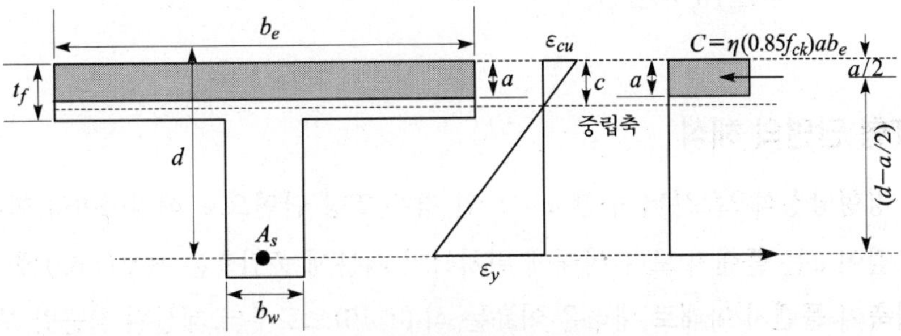

(a) 중립축이 플랜지 내에 있을 때

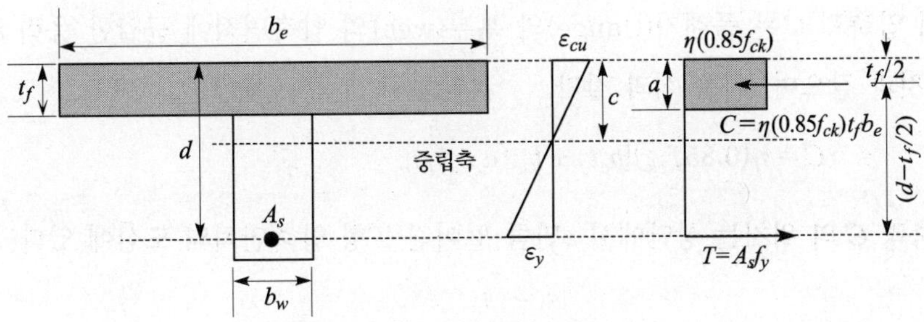

(b) 응력분포 깊이가 슬래브 두께와 같을 때

그림 4.28 사각형 단면으로 거동하는 경우

그러므로 다음과 같이 설계휨강도를 계산할 수 있다.

$$M_u = M_d = \phi A_s f_y \left(d - \frac{a}{2}\right) \quad \text{이때} \quad a = \frac{A_s f_y}{\eta(0.85 f_{ck}) b_e}$$

만일 그림 4.28(b)와 같이 $a = t_f$인 경우에는

$$M_u = M_d = \phi A_s f_y \left(d - \frac{t_f}{2}\right) \tag{4.45}$$

이 경우

$$t_f = \frac{A_s f_y}{\eta(0.85 f_{ck}) b_e} \quad \text{혹은} \quad A_s = \frac{\eta(0.85 f_{ck}) b_e t_f}{f_y} \tag{4.46}$$

이와 같이 T형 단면을 직사각형 단면으로 해석하는 경우 최대철근비 $\rho_{\max}$는 단철근 직사각형 보에서 유도한 식과 동일하며, 다음과 같은 조건을 만족하여야 한다.

$$\rho = A_s / b_e\, d \le \rho_{\max}$$

4.8.4 T형 단면의 해석

$C = T$의 평형방정식으로부터 구한 $a > t_f$인 경우 T형 단면으로 해석하여야 한다. 등가응력블록의 깊이 a는 플랜지 보다 아래에 위치하기 때문에 중립축은 복부(web)에 있다. 이와 같이 중립축이 플랜지 아래로 내려온 이유는 식 (4.46)으로부터 계산된 철근량 보다 보강된 철근량이 많기 때문이다. 이 경우에 복부 콘크리트의 일부가 압축력에 저항하게 된다. 그림 4.29에서 압축력 C는 플랜지(flange)와 복부(web)의 압축면적에 균일한 응력 $\eta(0.85 f_{ck})$를 곱한 것과 같으며, 다음 식과 같다.

$$C = \eta(0.85 f_{ck})[b_e t_f + b_w(a - t_f)]$$

이때 압축력 C의 위치는 상단에서 z만큼 떨어진 T형 압축면적의 도심에 있다.

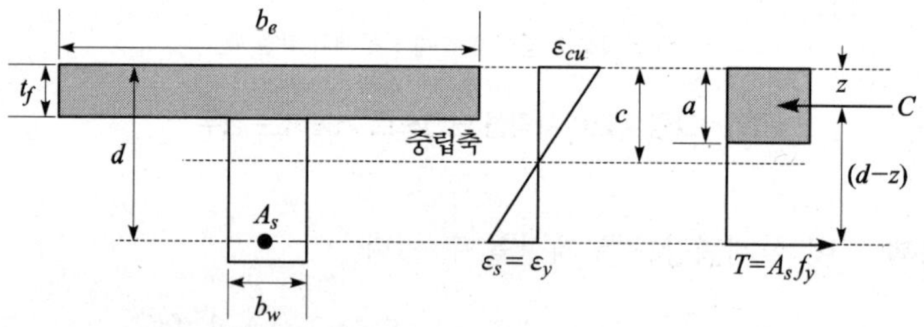

그림 4.29 T-단면 거동

이러한 T형 단면해석은 콘크리트의 면적 $(b_e - b_w)t_f$를 이전에 설명한 복철근 직사각형의 해석에서 압축철근량 $A_s{}'$에 대응하는 〈단면 2〉로 분리하여 해석하는 방법과 유사한 방법을 채택하여 해석할 수 있다(그림 4.20 참고). 즉, T형 단면으로 해석하기 위해서는 단면을 그림 4.30과 같이 〈1〉, 〈2 〉단면으로 구분하여 각각 계산 후 더해준다.

① 단면 〈1〉 (철근량 A_{s1}과 폭 b_w, 유효길이 d인 단철근 직사각형 단면으로 간주): 이 경우에는 압축력 $C_1 = \eta(0.85f_{ck})ab_w$, 인장력 $T_1 = A_{s1}f_y$이며, 이때 두 힘 간의 거리는 $(d-a/2)$와 같다.

② 단면 〈2〉 ($(b_e-b_w)t_f$의 콘크리트 단면을 갖고 A_{s2}의 철근량을 갖는 단면): 이 경우 추가 압축력 $C_2 = \eta(0.85f_{ck})(b_e-b_w)t_f$, 인장력 $T_2 = A_{s2}f_y(= A_{sf}f_y)$, 이때 두 힘 간의 거리는 $(d-t_f/2)$와 같다. 여기서, A_{sf}는 플랜지의 단면적 중 $(b_e-b_w)t_f$의 면적이 저항하는 압축력과 동일한 인장력을 발휘하는 인장철근량이다. 그러므로

$$A_{sf}f_y = \eta(0.85f_{ck})(b_e-b_w)t_f$$

혹은

$$A_{sf} = \frac{\eta(0.85f_{ck})(b_e-b_w)t_f}{f_y} \tag{4.47}$$

T형 단면에 사용된 총철근량은 $A_s = A_{s1} + A_{s2}(= A_{sf})$이므로,

$$A_{s1} = A_s - A_{sf} \tag{4.48}$$

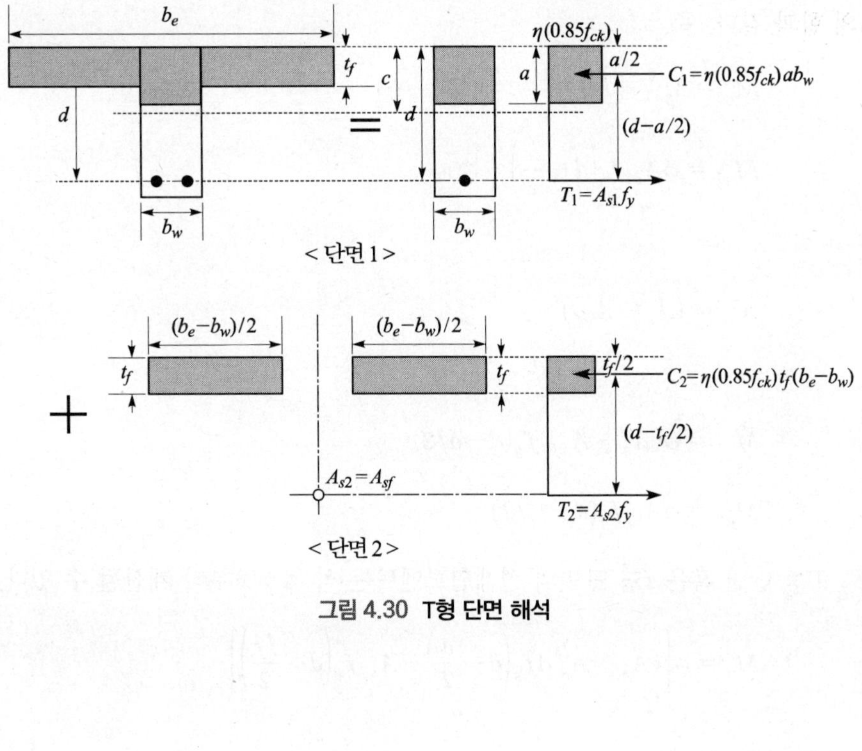

그림 4.30 T형 단면 해석

T형 단면은 평형상태에 있으므로

$$C_1 = T_1,\ C_2 = T_2,\ C = T$$

즉,

$$C_1 = C_1 + C_2 = T = T_1 + T_2$$

$C_1 = T_1$ 이므로

$$A_{s1} f_y = \eta(0.85 f_{ck}) a b_w$$

혹은

$$(A_s - A_{sf}) f_y = \eta(0.85 f_{ck}) a b_w$$

그러므로

$$a = \frac{(A_s - A_{sf}) f_y}{\eta(0.85 f_{ck}) b_w} \tag{4.49}$$

a를 계산할 때 b_w를 사용한다는 것에 유의해야 한다. 단면의 설계휨모멘트는 두 모멘트 M_{u1}과 M_{u2}의 합과 같다. 즉,

$$M_u = M_{u1} + M_{u2}$$

$$M_{u1} = \phi A_{s1} f_y \left(d - \frac{a}{2}\right)$$

여기서,

$$A_{s1} = (A_s - A_{sf})$$

따라서

$$M_{u1} = \phi (A_s - A_{sf}) f_y (d - a/2)$$

$$M_{u2} = \phi A_{sf} f_y (d - t_f/2)$$

그러므로 T형 단면 혹은 I형 단면의 설계휨모멘트는 식 (4.50)부터 계산될 수 있다.

$$M_u = \phi \left[(A_s - A_{sf}) f_y \left(d - \frac{a}{2}\right) + A_{sf} f_y \left(d - \frac{t_f}{2}\right) \right] \tag{4.50}$$

한편, 복부 철근비 ρ_w와 복부폭을 제외한 플랜지 철근비 ρ_f를 다음과 같이 정의하면,

$$\rho_w = \frac{A_s}{b_w d}, \quad \rho_f = \frac{A_{sf}}{b_w d}$$

단철근 직사각형인 〈단면 1〉의 철근비는 다음과 같다.

$$\frac{A_{s1}}{b_w d} = \frac{A_s - A_{sf}}{b_w d} = (\rho_w - \rho_f)$$

단철근 직사각형 단면에서 철근비는 $\rho_{\min}$과 $\rho_{\max}$사이에 있어야 한다. 즉, $(\rho_w - \rho_f)$는

$$\rho_{\min} \le (\rho_w - \rho_f) \le \rho_{\max}$$

이 조건은 T형 단면의 해석과 설계에서 모두 만족되어야 한다.

예제 4.10

보의 중앙에서 중앙까지 간격이 2.5m인 철근콘크리트 보들이 단순지지되어 있고 경간은 5m이다. 이 보는 두께가 100mm인 철근콘크리트 바닥 슬래브를 지지한다. 보의 크기와 철근이 그림 4.31에 주어져 있다. $f_{ck} = 21\,\text{MPa}$, $f_y = 400\,\text{MPa}$일 때 중간에 있는 보의 휨설계모멘트를 결정하라.

▌풀이

1. 유효플랜지폭을 결정한다.

   유효플랜지폭은 다음 값들 중 가장 작은 값이다.

   $16t_f + b_w = 16 \times 100 + 250 = 1{,}850\,\text{mm}$

   경간/4 $= (5{,}000)/4 = 1{,}250\,\text{mm}$

   보의 중앙사이의 거리 $= 2{,}500\,\text{mm}$

   그러므로 $b = b_e = 1{,}250\,\text{mm}$를 택한다.

2. 등가압축블럭의 위치를 검토한다.

   만약 단면이 사각형 단면처럼 거동한다면 등가압축블럭은 플랜지 내에 있다(그림 4.32. 이 경우 사용된 보의 폭은 1,250mm와 같다.

   $A_s = 3 \times 642 = 1{,}926\,\text{mm}^2$

   $$a = \frac{A_s f_y}{\eta 0.85 f_{ck} b_e} = \frac{1{,}926 \times 400}{0.85 \times 21 \times 1{,}250} = 34.5\,\text{mm}$$

   $$c = \frac{a}{\beta_1} = \frac{34.5}{0.80} = 43.2\,\text{mm} \leq 100\,\text{mm}(=\text{슬래브 두께})$$

그러므로 중립축이 플랜지 내에 있는 단철근 보로 생각한다.

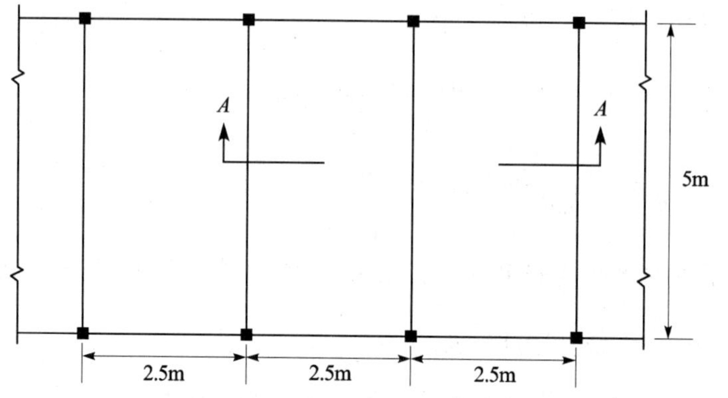

(a)

그림 4.30 (a)

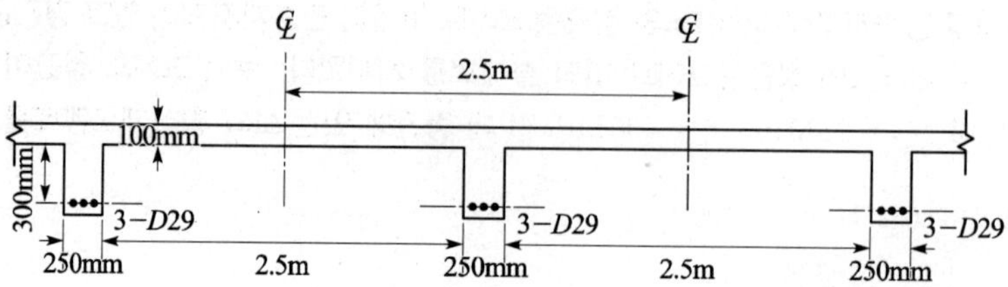

(b)

그림 4.30 (b)

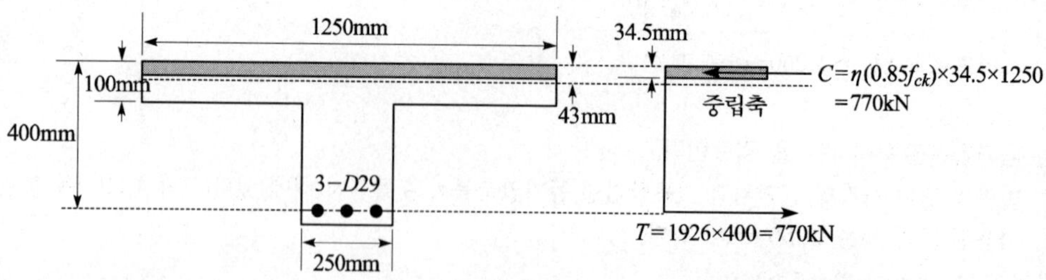

그림 4.31

3. 휨설계모멘트를 계산한다.

$$\rho = A_s/bd = 1{,}926/(1{,}250\times 400) = 0.0039$$

$$\rho_{t,t} = \frac{\varepsilon_{cu}+\varepsilon_y}{\varepsilon_{cu}+\varepsilon_{t.t}}\times\rho_b = \frac{0.0033+0.002}{0.0033+0.005}\times\rho_b = 0.639\rho_b$$

$$\rho_{t,t} = 0.639\times 0.85\times 0.8\times\frac{21}{400}\times\frac{660}{660+400} = 0.0142$$

$\rho < \rho_{t,t}$이므로 인장지배단면이며, $\phi = 0.85$이다. 그러므로

$$M_u = \phi A_s f_y\left(d-\frac{a}{2}\right)$$
$$= 0.85\times 1{,}926\times 400\times\left(400-\frac{34.5}{2}\right) = 2.51\times 10^8\,\mathrm{N\cdot mm}$$
$$= 251\,\mathrm{kN\cdot m}$$

예제 4.11

그림 4.33에 주어진 T-형 단면의 휨설계모멘트를 계산하라(단, $f_{ck} = 24\,\mathrm{MPa}$, $f_y = 400\,\mathrm{MPa}$).

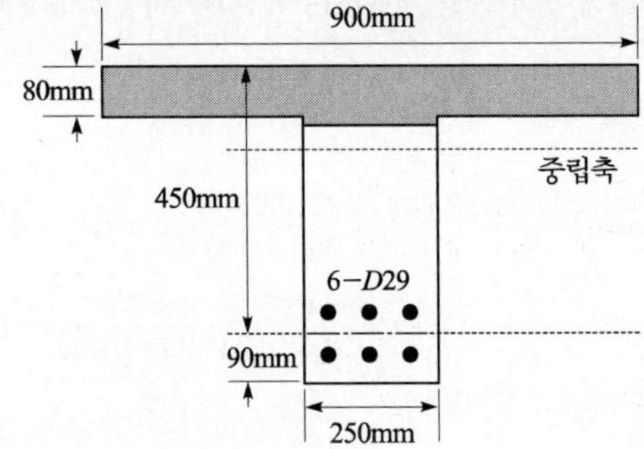

그림 4.33

▌풀이

1. 그림에서 $b_e = 900\,\mathrm{mm}$, $b_w = 250\,\mathrm{m}$, $d = 450\,\mathrm{mm}$, $A_s = 6\mathrm{D}29 = 3{,}854\,\mathrm{mm}^2$, 중립축의 위치를 검토한다.

$$c = \frac{A_s f_y}{\eta(0.85 f_{ck})\, b_e\, \beta_1} = \frac{3{,}854\times 400}{0.85\times 24\times 900\times 0.80} = 105\,\mathrm{mm},\quad a = 0.80\times 105 = 84\,\mathrm{mm}$$

그러므로 중립축은 복부 내에 있고 T-형 단면 해석이 필요하다.

2. $A_{sf}=\dfrac{\eta 0.85 f_{ck}(b_e-b_w)t_f}{f_y}=\dfrac{0.85\times 24\times(900-250)\times 80}{400}=2{,}652\text{mm}^2$

3. 식 (4.50)을 사용하여 휨설계모멘트를 계산한다.

$$M_u=M_{u1}+M_{u2}$$

$$M_u=\phi\left[(A_s-A_{sf})f_y\left(d-\frac{a}{2}\right)+A_{sf}f_y\left(d-\frac{t_f}{2}\right)\right]$$

$$a=\frac{(A_s-A_{sf})f_y}{\eta 0.85 f_{ck}b_w}=\frac{1{,}202\times 400}{0.85\times 24\times 250}=94.3\,\text{mm}\quad c=\frac{a}{\beta_1}=117.9\text{mm}$$

최외측 철근은 철근직경이 29mm 임을 감안할 때 $d+30$mm로 가정할 수 있으므로,

$$\varepsilon_t=\frac{480-117.9}{117.9}\times 0.0033=0.01>2.5\varepsilon_y(=0.005)$$

따라서 $\phi=0.85$이다.

그러므로

$$M_u=0.85\left[1{,}202\times 400\left(450-\frac{94}{2}\right)+2{,}652\times 400\left(450-\frac{80}{2}\right)\right]$$
$$=5.34\times 10^8\,\text{N}\cdot\text{mm}=534\,\text{kN}\cdot\text{m}$$

여기서, a는 A_s가 아니라 (A_s-A_{sf})를 사용하여 계산되어야 한다는 사실에 유의하여야 한다.

4. $(\rho_w-\rho_f)\le\rho_{\max}$인지 검토한다.

$$(\rho_w-\rho_f)=\frac{A_s-A_{sf}}{b_w d}=\frac{3{,}854-2{,}652}{250\times 450}=\frac{1{,}202}{250\times 450}=0.0107$$

$$\rho_{\max}=0.726\rho_b=0.726\times(0.85\times 0.8)\times\frac{24}{400}\times\frac{0.0033}{0.0033+0.002}=0.0184$$

즉, $(\rho_w-\rho_f)=0.0107<\rho_{\max}=0.0184$

5. 최소철근비 규정에 대하여 검토한다.

$\phi M_n\ge 1.2M_{cr}\qquad M_{cr}=\dfrac{f_r\times I_g}{y_t}$ 여기서 $f_r=0.63\lambda\sqrt{f_{ck}}\,(\lambda=1)$

$f_r=0.63\sqrt{24\text{MPa}}=3.09\text{MPa}$

$I_g=5.294\times 10^9\text{mm}^4$, 비균열 T형단면의 중립축의 위치는 상단에서 204mm에 있다.

$y=334$mm 이므로,

$\therefore\ \dfrac{f_r I_g}{y}=48.93\text{kN m}\qquad \phi M_n(=543\text{kN m})\ge 1.2M_{cr}(=58.7\text{kN m})$

따라서 최소철근비 규정을 만족한다.

중립축이 복부 내에 존재하는지 검토하는 다른 방법은 인장력 $T = A_s f_y$를 계산하고 총 플랜지의 압축력과 비교하는 것이다(그림 4.34).

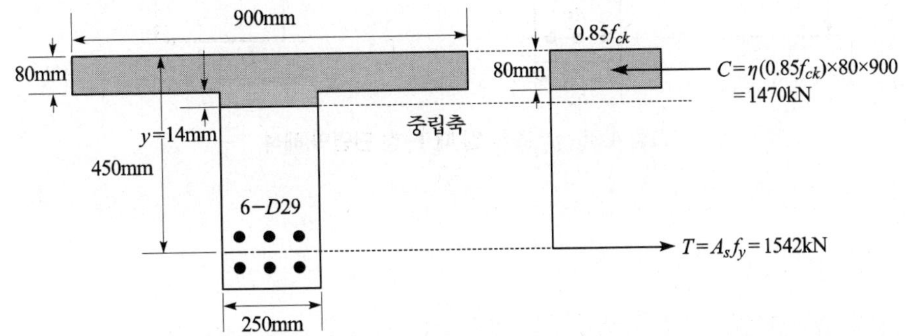

그림 4.34

$$T = A_s f_y = 3{,}854 \times 400 = 1.542 \times 10^6 \text{N} = 1{,}542\,\text{kN}$$
$$C = \eta 0.85 f_{ck} t_f b = 0.85 \times 24 \times 80 \times 900 = 1.47 \times 10^6 \text{N} = 1{,}470\,\text{kN}$$

T가 C보다 크므로 중립축은 복부 내에 있고 단면은 T−형 단면처럼 거동한다. 따라서 초과 압축력을 담당하는 콘크리트 면적을 결정해야 하는데, 즉, 압축력 $1{,}540\,\text{kN} - 1{,}470\,\text{kN} = 70\,\text{kN}$이 저항하는 면적은 폭이 250mm이고, 깊이는 y 이다. 그러므로

$$b_w y(\eta 0.85 f_{ck}) = 72\,\text{kN}$$
$$250 \times y \times 0.85 \times 24 = 72 \times 10^3 \text{N}$$
$$y = \frac{7.2 \times 10^4}{250 \times 0.85 \times 24} = 14\,\text{mm}$$

따라서

$$a = y + t_f = 14 + 80 = 94\,\text{mm}$$

만약 C가 T보다 크다면 압축플랜지에 보강된 콘크리트 면적은 필요한 면적보다 크게 된다는 것에 유의하라. 이 경우 다음과 같은 방법이 사용된다. 즉, $y_1 < t_f$일 때,

$$\eta(0.85 f_{ck}) b_e y_1 = A_s f_y$$
$$y_1 = \frac{A_s f_y}{\eta 0.85 f_{ck} b_e}$$

모멘트 팔의 길이는 $(d - y_1/2)$이고, M_u는 $\phi A_s f_y (d - y_1/2)$와 같다. 이 M_u는 폭이 b_e이고, 압축 등가응력인 사각형 단면의 극한저항모멘트이다(그림 4.35). 그러므로

$$M_u = \phi A_s f_y \left(d - \frac{a}{2}\right)$$

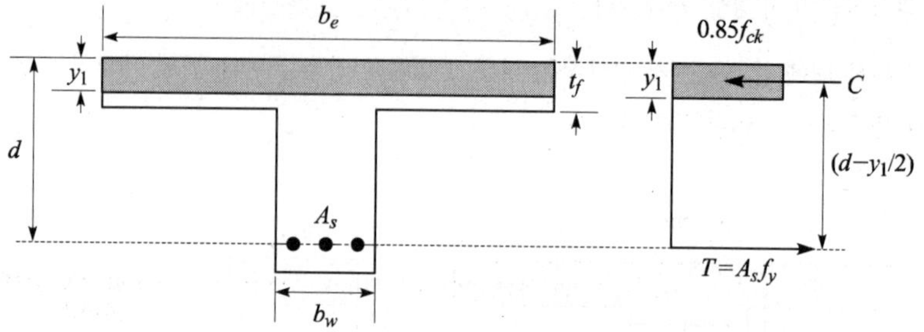

그림 4.35 $y_1 < t_f$ 일 때 T-형 단면의 해석

4.9 독립 T형 단면의 크기 제한

독립 T형 보는 일반적인 슬래브와 보의 합성 단면에 비하여 플랜지 두께가 더 크며, 이 경우 압축저항 성능이 크기 때문에 이러한 요구에 부합한 하중조건에서 주로 사용되는 단면이다. 이 단면은 일반적으로 공장제작 제품으로 적용된다. 현행 콘크리트구조설계기준(2021)에서는 독립 T형 단면의 크기를 다음과 같이 명시하고 있다(그림 4.36 참조).

① 플랜지 두께 t_f 는 복부 폭 b_w의 1/2과 같거나 커야 한다.

② 플랜지 유효폭 b_e은 복부 폭 b_w의 4배와 같거나 작아야 한다.

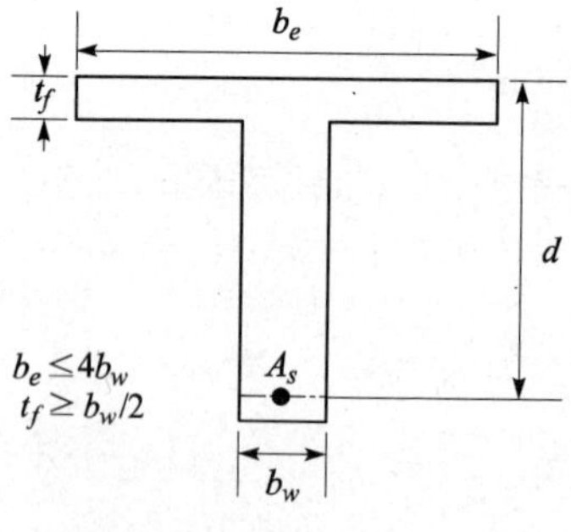

그림 4.36 독립 T-형 보 단면

4.10 역 L형 단면의 크기 제한

슬래브와 보가 일체가 된 바닥(floor)에서 단부보는 테두리(spandrel)보라 부른다. 테두리 보의 상부에는 한쪽 방향으로만 슬래브와 합성되어 있게 됨으로 그림 4.37과 같은 한쪽에만 플랜지를 갖는 비대칭 단면이 된다. 그림에서 슬래브 S_1에 작용하는 하중은 테두리 보 B_1에 비틀림을 발생시킨다. 오직 한쪽에만 플랜지를 갖는 보의 내민 플랜지 폭($b - b_w$)은 현행 콘크리트구조설계기준(2021)에서 다음 중 가장 작은 값으로 제한하고 있다.

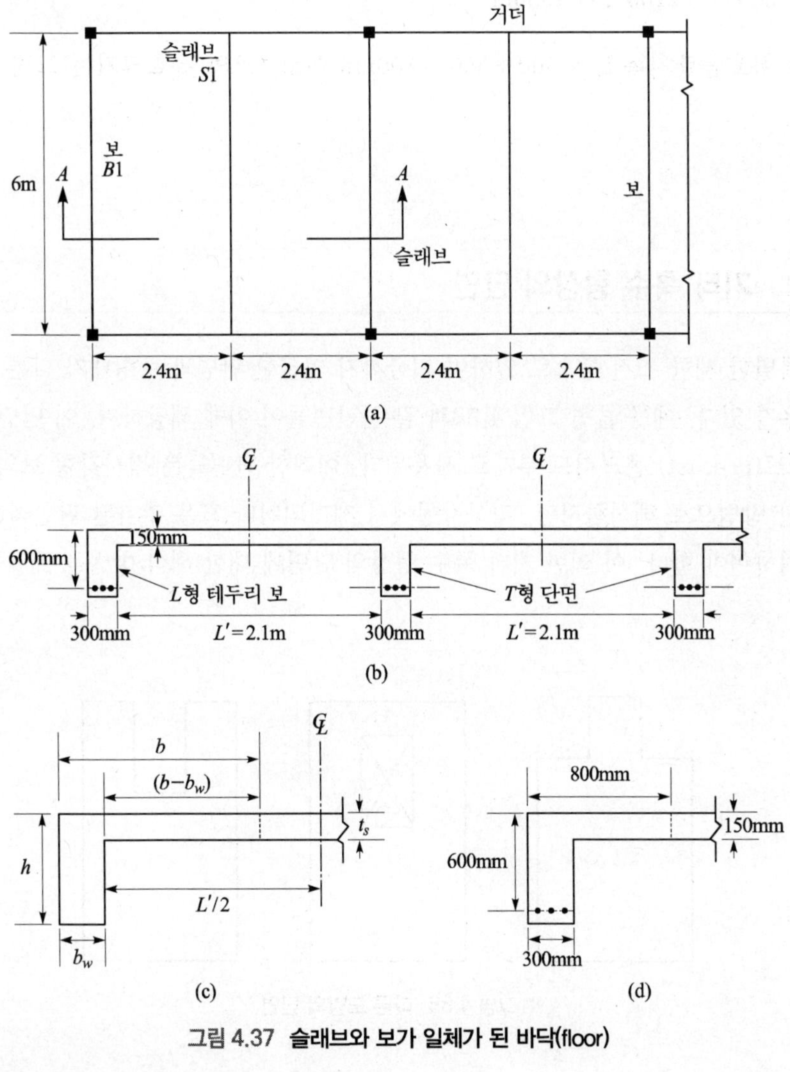

그림 4.37 슬래브와 보가 일체가 된 바닥(floor)

① 보 경간의 1/12
② 슬래브 두께의 6배와 같거나 작아야 함.
③ 보의 순거리의 1/2과 같거나 작아야 함.

예로서, 만약 이 값들이 그림 4.37의 테두리 보에 적용된다면

① $(b-300) \leq 6000/12 = 500\text{mm}$ (채택될 값)
② $(b-300) \leq 6 \times 150 = 900\text{mm}$
③ $(b-300) \leq 2100/2 = 1050\text{m}$

그러므로 유효플랜지폭 $b_e = 500 + 300 = 800\text{mm}$이고, 보의 유효크기는 그림 4.37(d)와 같다.

4.11 기타 특수 형상의 단면

설계상 특별한 제한 조건 등으로 인하여 지금까지 언급한 단면과는 형태가 다른 단면이 필요한 경우가 있다. 예를 들면 그림 4.38과 같은 단면들이 이에 해당하며, 이 단면들은 주로 프리캐스트(precast) 콘크리트 부재로 사용된다. 이러한 단면들은 직사각형 보의 해석이론과 유사한 방법으로 해석하지만, 직사각형에서 제거되거나 혹은 추가된 단면적을 해석 시 추가 고려하여야 한다. 이 러한 기타 특수 형상의 단면에 대한 해석 방법을 예제를 통해 설명한다.

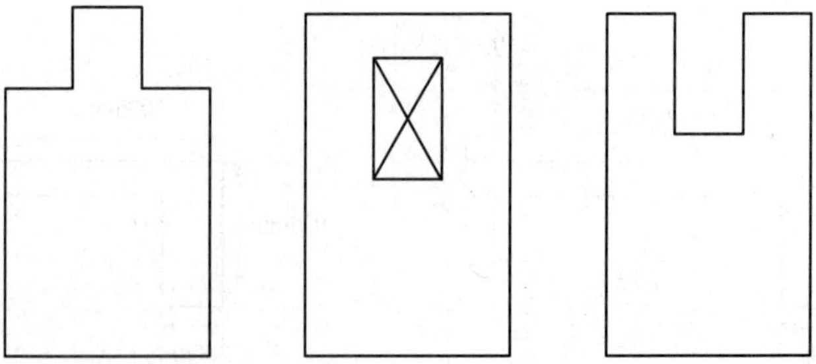

그림 4.38 다른 모양의 단면

예제 4.12

그림 4.39의 단면은 프리웨브(prefabricated) 요소를 포함하는 보를 나타내고 있다. 총 폭과 총 깊이는 300mm와 520mm로 제한된다. 사용된 인장철근은 4개의 D29 철근이고 $f_{ck}=28\text{MPa}$, $f_y=400\text{MPa}$일 때 설계휨모멘트를 결정하라.

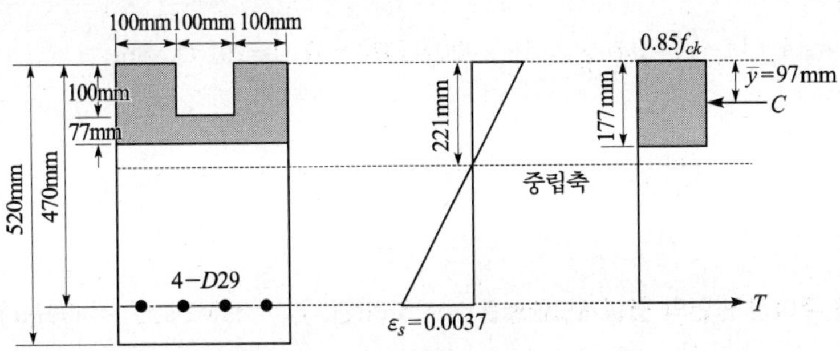

그림 4.39

▌풀이

1. 등가응력 블록의 깊이 a를 100mm로 가정하고, 힘의 평형으로부터 중립축의 위치가 어디에 있는지 확인한다.

$$C=\eta 0.85 f_{ck} A_c = 0.85\times 28\times 2\times(100\times 100)=476{,}000\text{N}$$
$$T=A_s f_y = 2{,}570\times 400 = 1{,}028{,}000\,\text{N}$$

$C<T$ 이므로 $a>100\text{mm}$로 중립축이 특수형상 이하에 있는 것을 알 수 있다.

2. 힘의 평형으로부터 a를 구한다.

$$A_c=\{(a-100)\times 300+100\times 100\times 2\} \qquad A_c=300a-10{,}000$$
$$C=\eta 0.85\times 28\times(300a-10{,}000)=7{,}140a-238{,}000$$

$C=T$ 이므로,

$$7{,}140a-238{,}000=1{,}028{,}000$$
$$\therefore a=177\text{mm}(c=a/\beta_1=177/0.80=221\text{mm})$$

3. ε_s를 계산하여 ϕ를 결정한다.

$$\varepsilon_s=0.0033\frac{d-c}{c}=0.0033\times\frac{470-221}{221}=0.0037<\varepsilon_{t,t}(=0.005)$$, 변화구간에 해당

$$\therefore \phi = 0.65 + (0.0037 - 0.002) \times \frac{200}{3} = 0.76$$

4. 압축연단으로부터 압축력 C가 작용하는 점까지의 거리 $\bar{y}$를 구한다.

$$\bar{y} = \frac{(100 \times 200 \times 50) + (77 \times 300 \times 138.5)}{(100 \times 200) + (77 \times 300)} = 97.4\,\text{mm}$$

5. M_u를 구한다.

$$M_u = \phi A_s f_y (d - \bar{y}) = 0.76 \times 2{,}570 \times 400 \times (470 - 97.4) = 291.1\,\text{kN} \cdot \text{m}$$

예제 4.13

그림 4.40에 주어진 단면의 휨설계모멘트를 계산하라(단, $f_{ck} = 28\,\text{MPa}$, $f_y = 400\,\text{MPa}$).

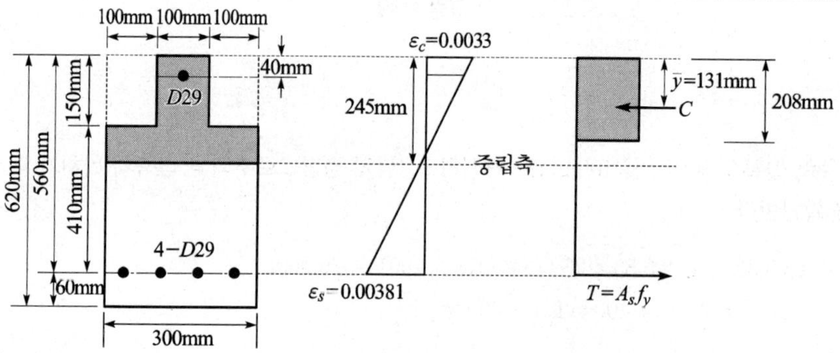

그림 4.40

▌풀이

1. 등가응력 블록의 깊이 a를 150mm로 가정하고, 힘의 평형으로부터 중립축의 위치를 검토한다.

$$c = a/\beta_1 = 150/0.80 = 187.5\,\text{mm}$$

$$\varepsilon_s' = 0.0033\frac{c - d'}{c} = 0.0033\frac{187.5 - 40}{187.5} = 0.0026 > \varepsilon_y (= 0.002) \quad \therefore \text{항복}$$

$$C = C_s + C_c = A_s' f_y + \eta 0.85 f_{ck} A_c = (642 \times 400) + 0.85 \times 28 \times (150 \times 100)$$
$$= 613{,}800\,\text{N}$$

$$T = A_s f_y = 2{,}570 \times 400 = 1{,}028{,}000\,\text{N}$$

$C < T$ 이므로 중립축이 특수형상 이하에 있는 것을 확인할 수 있다.

2. 힘의 평형으로부터 a를 구한다.

압축철근은 항복하므로,

$$C=(642\times 400)+0.85\times 28\times\{(150\times 100)+(a-150)\times 300\}$$
$$=7{,}140a-457{,}200\,(N)$$
$$T=1{,}028{,}000\,(N)$$

$C=T$ 이므로 $7{,}140a-457{,}200=1{,}028{,}000$

$$a=208\,\text{mm}$$
$$c=a/\beta_1=260\,\text{mm}$$

3. ε_s를 계산하여 ϕ를 결정한다.

$$\varepsilon_s=0.0033\frac{d-c}{c}=0.0033\frac{560-260}{260}=0.00381$$

$\therefore\ \varepsilon_{t,c}(=0.002)<\varepsilon_s<\varepsilon_{t,a}(=0.004)$ 이며,

$$\phi=0.65+(\varepsilon_s-0.002)\frac{200}{3}=0.65+(0.00381-0.002)\frac{200}{3}=0.771$$

4. 압축연단으로부터 압축력 C가 작용하는 점까지의 거리 $\bar{y}$를 구한다.

$$\bar{y}=\frac{(150\times 100\times 75)+(58\times 300\times 179)}{(150\times 100)+(58\times 300)}=131\,\text{mm}$$

5. $M_u=\phi\left[(A_s-A_s')f_y(d-\bar{y})+A_s'f_y(d-d')\right]$

$$=0.771\,[(2{,}570-642)\times 400\times(560-131)+642\times 400\times(560-40)]$$
$$=357.9\,\text{kN}\cdot\text{m}$$

그러나 본 단면이 변화구간단면이며, 특히 최외측 철근의 변형률 0.00381이 휨설계 최소 허용변형률 0.004보다 작다는 것을 유의하여야 한다.

6) 휨설계 최소 허용변형률에 해당하는 $c_{\max}$ 검토

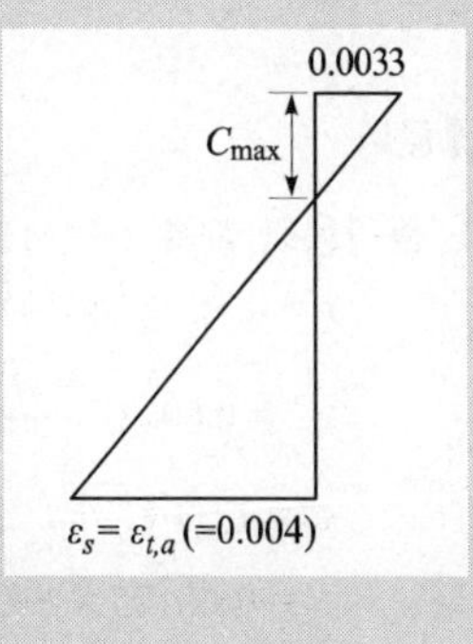

$$c_{\max}=\frac{0.0033}{0.0033+\varepsilon_{t,a}}d=\frac{0.0033}{0.0073}\times 560=253.2\,\text{mm}$$
$$a_{\max}=\beta_1 c_{\max}=0.80\times 253.2$$
$$=202.6\,\text{mm}$$

7. $a = a_{\max}$ 일 때 M_u 재계산

$$C_c = \eta 0.85 f_{ck}\{(150\times 100)+300(202.6-150)\} = 732560\,\text{N}$$

$$C_s = A_s' f_y = 642\times 400 = 256{,}800\,\text{N}$$

$$T = A_s f_y = 2{,}570\times 400 = 1{,}028{,}000\,\text{N}$$

$$\bar{y} = \frac{(150\times 100\times 75)+(52.6\times 300\times 176.3)}{(150\times 100)+(52.6\times 300)} = 127\text{mm}$$

$$\therefore \phi M_u = \phi\left[C_s(d-d')+C_c(d-\bar{y})\right]$$

$$= 0.783\,[256{,}800(560-40)+732{,}560(560-127)]$$

$$= 352.9\,\text{kN·m}$$

그러므로 이 보의 휨설계모멘트는 352.9kN·m이다.

예제 4.14

예제 4.13에서 압축철근이 상단에서 110 mm 아래에 있다면, 즉 $d' = 110\text{mm}$일 때 휨설계모멘트를 계산하라(그림 4.41).

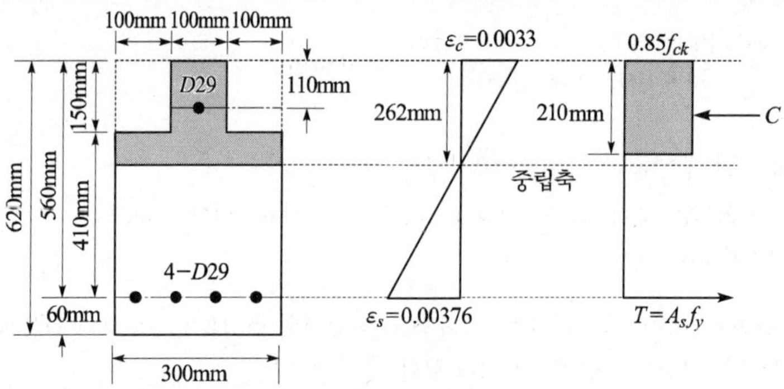

그림 4.41

▌풀이

1. 등가응력 블록 깊이 a를 150mm로 가정하고, 힘의 평형으로부터 중립축의 위치를 검토한다.

$$c = a/\beta_1 = 150/0.80 = 187.5\text{mm}$$

$$\varepsilon_s' = 0.0033\frac{c-d'}{c} = \frac{176-110}{176} = 0.00136 \quad (\therefore \text{ 항복 }\times)$$

$$C = C_s + C_c = \varepsilon_s' E_s A_s + \eta(0.85 f_{ck})A_c$$

$$= 0.00136\times 200{,}000\times 642 + 0.85\times 28\times (150\times 100)$$

$$= 532{,}140\,\text{N}$$

$$T = A_s f_y = 2{,}570 \times 400 = 1{,}028{,}000\,\text{N}$$

$C < T$ 이므로 중립축이 특수형상 이하에 있는 것을 확인

2. 힘의 평형으로부터 a를 계산한다.

$$C = C_s + C_c$$
$$= 642 \times 200{,}000 \times 0.0033\left(\frac{c-110}{c}\right) + 0.85 \times 28 \times [(150 \times 100) + 300(0.8c - 150)]$$
$$= 423{,}720\left(\frac{c-110}{c}\right) + 5712c - 714{,}000(\text{N})$$
$$T = A_s f_y = 2{,}570 \times 400 = 1{,}028{,}000\,\text{N}$$

$C = T$ 이므로

$$423{,}720\left(\frac{c-110}{c}\right) + 5712c - 714{,}000 = 1{,}028{,}000$$
$$5712c^2 + 432{,}720(c-110) - 714{,}000c = 1{,}028{,}000c$$
$$5712c^2 - 1{,}309{,}000c - 47{,}600{,}000 = 0$$
$$c = 261.9\text{mm}$$

3. ε_s', ε_s를 계산하고 ϕ을 결정

$$\varepsilon_s' = 0.0033\frac{262-110}{262} = 0.0019 \text{ (항복 ×)}$$
$$\varepsilon_s = 0.0033\frac{560-262}{262} = 0.00376 < \varepsilon_{t,a}(=0.004)$$
$$\phi = 0.65 + (0.00376 - 0.002)\frac{200}{3} = 0.767$$

4. $\bar{y}$를 계산한다.

$c = 262\text{mm}$이므로, $a = 209.5\text{mm}$

$$A_c = (150 \times 100) + 300(209.5 - 150) = 32{,}860\text{mm}^2$$
$$\bar{y} = \frac{(150 \times 100 \times 75) + (59.5 \times 300 \times 179.8)}{(150 \times 100) + (59.5 \times 300)} = 131.95\text{mm}$$

5. M_u를 계산한다.

인장철근 위치에서 모멘트를 계산하면,

$$M_u = \phi M_u = \phi\left[C_s(d-d') + C_c(d-\bar{y})\right]$$
$$C_s = A_s' E_s \varepsilon_s' = 642 \times 200{,}000 \times 0.0019 = 245{,}754\,\text{N}$$
$$C_c = \eta 0.85 f_{ck} A_c$$
$$A_c = 32860\text{mm}^2$$

$$\therefore C_c = 0.85 \times 28 \times 32860 = 782{,}000\,\text{N}$$

$$M_u = 0.767 \times [245{,}754(560-110) + 782{,}000(560-131.95)]$$
$$= 341.6\,\text{kN}\cdot\text{m}$$

그러나 본 단면에서 최외측 철근의 변형률이 0.0037로 휨설계 최소 허용변형률 0.004보다 작기 때문에 $c_{\max}$에 해당하는 휨설계모멘트를 재계산하여야 한다.

6. **$c_{\max}$ 계산**

$c_{\max}$는 예제 4.12와 계산이 동일하므로,
$c_{\max} = 253.2\text{mm}$이며, $a_{\max} = 202.6\text{mm}$이다.

7. **$a = a_{\max}$ 일 때 M_u 재계산**

$$C_c = \eta 0.85 f_{ck}[(150 \times 100) + 300(202.6 - 150)] = 732560\,\text{N}$$

$$C_s = A_s' E_s \varepsilon_s' = 642 \times 200{,}000 \times 0.0033 \frac{253.2 - 110}{253.2}$$
$$= 240{,}000\,\text{N}$$

$$\bar{y} = 127\text{mm}, \quad \phi = 0.783$$

$$\therefore M_u = \phi M_u = \phi\left[C_s(d-d') + C_c(d-\bar{y})\right]$$
$$= 0.783[240{,}000(560-110) + 732{,}560(560-127)]$$
$$= 333\,\text{kN}\cdot\text{m}$$

이 보의 휨설계모멘트는 333kN·m이다.

예제 4.12, 4.13, 4.14에서 설명한 풀이과정은 문제를 어떻게 풀어 가는가에 대한 명백한 개념을 제공할 것이다.

4.12 설계표를 사용한 단면의 해석

본 책의 부록 A.1~A.3은 직사각형 보의 설계를 위해 미리 계산된 설계표를 보여주고 있다. 이러한 설계표를 적절하게 사용하여 단면의 해석이 가능하다. 부록의 표에는 주어진 f_{ck}가 21MPa, 28MPa, 35MPa이며, 사용된 철근이 SD300, SD400 및 SAD500일 때, 다양한 철근비 ρ에 대한 R_u와 a/d가 제시되어 있다. 다음 문제를 통하여 설계표를 통한 단면의 해석 방법에 대하여 설명하였다.

예제 4.15

부록의 설계표를 사용하여 예제 4.2(그림 4.10)에 나타난 단면의 설계휨모멘트를 계산하라. $b=200\,\mathrm{mm}$, $d=300\,\mathrm{mm}$, $f_{ck}=21\,\mathrm{MPa}$, $f_y=300\,\mathrm{MPa}$로 주어져 있으며, 철근은 다음과 같이 주어져 있다. : (a) D19 철근 3개, (b) D29 철근 3개

▮ 풀이

1. D19 철근 3개 사용

$$A_s=860\,\mathrm{mm}^2,\ \rho=\frac{A_s}{bd}=\frac{860}{200\times300}=0.0143$$

예제 4.2 풀이에서 $\rho_t=0.019$이다. $\rho<\rho_t$이기 때문에, 단면은 인장지배단면이다.

$\rho=0.0143$, $f_{ck}=21\,\mathrm{MPa}$, $f_y=300\,\mathrm{MPa}$에 대해 표 A.1로부터 $R_u\fallingdotseq3.2\,\mathrm{MPa}$(보간법에 의해)이다.

$$M_u=R_ubd^2$$

bd^2의 값은 $b=200\,\mathrm{mm}$, $d=300\,\mathrm{mm}$에 대해 $bd^2=18{,}000{,}000\,\mathrm{mm}^3$이다.

그러면 $M_u=3.2\times1.8\times10^7=5.76\times10^7\,\mathrm{N\cdot mm}=57.6\,\mathrm{kN\cdot m}$, $R_u=3.2\,\mathrm{MPa}$의 값은 부록 표 A.4의 $R_{u(\max)}$보다 작다는 것에 유의하라. 이것은 단면이 인장지배단면이라는 것을 나타낸다.

2. D29 철근 3개 사용

$$A_s=1{,}927\,\mathrm{mm}^2,\ \rho=\frac{1{,}927}{200\times300}=0.0321$$

예제 4.2 풀이에서 $\rho_b=0.0337$, $\rho_{\max}=0.0217$이다. $\rho_{\max}<\rho<\rho_b$이기 때문에, 단면은 변환구간단면이나, $\rho>\rho_{\max}$이기 때문에 $\rho_{\max}$와 $R_{u(\max)}$가 사용되어야 한다. 표 A.1로부터 $R_{u(\max)}=4.52\,\mathrm{MPa}$이다. 그러므로

$$M_u=R_{u(\max)}bd^2$$
$$M_u=4.52\times1.8\times10^7=8.14\times10^7\,\mathrm{N\cdot mm}=81.4\,\mathrm{kN\cdot m}$$

본 예제에서 부록의 표를 이용하여 계산한 결과가 예제 4.2의 풀이결과와 유사한 것을 확인할 수 있다. 따라서 부록표를 이용하여 단면해석이 가능하다.

연습문제

4.1 다음의 경우에 대해 폭 $b = 300\,\mathrm{mm}$이고, 유효깊이 $d = 500\,\mathrm{mm}$인 사각단면에서 ρ_b, $\rho_{\max}$, $R_{u,a}$, R_u, a/d 비 를 계산하라.

(가) $f_{ck} = 21\,\mathrm{MPa}$, $f_y = 300\,\mathrm{MPa}$, $A_s = \mathrm{D25}$ 철근 4개

(나) $f_{ck} = 28\,\mathrm{MPa}$, $f_y = 400\,\mathrm{MPa}$, $A_s = \mathrm{D22}$ 철근 4개

(다) $f_{ck} = 35\,\mathrm{MPa}$, $f_y = 400\,\mathrm{MPa}$, $A_s = \mathrm{D29}$ 철근 4개

(라) $f_{ck} = 21\,\mathrm{MPa}$, $f_y = 400\,\mathrm{MPa}$, $A_s = \mathrm{D29}$ 철근 3개

(마) $f_{ck} = 20\,\mathrm{MPa}$, $f_y = 400\,\mathrm{MPa}$, $A_s = \mathrm{D29}$ 철근 3개

(바) $f_{ck} = 35\,\mathrm{MPa}$, $f_y = 500\,\mathrm{MPa}$, $A_s = \mathrm{D25}$ 철근 4개

(사) $f_{ck} = 17.5\,\mathrm{MPa}$, $f_y = 300\,\mathrm{MPa}$, $A_s = \mathrm{D19}$ 철근 4개

4.2 폭 $b = 250\,\mathrm{mm}$, 유효깊이 $d = 550\,\mathrm{mm}$인 사각형 단면의 계수모멘트(M_u)를 계산하라. 이때 $f_{ck} = 21\,\mathrm{MPa}$, $f_y = 400\,\mathrm{MPa}$이며 사용된 철근은 다음과 같다.

(가) D29 철근 3개

(나) D29 철근 6개

4.3 폭 $b = 200\,\mathrm{mm}$, 유효깊이 $d = 450\,\mathrm{mm}$인 사각형 단면을 가진 단순 철근콘크리트 보가 있다. 계수모멘트(M_u)에서 철근의 변형률은 0.0015로 기록되었다(다만, 파괴 시 콘크리트의 변형률은 0.003으로 가정한다).

$$f_{ck} = 21\,\mathrm{MPa},\ f_y = 400\,\mathrm{MPa}$$

(가) 단면이 균형인지, 저보강인지, 과보강인지를 검토하라.

(나) 균형단면인 경우의 철근면적을 결정하라.

(다) 단면에 사용된 철근면적과 계수모멘트를 계산하라.

(라) 사용된 철근비가 $\rho = 1.4\%$일 때, 단면의 계수모멘트를 계산하라.

4.4 경간이 3.1 m인 캔틸레버 보의 단면($b \times d$)이 300×600 mm이고, 5개의 D25 철근(5×506.7 mm^2)로 보강되어 있다. 자중과 고정하중으로 인한 등분포 하중이 10 kN/m일 때, 보에 작용할 수 있는 집중 활하중을 구하라(다만, $f_{ck} = 21\,\text{MPa}$, $f_y = 400\,\text{MPa}$).

4.5 사각형 콘크리트 단면의 폭 $b = 300\,\text{mm}$, 유효깊이 $d = 450\,\text{mm}$, $d' = 50\,\text{mm}$이다. 압축철근으로 2개의 D22 철근(2×387 mm^2)이 사용되었다면, 인장철근이 다음과 같을 경우 단면에 작용할 수 있는 계수모멘트를 계산하라(다만, $f_{ck} = 21\,\text{MPa}$, $f_y = 300\,\text{MPa}$).

(가) 4개의 D22 철근(4×387 mm^2)

(나) 8개의 D25 철근(8×506.7 mm^2)

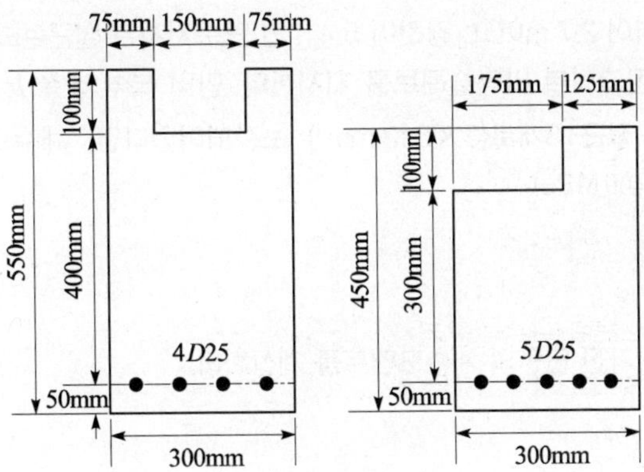

그림 4.42

4.6 경간이 4.8 m이고 단순지지된 보가 폭 $b = 300\,\mathrm{mm}$, $d = 550\,\mathrm{mm}$, $d' = 50\,\mathrm{mm}$, A_s = 6D 29 철근 (6×642 mm^2), $A_s{}'$ = 3D19 철근(3×286.5 mm^2)이고 자중을 포함한 등분포 고정하중 30 kN/m을 받는다. 보에 작용할 수 있는 등분포 활하중을 구하라(다만, $f_{ck} = 21\,\mathrm{MPa}$, $f_y = 400\,\mathrm{MPa}$).

4.7 콘크리트의 구조기준강도 $f_{ck} = 28\,\mathrm{MPa}$이고, 철근의 항복응력 $f_y = 400\,\mathrm{MPa}$인 3m 경간의 캔틸레버 보의 적합성을 검토하라. 보 단면은 $b = 250\,\mathrm{mm}$, $d = 500\,\mathrm{mm}$, $d' = 50\,\mathrm{mm}$, $A_s = \mathrm{D22}$ 철근 6개(6×387mm^2), $A_s{}' = \mathrm{D16}$ 철근 2개(2×198.6 mm^2)이다. 자중을 제외한 보 위의 고정하중은 30 kN/m이고, 활하중은 20 kN/m이다.

4.8 보 중앙 사이의 간격이 2.7 m이고, 경간이 5.4 m인 단순지지된 철근콘크리트 보가 있다. 이 보는 두께가 100mm인 콘크리트 바닥슬래브를 지지한다. 만약 복부의 폭 $b_w = 250\,\mathrm{mm}$, $d = 450\,\mathrm{mm}$, 그리고 보가 D29 철근 3개로(3×642 mm^2) 보강되어있다면, 계수모멘트를 결정하라(다만, $f_{ck} = 28\,\mathrm{MPa}$, $f_y = 400\,\mathrm{MPa}$).

4.9 다음과 같은 제원을 가진 단면의 계수모멘트를 계산하라.

플랜지 폭$= 300\,\mathrm{mm}$
플랜지 두께$= 75\,\mathrm{mm}$
복부의 폭$= 250\,\mathrm{mm}$
유효깊이 $d = 450\,\mathrm{mm}$
인장철근은 D25 철근 6개($6 \times 506.7\,\mathrm{mm}^2$)
$f_{ck} = 21\,\mathrm{MPa}$
$f_y = 400\,\mathrm{MPa}$

CHAPTER 05

보의 휨 설계

CHAPTER 05

Design of Reinforced Concrete Structures

보의 휨 설계

5.1 서 언

제4장에서는 철근콘크리트 단면의 해석방법을 설명하였다. 즉, 단면의 제원들이 주어질 때, 그 단면의 설계휨모멘트 값을 결정하였다. 이번 제5장에서는 그 과정을 역으로 하여 계수모멘트(M_u)가 주어질 때, 이를 저항할 수 있는 안전하고 경제적이며 실용성이 있는 콘크리트 단면의 제원과 보강철근의 면적을 결정하는 설계방법을 설명하고자 한다.

5.2 단철근 직사각형 단면

단철근 직사각형 보의 설계 흐름도는 그림 5.1과 같다.

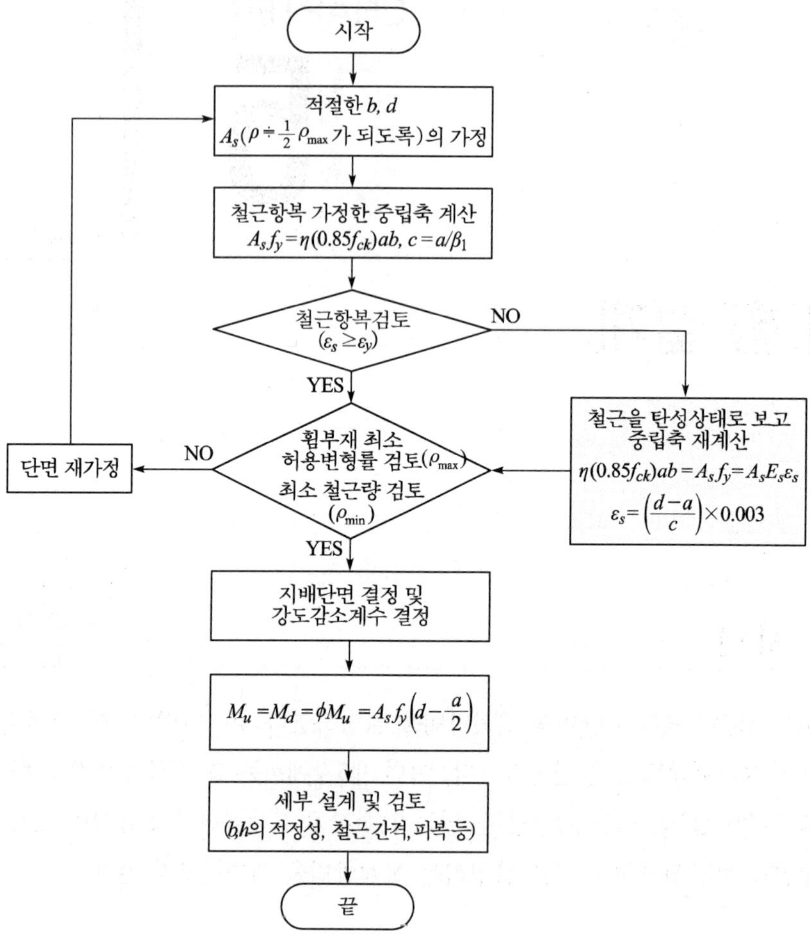

그림 5.1 단철근 직사각형 보의 설계 절차

단철근 직사각형보의 해석(4.3절) 과정에서 다음의 방정식이 유도되었다. 여기서 f_{ck}와 f_y는 MPa의 단위이다.

$$\rho_b = \eta(0.85\beta_1)\frac{f_{ck}}{f_y}\frac{\varepsilon_{cu}}{\varepsilon_{cu}+\varepsilon_y}$$

$$\rho_{\max} = \text{휨부재의 최대철근비 (표 4.4 참조)}$$

여기서, β_1은 직사각형 등가압축응력블럭의 높이 a와 중립축 c와의 관계를 나타내는 계수로서 표 4.2와 같이 f_{ck} 값에 따라 변화된다. 균형단면철근비 ρ_b와 휨부재의 설계시 허용되는 최대철근비 $\rho_{\max}$는 부록 표 A.4에 다양한 f_{ck}, f_y에 대하여 정리되어 있다.

설계모멘트(M_d)는 외력에 의해 발생하는 계수모멘트(M_u) 보다 최소한 크거나 같아야 구조적 안전성을 확보할 수 있다. 따라서 최적 설계의 관점에서 $M_d = M_u$ 이어야 한다. 설계휨모멘트 계산식은 제4장에서 다음 식에 의하여 표현되었다.

$$M_u = R_u bd^2 = M_d = \phi M_n \tag{4.16}$$

$$R_u = \phi \rho f_y \left(1 - \frac{\rho f_y}{\eta (1.7 f_{ck})} \right) \tag{4.17}$$

따라서

$$M_d = M_u = \phi bd^2 \rho f_y \left(1 - \frac{\rho f_y}{1.7 f_{ck}} \right)$$

위의 식에서 f_{ck}와 f_y가 주어지면 ϕ를 이용하여 설계를 통해 확보하여야 할 최소한의 계수모멘트를 구할 수 있다. 이 식들에는 3개의 미지수가 있는데 이들은 폭 b, 단면의 유효깊이 d, 철근비 ρ이다. 이 식에서 3개의 미지수중 2개의 값이 가정되지 않는다면 해를 구할 수 없다. 보통 ρ는 가정되고(예를 들면 $0.5\rho_{\max}$로 가정함), b도 역시 보 하단에 설치될 격벽의 폭 등 현장의 제약 조건 등에 의하여 가정될 수 있다.

5.3 철근 간격 및 철근콘크리트 피복 두께

5.3.1 규정

그림 5.2에는 2개의 철근콘크리트 단면이 있다. 철근콘크리트 단면에서 철근들의 수평 순간격(그림 5.2(a)의 s)은 25mm 이상 또는 철근의 공칭 지름 이상으로 해야 한다. 철근이 수직으로 층을 이룰 때에는 철근들이 수직 순간격(그림 5.2(b)의 s)이 현행 콘크리트구조설계기준(2021)에서 규정하고 있는 25mm 이상으로 해야 하며, 상하철근은 동일 연직면 내에 두어야 한다.

단면의 폭은 사용된 철근의 개수 n과 철근의 직경에 의해 결정된다. 스터럽의 직경과 간격은 요구되는 전단력에 의해 결정되는 것으로 6장에서 설명된다. 본 절에서는 스터럽의 직경을 10mm로 가정하여 단면의 폭을 계산하고자 한다.

현장 콘크리트와 프리캐스트(precast) 콘크리트의 최소 피복 두께는 KDS 14 20 50(2021)

의 4.3절에 주어져 있다. 보의 콘크리트 피복 두께는 프리스트레스하지 않은 현장치기 콘크리트인 경우 기상조건에 무관하거나 흙과 접하지 않은 경우일 때 40mm 이상이며, f_{ck}가 40MPa 이상일 때 규정된 40mm에서 30mm로 감소시킬 수 있다. 슬래브의 콘크리트 피복 두께는 D35 이하인 철근일 경우 20mm 이상이고 D35를 초과하는 철근은 40mm 이상이다.

5.3.2 철근콘크리트 단면의 최소 폭

철근콘크리트 단면의 최소 폭을 계산하기 위한 일반식은 다음과 같다.

$$b_{\min} = nD + (n-1)s + 2 \times (\text{스터럽 직경} + \text{콘크리트 피복 두께}) \tag{5.1a}$$

여기서, n : 철근의 개수

D : 사용된 철근 중 가장 큰 철근의 직경

s : 철근들의 간격(D 와 25mm 중 큰 값)

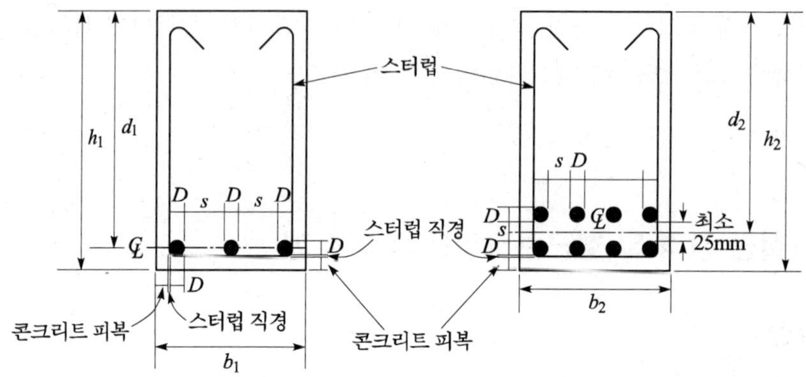

그림 5.2 철근의 간격 : (a) 1열, (b) 2열

만일 스터럽의 직경이 10mm이고, 철근콘크리트 피복 두께가 40mm라고 하면

$$b_{\min} = nD + (n-1) \times s + 2 \times (40 + 10) \tag{5.1b}$$

이 식을 그림 5.2의 철근콘크리트 단면에 적용시키면

$$b_1 = 3D + 2s + 100\text{mm}$$

$$b_2 = 4D + 3s + 100\text{mm}$$

이다. 만일 그림 5.2의 단면에 사용되었던 철근을 D32로 가정하면 $s = D = 32\text{mm}$이므로

$$b_1 = 5 \times 32 + 100 = 260\text{mm}$$

$$b_2 = 7 \times 32 + 100 = 324\text{mm},$$

이 단면의 최소폭은 330mm(10mm 단위가 최소단위이므로)

이다. 만일 $D19(19\text{mm})$ 철근을 사용했다면, 최소 폭은

$$b_1 = 3 \times 19 + 2 \times 25 + 100 = 207\text{mm}(s = 25\text{mm}),\ 210\text{mm}$$

$$b_2 = 4 \times 19 + 3 \times 25 + 100 = 251,\ 260\text{mm}$$

이다. 철근콘크리트 단면의 폭은 10mm 단위로 증가시킨 정수값을 사용한다.

5.3.3 콘크리트 단면의 최소 두께

유효깊이 d는 콘크리트 단면의 압축연단부터 인장철근의 중심까지 거리이다. 따라서 최소 부재 두께는 d에 인장철근의 중심부터 콘크리트의 인장측 연단까지 거리를 더한 값이다. 이는 철근의 열수에 좌우된다. 그림 5.2의 단면들에 대해 적용하면 단면 (a)에 대해서는

$$\begin{aligned} h_1 &= d_1 + D/2 + \text{스터럽 직경}(10\text{mm}) + \text{콘크리트 피복 두께}(40\text{mm}) \\ &= d_1 + D/2 + 50\text{mm} \end{aligned} \tag{5.2a}$$

이고 단면 (b)에 대해서는

$$\begin{aligned} h_2 &= d_2 + s/2(12.5\text{mm}) + D + \text{스터럽 직경}(10\text{mm}) \\ &\quad + \text{콘크리트 피복 두께}(40\text{mm}) \\ &= d_2 + D + 62.5\text{mm} \end{aligned} \tag{5.2b}$$

이다.

보의 전체 두께 h는 일반적으로 10mm 단위로 증가시켜 얻은 정수값을 사용한다. 예를 들면, 만일 $D = 25\text{mm}$, $d_1 = 475\text{mm}$, 그리고 $d_2 = 502\text{mm}$라고 하면, 최소 두께 $h_1 = 475 + 12.5 + 50 = 537.5\text{mm}$인데 540mm로 하며, $h_2 = 502 + 25 + 62.5 = 589.5\text{mm}$를 590mm로 한다. 만일 $D29$ 혹은 그보다 작은 철근을 사용한 경우는 실제 추정두께 h는 다음과 같다.

$$h_1 = d_1 + 1/2 \times 29 + 10 + 40 = d_1 + 65\text{mm}$$

$$h_2 = d_2 + 1/2 \times 25 + 29 + 10 + 40 = d_2 + 92\text{mm}$$

또 철근이 2열을 넘는 경우에 대해서도 비슷한 방법이 사용된다.

철근들의 최소 수평간격은 현행 콘크리트구조설계기준 KDS 14 20 50(2021)의 4.2.2 규정에 의하면 동일평면상에서 평행한 철근사이의 수평순간격은 25mm 이상, 또한 철근 공칭지름 이상으로 하여야 한다. 또한 콘크리트 내에 사용된 골재의 최대 치수에 대한 규정(KDS 14 20 01의 3.1.1(2)④)도 만족하여야 한다. 이 규정에 따르면 굵은 골재의 최대 공칭치수는 거푸집 양 측면 사이의 최소거리의 1/5, 슬래브 두께의 1/3, 개별철근, 다발철근, 긴장재 또는 덕트 사이 최소 순간격의 3/4를 초과해서는 안 된다. 일반적인 구조물에서는 25mm, 단면이 큰 구조물에서는 40mm를 표준으로 하며 50mm를 넘어서는 안 된다.

상단과 하단에 2단 이상으로 철근을 배치하는 경우에는 상하 철근은 동일 연직면 내에 배치되어야 하며, 이때 상하 철근의 순간격은 25mm 이상으로 하여야 한다.

예제 5.1

최대 철근비 $\rho_{\max}$을 이용하여 계수모멘트 310kN·m에 저항하는 단철근 직사각형보를 설계하라 (다만, $f_{ck} = 21\,\text{MPa}$, $f_y = 300\,\text{MPa}$).

▌풀이

$$\rho_{\max} = 0.658\rho_b = 0.658 \times 0.85\beta_1 \frac{f_{ck}}{f_y} \times \frac{\varepsilon_{cu}}{\varepsilon_{cu} + \varepsilon_y}$$

따라서

$$\beta_1 = 0.80 \ \ (f_{ck} < 40MPa), \ \varepsilon_{cu} = 0.0033, \ \eta = 1$$

$$\rho_{\max} = 0.658 \times 0.85 \times 0.8 \times \frac{21}{300} \times \frac{0.0033}{0.0033 + 0.0015} = 0.0215$$

$$R_{u(\max)} = \phi\rho_{\max} f_y\left(1 - \frac{\rho_{\max} f_y}{\eta(1.7f_{ck})}\right) = 0.793 \times 0.0215 \times 300 \times \left(1 - \frac{0.0215 \times 300}{1.7 \times 21}\right) = 4.2\,MPa$$

여기서, $\phi = 0.65 + (\varepsilon_{t,a} - 0.0015)\dfrac{200}{3.5} = 0.793$ (SD300의 $\varepsilon_{t,a} = 0.004$)

$M_u = R_u bd^2$이므로,

$$bd^2 = M_u / R_u = 310 \times 10^6 / 4.2 = 7.38 \times 10^7\text{mm}^3$$

따라서 b를 가정하면, d를 계산할 수 있다. 예를 들면,

$b=150\text{mm}$, $d=710\text{mm}$
$b=180\text{mm}$, $d=650\text{mm}$
$b=200\text{mm}$, $d=610\text{mm}$
$b=230\text{mm}$, $d=570\text{mm}$
$b=250\text{mm}$, $d=550\text{mm}$
$b=280\text{mm}$, $d=520\text{mm}$
$b=300\text{mm}$, $d=500\text{mm}$

유효깊이 d 는 다음의 3가지 요인에 의하여 결정된다.

① 요구되는 폭 b : 작은 폭을 사용할수록 보의 두께는 증가한다. 그러나 깊고 좁은 보는 횡처짐의 가능성에 의하여 구조 부재의 휨모멘트강도는 더 낮게 될지도 모른다.
② 철근 직경의 총합과 철근배치 상태 : 좁은 보는 1열 이상의 철근이 요구될 수도 있으며, 이때 단면의 총 두께도 증가한다.
③ 격벽이나 벽의 두께 : 항상 필요한 것은 아니지만, 시멘트 블록의 경우 폭 b는 벽의 두께와 같게 한다. 건축구조물의 계획에서는 이외의 다른 외장두께를 포함하게 된다.

d/b 비율은 1.5와 3.0 사이가 적당하며, 가장 일반적인 값은 2.0에서 2.5 사이이다. 일반적으로 깊은 단면을 사용할수록 철근콘크리트 사용량이 감소하여 경제적이다. 예를 들어 보의 단위길이를 고려하여 예제에서 첫 번째 단면과 마지막 단면 사이의 콘크리트량의 증가비율은 $(300\times500)/(150\times700)=1.43$이다. 그 이외의 경우는 표 5.1에 나타나 있다. 표 5.1에서 단위 길이에 대한 두 벽의 면적과 하부폭 b 는 각각의 b 와 d 의 선택에 의해 주어진다. 이들의 값은 거의 거푸집의 면적과 같다.

깊은 보는 얕은 보보다 더 많은 거푸집 면적이 요구됨을 알 수 있다. 얕은 단면을 사용하였을 경우 철근콘크리트량에 의한 비용은 거푸집 비용의 차이보다 더 비싸다. 그러나 실제적으로는 절충하여 2.0에서 2.5의 d/b 비율이 사용된다. 만일 다른 제약이 없다면 단면 250×550mm ($d/b=2.2$)가 적당하다.

표 5.1 단면별 성질

b (mm)	d (mm)	면적 bd (mm^2)	면적비 (106,500)	거푸집면적 : $1\times(b+2d)$	$\frac{b+2d}{1,550}$	A_s (mm^2)	A_s비
150	710	106,500	1.00	1,570	1.000	2,870	1.00
180	650	117,000	1.10	1,480	0.943	3,180	1.11
200	610	122,000	1.15	1,420	0.904	3,210	1.12
230	570	131,100	1.23	1,370	0.873	3,040	1.06
250	550	137,500	1.29	1,350	0.860	3,100	1.08
280	520	145,600	1.37	1,320	0.841	3,150	1.10
300	500	150,000	1.41	1,300	0.828	3,180	1.11

보강 철근의 면적(A_s)은 ρbd와 같다. $\rho_{\max}=0.0217$, $b=250$mm, $d=550$mm인 단면에서 요구되는 철근량 A_s는 2,929mm^{2}이다. 따라서 가능한 선택은 다음과 같다.

$3D35\ A_s=2{,}870\,\text{mm}^2$

$4D32\ A_s=3{,}180\,\text{mm}^2$

$5D29\ A_s=3{,}210\,\text{mm}^2$

$6D25\ A_s=3{,}040\,\text{mm}^2$

$8D22\ A_s=3{,}100\,\text{mm}^2$

$11D19\ A_s=3{,}150\,\text{mm}^2$

$16D15\ A_s=3{,}180\,\text{mm}^2$

철근의 선택은 다음과 같은 2가지 요인에 근거한다.

① 철근이 한 열(row) 또는 그 이상의 열로 구성되는 단면에서 철근의 적당한 배치는 최소 간격에 대한 콘크리트구조설계기준(2021)에 따른다.
② 철근의 면적은 요구되는 철근의 면적과 거의 같아야 한다.

만일 $6D25$를 취하였다면 $A_s=3{,}040\,\text{mm}^2$이고, 이는 필요철근량인 2,956mm^{2}보다 84mm^2 많다. 전체 두께 h는 50mm 정도 증가시킨다면 실제 d는 계산된 d보다 조금 클 것이며, 결과적으로 필요철근량 A_s는 감소한다. 폭 250mm에 배치해야만 하는 6개의 철근의 폭이 충분하지 않다. 3개의 $D25$ 철근을 2열로 배치할 때 최솟값 d를 계산하면 다음과 같다.

$$b_{\min}=3\text{D}+2s+100(\text{피복 두께 40mm, 스터럽 10mm})$$
$$=3\times25+2\times25+100=225\text{mm},\ \text{즉 230mm(혹은 250mm)}$$
$$h_{\min}=550+\text{D}+62.5(\text{피복 두께 40mm, 스터럽 10mm, 25/2mm})$$
$$=550+25+62.5=637.5,\ \text{즉 640mm}$$

따라서 그림 5.3에 보여진 단면으로 설계될 수 있다. 이 단면의 총 두께 h는 640mm이다. 이 경우 실제 d값은 $d=640-40-10-25-0.5\times25=552.5$mm이며, 이는 계산된 값인 550mm보다 더 크다. 작은 변동 때문에 일어나는 필요철근량의 감소는 실제 d값에 대한 계산된 d값의 비율과 근사하게 된다. 즉, 실제로 필요한 철근량은 $2{,}929\times550/552.5=2{,}943\text{mm}^2$이며, 따라서 6D25($A_s=3{,}040\text{mm}^2$)의 선택은 합리적이다.

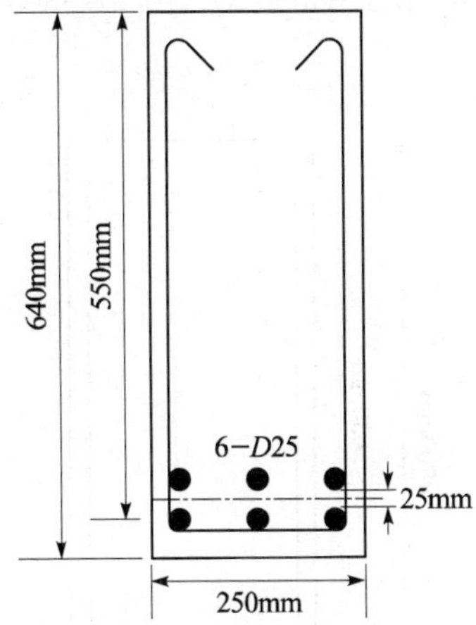

그림 5.3

예제 5.2

철근비 $\rho = \frac{1}{2}\rho_{max}$를 사용하여 예제 5.1을 풀어라.

▌풀이

$$f_{ck} = 21\text{MPa},\quad f_y = 300\text{MPa},\quad \rho_{max} = 0.0215,\ \rho = \frac{1}{2}\rho_{max} = 0.011$$

철근비가 허용 최대철근비의 절반에 불과하므로 인장지배단면이며 $\phi = 0.85$이다.

$$R_u = \phi\rho \cdot f_y\left(1 - \frac{\rho \cdot f_y}{\eta 1.7 f_{ck}}\right) = 0.85 \times 0.011 \times 300\left(1 - \frac{0.011 \times 300}{1.7 \times 21}\right) = 2.55\text{MPa}$$

$$bd^2 = \frac{M_u}{R_u} = \frac{310 \times 10^6}{2.55} = 1.22 \times 10^8 \text{mm}^3$$

따라서 $b = 300\text{mm}$를 선택하면, $d = 637 ≒ 640\text{mm}$

$$A_s = \rho bd = 0.011 \times 300 \times 640 = 2{,}112\text{mm}^2$$

부록 표 A.8을 활용하여. 4D29, $A_s = 2{,}570\text{mm}^2$을 1열로 사용한다.

$$b_{min} = nD + (n-1)s + 2 \times (10+40)$$
$$= 4 \times 29 + (4-1) \times 29 + 100 = 303\text{mm},\ 310\text{mm}를\ 선택$$

$$h = d + D/2 + (10+40)$$

$= 640 + \frac{1}{2} \times 29 + 50 \fallingdotseq 705\text{mm}$, 710mm를 선택 가능하다.

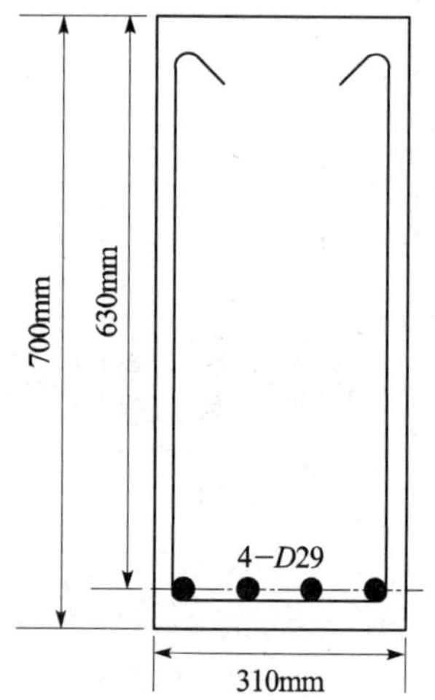

그림 5.4

그러나 실제 필요철근량은 계산된 철근량보다 많기 때문에, 작은 두께를 사용해도 된다. 만일 $h = 700\text{mm}$라면 $d = 700 - 29/2 - 50 = 630\text{mm}$, $A_s = 2{,}112 \times 640 / 630\text{mm} = 2{,}146\text{mm}^2$이다. 실제 사용된 $2{,}570\text{mm}^2$은 충분하다. 따라서 $h = 700$도 선택 가능하다.

$$a = \frac{A_s f_y}{\eta 0.85 f_{ck} b} = \frac{2{,}570 \times 300}{0.85 \times 21 \times 310} = 139\text{mm}$$

$$M_u = \phi A_s f_y (d - a/2) = 0.85 \times 2{,}570 \times 300 \left(630 - \frac{139}{2}\right)$$
$$= 367\text{kN}\cdot\text{m} > 310\text{kN}\cdot\text{m}$$

$$\rho_{\min} = 0.178 \times \frac{\sqrt{f_{ck}}}{\phi f_y} = 0.0034$$

$$\rho_{\max} = 0.0213 \qquad \therefore \rho_{\min}(=0.0034) < \rho(=0.011) < \rho_{\max}(=0.0213)$$

ϕ의 값은 다음과 같이 삼각형 닮은비를 검토하여 확인한다.

$$\varepsilon_t = 0.0033 \frac{d-c}{c} = 0.0087 > \varepsilon_{t,l}(=0.005)$$

$\therefore \phi = 0.85$ 적정

예제 5.3

외적 계수모멘트가 350kN·m일 때 폭 250mm, 높이 700mm인 단면의 필요철근량을 구하라(다만, $f_{ck}=28\text{MPa}, f_y=400\text{MPa}$).

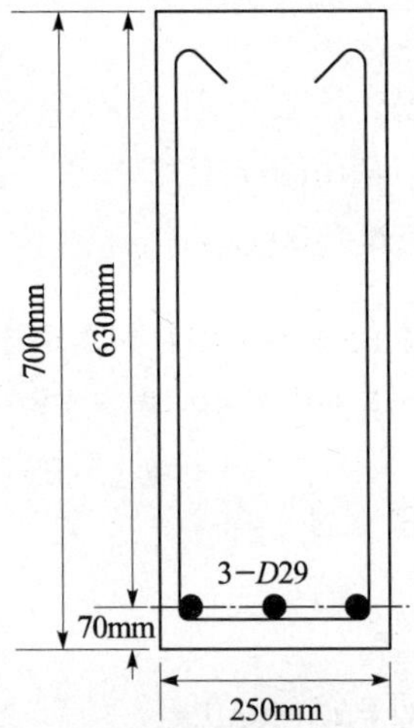

그림 5.5

▍풀이

1. D25 철근이 1열로 배치(후에 점검)되어있다고 가정하면,

$$d=700-14.5-50=635.5\text{mm} \fallingdotseq 630\text{mm}$$
(혹은 $d=700-70=630\text{mm}$)

2. 단면이 압축보강철근이 없이 가능한가 점검한다. 허용최대철근량이 배근되었을 때, 계수모멘트와 단면의 설계휨모멘트의 크기를 비교한다.

$f_{ck}=28\text{MPa},\ f_y=400\text{MPa}$이므로

$$\rho_{\max}=0.726\times\eta 0.85\beta_1\times\frac{f_{ck}}{f_y}\times\frac{\varepsilon_{cu}}{\varepsilon_{cu}+\varepsilon_y}=0.0215$$

$$R_{u(\max)}=\phi\rho_{\max}f_y\left(1-\frac{\rho_{\max}f_y}{\eta 1.7f_{ck}}\right)=5.52\,\text{MPa}(\phi=0.783)$$

$$M_u=5.52\times250\times630^2=547{,}722{,}000\,\text{N}\cdot\text{mm}=548\,\text{kN}\cdot\text{m}$$

이는 계수모멘트인 350kN·m보다 충분히 크다. 즉, 단면에서 압축측의 철근보강이 필요 없음을 알 수 있다.

3. 또는 $R_u < R_{u(\max)}$을 점검한다.

$$R_u = \frac{M_u}{bd^2} = \frac{350\times 10^6}{250\times 630^2} = 3.53\,\text{MPa} < R_{u(\max)} = 5.52\,MPa$$

그러므로 단면의 압축철근 보강은 필요 없음을 다시 한 번 확인할 수 있다.

4. 설계표(부록 표 A.2)에 의하여

$R_u = 3.53\,\text{MPa}$일 때, 대략 $\rho = 0.0115$ 이므로

$A_s = \rho bd = 0.0115\times 250\times 630 = 1{,}811\,\text{mm}^2$

D29 철근 3개($A_s = 1{,}927\,\text{mm}^2$)를 1열로 사용한다. 이후의 풀이는 균열 제어를 위하여 철근의 간격을 결정하는 과정을 설명하며 이론적인 설명은 본 책 7장에서 자세히 설명하고 있다.

5. 최외측 인장철근의 사용하중 응력 산정

$$\rho = \frac{A_s}{b\times d} = \frac{1{,}927}{250\times 630} = 0.012$$

$$E_c = 8{,}500\sqrt[3]{f_{cu}} = 8{,}500\sqrt[3]{32} = 27{,}000\,\text{MPa}$$

$$E_s = 2\times 10^5\,\text{MPa}$$

$$n = \frac{E_s}{E_c} = 7.4 \simeq 7$$

$$k = -n\rho + \sqrt{(n\rho)^2 + 2n\rho} = 0.334$$

$$x = kd - 210.4\,\text{mm}$$

$$I_{cr} = \frac{1}{3}bx^3 + nA_s(d-x)^2 = 3.0\times 10^9\,\text{mm}^4$$

$$M = 350\,\text{kN}\cdot\text{m}$$

$$f_s = n\times\frac{M}{I_{cr}}(d-x) = 343\,\text{MPa}$$

철근간격검토

$$s = 375\left(\frac{210}{f_s}\right) - 2.5C_c$$

$$= 375\left(\frac{210}{343}\right) - 2.5\times(70 - 29/2) = 91\,\text{mm}$$

$$s = 300\left(\frac{210}{f_s}\right) = 300\left(\frac{210}{343}\right) = 184\text{mm}$$

그러므로 철근의 간격은 91mm보다 작게 배근되어야 한다.

여기서,

C_c : 인장철근이나 긴장재의 표면과 콘크리트 표면사이의 최소 두께

f_s : 사용하중 상태에서 인장연단에서 가장 가까이에 위치한 철근의 응력

$$b = 3D + 2S + 100\text{mm}$$

$$S = \frac{b - 3D - 100}{2} = \frac{250 - 3 \times 29 - 100}{2} \fallingdotseq 32\text{mm} < 91\text{mm}$$

따라서, 철근간격은 적정하다.

6. 철근량을 구하는 또 다른 방법으로는 극한모멘트 방정식이 사용된다.

$$M_u = \phi A_s f_y (d - a/2) = \phi A_s f_y \left(d - \frac{A_s f_y}{\eta 1.7 f_{ck} b} \right)$$

A_s에 대한 2차 방정식에 의해 A_s가 계산된다.

$$350 \times 10^6 = 0.85 A_s \times 400 \left(630 - \frac{A_s \times 400}{1.7 \times 28 \times 250} \right)$$
$$1.03 \times 10^6 = 630 A_s - 0.0336 (A_s)^2$$
$$A_s = 1{,}810\text{mm}^2$$

5.4 복철근 직사각형 단면

복철근 직사각형 보의 설계 흐름도는 그림 5.6과 같다.

직사각형 보의 설계 결과 사용된 철근비가 $\rho_{\max}$이 사용된 경우 단철근 단면은 최대 허용휨설계모멘트 값을 갖는다. 그러나 단면의 크기가 제한되고, 작용하는 외적 계수모멘트가 이 최대허용휨설계모멘트 보다 큰 경우에는 철근이 부족하게 된다. 이때 압축과 인장을 받는 영역에 각각 철근을 보강하는 복철근 단면으로 설계할 필요가 있다. 이때 압축력은 콘크리트의 압축력(C_c)에 압축철근의 압축력(C_s)을 합한 값이 된다.

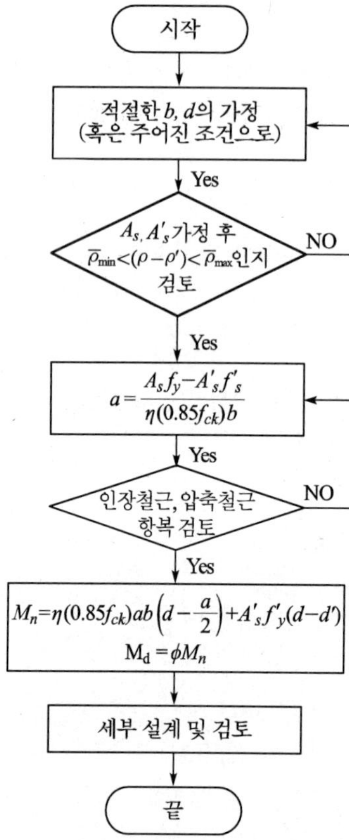

그림 5.6 **복절근 직사각형 보의 설계 절차**

예제 5.4

보 단면의 폭이 $b=250\text{mm}$이고, $h=550\text{mm}$일 때 $360\text{kN}\cdot\text{m}$의 계수모멘트가 작용한다. 요구되는 철근량을 계산하라(다만, $f_{ck}=21\text{MPa}$, $f_y=300\text{MPa}$).

▌풀이

1. 단철근 설계방법에 의하여 단면의 허용 휨설계 모멘트를 결정한다.

$$f_{ck}=21\text{MPa},\ f_y=300\text{MPa}$$

이므로 $\rho_{\max}=0.658\times\eta 0.85\beta_1\dfrac{f_{ck}}{f_y}\dfrac{\varepsilon_{cu}}{\varepsilon_{cu}+\varepsilon_y}=0.0215$

$$R_{u(\max)}=\phi\rho_{\max}f_y\left(1-\frac{\rho_{\max}f_y}{\eta 1.7f_{ck}}\right)=4.2\text{MPa}\ (\phi=0.793)$$

$b = 250\text{mm},\ d = 550 - 80 = 470\text{mm}$(2열의 철근을 가정하고 후에 점검함)

$R_{u(\max)}bd^2 = 4.2 \times 250 \times (470)^2 = 2.33 \times 10^8\text{N}\cdot\text{mm} = 232\text{kN}\cdot\text{m}$

$= 360\text{kN}\cdot\text{m} > 232\text{kN}\cdot\text{m}$

그러므로 단철근 직사각형 보로는 저항할 수 없다. 압축철근을 배근하여야 한다.

2. $M_{u2} = M_u - M_{u1} = 360 - 232 = 128\text{kN}\cdot\text{m}$

$A_{s1} = \rho_{\max}bd = 0.0215 \times 250 \times 470$

$= 2{,}530\text{mm}^2$

3. M_{u2}에 의한 추가될 인장과 압축철근량 A_{s2}와 $A_s{}'$를 계산한다.

$d' = 60\text{mm}, M_{u2} = \phi A_{s2} f_y (d - d')$라 가정하면,

$$A_{s2} = \frac{M_{u2}}{\phi f_y (d-d')} = \frac{128 \times 10^6}{0.85 \times 300(470-60)} = 1{,}224\text{mm}^2$$

전체 인장철근량은 A_s와 같으므로

$A_s = A_{s1} + A_{s2} = 2{,}530 + 1{,}224 = 3{,}754\text{mm}^2$

압축철근 $A_s{}' = A_{s2} = 1{,}224\text{mm}^2$

4. 압축철근의 항복여부를 점검한다.

$$\varepsilon_y = \frac{f_y}{2.0 \times 10^5} = \frac{300}{2.0 \times 10^5} = 0.0015$$

$$a = \frac{(A_s - A_s{}')f_y}{\eta 0.85 f_{ck} b} = \frac{A_{s1} f_y}{0.85 \times 21 \times 250} = 171\text{mm}$$

c(중립축까지 거리)$= a/\beta_1 = 171/0.80 = 213\text{mm}$

$\varepsilon_s{}' =$ 압축철근의 변형률(변형률 삼각형에 의해)

$$= 0.0033 \times \frac{(213-60)}{213} = 0.0024$$

$\varepsilon_s{}' > \varepsilon_y$이므로 압축철근이 항복한다.

5. 다음에 철근을 선택한다.

$A_s = 3{,}754\text{mm}^2$에 대해서는 2열의 D29 철근 6개($A_s = 3{,}854\text{mm}^2$)를 선택

$A_s{}' = 1{,}224\text{mm}^2$에 대해서는 D29 철근 2개($A_s{}' = 1{,}285\text{mm}^2$)를 선택

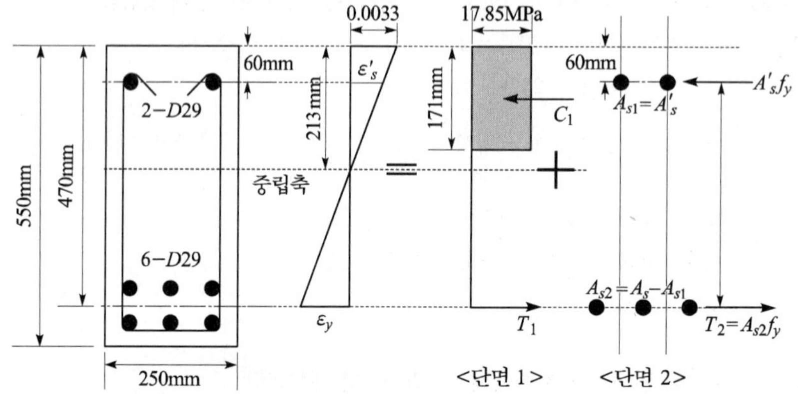

그림 5.7 복철근 콘크리트 단면

6. 실제 d 의 검토

$$실제\ d = 550 - 40 - 10 - 29 - \left(\frac{29}{2}\right) = 456.5\text{mm}$$

가정된 유효깊이 $d(=470\text{mm})$와 거의 같다. 이후에는 실제 배근된 철근과 단면에 대하여 중립축과 최외측 철근의 인장변형률을 계산하고 단면의 휨설계모멘트가 외부계수모멘트를 충분히 저항할 수 있는지 확인한다.

▼ 주석

① 압축철근의 항복에 대해서는 식 (4.32)을 사용하여 검토한다.

$$(\rho-\rho') \geq 0.85\beta_1 \frac{f_{ck}}{f_y}\frac{d'}{d}\frac{\varepsilon_{cu}}{\varepsilon_{cu}-\varepsilon_y}$$

$$우변 = (0.85)\times(0.8)\times\left(\frac{21}{300}\right)\times\left(\frac{60}{470}\right)\times\left(\frac{0.0033}{0.0018}\right) = 0.012$$

$$좌변 = 3{,}854/(250\times470) - 1{,}285/(250\times470) = 0.0219$$

$(\rho-\rho') = 0.0219 > 0.013$이므로 압축철근이 항복함을 알 수 있다.

② 높이가 낮은 보에서는 $\varepsilon_s{}'$가 ε_y보다 작기 때문에 압축철근 항복하지 않는다. 이 경우 압축철근에 작용하는 응력 $f_s{}' = \varepsilon_s{}' \times E_s$이고, $A_s{}'$는 다음에서 구해진다.

$$A_s{}' = \frac{M_{u2}}{\phi f_s{}'(d-d')}$$

5.5 T형 단면

T형보의 설계 흐름도는 그림 5.8과 같다.

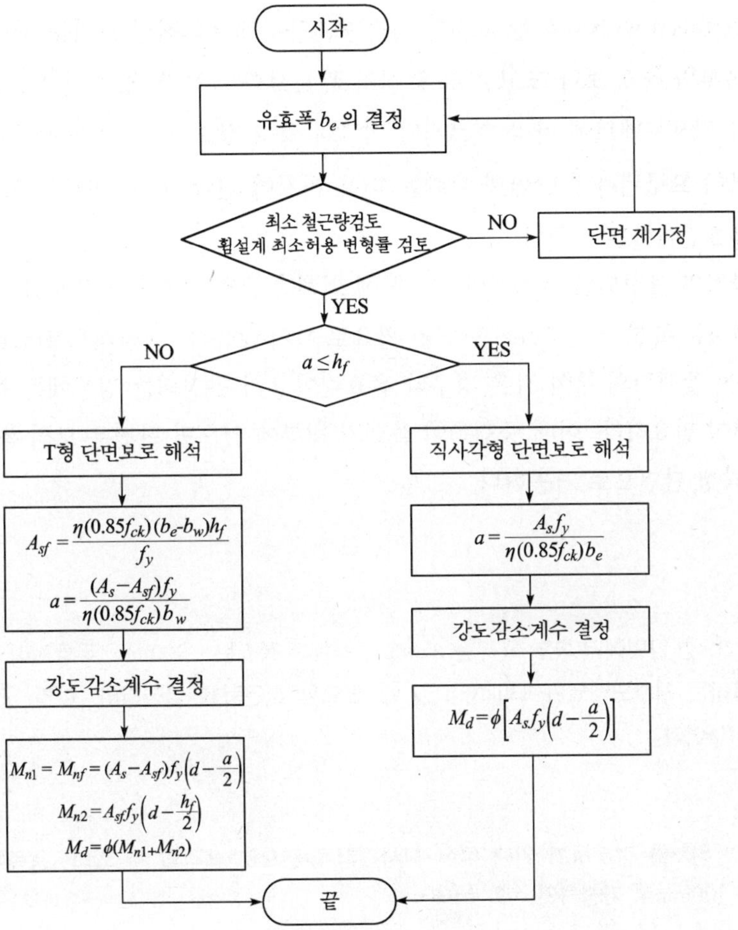

그림 5.8 T형보 설계 절차

슬래브와 보가 합성된 합성단면의 설계에서는 먼저 보의 간격과 위치, 슬래브의 치수를 결정해야한다. 다음 단계로 보의 철근량, 복부의 제원 등을 설계한다. 제4장의 T형 단면 해석 방법에서 언급한 바와 같이 슬래브의 일부분으로 구성되는 압축 플랜지의 단면은 휨에 의해서 발생하는 압축력의 일부나 모두에 대해서 효과적으로 저항한다. 이러한 사실을 근거로 단면이 설계된다면, 복부의 높이는 작아지며 따라서 모멘트 팔길이도 감소하게 되며, 결국

비경제적이지만 많은 양의 인장철근을 필요로 하게 된다. 이러한 현상을 피하기 위하여, 그리고 전단보강의 요구에 의하여 일반적으로 두께가 큰 단면을 설계한다. 대부분의 경우, 복부(web)의 크기는 연속보에서의 받침부(support)의 설계에 의하여 결정될 수 있다.

지점부에서 필요한 보의 폭은 복부(web)의 폭이 된다. 만일 유효깊이가 결정되지 않았다면 감소폭(reduced width) b_r을 고려한 사각형단면에서 대략적인 크기를 구할 수 있다. 감소폭 b_r은 복부의 폭 b_w보다 크고 유효 플랜지 폭 b_e보다도 작다. 합리적으로 실제적인 b_r/b 값은 전단과 작용모멘트에 따라 다르지만 약 1/3~2/3 정도이다. 만일 전단력이 커지거나 적은 철근량이 요구된다면 단면의 두께는 더욱 커져야 된다. 다음 단계는 $M_u = R_u b_r d^2$를 사용하여 유효깊이를 추정한다.

복부의 크기가 결정되면, 4.8절의 방정식에 의해 철근의 면적이 계산된다. 대부분의 T형 단면 설계에서는 복철근 콘크리트 단면을 필요로 하지 않는다. 프리캐스트(precast) 부재를 사용함으로써 플랜지의 폭이 작은 경우나 유효깊이 d가 한정되는 경우에는 복철근 콘크리트 T형 단면이 필요하다. 이때 중립축이 플랜지 내부에 있으면 단면은 보의 폭이 플랜지 폭이 되는 사각형 단면으로 거동한다.

예제 5.5

그림 5.9의 T-형 단면에서 복부 폭 b_w는 250mm, 플랜지 폭 b는 1,000mm, 유효깊이 d는 350mm이다. 작용하는 계수모멘트가 430kN·m일 때 필요한 철근량을 결정하라. 다만, $f_{ck} = 21\text{MPa}$, $f_y = 400\text{MPa}$이다.

▮ 풀이

1. 중립축의 위치를 검토하기 위해 우선 직사각형 단면으로 생각할 수 있다. 응력블록의 높이 $a = t_f$를 100mm로 가정하면, $(\beta_1 = 0.8)$

$$c = \frac{a}{\beta_1} = 125\text{mm}$$

$$\varepsilon_t = \frac{d-c}{c}0.0033 = 0.0059(\text{인장지배단면})$$

그러므로 $\phi = 0.85$

$$\phi M_n = \phi\eta 0.85 f_{ck} b t_f\left(d - \frac{t_f}{2}\right)$$
$$= 0.85 \times 0.85 \times 21 \times 1,000 \times 100 \times \left(350 - \frac{100}{2}\right)$$
$$= 4.55 \times 10^8\text{N}\cdot\text{mm} = 455\text{kN}\cdot\text{m} > \text{M}_\text{u}(=430\text{kN}\cdot\text{m})$$

단면 상부 플랜지가 저항할 수 있는 저항모멘트가 작용하는 계수모멘트보다 크다. 그러므로 단면은 직사각형 단면으로 거동하고 압축응력블럭 높이 a는 상부 플랜지 내에 있다.

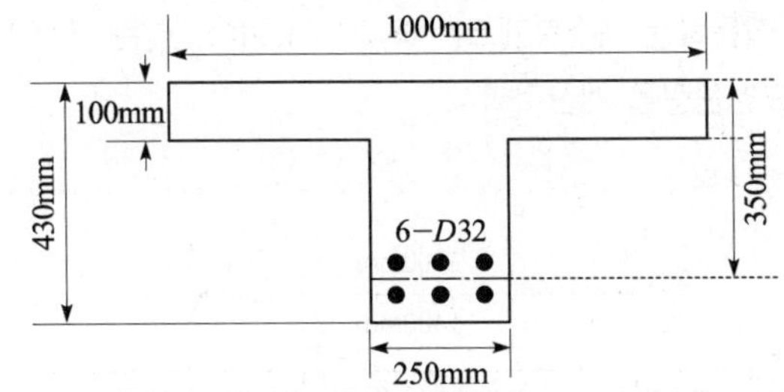

그림 5.9

2. 직사각형 단면으로 고려했을 때의 인장철근량의 결정, $b = 1{,}000\text{mm}$이므로

$$R_u = \frac{M_u}{bd^2} = \frac{430 \times 10^6}{1{,}000 \times 350^2} = 3.51\text{MPa}$$일 때,

부록 A.1의 표에서(보간법 이용) $R_u = 3.51\text{MPa}$, 약 $\rho = 0.012$이므로

$$A_s = \rho bd = 0.012 \times 1{,}000 \times 350 = 4{,}200\text{mm}^2$$

D32의 철근 6개 사용하면 $A_s = 4{,}765\text{mm}^2$(2열)

3. 철근비 확인

$$\rho_w = \frac{A_s}{b_w d} = \frac{4765}{1000 \times 350} = 0.0136 \quad \rho_b = 0.85 \times \beta_1 \times \frac{f_{ck}}{f_y} \times \frac{\epsilon_{cu}}{\epsilon_{cu} + \varepsilon_y}$$

$$\rho_{\min} = 0.178 \times \frac{\sqrt{f_{ck}}}{\phi f_y} = 0.0024 \quad \rho_{\max} = 0.726 \rho_b = 0.0161$$

$\therefore \rho_{\min} < \rho < \rho_{\max}$로 철근비 적정함.

예제 5.6

그림 5.10에서와 같이 5.6m의 경간을 갖고 중앙에서 중앙까지의 간격이 3m인 보로 지지되는 80mm의 슬래브 두께를 갖는 바닥구조물(floor system)이 있다. 보의 복부 폭 b_w는 300mm이고, 유효깊이 d는 400mm, 작용하는 계수모멘트는 680kN·m이다. f_{ck}는 21MPa, $f_y=400$MPa일 때 대표적인 내측 보의 필요철근량을 계산하라.

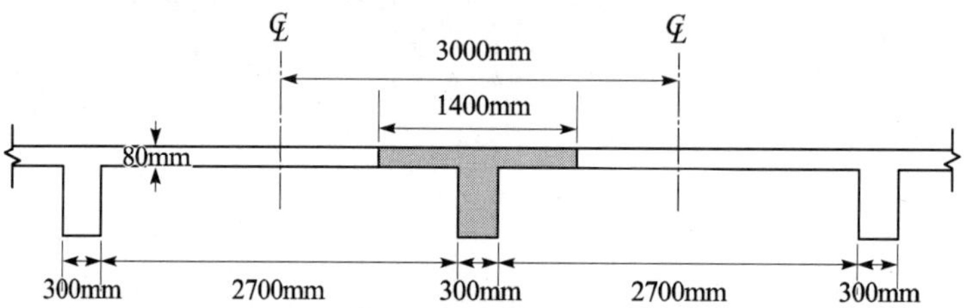

그림 5.10 유효플랜지 폭

▌풀이

1. 보 플랜지 폭의 결정 : 아래 식 중 작은 값을 플래지의 폭으로 결정한다.

$$b=16t_f+b_w=16\times 80+300=1{,}580\text{mm}$$

$$b=\text{span}/4=\frac{5{,}600}{4}=1{,}400\text{mm}$$

인접한 슬래브의 중앙에서 중앙까지 거리 = 3,000mm

$\therefore\ b=1{,}400\text{mm}$ 사용

2. 중립축의 위치 검토, $a=t_f$로 가정하면,

$$a=80\text{mm},\ a/\beta_1=80/0.8=100\text{mm}$$

$$\varepsilon_t=\frac{400-100}{100}\times 0.0033=0.0099$$

그러므로 $\phi=0.85$

$$\begin{aligned}\phi M_n(\text{플랜지만의 경우})&=\phi\times\eta 0.85 f_{ck}bt_f(d-t_f/2)\\&=0.85\times 0.85\times 21\times 1{,}400\times 80(400-80/2)\\&=6.12\times 10^8\text{N}\cdot\text{mm}=612\text{kN}\cdot\text{m}\end{aligned}$$

M_u(680kN·m) >612kN·m이므로 보는 T-형 단면으로 작용한다. 중립축은 플랜지 아래에 존재한다.

3. 플랜지(그림 5.11)의 돌출부분이 받는 저항모멘트를 산정한다. 플랜지의 돌출부분에 작용하는 압축력과 평형이 되는 인장력을 위해 요구되는 철근량

$$A_{sf}=\frac{\eta 0.85f_{ck}(b-b_w)t_f}{f_y}=\frac{0.85\times 21\times(1{,}400-300)\times 80}{400}=3{,}927\text{mm}^2$$

$a=t_f$일 때 인장지배단면이므로 $\phi=0.85$

따라서 플랜지의 저항모멘트는

$$M_{u2}=\phi A_{sf}f_y\left(d-\frac{t_f}{2}\right)$$

$$=0.85\times 3{,}927\times 400\times\left(400-\frac{80}{2}\right)=4.8\times 10^8\text{N}\cdot\text{mm}=481\text{kN}\cdot\text{m}$$

4. 복부의 저항모멘트계산(단철근 직사각형으로 해석)

$$M_{u1}=M_u-M_{u2}=680-481=199\text{kN}\cdot\text{m}$$

$$R_u=\frac{M_{u1}}{bd^2}=\frac{199\times 10^6}{300\times 400^2}=4.15\text{MPa}$$

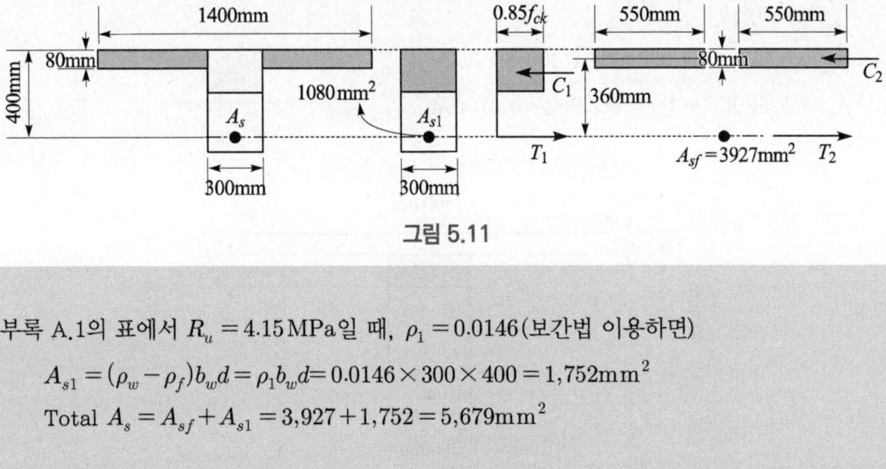

그림 5.11

부록 A.1의 표에서 $R_u=4.15\text{MPa}$일 때, $\rho_1=0.0146$(보간법 이용하면)

$$A_{s1}=(\rho_w-\rho_f)b_wd=\rho_1b_wd=0.0146\times 300\times 400=1{,}752\text{mm}^2$$

$$\text{Total }A_s=A_{sf}+A_{s1}=3{,}927+1{,}752=5{,}679\text{mm}^2$$

5. 검토$(\rho_w-\rho_f)\le 0.726\rho_b(=\rho_{\max})$

$$(\rho_w-\rho_f)=\rho_1=\frac{A_{s1}}{b_wd},\ \ \rho_1=0.0146,\ \ \rho_{\max}=0.0161$$

$\rho_1<\rho_{\max}$, $R_u=4.15<R_{u(\max)}=4.53\text{MPa}$이므로 만족한다. 이로부터 단철근 직사각형보에서 단철근 보에 해당하는 철근비 ρ_1은 $\rho_{\max}$ 이하임을 알 수 있다.

6. 해석을 위한 또 다른 접근방법은 다음과 같다.

중립축의 위치를 산정하고 위에서 언급한대로 플랜지 전체가 저항할 수 있는 저항모멘트 M_u(플랜지)$= \phi M_n = 612$kN·m을 구한다. 작용하는 계수모멘트와 전플랜지가 저항하는 모멘트 차이는 복부의 빗금 친 부분에서의 모멘트로 평형을 이룰 것이다(그림 5.12).

복부가 저항하는 $M_u = 680 - 612 = 68$kN·m,

A_s에 대한 모멘트를 취하면,

$$\phi b_w(a-t_f) \times 0.85 f_{ck} \times \left[d - \left(t_f + \frac{(a-t_f)}{2}\right)\right] = \phi M_n(\text{복부})$$

$$\phi\eta\, 0.85 f_{ck} b_w (a-t_f)\left[d - \frac{(a+t_f)}{2}\right] = M_u(\text{복부})$$

$$[0.85 \times 0.85 \times 21 \times 300(a-80)\left[400 - \frac{(a+80)}{2}\right] = 68 \times 10^6\text{N·mm}$$

$$a^2 - 800a + 72{,}539 = 0$$

$$a = 104\text{mm}$$

a 로부터 A_{s1}을 계산하면

$$a = \frac{A_{s1} f_y}{\eta 0.85 f_{ck} b_w} \text{ 이므로,}$$

$$A_{s1} = 0.85 \times 21 \times 300 \times 104/400 = 1{,}392\text{mm}^2$$

$$A_s = A_{sf} + A_{s1} = 3{,}927 + 1{,}392 = 5{,}319\text{mm}^2$$

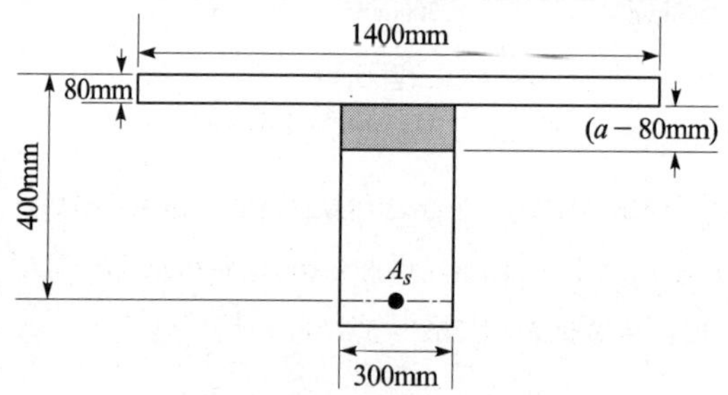

그림 5.12 또 다른 접근방법

예제 5.7

슬래브와 보가 일체가 된 바닥에서 최소 플랜지 폭은 1,200mm, 플랜지 두께 100mm, 복부 폭 300mm이다(그림 5.13). 1,200kN·m의 계수모멘트에 저항할 수 있는 T-형 단면을 설계하라(다만, $f_{ck}=21\text{MPa}$, $f_y=400\text{MPa}$).

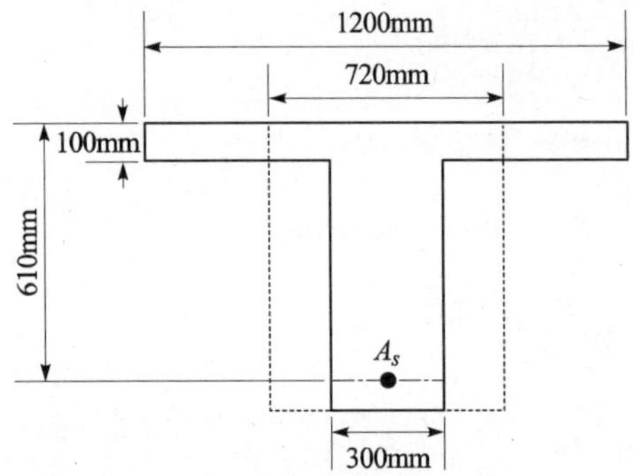

그림 5.13

▌풀이

1. 유효깊이 d가 주어지지 않았으므로 감소 플랜지 폭 $b_r=0.6b=0.6\times1{,}200=720\text{mm}$로 가정한다. $b_r=720\text{mm}$인 등가 직사각형 단면을 선택하면

$$d^2=\frac{M_u}{R_u b_r}$$

$$f_{ck}=21\text{MPa},\ f_y=400\text{MPa},\ \rho_{\max}=0.0161,\ R_{u(\max)}=4.5\text{MPa}$$

이므로

$$d=\sqrt{1{,}200\times10^6\text{N}\cdot\text{mm}/(4.5\text{N/mm}^2\times720\text{mm})}=609\text{mm}$$

2열의 철근을 가정하면(후에 검토), $h=700\text{mm}$, $d=700-90=610\text{mm}$ 로 한다.

2. 앞의 예제에서처럼 A_s를 구하고 중립축의 위치를 검토한다. $a=t_f$라 하면

$$\begin{aligned}\phi M_n(\text{플랜지 면적에 대해})&=\phi\eta0.85f_{ck}bt_f\left(d-\frac{a}{2}\right)\\&=0.85\times0.85\times21\times1{,}200\times100\times(610-100/2)\\&=1020\text{kN}\cdot\text{m}\end{aligned}$$

$$M_u(\text{작용})=1{,}200\text{kN}\cdot\text{m}>1020\text{kN}\cdot\text{m}$$

단면은 T-형으로 거동한다.

3. $A_{sf} = \dfrac{\eta 0.85 f_{ck}(b-b_w)t_f}{f_y} = \dfrac{0.85\times 21(1200-300)\times 100}{400} = 4{,}016\text{mm}^2$

플랜지의 돌출부가 받는 저항모멘트는

$$M_{u2} = \phi[\eta 0.85 f_{ck}(b-b_w)\,t_f(d-t_f/2)] = \phi A_{sf} f_y (d-t_f/2)$$
$$= 0.85\times 4{,}016\times 400(610-100/2)$$
$$= 7.65\times 10^8\text{N}\cdot\text{mm} = 765\text{kN}\cdot\text{m}$$

4. 직사각형단면으로 복부가 받는 저항모멘트는

$$M_{u1} = M_u - M_{u2} = 1{,}200 - 765 = 435\text{kN}\cdot\text{m}$$

$$R_u = \frac{M_{u1}}{bd^2} = \frac{435\times 10^6}{300\times 610^2} = 3.77\text{MPa}$$

$R_u = 0.85\rho f_y\left(1-\dfrac{\rho f_y}{\eta 1.7 f_{ck}}\right)$, 이 식을 ρ에 대하여 이차방정식을 유도하고 풀면,

$\therefore \rho = 0.013$

$$A_{s1} = \rho_1 bd = 0.013\times 300\times 610 = 2{,}379\text{mm}^2$$

$$A_s = A_{sf} + A_{s1} = 4{,}016 + 2{,}379 = 6{,}395\text{mm}^2$$

5. $(\rho_w - \rho) = \rho_1 \le \rho_{\max}$를 검토하면, 표에서 $\rho_{\max} = 0.0161$, $\rho_1 = 0.013 < \rho_{\max}$이므로 만족한다.

6. A_{s1}은 다른 방법으로도 구해진다.

$$M_{u1} = \phi A_{s1} f_y\left(d-\frac{a}{2}\right) = \phi A_{s1} f_y\left(d-\frac{A_{s1}f_y}{2\times 0.85\times 21\times 300}\right)$$

$$435\times 10^6 = 0.85\times A_{s1}\times 400\left(610-\frac{A_{s1}\times 400}{2\times 0.85\times 21\times 300}\right)$$

$$12.70 A_{s1}{}^2 - 207{,}400 A_{s1} + 435{,}000{,}000 = 0$$

$$A_{s1} = 2{,}471\text{mm}^2$$

$$A_s = 4{,}016 + 2{,}471 = 6{,}487\text{mm}^2$$

2열의 D35($A_s = 957\text{mm}^2$)을 8개($7{,}653\text{mm}^2$) 사용한다.

7. 계산된 면적이 크다면 유효깊이와 총 두께를 증가시킴으로써 철근의 면적을 줄일 수 있으며 다음의 2가지 방법이 있다.
   - 위에서 가정된 0.6보다 작은 (b_r/b)를 선택함으로써 보다 작은 등가감소 플랜지폭을 산정한다.
   - 압축력을 받는 플랜지 철근콘크리트의 두께를 산정한다. 즉, $a = t_f$ 이므로

$$M_{u2} = \phi\eta 0.85 f_{ck} b t_f (d - t_f/2)$$

$$1{,}200 \times 10^6 = 0.85 \times 0.85 \times 21 \times 1200 \times 100 \times (d - 100/2)$$

위의 식에서 $d = 709\text{mm}$ 이며

$$R_u = \frac{M_u}{bd^2} = \frac{1{,}200 \times 10^6}{1{,}200 \times 709^2} = 1.99\text{MPa}$$

이러한 해는 철근콘크리트의 두께와 면적을 구하는데 합당하다. T-형 단면에 큰 모멘트가 작용하고 플랜지의 두께가 압축력에 저항할 수 있을 정도로 충분하지 않는 경우에는 플랜지에 압축철근의 보강이 필요하다.

연습문제

5.1 $f_{ck}=21\text{MPa}$, $f_y=400\text{MPa}$, 그리고 $b=250\text{mm}$라는 조건에서 $320\text{kN}\cdot\text{m}$의 계수모멘트($M_u$)에 저항하기 위한 철근콘크리트 사각형단면을 설계하라.

5.2 $b=280\text{mm}$, $d=500\text{mm}$, $f_{ck}=21\text{MPa}$, 그리고 $f_y=300\text{MPa}$인 조건에서 계수모멘트(M_u) $250\text{kN}\cdot\text{m}$에 저항하기 위한 단철근 단면을 설계하라.

5.3 $f_{ck}=28\text{MPa}$, $f_y=400\text{MPa}$일 때, 연습문제 5.2에서 주어진 단면에 필요한 철근을 계산하여라.

5.4 경간 6m의 단순지지보의 등분포 고정하중 9kN/m와 경간 중앙에 40kN의 집중활하중이 작용한다(그림 5.14). $b=300\text{mm}$, $f_{ck}=28\text{MPa}$, 그리고 $f_y=400\text{MPa}$라는 조건에서의 보를 설계하라(보 자체 무게는 고정하중에 포함되지 않는다).

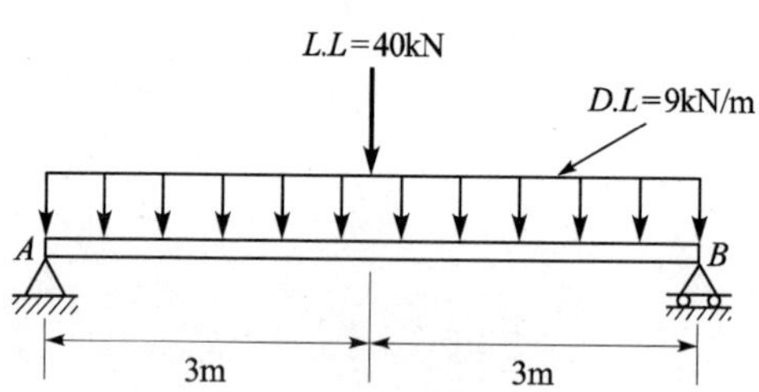

그림 5.14

5.5 두 경간 사이가 7.2m인 보가 한 면에 대해서만 2.4m의 연장된 부분을 갖는다. 그 보의 등분포 고정하중 30kN/m(자중포함)와 등분포 활하중 18kN/m가 작용한다(그림 5.15). 전 보에 사용될 최소 단철근 사각형단면을 설계하라. (+)모멘트와 (−)모멘트를 위한 철근을 선택하라. $f_{ck} = 24\text{MPa}$, $f_y = 400\text{MPa}$, $b = 300\text{mm}$를 이용하라(경간 위에 활하중이 작용하는 경우와 내민 부분에 작용하는 경우에 의해 (+)의 최대모멘트와 (−)모멘트를 결정하라).

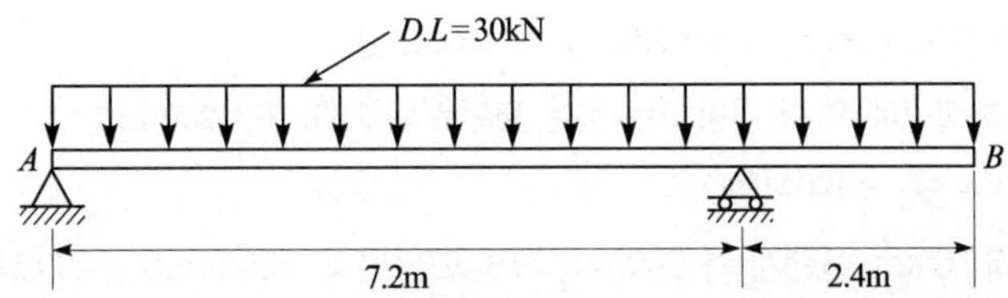

그림 5.15

5.6 등분포의 고정하중 12kN/m와 등분포 활하중 15kN/m가 작용하는 일정한 두께의 길이 4.5m 캔틸레버 보를 설계하라. 보의 넓이는 $b = 350\text{mm}$, $f_{ck} = 28\text{MPa}$, 그리고 $f_y = 400\text{MPa}$로 가정하라.

5.7 3m의 캔틸레버 보에 자중을 포함한 등분포 고정하중 20kN/m와 활하중 10kN/m가 작용한다(그림 5.16). 두께를 변화시키면서 보를 설계하라. 보와 철근의 모든 세부사항을 그려라. $f_{ck} = 21\text{MPa}$, $f_y = 300\text{MPa}$, 그리고 $b = 300\text{mm}$, 자유단에서의 d는 200mm로 가정하라.

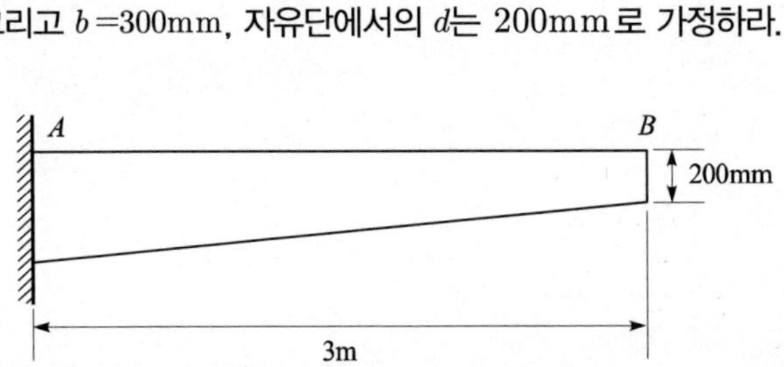

그림 5.16

5.8 $b = 300\text{mm}$, $d = 475\text{mm}$, $d' = 65\text{mm}$, $f_{ck} = 24\text{MPa}$, 그리고 $f_y = 400\text{MPa}$인 조건에서 콘크리트 보가 외적 계수모멘트 $400\text{kN}\cdot\text{m}$에 저항하기 위한 필요 철근량을 설계하라.

5.9 다음과 같은 조건에서 $360\text{kN}\cdot\text{m}$의 계수모멘트가 작용할 수 있는 철근콘크리트 단면을 설계하라.

(가) 단철근, $b = 250\text{mm}$($f_{ck} = 24\text{MPa}$, $f_y = 400\text{MPa}$)

(나) 복철근, 압축철근에 의해 저항되는 것은 모멘트의 25%, $b = 250\text{mm}$ ($f_{ck} = 24\text{MPa}$, $f_y = 400\text{MPa}$)

(다) 플랜지 두께 75mm, 플랜지 폭 500mm, 그리고 복부 폭 250mm, $f_{ck} = 24\text{MPa}$, $f_y = 400\text{MPa}$를 갖는 T-형 단면이 있다. 보의 단위길이(m)당 설계된 콘크리트와 철근의 양을 결정하라. 그리고 만약 콘크리트의 가격이 6,000원/m^3이고, 철근이 600원/kg이라면 각 설계 가격을 결정하라. 결과를 표로 그리고 비교하라.

5.10 플랜지 폭 $b = 1\text{m}$, 플랜지 두께 $t_f = 100\text{mm}$, 그리고 복부 폭 $b_w = 250\text{mm}$를 갖는 T-형 단면에 $750\text{kN}\cdot\text{m}$의 계수모멘트가 작용하는 경우 필요 철근량을 결정하라(다만, $f_{ck} = 24\text{MPa}$, $f_y = 400\text{MPa}$).

5.12 그림 5.20에 나타낸 2힌지로 된 골조구조에 등분포 고정하중$=47\text{kN/m}$와 등분포 활하중 $=35\text{kN/m}$가 BC상에 작용한다. A와 D에서 반력이 다음처럼 산정되었다. $H_A = H_D = W_L/L$, $R_A = R_D = WL/2$. 여기서 w 는 BC상의 등분포 하중이다. 보 BC의 대표적인 단면은 그림에 주어져 있다. 강도설계법을 이용하여 다음을 구하라.

(가) 라멘 ABCD의 극한 휨모멘트도를 그려라.

(나) 적용된 모멘트를 위한 보 BC를 설계하라.

(다) BC의 철근배치를 그려라(다만, $f_{ck} = 28\text{MPa}$, $f_y = 400\text{MPa}$).

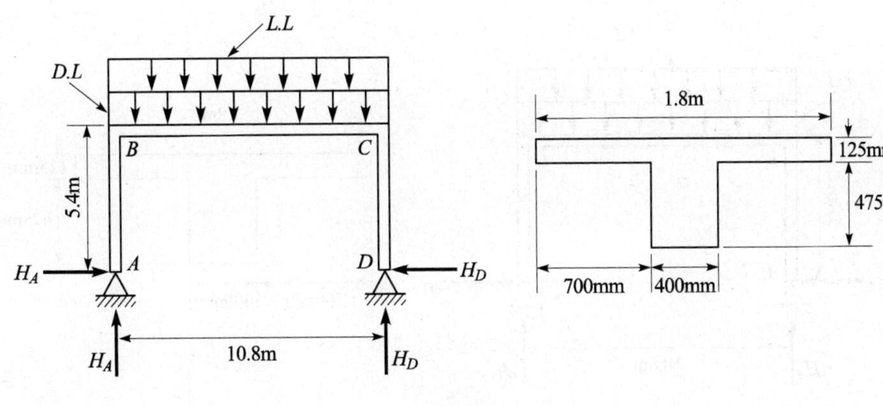

그림 5.20

5.12 그림 5.20에 나타낸 2힌지로 된 골조구조에 등분포 고정하중$=47\text{kN/m}$와 등분포 활하중 $=35\text{kN/m}$가 BC상에 작용한다. A와 D에서 반력이 다음처럼 산정되었다. $H_A = H_D = W_L/L$, $R_A = R_D = WL/2$. 여기서 w 는 BC상의 등분포 하중이다. 보 BC의 대표적인 단면은 그림에 주어져 있다. 강도설계법을 이용하여 다음을 구하라.

(가) 라멘 ABCD의 극한 휨모멘트도를 그려라.

(나) 적용된 모멘트를 위한 보 BC를 설계하라.

(다) BC의 철근배치를 그려라(다만, $f_{ck} = 28\text{MPa}$, $f_y = 400\text{MPa}$).

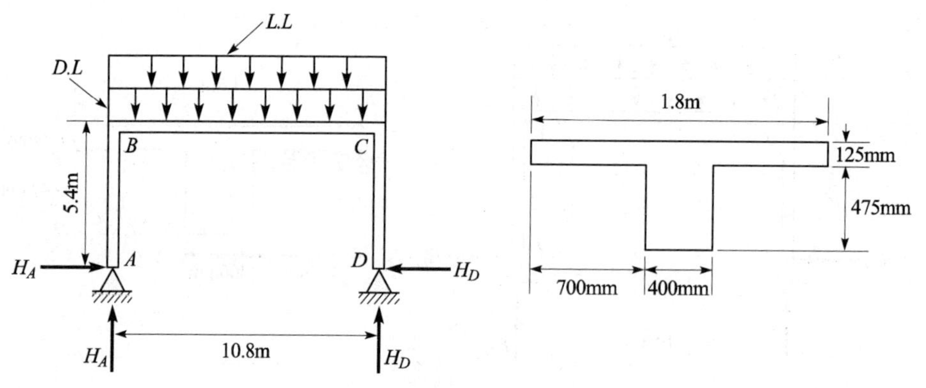

그림 5.20

CHAPTER 06

전 단

CHAPTER

06

Design of Reinforced Concrete Structures

전 단

6.1 서론

외력을 받는 철근콘크리트 보는 그림 6.1과 같이 부재에 휨모멘트와 전단력이 작용하게 되고, 외력이 크기가 증가함에 따라 휨파괴 또는 전단파괴가 발생하게 된다. 따라서 설계자는 휨모멘트와 전단력에 대해 부재가 저항할 수 있도록 단면의 크기, 철근비 등을 산정하여야 한다. 일반적으로 휨균열의 발생과 철근의 항복에 의해 파괴가 진행되는 휨파괴에 비하여 콘크리트의 전단파괴는 매우 급작스럽게 발생할 수 있고, 취성적으로 파괴될 수 있기 때문에 보의 전단설계 시에는 보의 모든 부분에서 전단강도에 대한 안전도 이상으로 설계되어야 한다.

콘크리트 부재의 전단파괴는 보의 형상, 콘크리트 강도, 하중형태 등에 의하여 다양한 영향을 받게 되고, 부재 내부의 전단응력의 변화를 정확하게 해석하는 것이 복합하기 때문에 일반적으로 전단설계방법은 반경험적 방법을 많이 적용하고 있다.

그림 6.1의 자유물체도로부터 부재에 발생하는 전단력은 $dM/dx = V$로 표현되며, 임의의 부재 단면에서 모멘트의 변화율로 정의될 수 있다. 만약 부재가 균질하고 탄성이며, 비균열 상태라면 임의의 위치에서의 전단응력은 식 (6.1)과 같이 표현할 수 있다.

$$\tau = \frac{VQ}{Ib} \tag{6.1}$$

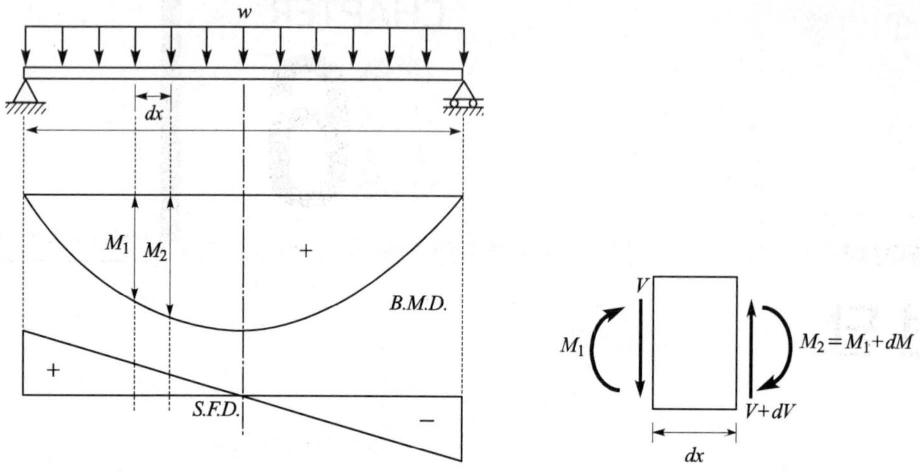

그림 6.1 단순보의 모멘트도와 전단력도

여기서, V = 고려하는 단면에서의 전단력

Q = 보의 상면 또는 하면 중 가까운 면 사이에 있는 단면의 중립축에 관한 1차 모멘트

I = 중립축에 관한 단면2차모멘트

b = 주어진 단면에서의 보의 폭

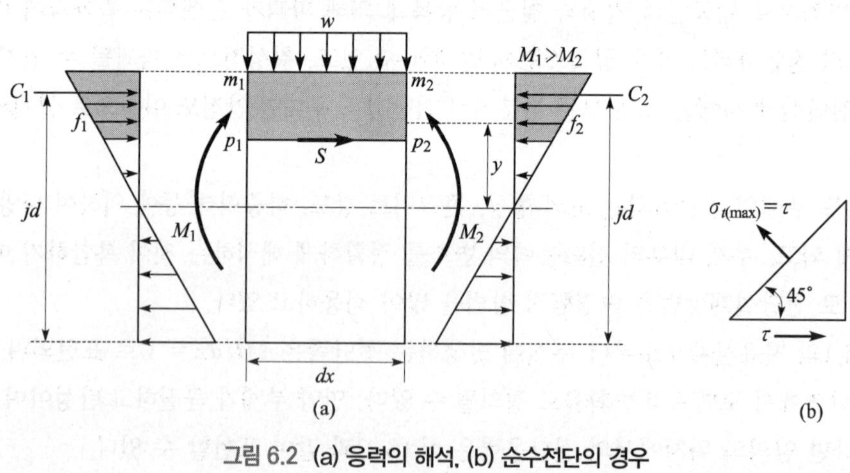

그림 6.2 (a) 응력의 해석, (b) 순수전단의 경우

등분포하중을 받는 사각형 단면의 단순보(그림 6.1)에서 보의 미소길이 dx를 떼어내어(그림 6.2) 각 면에서 임의 위치의 응력 f_1과 f_2를 구하면 다음과 같다.

임의 위치 y에서 작용하는 응력 $f_1 = \dfrac{M_1 y}{I}$ (6.2a)

$$f_2 = \frac{M_2 y}{I} = \frac{(M_1 + dM)y}{I} \tag{6.2b}$$

위치 $m_1 \sim p_1$에서 작용하는 힘 $C_1 = \displaystyle\int f_1 dA = \int \frac{M_1 y}{I} dA$ (6.3a)

위치 $m_2 \sim p_2$에서 작용하는 힘 $C_2 = \displaystyle\int f_2 dA = \int \frac{(M_1 + dM)y}{I} dA$ (6.3b)

그림 6.1에서와 같이 M_2가 M_1보다 크기 때문에 $C_2 > C_1$, $f_2 > f_1$이다. 보 dx는 평형상태에 있으므로 $p_1 \sim p_2$면을 따라 전단응력이 발생하고(그림 6.2), τ가 단위면적당 전단응력이라면, 전단력은 τbdx와 같을 것이다. 이때 수평력의 합은 0이어야 하므로

$$C_1 + S = C_2$$

$$S = C_2 - C_1 = \int f_2 dA - \int f_1 dA = \tau bdx \tag{6.4a}$$

혹은

$$\int \frac{(M_1 + dM)}{I} ydA - \int \frac{M_1}{I} dA = \int \frac{dM}{I} ydA \tag{6.4b}$$

$$= \frac{dM}{I} \int ydA = \tau bdx$$

$\int ydA$는 중립축에 대해 고려하는 받침부 윗부분에 대한 단면1차모멘트 Q와 같으므로,

$$\frac{dM}{I} Q = \tau bdx \tag{6.5a}$$

혹은

$$\tau = \frac{Q}{Ib} \frac{dM}{dx} \tag{6.5b}$$

x축에 관한 모멘트 변화율은 전단력($dM/dx = V$)과 같으므로

$$\tau = \frac{VQ}{Ib} \tag{6.6}$$

그림 6.2에서 좌측면의 총 압축력은 C_1이고, 우측면의 총 압축력은 C_2이며, 평균전단력은 $\tau_a bdx$와 같으므로

$$C_2 - C_1 = S = \tau_a bdx = dC \tag{6.7}$$

여기서, τ_a는 평균전단응력이다.

임의 단면에서 압축력 C는 M/jd와 같다. 그러므로

$$dC = \frac{dM}{jd} \tag{6.8a}$$

혹은

$$\frac{dM}{jd} = \tau_a bdx \tag{6.8b}$$

$$\tau_a = \frac{dM}{dx} \times \frac{1}{bjd} \tag{6.9}$$

$\frac{dM}{dx} = V$이므로

$$\tau_a = \frac{V}{bjd} \tag{6.10}$$

수직응력이 작을 경우, 순수전단의 경우를 고려할 수 있다. 이때 45° 면에 작용하는 최대인장응력은 전단응력과 같다(그림 6.2(b)). 이와 같은 해석은 전단응력이 사인장을 나타내는 것으로 생각해야 한다. 그러나 사인장 효과는 복잡하기 때문에, 수직응력과 전단응력의 합성으로 고려해야 하며, 식 (6.10)에서 j값은 생략할 수 있다. 따라서 평균전단응력은

$$\tau_a = \frac{V}{bd} \tag{6.11}$$

극한 전단력이 고려된다면, 극한전단응력 τ_u는

$$\tau_u = \frac{V_u}{bd} \tag{6.12}$$

보의 임의 점에서 전단과 수직응력의 합성작용에서 최대, 최소 사인장응력(주응력)은 다음 식과 같이 쓸 수 있다.

$$\sigma_p = \frac{f}{2} \pm \sqrt{\left(\frac{f}{2}\right)^2 + \tau^2} \tag{6.13}$$

여기서, f =휨에 의한 수직응력

τ =전단응력

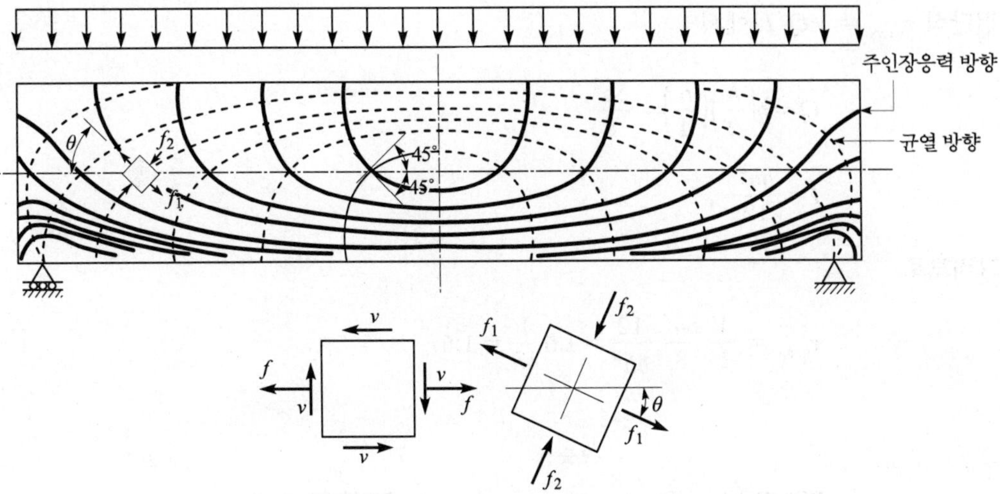

그림 6.3 균질보의 주응력도

최대 사인장(주응력) 방향은 다음과 같다.

$$\tan 2\theta = 2\tau / f$$

여기서, θ =사인장과 수평방향 사이의 각

전단파괴는 주로 전단응력이 최대인 받침부에서 일어나며, 사인장 균열의 형성으로써 파괴 징후를 알 수 있다.

균질의 사각형 보에서 탄성이론에 따르는 휨과 전단응력의 분포는 그림 6.4에 나타난 바와 같으며, 휨응력(f_c 및 f_t)은 휨공식 $f = M_c y / I$ 로부터 계산할 수 있고, 임의 점에서의 전단응력은 식 (6.1)로부터 계산할 수 있다. 최대전단응력($\tau_{\max}$)은 중립축에서 일어나며, 그 값은 $(3/2)\tau_a$와 같다. 여기서 평균전단응력 $\tau_a = V/bh$이며 전단응력 곡선은 포물선이다.

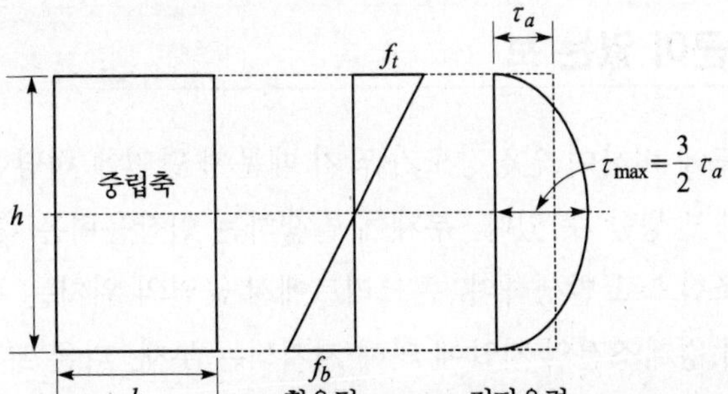

그림 6.4 탄성이론에 따른 균질보에서의 휨 및 전단응력

전단식 $\tau_{\max} = VQ/Ib$에서

$$Q = b\left(\frac{h}{2}\right)\left(\frac{h}{4}\right) = \frac{bh^2}{8}$$

$$I = \frac{bh^3}{12}$$

그러므로

$$\tau_{\max} = \frac{V}{b}\frac{bh^2}{8}\frac{12}{bh^3} = 1.5\frac{V}{bh} = 1.5\tau_a$$

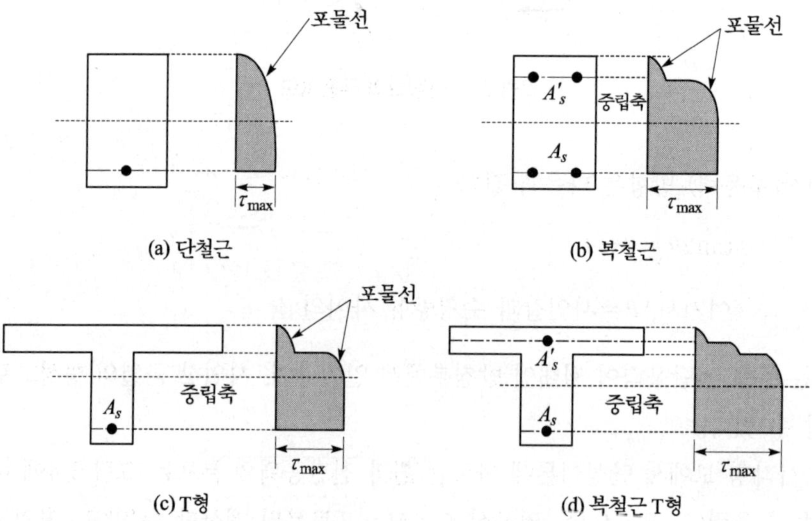

그림 6.5 철근콘크리트 보의 전단응력의 분포

6.2 전단철근이 없는 보

콘크리트는 압축강도에 비하여 인장강도가 작기 때문에 단면에 적당한 양의 철근이 배근되지 않으면 보 파괴가 발생할 수 있다. 부재에 발생하는 인장응력은 축인장, 휨, 전단, 비틀림 혹은 이들 힘의 조합으로 발생하며, 콘크리트에서 균열의 위치는 주응력 방향에 의해 좌우된다. 부재 밑에서 경계조건의 지압에 의해 지지되는 부재, 다른 부재와 일체로 이루어진 부재에서는 수직응력과 전단응력의 합성작용으로 최대 사인장응력은 받침부에서 d인 거리에서 발생한다.

하중이 점차 증가할 때 전단철근이 있는 경우와 없는 경우에 대해서 실험된 철근콘크리트 보의 거동은 3.2절에서 설명하였다. 여기서, 수직 균열은 콘크리트의 내부 인장응력이 콘크리트의 휨 인장강도를 초과할 때 최대 휨모멘트 단면에서 발생하며, 복부에서의 경사균열은 받침부에서 가까운 위치에서 수직균열이 생긴 후 발생하였다.

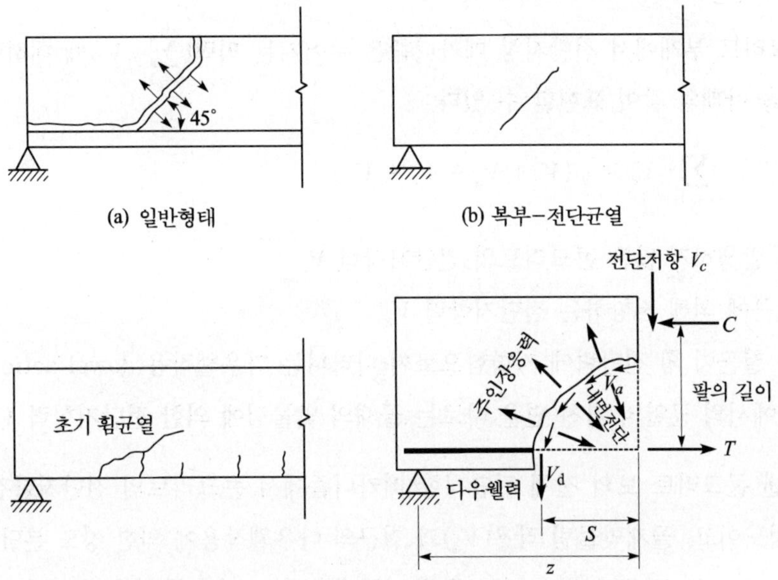

그림 6.6 전단파괴

균열이 없는 보의 복부에서 발생하여 보의 상하로 진전되는 형태의 사인장균열을 일반적으로 복부-전단균열이라 하고, 이미 존재하고 있는 휨균열의 윗부분에서 시작하여 보의 상부로 진전되는 경사균열의 경우에는 휨-전단균열이라 부른다(그림 6.6). 복부-전단균열은 모멘트에 비해 전단력이 크고 모멘트가 크지 않으며 콘크리트 압축강도가 낮거나 복부 폭이 작은 보에서 발생하며한다. 전단균열이 발생하는 응력은 약 $0.25\sqrt{f_{ck}} \sim 0.40\sqrt{f_{ck}}$의 범위를 갖는다. 그러나 이그와 같은 균열이 발생하는 것은 드문 일이고, 대부분 연속보의 변곡점 부근이나 단순보의 받침부에 인접한 부근에서 발생한다.

철근콘크리트 보에서 가장 일반적인 형태의 전단균열은 보의 전단력과 휨응력이 모두 일정수준 이상이 발생하는 위치에서 휨균열 상부 사인장 응력이 콘크리트의 인장응력을 초과하는 경우에 발생하는 휨-전단균열이다. 휨균열은 보에서 수직으로 발달하고, 경사균열은 그곳에서 전단응력이 발생하였을 때 휨균열의 상부에서 시작하는 형태이다. 전단응력이 콘크리트의 전단저항보다 크게 발생하는 위치에서는 부재의 형태에 따라 스터럽(stirrups) 또는 절곡철근(bent bars)으로 보강하며 부재의 갑작스러운 파괴를 방지하여야 한다. 전단파괴는 휨파괴에 비하여 취성적으로 발생하고, 파괴 시 여유도가 작기 때문에 전단파괴를 억제하고 휨파괴보다 큰 안전율을 주기 위하여 현행 KDS 14 20 00 : 2021에서는 강도감소계수를 휨에 대해서는 0.85인데 반하여 전단에 대해서는 0.75를 적용하고 있다.

철근콘크리트 부재에서 전단저항 메카니즘은 주어지는 외력($\sum_{i=1}^{n}\gamma_i V_i$)에 대하여 부재 내부의 저항을 아래와 같이 표현할 수 있다.

$$\sum_{i=1}^{n}\gamma_i V_i \le \phi(V_c + V_s + V_d + V_a) \tag{6.14}$$

- 균열이 발생하지 않은 콘크리트의 전단저항력 V_c
- 전단철근에 의해 저항하는 전단저항력 V_s
- 종방향 철근이 횡 전단력에 저항함으로써 나타나는 다우웰작용(dowel action) V_d
- 전단면에서의 균열의 거친 면을 따르는 골재의 맞물림에 의한 전단저항력 V_a

위에 나타낸 콘크리트 보의 전체 전단저항 메카니즘에서 콘크리트의 전단저항강도(V_c)는 20~40% 정도이고, 골재맞물림 작용(V_a)과 철근의 다우웰작용에 의한 강도 분담율은 각각 35~50%와 15~25% 정도이다. 그러나 골재 맞물림 작용과 다우웰 작용에 의한 전단강도는 명확히 산정하기 어렵기 때문에 설계 시에는 일반적으로는 콘크리트와 철근의 전단저항력만을 고려한다.

6.3 콘크리트의 전단강도

등분포하중을 받는 단순보에서, 경간 중앙의 단면은 큰 휨모멘트를 받는다. 연속보의 내부 받침부 부근에서는 전단력과 모멘트 값이 모두 크다. 전단력이 크고 휨모멘트가 작은 부분에서는 휨균열이 거의 없고 평균전단응력 τ는 V/bd와 같다. 수직응력과 전단응력의 조합인 사인장응력의 경사각은 45°이며, 사인장응력이 콘크리트의 인장강도보다 클 때 발생하게 된다.

KDS 14 20 00 : 2021에서 콘크리트만의 전단강도 V_c는 $\frac{1}{6}\lambda\sqrt{f_{ck}}\,b_w d$와 $0.29\lambda\sqrt{f_{ck}}\,b_w d$

사이의 값을 갖도록 하고 있으며, $\sqrt{f_{ck}}$는 최대 8.4MPa를 초과하지 않도록 규정하고 있다.

전단파괴에 대한 수많은 실험결과 전단력이 크고 휨모멘트가 작은 곳에서 콘크리트에 발생하는 평균전단응력이 식 (6.15)의 값을 초과하게 되면 부재 단면에는 사인장균열이 발생하게 된다. 따라서 콘크리트가 부담하는 최대전단응력을 아래와 같이 정의한다. 식이 포함하고 있는 λ는 경량콘크리트 계수이다.

$$\tau_c = \frac{V_c}{bd} = 0.29\lambda\sqrt{f_{ck}} \tag{6.15}$$

전단력과 휨모멘트가 모두 큰 곳에서는 휨균열이 먼저 발생하게 되며, 그 다음 단계로 휨 균열의 상부에서 사인장응력이 콘크리트의 인장강도를 초과할 때, 일부균열이 대각선 방향으로 발달하게 되며, 이와 같은 균열을 휨-전단균열이라고 정의한다. 이와 같은 휨-전단균열은 콘크리트에 발생하는 응력이 식 (6.16)을 초과하게 되면 발생하게 된다.

$$\tau_c = \frac{V_c}{bd} = \frac{1}{6}\lambda\sqrt{f_{ck}} \tag{6.16}$$

이 값은 휨모멘트가 매우 작을 때인 식 (6.15)에서 구한 값의 1/2보다 조금 크다. 이것은 그림 6.7에 나타낸 것과 같이 휨모멘트의 크기에 따라 전단강도가 영향을 받는다는 것을 의미하며, 이전의 연구들을 통해 콘크리트의 사인장균열이 발생하는 위치의 전단강도는 그림 6.7과 같이 전단경간비($\frac{a}{d} = \frac{M}{Vd}$)에 반비례하는 것으로 확인되었다.

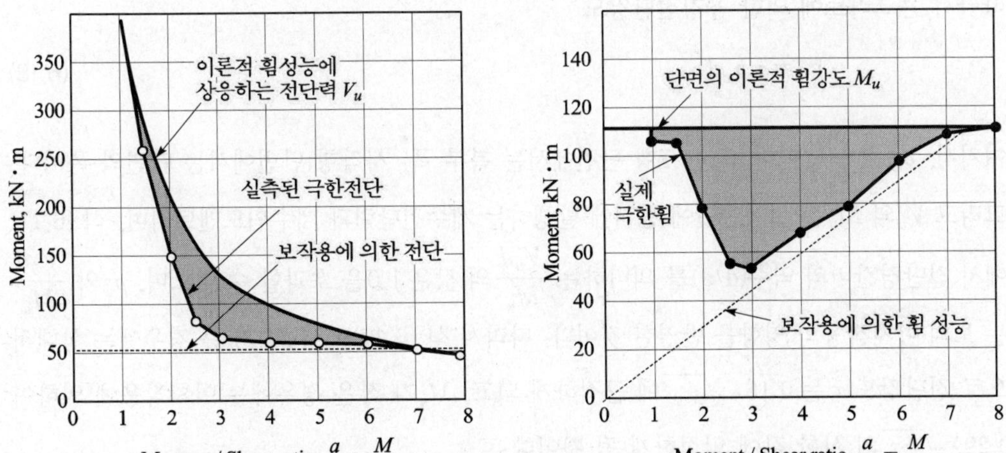

그림 6.7 전단경간비(a/d)의 변화에 따른 전단력과 휨모멘트의 변화

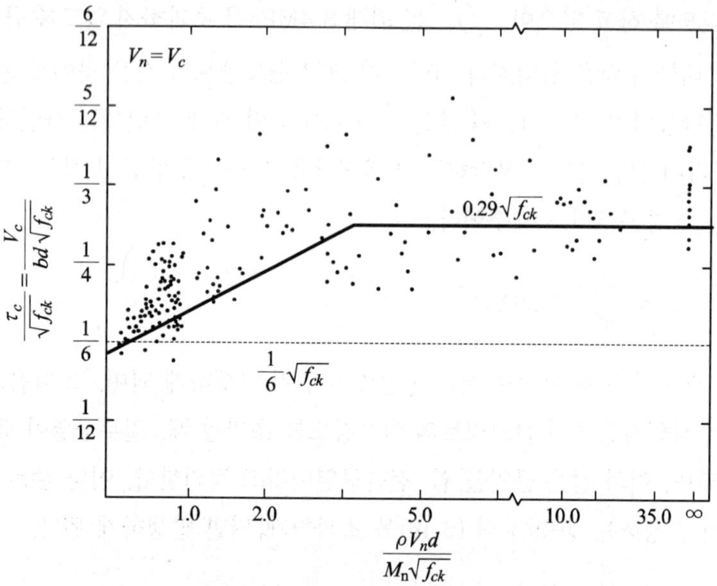

그림 6.8 전단보강되지 않은 실험체의 전단강도와 계산값의 비교

다음 식 (6.17)은 현행 콘크리트구조기준(2012)에서 사인장균열이 발생하는 위치에서 공칭 전단응력을 추정하기 위해서 제안된 정밀식이다.

$$\tau_c = \frac{V_c}{b_w d} = 0.16\lambda\sqrt{f_{ck}} + 17.6\rho_w \frac{V_u}{M_u} d \le 0.29\lambda\sqrt{f_{ck}} \qquad (6.17)$$

따라서 콘크리트에 의한 공칭전단강도

$$V_c = \tau_c b_w d \qquad (6.18)$$

여기서, $\rho_w = \frac{A_s}{b_w d}$이며, b_w는 T형 단면에서는 복부 폭, 사각형 단면에서는 단면의 폭이다. 그리고 V_u와 M_u는 설계단면에 동시에 발생하는 계수전단력과 계수휨모멘트이며, 식 (6.17)에서 전단경간비의 역수(d/a)를 의미하는 $\frac{V_u d}{M_u}$의 값은 1.0을 초과할 수 없으며, ρ_w와 $\frac{V_u d}{M_u}$는 보의 아치작용의 영향을 반영한 것이다. 따라서 식 (6.17)에서 M_u가 큰 경우에는 상대적으로 전단강도 τ_c는 $0.16\lambda\sqrt{f_{ck}}$에 근접하게 되고, M_u가 작은 경우에는 아치작용에 의하여 $0.29\lambda\sqrt{f_{ck}}$의 상한 값에 인접하게 될 것이다.

현행 설계기준에서는 상세해석을 대신하여 식 (6.19)의 콘크리트의 전단강도 근사값을 사용하여 설계하는 것을 허용하고 있다.

$$\tau_c = \frac{1}{6}\lambda\sqrt{f_{ck}}\,,\quad V_c = \frac{1}{6}\lambda\sqrt{f_{ck}}\,b_w d \tag{6.19}$$

6.3.1 축압축력 N_u 가 작용하는 경우

축력과 전단을 동시에 받는 부재에서, 축력에 의해 사인장응력에 변화가 발생한다. 축압축력은 전단에 의한 주인장 응력을 감소시켜 콘크리트의 전단저항능력을 증가시키게 되며, 축인장력은 전단에 의한 주응력을 증가시켜 콘크리트의 순수 전단저항능력을 감소시키게 된다. 축력 N_u와 전단 V_u를 동시에 받는 단면에 대한 콘크리트의 전단저항력을 계산하기 위하여, 현행 KDS 14 20 00 : 2021에서는 식 (6.17)의 M_u를 축압축력의 영향을 고려한 M_m으로 치환하여 다음과 같이 계산하도록 제안하고 있다.

$$V_c = \left(0.16\lambda\sqrt{f_{ck}} + 17.6\rho_w \frac{V_u d}{M_m}\right) b_w d \le 0.29\lambda\sqrt{f_{ck}}\,b_w d \tag{6.20}$$

여기서, $\rho_w = \dfrac{A_s}{b_w d}$

$$M_m = M_u - N_u\left(\frac{4h-d}{8}\right) \tag{6.21}$$

h =보의 높이

이때 $V_u d/M_u$는 1.0 이하라는 제한은 받지 않으며, M_m이 음(−)인 경우의 V_c는 아래의 식으로 계산하여야 한다.

$$V_c = 0.29\lambda\sqrt{f_{ck}}\,b_w d\sqrt{1+\frac{N_u}{3.5A_g}} \tag{6.22}$$

여기서, $\dfrac{N_u}{A_g}$의 단위는 N/mm^{2}이며 A_g는 전체단면적mm^{2}이다.

식 (6.20)과 식 (6.21)에 의한 축방향 압축력을 받는 부재의 전단력 계산이 복잡하기 때문에 설계기준에서는 대체방법으로서 아래의 식 (6.23)에 의한 근사적인 전단력 산정방법을 허용하고 있다.

$$V_c = \frac{1}{6}\left(1+\frac{N_u}{14A_g}\right)\lambda\sqrt{f_{ck}}\,b_w d \tag{6.23}$$

6.3.2 축인장력 N_u의 경우

축방향인 인장력이 현저히 큰 경우의 V_c는 다음과 같이 계산할 수도 있다.

$$V_c = \frac{1}{6}\left(1 + \frac{N_u}{3.5A_g}\right)\lambda\sqrt{f_{ck}}\,b_w d \tag{6.24}$$

여기서, N_u는 인장력을 음수로 하며, N_u/A_g의 단위는 $\mathrm{N/mm^2}$이다.

축방향 인장을 받는 부재에서는 $V_c = 0$으로 보고 모든 전단력을 전단철근이 받도록 설계하기도 한다. 보의 단면에 비틀림 응력이 작용할 때, 비틀림 응력을 전단력으로 인한 응력에 추가해서 생각해야 한다는 것이 중요하다(제7장 참조).

6.4 전단철근의 전단강도

6.4.1 전단철근의 종류와 전단저항요소

철근콘크리트 보의 전단강도는 전단철근을 사용함으로써 증가시킬 수 있으나, 콘크리트에 사인장 균열이 형성되기 전까지는 전단철근에 의한 전단저항 기여도는 거의 없다. 그러나 사인장 균열이 발생한 후에는 전단철근이 보의 전단저항을 증대시키며 내력의 재분포가 균열단면에서 일어나게 된다. 이때 사용된 전단철근의 양이 작다면 전단철근의 항복으로 인한 파괴가 발생하겠지만, 전단철근의 양이 너무 많은 경우에는 전단-압축 파괴가 예상되므로 적절하지 못한 설계가 된다.

철근콘크리트 부재에 사용되는 전단철근의 일반종류는 다음과 같다.

- 부재축에 직각인 스터럽
- 부재축에 직각으로 배치된 용접철망
- 주철근에 수직하거나 45° 이상의 각도로 배근된 스터럽
- 주철근의 일부가 30° 이상의 각도로 구부러진 굽힘철근(종방향 철근이 필요치 않은 곳에서)
- 스터럽과 굽힘철근의 조합
- 나선철근, 원형 띠철근 또는 후프철근

일반적으로 횡전단에 저항하기 위하여 콘크리트와 스터럽 또는 굽힘철근(또는 절곡철근)을 함께 사용할 수 있다. 콘크리트 보에 전단응력 작용 시 그림 6.9에 나타난 바와 같이 스터럽을 격자(lattice) 거더의 수직 인장부재로서 가정하고 압축강도가 높은 콘크리트를 대각압축부재로 가정할 수 있으며, 이것을 트러스작용(truss action)이라고 한다. 이때 대각 압축력은 수직성분이 스터럽의 인장력과 같은 것이다. 또한 굽힘철근은 트러스의 인장 부재로서 작용하게 되며 이와 같은 해석개념을 트러스이론(Truss analogy)이라 한다.

일반적으로 철근콘크리트 보의 전단강도에 대한 전단철근의 역할은 다음과 같이 기술할 수 있다.

- 전단철근은 전단철근이 부담하는 전단저항력 V_s를 제공한다.
- 전단철근은 경사균열의 성장을 방해함으로써 접촉면에서의 전단저항력 V_a의 크기를 증가시킨다(그림 6.6(d)).
- 전단철근은 종방향 철근의 다우웰력 V_d를 증가시킨다(그림 6.6(d)).
- 콘크리트에 관한 스터럽의 구속작용은 계수하중 상태의 부정정구조물에서 발생하는 소성힌지의 회전능력을 증가시키고, 항복이 발생하는 길이를 증가시킨다.

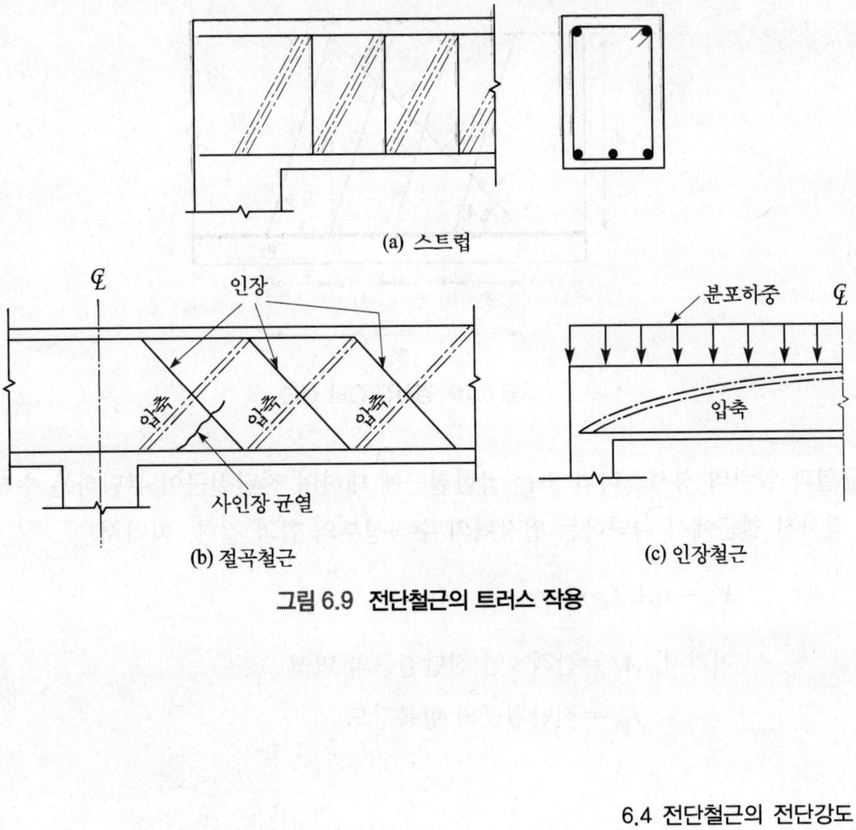

그림 6.9 전단철근의 트러스 작용

전단철근을 갖는 보의 공칭전단강도 V_n은 콘크리트가 부담하는 전단강도 V_c, 다우웰 작용에 의한 V_d, 골재맞물림 작용에 의한 전단강도 V_a와 전단보강 철근이 부담하는 전단강도 V_s의 합으로 생각할 수 있으며, 현행 KDS 14 20 00 : 2021에서는 $V_c + V_d + V_a$를 모두 합하여 근사적으로 V_c로 적용하고 있다. 즉,

$$V_n = (V_c + V_d + V_a) + V_s = V_c + V_s \tag{6.25}$$

하중계수를 곱한 계수전단력 V_u는 전체 설계전단강도 ϕV_n보다 작거나 같아야 한다. 즉,

$$V_u \le \phi V_n = \phi(V_c + V_s) \tag{6.26}$$

여기서, $V_u = 1.2 V_D + 1.6 V_L$

$\phi = 0.75$

6.4.2 전단철근의 전단강도산정

V_s에 대한 표현은 유사트러스이론(truss analogy)으로 나타낼 수도 있다(그림 6.10).

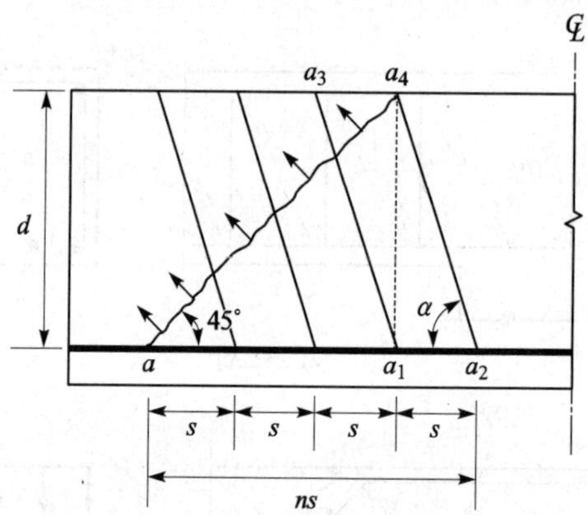

그림 6.10 경사진 전단 철근

45° 균열과 일련의 경사스터럽 또는 굽힘철근에 대하여 전단철근이 부담하는 수직 전단력 V_s는 경사진 철근에서 나타나는 인장력의 수직성분의 합과 같다. 따라서

$$V_s = nA_v f_{yt} \sin\alpha \tag{6.27}$$

여기서, A_v =간격 s인 전단철근의 면적

f_{yt} =전단철근의 항복강도

그림 6.10에서 ns는 거리 $\overline{aa_1}+\overline{a_1a_2}$이다.

직각삼각형 aa_1a_4에서

$$\overline{aa_1}=d\tan 45^\circ=d$$

그리고 직각삼각형 $a_1a_2a_4$에서

$$\tan\alpha=\frac{d}{\overline{a_1a_2}}$$

$$\overline{a_1a_2}=d\cot\alpha$$

그러므로

$$ns=d+d\cot\alpha=d(1+\cot\alpha)$$

$$n=\frac{d}{s}(1+\cot\alpha)$$

이 식을 식 (6.27)에 대입하면

$$V_s=\frac{A_v f_{yt} d}{s}\sin\alpha(1+\cot\alpha) \tag{6.28}$$

$$V_s=\frac{A_v f_{yt} d}{s}(\sin\alpha+\cos\alpha) \tag{6.29}$$

그러나 $V_s=\tau_s bd$이므로 전단응력의 항으로서

$$\tau_s=\frac{A_v f_{yt}}{bs}(\sin\alpha+\cos\alpha) \tag{6.30}$$

식 (6.29)에서 $\alpha=90°$인 수직 스터럽의 경우

$$V_s=\frac{A_v f_{yt} d}{s} \tag{6.31a}$$

스터럽 간격

$$s=\frac{A_v f_{yt} d}{V_s} \tag{6.31b}$$

T-형 단면인 경우, b는 모든 전단식에서 복부 폭 b_w로 바꾸어야 한다. 전단응력의 경우

$$\tau_s=\frac{V_s}{b_w d}=\frac{A_v f_{yt}}{b_w s} \tag{6.32}$$

$\alpha = 45°$일 때, 식 (6.29)는

$$V_s = 1.414 \frac{A_v f_{yt} d}{s} \tag{6.33a}$$

스터럽 간격

$$s = \frac{1.414 A_v f_{yt} d}{V_s} \tag{6.33b}$$

하나의 굽힘철근이나 또는 같은 위치에 있는 평행한 철근 전체에 대해서 철근이 부담하는 전단력은 다음 식(6.34a)로 계산되며, V_s는 $0.25\sqrt{f_{ck}}\,b_w d$를 초과할 수는 없다.

$$V_s = A_v f_{yt} \sin\alpha \tag{6.34a}$$

혹은

$$A_v = \frac{V_s}{f_{yt}\sin\alpha} \tag{6.34b}$$

$\alpha = 45°$일 때

$$A_v = 1.414 \frac{V_s}{f_{yt}} \tag{6.35}$$

이다.

6.5 전단철근에 관한 설계기준

6.5.1 공칭전단강도 계산을 위한 위험(critical)단면

KDS 14 20 00 : 2021에서는 부재의 받침부에서 d만큼 떨어진 곳을 전단에 대한 위험(critical)단면으로 가정하여 이 위치에서의 계수전단력을 전단설계를 위한 소요 최대전단력으로 규정하고 있다. 이것은 첫 번째 경사균열이 받침부에서 거리 d만큼 떨어져서, 보의 전단경간 내에서 형성될 것이라는 경험적 사실에 근거를 두고 있다. 또한 이 위치는 기존의 많은 실험들에서 규명되었으며, 3장에서 논의한 보 실험에서도 나타났다. 또한 KDS 14 20 00 : 2021에서는 위험단면과 받침부 사이에도 전단보강을 해야 한다고 명시하고 있다.

6.5.2 최소 전단철근량

콘크리트가 부담할 수 있는 전단강도(ϕV_c)가 계수전단력(V_u)보다 크면 이론상으로는 전단철근을 배근할 필요가 없다. 그러나 스터럽량이 매우 적거나 없을 경우에는 사인장 균열이 발생함과 동시에 부재의 강도가 급격하게 감소하여 취성파괴가 발생할 수 있다. 따라서 부재에 발생하는 계수전단력의 크기가 $\frac{1}{2}\phi V_c$보다 작은 경우에만 철근을 배근하지 않도록 허용하고 있다. 한편 예기치 못한 하중이 작용하거나 시공 상의 문제 등이 발생할 수 있기 때문에 계수전단력의 크기가 $\frac{1}{2}\phi V_c \le V_u \le \phi V_c$일 경우에는 스터럽이 사인장응력에 저항할 수 있도록 최소한 다음과 같은 전단 철근 면적 A_v를 배치하도록 요구하고 있다.

$$A_v = 0.0625\sqrt{f_{ck}}\frac{b_w s}{f_{yt}} \ge \frac{3.5 b_w s}{f_{yt}} \tag{6.36}$$

여기서, b_w =복부 폭

s =스터럽의 간격

아래와 같은 경우에는 위의 최소전단철근 규정을 적용하지 않아도 된다.

- 슬래브와 기초판
- 콘크리트 장선구조(KDS 14 20 00(4.3.11)
- 교대벽체, 옹벽의 벽체, 암거 등과 같이 휨이 주거동인 판부재
- 보의 높이가 250mm 이하이거나, I형 보, T형 보에서 높이가 플랜지 두께의 2.5배 또는 복부 폭의 1/2 중에서 큰 값 이하인 보
- 순 단면의 깊이가 315mm를 초과하지 않는 속빈 부재에 작용하는 계수전단력이 $0.5\phi V_{cw}$를 초과하지 않는 경우(V_{cw}는 사인장 균열이 복부의 과도한 주인장응력에 기인할 때 콘크리트에 의한 단면이 공칭전단강도)
- 보의 깊이가 600mm를 초과하지 않고 설계기준압축강도가 40MPa를 초과하지 않는 강섬유 콘크리트 보에 작용하는 계수전단력이 $\phi\frac{1}{6}\lambda\sqrt{f_{ck}}b_w d$를 초과하지 않는 경우

실제로 슬래브, 기초판 및 낮은 보의 높이를 증가시킴으로써 전단능력을 증가시킬 수 있으며, 스터럽은 높이가 낮은 보에서는 유효하지 못하다. 왜냐하면 압축구역의 높이가 상대적으로 작고, 스터럽의 정착규정을 만족시키기 힘들기 때문이다. 또한 깊은 보에서도 V_u가

$\phi V_c/2$보다 작을 때 전단 철근을 필요로 하지 않는다. 전단철근이 없어도 설계(극한)휨모멘트와 전단력에 저항할 수 있다는 것을 실험에 의해 확인할 수 있다면 위의 최소전단철근은 적용하지 않아도 된다.

6.5.3 전단철근이 받을 수 있는 최대 전단력 V_s

위험단면에서 콘크리트가 높은 전단-압축응력으로 인하여 파괴되는 전단-압축파괴를 방지하기 위하여 KDS 14 20 00 : 2021에서는 V_s가 $0.2\left(1-\dfrac{f_{ck}}{250}\right)f_{ck}b_w d$를 초과할 수 없다고 규정하고 있다.

6.5.4 스터럽의 최대 간격

사인장균열이 적어도 1개의 스터럽과 교차할 수 있도록, 현행 KDS 14 20 00 : 2021에서는 직각으로 배치된 전단철근의 간격을 $V_s \le \dfrac{1}{3}\lambda\sqrt{f_{ck}}\,b_w d$일 때, $d/2$를 초과할 수 없고, 600mm 이하이어야 한다고 규정하고 있으며, 이것은 사인장균열이 45°에서 발생하여 약 d의 수평거리만큼 확장된다는 가정에 기초를 두고 있다. V_s가 $\dfrac{1}{3}\lambda\sqrt{f_{ck}}\,b_w d$를 초과하는 경우에는 스터럽 사이의 최대간격이 $d/4$를 초과할 수 없으며, 300mm 이하이어야 한다고 규정하고 있다. 이 규정은 사인장 균열이 적어도 1개의 스터럽을 지나가도록 하기 위한 것이다. 요구되는 V_s가 최댓값인 $0.2(1-f_{ck}/250)f_{ck}b_w d$ 이상일 때에는 위의 제한조건을 적용할 수 없으며, 콘크리트 횡단면의 치수를 증가시켜야 한다.

또한 스터럽의 최대 간격에 관한 다른 제한조건은 최소 전단철근규정으로부터 유도되며, 최소 전단철근($A_{v,\min}$)A_v는 간격 s가 최대일 때 혹은 최대 $s = A_v f_{yt}/(0.0625 b_w\sqrt{f_{ck}})$일 때 얻어지며, 모든 최대철근간격의 최솟값을 선택하여야 한다. 설계기준상의 전단철근 최대 간격규정은 스터럽 간격을 적게 함으로써 보 내부의 종방향 인장철근에 의한 다우웰력 V_d를 증가시키는 효과를 가져올 수 있기 때문에 제시된 것이다(그림 6.6(d) 참고). 그림 6.11은 스터럽의 간격 기준을 용약하여 나타내고 있다.

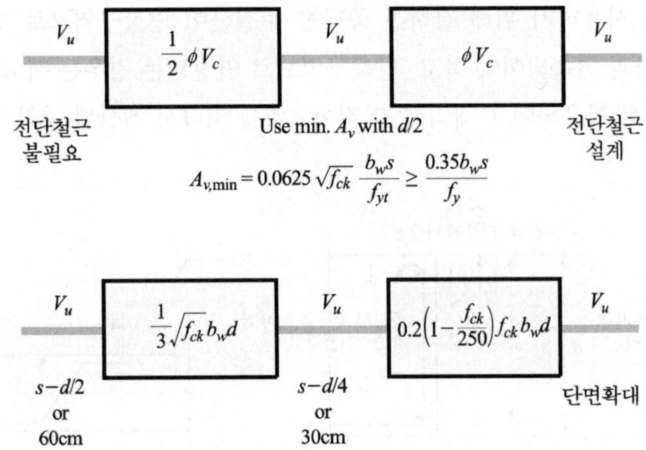

그림 6.11 스터럽의 간격 기준 요약

6.5.5 전단철근의 항복강도

현행 KDS 14 20 00 : 2021에서는 전단철근의 설계항복강도가 500MPa를 초과할 수 없다고 규정하고 있으며, 다만 용접 이형철망을 전단철근으로 사용할 경우에 한하여 설계기준항복강도를 600MPa까지 적용할 수 있도록 규정하고 있다. 이러한 제안을 두는 이유는 사인장에 의해 야기되는 균열폭을 제한하기 위한 것이며, 균열면이 맞닿아 있도록 하여 접촉면의 전단저항력 V_a를 향상시키기 위한 것이다(그림 6.6 (d) 참고).

6.5.6 스터럽의 정착

전단철근은 가능한 한 압축영역측에 정착시켜야 하며, 모든 스터럽 철근의 끝, 하나의 U형 스터럽 또는 여러 개의 U형 스터럽은 다음 방법 중 1가지 방법에 의해 정착되어야 한다.

- D16 이하 철근 및 공칭지름 16mm 이하 철선으로 종방향 철근을 둘러싸는 표준갈고리로 정착하는 방법
- f_y가 300 MPa 이상인 D19, D22 및 D25 스터럽은 종방향 철근을 둘러싸는 표준갈고리 외에 추가로 부재의 중간높이에서 갈고리 단부의 바깥 면까지 $0.17d_b f_y/\sqrt{f_{ck}}$ 이상의 묻힘길이를 확보하는 방법
- 단일 U형 또는 다중 U형 스터럽의 양 정착단 사이의 연속구간 내의 굽혀진 부분은 종방향 철근을 둘러싸는 방법

• 전단철근으로 사용하기 위해 굽혀진 종방향 주철근이 인장구역으로 연장되는 경우에 종방향 주철근과 연속되어야 하고, 압축구역으로 연장되는 경우는 식 (6.34a)를 만족시키는 응력 f_{yt}를 사용하여 부재의 중간 깊이 $d/2$를 지나서 계산된 정착 길이만큼을 확보하는 방법

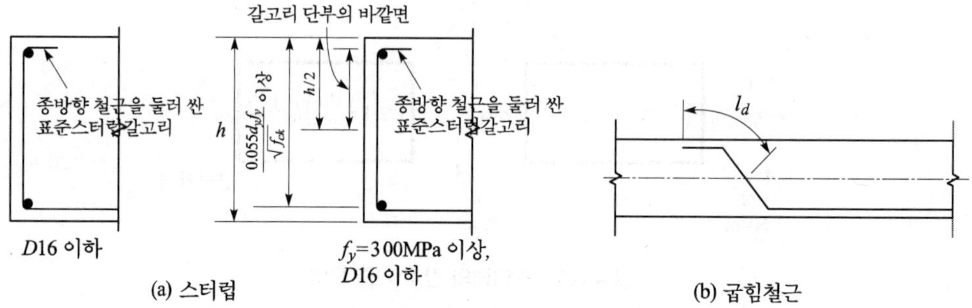

그림 6.12 스터럽과 굽힘철근의 정착

6.5.7 받침부 부근의 스터럽

콘크리트구조기준에는 받침부와 받침부에서 거리 d만큼 떨어진 위험단면 사이에 사용되는 전단철근은 위험단면에서와 같은 전단력 V_u에 대하여 설계되어야 한다고 명시되어 있다. 일반적으로 첫 번째 스터럽은 받침부에서 $s/2$ 떨어진 곳에 두며, s는 위험단면에서의 V_s에 대한 식 (6.31b)로부터 계산되는 간격이다.

6.5.8 굽힘철근의 유효길이

종방향철근의 경우 경사부 중앙에 위치한 3/4만이 전단철근으로서 유효하다고 고려한다. 이것은 굽힘철근의 최대 간격이 $0.75(d-d')$라는 것을 의미한다. 그림 6.13에서

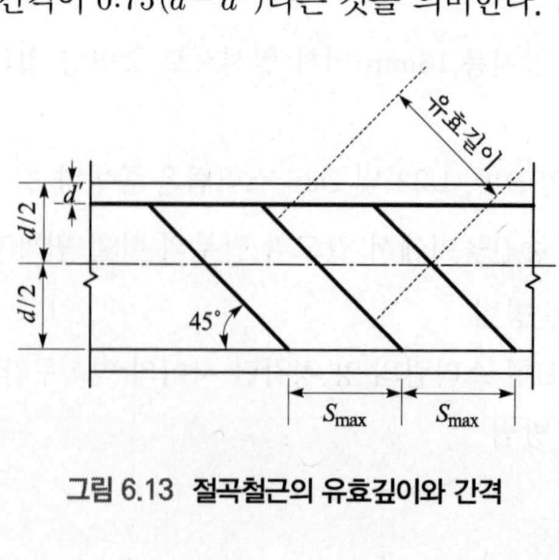

그림 6.13 절곡철근의 유효깊이와 간격

$$굽힘철근의 유효길이 = \frac{0.75(d-d')}{\sin 45°} = 0.75(1.414)(d-d')$$

유효길이의 투사길이 최대 간격 s는

$$s_{max} = 0.707[0.75(1.414)(d-d')] = 0.75(d-d')$$

다음 표 6.1에는 전단에 관한 콘크리트구조기준(2012) 제7장의 주요 규정을 간략하게 정리하였다.

표 6.1 전단에 관한 KDS 14 20 00 : 2021기준 주요 규정

내 용	규 정	설계기준항목
콘크리트가 부담하는 전단응력	$\tau_c = \frac{1}{6}\lambda\sqrt{f_{ck}}$, $\tau_c = \frac{1}{6}\lambda\sqrt{f_{ck}} + \left(17.6\rho_w \frac{V_u d}{M_u}\right)$ 여기서, $\rho_w = A_s/b_w d$ $V_u d/M_u \le 1.0$, $\tau_c \le 0.29\lambda\sqrt{f_{ck}}$, $V_c = \tau_c b_w d$	4.2-1 4.2-2
부재축에 직각인 전단철근	$A_v = \frac{\tau_s b_o s}{f_{yt}} = \frac{V_s s}{f_{yt} d}$, $s = \frac{A_v f_{yt}}{\tau_s b_w} = \frac{A_v f_{yt} d}{V_s}$ $\phi V_s = V_u - \phi V_c$, $V_s = \tau_s b_w d$	4.3-3
경사스터럽	$A_v = \frac{V_s s}{f_{yt} d(\sin\alpha + \cos\alpha)}$ $\alpha = 45°$(경사스터럽과 부재축의 사이각)일 때, $A_v = \frac{0.7 V_s s}{f_{yt} d}$, $s = \frac{1.414 A_v f_{yt} d}{V_s}$	4.3-4
전단철근이 1개의 절곡철근 또는 받침부에서 모두 같은 거리에서 절곡된 평행한 1조의 철근으로 될 경우	$A_v = \frac{V_s}{f_{yt}\sin\alpha}$, $\alpha = 45°$일 때, $A_v = \frac{1.414 V_s}{f_{yt}}$, $V_s \le 0.25\sqrt{f_{ck}} b_w d$, $\phi V_s = V_u - \phi V_c$	4.3-5
최소전단철근	최소 $A_{vmin} = 0.0625\sqrt{f_{ck}}\frac{b_w s}{f_{yt}} \ge \frac{0.35 b_w s}{f_{yt}}$ 최대 $s = \frac{A_{vmin} f_{yt}}{0.0625\sqrt{f_{ck}} b_w}$	4.3-1

내 용	규 정	설계기준항목
전단철근의 간격제한	$V_s \le \frac{1}{3}\lambda\sqrt{f_{ck}}b_w d$ $s = d/2 \le 600\text{mm}$ $V_s > \frac{1}{3}\lambda\sqrt{f_{ck}}(b_w d)$일 때, $s = d/4 \le 300\text{mm}$	4.3.2
전단철근의 최대전단강도	$0.2\left(1-\frac{f_{ck}}{250}\right)f_{ck}b_w d$ 이 규정을 만족하지 않으면 단면을 늘려야 한다.	4.3.4(9)

예제 6.1

계수전단력 150kN이 작용할 때 전단철근 없이 저항할 수 있는 보를 설계하려 한다. 보의 최소단면을 결정하라. $f_{ck} = 27\text{MPa}$, $f_y = 400\text{MPa}$, $b = 450\text{mm}$, $\lambda = 1$이다.

▌풀이

전단철근을 배제하기 위해서는 $V_u \le \frac{1}{2}\phi V_c$이어야 한다. 그러므로

$$\frac{1}{2}\phi V_c = \frac{1}{2}\times 0.75 \times \frac{1}{6}\times\sqrt{27}\times 450 \times d \ge 150{,}000\text{N}$$

혹은

$$d \ge \frac{150{,}000}{\frac{1}{2}\times 0.75\times\frac{1}{6}\times\sqrt{27}\times 450} = 1{,}026\text{mm}$$

그러므로 $h = 1{,}100\text{mm}$ 내외의 단면이면 된다.

예제 6.2

길이 6m 단순지지보가 각각 40kN/m와 20kN/m의 등분포 고정하중과 활하중을 받고 있다. 보의 단면과 철근보강재는 그림 6.14와 같다. 전단에 대하여 검토하고, 설계하라.
$f_{ck} = 27\text{MPa}$, $f_y = 400\text{MPa}$ ($\lambda = 1$이며, D10의 U형 스터럽을 사용하라)

▌풀이

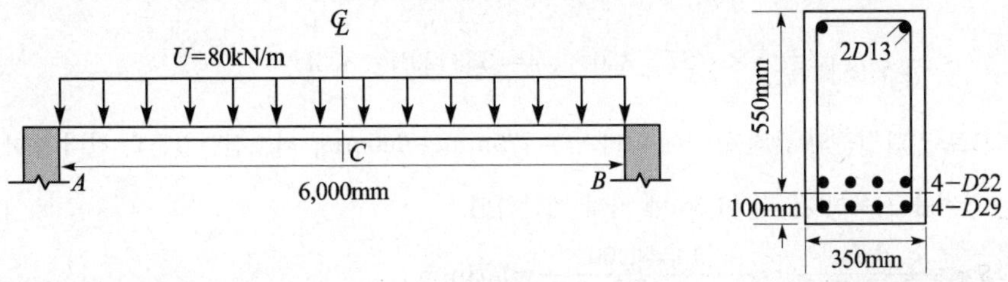

그림 6.14

1. 계수하중 $W_u = 1.2W_D + 1.6W_L = 1.2 \times 40 + 1.6 \times 20 = 80\text{kN/m}$

2. 부재축에 따라서 변화하는 $V_{u,x} = 240 - 80x$
   지점부, 즉 $x = 0$일 때, $V_u = 240\text{kN}$
   위험단면, 즉 지점부에서 550mm만큼 떨어진 위치의
   $V_u = 240 - 80 \times 0.55 = 196\text{kN}$

3. 콘크리트가 부담하는 전단강도

$$\phi V_c = \frac{1}{6}\sqrt{f_{ck}}\,bd = 0.75 \times \frac{1}{6} \times \sqrt{27} \times 350 \times 550$$

$$= 125032\text{N} = 125\text{kN}$$

$$\frac{1}{2}\phi V_c = \frac{1}{2} \times 125 = 62.5\text{kN}$$

4. 스터럽 배근이 필요하지 않은 구간을 결정한다. (x_1구간)

   $V_u \le \frac{1}{2}\phi V_c$이면 전단철근 불필요함. 그러므로 전단철근이 필요 없는 구간을 결정하면,

$$V_{u,x} = 240 - 80x_1 = \frac{1}{2}\phi V_c (= 62.5\text{kN})$$

   그러므로, $x_1 = \dfrac{240 - 62.5}{80} = 2.22\text{m}$ (그림 6.15 참고)

   $3.00\text{m} - 2.22\text{m} = 0.78\text{m}$

보의 중앙경간에서 0.78m까지는 스터럽 배근이 필요없다.

5. 스터럽의 최대간격을 계산

U형 D10철근의 스터럽을 사용하므로, 스터럽의 두 수직한 다리가 전단에 저항한다.

그러므로 $A_v = 2 \times 71.33\text{mm}^2 = 143\text{mm}^2$이다.

스터럽의 최대간격은 스터럽에 의한 전단강도 V_s의 크기에 따라 달라진다.

$$V_s = \frac{V_u - \phi V_c}{\phi} = \frac{196 - 125}{0.75} = 95\text{kN}$$

$$< \frac{1}{3}\sqrt{f_{ck}}\,bd = \frac{1}{3} \times \sqrt{27} \times 350 \times 550 = 333420\text{N} = 333\text{kN}$$

그러므로 전단철근의 간격 규정에 따라 $\frac{d}{2} = 275\text{mm}$와 600mm, 최소전단철근의 간격 중에 가장 작은 간격을 사용한다. 식 (6.36)에 따라 계산하면,

$$S = \frac{A_v f_{yt}}{0.0625\sqrt{f_{ck}}\,b} = \frac{143 \times 400}{0.0625\sqrt{27} \times 350} = 503\text{mm},$$

$$S = \frac{A_v f_{yt}}{0.35b} = \frac{143 \times 400}{0.35 \times 350} = 467\text{mm},$$

둘 중에서 최소전단철근의 간격은 467mm가 지배하며, 위에 규정에 의한 간격 275mm를 포함하여 600mm, 467mm 중 가장 작은 값인 275mm가 스터럽의 최대간격이다.

6. 스터럽의 최대간격보다 좁은 간격으로 배근해야할 구간을 계산

식 (6.31)을 통해 스터럽의 최대간격으로 배근할 때 ϕV_s를 계산하면,

$$\phi V_s = \frac{\phi A_v f_{yt}}{s} = \frac{0.75 \times 143 \times 400 \times 550}{275} = 85800\text{N} = 85.8\text{kN}$$

그러므로 스터럽을 최대간격으로 보강하면 전단강도는

$$\phi V_c + \phi V_s = 125 + 85.8 = 210.8\text{kN}$$

전단력 V_u가 210.8kN을 초과하는 구간은

$$V_{u,x} = 240 - 80x_2 = 210.8$$

$$x_2 = 0.37\text{m}$$ (그림 6.15 참고)

7. 그림 6.14에서 지점에서 x_2까지의 구간은 V_u가 210.8kN을 초과하는 구간이므로

전단력의 크기에 따라 식(6.31)에 의하여 스터럽 간격을 결정한다.

$$S = \frac{\phi A_v f_{gt} d}{V_u - \phi V_c} = \frac{0.75 \times 143 \times 400 \times 550}{196{,}000 - 125{,}000} = 332\text{mm}$$

이 간격은 275mm보다 크므로 이 구간의 배근간격은 275mm로 다른 구간과 같다.

8. **스터럽 배근**

최대스터럽의 간격 275mm는 시공의 편이성에 따라 250mm로 배근하면 된다.

또한 받침부 내에서의 철스터럽은 $\dfrac{S}{2}$ 위치에 배근하므로 $\dfrac{250\text{mm}}{2} = 125\text{mm}$이기 때문에 첫스터럽은 지점부로부터 편이상 100mm에 배치한다.

실제 시공에서는 지점부에서 100mm 위치에 첫스터럽을 배치하고 추가로 9개의 D10 철근을 250mm간격으로 배치하면 스터럽은 지점부로부터 100mm + 9 × 250mm = 2,350mm구간에 배근된다.

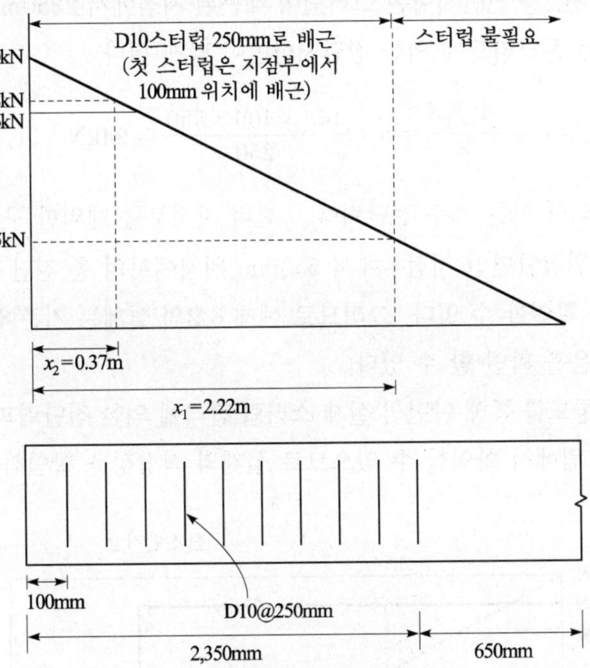

그림 6.15 스터럽 배근도

6.6 전단저항도

전단저항도는 설계된 단면이 보유하고 있는 전단저항도의 변화를 보의 길이에 따라 나타낸 것이다. 예제 6.2의 풀이를 통해 얻은 결과로부터 그림 6.16과 같이 전단저항도를 작성하였다.

그림 6.16의 전단저항도에서 제시된 계산 결과와 같이 250mm 간격으로 배치된 스터럽 철근에 의하여 약 94kN을 저항 할 수 있다. ϕV_c는 예제 6.2의 풀이에서 확인할 수 있듯이 약 125kN이다. 스터럽 철근에 의한 저항은 지점에서 2350mm까지 94kN이 유지되다가 이후에는 0가 된다. 한편, 총 전단저항은 스터럽이 배근된 지점에서 2350mm까지 219kN으로 유지되다가 이후에는 콘크리트에 의한 전단저항만이 남게 된다.

$$\phi V_s = \phi \times \frac{A_s f_y d}{s} = \phi \times \frac{143 \times 400 \times 550}{250} \fallingdotseq 94\text{kN}$$

총 전단저항은 거리에 따른 계수 전단력 $V_{u,x}$보다 지점부를 제외한 구간에서 큰 것을 확인할 수 있다. 또한 위험단면인 지점부에서 550mm 위치에서의 총 전단저항이 설계전단력 196kN 보다 큰 것을 확인할 수 있다. 그러므로 예제 6.2의 설계는 기준에 근거하여 충분히 안전한 설계가 되었음을 확인 할 수 있다.

이와 같이 전단저항도를 통해 단면의 실제 스터럽 간격에 의한 전단력과 이론적으로 요구되는 전단력을 한 그림에서 확인할 수 있으므로 설계의 적정성을 확인하는데 유용하다.

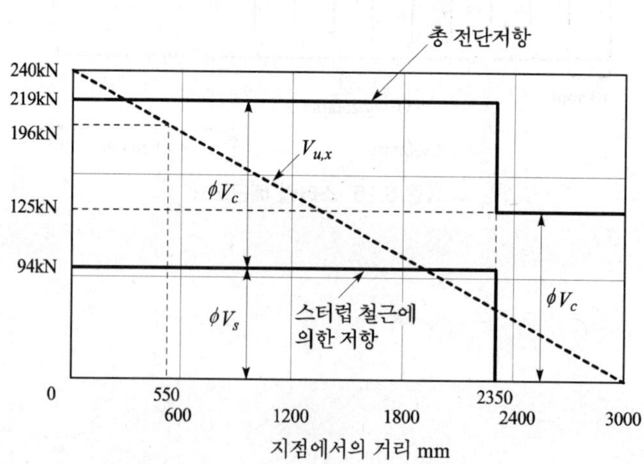

그림 6.16 전단저항도 (예제 6.2의 단면)

예제 6.3

예제 6.2의 하중이 2배일 때 전단설계하라.

▌풀이

1. $W_u = 160\text{kN/m}$

2. $V_{u,x} = 480 - 160x$

   지점부 $V_u = 480\text{kN}$

   위험단면 $V_u = 480 - 160 \times 0.55 = 392\text{kN}$

3. 예제 6.2와 동일함.

4. 스터럽의 배근이 필요하지 않은 구간 (x_1구간)

   $V_{u,x} = 480 - 160x = 62.5$

   $$x_1 = \frac{480 - 62.5}{160} = 2.6\text{m}$$ (그림 6.17 참고)

   그러므로 보의 경간 중앙에서 지점부로 0.4m 구간에는 스터럽 불필요.

5. 스터럽의 최대간격 계산

   $$V_s = \frac{V_u - \phi V_c}{\phi} = \frac{392 - 125}{0.75} = 356\text{kN} > \frac{1}{3}\sqrt{f_{ck}}\,bd = 333\text{kN}$$

   그러므로 이전 예제와 달리 전단철근 간격의 규정이 강화된다.

   $\frac{d}{4} = 138\text{mm}$와 300mm, 467mm(이전 예제에서 계산된 값) 중 작은 값인 138mm가 스터럽의 최대 간격이다. 시공상 125mm 간격으로 배근한다.

6. 스터럽의 최대간격보다 좁은 간격으로 배근해야할 구간을 계산

   $$\phi V_s = \frac{\phi A_v f_{yt}}{s} = \frac{0.75 \times 143 \times 400 \times 550}{138} = 170978\text{N} = 171\text{kN}$$

   $\phi V_c + \phi V_s = 125 + 171 = 296\text{kN}$

   전단력 $V_u > 296\text{kN}$인 구간은

   $V_{u,x} = 480 - 160x_2 = 296$

   $\therefore x_2 = 1.15\text{m}$ (그림 6.17 참고)

7. 그림 6.17에서 지점에서 x_2까지의 구간은 V_u가 296 kN을 초과하는 구간이므로 전단력의 크기에 따라 식(6.31)에 의하여 스터럽 간격을 결정한다.

$$S=\frac{\phi A_v f_{yt} d}{V_u-\phi V_c}=\frac{0.75\times 143\times 400\times 550}{392{,}000-125{,}000}=88\mathrm{mm}$$

시공상 80mm로 배근한다(그림 6.18 참고).

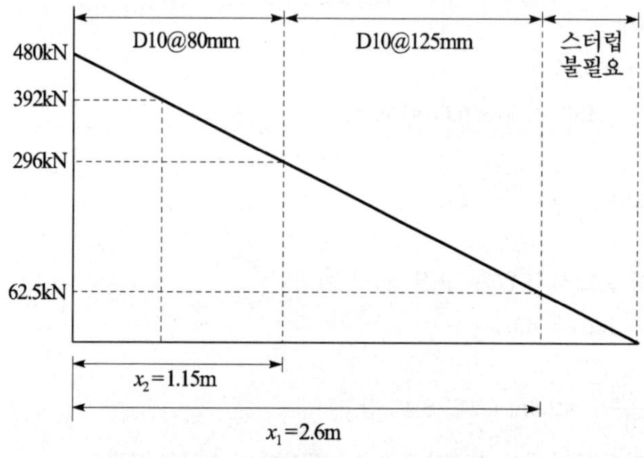

그림 6.17

8. 스터럽 배근

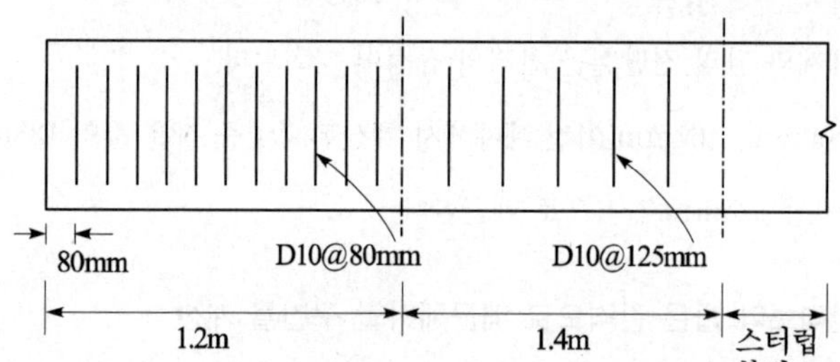

그림 6.18

9. 전단저항도

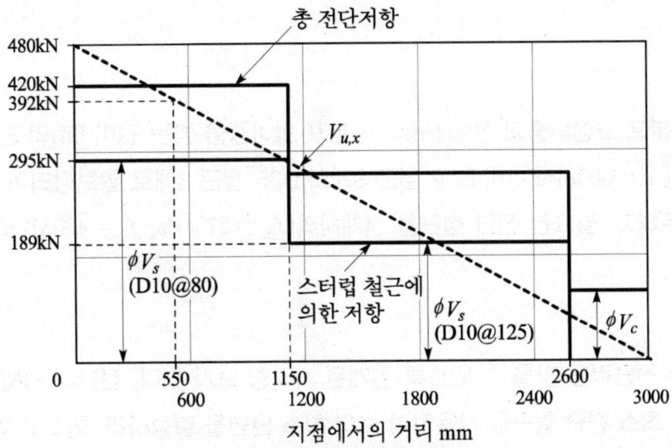

그림 6.19 전단저항도 (예제 6.3의 단면)

연습문제

6.1 60kN/m의 등분포 고정하중과 20kN/m의 등분포 활하중을 받는 길이 6m의 단순보가 있다. 보는 폭 $b = 300\text{mm}$, $d = 600\text{mm}$이며, D29 철근 3개와 D25 철근 3개로 휨보강되어 있다. 전단에 대해서 단면을 검토하고, 필요한 전단 철근을 설계하라($f_{ck} = 27\text{MPa}$, $f_y = 400\text{MPa}$).

6.2 350kN의 계수 전단력을 받을 수 있도록 설계된 사각형 보가 있다. 전단에 의해 지배된다면, 설계기준에 명시된 최소 전단 철근을 사용하여 보의 최소 단면을 결정하라. 최소 A_s에 대해서는 표 6.1에 언급되어 있다($f_{ck} = 27\text{MPa}$, $f_y = 400\text{MPa}$, $b = 400\text{mm}$이다).

6.3 10kN/m의 등분포 고정하중과 좌측받침부로부터 1.0m 떨어진 곳에서 10kN의 집중 활하중을 받는 2.50m 길이의 캔틸레버 보가 있다. 강도설계법을 사용해서 휨과 전단에 대하여 설계하라($f_{ck} = 30\text{MPa}$, $f_y = 500\text{MPa}$, $b = 200\text{mm}$).

6.4 10kN/m의 등분포하중과 중앙에서 $P_u = 100\text{kN}$의 집중하중을 받는 길이 5m의 단순보에서 필요한 전단 철근을 설계하라. 보는 폭 $b = 400\text{mm}$, 높이 $d = 500\text{mm}$이며, D25 철근 4개로 보강되어 있다($f_{ck} = 27\text{MPa}$, $f_y = 400\text{MPa}$이다).

CHAPTER 07

보의 처짐과 균열

CHAPTER 07

Design of Reinforced Concrete Structures

보의 처짐과 균열

7.1 즉시처짐

균열과 처짐은 휨부재의 사용성에 영향을 미치는 중요한 인자이며, 과도한 처짐과 균열을 방지하기 위하여 적절한 부재의 강성을 필요로 한다. 현행 콘크리트구조 해석과 설계 원칙(KDS 14 20 10: 2021)에서는 항복강도 600MPa의 고강도 철근과 고강도 콘크리트의 사용을 허용하고 있기 때문에 기존의 설계단면보다 충분한 안전율을 확보한 상태에서 단면의 크기를 작게 설계할 수 있게 되었다. 그러나 단면이 작아짐에 따라 부재의 휨강성(EI)도 작아지기 때문에 구조물의 사용성에 영향을 미치는 처짐, 진동, 균열 등이 증가할 위험이 높아지게 된다. 따라서 현행 콘크리트구조 해석과 설계 원칙 (KDS 14 20 30: 2021)에서는 사용자가 구조물을 사용함에 있어 불안감과 같은 문제가 발생하지 않도록 일정 이상의 처짐과 균열이 발생하지 않도록 하는 제한규정을 두고 있다. 구조물에 발생하는 처짐은 외력에 의해 즉각적으로 구조물이 응답하여 발생하는 탄성처짐 또는 즉시처짐(immediate deflection)과 콘크리트의 수축, 크리프 등과 같이 시간의 경과에 따라 구조물의 형상이 변화함에 따라 발생하는 장기처짐(long term deflection)으로 구분할 수 있다. 이때 외력에 의한 즉각적인 응답인 탄성처짐은 상대적으로 해석이 용이하나, 콘크리트 재료의 시간적 특성이 복합적으로 반영되는 장기처짐의 경우에는 해석이 어렵기 때문에 보통 반경험적 방법에 의해 처짐을 산정하고 있다.

구조물에 발생하는 처짐은 이와 같이 부재의 지지조건, 형상, 외력의 종류 및 크기 외에도 시간에 따른 재료적 특성 등의 많은 요소에 의해 지배되며, 설계기준에서는 1방향 구조와 2방향구조 외에도 합성구조 등에 대한 허용처짐 규정을 제시하고 있다.

7.1.1 탄성처짐

구조물의 처짐은 주로 고정하중에, 활하중의 일부 또는 전부가 부재에 재하되어 발생하며, 하중이 작용하는 순간에 일어나는 처짐을 초기처짐 혹은 탄성처짐이라 한다. 외력이 지속하중 상태로 작용하게 되면 재하시간이 증가함에 따라 처짐도 약간 증가하게 된다. 구조물의 처짐은 부재의 휨강성, 지간, 하중의 크기 및 지점조건과 같은 경계조건에 따라 달라지게 되며, 일반적으로 식 (7.1)과 같이 산정될 수 있다. 탄성처짐 δ는 하중 W, 경간길이 L, 단면2차모멘트 I, 그리고 재료의 탄성계수 E의 함수이다.

$$\delta = f\left(\frac{WL}{EI}\right) \tag{7.1}$$

일반적으로 처짐은 다음과 같이 표현된다.

$$\delta = \alpha\left(\frac{WL^3}{EI}\right) \tag{7.2}$$

여기서, W=경간의 총 하중

α =지지형태, 경긴에 따른 단면2차모멘트의 변화 및 하중분포 등에 의존하는 상수

예를 들면, 단순지지보에 등분포하중이 작용할 경우 최대 처짐은 다음과 같다.

$$\delta = \frac{5WL^3}{384EI} \text{ 또는 } \frac{5wL^4}{384EI}$$

여기서, W=경간의 총 하중

$= wL$(단위길이당 하중 × 경간 길이)

하중, 경간길이, 그리고 EI의 함수로서 여러 하중과 여러 단부조건을 가진 보의 처짐은 부록 B에 주어져 있다. W와 L은 주어지는 값이기 때문에, 문제는 탄성계수 E와 철근콘크리트 부재의 단면2차모멘트 I, 즉 부재의 휨강성 EI을 계산하는 것이다.

7.1.2 탄성계수

콘크리트구조 해석과 설계 원칙(KDS 14 20 10:2021) 4.3.3(탄성계수)에서는 콘크리트의 압축강도가 30MPa 이하이고, 콘크리트의 단위중량이 $1,450 \sim 2,500\,\mathrm{kg/m^3}$ 인 범위값을 갖는 콘크리트 탄성계수는 다음과 같다고 하였다.

$$E_c = 0.077 \mathrm{m}_c^{1.5} \sqrt[3]{f_{cu}} \tag{7.3}$$

보통 골재를 사용한 콘크리트에 대해서는

$$E_c = 8,500 \sqrt[3]{f_{cu}} \tag{7.4}$$

여기서, $f_{cu} = f_{ck} + \Delta f$, Δf는 f_{ck}가 40MPa 이하이면 4, 60MPa 이상이면 6이고, 40~60MPa 사이는 직선보간 한다.

콘크리트의 할선(secant)탄성계수는 2장에서 상세하게 논의하였다. 콘크리트의 응력-변형률 곡선은 비선형적이며, 할선탄성계수는 설계기준이 채택한 콘크리트 탄성계수에 대한 근사값이다. 탄성계수는 콘크리트 공시체에 단기하중을 가함으로써 결정된다. 실제 휨부재에 작용하는 고정하중과 같은 지속하중에 의해 나타나는 크리프의 영향은 부재의 압축측 콘크리트 변형에 영향을 미치고 인장측에 대해서는 철근이 크리프가 발생하지 않기 때문에 인장면의 시간에 다른 변화는 거의 없다고 가정한다. 이때 인장측에서 인장계수는 응력의 크기가 작을 때는 압축에서와 같다고 가정된다.

7.1.3 단면2차모멘트

휨부재의 모멘트-곡률 관계는 아래와 같이 정의되며, 여기에서 철근콘크리트 부재의 휨강성(EI)은 부재에 작용하는 힘의 크기에 따라 실제로는 응력수준에 따라 탄성계수 E가 변화하고, 균열유무에 따라 단면2차모멘트(I)도 변화하게 된다. 그러나 정밀해석 또는 비선형해석을 수행하는 경우를 제외하고는 구조물의 설계 및 해석 시 콘크리트의 할선탄성계수를 적용하여 극한하중 이하의 조건에서 탄성계수는 변화하지 않는다고 가정하는 것이 일반적이다.

$$\phi = \frac{M}{EI} \tag{7.5}$$

그림 7.1에는 실제 철근콘크리트 휨부재의 하중-변위관계를 도시하였다. 그림 7.1의 보는 길이 5.2m의 단순지지보이며, 부재 중앙에 대해 대칭으로 1.8m 떨어져서 2개의 집중하중

을 받는다. 보의 단면은 200mm×320mm이고, 철근은 그림과 같이 보강되어 있다. 균열이 발생하는 하중 $P=8\text{kN}$ 에 이를 때까지는 직선이다. 직선 a는 전체단면에 대해서 단면2차 모멘트를 사용한 하중–처짐 관계를 나타낸다. 그것은 균열 발생하중보다 작은 하중 하에서 동질의 비균열 단면을 기초로 한 보의 실제 처짐은 계산치와 거의 비슷하다는 것을 나타낸다. cy_1 곡선은 하중이 극한하중의 약 1/2 정도까지 되었을 때의 실제 처짐곡선을 나타낸다. 어떠한 하중점에서든 곡선의 기울기는 직선 a의 기울기보다 작은데 이는 콘크리트 단면에 발생하는 균열에 의하여 콘크리트 부재의 단면2차모멘트가 감소되었기 때문이다. 일단 균열이 발생하면 작은 하중 하에도 비균열 단면 거동의 가정은 성립되지 않는다는 것을 의미한다. 두 번째 재하시 처짐(곡선 c)는 직선 a의 처짐보다 큰 비율로 증가한다. 왜냐하면 콘크리트 인장면에서의 저항이 없어졌기 때문이다. 하중이 증가할 때, 하중–처짐은 cy_2에 의하여 표시된다. 첫 번째 재하에서 하중이 극한하중까지 이르렀다면 곡선 cy_1에 극한하중의 약 0.6배 부근에서 곡선 cy_2와 같은 경로를 가졌을 것이다. 곡선 c는 추가적인 하중재하나 제거에 대한 보의 실제거동을 나타낸 것이다. 직선 b는 균열환산단면을 기초로 한 하중–처짐 관계를 나타내는데, 균열환산단면을 근거로 하여 계산한 처짐은 실제 처짐과 다르다는 것을 알 수 있다.

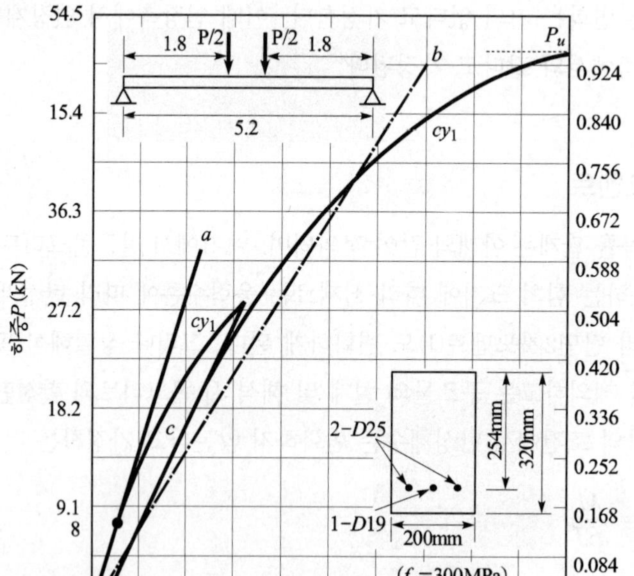

그림 7.1 실험된 철근콘크리트 보의 하중–변위곡선

그림 7.1의 결과를 단면의 크기 및 하중 등에 대한 영향을 일반화하여 이상화된 모멘트-곡률관계로 나타내면 그림 7.2와 같다. 하중이 작으면, 발생하는 최대 모멘트는 작을 것이며, 극한 인장면에서의 인장응력은 콘크리트의 파괴계수보다도 작을 것이다. 이러한 경우 전체 단면이 콘크리트 부재의 강성을 결정하게 된다. 사용하중 또는 그 이상의 하중이 작용하게 되면 부재중앙부에는 휨 인장 균열이 형성되고, 균열 단면에서 중립축의 위치는 압축측으로 이동하게 된다. 그때는 콘크리트 균열면이 제외된 균열 환산 단면만이 부재의 강성을 결정하는데 유효하게 되고, 부재 중앙단면의 단면2차모멘트는 균열환산단면2차모멘트로 변화하게 된다. 그러나 휨균열이 아직 발생하지 않은 중앙부 외측 또는 휨응력이 작은 곳에서는 아직 전체 단면에 균열이 생기지 않은 상태일 것이며, 이 위치에서의 단면2차모멘트는 아직 전단면2차모멘트일 것이다. 따라서 부재전체의 단면2차모멘트는 전단면2차모멘트와 균열환산단면2차모멘트 사이에 위치하게 된다. 외력에 의한 모멘트가 더 증가하여 휨균열이 부재의 지간을 따라 전체적으로 발생하게 되면 부재 길이에 대한 전체단면의 단면2차모멘트는 균열환산 단면2차모멘트와 같게 된다.

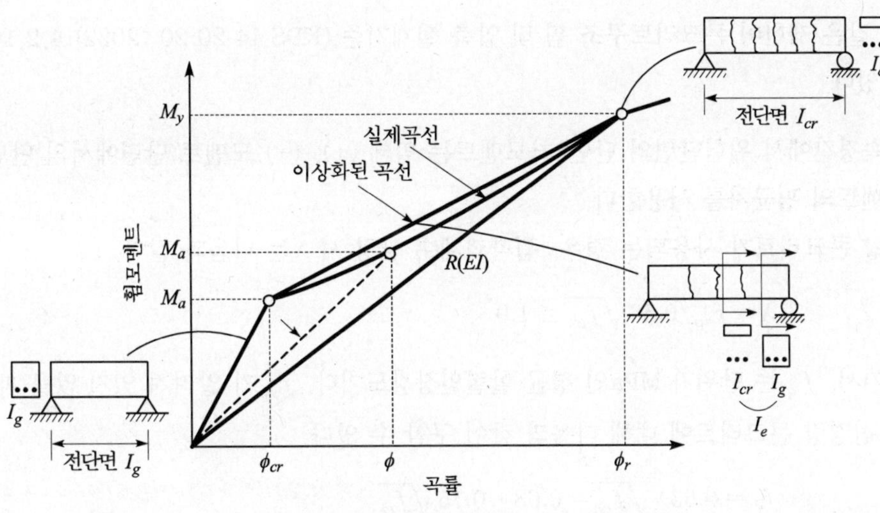

그림 7.2 철근콘크리트 부재의 휨모멘트-곡률관계

따라서 부재의 처짐을 산정하기 위하여 콘크리트구조기준에서는 그림 7.2의 M_{cr} 정도의 외력까지는 전단면2차모멘트(I_g)를 적용하고, M_y에서는 균열환산단면2차모멘트(I_{cr})를 적용하도록 하고 있다. 또한 사용하중상태에서는 균열발생 전의 초기 휨강성(EI_g)와 항복상태의 균열환산단면의 휨강성(EI_{cr}) 사이의 휨강성(EI_e)가 존재할 것이다. 기존의 많은 연구들에서 휨모멘트와 I_g에서 I_{cr}의 관계를 규명하였으며, 현행 콘크리트 구조기준(KDS 14 20 20: 2022) 4.2.1에서는 Branson에 의하여 제시된 식 (7.5)를 사용하여 유효단면2차모멘트 (I_e)를 산정하도록 하고 있다.

$$I_e = \left(\frac{M_{cr}}{M_a}\right)^3 I_g + \left[1 - \left(\frac{M_{cr}}{M_a}\right)^3\right] I_{cr} \le I_g \tag{7.6}$$

여기서, I_e = 유효단면2차모멘트

M_{cr} = 균열모멘트($f_r I_g / y_t$)

f_r = 콘크리트의 파괴계수($= 0.63\lambda\sqrt{f_{ck}}$)

y_t = 철근을 무시한 단면의 중립축으로부터 인장연단까지의 거리

M_a = 처짐이 계산되는 단계까지 부재에 일어났던 최대 모멘트

I_g = 철근을 무시한 중립축에 대한 콘크리트 총 단면2차모멘트

I_{cr} = 균열환산 단면2차모멘트

다음과 같은 제한이 콘크리트구조 휨 및 압축 설계기준 (KDS 14 20 20 :2022) 4.2.1에 명시되어있다.

- 연속경간에서 위험단면의 단면2차모멘트는 임계 (+), (−) 모멘트 단면에서의 단면2차모멘트의 평균치를 사용한다.
- 경량 콘크리트가 사용되는 경우, 휨파괴계수 산정 시 λ는 다음과 같다.

$$\lambda = f_{sp}/0.56\sqrt{f_{ck}} \le 1.0 \tag{7.7}$$

여기서, f_{sp}는 단위가 MPa인 평균 할렬인장강도이다. f_{sp}가 알려져 있지 않을 때, f_r은 전경량 콘크리트에 대해 다음과 같이 구할 수 있다.

$$f_r = 0.63\lambda\sqrt{f_{ck}} = 0.63 \cdot 0.75\sqrt{f_{ck}} \tag{7.8}$$

부분 경량 콘크리트에 대해서는

$$f_r = 0.63\lambda\sqrt{f_{ck}} = 0.63 \cdot 0.85\sqrt{f_{ck}} \tag{7.9}$$

- 단면이 일정한 균열 부재에 대해, I_e는 단순보와 연속보에 대해서는 경간 중앙에서, 캔틸레버보에 대해서는 지지부 단면에 대해 식 (7.6)을 이용해서 값을 구할 수도 있다.

식 (7.6)에 의해 계산된 I_e는 M_{cr}/M_a의 함수로써 총 단면2차모멘트 I_g와 균열단면2차모멘트 I_{cr}의 상한과 하한 사이의 값을 나타낸다. 보통 중량 철근콘크리트 부재는 균열부에서의 단면2차모멘트 I_{cr}에 가까운 유효단면2차모멘트 I_e를 가지는 반면, 플랜지로 된 부재는 총 단면2차모멘트 I_g에 가까운 유효단면2차모멘트를 갖는다.

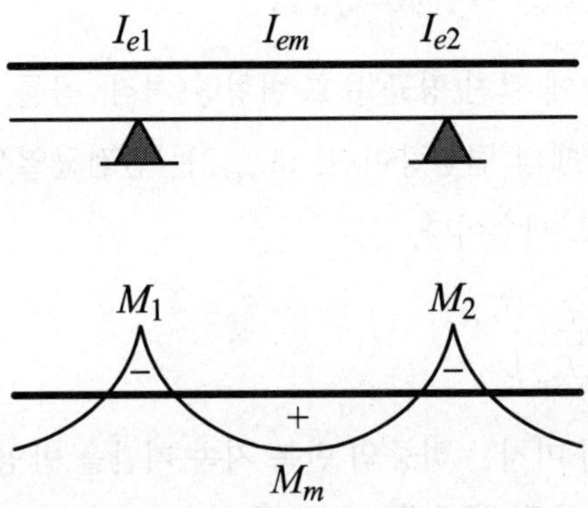

그림 7.3 연속부재의 휨모멘트 분포와 최대 휨모멘트 작용 위치의 유효단면2차모멘트

연속부재의 경우에도 단순부재와 유사한 방법으로 경간 중앙부 단면의 유효단면2차모멘트를 사용하여 처짐을 계산할 수 있으나, 부모멘트가 작용하는 단면의 강성을 고려하여 평균값을 사용하는 것이 더 합리적이다. 구조기준에서는 연속보에서 균일단면 또는 비균일단면을 갖는 부재에 대해 다소 개선된 방법으로 평균 I_e의 근사값을 구할 수 있는 식을 제시하고 있다.

양단 연속인 보에 대해서

$$\text{평균 } I_e = 0.7I_{em} + 0.15(I_{e1} + I_{e2}) \tag{7.10}$$

일단 연속인 보에 대해

$$\text{평균 } I_e = 0.85I_{em} + 0.15I_{e1} \tag{7.11}$$

여기서, I_m =경간 중앙에서의 I_e

I_{e1}, I_{e2} =보의 단부에서의 I_e

모멘트곡선(moment envelop)을 구하기 위해서는 I_e의 (+)값과 (−)값이 모두 사용된다. 1개의 큰 집중하중을 받는 보의 경우에 있어서는 경간 중앙에서의 I_e만이 사용된다.

콘크리트 도로교 설계기준 한계상태설계법(KDS 24 14 21;2021)에서는 처짐을 다음의 식에 의해 산정하도록 하고 있다. 직접 계산에 의한 처짐 검증이 필요하다고 생각되는 곳에서는 목적에 적합한 하중조합에 의한 처짐량을 계산하여 KDS 24 14 21(2021) 4.2.4.1에 규정된 허용 최대 한계값과 비교하여 검증하여야 한다. 균열이 전혀 발생하지 않은 부재, 비균열 상태와 완전 균열 상태 사이의 중간 거동을 하는 부재, 그리고 주로 휨을 받는 부재들에 대한 처짐은 식 (7.12)을 적용하여 산정할 수 있다.

$$\Delta_e = \zeta \Delta_{crack} + (1-\zeta)\Delta_{uncrack} \tag{7.12}$$

여기서, Δ_e는 부재 전 경간에 걸친 평균 유효 변형량(처짐, 곡률, 축변형량 등을 포함)이고, $\Delta_{uncrack}$은 비균열 상태일 때의 변형량이며, Δ_{crack}는 완전균열상태일 때의 변형량이다. ζ는 식 (7.13)로 주어진 분포 계수이다.

$$\zeta = 1 - \beta \left(\frac{f_{sr}}{f_{so}} \right)^2 \tag{7.13}$$

여기서, β는 평균 변형률에 미치는 하중의 반복 지속 기간을 반영하는 계수로, 단기 하중에 대해 1.0을 장기 또는 반복하중에 대해 0.5를 취하며, f_{so}는 균열 단면을 기준으로 계산한 인장 철근 응력, f_{sr}는 첫 균열이 발생한 직후에 균열 면에서 계산한 철근 인장응력이다. 분포계수는 $0 \le \zeta \le 1.0$ 범위로 비균열 부재에서 $\zeta = 0$이다.

7.2 장기처짐

철근콘크리트 부재의 처짐은 지속하중상태 하에서 시간이 흐름에 따라 점차 증가하게 된다. 콘크리트의 건조수축과 크리프로 인해 추가적인 처짐이 발생하며, 이 추가적인 처짐을 장기처짐이라 한다. 장기처짐은 주로 온도, 습도, 재하시간, 양생, 압축철근의 양, 지속하중의 크기 등에 영향을 받는다(콘크리트의 건조수축과 크리프는 2장에서 설명하였다). 콘크리트 구조 사용성 설계기준(KDS 14 20 30:2021) 4.2.1(1방향 구조)은 보다 정밀한 방법에 의해 구해지는 값이 아니라면, 보통 콘크리트나 경량 콘크리트의 휨부재의 장기처짐은 탄성처짐에 계수 λ_Δ를 곱함으로써 구할 수 있다고 하였다.

$$\lambda_\Delta = \frac{\xi}{1+50\rho'} \tag{7.14}$$

여기서, ρ' =단순 및 연속경간에서는 경간중앙단면, 그리고 캔틸레버에서는 지지부에서의 단면의 압축철근비 A_s'/bd

ξ = 3, 6, 12, 60개월의 기간에 따라 각각 1.0, 1.2, 1.4, 2.0의 계수를 갖는 지속하중에 대한 시간의존계수

계수 ξ는 고정하중이나 시간의존 처짐을 발생시킬 수 있을 만큼 긴 시간 계속되는 휨하중에 의하여 발생하는 처짐을 계산하기 위하여 사용한다. 계수 λ는 ξ에 의해 나타낼 수 있는 재료의 특성과 $1+50\rho'$에 의해 나타낼 수 있는 단면의 특성 함수이다. 식 (7.14)에서 압축철근의 영향은 콘크리트구조설계기준에서 나타난 바와 같이 인장철근에 대한 압축철근의 비율보다 오히려 콘크리트의 단면적과 관계가 있다.

콘크리트구조 사용성 설계기준(KDS 14 20 30 : 2021)(그림 7.4 참조)에는 60개월 이내의 ξ를 추정하기 위한 곡선을 나타내었으며, 이들 값은 표 7.1에서 주어진 바와 같이 추정될 수 있다.

표 7.1 장기처짐에 대한 승수

기간(월)	1	3	6	12	18	24	36	48	60
ξ	0.5	1.0	1.2	1.4	1.6	1.7	1.8	1.9	2.0

콘크리트 도로교 설계기준 한계상태설계법(KDS 24 14 21;2021)에서는 장기처짐은 크리프 변형이 발생되는 지속하중에서의 총변형량은 식 (7.15)에 의한 콘크리트 유효탄성계수를 적용하여 계산할 수 있고, 건조수축의 곡률은 식 7.16에 따라 산정하도록 하고 있다.

$$E_{ce} = \frac{E_c}{1+\varphi(\infty, t_o)} \tag{7.15}$$

여기서, $\varphi(\infty,\ t_o)$는 하중과 지속 기간에 맞는 크리프계수

$$\frac{1}{r_{sh}} = n\varepsilon_{sh}\frac{S}{I} \tag{7.16}$$

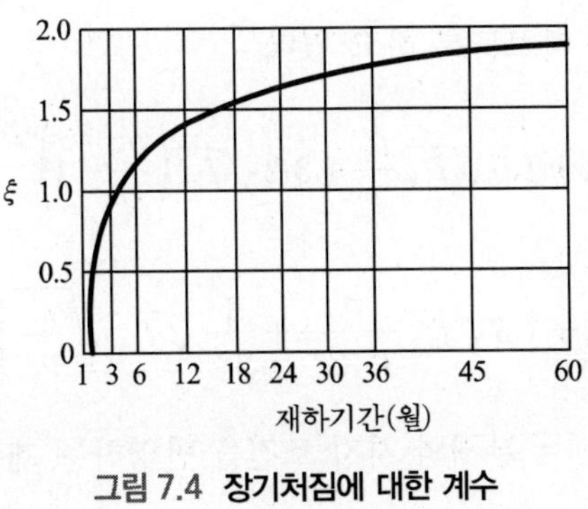

그림 7.4 장기처짐에 대한 계수

7.3 처짐제한규정

철근콘크리트 부재의 처짐은 정확하게 계산하기 어렵고, 정밀한 처짐량을 평가하는 것이 중요한 것은 아니다. 따라서 콘크리트구조 사용성 설계기준(KDS 14 20 30 : 2021)에서는 표 7.2와 표 7.3과 같이 보 또는 1방향 슬래브 구조와 2방향 슬래브 구조에 대하여 각각의 최소 두께규정을 두어 이를 만족하는 경우에는 처짐을 계산하지 않아도 되도록 하고 있으며, 콘크리트 도로교 한계상태설계기준(KDS 24 14 21;2021) 4.2.4에서는 식 (7.17)과 같은 제한 규정을 제시하고 있다.

표 7.2 보 또는 1방향 슬래브의 최소 두께

부재	최소 두께, h			
	단순 지지	1단 연속	양단 연속	캔틸레버
	큰 처짐에 의해 손상되기 쉬운 칸막이 벽이나 기타 구조물을 지지 또는 부착하지 않은 부재			
• 1방향 슬래브	$l/20$	$l/24$	$l/28$	$l/10$
• 보 • 리브가 있는 1방향 슬래브	$l/16$	$l/18.5$	$l/21$	$l/8$

표 7.2의 값은 보통 중량콘크리트($m_c = 2,300\text{kg/m}^3$)와 설계기준항복강도 400 MPa 철근을 사용한 부재에 대한 값이며, 1,500∼2,000kg/m^3 범위의 단위질량을 갖는 구조용 경량콘크리트에 대해서는 계산된 h 값에$(1.65 - 0.00031\,m_c)$를 곱하여야 하나, 1.09보다 작지 않아야 한다. 철근의 경우 f_y가 400MPa 이외인 경우는 계산된 h 값에 $(0.43 + f_y/700)$를 곱하여야 한다. 2방향 슬래브의 제한두께규정은 2방향 슬래브 설계에 자세히 언급할 예정이며, 차량 등의 이동하중이 주요한 도로교의 경우에는 하중의 형태와 재하방식이 다르기 때문에 식 (7.17)의 규정을 따르도록 하고 있다.

$$\frac{l}{d} = k\left[11 + 1.5\sqrt{f_{ck}}\frac{\rho_o}{\rho} + 3.2\sqrt{f_{ck}}\left(\frac{\rho_o}{\rho} - 1\right)^{3/2}\right] \quad : \rho \le \rho_o \tag{7.17a}$$

$$\frac{l}{d} = k\left[11 + 1.5\sqrt{f_{ck}}\frac{\rho_o}{\rho - \rho'} + \frac{1}{12}\sqrt{f_{ck}}\sqrt{\frac{\rho'}{\rho_o}}\right] \quad : \rho > \rho_o \tag{7.17b}$$

여기서, k = 부재의 지지 조건을 반영하는 계수 (표 4.2-6 참조)

ρ_o = 기준 철근비 (= $\sqrt{f_{ck}} \times 10^{-3}$)

ρ = 지간 중앙(캔틸레버의 경우 지지단)의 인장 철근비

ρ' = 지간 중앙(캔틸레버의 경우 지지단)의 압축 철근비

f_{ck} = 콘크리트 기준압축강도 (MPa)

표 7.3 내부에 보가 없는 2방향 슬래브의 최소 두께

설계기준 항복강도 f_y(MPa)	지판이 없는 경우			지판이 있는 경우		
	외부 슬래브		내부 슬래브	외부 슬래브		내부 슬래브
	테두리보가 없는 경우	테두리보가 있는 경우		테두리보가 없는 경우	테두리보가 있는 경우	
300	l_n / 32	l_n / 35	l_n / 35	l_n / 35	l_n / 39	l_n / 39
350	l_n / 31	l_n / 34	l_n / 34	l_n / 34	l_n / 37.5	l_n / 37.5
400	l_n / 30	l_n / 33	l_n / 33	l_n / 33	l_n / 36	l_n / 36
500	l_n / 28	l_n / 31	l_n / 31	l_n / 31	l_n / 33	l_n / 33
600	l_n / 26	l_n / 29	l_n / 29	l_n / 29	l_n / 31	l_n / 31

식 (7.17)은 단순 지지된 슬래브에 대해 식(7.12)의 공식을 적용한 결과를 단순화 한 것으로서 부재의 중앙 단면이나 캔틸레버의 경우 지지단의 철근 인장응력이 철근의 인장강도 500 MPa의 약 60%인 310 MPa이라고 가정하여 유도한 것이다. 만약 철근 인장응력 수준이 이 가정과 다른 값이라면, 위 식으로 얻은 값에 $310/f_s$를 곱해 보정해야 한다. 이 보정값은 다음 식(7.18)으로 산정된 값을 취하면 일반적으로 안전한 설계가 된다.

$$\frac{310}{f_s} = \frac{500}{f_y(A_{s,req}/A_s)} \tag{7.18}$$

여기서, f_s = 사용하중에서 지간 중앙의 인장 철근응력

$A_{s,req}$ = 극한한계상태에서 중앙단면에 필요한 철근량

A_s = 지간 중앙단면(캔틸레버의 경우 지지단)에 배치된 철근량

이상과 같이 최소 두께 규정을 만족함으로서 콘크리트 부재의 처짐에 대한 사용성 요구조건을 만족시킬 수 있으나 경우에 따라 부재의 최소 두께 규정을 만족시키지 못할 경우가 발생할 경우에는 구조기준 상의 최대 허용처짐 규정을 만족시켜야 한다. 구조기준에서는 전체

처짐을 탄성처짐과 장기처짐을 합한 값으로 규정하고 있으며, 이 전체 처짐이 표 7.5를 초과하지 않아야 한다고 규정하고 있다. 장기처짐은 식 (7.17)을 적용하여 계산되어야 하지만 비구조요소를 부착하기 전에 일어나는 처짐량만큼 감소시킬 수 있다. 그러나 이 양은 고려 중인 부재와 유사한 부재의 시간-처짐 특성에 관한 적절한 방책이 취해지는 경우에는 이 한계치를 초과할 수 있다. 비구조요소에 대해 취해진 허용치보다 커서는 안 된다. 그리고 전체 처짐량에서 솟음량만큼 뺀 값이 한계치를 넘지 않도록 솟음을 준다면 이 한계치를 초과할 수 있다.

표 7.5 콘크리트구조 사용성 설계기준(KDS 14 20 30:2021)의 최대 허용처짐

부재의 종류	고려해야 할 처짐	처짐한계
과도한 처짐에 의해 손상되기 쉬운 비구조요소(non-structural elements)를 지지하지 않거나 또는 이들이 부착되지 않은 평지붕(flat roof)구조	활하중이 재하되는 즉시 생기는 순간처짐	$\frac{l}{180}$
과도한 처짐에 의해 손상되기 쉬운 비구조요소를 지지하지 않거나 또는 이들이 부착되지 않은 바닥구조	활하중이 재하되는 즉시 생기는 순간처짐	$\frac{l}{360}$
과도한 처짐에 의해 손상되기 쉬운 비구조요소를 지지하거나 또는 이들에 부착된 지붕 또는 바닥구조	전체 처짐 중에 비구조요소가 부착된 후에 발생하는 처짐부분(모든 지속하중에 의한 장기처짐과 추가적인 활하중에 의한 순간처짐의 합)	$\frac{l}{480}$
과도한 처짐에 의해 손상될 염려가 없는 비구조요소를 지지하거나 또는 이들에 부착된 지붕 또는 바닥구조		$\frac{l}{240}$

표 7.6 콘크리트교 설계기준(한계상태설계법) (KDS 21 14 21: 2021)의 최대 허용처짐

부재의 종류		처짐한계
단순 및 연속경간	일반교량	$\frac{l}{800}$
	보행자 사용 도시지역 교량	$\frac{l}{1000}$
캔틸레버	일반교량	$\frac{l}{300}$
	보행자 사용 도시지역 교량	$\frac{l}{380}$

7.4 조합하중에 의한 처짐

어떤 보가 다른 종류의 하중(등분포하중, 부등분포하중 혹은 집중하중)이나 단부모멘트를 받는다면, 처짐은 보에 작용한 힘이나 하중형태에 따라 각각 구할 수 있으며, 전체 처짐은 중첩의 원리를 적용하여 구할 수 있다. 이것은 각각의 처짐을 구하기 위하여 대수적으로 합쳐져도 무방함을 의미한다. 단일하중에 대한 보의 처짐은 부록 *B*의 표에 나타나 있다. 다음 예는 그 방법을 설명한다.

예제 7.1

그림 7.5와 같은 단순보에 6kN/m 등분포 고정하중, 10kN/m의 등분포 활하중, 그리고 집중고정하중 20kN이 경간 중앙에 작용할 때 경간 중앙에서의 탄성처짐을 계산하라. 여기서 $f_{ck}=28\text{MPa}$, $f_y=400\text{MPa}$, $b=350\text{mm}$, $d=520\text{mm}$, 그리고 보의 높이는 600m이다. D22mm 8개를 2열로 배근하였다.

▌풀이

1. 표 7.2에 따른 최소 높이는

$$\text{최소 높이}=\frac{L}{16}=\frac{12{,}000}{16}=750\text{mm}$$

$$\text{사용된 보의 높이}=600\text{mm}<750\text{mm}$$

따라서 처짐을 계산해 보아야 한다.

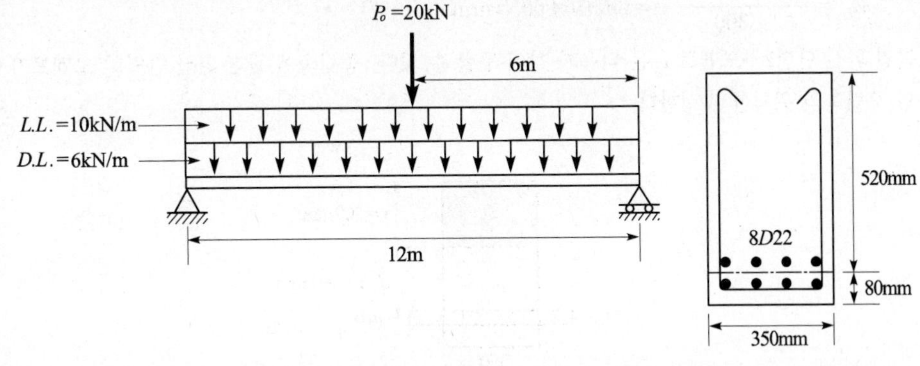

그림 7.5

2. 등분포 활하중에 의한 경간 중앙에서의 처짐은

$$\delta_1 = \frac{5wL^4}{384E_cI_e}$$

이다. 집중하중에 의한 경간 중앙에서의 처짐은

$$\delta_2 = \frac{PL^3}{48E_cI_e}$$

w, P, L을 알고 있기 때문에 탄성계수 E_c와 유효단면2차모멘트 I_e를 구해야 한다.

3. 콘크리트의 탄성계수

$$E_c = 8{,}500\sqrt[3]{f_{cu}} = 8{,}500\sqrt[3]{28+4} = 26{,}986\text{MPa}$$

4. 유효단면2차모멘트

$$I_e = \left(\frac{M_{cr}}{M_a}\right)^3 I_g + \left[1-\left(\frac{M_{cr}}{M_a}\right)^3\right] I_{cr} \le I_g$$

우변 항들의 결정

$$M_a = \frac{wL^2}{8} + \frac{PL}{4} = \frac{16\times 12^2}{8} + \frac{20\times 12}{4} = 348\text{kN}\cdot\text{m} = 348\times 10^6\text{N}\cdot\text{mm}$$

$$I_g = \frac{bh^3}{12}(\text{콘크리트 단면에 대해서만}) = 63\times 10^8\text{mm}^4$$

$$M_{cr} = \frac{f_r I_g}{y_t}$$

$$y_t = h/2 = 300\text{mm}$$

$$f_r = 0.63\lambda\sqrt{f_{ck}} = 0.63\cdot 1.0\times\sqrt{28} = 3.33\text{MPa}$$

$$M_{cr} = \frac{3.33\times 63\times 10^8}{300} = 69{,}930{,}000\text{N}\cdot\text{mm}$$

균열 환산 단면2차모멘트 I_{cr}은 다음과 같이 구할 수 있다. 중립축에 관한 환산 단면1차모멘트가 0인 중립축의 위치를 결정한다.

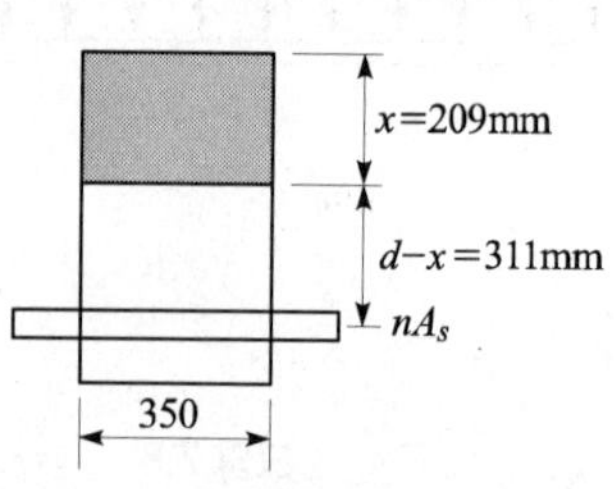

$$\frac{bx^2}{2} - nA_s(d-x) = 0$$

$$n = E_s/E_c = 7.0,\ A_s = 3{,}097\text{mm}^2$$

$$\frac{350}{2}x^2 - 7 \times 3{,}097(520-x) = 0$$

$$x^2 + 123.9x - 64{,}417.6 = 0$$

$$x = 199\text{mm}$$

$$I_{cr} = \frac{bx^3}{3} + nA_s(d-x)^2 = \frac{350 \times 199^3}{3} + 7 \times 3{,}097(520-199)^2 = 3{,}153{,}229{,}056\text{mm}^4$$

앞에서 구한 값들로부터

$$I_e = \left(\frac{6{,}993 \times 10^4}{348 \times 10^6}\right)^3 \times 63 \times 10^8 + \left[1 - \left(\frac{6{,}993 \times 10^4}{348 \times 10^6}\right)^3\right] \times 3.15 \times 10^9$$

$$= 3{,}175{,}560{,}151\text{mm}^4 < I_g = 63 \times 10^8\text{mm}^4$$

5. 처짐계산

$$\delta_1(\text{등분포하중에 대한}) = \frac{5wL^4}{384E_cI_e} = \left(\frac{5}{384}\right)\frac{16 \times (12{,}000)^4}{26{,}986 \times 3.18 \times 10^9} = 50.3\text{mm}$$

$$\delta_2(\text{집중하중에 대한}) = \frac{PL^3}{48E_cI_e} = \frac{20{,}000 \times (12{,}000)^3}{48 \times 26{,}986 \times 3.18 \times 10^9} = 8.4\text{mm}$$

총 탄성처짐 $= \delta_1 + \delta_2 = 50.3 + 8.4 = 58.7\text{mm}$

6. 허용처짐과의 비교

10kN/m의 등분포 활하중으로 인한 순간처짐은 $50.3 \times \frac{1}{1.6} = 31.4\text{mm}$이다. 만일 부재가 과도한 처짐으로 인해 손상되기 쉬운 비구조요소를 지지하지 않거나 또는 이들에 부착되지 않은 바닥 구조라면, 활하중으로 인한 허용 순간처짐은

$$\frac{L}{360} = \frac{12{,}000}{360} = 33.3\text{mm} > 31.4\text{mm}$$

허용치는 작용한 등분포 활하중으로 인하여 발생한 처짐 31.4mm보다 크다. 따라서 이 구조의 단면은 적당하다.

7. 장기처짐을 발생시키는 지속하중은 경간중앙에서의 집중하중 20kN과 6kN/m의 등분포하중으로 이루어진 고정하중이다.

등분포고정하중으로 인한 처짐 $= 0.6/1.6 \times 50.3 = 18.9\text{mm}$
집중고정하중으로 인한 처짐 $= 8.4\text{mm}$
따라서
지속하중으로 인한 처짐 $= 18.9 + 8.4 = 27.3\text{mm}$

8. 추가적인 장기처짐은 탄성처짐에 콘크리트 표준시방서에 따른 계수 λ_{Δ}를 곱하여 구할 수 있다.

$$\lambda_{\Delta} = \frac{\xi}{1+50\rho'} = \frac{2}{1+0}$$

이 예제에서 $A_s' = 0$이므로 $\xi = 2.0$이며,

추가적인 장기처짐 $= 2 \times 27.3 = 54.6\text{mm}$

9. 총 장기처짐은 탄성처짐에 추가적인 장기처짐을 더하여 구한다.

$$58.7 + 54.6 = 113.3\text{mm}$$

예제 7.2

그림 7.6에서와 같이 9.6m인 보 AB의 경간중앙부에서의 탄성처짐을 구하라. 이 보는 연속보이며 휨모멘트도 및 경간 중앙과 지지부에서의 보의 단면은 그림에 나타난 바와 같다. 보는 63kN/m의 등분포 고정하중과 54kN/m의 등분포 활하중을 받는다. 여기서 $f_{ck} = 21\text{MPa}$, $f_y = 400\text{MPa}$, $n = 9$이다.

경간 중앙에서의 모멘트, $M_D = 259\text{kNm}$, $M_{D+L} = 648\text{kNm}$

좌측 지지부 A에서의 모멘트, $M_D = 242\text{kN}\cdot\text{m}$, $M_{(D+L)} = 567\text{kN}\cdot\text{m}$

우측 지지부 B에서의 모멘트, $M_D = 292\text{kN}\cdot\text{m}$, $M_{(D+L)} = 732\text{kN}\cdot\text{m}$

▮ 풀이

1. 보 AB는 지간 중앙에서의 하향처짐을 일으키는 (+)모멘트를 받으며, 양단에서는 상향처짐을 일으키는 (−)모멘트를 받는다. 전술한 바와 같이 처짐은 유효단면2차모멘트 I_e의 함수이다. 연속보에서 사용되는 I_e는 (+), (−)모멘트 위치에서의 평균값이다. 그러므로 고려해야 할 단면은 세 단면, 즉 경간 중앙에서의 단면, 양측 받침부에서의 단면이다.

2. I_e 의 계산

모든 단면의 전체면적에 대해서 $kd = 337.5\text{mm}$이다. 또한 모든 단면에 대해 $f_r = 0.63\sqrt{f_{ck}} = 2.89\text{MPa}$, , $E_c = 8{,}500\sqrt[3]{f_{cu}} = 24{,}854\text{MPa}$이다. 각 균열 단면의 kd, I_{cr}, M_{cr}의 값들과 고정하중만을 고려했을 때의 I_e, 고정하중과 활하중을 모두 고려했을 때의 I_e는 아래에 표로 나타내었다.

단 면	kd (cm)	$I_{cr}(\text{mm}^4)$	$M_{cr}(\text{kN}\cdot\text{m})$	$I_e(\text{mm}^4)(D)$	$I_e(\text{mm}^4)$ $(D+L)$
① 경간중앙	16.7	1.9×10^9	220×10^7	3.37×10^9	1.99×10^9
② 지지부 A	31.5	1.75×10^9	399×10^7	4.46×10^9	2.16×10^9
③ 지지부 B	27.3	1.36×10^9	390×10^7	4.46×10^9	2.38×10^9

보가 고정하중만을 받을 때, M_{cr}/M_a은 1.0보다 크며 I_e는 I_g와 같다는 것에 주의하라.

3. 식 (7.10)로부터 평균 I_e의 계산

$$I_{e1}(\text{평균}) = 0.7 \times (1.99 \times 10^6) + 0.15 \times (2.38 \times 10^6 + 2.16 \times 10^6) = 2.07 \times 10^9 \text{mm}^4$$

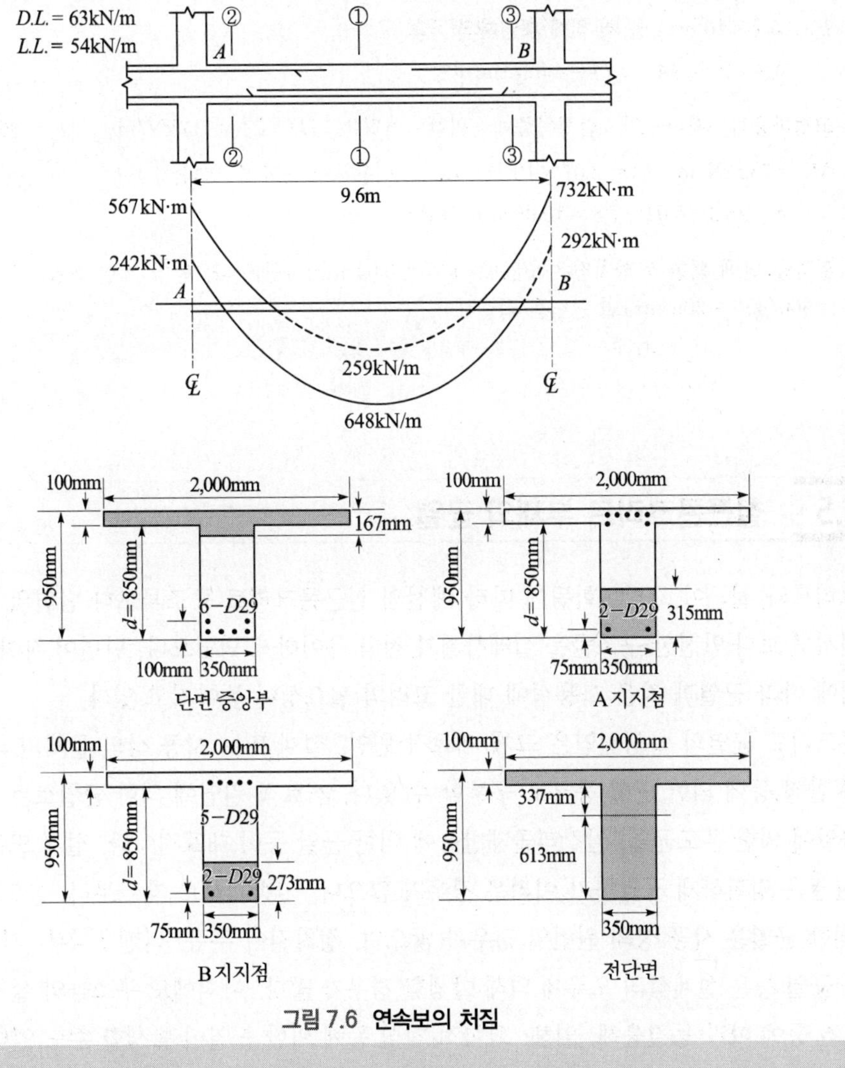

그림 7.6 연속보의 처짐

4. 경간중앙에서의 탄성처짐

$$\delta_1(\text{등분포 하중에 의한}) = \frac{5wL^4}{384EI_e}(\text{하향})$$

$$\delta_2(A\text{에서의 모멘트}M_A\text{ 에 의한}) = -\frac{M_a L^2}{16EI_e}(\text{상향})$$

$$\delta_3(B\text{에서의 모멘트}M_B\text{ 에 의한}) = -\frac{M_b L^2}{16EI_e}(\text{상향})$$

등분포 고정하중 63kN/m 에 의한 고정하중 처짐과 $M_A(D.L.) = 242\,\text{kN}\cdot\text{m}$, $M_B(D.L.) = 292\,\text{kN}\cdot\text{m}$, $I_{e3} = 3.7\times 10^9\text{mm}^4$을 위 식에 대입하면

$$\delta = 7.2 - 1.44 - 1.74 = 4.02\,\text{mm}(\text{하향})$$

고정하중과 활하중의 합성하중에 의한 처짐은 $(D+L) = 117\text{kN/m}$, $M_A = 567\,\text{kN}\cdot\text{m}$, $M_B = 732\,\text{kN}\cdot\text{m}$, $I_{e2} = 2.07\times 10^9\text{N/mm}^4$을 이용하면 구할 수 있다.

$$\delta = 23.9 - 6.04 - 7.8 = 10.06\,\text{mm}(\text{하향})$$

활하중 만에 의한 탄성처짐은 $10.06 - 4.02 = 6.04\,\text{mm}$(하향)이다. 만약 제한 허용처짐 $= L/480 = 960/480 = 20\text{mm}$라면 단면은 적절하다.

7.5 철근콘크리트 부재의 균열

콘크리트와 철근이 고강도화됨에 따라 예전의 철근콘크리트 구조물보다 단면의 크기를 줄이면서도 보다 안전한 구조물을 설계하기가 점차 용이하게 되었으나, 단면이 작아지고 경량화됨에 따라 균열과 같은 사용성에 대한 고려의 필요성이 높아지고 있다.

콘크리트 균열의 발생원인은 크게 재료적 원인, 설계 또는 시공 상의 문제의 의한 원인, 사용 환경 등에 의한 균열 등으로 구분할 수 있다. 재료적 원인에 의한 균열로는 수축균열, 수화열에 의한 온도균열, 알칼리골재반응에 의한 균열 등이 대표적이다. 설계 또는 시공 상의 균열은 명확하게 규정하기 어려운 경우가 많으나, 일반적으로 재료분리, 콜드조인트 등에 의한 균열은 시공 상의 원인일 경우가 많으며, 정착길이 부족, 라멘우각부, 기초의 부등침하 균열 등은 설계상의 오류에 의해 발생할 경우가 많다. 이외에도 구조물의 설치위치, 사용조건 등에 따라 동결융해, 염해, 화학적 침식 등에 의한 균열이 발생할 수도 있다. 균열의 발생 원인에 의한 구분이외에도 휨균열 또는 전단균열과 같은 구조적 균열과 수축균열 또는 수화열 균열과 같은 비구조적 균열로 구분하기도 한다.

콘크리트구조물의 균열은 구조물의 사용성, 내구성 및 미관에 손상을 주지 않도록 제어되어야 하며, 특히 내구성 측면에서 철근의 부식을 막기 위하여 균열폭을 제한하고 있다. 콘크리트

의 균열폭이 커지면 철근을 부식시킬 수도 있으며, 특히 수리 구조물에서는 누수를 일으켜 구조물의 외관이 손상되기도 한다. 균열은 콘크리트 내부인장력 변화의 결과로서 존재하지 않았던 좁은 틈이 콘크리트면에 발생되는 것을 의미하며, 다음과 같은 여러 요소에 기인한다.

- 축방향 인장력, 전단력, 휨, 비틀림과 같은 외력
- 콘크리트의 수축 및 크리프, 수화열, 동결융해
- 부적절한 타설이음, 불규칙 타설 등에 의한 재료분리
- 콘크리트 덮개 부족, 철근의 부적절한 정착 및 이음, 부등침한
- 콘크리트 성분의 특성변화로서 나타나는 내부 팽창, 알칼리골재반응, 화학적 작용

일반적으로 균열은 미세균열과 주균열의 2가지 형태로 구분할 수 있다.

7.5.1 미세균열

균열 초기 단계에서 발생하는 매우 작은 균열인 미세균열은 콘크리트 성분의 내부팽창이나 수축 혹은 고정하중이나 부재의 자중으로 인하여 생기는 작은 휨 인장응력에 의하여 발생하게 되며 일반적인 미세균열에는 다음과 같은 3종류가 있다.

(1) 굳지 않은 콘크리트 균열

- 콘크리트의 소성수축균열 :

  이 균열은 타설 후 콘크리트가 경화되면서 콘크리트 내 수분의 증발에 의해 단면이 축소되면서 구속조건 등에 의해 발생하게 된다. 콘크리트 타설 후 표면이 건조한 외기에 노출될 경우 표면의 수분증발로 수축현상이 일어나며, 이러한 수축현상은 건조되지 않은 내부 콘크리트의 구속으로 억제되어 표면에 인장응력이 발생한다. 이렇게 발생되는 인장응력은 콘크리트의 초기 인장강도를 초과하게 되므로 소성 수축균열이 발생하게 되며, 건조수축 균열은 제어하기 어렵다.

- 콘크리트의 침하균열 :

  콘크리트를 타설하고 다짐 이후에도 중력에 의하여 굳지 않은 콘크리트는 계속하여 압밀되는 경향을 나타내며, 거푸집이나 철근 배치 등에 의하여 영향을 받게 되며 철근 직경이 클수록, 슬럼프가 클수록, 콘크리트 덮개가 작을수록 침하균열은 증가하게 되며, 충분한 다짐을 하지 못한 경우나 튼튼하지 못한 거푸집을 사용했을 경우에 더욱 증가하게 된다.

(2) 굳은 콘크리트 균열

• 콘크리트의 건조수축균열 :

콘크리트가 굳은 이후에도 콘크리트는 외부와 접하면서 건조하기 시작하고 건조된 외부는 줄어들게 된다. 그러나 콘크리트의 내부는 아직도 수분을 많이 함유하고 있으므로 외부의 수축작용을 구속하게 된다. 따라서 외부표면에는 인장응력이 발생하게 되며 이 인장응력이 콘크리트의 인장강도를 초과하게 되면 균열이 발생하게 된다. 건조수축으로 인한 균열은 수축조인트를 적절히 배치하고 철근을 적절히 배치함으로써 제어할 수 있으며, 건조수축을 보상할 수 있는 시멘트를 사용함으로써 건조수축을 제어할 수도 있다.

• 온도응력에 의한 균열 :

콘크리트에 발생할 수 있는 온도균열은 경화 중 콘크리트 내부의 온도차에 의한 균열과 외부 온도차에 의한 균열로 구분할 수 있다. 내・외부의 온도변화는 불균등한 체적변화를 일으키게 되며, 이로 인해 인장변형이 콘크리트의 균열을 일으키게 된다. 시멘트의 수화작용으로 인한 온도차이의 영향은 주로 교각, 기초, 댐 및 기둥 등의 매스콘크리트에서 일어나는 데 반해, 대기의 온도차이로 인한 구조물의 온도영향은 어느 형태의 구조물에서도 일어날 수 있다.

• 철근부식에 의한 균열 :

콘크리트는 강알칼리성을 띠고 있기 때문에 내부의 철근은 녹이 잘 발생하지 않는다. 그러나 탄산화(carbonation) 등을 통하여 콘크리트의 알칼리 성분이 감소될 경우, 철근이 산소와 물과 결합하여 산화과정을 일으키게 되고 이로 인한 부식이 발생하게 된다. 철근의 부식은 원래의 금속철의 체적보다 훨씬 커다란 체적을 갖는 철산화물과 수산화물을 만들어내게 되며, 산화물에 의해 철근 주위의 콘크리트를 외부로 밀어내는 응력을 유발하여 국부적인 균열을 일으키게 된다. 또한 이러한 할렬균열(splitting crack)은 산소와 수분의 접촉을 쉽게 하여 부식을 촉진하게 되므로 균열은 점점 커지게 된다.

• 외력에 의한 균열 :

철근콘크리트 구조물이 시공되어 외부하중을 받게 되면 인장응력이 크게 발생하는 곳에 균열이 발생할 수 있으며, 콘크리트 구조물의 균열 중 가장 중요한 의미를 갖게 되는데, 그것은 하중에 의한 균열이 구조부재의 내하력 부족을 의미하므로 구조안전도와 직결되는 중요한 문제가 될 수 있기 때문이다.

콘크리트 구조물에 재하되는 하중이 점차 증가할 때 정모멘트부 바닥 또는 부모멘트

부의 상부의 인장응력이 콘크리트 휨 인장강도(f_r)보다 커졌을 때 균열이 발생하게 된다. 기존의 연구들에서 Saliger와 Billing은 균열이 생기기 바로 전의 철근 응력이 약 42~49MPa 정도라고 제시하였으며, 초기 균열폭은 약 0.025mm 정도이라고 주장하였다. 일단 균열이 형성되면, 균열부에서 콘크리트의 인장응력은 0으로 감소하고, 철근이 모든 인장응력을 받게 된다. 이때에 철근과 콘크리트 사이에는 약간의 미끄러짐(slip)이 일어나게 되는데, 이것은 콘크리트와 철근이 다른 신장률을 가지기 때문이며, 콘크리트와 철근의 변형률이 같아지는 위치까지 미끄러지게 된다. 그림 7.7은 축인장을 받는 부재에 있어서 균열 간의 전형적인 응력 분포를 나타내었다.

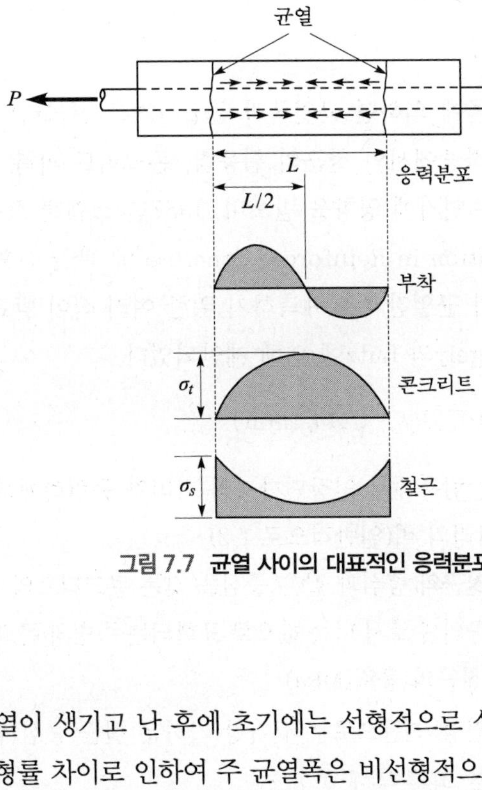

그림 7.7 균열 사이의 대표적인 응력분포

7.5.2 주 균열

주 균열은 미세균열이 생기고 난 후에 초기에는 선형적으로 성장하다가 균열면에서의 철근과 콘크리트의 변형률 차이로 인하여 주 균열폭은 비선형적으로 증가하게 된다. 일반적으로 주 균열의 거동은 2가지 다른 단계에서 변화한다. 철근의 인장응력이 작을 때, 즉 인장응력이 증가하여 평형상태에 이르기 전까지는 균열의 수는 늘어나지만, 균열폭은 작은 상태를 유지하게 되며, 이때에는 철근과 콘크리트는 거의 완전부착상태를 유지하고 있다. 그러나 외력에 의해 응력이 보다 커졌을 때 철근과 콘크리트의 부착이 점차 손상을 받게 되고, 부재 전체에서 균열의 수는 거의 증가하지 않은 상태에서 균열폭이 비선형적으로 증가하게 된다. 이때 보통 1~2개의 균열이 다른 균열보다 크게 성장하며, 파괴에 이르는 균열로 발전하게 된다.

보나 축방향 인장을 받는 부재에서의 주균열은 여러 사람에 의해 연구되어 왔으나, 균열폭의 예측과 균열 제어는 아직까지 정확하게 예측하기 어려운 상태이다. 2000년대 초반까지는 실험에 근거한 Gergely와 Lutz 이론을 적용하여 사용하중상태에서 균열폭을 예측하여 균열을 제어하고자 하였으나. 정확성이 낮았기 때문에 최근에는 적용하고 있지 않다.

반면에 콘크리트구조 사용성 설계기준(KDS 14 20 30:2021)에서는 철근의 간격, 콘크리트 덮개 등을 검토함으로서 균열을 제어하도록 제시하고 있으며, 보다 정밀한 해석을 통하여 균열폭을 검토하고자 할 경우에는 콘크리트와 철근의 부착-슬립관계로부터 유도된 역학적 모델을 적용하도록 하고 있다.

- **전통적인 균열폭 산정식 :**

  현재까지 진행된 균열이론에 의하면 균열폭과 균열간격은 콘크리트 단면에서 철근의 위치, 철근의 비율, 사용하중에서의 철근의 휨응력, 콘크리트 피복 두께, 콘크리트 성분의 특성 등과 같은 많은 인자에 영향을 받으며, 1957년 스웨덴 스톡홀름에서 개최된 "Bond and Crack Formation in Reinforced concrete"에 관한 심포지엄 이후로 철근콘크리트 부재의 균열폭과 균열간격을 예측하기 위한 여러 식이 발표되었다. 그 중 가장 많이 적용된 식은 Gergely와 Lutz에 의해 제안되었다.

$$w = 1.086 \times 10^{-5} R f_s \sqrt[3]{A d_c}\ (\mathrm{mm}) \tag{7.19}$$

여기시, R －중립축에서 인장면까지의 거리와 중립축에서 철근 중심까지의 거리의 비(일반적으로 1.2)

A = 철근의 중심과 같은 중심을 갖는 콘크리트의 유효인장면적을 철근의 수로서 나눈 값으로 표현되는 주변의 콘크리트의 면적(mm^2)

f_s = 철근의 응력(MPa)

d_c = 인장 연단으로부터 가장 가까운 철근 중심까지 측정된 콘크리트 피복 두께

- **허용균열폭 :**

  철근콘크리트 부재의 균열 발생을 피하기는 어렵기 때문에 설계기준에서는 허용균열폭 규정을 콘크리트 구조물의 균열을 제어하고 있다. 균열폭은 콘크리트의 표면에서 측정되나, 실제로 균열폭은 부식이 예상되는 철근과 콘크리트 표면과의 거리, 즉 콘크리트 덮개와 밀접한 관계가 있다. 부식의 위험이 작은 건조한 환경의 보 또는 슬래브의 덮개

는 일반적으로 40mm 내외이나, 흙에 접하거나 수중에서 치는 콘크리트의 최소피복두께는 75mm에서 100mm으로 증가하게 된다. 따라서 피복두께의 정도에 따라 표면 균열이 발생하였다 하여도 균열깊이가 철근위치까지 도달하지 않을 수 있기 때문에 표면 균열폭과 함께 피폭두께의 의해 균열폭을 제어하도록 하고 있다. 현행 K콘크리트구조 사용성 설계기준(KDS 14 20 30:2021)의 4.1.2(허용균열폭)에서 허용균열폭은 표 7.6과 같이 제한하도록 하고 있으며, 수처리시설과 같은 특수 환경에 대해서는 표 7.7과 같이 균열폭을 제한하고 있다.

표 7.6 철근콘크리트 구조물의 허용균열폭 w_a(mm)

	강재의 부식에 대한 환경조건			
	건조 환경	습윤 환경	부식성 환경	고부식성 환경
철근	0.4 mm와 $0.006c_c$ 중 큰 값	0.3 mm와 $0.005C_c$ 중 큰 값	0.3 mm와 $0.004C_c$ 중 큰 값	0.3 mm와 $0.0035c_c$ 중 큰 값
긴장재	0.2 mm와 $0.005c_c$ 중 큰 값	0.2 mm와 $0.004c_c$ 중 큰 값	–	–

여기서, c_c는 최외단 주철근의 표면과 콘크리트 표면 사이의 콘크리트 최소 피복두께(mm)

표 7.7 수처리 구조물의 허용균열폭 w_a(mm)

	휨 인장 균열	전 단면 인장 균열
오염되지 않은 물[1]	0.25	0.20
오염된 액체[2]	0.20	0.15

1) 음용수(상수도) 시설물
2) 오염이 매우 심한 경우 발주자와 협의하여 결정

- **균열의 제어 :**

균열의 제어는 철근콘크리트 부재에 고강도 철근을 사용하게 됨에 따라 중요성이 증대되고 있으며, 철근 간의 간격 등이 넓어지고, 단면이 작아지고 있기 때문에 이전보다 큰 균열이 발생하게 되었다. 설계 시의 균열제어는 철근간격, 덮개 등을 조절하여 균열을 제어하고, 시공 시에는 시멘트 풀의 양, 물-시멘트비, 혼화재와 콘크리트의 투수성, 양생, 콘크리트의 건조수축, 단부구속조건 등을 조절함으로써 최소화시킬 수 있다.

주균열을 억제시킬 수 있는 요인들로서는 철근의 응력, 철근의 부착특성, 철근의 배치, 철근의 직경, 철근비, 콘크리트 피복두께, 콘크리트 성분의 특성 등을 들 수 있다. 위의 요소들을 적절히 조절하면 균열폭을 제어하는데 충분히 효과를 발휘할 수 있다.

7.6 설계기준 규정

철근콘크리트 부재의 균열을 제어하기 위하여 현행 콘크리트구조 휨 및 압축 설계기준(KDS 14 20 20, 2022)에서는 균열폭을 계산하여 허용균열폭을 검토하는 방법을 사용하지 않고, 철근을 인장영역에 분산시켜 휨균열을 제어하는 방법으로 변경되었다.

(1) 균열폭 제어를 위한 철근 배근

1. 보 및 1방향 슬래브의 휨균열 제어를 위한 철근간격배치
   인장연단에 가장가까이 배치되는 철근의 중심간격 s는 식 (7.20)로 계산되는 값 중 작은 값보다 작아야 하며, 아래의 식은 0.3mm의 허용균열폭을 기준으로 제시된 값이다.

$$s = 375\left(\frac{k_{cr}}{f_s}\right) - 2.5c_c \tag{7.20a}$$

$$s = 300\left(\frac{k_{cr}}{f_s}\right) \tag{7.20b}$$

   여기서, c_c는 인장철근의 피복두께, k_{cr}은 건조환경에 노출되는 경우 280, 그 외의 환경 노출에는 210을 사용한다. f_s는 사용하중 하에서 산정된 인장연단에 가장 가까운 철근의 응력(MPa) 일반적으로 $f_s = \frac{2}{3}f_y$를 적용할 수 있다.

2. T형 보에서 플랜지가 인장을 받는 경우에는 휨인장철근을 플랜지의 유효폭과 경간의 $\frac{1}{10}$에 해당하는 폭 중에서 작은 폭에 분산배치하여야 한다. 플랜지의 유효폭이 경간의 $\frac{1}{10}$보다 큰 경우에는 종방향 철근을 플랜지 바깥에 배치하여야 한다.
3. 보의 높이가 900mm를 초과하는 경우에는 인장연단으로부터 $\frac{h}{2}$의 높이까지 보의 양측을 따라 종방향 표피철근을 배치하여야 한다.

(2) 균열폭의 계산(콘크리트구조 사용성 설계기준(KDS 14 20 30 : 2021))

1. 균열폭은 식 (7.21)를 따라 산정한다. 철근콘크리트 구조물의 균열폭은 그림 7.8에 나타낸 것과 같이 균열간격 내의 평균 철근 변형률과 평균 콘크리트 변형률의 차이에 균열간격을 곱하여 구할 수 있으며, 현재의 구조기준은 수축 등에 의한 영향을 단순화하여 제시한 모델이다.

$$w_d = \kappa_{st}\, w_m = \kappa_{st}\, l_s\,(\varepsilon_{sm} - \varepsilon_{cm}) \tag{7.21}$$

여기서, w_d는 설계 균열폭이고, w_m은 평균 균열폭이며, l_s는 평균 균열간격으로 식 (7.22) 또는 식 (7.23)에 따라 계산한다. κ_{st}는 균열폭 평가계수로서 평균 균열폭을 계산할 때에는 1.0을 적용하며, 최대 균열폭을 계산할 때에는 1.7을 적용한다. ε_{sm}는 균열간격 내의 평균 철근 변형률이며, ε_{cm}는 균열간격 내의 평균 콘크리트 변형률이다.

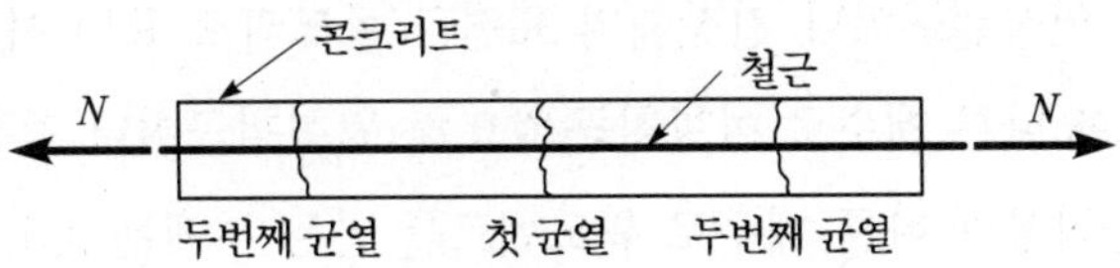

(a) 직접인장 부재

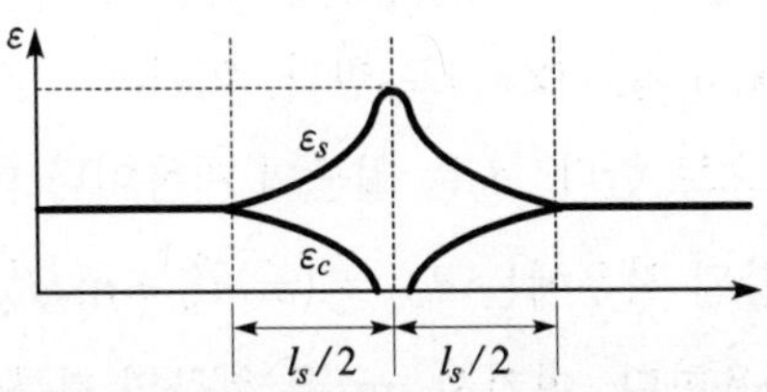

$$\varepsilon_{cr} = \frac{N}{E_c A_{cte}(1+n_i\rho_e)} = \frac{f_r}{E_c} \qquad \varepsilon_{sr} = \frac{N}{E_c A_s} = \frac{f_r}{\rho_e E_c}(1+n_i\rho_e)\frac{f_{sr}}{f_{so}}$$

(b) 첫균열 발생 때의 변형률 분포

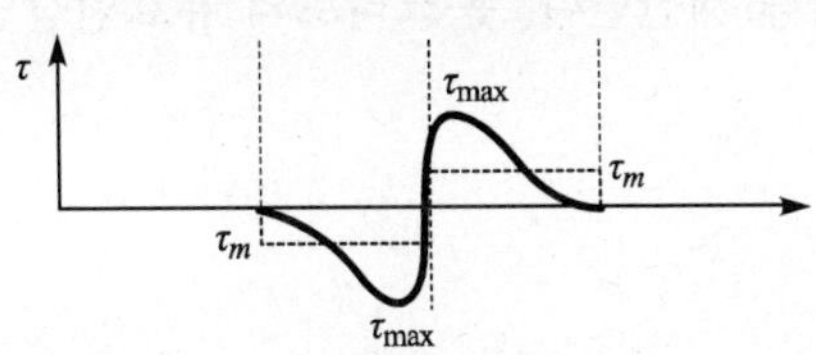

(c) 부착응력 분포

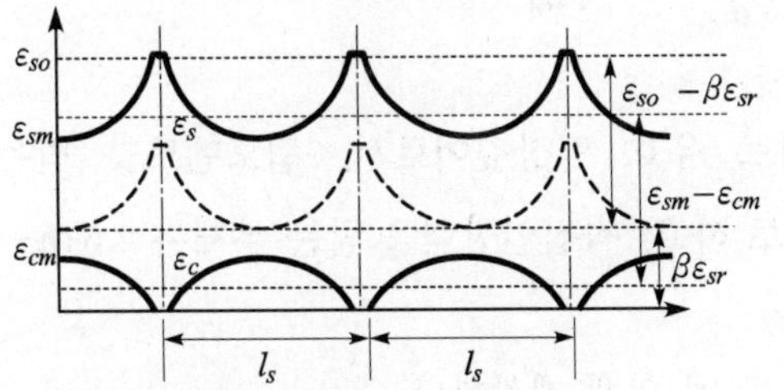

(d) 균열안정화 단계의 변형률 분포

그림 7.8 균열 간격과 평균 변형률을 계산하기 위한 변형률

평균 균열간격 l_s는, 부착된 철근의 중심간격이 $5(c_c + d_b/2)$ 이하인 경우는 식 (7.21)으로 계산하고, 부착된 철근의 중심간격이 $5(c_c + d_b/2)$를 초과하는 경우는 식 (7.22)로 계산한다.

$$l_s = 2c_c + \frac{0.25\,k_1\,k_2\,d_b}{\rho_e} \tag{7.21}$$

$$l_s = 0.75\,(h - x) \tag{7.22}$$

여기서, c_c는 최외단 인장철근이나 긴장재의 표면과 콘크리트 표면 사이의 최소 피복두께이고, k_1은 부착강도에 따른 계수로 이형철근은 0.8, 원형철근이나 긴장재는 1.6을 사용한다. k_2는 부재의 하중작용에 따른 계수로 휨모멘트를 받는 부재는 0.5, 직접인장력을 받는 부재는 1.0을 사용한다. 편심을 가진 직접인장력을 받는 부재나 부재의 국부적인 부분의 균열을 검증할 때에는 $k_2 = (\varepsilon_1 + \varepsilon_2)/(2\,\varepsilon_1)$로 한다. 여기서 ε_1과 ε_2는 단면 표면의 인장변형률로서 둘 중의 큰 값을 ε_1으로 한다. d_b는 철근의 지름이나 다발 철근의 등가지름으로, 크기가 각기 다른 철근이 조합된 경우에는 $d_{beq} = \left(m_1 d_{b1}^2 + m_2 d_{b2}^2\right)/\left(m_1 d_{b1} + m_2 d_{b2}\right)$로 계산되는 평균 철근지름 d_{beq}를 사용한다. 여기서, m_1은 철근의 지름이 d_{b1}인 철근의 개수이고, m_2는 철근의 지름이 d_{b2}인 철근의 개수이다. ρ_e는 콘크리트의 유효인장면적을 기준으로 한 철근비로 식 (7.23)에 의해 계산한다. 콘크리트의 유효인장면적 A_{cte}는 식 (7.24)에 의해 계산한다.

$$\rho_e = \frac{A_s}{A_{cte}} \tag{7.23}$$

$$A_{cte} = b\,d_{cte} \tag{7.24}$$

여기서, d_{cte}는 콘크리트 유효 인장깊이로서, 휨모멘트를 받는 부재는 $2.5(h-d)$와 $(h-x)/3$ 중 작은 값으로 하고, 직접인장력을 받는 부재는 $2.5(h-d)$와 $h/2$ 중 작은 값으로 한다.

평균 변형률은 식 (7.25)에 의해 계산한다.

$$\varepsilon_{sm} - \varepsilon_{cm} = \frac{f_{so}}{E_s} - 0.4\frac{f_{cte}}{E_s \rho_e}(1 + n\rho_e) \;\geq\; 0.6\,\frac{f_{so}}{E_s} \tag{7.25}$$

여기서, f_{so}는 균열단면의 철근응력이다. n은 콘크리트의 탄성계수에 대한 철근의 탄성계수비이다. f_{cte}은 콘크리트의 유효인장강도로 일반적인 경우에는 평균인장강도 f_{ctm}을 적용하고, 재령 28일 이전의 균열을 검토할 때는 그 재령에서의 인장강도를 적용한다. 콘크리트의 평균인장강도는 식 (7.26)에 의해 계산하며, f_{cm}은 콘크리트구조 해석과 설계 원칙(KDS 14 20 10:2021) 4.3.3에 따라 결정한다.

$$f_{ctm} = 0.30(f_{cm})^{\frac{2}{3}} \tag{7.26}$$

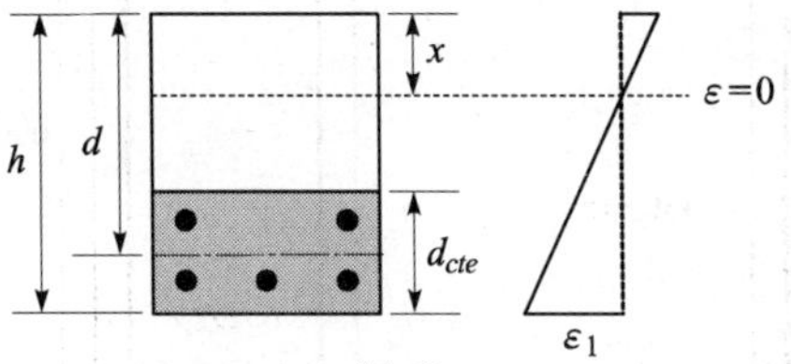

(a) 보

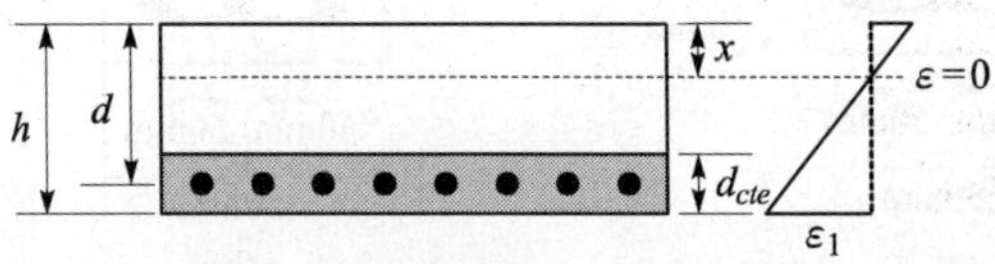

(b) 슬래브

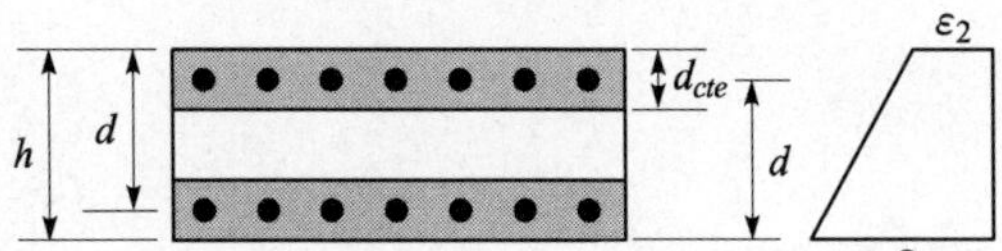

(c) 인장을 받는 부재

그림 7.9 유효 인장면적

철근이 직교 2방향으로 보강된 부재에서 주응력 축과 철근 방향 사이의 각이 15°보다 클 때는 식 (7.22)에 의해 최대균열간격 l_s를 산정할 수 있다.

$$l_s = \left(\frac{\cos\theta}{l_{sx}} + \frac{\sin\theta}{l_{sy}}\right)^{-1} \tag{7.27}$$

여기서, θ는 x방향 철근과 인장 주응력방향 사이 각이고, l_{sx}와 l_{sy}는 x와 y방향으로 각각 계산한 균열 간격이다. 주응력 방향으로의 철근비 ρ_e는 식 (7.28)에 의해 계산하며, 여기서 ρ_x과 ρ_y는 x방향과 y방향에서 콘크리트 유효인장면적을 기준으로 각각 계산한 철근비이다.

$$\rho_e = \rho_x \sin^4\theta + \rho_y \cos^4\theta \tag{7.28}$$

예제 7.3

보의 단면이 그림 7.10과 같을 때 건조환경과 그 외에 환경에 노출되는 경우에 휨균열을 제어하는 식(7.14)의 기준에 배근된 철근의 간격이 만족하는지 검토하고 균열폭을 계산하라($f_{ck}=28\text{MPa}$, $f_y=400\,\text{MPa}$, $n=7.0$, $f_{so}=0.5f_y$, $f_{cte}=0.3(f_{cm})^{2/3}$). 스터럽은 D10으로 가정하라.

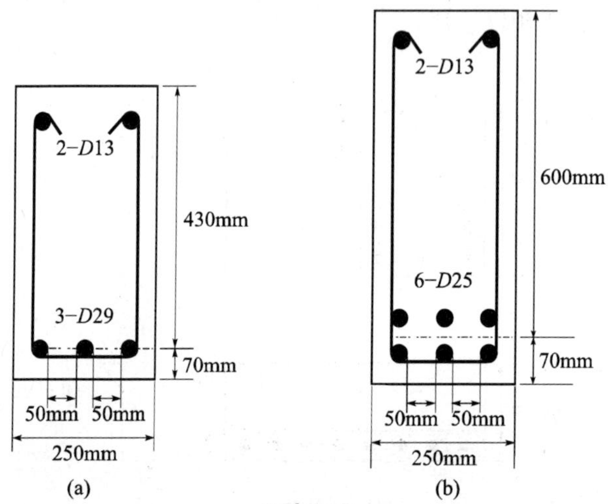

그림 7.10

▌풀이

1. 근사계산 (식 7.14에 의한 계산)

인장단면에 가장 가까이 배치되는 철근의 중심간격 s는 식(7.14)로 계산되는 값 중 작은 값보다 작아야 한다. 각 단면의 c_c는 다음과 같다.

(a) 단면의 c_c : $70-\dfrac{29}{2}-10 \doteqdot 46\text{mm}$

(b) 단면의 c_c : $70-12.5-25-10 \doteqdot 23\text{mm}$

균열을 검증하고자 할 때 $f_s=\dfrac{2}{3}f_y$를 근사적으로 사용할 수 있다고 규정하고 있으므로

$$f_s=\frac{2}{3}(400)=267\,\text{MPa}$$

1) 건조환경의 경우 $k_{cr}=280$이므로 각 단면의 철근의 간격을 식(7.14)로 계산하면,

(a) 단면 : $s=375\left(\dfrac{280}{267}\right)-2.5(46)=278\text{mm} < s=300\left(\dfrac{280}{267}\right)=315\text{mm}$

(b) 단면 : $s=375\left(\dfrac{280}{267}\right)-2.5(23)=336\text{mm} > s=300\left(\dfrac{280}{267}\right)=315\text{mm}$

그러므로 (a) 단면의 경우 건조환경 노출 시 $s_{max} = 278\text{mm}$이며,

(b) 단면의 경우 건조환경 노출 시 $s_{max} = 315\text{mm}$이다.

2) 그 외 환경에 노출되는 경우 $k_{cr} = 210$이므로,

(a) 단면 : $s = 375\left(\dfrac{210}{267}\right) - 2.5(46) = 180\text{mm} < s = 300\left(\dfrac{210}{267}\right) = 236\text{mm}$

(b) 단면 : $s = 375\left(\dfrac{210}{267}\right) - 2.5(23) = 237\text{mm} > s = 300\left(\dfrac{210}{267}\right) = 236\text{mm}$

그러므로 (a) 단면의 경우 그 외 환경에 노출될 때 $s_{max} = 180\text{mm}$이며,

(b) 단면의 경우 그 외 환경에 노출될 때 $s_{max} = 236\text{mm}$이다.

배근된 철근의 간격(s_{used})은 그림과 같이 두 단면 모두 50mm이다.
그러므로 모든 노출에 대하여 $s_{used} < s_{max}$이므로 휨균열 제어 기준에 만족한 것을 알 수 있다.
그러나 철근의 최소 간격 규정(s_{min})에 만족하는지도 검토해야 한다.

철근의 간격은 25mm, 철근의 직경, 굵은 골재 최대치수의 $\dfrac{4}{3}$ 중에 큰 값보다 넓어야 한다. 굵은 골재 최대치수를 25mm로 가정할 때 철근의 배근 간격 $s_{used} > s_{min}$임을 알 수 있다.

2. f_s를 직접 계산하는 경우

그러나 만일 철근의 항복강도를 모르거나 실제 사용하중상태에서 철근의 응력 f_s를 직접 계산하여 최대 철근 간격을 검토해야 한다면 다음과 같이 계산하면 된다. 본 풀이에서 (b) 단면에 대해서만 계산하였다. 이 풀이를 위해 (b) 단면의 사용하중상태에서의 모멘트 $M_s = 350\,\text{kN}\cdot\text{m}$라고 가정한다. 균열 후 환산 단면의 해석은 예제 7.1의 4번째 단계와 예제 5.3에서 계산한 바 있으므로 이를 참고하면 된다.

$$\rho = \frac{A_s}{bd} = \frac{3{,}040}{250 \times 600} = 0.0203$$

$$E_c = 8{,}500\sqrt[3]{f_{cu}} = 8{,}500\sqrt[3]{32} = 26{,}986\,\text{MPa}$$

$$E_s/E_c = 200{,}000/26{,}986 = 7.4 \doteqdot 7$$

$$n\rho = 7 \times 0.0203 = 0.142$$

$$k = -n\rho + \sqrt{(n\rho)^2 + 2n\rho} = -0.142 + \sqrt{(0.142)^2 + 2(0.142)} = 0.410$$

$$x = kd = 0.410 \times 600 = 246\text{mm}$$

$$I_{cr} = \frac{1}{3}bx^3 + nA_s(d-x)^2 = 3.91 \times 10^9\text{mm}^4$$

$$f_s = n \times \frac{M_s}{I_{cr}}(d-x) = 7 \times \frac{350 \times 10^6}{3.91 \times 10^9}(600 - 246) = 222\text{MPa}$$

이를 이용해 식(7.14)를 계산하면

$$\text{건조환경의 경우 } s=375\left(\frac{280}{222}\right)-2.5(23)=358\text{mm} < 300\left(\frac{280}{222}\right)=378\text{mm}$$

$$\text{그 외 노출환경의 경우 } s=375\left(\frac{210}{222}\right)-2.5(23)=297\text{mm} > 300\left(\frac{210}{222}\right)=283\text{mm}$$

로 건조환경의 경우 358mm, 그 외 노출의 경우 283mm 간격 이하로 철근을 배근해야 한다.
1. 근사계산의 결과와 2. f_s를 직접 계산하는 경우의 결과를 비교해 보면, 본 예제에서는 f_s를 직접 계산하는 경우 철근간격 제한이 다소 완화되는 것을 알 수 있다.

3. 균열폭 검토

콘크리트구조 사용성 설계기준(KDS 14 20 30:2021) 4.1.3에 따라 아래와 같이 균열폭을 산정 할 수 있다.

1) (a) 단면의 평균 및 최대 균열폭 검토

$$w_d = k_{st} w_m = k_{st} l_s (\varepsilon_{sm} - \varepsilon_{cm})$$

여기서 평균 변형률은,

$$\varepsilon_{sm} - \varepsilon_{cm} = \frac{f_{so}}{E_s} - 0.4\frac{f_{cte}}{E_s \rho_e}(1 - n\rho_e) \geq 0.6\frac{f_{so}}{E_s}$$

$$\rho = \frac{A_s}{bd} = \frac{1927}{250 \times 430} = 0.0179$$

$$n = 7.0$$

$$n\rho = 7.0 \times 0.0179 = 0.1253$$

$$k = -n\rho + \sqrt{(n\rho)^2 + 2n\rho} = -0.1253 + \sqrt{0.1253^2 + 2 \times 0.1253} = 0.3907$$

$$x = kd = 0.3907 \times 430 = 168\text{mm}$$

콘크리트 유효 인장깊이 d_{cte}를 계산하면

$$2.5(h-d) = 2.5 \times (500 - 430) = 175\text{mm}$$

$$\frac{1}{3}(h-x) = \frac{1}{3}(500 - 168) = 111\text{mm}$$

따라서 콘크리트 유효인장 깊이는 111mm로 계산해야 한다.

즉, $A_{cte} = 250 \times 111 = 27750\text{mm}^2$

$$\therefore \rho_e = \frac{A_s}{A_{cte}} = \frac{1927}{27750} = 0.069$$

평균 균열간격 l_s을 계산을 위해 철근의 중심간격과 아래 식을 비교하면

$$5\left(C_c + \frac{d_b}{2}\right) = 5\left(46 + \frac{28.6}{2}\right) = 301.5\text{mm}$$

이고, 부착된 철근의 중심 간격이 301.5mm 이하이므로 평균 균열간격은 다음 식을 이용하여 구한다.

$$l_s = 2C_c + \frac{0.25 k_1 k_2 d_b}{\rho_e} = 2 \times 46 + \frac{0.25 \times 0.8 \times 0.5 \times 28.6}{0.069} = 133.44\text{mm}$$

평균 변형률을 계산하면

$$\varepsilon_{sm}-\varepsilon_{cm}=\frac{f_{so}}{E_s}-0.4\frac{f_{cte}}{E_s\rho_e}(1-n_i\rho_e)\geq 0.6\frac{f_{so}}{E_s}$$

$$=\frac{200}{200{,}000}-0.4\times\frac{3.02}{200{,}000\times 0.069}(1-0.069)\geq 0.6\times\frac{200}{200{,}000}$$

$$=0.918\times 10^{-3}\geq 0.6\times 10^{-3}$$

(a) 단면에 일어날 균열폭

① 평균 균열폭 $w_d=k_{st}l_s(\varepsilon_{sm}-\varepsilon_{cm})=1.0\times 133.44\times 0.918\times 10^{-3}=0.122\text{mm}$

② 최대 균열폭 $w_d=k_{st}l_s(\varepsilon_{sm}-\varepsilon_{cm})=1.7\times 133.44\times 0.918\times 10^{-3}=0.208\text{mm}$

이 구조물이 습윤환경에 있다 보면

$$t_c=46+28.6=74.6\text{mm}$$

이므로 허용 균열폭은 0.3mm와 $0.005t_c=0.005\times 74.6=0.373\text{mm}$ 중 큰 값을 선택하므로 허용 균열폭은 $w_a=0.327\text{mm}$ 이며, 계산 상의 균열폭은 허용 균열폭 이내에 있다.

2) (b)단면의 평균 및 최대 균열폭 검토

(a) 단면과 마찬가지로,

$$w_d=k_{st}w_m=k_{st}l_s(\varepsilon_{sm}-\varepsilon_{cm})$$

여기서 평균 변형률은,

$$\varepsilon_{sm}-\varepsilon_{cm}=\frac{f_{so}}{E_s}-0.4\frac{f_{cte}}{E_s\rho_e}(1-n_i\rho_e)\geq 0.6\frac{f_{so}}{E_s}$$

$$\rho=\frac{A_s}{bd}=\frac{3040}{250\times 600}=0.0203$$

$$n=7.0$$

$$n\rho=7.0\times 0.0202=0.1421$$

$$k=-n\rho+\sqrt{(n\rho)^2+2n\rho}=-0.1421+\sqrt{0.1421^2+2\times 0.1421}=0.4096$$

$$x=kd=0.4096\times 600=246\text{mm}$$

콘크리트 유효 인장깊이 d_{cte}를 계산하면

$$2.5(h-d)=2.5\times(670-600)=175\text{mm}$$

$$\frac{1}{3}(h-x)=\frac{1}{3}(670-246)=141\text{mm}$$

따라서 콘크리트 유효인장 깊이는 141mm로 계산해야 한다.

즉, $A_{cte}=250\times 141=35250\text{mm}^2$

$$\therefore \rho_e=\frac{A_s}{A_{cte}}=\frac{3040}{35250}=0.086$$

평균 균열간격 l_s을 계산을 위해 철근의 중심간격과 아래 식을 비교하면

$$5(C_c + \frac{d_b}{2}) = 5(23 + \frac{25.4}{2}) = 178.5\text{mm}$$

이고, 부착된 철근의 중심 간격이 178.5mm 이하이므로 평균 균열간격은 다음 식을 이용하여 구한다.

$$l_s = 2C_c + \frac{0.25k_1k_2d_b}{\rho_e} = 2\times 23 + \frac{0.25\times 0.8\times 0.5\times 25.4}{0.086} = 75.53\text{mm}$$

평균 변형률을 계산하면

$$\begin{aligned}\varepsilon_{sm} - \varepsilon_{cm} &= \frac{f_{so}}{E_s} - 0.4\frac{f_{cte}}{E_s\rho_e}(1 - n_i\rho_e) \geq 0.6\frac{f_{so}}{E_s} \\ &= \frac{200}{200{,}000} - 0.4\times \frac{3.02}{200{,}000\times 0.086}(1-0.086) \geq 0.6\times \frac{200}{200{,}000} \\ &= 0.926\times 10^{-3} \geq 0.6\times 10^{-3}\end{aligned}$$

(b) 단면에 일어날 균열폭

① 평균 균열폭 $w_d = k_{st}l_s(\varepsilon_{sm} - \varepsilon_{cm}) = 1.0\times 75.53\times 0.926\times 10^{-3} = 0.070\text{mm}$

② 최대 균열폭 $w_d = k_{st}l_s(\varepsilon_{sm} - \varepsilon_{cm}) = 1.7\times 75.53\times 0.926\times 10^{-3} = 0.119\text{mm}$

구조물이 습윤환경에 있다 보면

$$t_c = 23 + 25.4 = 48.4\text{mm}$$

이므로 허용 균열폭은 0.3mm와 $0.005t_c = 0.005\times 48.4 = 0.242\text{mm}$ 중 큰 값을 선택하므로 허용 균열폭은 $w_a = 0.3\text{mm}$ 이며, 계산 상의 균열폭은 허용 균열폭 이내에 있다.

연습문제

7.1~7.4 그림 7.11~그림 7.14에 있는 보에 대하여, 설계기준에서 허용된 최대 철근비($\rho_{\max}$)를 사용하여 한계단면을 설계하고, 탄성처짐과 장기처짐을 계산하라. 여기서 $f_{ck} = 27\text{MPa}$, $f_y = 400\text{MPa}$, $b = 300\text{mm}$이다. 활하중의 20%가 지속된다고 가정하고, 고정하중에 보의 자중을 포함시키고, 시간의존계수 $\xi = 2.0$으로 하라

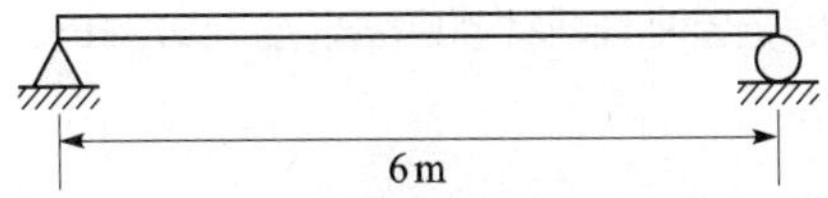

그림 7.11 (문제 7.1) **고정하중=25kN/m, 활하중=35kN/m**

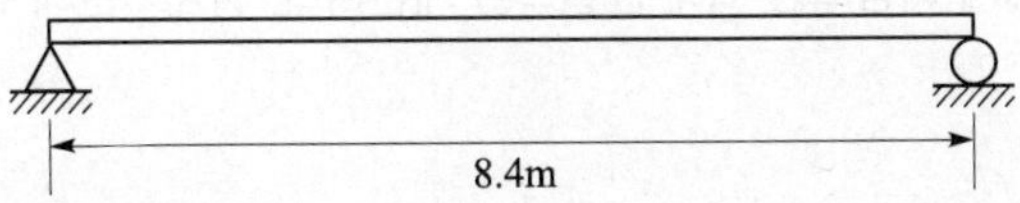

그림 7.12 (문제 7.2) **고정하중=30kN/m, 활하중=20kN/m**

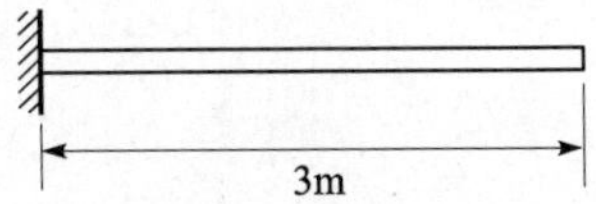

그림 7.13 (문제 7.3) **고정하중=45kN/m, 활하중=30kN/m**

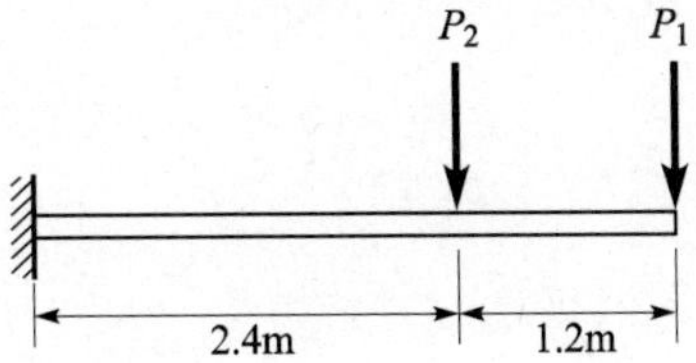

그림 7.14 (문제 7.4) **고정하중=30kN/m, 집중활하중 P_1=45kN, P_2=70kN**

7.5 최대 휨모멘트의 20%를 압축철근이 받도록 하여, 복철근으로서 그림 7.10의 보의 한계단면을 설계하라. 그리고 그때 최대 탄성처짐과 장기처짐을 계산하라.

7.6 75kN/m의 계수하중(자중포함)을 받을 수 있는 길이 8.4m의 단순보를 설계하라. 최대 균열폭을 계산하고 설계기준에 규정된 허용균열에 대해서 검토하라($f_{ck}=27\,\text{MPa}$, $f_y=400\,\text{MPa}$, $b=300\,\text{mm}$, 철근비 $\rho=1/2\rho_b$를 사용하라).

7.7 문제 7.1~7.4의 보에서 예상되는 최대 균열폭을 계산하라. 설계기준에 규정되어 있는 허용균열에 대해서 검토하라.

CHAPTER 08

철근의 정착 및 이음

CHAPTER

08

Design of Reinforced Concrete Structures

철근의 정착 및 이음

8.1 서 언

철근콘크리트 부재에서 철근과 콘크리트의 부착거동은 콘크리트가 경화한 후 두 재료 사이에 완전부착상태가 유지된다는 사실에 근거를 둔다. 직선철근이 콘크리트 속에 묻혀 있다면, 그 철근을 콘크리트 바깥쪽으로 뽑아내기 위해서는 상당한 힘이 필요하다. 묻혀 있는 철근의 길이가 충분히 길다면, 철근은 콘크리트 속에 철근의 일부를 남긴 채 항복하고 말 것이다. 부착력은 이형철근 표면 요철에 의한 기계적 저항, 시멘트풀과 철근 표면의 화학적 점착, 콘크리트와 철근 표면의 마찰에 의해 발휘된다. 따라서 부착력은 주로 철근 표면의 조도(roughness), 콘크리트의 배합, 콘크리트의 건조수축, 콘크리트 피복두께 등에 영향을 받는다. 이형철근은 원형철근보다 외부의 돌기에 의해 부착력이 우수하다. 부배합은 빈배합보다 더욱 점착력이 좋다. 콘크리트 피복두께의 증가는 구속효과를 증대시켜 부착력을 향상시킨다.

8.2 휨 부착

그림 8.1과 같은 등분포하중을 받는 보의 미소구간 d_x를 생각해 보자. M_1은 M_2보다 크며, 한 면에서는 M_1, 다른 면에서는 M_2를 받는다고 하자. 모멘트는 내부 인장 및 압축력을 발생시킬 것이다. M_1 은 M_2 보다 크기 때문에 T_1 은 T_2 보다 크며, 따라서 C_1은 C_2 보다 클 것이다.

$$M_1 + dM = M_2 \tag{8.1a}$$

$$M_1 = C_1 \cdot jd = T_1 \cdot jd \tag{8.1b}$$

$$M_2 = C_2 \cdot jd = T_2 \cdot jd \tag{8.1c}$$

$$T_1 \cdot jd + dM = T_2 \cdot jd \tag{8.1d}$$

임의의 단면에서 $T = M/jd$, 여기서 jd는 모멘트의 팔길이이다.

$$T_1 - T_2 = dT = \frac{dM}{jd} \tag{8.2}$$

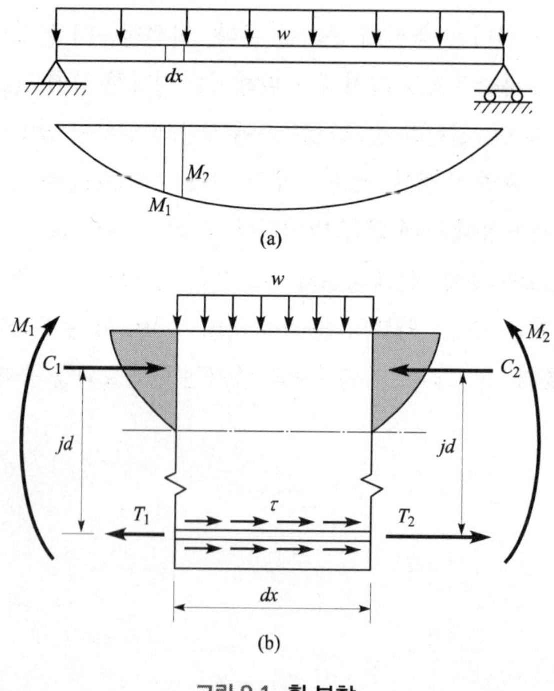

그림 8.1 휨 부착

그러나 여기서, $T_1 = T_2 + \tau \sum O dx$는 부착응력이며, $\sum O$는 인장측 단면에서 철근 둘레의 합이다. 그러므로

$$T_1 - T_2 = \tau \sum O dx = \frac{dM}{jd} \tag{8.3}$$

그리고

$$\tau = \frac{dM}{dx} \frac{1}{jd \sum O} \tag{8.4}$$

여기서, x축에 관한 모멘트 변화율은 전단력이다. 즉,

$$\frac{dM}{dx} = V \tag{8.5}$$

그러므로

$$\tau = \frac{V}{jd \sum O} \tag{8.6}$$

여기서, τ값은 평균부착응력이고, 실제 계산에서 j 값은 대략 0.87이다.

$$\tau = \frac{V}{0.87 d \sum O} \tag{8.7}$$

강도 설계법에서 공칭부착강도는 강도감소계수 $\phi = 0.85$를 내포하고 있다. 따라서

$$\tau_u = \frac{V_u}{\phi (0.87) d \sum O} \tag{8.8}$$

가장 큰 휨부착 응력은 철근의 인장응력 변화가 가장 큰 곳에서 발생된다.

예를 들면, 연속보에서는 반곡점, 단순보에서는 지점부 부근 등이다. 상기 소개된 이론으로부터 평균부착응력을 유도할 수 있으나, 이는 실제 구조물에서의 정확한 부착응력을 나타내는 것은 아니다. 이로 인해 휨부착은 보의 실제 강도와 상관성이 낮아 강도 설계법에서는 사용되지 않는다.

8.3 정착 부착

그림 8.2에서와 같이 인장력 T를 받는 철근이 콘크리트 속에 묻혀 있을 때, 인장력은 철근과 콘크리트 사이의 부착응력에 의한 저항을 받게 된다. 최대 인장력은 $A_s f_y$와 같으며, 여기서 A_s는 철근의 단면적이다. 이 힘은 내력 $\tau_u O l_d$ 에 의해 저항을 받게 되는데, 여기서 τ_u 는 평균부착응력이고, l_d는 철근의 묻혀진 길이, O는 철근의 둘레(πD) 이다. 두 힘은 평형을 이루어야 하므로

$$A_s f_y = \tau_u O\, l_d \tag{8.9}$$

혹은

$$l_d = \frac{A_s f_y}{\tau_u O} = \frac{A_s f_y}{\tau_u (\pi D)} \quad (D\text{는 철근의 지름}) \tag{8.10}$$

길이 l_d 는 정착길이(development length)라 불린다.

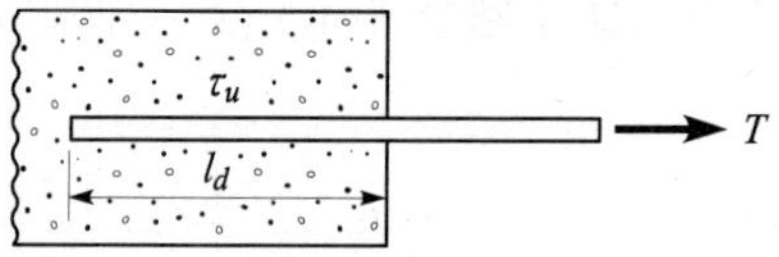

그림 8.2 정착부착의 정착길이

상기 식 (8.10)에서 $A_s = \pi D^2/4$이므로 정착길이는 다음과 같다.

$$l_d = \frac{D f_y}{4\tau_u} \tag{8.11}$$

콘크리트구조 정착 및 이음 설계기준(KDS 14 20 52:2021)에서 휨부착 개념을 삭제하고 정착길이 개념만을 채택하였다. 정착길이는 콘크리트에 묻혀있는 철근이 힘을 받을 때 뽑히거나 미끄러짐이 발생하지 않고 항복강도 f_y에 이르기까지 응력을 발휘할 수 있게 하는 최소한의 묻힘 길이로 정의된다.

압축을 받는 철근은 인장을 받는 철근보다 높은 부착응력을 갖는다. 상부철근(top bars)에서의 부착응력은 하부철근(bottom bars)에서의 부착응력의 약 70% 정도이다. 그래서 상부철근의 길이는 하부철근의 정착길이보다 40% 정도 길어야 된다. 왜냐하면 이것은 블리딩으로 인해 상부철근의 부착력이 감소하는 것을 보상하기 위함이다.

강도감소에 대한 허용치를 이미 포함하였기 때문에 강도 감소계수 ϕ는 정착길이 산정에서는 사용하지 않는다.

8.4 이형철근 및 이형철선의 정착

8.4.1 인장에서의 정착길이

인장 이형철근 및 이형철선의 정착길이 l_d 는 식 (8.12)의 기본 정착길이의 l_{bd} 에 표 8.1의 보정계수를 곱하여 계산된 값 또는 식 (8.13)에 의해 계산된 값 중 큰 값을 사용한다. 그러나 이렇게 구한 정착길이 l_d 는 항상 300mm 이상이어야 한다.

인장 이형철근 및 이형철선의 기본 정착길이 l_{db} 는 다음 식에 의해 구한다.

$$l_{db} = \frac{0.6 d_b f_y}{\lambda \sqrt{f_{ck}}}\text{(mm)}, \quad \sqrt{f_{ck}} \leq 8.4\text{(MPa)} \tag{8.12}$$

철근 배근 위치, 에폭시 도막 여부 및 콘크리트의 종류에 따른 보정계수는 표 8.1에 의해 구한다.

표 8.1 보정계수

조건 \ 철근지름	D19 이하의 철근과 이형철선	D22 이상의 철근
정착되거나 이어지는 철근의 순간격이 d_b 이상이고 피복두께도 d_b 이상이면서 l_d 전 구간에 구조기준에서 규정된 최소 철근량 이상의 스터럽 또는 띠철근을 배근한 경우 또는 정착되거나 이어지는 철근의 순간격이 $2d_b$ 이상이고 피복두께가 d_b 이상인 경우	$0.8\alpha\beta$	$\alpha\beta$
기 타	$1.2\alpha\beta$	$1.5\alpha\beta$

그리고 표 8.1에 수록된 α, β 및 식 8.12의 λ는 다음과 같이 구할 수 있다.

① α = 철근배근 위치계수

ⓐ 상부철근(정착길이 또는 이음부 아래 300mm를 초과되게 굳지 않은 콘크리트를 친 수평철근) ······ 1.3

ⓑ 기타 철근 ………………………………………………………………………………… 1.0

② β= 철근 도막계수

ⓐ 피복두께가 $3d_b$ 미만 또는 순간격이 $6d_b$ 미만인 에폭시 도막 혹은 아연-에폭시 이중 도막 철근 또는 철선 ……………………………………………………………………… 1.5

ⓑ 기타 에폭시 도막 혹은 아연-에폭시 이중 도막 철근 또는 철선 ……………… 1.2

ⓒ 아연도금 철근 ……………………………………………………………………… 1.0

ⓓ 도막되지 않은 철근 ………………………………………………………………… 1.0

③ 에폭시 도막철근이 상부철근인 경우에 상부철근의 위치계수 α와 철근 도막계수 β의 곱, $\alpha\beta$가 1.7보다 클 필요는 없다.

④ λ는 경량콘크리트 보정계수로서, 전경량콘크리트 0.75, 모래경량콘크리트는 0.85이다.

식 (8.12)의 기본 정착길이에 표 8.1의 보정계수를 곱하여 정착길이를 구하는 방법 외에 다음 식 (8.13)에 의해 정착길이를 구할 수 있다.

$$l_d = \frac{0.90 d_b f_y}{\lambda\sqrt{f_{ck}}} \frac{\alpha\,\beta\,\gamma}{\left(\dfrac{c+K_{tr}}{d_b}\right)} \tag{8.13}$$

식 (8.13)에서 $\dfrac{c+K_{tr}}{d_b}$는 2.5 이하이어야 한다. 그리고 계수 γ, c와 K_{tr}은 다음과 같다.

① γ : 철근 또는 철선의 크기계수

ⓐ D19 이하의 철근과 이형철선 …………………………………………………… 0.8

ⓑ D22 이상의 철근 …………………………………………………………………… 1.0

② c : 철근간격 또는 피복두께에 관련된 치수

철근이나 철선의 중심으로부터 콘크리트 표면까지의 최단거리 또는 정착되는 철근이나 철선의 중심간 거리의 1/2 중 작은 값을 사용하여 mm 단위로 나타낸다.

③ K_{tr} : 횡방향 철근지수

$$= \frac{40A_{tr}}{sn}$$

횡방향 철근이 배근되어 있더라도 설계를 간편하게 하기 위해 K_{tr} =0으로 사용할 수 있다. 여기서, A_{tr}은 정착된 철근을 따라 쪼개질 가능성이 있는 면을 가로질러 배치된 간격 s 이내에 있는 횡방향철근의 전체단면적(mm^2), n은 쪼개질 면을 따라 정착되거나 이어지

는 철근의 수, s는 정착길이 l_d 구간 내에 있는 횡방향철근의 최대중심간격(mm)

④ 휨부재에 배근된 철근량이 해석에 의해 요구되는 소요 철근량을 초과하는 경우는 계산된 정착길이에 $\left(\frac{\text{소요 } A_s}{\text{배근 } A_s}\right)$를 곱하여 정착길이를 감소시킬 수 있다. 다만 f_y 를 발휘하도록 정착을 특별히 요구하는 경우는 적용되지 않는다. 감소시킨 정착길이 l_d는 300mm 이상이어야 한다.

⑤ 설계기준 강도가 550MPa를 초과하는 철근에 대해서는 다음을 만족하여야 한다.

ⓐ 횡방향 철근을 배치하지 않는 경우에는 c/d_b이 2.5 이상이어야 한다.

ⓑ 횡방향 철근을 배치하는 경우에는 $K_{tr}/d_b \geq 0.25$와 $(c+K_{tr})/d_b \geq 2.25$를 만족하여야 한다.

8.4.2 압축에서의 정착길이

모든 철근에 대해서 기본 정착길이는 다음과 같다.

$$l_{db} = \frac{0.25 d_b f_y}{\lambda \sqrt{f_{ck}}} \geq 0.043 d_b f_y \tag{8.14}$$

보정된 정착길이 l_d 는 반드시 200mm 이상이어야 한다. 보정계수는 해석결과 요구되는 철근량을 초과하여 배근한 경우 $\left(\frac{\text{소요 } A_s}{\text{배근 } A_s}\right)$로 한다. 또한 지름이 6mm 이상이고, 나선간격이 100mm 이하인 나선철근 또는 중심간격 100mm 이하로 콘크리트구조 철근상세 설계기준(KDS 14 20 50:2021) 4.4.2(압축부재의 횡철근)의 요구조건에 따라 배근된 D13 띠철근으로 둘러싸인 압축 이형철근은 0.75배를 한다.

8.4.3 표준갈고리

표준 갈고리는 그림 8.3에서 보이는 바와 같이 구부러진 형태를 가진다. 갈고리는 철근의 직선 매입 가능한 길이가 필요한 정착길이 l_d 보다 작을 때 철근의 끝에서 사용한다. 그래서 철근의 기능을 짧은 매입 길이로도 유지시킬 수 있다. D10부터 D32 철근, 스터럽과 타이(tie)의 표준갈고리는 주철근 쪽으로 측정된 구부림(bend)의 직경이 철근 지름의 5배 이상이어야 한다. 다른 모든 강봉과 철근 등급에 대해서, 구부림의 최소 내부직경 D_b 는 다음과 같다.

- D10–D25 철근(10~25mm), $D_b = 4d_b$
- D29–D35 철근(28, 32, 35mm), $D_b = 5d_b$
- D38 이상 철근(38mm 이상), $D_b = 6d_b$

콘크리트구조 철근상세 설계기준(KDS 14 20 50:2021) 4.1.5(표준갈고리를 갖는 인장 이형철근의 정착)에서는 단부에 표준갈고리가 있는 f_y= 400MPa인 인장이형 철근에 대한 기본 정착길이 l_{hb} 를 다음과 같이 명시하였다.

$$l_{hb} = \frac{0.24\,\beta d_b f_y}{\lambda\sqrt{f_{ck}}} \tag{8.15}$$

다른 조건일 때, 기본 정착길이 l_{hb} 는 다음 보정계수를 곱하여 보정해야 한다.

① D35 이하 철근에서 갈고리 평면에 수직방향인 측면 피복 두께(C_s)가 70mm 이상이며, 90°갈고리에 대해서는 갈고리를 넘어선 부분의 철근 피복 두께(C_e)가 50mm 이상인 경우 0.7을 곱해준다.

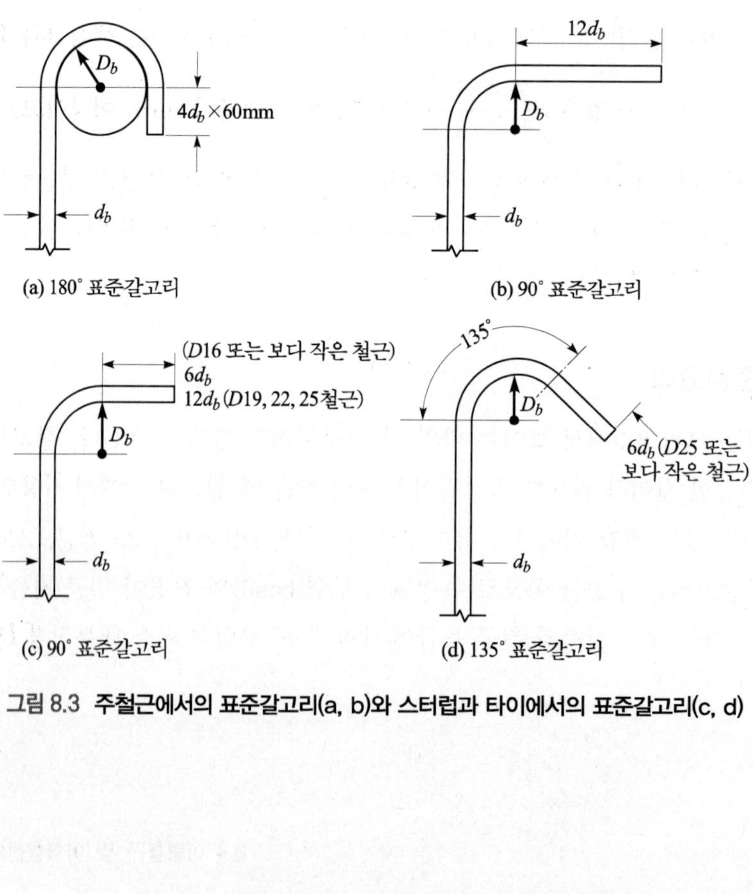

그림 8.3 주철근에서의 표준갈고리(a, b)와 스터럽과 타이에서의 표준갈고리(c, d)

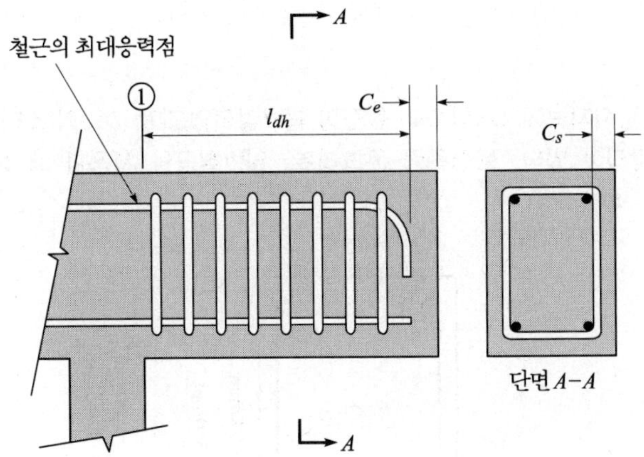

② D35 이하 90° 갈고리 철근에서 정착길이 l_{dh} 구간을 $3d_b$ 이하 간격으로 띠철근 또는 스터럽이 정착되는 철근을 수직으로 둘러싼 경우 또는 갈고리 끝 연장부와 구부림부의 전 구간을 $3d_b$ 이하 간격으로 띠철근 또는 스터럽이 정착되는 철근을 평행하게 둘러싼 경우 0.8을 곱해준다.

③ D35 이하 180° 갈고리 철근에서 정착길이 l_{dh} 구간을 $3d_b$ 이하 간격으로 띠철근 또는 스터럽이 정착되는 철근을 수직으로 둘러싼 경우 0.8을 곱해준다.

④ 전체 f_y를 발휘하도록 정착을 특별히 요구하지 않는 단면에서 휨철근이 소요철근량 이상 배치된 경우 $\left(\dfrac{\text{소요 } A_s}{\text{배근 } A_s}\right)$를 곱해준다.

예제 8.1

그림 8.4와 같은 단순지지보에 4개의 D25 철근이 휨보강되었으며, D10의 스터럽 철근이 150mm 간격으로 전단 보강되어 있다. 보통중량 콘크리트, 일반철근을 사용할 때 정착길이를 구하라 ($f_{ck}=21\text{MPa}$, $f_y=400\text{MPa}$).

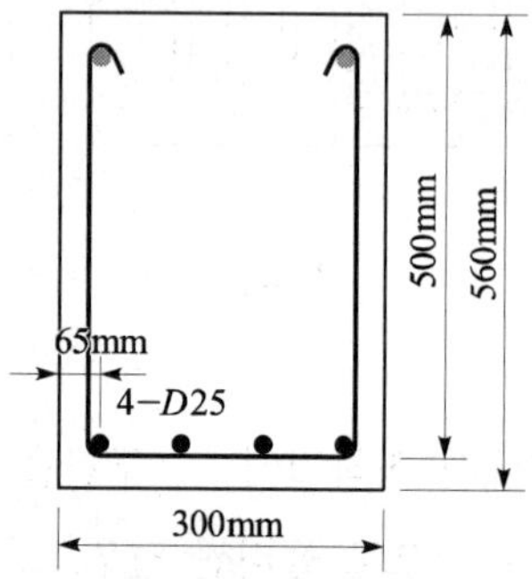

그림 8.4

▌풀이

1. 우선 표 8.1에 제시된 조건에 부합여부를 검토한다.
   a) 철근의 직경: $d_b=25.4\text{mm}$
   b) 피복두께: $65\text{mm}-\dfrac{25.4}{2}\doteqdot 52\text{mm}>d_b$
   c) 철근의 순간격: $\dfrac{300-2(65)}{3}-2(\dfrac{25.4}{2})=31.3\text{mm}>d_b$
   d) 최소 철근량 이상의 스터럽 철근이 보강되었으므로, 조건에 부합된다.

$$l_d=\alpha\beta l_{db}=\alpha\beta\frac{0.6\,d_b f_y}{\lambda\sqrt{f_{ck}}}$$

2. 기본정착길이

$$l_d=\frac{0.6\times25.4\times400}{\sqrt{21}}=1{,}330\text{mm}$$

3. 보정계수 $\alpha=1$, $\beta=1$, $\lambda=1$
4. 정착길이

$$l_d=l_{db}=1{,}330\text{mm}$$

5. 만일 식 (8.13)에 의해 계산하면, $\alpha=1$, $\beta=1$, $\lambda=1$, $k_{tr}=\dfrac{40\times(71.3\times2)}{150\times4}=9.5$이므로 순피복이 65mm, 철근간격의 $\dfrac{1}{2}$이 16mm이므로 c=16mm

$$\frac{16+9.5}{25.4}=1.0(\leqq 2.5)$$

$$\therefore l_d=\frac{0.90\,d_b f_y}{\lambda\sqrt{f_{ck}}}\,\frac{\alpha\beta\gamma}{\dfrac{c+k_{tr}}{d_b}}=\frac{0.9\times 25.4\times 400}{\sqrt{21}}\,\frac{1}{1.0}=1{,}995\text{mm}>300\text{mm}$$

예제 8.2

예제 8.1에서 콘크리트가 전경량 콘크리트로, 철근은 에폭시 도막철근, 그리고 소요철근량이 $1{,}800\text{mm}^2$일 때 정착길이를 구하라.

▌풀이

a) 보정계수 $\alpha=1,\ \beta=1.5,\ \lambda=0.75$

b) $\left(\dfrac{\text{소요 } A_s}{\text{배근 } A_s}\right)=\dfrac{1{,}800}{2{,}027}=0.89$

c) $l_d=\alpha\beta l_{db}=\alpha\beta\dfrac{0.6\,d_b f_y}{\lambda\sqrt{f_{ck}}}=1\times 1.5\times\dfrac{0.6\times 25.4\times 400}{0.75\sqrt{21}}=2{,}660\text{mm}$

d) $\left(\dfrac{\text{소요 } A_s}{\text{배근 } A_s}\right)\times l_d=2367.4\text{mm}\,(\geq 300\text{mm})$

8.5 휨 부재에서 부착에 대한 위험단면

휨 부재에서 철근 정착에 대한 위험단면은 다음과 같다.

- 최대응력이 발생하는 곳(그림 8.5의 ①은 최대 부모멘트, ④는 최대 정모멘트)
- 경간 내에서 인장철근이 끝나는 곳 또는 절곡된 점(그림 8.5의 ②와 ⑤)
- 지지면 (그림 8.5의 ①)
- 모멘트의 부호가 바뀌는 변곡점(inflection point)(그림 8.5의 ③, ⑥)

부모멘트 철근의 정착
- ①: 지지면이며, 최대 부모멘트 위치 (a철근의 $x_1 \geq l_d$)
- ②: a철근의 이론적인 절단점($x_2 \geq \max(d,\ 12d_b)$)
- ③: 또한 절단되는 a철근의 인접철근 $b(x_4 \geq l_d)$
  변곡점($x_3 \geq \max(d,\ 12d_b,\ \dfrac{l_n}{16})$) 여기서, l_n은 순경간

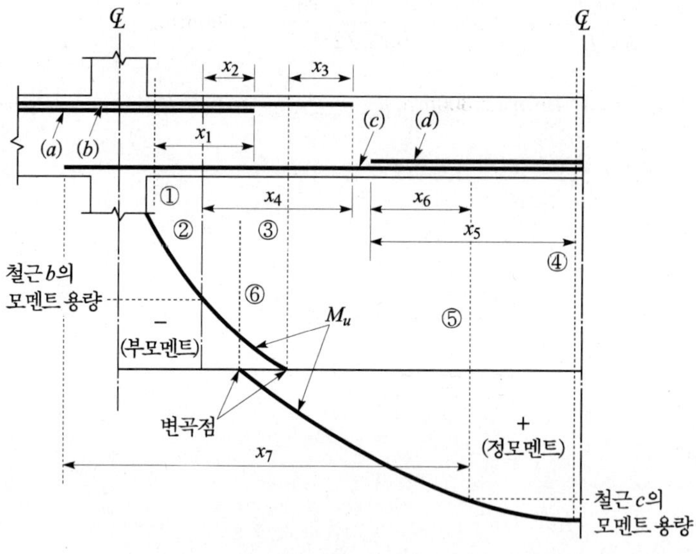

그림 8.5 위험단면(동그라미 쳐진 숫자)과 정착길이

정모멘트 철근의 정착

- ④ : 최대 정모멘트 위치($x_5 \geq l_d$)
- ⑤ : d철근의 이론적인 절단점($x_6 \geq \max(d,\ 12d_b)$)
  절단되는 d철근의 인접철근 $c(x_7 \geq l_d)$
- ⑥ : 정모멘트 철근의 변곡점으로서 $l_d \leq \dfrac{M_u}{V_u} + l_a$(연속보, 그림 8.7 참고)

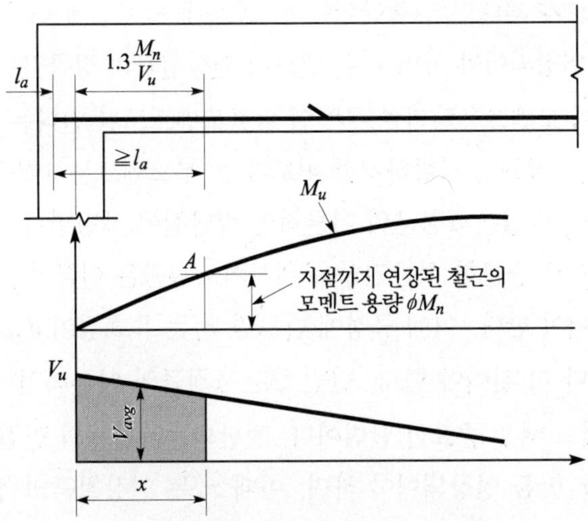

그림 8.6 단순보 받침부에서의 l_a 와 l_d

$$l_d \leq 1.3\frac{M_u}{V_u} + l_a \text{ (단순보의 받침부, 그림 8.6 참고)}$$

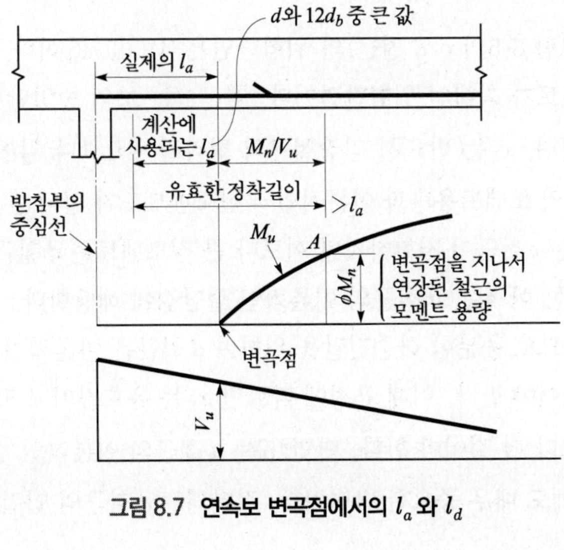

그림 8.7 연속보 변곡점에서의 l_a 와 l_d

등분포하중을 받는 연속보에서의 위험단면이 그림 8.5에 나타나 있다. 각 위험단면에서 철근은 하중전달을 위하여 충분히 정착되어야 하며 각 위치별 정착길이에 대한 규정은 다음에 설명하였다.

1) 부모멘트 철근(그림 8.5의 a, b철근)의 위험단면은 ①, ②, ③이다.
   단면 ①은 부모멘트가 최대인 위험단면이며, 동시에 지지면에 해당한다. 철근 a는 지지면을 지나 x_1까지 연장되어야 하며 x_1은 반드시 인장철근의 정착길이 l_d보다 길어야 한다.
   단면 ②는 철근 b의 모멘트용량과 이론적인 극한모멘트도가 만나는 단면이다. 이 용량에 해당하는 모멘트는 b철근이 저항하지만 이보다 큰 부모멘트는 a철근과 함께 저항한다는 것을 의미한다. 즉, 이 점은 a철근의 이론적인 절단점에 해당한다. 그러나 이 구간이 인장을 받는 구간이므로 충분한 하중전달을 위하여 a철근은 이론적인 절단점인 이곳을 지나 x_2만큼 연장되어야 한다. 이때 규정에 따르면 x_2는 유효깊이 d 또는 12배의 철근직경($12d_b$) 중 큰 값보다 더 길어야 한다. 단면 ②는 a철근의 이론적인 절단점이라 중요하지만 인접한 b철근에도 매우 중요한 단면이다. 절단되는 a철근의 인접한 철근 b는 이 단면으로부터 최소한 x_4만큼 연장되어야 하며, 이때 x_4는 인장철근의 정착길이 l_d보다 길어야 한다.
   단면 ③은 극한부모멘트도의 변곡점이다. 구조기준에 의하면 철근은 변곡점을 지나 x_3만큼 연장되어야 한다. 이때 x_3는 유효깊이 d, 12배의 철근직경($12d_b$) 또는 순경간의 1/16 중에서 가장 큰 값 이상이어야 한다.

2) 정모멘트 철근(그림 8.5의 c, d 철근)의 위험단면은 ④, ⑤, ⑥이다.
   단면 ④는 정모멘트가 최대인 위험단면이다. 철근 d는 보의 중앙단면인 ④를 지나 x_5까지 연장되어야 하며, x_5는 반드시 인장철근의 정착길이 l_d보다 길어야 한다.
   단면 ⑤는 철근 c의 모멘트용량과 이론적인 극한모멘트도가 만나는 단면이다. 이 용량에 해당하는 모멘트는 c철근이 저항하지만 이보다 큰 정모멘트는 d철근과 함께 저항한다는 것을 의미한다. 즉, 이 점은 d철근의 이론적인 절단점에 해당한다. 그러나 이 구간이 인장을 받는 구간이므로 충분한 하중전달을 위하여 d철근은 이론적인 절단점인 이곳을 지나 x_6만큼 연장되어야 한다. 이때 규정에 따르면 x_6는 유효깊이 d 또는 12배의 철근직경($12d_b$) 중 큰 값보다 더 길어야 한다. 단면 ⑤는 d철근의 이론적인 절단점이라 중요하지만 인접한 c철근에도 매우 중요한 단면이다. 절단되는 d철근의 인접한 철근 c는 이 단면으로부터 최소한 x_7만큼 연장되어야 하며, 이때 x_7은 인장철근의 정착길이 l_d보다 길어야 한다. 주목할 것은 c 철근은 극한정모멘트도의 변곡점 단면 ⑥을 지난다. 이런 경우, 즉 정모멘트 철근이 변곡점을 지나는 경우 정착길이 l_d를 다음과 같이 제한함으로서 가는 철근을 사용하여 부착에 유리하도록 규정하고 있다. 또한 이 규정은 단순보의 받침부의 경우 계수를 1에서 1.3으로 완화시켜 적용하도록 하고 있는데, 이는 받침부에서 철근의 끝부분이 압축반력으로 눌려서 구속을 받는 경우 이 힘이 일부 쪼갬응력을 봉쇄하여 부착강도를 증가시키기 때문이다.

$$l_d \le \frac{M_n}{V_u} + l_a \qquad \text{(연속보의 변곡점)}$$

$$l_d \le 1.3\frac{M_n}{V_u} + l_a \quad \text{(단순보의 받침부)}$$

여기서, M_n : 단면의 모든 철근이 f_y에 도달한다고 가정하고 구한 공칭 휨 강도

V_u : 단면에 작용하는 계수전단력

l_a : 지점 또는 변곡점에서 추가되는 묻침길이로써 지점에서의 l_a는 받침부 중심을 지나서 연장된 묻침길이이고, 연속보 변곡점에서의 l_a는 부재의 유효높이 d와 철근지름 d_b의 12배 중에서 큰 값이다.

예제 8.3

그림 8.8과 같은 단면을 가진 연속보가 있다. 최대모멘트에 대한 휨모멘트도가 나타나 있다. 모든 위험단면에서의 정착길이를 검토하라. 여기서, $f_{ck}=21\text{MPa}$, $f_y=280\text{MPa}$, $b=300\text{mm}$, $d=460\text{mm}$, 경간 $L=7.3\text{m}$이다.

위험단면은 다음과 같다. (a) 인장철근과 압축철근에 대한 지지면(단면 ①), (b) 인장철근이 경간 내에서 끝나는 점(단면 ②, ⑤), (c) 변곡점(단면 ③, ⑥), (d) 경간 중앙(단면 ④)

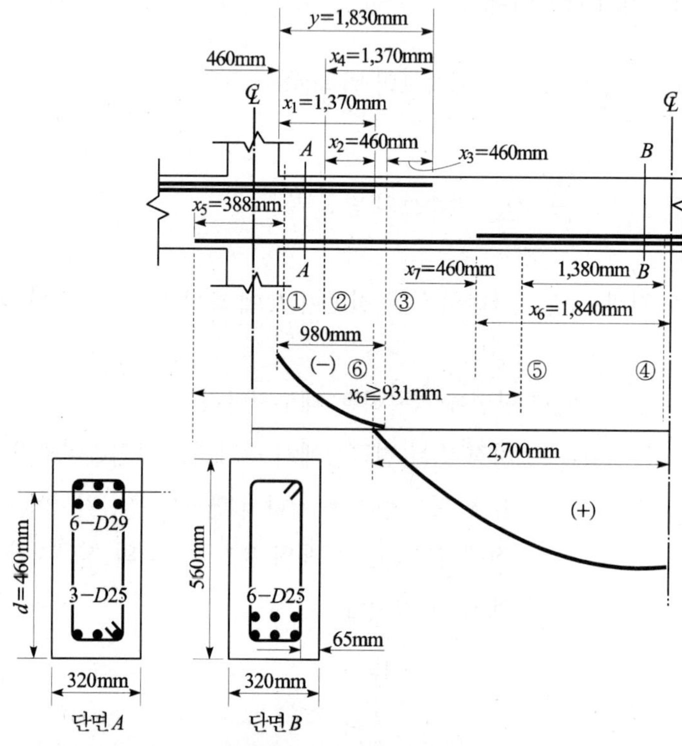

그림 8.8 연속보의 정착길이

▌풀이

1. 그림 8.8에서 부모멘트를 받는 철근의 정착길이는 다음과 같다. D29 철근 3개가 지지면에서 1,370mm 떨어진 거리에서 끝났으며, 다른 세 철근은 받침면에서 1,830mm의 거리까지 연장되었다.

   1) x_1에 대한 정착길이(인장철근)

      표 8.1의 조건에 부합되는지를 우선 검토하면,

      $d_b=28.6\text{mm}$이므로

$\text{Cover} = 65 - \dfrac{28.6}{2} = 50.7\text{mm} > d_b$

$\text{철근의 순간격} = \dfrac{320 - 2(65)}{2} - 28.6$

$= 66.4\text{mm} > 2d_b$

그러므로 조건에 부합한다.

식 (8.5)에 의하여

$$l_{db} = \frac{0.6 d_b f_y}{\sqrt{f_{ck}}} = \frac{0.6 \times 28.6 \times 280}{\sqrt{21}} = 1{,}048\text{mm}$$

상부철근이므로, 필요한 $l_d = 1.3 \times 1{,}048 = 1{,}363\text{mm} > (300\text{mm})$

2) x_2는 460mm($=d$)와 343mm($=12 \times d_b$) 중 큰 값보다 커야하므로 460mm 이상이어야 한다.

3) 변곡점(단면 ③)을 지나서, D29 철근 3개는 길이 x_3까지 연장된다. 콘크리트구조기준(2012)에서는 철근의 1/3이 변곡점을 넘어 연장되어야 한다고 규정한다. 그러므로 6개중 3개의 철근은

$d = 460\text{mm}$

$12d_b = 12 \times 28.6 = 343\text{mm}$

혹은

$\dfrac{L}{16} = \dfrac{7{,}300}{16} = 456\text{mm}$

중에서 큰 값인 460mm만큼 변곡점을 지나 연장될 때 규정을 만족한다.

4) 지지면에서의 압축철근(단면 ①)

정착길이 x_5는 다음과 같지만 200mm보다 작아서는 안 된다.

$l_d = 0.25 d_b f_y / \sqrt{f_{ck}} = 0.25 \times 25.4 \times 280 / \sqrt{21} = 388\text{mm} \geq l_d = 0.043 d_b f_y$

$= 0.043 \times 25.4 \times 280 = 306\text{mm}$

5) 정모멘트철근에 대한 정착길이 ⑤ 단면은 중심선으로부터 1,372mm 떨어져 있다. D25 철근 중 3개가 중심선을 지나 1,840mm 연장된 반면에 다른 철근은 지점까지 연장되었다. 중심선으로부터 정착길이 x_6는 $l_d = 0.6 d_b f_y / \sqrt{f_{ck}} = 0.6 \times 25.4 \times 280 / \sqrt{21} = 931\text{mm}$보다 커야하므로 적정하다.

x_7은 d, 즉 460mm이거나 $12d_b = 12 \times 25.4 = 305\text{mm}$ 중 큰 값보다 커야한다. 그러므로 사용된 $x_7 = 460\text{mm}$이며, 이것은 적절하다. 경간 내에서 철근의 끝나는 곳의 실제 위치는 후에 설명한 모멘트 저항도에 의해 구할 수 있다.

6) 단면 ⑥은 연속보의 정모멘트도 변곡점 단면이다. 3개의 D25 철근은 단면 ⑤로부터 l_d 이상(x_8)이 되어야 한다. 이때 ⑥이 변곡점이므로 $l_d(=931\text{mm}) \leq \dfrac{M_u}{V_u} + l_a$이어야 한다.

8.6 이음

구조부재에서 보강재로 사용된 철근은 철근의 직경, 운송장비, 그 밖의 다른 이유 등에 따라 8m의 길이로 재단되며, 보통 구조부재의 철근상세에 따라 가공하게 된다. 부재길이에 비하여 철근이 짧거나, 단면 접합부 등에서 철근과 철근의 이음이 필요하며, 이음거리는 이어지는 철근사이에 응력을 전달할 수 있도록 충분하여야 한다. 이음(splice)은 겹침이음, 용접이음 또는 철근 사이의 기계적 장치(mechanical devices)이음으로 나눌 수 있다.

D35 이상의 철근에서는 겹침이음을 사용하지 않는다. 휨 부재에서 서로 직접 접촉되지 않게 겹침이음된 철근은 횡방향으로 소요겹침 이음길이의 1/5 또는 150mm 중 작은 값 이상 떨어지지 않아야 한다(콘크리트구조 정착 및 이음 설계기준(KDS 14 20 52: 2021) 4.5.1(이음일반)). 용접이음은 용접용 철근을 사용하였을 때 가능하며, 철근의 설계기준 항복강도 f_y의 125% 이상을 발휘할 수 있는 완전용접이어야 한다. 기계적 이음은 철근의 항복 강도의 125%를 발휘시킬 수 있는 완전한 기계적 이음이어야 한다. 위의 용접이음과 설계기준 기계적이음 규정을 만족하지 않더라도 이음부에 배근된 철근량이 해석결과 요구되는 소요철근량의 2배 이상이고 아래 ①, ②의 요구조건을 따르는 경우, D16 이하의 철근에 대해서만 용접이음 또는 기계적이음을 허용한다.

① 각 철근의 이음부는 서로 600mm 이상 엇갈려야 하고, 이음부에서 계산된 인장응력의 2배 이상을 발휘할 수 있도록 이어져야 한다. 또한 배근된 전체 철근이 140MPa 이상의 응력을 발휘할 수 있어야 한다.

② 각 단면에서 발휘하는 인장력을 계산할 때 이어진 철근은 규정된 이음강도를 발휘할 것으로 보아야 한다. 이어지지 않은 연속철근의 인장응력은 실제로 짧게 배근된 정착길이와 항복강도 f_y를 발휘할 수 있도록 계산된 정착길이 l_d와의 비에 f_y에 곱하여 사용하여야 한다.

콘크리트구조 정착 및 이음 설계기준(KDS 14 20 52: 2021)에 따른 인장과 압축에서 최소 이음 길이는 구조기준에서 설명한 정착길이 l_d 의 함수로써 주어진다. 콘크리트구조 정착 및 이음 설계기준(KDS 14 20 52: 2021) 4.5.2(인장 이형철근 및 이형철선의 이음)와 4.5.3(압축 이형철근의 이음)에 명시된 인장과 압축 이음의 규정은 다음과 같다.

8.6.1 인장에서의 이음

겹침이음 등급은 표 8.2와 같이 A급과 B급으로 규정하였다.

- 최소이음길이는 300mm 이상이다.
- A급이음 : $1.0l_d$ 이상

  배치된 철근량이 이음부 전구간에서 (소요 A_s / 배근 A_s) ≥ 2.0이고, 소요 겹침이음 길이 대 겹침이음된 철근량이 총 철근량의 1/2 이하인 경우
- B급이음 : $1.3l_d$ 이상

  A급이음에 해당되지 않는 경우

  상기 기준에서 l_d는 식 (8.13)에 따라 계산되며, 최소 300mm 기준과 보정계수(표 8.1)도 적용하지 않는다.

표 8.2 인장겹침이음

$\dfrac{\text{배근 } A_s}{\text{소요 } A_s}$	소요 겹침길이 내의 이음된 철근 A_s의 최대(%)	
	50 이하	50 초과
2 이상	A급	B급
2 미만	B급	B급

8.6.2 압축에서의 이음

압축철근의 겹침이음길이는 다음과 같다.

$$l_s = \left(\frac{1.4f_y}{\lambda\sqrt{f_{ck}}} - 52\right)d_b \tag{8.16}$$

위 식으로 산정된 이음길이는 f_y가 400MPa 이하인 경우에는 $0.072f_y d_b$보다 길 필요가 없고, f_y가 400MPa를 초과할 경우에는 $(0.13f_y - 24)d_b$보다 길 필요가 없다. 이때 겹침이음길이는 300mm 이상이어야 한다. 콘크리트의 설계기준압축강도가 21MPa 미만인 경우에는 겹침이음길이를 1/3 증가시켜야 한다. 압축철근의 겹침이음길이는 인장철근의 겹침이음길이보다 길 필요는 없다.

서로 다른 치수의 철근을 압축부에서 겹침이음하는 경우, 이음길이는 치수가 큰 철근의 정착길이와 치수가 작은 철근의 겹침이음길이 중 큰 값 이상이라야 한다. 이때 D41과 D51은 D35 이하 철근과 겹침이음을 할 수 있다.

8.7 모멘트 저항도

보의 모멘트 용량은 유효깊이, 폭, 철근의 단면적, 콘크리트와 철근의 강도 등의 함수이다. 일정한 폭과 깊이를 가진 보에서, 철근량은 휨 모멘트의 변화에 따라 결정된다. 따라서 전경간에 동일한 량의 철근에 배치되는 것보다는 일부 철근은 휨 응력에 저항할 필요가 없는 곳에서 철근을 절단하는 것은 실제적으로도 흔히 있는 일이다. 또한 연속보와 같은 경우 정모멘트 철근은 지점부에서 45°로 꺾어 올려 부모멘트를 저항하도록 한다.

임의 단면에서의 저보강 철근콘크리트 보의 극한모멘트는 전술한 바와 같이 경간 내에서 철근량이 변하게 되면,

$$M_u = \phi A_s f_y (d - \beta c) \tag{8.17}$$

단면 팔길이 $(d - a/2)$는 변화하지만 팔길이의 변화는 작으며, 최대 휨모멘트 단면의 팔길이보다 작아서는 안 된다. 그러므로 정착길이가 적절하다면, 임의 단면에 모멘트 용량은 인장력이나 철근의 단면적에 비례한다고 가정할 수가 있다.

이론적인 철근절단점이나 절곡점의 위치를 결정하기 위해서, 우선 외부하중으로 인한 모멘트도가 작성되어야 한다. 또한 같은 그래프에 모멘트 저항도를 나타내게 되면 철근의 이론적인 절단점 또는 절곡점을 알 수 있다. 철근 1개의 극한저항모멘트 M_{ub}는

$$M_{ub} = \phi A_{sb} f_y (d - \beta c) \tag{8.18}$$

여기서,

$$c = \frac{A_s f_y}{\alpha 0.85 f_{ck} b}$$, 그리고 A_{sb} = 철근 1개의 단면적

모멘트 저항선과 외부하중으로 인한 휨 모멘트도와의 교차점은 이론적으로 철근의 절단점을 나타낸다. 위의 설명을 예시하기 위하여, 그림 8.9와 같은 등분포하중을 받는 단순보의 단면과 휨 모멘트도를 참고하자. 휨 모멘트 곡선은 경간 중앙에서 최대 모멘트 270kN·m을 갖는 포물선이다. 보에서 D29 철근이 4개 배근되었기 때문에, 1개의 철근의 극한 저항모멘트는 다음과 같다.

$$M_{ub} = \phi A_{sb} f_y (d - \beta c)$$

$$c = \frac{A_s f_y}{\alpha 0.85 f_{ck} b} = \frac{4 \times 642 \times 350}{0.8 \times 0.85 \times 21 \times 300} = 209.8\text{mm}$$

$$M_{ub} = 0.85 \times 642 \times 350(500 - 0.4 \times 209.8) = 79,503,424\text{N}\cdot\text{mm} = 79.5\text{kN}\cdot\text{m}$$

철근 4개의 극한 저항모멘트는 318kN·m 이며 이것은 270kN·m 보다 크다. 그림과 같이 한 철근이 a점에서 두 번째 철근은 b점, 세 번째 철근은 c점, 네 번째 철근은 받침부에서 절단될 수 있음을 알 수 있다. 이 점들은 철근을 절단할 수 있는 이론적 위치이다. 그러나 전술한 바와 같이 부착에 의한 철근의 강도를 발휘시키는 것이 필요하다. 모든 철근은 이론적인 점 a, b, c를 지나서, 최소한 유효깊이 d나 철근의 지름의 12배보다 큰 만큼 연장되어야 된다. 또한, 콘크리트구조 정착 및 이음 설계기준(KDS 14 20 52: 2021)의 4.4.2(정모멘트 철근의 정착)에는, 정모멘트를 받는 철근의 1/3 이상, 연속부재에서 1/4 이상을 부재의 같은 면을 따라 받침부까지 연장하여야 한다고 명시되어져 있다. 그러므로 이 예에서, 2개 철근이 받침부까지 연장되어야 한다.

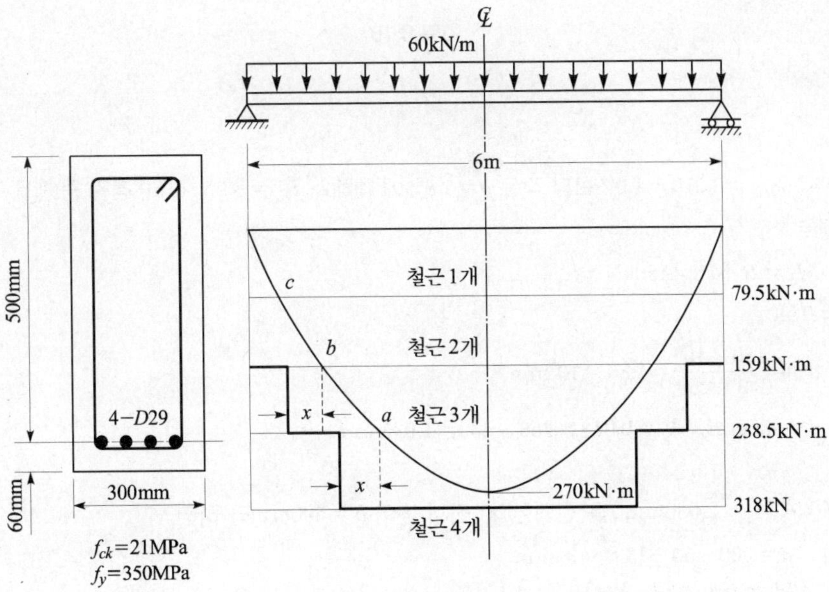

그림 8.9 모멘트 저항도

예제 8.4

그림 8.10에 주어진 단순보에 대해서, (a) 주어진 계수하중에 대하여 보를 설계하고 모멘트 저항도를 그려라. (b) 이론적인 철근 절단점을 구하라. 여기서, 보의 폭 $b=250\text{mm}$, 철근비 $\rho=0.018$, $f_{ck}=21\text{MPa}$, $f_y=300\text{MPa}$이다.

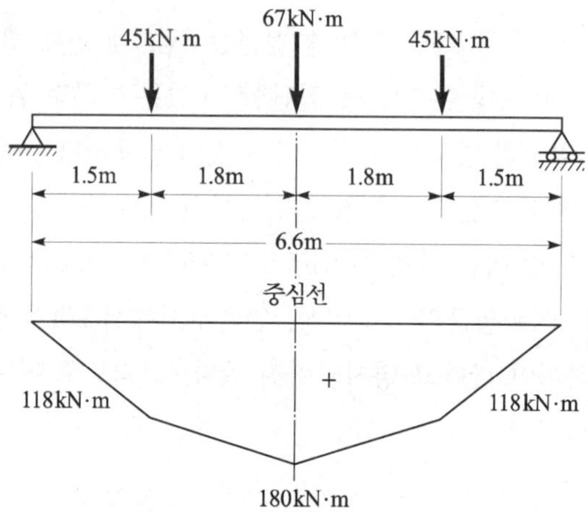

그림 8.10

▌풀이

1. $\rho_t=0.563\rho_b=0.019=1.9\%$보다 작은 $\rho=1.8\%$에 대해서 $R_u=3.9\text{N/mm}^2$ 경간 중에서 최대 휨모멘트

$$M_u=R_u bd^2=180\text{kN}\cdot\text{m}$$

그러므로

$$d^2=\frac{180\times10^6}{3.9\times250}=1.85\times10^5\text{mm}^2$$

$$d=430\text{mm},\ A_s=0.018\times250\times430=1,935\text{mm}^2$$

2. D25 4개($A_s=2,030\text{mm}^2$)를 선택한다. 전체 높이 $h=500\text{mm}$라 하면,

실제 $d=500-50-13\fallingdotseq 435\text{mm}$

$$M_u=\phi A_s f_y(d-a/2)$$

여기서, $a=\dfrac{A_s f_y}{0.85f_{ck}b}=\dfrac{2,030\times300}{0.85\times21\times250}=136\text{mm}$

M_{ub}(1개 철근에 대해서)$= 0.85 \times 507 \times 300 \left(435 - \frac{136}{2}\right)$

$= 47{,}447{,}595\,\mathrm{N \cdot mm} = 47.4\mathrm{kN \cdot m}$

M_{uR}(4개 철근에 대해서)$= 4 \times 47.4 = 189.6\mathrm{kN \cdot m} \fallingdotseq 190\mathrm{kN \cdot m}$

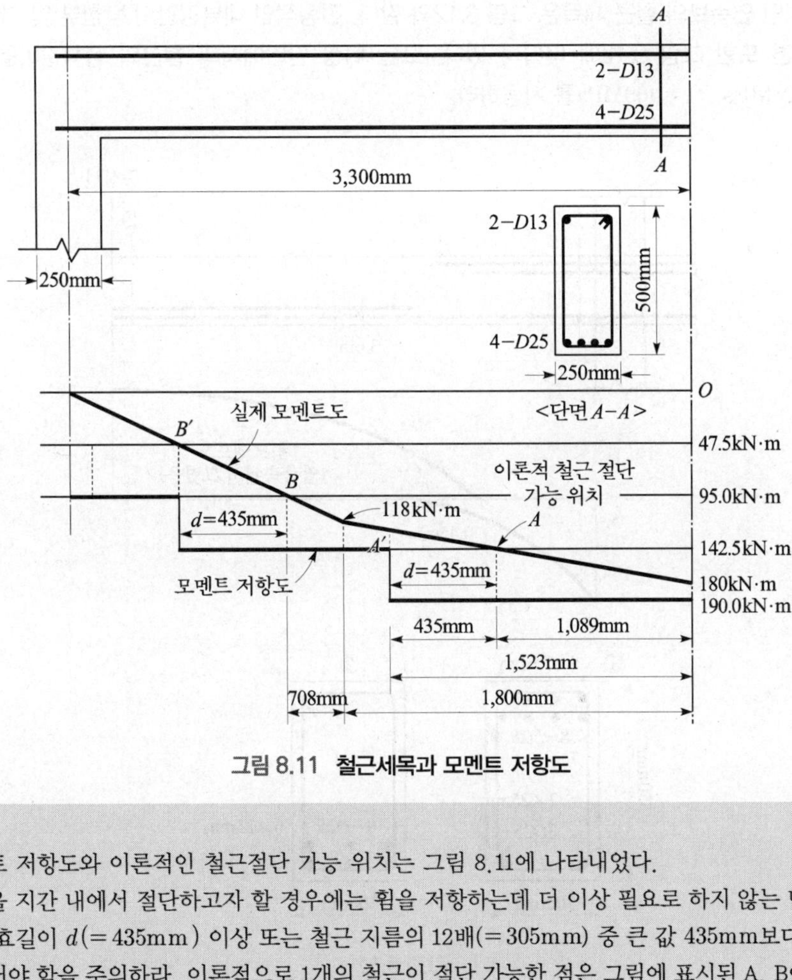

그림 8.11 철근세목과 모멘트 저항도

휨모멘트 저항도와 이론적인 철근절단 가능 위치는 그림 8.11에 나타내었다.

휨철근을 지간 내에서 절단하고자 할 경우에는 휨을 저항하는데 더 이상 필요로 하지 않는 단면을 지나서 유효길이 $d(=435\mathrm{mm})$ 이상 또는 철근 지름의 12배(=305mm) 중 큰 값 435mm보다 더 길게 연장되어야 함을 주의하라. 이론적으로 1개의 철근이 절단 가능한 점은 그림에 표시된 A, B이지만 실제 절단점은 각 점에서 435mm가 더 연장되어 A'과 B'이다.

연습문제

8.1 전형적인 연속보의 철근 세목은 그림 8.12와 같다. 전형적인 내부경간의 받침부 및 경간중앙에서의 단면 또한 그림 8.12에 나타나 있다. 모든 위험 단면에서의 철근의 정착길이를 검토하라. $f_{ck} = 28\text{MPa}$, $f_y = 400\text{MPa}$를 사용하라.

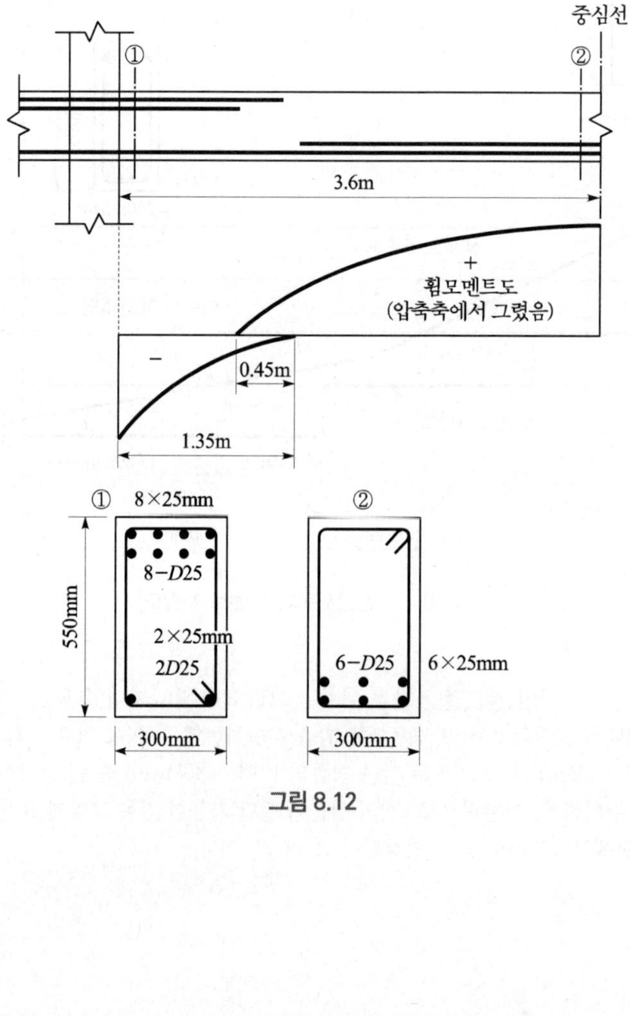

그림 8.12

8.2 $\rho_{\max}$를 사용하여 그림 8.13에 나타난 보를 설계하라. 모멘트 저항도를 그리고 철근이 끝나는 위치를 나타내라. 보는 22kN/m의 등분포 고정하중과 33kN/m의 등분포 활하중을 받는다. $f_{ck}=28\text{MPa}$, $f_y=400\text{MPa}$를 사용하여라.

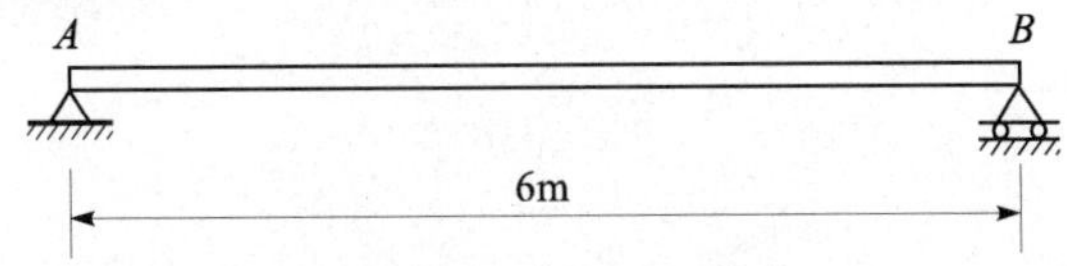

그림 8.13 **고정하중** = 22kN/m, **활하중** = 33kN/m

8.3 철근비 $\rho=\frac{1}{2}\rho_b$를 사용하여 그림 8.14에 보인 보를 설계하라. 모멘트 저항도를 그리고 절단점을 나타내라(단, $f_{ck}=21\text{MPa}$, $f_y=400\text{MPa}$, $b=300\text{mm}$).

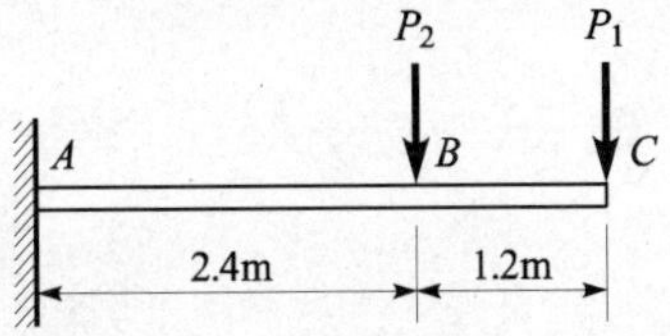

그림 8.14 **고정하중** = 30kN/m, **집중활하중** = $P_1=45\text{kN}$, $P_2=72\text{kN}$

8.4 $\rho_{\max}$를 사용하여 그림 8.15에 보인 보의 받침부 B에서의 단면을 설계하라. 전체 보 ABC에 대해서 단면 B와 같은 단면을 사용하여, AB 부분에서 필요한 철근량을 계산하고, 전체 보 ABC에 대한 모멘트 저항도를 그려라(단, $f_{ck}=21\text{MPa}$, $f_y=400\text{MPa}$, $b=300\text{mm}$).

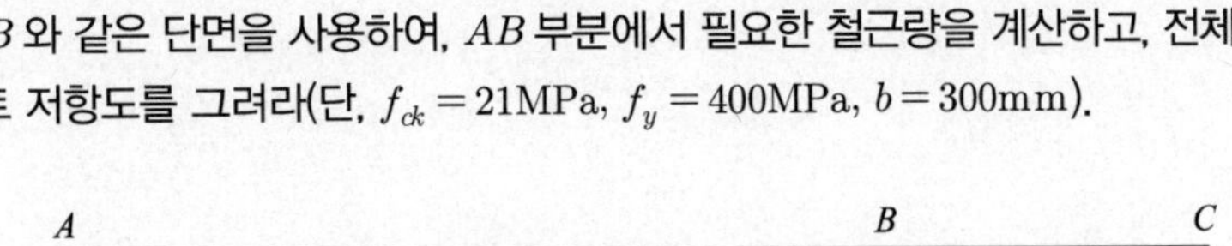

그림 8.15 **고정하중** = 90kN/m, **활하중** = 60kN/m

CHAPTER

09

단 주

CHAPTER 09

Design of Reinforced Concrete Structures

단 주

9.1 서 언

KDS2022에서는 축방향 압축하중을 받는 부재로서 높이가 단면의 최소치수의 3배 이상인 것을 기둥이라고 정의하고 있다.

보, 바닥, 기둥 등이 일체로 시공되는 구조물의 경우에는 단부구속으로 인한 모멘트가 기둥에 발생하게 되므로 순수 축하중만을 받는 기둥은 실제로는 거의 없으며, 기둥에는 항상 편심하중이 작용하게 된다. 편심이 매우 작은 경우 순수하게 축하중을 받은 기둥이라고 간주 할 수 있으며, 편심이 큰 경우에는 축력과 동시에 휨을 받는 기둥이 된다.

콘크리트는 경제적이고 압축강도가 높기 때문에 압축 부재를 활용하기에 적합하다. 그러나 휨모멘트를 동시에 받을 수 있기 때문에 철근을 사용하여야 하며 철근은 휨모멘트에 대한 저항과 함께 압축력에 대해 저항하도록 설계할 수 있다. 이때에도 적절한 철근 사용에 의해 기둥의 단면을 줄이는 효과를 기대할 수 있다.

또한 기둥의 단면형태, 강도, 경계조건 등에 의하여 단주와 장주로 구분할 수 있다. 단주는 상대적으로 지간이 짧아 재료강도와 단면 크기에 의해 부재의 성능이 좌우된다, 한편, 장주는 부재의 횡구속 및 지점조건 등에 따라 좌굴과 같은 횡방향 변위에 의한 영향으로 부재가 보유하고 있는 강도이전에도 파괴될 수 있다. 따라서 횡방향 변위에 의한 영향을 고려하여야 한다.

9.2 기둥의 종류 및 파괴형태

일반적으로 사용되고 있는 철근콘크리트 기둥의 종류는 다음과 같다(그림 9.1).

1. 종방향 철근을 적당한 간격의 띠철근으로 고정시킨 띠철근 기둥
2. 종방향 철근을 나선철근으로 고정시킨 나선철근 기둥
3. 콘크리트 속에 구조용 강재나 주조된 강철 부재를 보강한 합성기둥, 이 기둥에서도 종방향 철근과 나선철근 또는 띠철근을 사용할 수 있다.
4. 콘크리트로 채워진 강관 기둥

기둥의 단면은 정방형, 직사각형, 원형, L형, 8각형 등 다양한 단면으로 구성할 수 있다.

띠철근과 나선철근은 기둥에서 다음의 2가지 중요한 기능이 있다. 첫째는 콘크리트를 타설하는 동안 종방향 철근(수직철근)의 위치와 형태를 유지시키는 것이고, 둘째는 기둥 내 종방향 철근의 좌굴 발생을 억제하고 콘크리트 피복이 떨어져나가는 것을 방지하는 것이다.

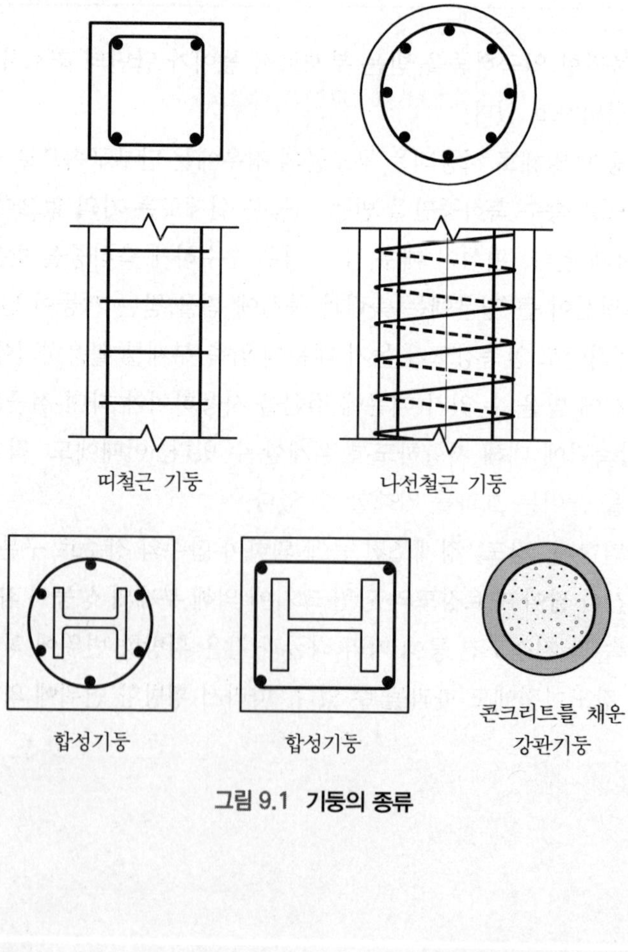

그림 9.1 기둥의 종류

기둥은 띠철근 또는 나선철근이 사용되었는지에 따라 2가지 다른 파괴형태가 발생한다. 띠철근 기둥의 경우, 콘크리트는 쪼개짐이나 바깥쪽으로 향하는 전단에 의하여 파괴되고, 종방향 철근은 띠철근 사이에서 좌굴에 의하여 파괴된다. 따라서 기둥의 파괴는 취성적으로 발생하며, 콘크리트 실린더의 파괴형태와 유사한 형태를 나타낸다. 나선철근 기둥은 나선철근 항복 이후, 완전히 파괴되기까지 변형이 길게 이어진다. 콘크리트 피복은 깨져서 떨어져 나가지만 나선철근 내부의 콘크리트는 나선철근에 의한 구속 효과에 의하여 기둥의 파괴 바로 전까지 강도를 발생하게 된다. 나선철근에서 원주방향의 인장력(Hoop tension)이 발생하고 종방향 철근이 항복하게 되는데, 띠철근 기둥과는 달리 갑작스런 파괴가 일어나지 않는다. 그림 9.2는 띠철근과 나선철근 기둥에 대한 전형적인 하중-변형 곡선을 나타낸다. 점 a에 이르기까지는 두 기둥은 거의 같은 거동을 하게 되나, 이후 하중이 증가함에 따라 점 a에서 기둥의 종방향 철근은 항복하고 띠철근 또는 나선철근의 외곽 콘크리트는 떨어져 나간다. 극한하중에 도달하였을 때, 띠철근 기둥은 종방향 철근의 좌굴 및 띠철근의 파단 등에 의하여 갑작스럽게 파괴되는(곡선 b) 반면에 나선철근 기둥은 파괴에 앞서 눈으로 확인할 수 있을 정도의 변형을 나타낸다(곡선 c).

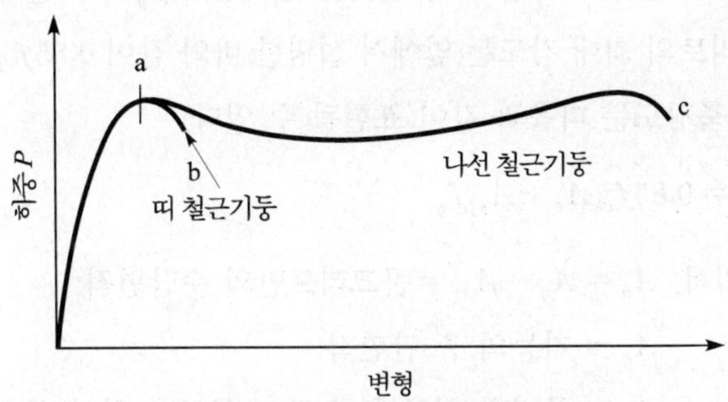

그림 9.2 띠철근과 나선철근 기둥의 거동

9.3 순수축하중을 받는 단주의 설계강도

축방향 하중을 받는 철근콘크리트 기둥에 대한 Whitney의 1911년의 실험을 통하여 지속 하중 하에서의 기둥은 기존의 탄성역학적 이론으로 콘크리트와 철근의 응력을 계산할 수 없다는 것을 알게 되었으며, 그 당시에는 아직 크리프가 알려져 있지 않았다. 1930년 이후로 Lehigh 대학과 Illinois 대학에서 많은 실험이 이루어졌으며, 그 결과 탄성이론에 기초한 응력과 축방향 하중을 받는 기둥에서의 실제 응력이 명확한 상관관계를 갖지 않는다는 것이 밝혀졌다. 압축부재의 거동은 건조수축, 크리프, 하중상태 등에 따라 달라지게 되므로, 기존의 탄성설계법 대신 부재의 극한상태에 기초한 강도설계 방법이 제안되었다.

KDS2022는 단주의 해석 시에도 휨부재의 설계와 동일하게 다음과 같은 가정을 채택하였다.

1. 콘크리트와 철근에서의 변형률은 중립축으로부터 거리에 비례한다.
2. 힘의 평형과 변형률 적합조건을 만족한다.
3. 콘크리트의 최대 압축변형률(ε_{cu})은 f_{ck}에 따라 다르게 가정하며, 표 4.1 및 표 4.2과 같다.
4. 인장측에서 콘크리트 강도는 무시한다.
5. 철근의 응력은 $f_s = E_s\varepsilon_s \le f_y$ 이다.
6. 콘크리트의 응력 블록은 등가직사각형응력 블록 또는 포물선-직사각형 등가응력 분포를 사용할 수 있다(4장 참고).

축하중이 콘크리트 기둥에 작용할 때, 콘크리트의 응력이 약 $f_{ck}/3$에 도달할 때까지는 탄성적으로 거동하는 것으로 가정할 수 있다. 기둥에 작용하는 하중이 극한강도에까지 이르게 되면, 콘크리트는 최대 강도에 도달하고, 철근은 항복강도 f_y에 도달하게 될 것이다. 극한하중상태에서 콘크리트의 최대 강도는 앞에서 설명한 바와 같이 $0.85f_{ck}$로 가정될 수 있다. 따라서 기둥의 공칭축강도는 다음과 같이 표현될 수 있다.

$$P_n = 0.85f_{ck}A_c + A_{st}f_y \tag{9.1}$$

여기서, $A_c = A_g - A_{st}$ =콘크리트만의 순단면적

A_g = 기둥의 총 단면적

A_{st} =종방향 철근(철근 또는 구조용 형강)의 전체단면적

기둥에 사용하는 하중계수는 3장 강도설계법의 설명에서 기술한 것과 같다. 또한 기둥의 극한강도는 강도감소계수 ϕ를 곱함으로써 감소된다. 강도감소계수는 구조부재에 따라 다른 값을 가지며 재료의 강도, 시공기술, 공사 관리, 감독의 정도에 따른 오차를 포함한다.

기둥에서 사용되는 강도감소계수 ϕ는 다음 경우에 따라 변한다.

1. 압축지배단면의 경우,

$$\phi = 0.65 \quad \text{띠철근일 경우} \tag{9.2}$$

$$\phi = 0.7 \quad \text{나선철근일 경우} \tag{9.3}$$

이러한 경우는 일반적으로 압축지배일 때 발생한다. 여기서 A_g는 콘크리트 단면의 전체 면적이다.

2. KDS2022에서는 압축연단 콘크리트의 극한변형률(ε_{cu})에 도달할 때 최외측 인장철근의 순인장 변형률이 압축지배 변형률 한계 ε_y보다 클 경우에는 그림 4.7에 따라 선형 보간한 강도감소계수를 적용한다.
3. $P_u = 0$이면 $\phi = 0.85$이며 순수 휨만 작용하는 경우이다. 또한 계수축력이 $0.10 f_{ck} A_g$ 보다 작은 경우에는 축력의 영향을 무시하고 휨부재로 취급하여 휨강도를 계산할 수 있다.

기둥에 대한 감소계수는 휨($\phi = 0.85$)이나 전단($\phi = 0.75$)에 대한 값보다 훨씬 작다. 이것은 축하중을 받는 기둥의 강도는 주로 콘크리트 압축에 의존하지만, 반면에 휨을 받는 부재의 강도는 콘크리트 강도의 변화에 영향을 적게 받으며, 특히 과소보강단면의 경우에는 콘크리트 강도의 영향은 무시할 만하기 때문이다. 더욱이 기둥에서의 콘크리트는 보의 경우보다 골재분리현상이 현저하다. 기둥은 수직으로 길고, 좁은 단면으로 제작되나 보의 경우 콘크리트는 높이가 낮고 수평적으로 만들어진다. 또한 구조물에서 기둥의 파괴는 보가 파괴되는 것보다 훨씬 치명적이다.

축방향 압축을 받는 부재의 공칭축강도는 식 (9.1)과 같다. 완전하게 축방향 한중만을 받는 기둥은 없으며, 약간의 편심이 기둥단면에서 발생한다. 이 위험성을 반영되기 위하여 KDS2022에서는 띠철근 기둥에 대해서는 0.8을, 나선철근 기둥에 대해서는 0.85를 공칭축강도(P_n)에 곱해야 한다고 명시하였다. 따라서 순수 축하중을 받는 기둥의 설계축강도 또는 극한허용하중을 다음과 같이 제시되고 있다.

- 띠철근의 경우

$$P_u = \phi P_n = \phi(0.8)[0.85 f_{ck}(A_g - A_{st}) + A_{st} f_y] \tag{9.4}$$

- 나선철근일 경우

$$P_u = \phi P_n = \phi(0.85)[0.85 f_{ck}(A_g - A_{st}) + A_{st} f_y] \tag{9.5}$$

여기서, ϕ = 띠철근 기둥에서는 0.65, 나선철근 기둥에서는 0.7

식 (9.4)와 (9.5)는 전체 철근비(ρ_g)의 함수로 나타낼 수 있다.

$$\rho_g = \frac{A_{st}}{A_g}$$

그러므로 식 (9.4)와 식 (9.5)는 다음과 같이 ρ_g의 함수로 제시할 수 있다.

- 띠철근의 경우

$$P_u = 0.8\phi A_g[0.85f_{ck} + \rho_g(f_y - 0.85f_{ck})] \tag{9.6}$$

- 나선철근일 경우

$$P_u = 0.85\phi A_g[0.85f_{ck} + \rho_g(f_y - 0.85f_{ck})] \tag{9.7}$$

식 (9.6)과 식 (9.7)은 설계문제에서 철근비 ρ_g가 가정되었을 경우, 기둥의 단면적 A_g를 구할 때 사용된다.

식 (9.4)~식 (9.7)은 순수축하중을 받는 기둥의 설계축강도를 구하는 식이다. 순수축하중을 받는다는 것은 편심이 매우 적다고 간주할 수 있는 경우에 해당하며, 이전 설계기준에서는 편심거리가 나선철근기둥의 경우 0.1h, 띠철근기둥의 경우 0.05h 이하일 때로 규정하고 있다.

콘크리트의 인장강도 이하의 응력에서는 균열이 발생하지 않으며, 이러한 경우 콘크리트와 철근 모두가 인장력에 저항한다. 그러나 인장력이 콘크리트의 인장강도(압축강도의 약 1/10)를 초과하는 경우 균열이 인장력의 직각방향으로 발생하게 되고 이후부터 인장력은 철근에 의해 저항하게 된다. 이때 부재가 받을 수 있는 계수하중은 단지 철근이 저항할 수 있는 하중이므로,

$$T_n = A_{st}f_y \tag{9.8}$$

그리고

$$T_u = \phi A_{st}f_y \tag{9.9}$$

여기서, 축방향 인장일 경우 $\phi = 0.85$이다.

아치에서의 tie rods 또는 그와 유사한 구조물에서 축방향 인장력을 받을 수 있다. 작용하중 상태에서 콘크리트에 균열이 생기며, 철근이 전체 인장력을 받게 된다. 따라서 물탱크의 경우에서와 같은 수중 구조물에는 특별한 규정이 마련되어야 하며, 유압에 의한 인장응력으로 균열이 발생하지 않도록 설계되어야 한다.

9.4 철근상세

기둥과 같은 압축부재 설계를 설계할 때 다음과 같은 제한사항이 고려되고 있다.

1. 띠철근 압축부재 단면의 최소치수는 200mm 이상이어야 하고, 단면적은 6,000mm2 이상이어야 한다.
2. 사각형 혹은 원형 띠철근 부재는 4개 이상의 종방향 철근을 사용해야 하며, 나선철근으로 둘러싸인 원형부재에 대해서는 최소한 6개의 철근이 필요하다. 임의 형상의 단면일 경우, 각 모서리에 1개의 철근이 배근되어야 하며, 적절한 측면보강이 필요하다. 철근은 횡방향 지지철근으로부터 어느 쪽이든 순간격이 150mm 이상 떨어져서는 안 된다.
3. 전체 단면적에 대해서 종방향 철근비는 최소 1%에서 최대 8% 이내이어야 한다. 최소 철근은 예기치 않은 휨에 저항하기 위해서, 그리고 지속압축응력상태에서의 콘크리트의 건조수축과 크리프 영향을 감소시키기 위하여 필요하다. 실제로 기둥 속에 8% 이상의 철근을 배근하게 되면, 철근 간격이 너무 좁아 콘크리트 타설이 쉽지 않다.
4. KDS2022에 따르면 나선 철근비 ρ_s는 다음 값 이상으로 하여야 한다.

$$\rho_s \geq 0.45\left(\frac{A_g}{A_{ch}}-1\right)\frac{f_{ck}}{f_y} \tag{9.10}$$

여기서, A_g =기둥의 총 단면적

A_{ch} =나선 철근의 바깥선을 지름으로 하여 측정된 나선철근 기둥의 심부단면적

f_y =나선철근의 항복강도 ≤ 700MPa 이며, 400MPa을 초과하는 경우에는 KDS 14 20 50(4.4.2(2))에 따른 겹침이음을 할 수 있다.

5. 현장치기 콘크리트 공사에 의하면, 나선철근의 최소 직경은 10mm이며, 나선철근의 순간격은 75mm 이하, 25mm 이상이어야 한다. 나선철근의 정착은 나선철근의 끝에서 추가로 심부 주위를 1.5회전만큼 더 확보하여야 한다. 이음은 용접이음이나 겹침이음으로 하되, 이형철근의 경우 최소 300mm 이상, 나선철근 지름의 48배 이상, 원형철근 또는 에폭시도막 철근의 경우에는 지름의 72배 이상이어야 한다.
6. D35 이하의 주철근을 감싸는 띠철근은 D10 이상이어야 하고, D35 이상의 종방향 철근과 다발철근은 D13 이상의 띠철근으로 둘러싸야 한다.

7. 띠철근 간격은 띠철근 지름의 48배, 주철근 지름의 16배, 기둥의 최소 치수 중 가장 작은 값 이하이어야 한다.

그림 9.3에는 띠철근 기둥에서 주철근과 띠철근의 배근 상태를 나타내고 있다. 횡지지된 종방향 철근의 순간격이 150mm를 초과하는 경우에는 점선과 같이 추가 띠철근 또는 보강철근을 배근하여야 한다. 기둥에서 콘크리트 피복두께의 최소치는 40mm이며, 콘크리트 설계기준압축강도 f_{ck}가 40MPa 이상인 경우에는 10mm를 저감시킬 수 있다.

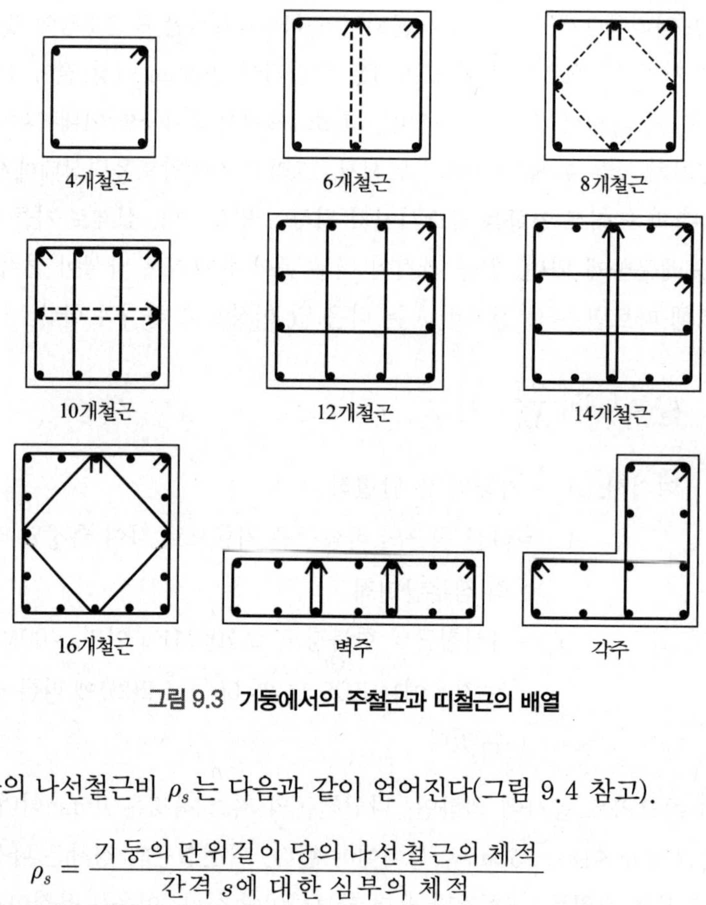

그림 9.3 기둥에서의 주철근과 띠철근의 배열

나선철근기둥의 나선철근비 ρ_s는 다음과 같이 얻어진다(그림 9.4 참고).

$$\rho_s = \frac{\text{기둥의 단위길이 당의 나선철근의 체적}}{\text{간격 } s\text{에 대한 심부의 체적}}$$

$$= \frac{a_s \pi (D_c - d_s)}{\left(\frac{\pi D_c^2}{4}\right) s} = \frac{4a_s (D_c - d_s)}{D_c^2 s} \tag{9.11}$$

여기서, a_s = 나선철근의 단면적

D_c = 나선철근의 바깥까지 측정한 심부의 지름

D = 기둥의 지름

d_s = 나선철근의 지름

s = 나선철근의 간격

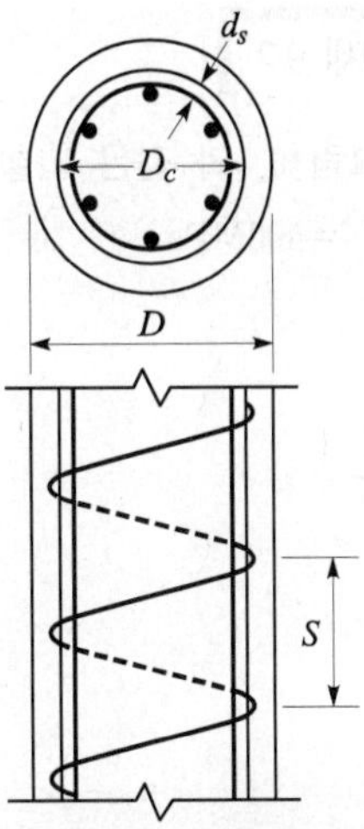

그림 9.4 나선철근 기둥의 치수 상세

예제 9.1

D25 철근 4개로 보강된 300mm×300mm의 띠철근 단주에서 설계축강도(극한허용축하중)을 결정하라. 띠철근은 300mm 간격의 D10 철근이다. $f_{ck} = 28\text{MPa}$, $f_y = 400\text{MPa}$

▮풀이

1. 단주이기 때문에, 세장비나 좌굴효과로 인한 기둥능력의 감소는 없다.

2. 식 (9.4)을 사용하면

$$P_u = 0.8\phi[0.85 f_{ck}(A_g - A_{st}) + A_{st} f_y]$$

띠철근의 경우이므로,

$$\phi = 0.65,\ A_g = 300 \times 300 = 90{,}000\text{mm}^2,\ \text{A}_{\text{st}} = 4 \times 506.7 = 2026.8\text{mm}^2$$

따라서

$$P_u = 0.65 \times 0.8[0.85 \times 28 \times (90000 - 2026.8) + 2026.8 \times 400] = 1{,}510{,}330\text{N} = 1{,}510.3\text{kN}$$

3. 철근비

$$\rho = \frac{2026.8}{300 \times 300} = 0.0225$$

이것은 최소철근비 0.01 이상이며, 최대 철근비 0.08보다는 작다.

4. 띠철근 간격의 검토

띠철근 D10의 지름은 9.53mm이며, 띠철근 간격은 띠철근 지름의 48배(s_1), 주철근 지름의 16배(S_2), 기둥의 최소치수(S_3) 중에서 가장 작은 값이다.

$$S_1 = 48 \times 9.53 = 457\text{mm},\ S_2 = 16 \times 25.4\text{mm} = 406\text{mm},\ S_3 = 300\text{mm}$$

사용된 간격은 300mm로서 적정하다.

예제 9.2

그림 9.5와 같은 띠철근 단주의 사각형 단면에서 설계축강도를 결정하라. 단, $f_{ck}=27\text{MPa}$, $f_y=400\text{MPa}$

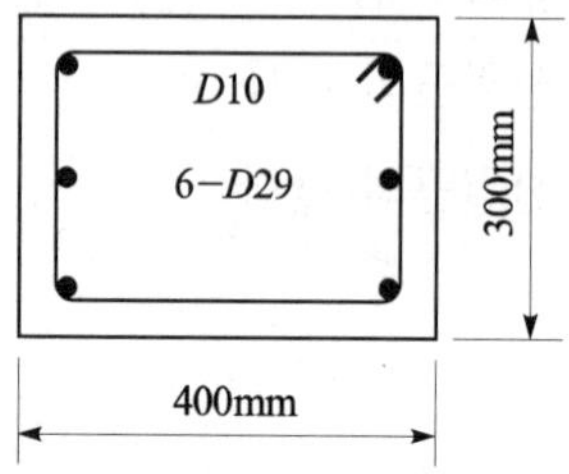

그림 9.5

▌풀이

1. 띠철근 단주에서

$$P_u=0.8\phi[0.85f_{ck}(A_g-A_{st})+A_{st}f_y]$$

여기서, $\phi=0.65$, $A_{st}=6\times 642.4=3{,}854.4\text{mm}^2$

$$P_u=0.8\times 0.65[0.85\times 27\times(300\times 400-3{,}854.4)+3{,}854.4\times 400]=2{,}187{,}796.8\text{N}=2{,}187.8\text{kN}$$

2. 철근비$=(3{,}854.4)/(300\times 400)=0.032$로서, $1\%<\rho_g<8\%$로 적정하다.

3. 띠철근의 간격검토

$$S_1=48\times 9.53=457\text{mm}\ ,S_2=16\times 28.6=458\text{mm}, S_3=300\text{mm}$$

그리므로 띠철근의 간격은 300mm 이하로 배근된다면 상기 축하중을 저항할 수 있다.

예제 9.3

2,000kN의 계수 축방향하중에 대한 정방향 띠철근 단주를 설계하라. $f_{ck}=24\text{MPa}$, $f_y=300\text{MPa}$ $\rho_g=0.02$를 사용하라.

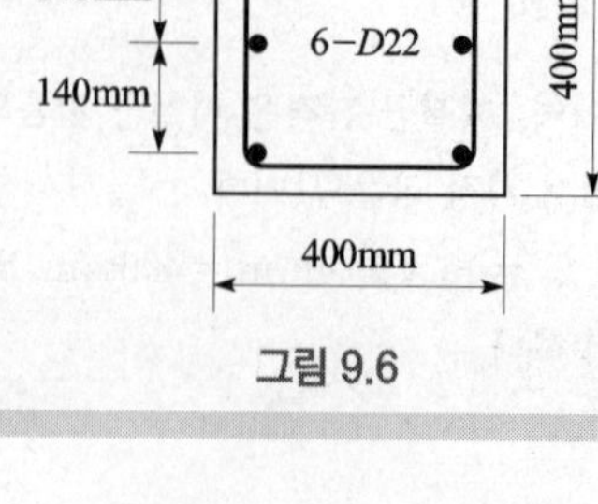

그림 9.6

▮풀이

1. 식 (9.6)을 사용하면

$$P_u = 2{,}000{,}000 = 0.8 \times 0.65 \times A_g[0.85 \times 24 + 0.02(300 - 0.85 \times 24)]$$

$$A_g = \frac{2{,}000{,}000}{0.52(20.4 + 5.59)} \fallingdotseq 147{,}986\text{mm}^2$$

기둥의 변= $\sqrt{147{,}986} = 385\text{mm}$

400×400mm의 정방형 기둥을 선택하면 $A_g = 160{,}000\text{mm}^2$

2. 콘크리트의 단면을 큰 면적으로 선택하기 때문에, $P_u = 2{,}000\text{kN}$과 $A_g = 160{,}000\text{mm}^2$을 식 (9.4)에 다시 대입함으로써 철근의 비율을 감소시킬 수 있다.

$$P_u = \phi \times 0.8[0.85 f_{ck}(A_g - A_{st}) + A_{st} f_y]$$

$$2{,}000{,}000 = 0.65 \times 0.8[0.85 \times 24 \times (160{,}000 - A_{st}) + A_{st} \times 300]$$

$$A_{st} = 2{,}082.1\text{mm}^2$$

D22 철근을 6개 사용($A_s = 2{,}323\text{mm}^2$)

$$\rho_g = \frac{2{,}323}{400 \times 400} = 0.0145 \text{ (} 1\% < \rho_g < 8\% \text{이므로 적정)}$$

3. 띠철근의 설계

D10 띠철근을 선택하면, 간격은

(1) 16×22.2=355.2mm

(2) 48×9.53=457.4mm

(3) 400mm 중에서 가장 작은 400mm이다. 400mm 간격의 D10 띠철근을 사용한다. 단면은 그림 9.6에 나타나 있다. 철근의 순간격은 150mm를 초과할 수 없으므로 단면의 철근간격은 140mm로 적정하며, 띠철근의 추가는 필요하지 않다.

예제 9.4

900kN의 축방향 고정하중과 1,000kN의 축방향 활하중을 받는 유효높이 700mm인 사각형 띠철근 기둥이 있다. 기둥높이로 인한 강도감소계수는 0.9로 가정하고, $f_{ck} = 27\text{MPa}$, $f_y = 400\text{MPa}$, 기둥의 최소 변길이 $b = 400\text{mm}$를 사용하여 기둥을 설계하라. (띠철근은 D10으로 검토)

▮풀이

1. $P_u = 1.2D + 1.6L = 1.2 \times 900 + 1.6 \times 1000 = 2{,}680\text{kN}$

2. 기둥높이의 강도감소계수를 사용하면, 등가의 단주에 대한 소도축 강도

$$P_u(\text{단주}) = \frac{2{,}680}{0.9} = 2{,}977\text{kN}$$

3. 철근비가 2%라 하고, 식 (9.6)을 사용하면

$P_u = 0.8\phi A_g[0.85f_{ck} + \rho_g(f_y - 0.85f_{ck})]$

2,977,000

$= 0.8 \times 0.65A_g[0.85 \times 27 + 0.02(400 - 0.85 \times 27)]$

$A_g = \dfrac{2,977,000}{0.52(22.95 + 7.54)} \fallingdotseq 1.87 \times 10^5 \text{mm}^2$

$b = 400$mm일 경우,

기둥의 변 $= 1.87 \times 10^5$mm/400mm = 470mm

500mm의 기둥 단면을 선택 $A_g = 200,000\text{mm}^2$

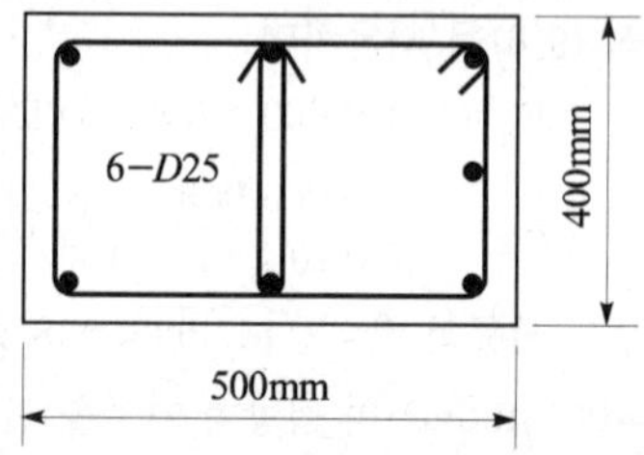

그림 9.7

4. A_g가 증가하였기 때문에, 식 (9.4)에 의하여 A_{st}는 감소한다.

$2,977,000 = 0.8 \times 0.65[0.85 \times 27(200,000 - A_{st}) + A_{st} \times 400]$

$A_{st} = 3,010.2\text{mm}^2$

D25 철근 6개를 선택한다($A_s = 3,040\text{mm}^2$).

5. min. of { 띠철근 지름×48배(457.4mm), 주철근 지름 16배 (16×25.4 = 406.4mm), 기둥 최소치수 400mm } 이므로, 400mm 간격에 D10 띠철근을 선택한다.

예제 9.5

30mm 간격의 D10 나선철근으로 둘러싸였으며, D25 철근 6개로 보강된 지름 400mm의 원형 단주가 있다. 그림 9.8과 같은 기둥의 설계축강도를 결정하라(그림 9.8). $f_{ck} = 28$MPa, $f_y = 400$MPa

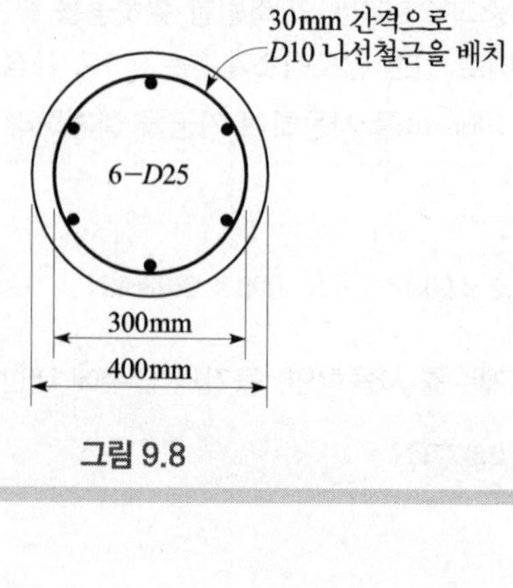

그림 9.8

▌풀이

1. 단주에 대해서

$$P_u = 0.85\phi[0.85 f_{ck}(A_g - A_{st}) + A_{st} f_y]$$

여기서 나선철근의 경우 $\phi = 0.7$

$$A_{st} = 6 \times 507 = 3{,}042\text{mm}^2$$

$$A_g = (\pi/4) \times 400^2 = 125{,}664\text{mm}^2$$

$$P_u = 0.85 \times 0.7[0.85 \times 28(125{,}664 - 3{,}042) + 3{,}042 \times 400] = 2{,}460\text{kN}$$

2. 철근비

$$\rho_g = \frac{3{,}042}{125{,}664} \times 100 = 2.42\%$$

이것은 최소철근 1% 보다는 크고, 8%보다는 작으므로 적정하다.

3. 나선철근의 타당성 검토

최소나선철근비

$$\rho_s \geq 0.45\left(\frac{A_g}{A_{ch}} - 1\right)\frac{f_{ck}}{f_y}$$

여기서, $A_g = \frac{\pi}{4} \times 400^2\text{mm}^2$

$A_{ch} = 40\text{mm}$의 콘크리트 피복두께를 가진 심부의 단면적 $= \frac{\pi}{4} \times 300^2$ (그림 9.8참고)

그러므로 최소 나선철근비 기준은

$$0.45 \times \left(\frac{400^2}{300^2} - 1\right) \times \frac{28}{400} = 0.0245$$

사용된 나선철근비

$$\rho_s = \frac{4a_s(D_c - d_s)}{D_c^2 s}$$

$a_s = 71\text{mm}^2$(D10 철근일 경우), $D_c = 300\text{mm}$, $d_s = 9.53\text{mm}$, $s = 30\text{mm}$이므로

$$\rho_s = \frac{4 \times 71.3(300 - 9.53)}{300^2 \times 30} = 0.0306$$

이것은 최소나선철근비 0.0245보다 크다. 사용된 나선철근의 간격은 30mm로서 최소 간격25mm와 최대 간격 75mm의 사이에 있으므로 적정하다.

따라서 기둥에 관한 극한허용 축하중은 2,460kN이다.

9.5 휨과 압축을 받는 기둥의 거동

외력이 구조부재 단면에 편심을 가지고 작용하면 부재에는 휨모멘트가 작용하게 된다. 실제적으로 대다수의 시설물 골조의 일부분이나 아치 부재는 축하중과 휨모멘트를 동시에 받는다. 예를 들어, 그림 9.9는 BC 부재에 등분포하중을 받는 라멘구조를 나타낸 것이다. 그림에 표시된 것과 같이 외력에 의해 휨모멘트가 발생하게 되고, 기둥 AB와 CD는 축방향 압축력과 휨모멘트를 동시에 받게 된다. 축력에 대한 모멘트의 비는 보통 편심 e로서 정의되며, 여기서 $e = M_n/P_n$이다. 그러므로 e는 단면의 소성중심(plastic centroid)에서 하중작용점까지의 거리를 나타낸다. 철근과 콘크리트가 각각 f_y와 $0.85f_{ck}$의 압축응력을 받는다고 가정하면, 철근과 콘크리트의 합력의 위치를 결정함으로써 소성중심을 구할 수 있다. 대칭단면의 경우 소성중심은 항상 단면의 중심과 일치하며, 비대칭단면에서의 소성중심은 예제 9.6에서 설명된 것과 같이 임의 축에 관해 모멘트를 취함으로써 결정할 수 있다.

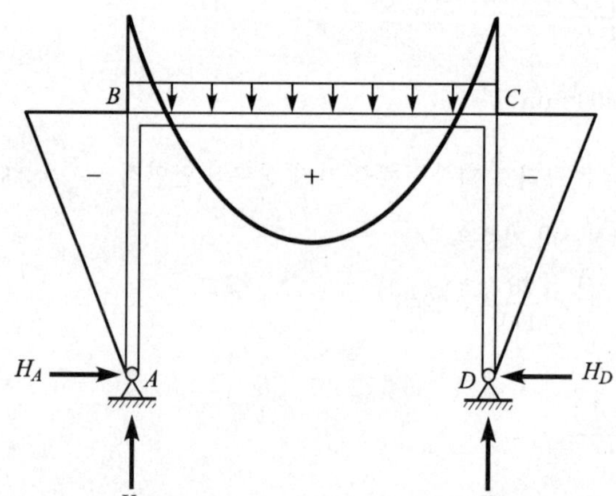

그림 9.9 양단 힌지로 구속된 문형골조의 모멘트선도

예제 9.6

그림 9.10에 보여진 단면의 소성 중심을 구하라. $f_{ck}=30\text{MPa}$, $f_y=400\text{MPa}$이다.

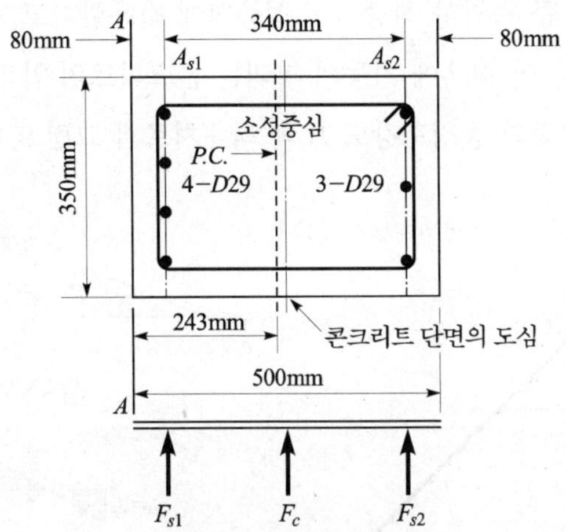

그림 9.10 단면의 소성중심

풀이

1. 콘크리트가 $0.85f_{ck}$의 압축력을 받고 있다고 가정한다.

$F_c=$ 콘크리트가 받는 힘 $=\eta(0.85f_{ck})A_g$

$=(0.85\times30)\times350\times500=4{,}463\text{kN}$

F_c는 A−A축에서 250mm 떨어진 콘크리트 단면의 도심에 작용한다.

2. 철근이 받는 힘

$F_{s1}=A_{s1}f_y=2{,}570\times400=1{,}028\text{kN}$

$F_{s2}=A_{s2}f_y=1{,}927\times400=771\text{kN}$

3. 축 A−A에 대해 모멘트를 취하면

$$x=\frac{(4{,}463\times250)+(1{,}028\times80)+(771\times420)}{4{,}463+1{,}028+771}=243\text{mm}$$

그러므로 축 A−A에서부터 소성중심은 243mm

만일 $A_{s1}=A_{s2}$이면 축 A−A에서부터 소성중심은 250mm에 있으며 단면의 도심과 일치한다.

축하중과 휨모멘트를 동시에 받는 콘크리트 단주의 파괴는 그림 9.11에 나타낸 P-M 상관도에 의해 정의될 수 있으며, 축하중의 크기 및 작용위치(편심) 등에 따라 아래와 같이 거동하게 된다.

1. 축방향 압축(P_0) : 큰 축방향 하중이 소성중심에 작용한다고 가정한 이상적인 경우이다($e = 0$, $M_n = 0$). 이 경우에 기둥의 파괴는 콘크리트의 압괴와 철근의 항복에 의하여 발생하며, 이 기둥의 공칭축강도 P_n의 최대치로서 그림 9.11의 곡선에서 P_0이다.

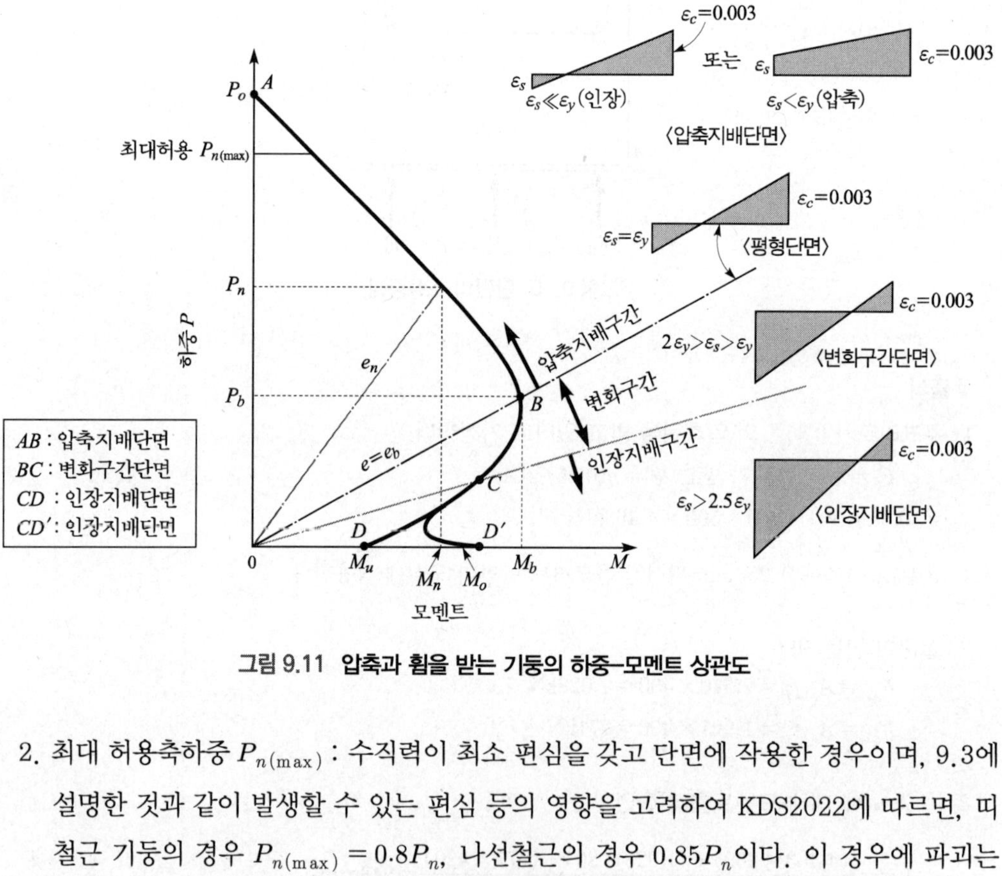

그림 9.11 압축과 휨을 받는 기둥의 하중-모멘트 상관도

2. 최대 허용축하중 $P_{n(\max)}$: 수직력이 최소 편심을 갖고 단면에 작용한 경우이며, 9.3에 설명한 것과 같이 발생할 수 있는 편심 등의 영향을 고려하여 KDS2022에 따르면, 띠철근 기둥의 경우 $P_{n(\max)} = 0.8P_n$, 나선철근의 경우 $0.85P_n$이다. 이 경우에 파괴는 콘크리트의 압괴($\varepsilon_c = \varepsilon_{cu}$)와 철근의 압축항복($\varepsilon_s = \varepsilon_y$)에 의하여 발생한다.
3. 압축지배 : 작은 편심으로 작용하는 큰 축방향 하중의 경우이다. 이 경우의 하중범위는 $P_n = P_{n(\max)}$인 최댓값과 $P_n = P_b$(평형하중)인 최솟값 사이에 존재한다. 이때 파괴는 압축측에서 콘크리트의 변형률이 극한변형률 ε_{cu}에 도달하여 압축파괴에 의하여 발생

하는 반면, 인장측 철근응력(f_s)은 항복강도 보다 작다. 또는 $\varepsilon_s < \varepsilon_y$이다. 이 경우에는 $P_n > P_b$이고, $e < e_b$이다.

4. 평형상태(P_b) : 콘크리트에서의 압축변형률(ε_c)이 압축극한변형률 ε_{cu}에 이르고 동시에 인장철근의 변형률이 $\varepsilon_y = f_y/E_s$에 도달했을 때 콘크리트의 파괴와 철근의 항복이 동시에 발생하는 균형파괴 상태에 도달한다. 이러한 하중을 수반하는 모멘트를 평형모멘트 M_b라 하며, 균형편심은 $e_b = M_b/P_b$이다.
5. 인장지배 : 편심이 크고 축방향 하중이 상대적으로 작아 파괴형태가 휨모멘트에 의해 지배되는 경우이다. 콘크리트의 압축파괴에 앞서 단면의 많은 부분에서 인장이 발생하여 인장철근의 항복이 발생한다. 파괴 시 인장철근의 변형률(ε_s)은 항복변형률 ε_y에 도달할 때 콘크리트에서의 변형률(ε_c)은 압축극한변형률 ε_{cu}에 미치지 못한다. 이 경우의 범위는 평형상태에서 순수 휨의 경우까지 연장된다. 인장지배일 때는 $P_n < P_b$이고 $e > e_b$이다.
6. 순수 휨 : 이 경우의 단면은 축하중 $P_n = 0$이며, 휨모멘트 M_0를 받는다. 파괴는 보가 휨만을 받을 때와 같은 형태로 발생하며, 편심은 무한대인 것으로 가정된다. 지금까지 설명되었던 압축파괴가 발생하는 경우 1과 2는 이 책 9장에서 논의하였고, 경우 6의 휨파괴는 3장과 4장에서 상세하게 논의되었다. 본장에서는 압축과 휨을 동시에 받는 부재에 대하여 지금부터 논의할 것이다.

9.6 휨과 압축을 받는 기둥의 해석

9.6.1 균형단면

기둥단면의 균형상태는 외력에 의하여 발생하는 콘크리트의 압축연단의 변형률(ε_c)이 압축극한변형률 ε_{cu}에 도달할 때, 인장철근의 변형률(ε_s)이 철근의 항복변형율 $\varepsilon_y = f_y/E_s$에 도달하는 경우로 정의된다. 이 경우는 변형률 선도를 이용하여 중립축을 결정할 수 있다. 이때의 외력은 P_b라 정의할 수 있으며, 만약 편심을 갖고 작용하는 계수하중이 P_b보다 크다면 기둥은 압축파괴가 발생하게 된다. 이와 반대로 계수하중이 P_b보다 작다면 인장지배에 놓이게 된다. 그림 9.12와 같은 균형상태의 기둥단면은 다음에 제시된 3단계의 해석을 통해 설명할 수 있다.

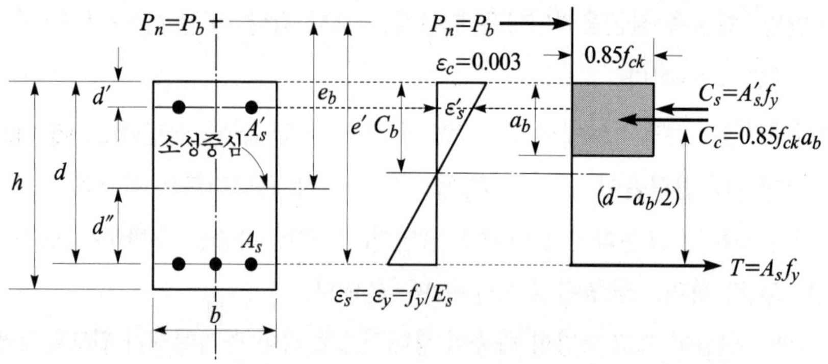

그림 9.12 균형상태(사각형 단면)

Step 1. 중심축 구하기

압축연단에서 중립축까지의 거리를 c_b라 하면, 변형률도로부터

$$\frac{c_b}{d}=\frac{\varepsilon_{cu}}{\varepsilon_{cu}+\varepsilon_y}$$

여기서, $E_s=2.0\times10^5\text{MPa}$

$$c_b=\frac{\varepsilon_{cu}}{\varepsilon_{cu}+\varepsilon_y}\times d$$

등가 압축응력 블록의 높이는

$$a_b=\beta_1c_b=\left(\frac{\varepsilon_{cu}}{\varepsilon_{cu}+\varepsilon_y}\right)\beta_1d$$

여기서, β_1은 표 4.2와 같다.

Step 2. 균형하중 P_b구하기

평형조건에서, 수평력의 합은 0이므로

$$P_b-C_c-C_s+T=0 \tag{9.12}$$

여기서,

$$C_c=\eta(0.85f_{ck})a_bb,\ T=A_sf_y\text{이다.}$$

압축철근이 항복하는 경우,

$$C_s = A_s'(f_y - \eta 0.85 f_{ck})$$

이므로 식 (9.12)에서

$$P_b = \eta(0.85 f_{ck}) a_b b + A_s'(f_y - \eta 0.85 f_{ck}) - A_s f_y \tag{9.13}$$

Step 3. 편심거리 e_b구하기

e_b의 값은 소성중심에 관한 모멘트를 취함으로써 결정된

$$P_b e_b = C_c\left(d - \frac{a_b}{2} - d''\right) + C_s(d - d' - d'') + Td'' \tag{9.14}$$

혹은

$$\begin{aligned} P_b e_b &= M_b \\ &= \eta(0.85 f_{ck}) a_b b\left(d - \frac{a_b}{2} - d''\right) + A'_s(f_y - \eta 0.85 f_{ck})(d - d' - d'') + A_s f_y d'' \end{aligned} \tag{9.15}$$

균형 편심 e_b는 다음과 같이 계산할 수 있다.

$$e_b = \frac{M_b}{P_b}$$

예제 9.7

그림 9.13의 단면에서 균형압축력 P_b, e_b, M_b를 결정하라. $f_{ck} = 28\text{MPa}$, $f_y = 400\text{MPa}$이다.

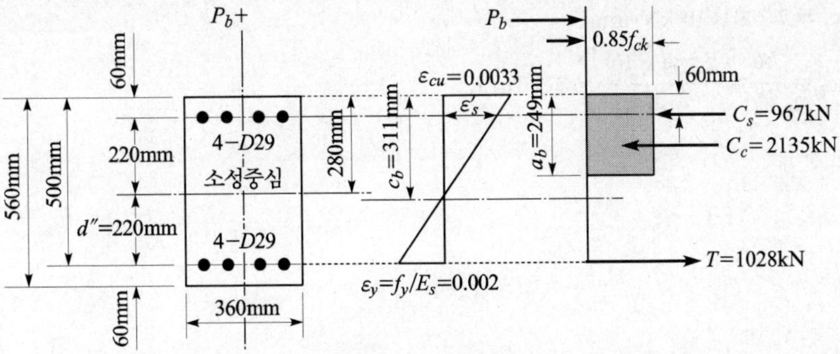

그림 9.13 평형상태

▍풀이

1. 균형상태에서 콘크리트의 변형률 =0.0033이고, $\eta=1$, 인장철근의 변형률은

$$\varepsilon_y = \frac{f_y}{E_s} = \frac{400}{200{,}000} = 0.002$$

2. 중립축의 위치계산

$$c_b = \frac{0.0033}{0.0033+\epsilon_y}d = \frac{0.0033}{0.0033+0.002}(500) = 311\text{mm}$$

3. 압축철근이 항복하는지의 검토, 변형률선도로부터

$$\frac{\varepsilon_s'}{0.0033} = \frac{c_b - d'}{c_b} = \frac{311-60}{311} \qquad \varepsilon_s' = 0.0027$$

이것은 0.002인 ε_y를 초과하므로 압축철근은 항복한다.

4. 단면에 작용하는 힘의 계산

$$C_c = \eta(0.85f_{ck})a_b b = 0.85\times 28\times 0.8\times 311\times 360 = 2.135\times 10^6\text{N} = 2{,}135\text{kN}$$

$$T = A_s f_y = 2570\times 400 = 1.028\times 10^6\text{N} = 1{,}028\text{kN}$$

$$C_s = A_s'(f_y - \eta 0.85f_{ck}) = 2{,}570(400-23.8) \fallingdotseq 9.67\times 10^5\text{N} = 967\text{kN}$$

5. P_b와 e_b의 계산

$$P_b = C_c + C_s - T = 2{,}135 + 967 - 1{,}028 = 2{,}074\text{kN}$$

식 (9.14)에서

$$M_b = P_b e_b = C_c(d - a_b/2 - d'') + C_s(d - d' - d'') + Td''$$

소성중심은 단면의 중심에 있고 $d''=220\text{mm}$이다.

$$M_b = 2{,}135\left(500 - \frac{249}{2} - 220\right) + 967(500-60-220) + 1{,}028\times 220$$

$$= 7.709\times 10^5\text{kN}\cdot\text{mm}$$

$$e_b = \frac{M_b}{P_b} = \frac{7.709\times 10^5}{2{,}074} \fallingdotseq 371.7\text{mm}$$

9.6.2 압축 및 인장지배 단면

편심하중 상태의 기둥 해석은 2개의 기본적인 평형조건이 사용된다. 즉, (1) 축력의 합 =0 이고, (2) 임의의 축에 관한 모멘트의 합=0이다. 그림 9.14에 대해서 상기 2개의 조건을 적용하면 다음의 식들을 얻을 수 있다.

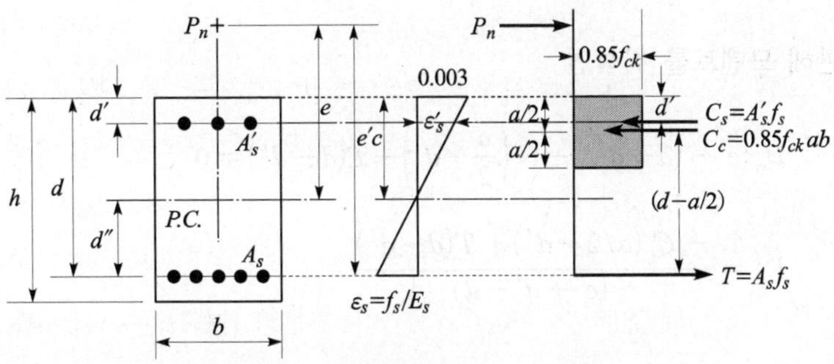

그림 9.14 편심하중이 작용하는 사각형단면

1. 축력의 합은0이므로,

$$P_n - C_c - C_s - T = 0 \tag{9.16}$$

여기서 $C_c = \eta(0.85 f_{ck})ab$

$C_c = A_s'(f_s' - \eta 0.85 f_{ck})$ (압축철근이 항복하면 $f_s' = f_y$)

$T = A_s f_s$ (인장철근이 항복하면 $f_s = f_y$)

2. 임의의 축에 관한 모멘트의 합은 0이므로,

1) 인장철근 A_s 위치에 관해 모멘트를 취하면,

$$P_n e' - C_c\left(d - \frac{a}{2}\right) - C_s(d - d') = 0 \tag{9.17}$$

C_c와 C_s를 풀어쓰면,

$$P_n e' - \eta(0.85 f_{ck})ab\left(d - \frac{a}{2}\right) - A_s' f_s'(d - d') = 0$$

그러므로

$$P_n = \frac{1}{e'}\left[C_c\left(d - \frac{a}{2}\right) + C_s(d - d')\right]$$

$$= \frac{1}{e'}\left[\eta(0.85 f_{ck}) ab\left(d - \frac{a}{2}\right) + A_s' f_s'(d - d')\right] \tag{9.18}$$

대칭 철근배열인 경우에는 $e' = e + d''$, 그러므로 $e' = \left(e + d - \frac{h}{2}\right)$이다.

2) A_s'에 관해 모멘트를 취하면

$$P_n[e' - (d - d')] + C_c\left(\frac{a}{2} - d'\right) - T(d - d') = 0 \tag{9.19}$$

$$P_n = \frac{-C_c(a/2 - d') + T(d - d')}{(e' + d' - d)} \tag{9.20}$$

3) C_c 관해 모멘트를 취하면

$$P_n\left[e' - \left(d - \frac{a}{2}\right)\right] - T\left(d - \frac{a}{2}\right) - C_s\left(\frac{a}{2} - d'\right) = 0 \tag{9.21}$$

$$P_n = \frac{T\left(d - \frac{a}{2}\right) + C_s\left(\frac{a}{2} - d'\right)}{\left(e' + \frac{a}{2} - d\right)} \tag{9.22}$$

만일 이 식에서 $A_s = A_s'$이고 $f_s = f_s' = f_y$라면

$$P_n = \frac{A_s f_y (d - d')}{(e' + \frac{a}{2} - d)} \tag{9.23}$$

$$A_s = A_s' = \frac{P_n\left(e' + \frac{a}{2} - d\right)}{f_y(d - d')} \tag{9.24}$$

(1) 압축지배 기둥의 강도

작용하는 압축력 P_n이 균형파괴강도 P_b보다 크거나 편심 $e = M_n/P_n$이 e_b보다 작으면 압축파괴가 발생하게 된다. 이러한 압축지배인 경우 압축연단 콘크리트의 변형률은 극한변형률

ε_{cu}에 이르고 인장철근의 변형률(ε_s)은 ε_y보다 작게 된다(그림 9.15).

기둥의 대부분은 압축상태에 있게 된다(그림 9.11 하중-모멘트 상관도 그림 참고). 균형단면인 경우와 비교할 때 중립축은 인장철근 쪽으로 이동하게 되며 압축영역이 늘어난다. 따라서 중립축 c의 거리는 균형상태 c_b보다 크며, 압축철근의 변형률(ε_s')은 균형단면에서의 압축항복변형률 ε_y보다 커진다(그림 9.15).

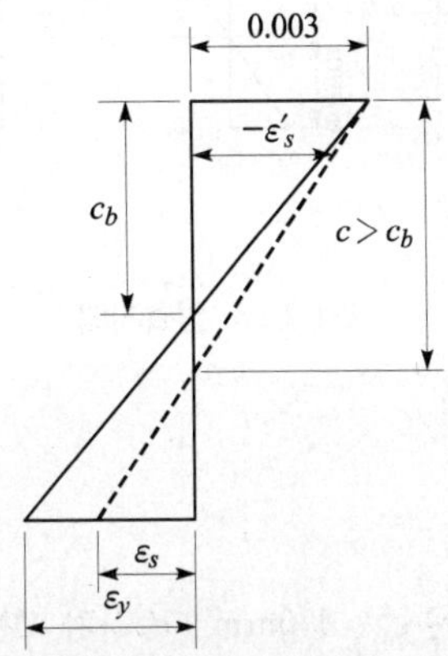

그림 9.15 압축지배일 때의 변형률도[$\epsilon_s < \epsilon_y$, $c > c_b$, $\epsilon'_s > \epsilon_y$]

그러므로 이것은 압축철근이 항복하였음을 의미한다. 단면이 주어졌지만 압축지배인지 인장지배인지 알 수 없을 때 주어진 $e' < d$ 혹은 주어진 $e < (2/3)d$ 이면 압축부재로 가정할 수 있으며, 설계 후 다시 검토・확인하여야 한다. 압축지배일 때의 기둥단면 해석은 평형단면 c_b에 대한 중립축 거리를 계산하여 c_b보다 큰 값 c를 찾는 것으로 한다. a, c_c, 그리고 P_n를 계산한 후 가정한 c 또는 a를 검사한다. 이러한 방법으로 P_n값에 수렴할 때까지 시산법(trial and error method)을 사용한다. 다음 예제를 참고하라.

예제 9.8

그림 9.16에서 $e=250$mm라면 예제 9.7에 주어진 단면의 공칭압축강도 P_n를 계산하라.

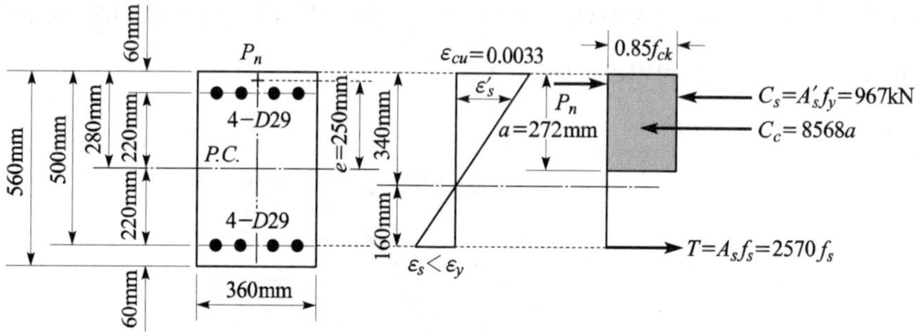

그림 9.16 **압축지배**

▌풀이

1. $e=250\text{mm}<\frac{2}{3}\text{d}=333\text{mm}$(혹은 $e'=470\text{mm}<d$)이기 때문에 압축지배로 가정한다. 압축철근은 항복 했다고 가정하며, 가정은 후에 다시 검토한다.

2. 균형단면에서 중립축까지의 거리 계산

$$c_b=\frac{0.0033}{0.0033+\epsilon_y}d=\frac{0.0033}{0.0033+0.002}(500)=311\text{mm}$$

3. 평형 방정식에서

$$P_n=C_c+C_s-T$$
$$C_c=\eta(0.85f_{ck})ab=0.85\times28\times360a=8{,}568a$$
$$C_s=A_s'(f_y-\eta0.85f_{ck})=2{,}570\times(400-0.85\times28)=9.67\times10^5\text{N}\fallingdotseq967\text{kN}$$
$$T=A_sf_s=2{,}570f_s\ (f_s<f_y)$$
$$P_n=8{,}568a+9.67\times10^5-2{,}570f_s$$

4. A_s에 관해 모멘트를 취하면, 식 (9.18)과 같이

$$P_n=\frac{1}{e'}\left[C_c\left(d-\frac{a}{2}\right)+C_s(d-d')\right]$$
$$e'=e+d-\frac{h}{2}\text{(대칭철근배열에서)}$$

$$= 250 + 500 - \frac{560}{2} = 470\text{mm}$$

$$P_n = \frac{1}{470}\left[8{,}568a\left(500 - \frac{a}{2}\right) + 9.67 \times 10^5 (500 - 60)\right]$$

$$P_n = 9.11 \times 10^3 a - 9.11 a^2 + 905{,}277 \qquad \text{(A)}$$

$$8{,}568a = P_n - 9.67 \times 10^5 + 2570 f_s \qquad \text{(B)}$$

5. $c = 340\text{mm}$라고 가정하자. 이 값은 $c_b = 311\text{mm}$보다 크다.

$$a = 0.80 \times 340 = 272\text{mm}$$

식 (A)에 $a = 272\text{mm}$를 대입

$$P_n = 9.11 \times 10^3 \times 272 - 9.11 \times 272^2 + 905{,}277 = 2{,}709\text{kN}$$

6. $c = 340\text{mm}$일 때 변형률도로부터 인장측 철근의 ε_s를 계산하면,

$$\varepsilon_s = \left(\frac{500 - 340}{340}\right)(0.0033) = 0.001553 < \varepsilon_y$$

$f_s = \varepsilon_s E_s = 0.001553 \times 200{,}000 \fallingdotseq 311\text{MPa} < f_y$(항복하지 않음)

7. a를 계산하기 위해 식 (B)에 $P_n = 2{,}709\text{kN}$와 $f_s = 311\text{MPa}$를 대입(혹은 P_n을 검토하기 위하여 a와 f_s를 대입)

$$8{,}568a = 2.709 \times 10^6 - 9.67 \times 10^5 + 2570 \times 311$$

$$a = 297\text{mm}$$

이것은 가정한 $a = 272\text{mm}$와 거의 같다. 그래서 $P_n = 2{,}709\text{kN}$

8. 압축철근이 항복하는지의 검토. 변형률도로부터

$$\varepsilon_s{}' = \left(\frac{340 - 60}{340}\right) \times (0.0033) = 0.00272 > \varepsilon_y = 0.002$$

가정한 것과 같이 압축철근은 항복한다.

9. 지금까지의계산결과 $P_n = 2{,}709\text{kN}$는 $P_b = 2{,}080\text{kN}$ 보다 크고, $e = 250\text{mm} < e_b = 382\text{mm}$이므로 당초 가정한 것과 같이 압축지배임을 확인할 수 있다.

▼ 주석

압축지배일 때 기둥과 해석은 다음과 같은 하나의 3차 방정식의 형태로도 표현 가능하며, 수치해석을 이용하여 a에 대해 계산하므로 해석과정을 줄일 수 있다.

$$A\alpha^3 + B\alpha^2 + C\alpha + D = 0$$

해는 프로그램이 가능한 계산기를 사용함으로 쉽게 얻을 수 있다.

평형방정식으로부터

$$P_n = C_c + C_s - T \text{ (C)}$$

$$P_n = \eta(0.85 f_{ck})ab + A_s'(f_y - \eta 0.85 f_{ck}) - A_s f_s \quad \text{(D)}$$

인장철근 A_s에 관해 모멘트를 취하면

$$P_n = \frac{1}{e'}\left[C_c\left(d - \frac{a}{2}\right) + C_s(d - d')\right]$$

$$= \frac{1}{e'}\left[\eta(0.85 f_{ck})ab\left(d - \frac{a}{2}\right) + A_s'(f_y - \eta 0.85 f_{ck})(d - d')\right]$$

변형률도로부터

$$\epsilon_s = \left(\frac{d-c}{c}\right)(0.0033) = \frac{(d - a/\beta_1)}{a/\beta_1}(0.0033)$$

인장철근의 응력은

$$f_s = E_s \varepsilon_s = 200{,}000\varepsilon_s = \frac{200000}{a}(\beta_1 d - a)(0.0033)$$

f_s의 값은 식 (9.16a)에 대입하고 식 (9.16a)와 (9.18)을 같다고 하여 정리하면

$$(0.85 f_{ck} b/2)a^3 + [0.85 f_{ck} b(e' - d)]a^2$$
$$+ [A_s'(f_y - \eta 0.85 f_{ck})(e' - d + d') + 660 A_s e']a - 660 A_s e' \beta_1 d = 0$$

이것은 a의 3차방정식이다.

$$Aa^3 + Ba^2 + Ca + D = 0$$

여기서, $A = \eta 0.85 f_{ck}\dfrac{b}{2}$

$B = \eta 0.85 f_{ck} b(e' - d)$

$C = A_s'(f_y - \eta 0.85 f_{ck})(e' - d + d') + 660 A_s e' = 0$

$D = -660 A_s e' k_1 d$

3차 방정식의 해는 잘 알려진 Newton-Raphson법을 사용함으로써 얻을 수 있다. 이 방법은 $f(x) = 0$의 근을 구하는데 있어 매우 유용하다. 단순한 기법을 사용하여 빠르게 수렴한다.

$f(a) = Aa^3 + Ba^2 + Ca + D$라 하면

일차 도함수

$$f'(a) = 3Aa^2 + 2Ba + C$$

a_0를 a의 초기값으로 가정하고 다음 값을 계산한다.

$$a_1 = a_0 - \frac{f(a_0)}{f'(a_0)}$$

같은 방법으로 a_2를 구하기 위하여 구해진 값 a_1을 사용한다.

$$a_2 = a_1 - \frac{f(a_1)}{f'(a_1)}$$

만족할만한 정확도까지 해를 구하기 위하여 같은 계산을 반복한다. 압축지배일 때 기둥해석에서, a값은 a_b보다 크다. 그래서 $a_0 = a_b$로 시작하고, 합리적인 결과를 얻기 위해 두 차례 반복하라. 앞의 예제에 이 방법을 적용하면,

$$A = 0.85 \times 28 \times \frac{360}{20} = 4{,}284$$

$$B = 0.85 \times 28 \times 360 \times (470 - 500) = -257{,}040$$

$$C = 2{,}570 \times (400 - 0.85 \times 28)(470 - 500 + 60) + 660 \times 2{,}570 \times 470$$
$$= 8.26 \times 10^8$$

$$D = -660 \times 2{,}570 \times 470 \times (0.8 \times 500) = -3.19 \times 10^{11}$$

균형단면에서 $c_b = 311\text{mm}$이고, $a_b = 0.8 \times 311 = 249\text{mm}$이다.

$$f(a) = 4{,}284a^3\text{mm} - 257{,}040a^2 + 8.26 \times 10^3 a - 3.19 \times 10^{11}$$

$$f'(a) = 12{,}852a^2 - 514080a + 7.53 \times 10^8$$

$a_0 = a_b = 249\text{mm}$라 하면

$$a_1 = 249 - \frac{f(249)}{f'(249)} = 249 - \frac{-6.313 \times 10^{10}}{1.495 \times 10^9} = 291.2\text{mm}$$

$a_1 = 291.2\text{mm}$라 하면

$$a_1 = 291.2 - \frac{f(291.2)}{f'(291.2)} = 291.2 - \frac{5.52 \times 10^9}{1.766 \times 10^9} = 288\text{mm}$$

이 a값은 본 예제 앞부분에서 얻어진 값과 유사하다. a값을 식 (C)나 (D)에 대입하면 $P_n = 2{,}710\,\text{kN}$를 얻을 수 있다.

(2) 인장지배일 때 기둥의 강도

기둥에 큰 편심의 축하중이 작동할 때 인장지배 거동을 하게 된다. 이때 철근의 변형률(ε_s)은 $\varepsilon_y(\varepsilon_y = f_y/E_s)$를 초과하고 기둥단면은 철근의 항복에 의해 파괴된다. 이 경우에 있어 극한하중 P_n은 P_b보다 작고, 편심 $e = M_n/P_n$는 균형편심 e_b보다 크게 된다. 이러한 경우에도 인장지배인지 압축지배인지 예측하기가 어렵기 때문에 통상 주어진 편심 e가 $d < e < 1.5d$일 때 인장지배라고 가정하며, 해석 후 또는 설계 후 설계단면에 대하여 다시 검토하여야 한다.

예제 9.9

$e=510\text{mm}$일 때 예제 9.7에 주어진 단면에 대한 공칭압축강도 P_n을 결정하라(그림 9.17).

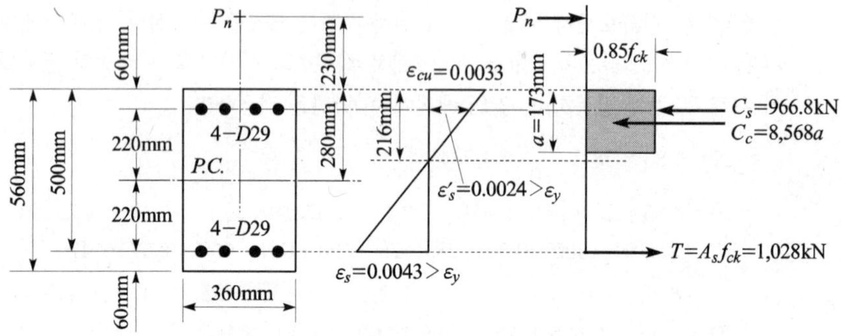

그림 9.17 인장지배

▌풀이

1. $e=510\text{mm}$로 $d=500\text{mm}$보다 크기 때문에, 인장지배로 가정한다(추후에 검토되어야 한다).

2. 인장철근의 변형률 ε_s는 ε_y보다 크고 인장철근의 응력은 f_y이다. 압축철근이 항복한다고 가정하자($f_s=f_y$). 이것은 후에 검토되어야 한다.

3. 평형방정식으로부터

$$P_n=C_c+C_s-T$$

여기서, $C_c=\eta(0.85f_{ck})ab=0.85\times 28\times 360a=8{,}568a$

$$C_s=A_s'(f_y-\eta 0.85f_{ck})=2{,}570(400-0.85\times 28)=966{,}834\text{N}$$

$$T=A_sf_y=2{,}570\times 400=1{,}028\text{kN}$$

그러므로

$$P_n=8{,}568a+966{,}834-1{,}028{,}000=8{,}568a-61{,}166\text{N} \tag{A}$$

4. A_s에 관해 모멘트를 취하면, 식 (9.18)과 같이

$$P_n=\frac{1}{e'}\left[C_c\left(d-\frac{a}{2}\right)+C_s(d-d')\right]$$

$$e'=e+d-\frac{h}{2}\text{(대칭배열 철근에서)}$$

$$=510+500-\frac{560}{2}=730\text{mm}$$

$$P_n=\frac{1}{730}\left[8{,}568a\left(500-\frac{a}{2}\right)+966834\times(500-60)\right]$$

$$P_n = 5.87 \times 10^3 a - 5.87a^2 + 582{,}749 \qquad \text{(B)}$$

5. 식 A의 P_n값을 식 B에 대입하면

$$P_n = 8{,}568a - 61{,}166 = 5.87 \times 10^3 a - 5.87a^2 + 582{,}749$$

정리하면,

$$a^2 + 460a = 109{,}696$$

근의 공식으로 풀면,

$$\therefore\ a = 173\text{mm}$$

6. 식 A에서

$$P_n = 8{,}568 \times 173 - 61{,}166 = 1.421 \times 10^6\text{N} = 1{,}421\text{kN}$$

$$M_n = P_n e = 1{,}421 \times 0.51 = 725\text{kN}\cdot\text{m}$$

7. 압축철근이 항복했는지의 검토

$$c = \frac{a}{0.8} = \frac{173\text{mm}}{0.8} = 216\text{mm}$$

$$\varepsilon_y = \frac{400}{200{,}000} = 0.002$$

$$\varepsilon_s' = \frac{(216-60)}{216} \times 0.0033 = 0.00238 > \varepsilon_y$$

압축철근은 항복하였다. 인장철근의 변형률 검토

$$\varepsilon_s = \frac{500-216}{216} \times 0.0033 = 0.0043 > \varepsilon_y$$

압축철근이 항복하지 않는다면, $f_s' = \varepsilon_s' \times E_s$로부터 계산된 f_s'를 사용해서 계산을 다시 한다.

8. 예제 9.7에서 $P_b = 2074kN$, $e_b = 371.7\text{mm}$로 계산되었다. 이 예에서 $P_n < P_b$, $e > e_b$이므로 인장지배임을 알 수 있다.

9.6.3 휨과 압축을 받는 원형 단면

원형 단면에 대한 균형하중 P_b와 균형모멘트 M_b는 사각형 단면의 경우에서와 같이 평형방정식을 사용함으로써 구할 수 있다. 가장 중요한 문제는 압축블록의 높이 a와 철근에서의 응력을 구하는 것이다. 예제 9.10은 평형상태에서 원형단면의 해석방법을 설명하고 있다. 유사한 과정이 인장지배나 압축지배일 때 단면을 해석하기 위하여 채택될 수 있다.

예제 9.10

그림 9.18과 같이 400mm 직경을 가진 원형단면에 대해 균형축강도와 균형편심을 결정하라. $f_{ck}=30\text{MPa}$, $f_y=400\text{MPa}$이다. 콘크리트 피복은 60mm이다.

$$S=200.0-60=140\text{mm}$$
$$S_1=S(\cos 22.5)=129\text{mm}$$
$$S_2=S(\cos 67.5)=54\text{mm}$$
$$d=200+129=329\text{mm}$$
$$S_3=51\text{mm}$$
$$S_4=126\text{mm}$$

▌풀이

1. 철근은 원의 중심을 통과하는 축 A-A에 관해 대칭이기 때문에, 소성중심은 그 축 위에 놓여 있다.

2. 중립축의 위치 결정

$d=329\text{mm}$, $\varepsilon_y=f_y/E_s\,(E_s=200{,}000\text{MPa})$

$$\frac{c_b}{d}=\frac{0.0033}{0.0033+\varepsilon_y}$$

$$c_b=\frac{0.0033}{0.0033+0.002}\times 329=204.8\text{mm}$$

$$a_b=0.8\times 204.8=164\text{mm}$$

3. 원형 단면 일부조각(segment) 조각의 면적 (그림 9.19)

$$=r^2(\alpha-\sin\alpha\cos\alpha)$$

도심의 위치 $\bar{x}$(원의 중심으로부터의 거리) 계산

$$\bar{x}=\frac{2}{3}\frac{(r\sin^3\alpha)}{\alpha-\sin\alpha\cos\alpha}$$

$$z=r-\bar{x}$$

$$r\cos\alpha=r-a \text{ 혹은 } \cos\alpha=\left(1-\frac{a}{r}\right)$$

$$\cos\alpha=\left(1-\frac{167}{200}\right)=0.165$$

$$\alpha=80.5°,\ \sin\alpha=0.9863,\ \alpha=1.405\text{rad}$$

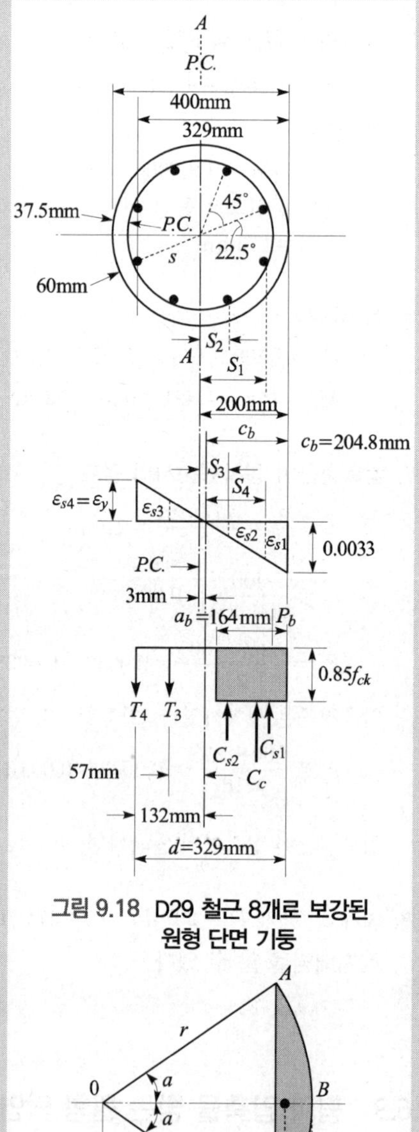

그림 9.18 D29 철근 8개로 보강된 원형 단면 기둥

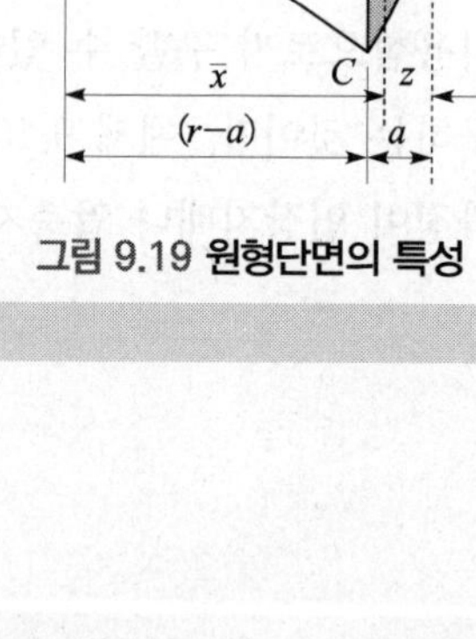

그림 9.19 원형단면의 특성

조각의 면적 $=200^2(1.405-0.9863\times0.165)=4.97\times10^4\text{mm}^2$

$$\bar{x}=\frac{2}{3}\frac{(200\times0.9863^3)}{1.405-0.9863\times0.165}=103\text{mm}$$

$$z=r-\bar{x}=200-103=97\text{mm}$$

4. 압축력 C_c의 계산

$$C_c=\eta(0.85f_{ck})\times\text{조각의 면적}=0.85\times30\times4.97\times10^4=1{,}267{,}350\text{N}=1{,}267\text{kN}$$

이것은 기둥의 중심에서 103mm인 곳에 작용한다.

5. 인장과 압축철근에서 변형률, 응력, 힘의 계산, 변형률도로부터 변형률을 계산.

T_4에 대해

$$A_{s3}=A_{s4}=642.4\times2=1{,}285\text{mm}^2$$

$$\varepsilon_{s4}=\varepsilon_y=0.002,\ f_{s4}=f_y=400\text{MPa}$$

$$T_4=1285\times400=5.14\times10^5\text{N}=514\text{kN}$$

T_3에 대해

$$\varepsilon_{s3}=\frac{57}{124.2}\varepsilon_y=\frac{57}{124.2}\times0.002=0.00092$$

$$f_{s3}=0.00092\times200{,}000=184\text{MPa}$$

$$T_3=184\times1{,}285=2.36\times10^5\text{N}=236\text{kN}$$

C_{s1}에 대해

$$0.85f_{ck}=0.85\times30=25.5\text{MPa}$$

$$\varepsilon_{s1}=\frac{126}{204.8}\times0.0033=0.002$$

$$f_{s1}=0.002\times200{,}000=400MPa\le400\text{MPa}$$

$$C_{s1}=1{,}285(400-25.5)\fallingdotseq481\text{kN}$$

C_{s2}에 대해

$$\epsilon_{s2}=\frac{51}{197}\times0.0033=0.000854$$

$$f_{s2}=0.000854\times200{,}000=171\text{MPa}$$

$$C_{s2}=1{,}285(171-25.5)=188\text{kN}$$

압축철근에서의 응력은 철근으로 대치된 콘크리트의 면적을 고려하기 위해 감소되어야 한다.

6. 균형하중 $P_b=C_c+C_s-T$

$$P_b=1{,}267+(481+188)-(514+236)=1{,}186\text{kN}$$

7. 모든 힘에 의한 소성중심(단면중심을 통과하는 축 A-A)에 대한 모멘트를 취하면

$$M_b = P_b e_b = [C_c \times 103 + C_{s1} \times 129 + C_{s2} \times 54 + T_4 \times 129 + T_3 \times 54] = 281{,}752\text{kN}\cdot\text{mm}$$

$$e_b = \frac{281752}{1{,}186} = 238\text{mm}$$

9.6.4 휨과 압축을 받는 기둥의 근사해법

(1) 사각형 기둥의 강도

압축지배일 때 단주의 공칭압축강도를 추정하기 위하여 Whitney에 의해 제안된 근사식은 다음과 같다.

$$P_n = \frac{bhf_{ck}}{\left(\dfrac{3he}{d^2}\right) + 1.18} + \frac{A_s' f_y}{\left(\dfrac{e}{d-d'}\right) + 0.5} \tag{9.25}$$

이 식은 철근이 휨축에 나란하게 1열로 대칭 배열되었을 때만 사용된다.

인장지배 사각형 단주의 극한강도 P_n은 다음 근사식을 사용하여 추정할 수 있다.

$$P_n = 0.85 f_{ck} bd \left[\rho' m' - \rho m + \left(1 - \frac{e'}{d}\right) + \sqrt{\left(1 - \frac{e'}{d}\right)^2 + 2\left(\frac{e'}{d}\right)(\rho m - \rho' m') + 2\rho' m' \left(1 - \frac{d'}{d}\right)} \right] \tag{9.26}$$

여기서, $m = f_y / (0.85 f_{ck})$, $m' = (m-1)$,

$\rho = A_s / bd$, $\rho' = A_s' / bd$, $e' = e + d''$

단면이 대칭이고, $A_s = A_s'$이거나 $\rho = \rho'$일 때 상기 식은 더욱 단순화된다.

$$P_n = 0.85 f_{ck} bd \left[\left(-\rho + 1 - \frac{e'}{d}\right) + \sqrt{\left(1 - \frac{e'}{d}\right)^2 + 2\rho m' \left(1 - \frac{d'}{d}\right) + 2\rho \frac{e'}{d}} \right] \tag{9.27}$$

또한 압축철근이 사용되지 않았을 때는($A_s' = 0$ 혹은 $\rho' = 0$) 다음과 같다.

$$P_n = 0.85 f_{ck} bd \left[\left(-\rho m + 1 - \frac{e'}{d}\right) + \sqrt{\left(1 - \frac{e'}{d}\right)^2 + \frac{2e' \rho m}{d}} \right] \tag{9.28}$$

예제 9.11

같은 편심 $e=250\text{mm}$를 사용하여 예제 9.8에 주어진 단면에 대한 공칭압축강도 P_n을 Whitney식에 적용하고 결과를 비교하라.

▌풀이

1. 그림 9.16에 나타난 단면의 특성 : $b=360\text{mm}$, $h=560\text{mm}$

   $d=500\text{mm}$, $d'=60\text{mm}$, $A_s'=2{,}570\text{mm}^2$, $(d-d')=440\text{mm}$

2. Whitney식을 적용

$$P_n=\frac{360\times560\times28}{\left(\frac{3\times560\times250}{500^2}\right)+1.18}+\frac{2{,}570\times400}{\left(\frac{250}{440}\right)+0.5}=2{,}936\text{kN}$$

3. Whitney식에 의하여 계산한 P_n은 이 예제 9.8에서 계산한 P=2778kN보다 다소 크다. 따라서 안전한 값은 아니다.

예제 9.12

근사식을 사용하여 예제 9.9에서 주어진 단면에 대한 P_n을 계산하라.

▌풀이

1. 주어진 단면에서 $A_s=A_s'=2{,}570\text{mm}^2$이기 때문에, 식 (9.27)을 사용한다.

2. $m=\frac{f_y}{0.85f_{ck}}=\frac{400}{0.85\times28}=16.8$

$$m'=(m-1)=15.8$$

$$\rho=\frac{A_s}{bd}=\frac{2570}{360\times500}=0.01428$$

$$e'=e+d-\frac{h}{2}=510+500-\frac{560}{2}=730\text{mm}$$

$$d'=60\text{mm}$$

$$P_n=0.85\times28\times360\times500\left[\left(-0.01428+1-\frac{730}{500}\right)+\sqrt{\left(1-\frac{730}{500}\right)^2+2\times0.01428\times15.8\left(1-\frac{60}{500}\right)+2\times0.01428\times\frac{730}{500}}\right]$$

$$=4{,}284{,}000[-0.4743+0.8065]=1{,}423\text{kN}$$

이 P_n값은 예제 9.9의 결과와 유사하다. 그러므로 본 근사식의 사용이 가능함을 알 수 있다.

(2) 원형 기둥의 강도

편심하중을 받는 원형 단면은 사각형 단면에 대하여 계산한 것과 유사한 방법으로 해석할 수 있다. 즉, 해석은 변형률과 힘의 산정, 단면에서의 위치, P_n이 P_b 이상이거나 편심 e가 e_b보다 작을 때 압축지배라는 등의 과정을 필요로 한다.

압축지배일 때 원형 단면의 P_n을 추정하기 위한 Whitney의 근사식은 다음과 같다.

$$P_n = \frac{A_g f_{ck}}{\left[\dfrac{9.6De}{(0.8D + 0.67D_s)^2} + 1.18\right]} + \frac{A_{st} f_y}{\left(\dfrac{3e}{D_s} + 1\right)} \tag{9.29}$$

여기서, A_g=총 단면적

D =외부 직경

D_s=종방향 철근의 중심간 직경

A_{st}=전체 수직철근 면적

e =소성 중심에서 측정한 편심

단면의 배열과 기하학적 형상 때문에 정역학적 원리를 사용하여 원형 단면을 해석하는 과정은 상당히 길다. 인장지배일 때 원형단면에 대한 P_n을 추정하는 근사식이 다음과 같이 Whitney-Hognestad에 의해 제안되었다.

$$P_n - 0.85 f_{ck} D^2 \left[\sqrt{\left(\frac{0.85e}{D} - 0.38\right)^2 + \frac{\rho_g m D_s}{2.5D}} - \left(\frac{0.85e}{D} - 0.38\right)\right] \tag{9.30}$$

여기서, D=콘크리트 단면의 직경

$$m = \frac{f_y}{0.85 f_{ck}}$$

$$\rho_g = \frac{A_{st}}{A_g} = \text{전체 철근비}$$

D_s =철근의 중심을 통과하여 측정한 직경

예제 9.13

편심 $e=150\text{mm}$일 때, Whitney식을 사용하여 예제 9.10 단면에 대한 P_n을 계산하라.

▌풀이

1. $e=150\text{mm}$로 앞서 예제 9.10에서 계산한 $e_b=239\text{mm}$ 보다 작으므로 압축지배이다.

2. Whitney 식을 사용

$$A_g=\frac{\pi}{4}D^2=\frac{\pi}{4}400^2=125{,}664\text{mm}^2$$

$$D=400,\ D_s=400-120=280\text{mm},\ A_{st}=8\times642.4=5{,}139\text{mm}^2$$

$$P_n=\frac{125{,}664\times30}{\left[\dfrac{9.6\times400\times150}{(0.8\times400+0.67\times280)^2}+1.18\right]}+\frac{5{,}139\times400}{\left(\dfrac{3\times150}{280}+1\right)}=1{,}892\text{kN}$$

$$M_n=P_n\times e=1{,}892\times0.15=283.8\text{kN}\cdot\text{m}$$

예제 9.14

편심 $e=300\text{mm}$일 때, Whitney-Hognestad 식을 사용하여 예제 9.10 단면에 대한 P_n을 계산하라.

▌풀이

1. $e=300\text{mm}$로 $e_b=239\text{mm}$ 보다 크므로 이것은 인장지배임을 알 수 있다.

2. Whitney-Hognestad 식을 사용

$$m=\frac{400}{0.85\times28}=15.69\quad \rho_g=\frac{A_{st}}{A_g}=\frac{5{,}139}{125{,}664}=0.0409$$

$$P_n=0.85\times30\times400^2\left[\sqrt{\left(\frac{0.85\times300}{400}-0.38\right)^2+\frac{0.0409\times15.69\times280}{2.5\times400}}-\left(\frac{0.85\times300}{400}-0.38\right)\right]$$
$$=973\text{kN}$$

$$M_n=P_n\times e=973\times0.3=292\text{kN}\cdot\text{m}$$

9.7 편심하중을 받는 기둥의 설계

앞 절에서 기둥단면이 주어졌을 때, 공칭축강도를 결정하는 것을 설명하였다. 본 절에서는 휨과 압축을 동시에 받는 기둥의 설계에 대하여 예제를 통하여 설명한다.

9.7.1 압축지배 단면

P_n이 P_b 이상 또는 e가 e_b 이하인 경우에 압축지배 단면에 해당하며 강도감소계수 $\phi = 0.65$이다.

예제 9.15

고정하중으로 인한 820kN 축하중과 76kN·m의 휨모멘트, 그리고 활하중으로 인한 540kN의 축하중과 45kN·m의 휨모멘트에 대하여 사각형 띠철근 단주를 설계하라. $f_{ck} = 27\text{MPa}$, $f_y = 400\text{MPa}$, $b = 350\text{mm}$이다. 띠철근은 D10으로 고려하라.

▌풀이

1. 계수 축하중 $= P_u = 1.2P_D + 1.6P_L$

   $P_u = 1.2 \times 820 + 1.6 \times 540 = 1{,}848\text{kN}$

   $M_u = 1.2 \times 76 + 1.6 \times 45 = 163\text{kN·m}$

2. 공칭강도

   $$P_n = \frac{P_u}{\phi} = \frac{1848}{0.65} = 2{,}843\text{kN}$$

   $$M_n = \frac{M_u}{\phi} = \frac{163}{0.65} = 251\text{kN·m}$$

   $$e = \frac{M_n}{P_n} = \frac{251}{2{,}843} = 0.088\text{m} = 88\text{mm}$$

3. 철근비는ρ_g는 3%, $A_s = A_s{}'$라 가정, 즉

   $\rho_s = \rho_s{}' = 1.5\%$

4. $e = 88\text{mm}$로 e_b보다 작기 때문에 압축지배라 가정

5. 콘크리트 단면을 결정하기 위하여 균형단면의 유효깊이를 검토하면,

$$c_b = \frac{0.0033}{0.0033+\epsilon_y}d,\ a_b = \beta_1 c_b$$

이므로,

$$a_b = 0.8\frac{0.0033}{0.0033+\epsilon_y}d = 0.8\frac{0.0033}{0.0033+0.002}d = 0.5d$$

상기식에서 $A_s = A_s'$이며, 균형단면으로 인장 및 압축철근 모두 항복하므로, 압축철근이 차지한 콘크리트의 면적은 무시하여 $C_s' = A_s' P_y$로 계산하면,

$$P_b = C_c + C_s - T = \eta(0.85 f_{ck})ab + A_s' f_y - A_s f_y$$

$$P_b = 0.85 \times 27 \times 0.5d \times 350 = 4{,}016d$$

만일 $P_b = P_n = 2843\text{kN}$이므로,

$$d = \frac{2{,}843}{4{,}016} = 0.708\text{m} = 708\text{mm}$$

이것은 사용된 유효높이 d가 708mm 이하라면 압축지배이고, d가 708mm 이상이라면 인장지배라는 것을 의미한다.

6. 압축지배일 때, 전체 단면적의 대략적인 추정치는 다음과 같이 얻어진다.

$$A_g = \frac{P_n}{0.85 f_{ck}} = \frac{2{,}843{,}000}{0.85 \times 27} = 123{,}878\text{mm}^2$$

$350\text{mm} \times 450\text{mm}\,(A_g = 157{,}500\text{mm}^2)$의 단면을 가정

$$A_s = A_s' = 0.015bh = 0.015 \times 350 \times 450 = 2{,}362.5\text{mm}^2$$

압축축에 D29 철근 4개를 선택하고, 인장축에도 같은 철근을 사용한다($A_s = A_s' = 2{,}570\text{mm}^2$). $h = 450\text{mm}$, $d = 390\text{mm}$(피복을 60mm로 가정), $d' = 60\text{mm}$라 하자. 이 단면은 이제 검토해야 할 가정 단면이다.

7. 가정된 단면의 $d = 390\text{mm}$로 $\frac{2}{3}d_b = 463\text{mm}$보다 작고, 편심 $e = 88\text{mm}$로 $e_{\min} = 0.1h = 0.1 \times 550 = 55\text{mm}$ 보다 미소하게 크기 때문에 가정단면은 압축지배단면으로 간주할 수 있다.

8. 식 (9.25), 즉 Whitney식을 사용하여 P_n을 검토

$$P_n = \frac{350 \times 450 \times 27}{\left(\frac{3 \times 450 \times 88}{390^2}\right) + 1.18} + \frac{2570 \times 400}{\left(\frac{88}{390-60} + 0.5\right)} = 3{,}509\text{kN}$$

이것은, 필요한 $P_n = 2{,}843\text{kN}$보다 크다.

$$M_n = P_n e = 3{,}509\text{kN} \times 0.088\text{m} = 308.8\text{kN}\cdot\text{m}$$

이것은 요구되는 공칭휨강도 M_n 251kN·m보다 크기 때문에 가정된 단면은 적정하며, 그림 9.20과 같이 단면을 결정할 수 있다.

9. 결정된 단면 9.20의 균형상태 검토

$$a_b = 0.5d = 0.5 \times 390 = 195\text{mm}$$

$$C_c = \eta(0.85 f_{ck})ab = 0.85 \times 27 \times 195 \times 350 = 1{,}566\text{kN}$$

$$C_s = A_s'(f_y - \eta 0.85 f_{ck}) = 2{,}570(400 - 0.85 \times 27) = 969\text{kN}$$

$$T = A_s f_y = 2{,}570 \times 400 = 1.028 \times 10^6\text{N} = 1{,}028\text{kN}$$

$$P_b = C_c + C_s - T = 1566 + 969 - 1{,}028 = 1{,}507\text{kN}$$

$$P_n > P_b$$

그러므로 설계된 단면은 압축지배이다.

10. 단면은 예제 9.8(압축지배단면 예제)에서 설명한 것과 같이 정역학적으로 검토할 수 있다.

11. 띠철근의 설계

$b = 350$mm(최소 기둥치수), 철근지름의 16배 $= 16 \times 28.6 = 458$mm, 띠철근의 지름의 48배 $= 48 \times 9.53 = 457$mm 중에서 최솟값인 350mm의 간격으로 띠철근을 선택한다. 철근 간격이 300mm 이상이 되는 것을 방지하기 위해서 단면의 중간위치에 D16 철근 2개를 첨가한다(그림 9.20).

9.7.2 작은 편심의 인장력을 받는 단면

이러한 경우는 인장력 P_n이 압축과 인장철근 사이에 놓여 있을 때 발생한다. 따라서 편심 e는 $d/2$보다 작다. 콘크리트 인장강도는 무시되기 때문에, 전체 힘은 그림 9.21에서 T와 T'이 저항한다(그림 9.21).

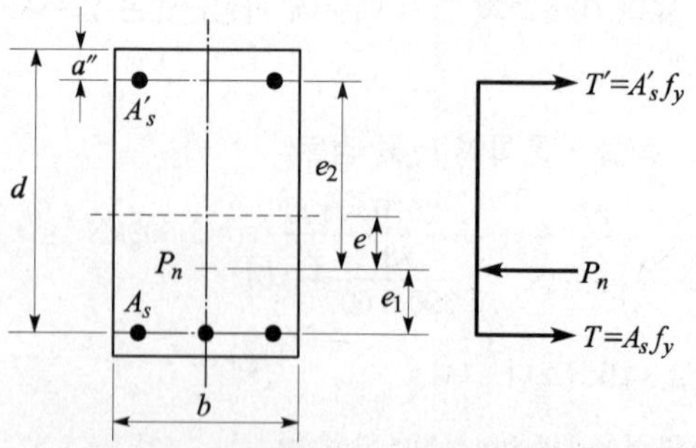

그림 9.21 작은 편심을 가진 인장력을 받는 단면

철근 A_s와 A_s'는 수직력의 작용점으로부터 거리에 반비례한다.

$$P_n = T + T' \tag{9.31}$$

A_s'에 대해 모멘트를 취하면

$$P_n e_2 = A_s f_y (d - d')$$

A_s에 대해 정리하면,

$$A_s = \frac{P_n e_2}{f_y (d - d')} \tag{9.32}$$

A_s에 관해 모멘트를 취하면

$$P_n e_1 = A_s' f_y (d - d')$$

$$A_s' = \frac{P_n e_1}{f_y (d - d')} \tag{9.33}$$

휨과 축 인장에서의 강도감소계수 ϕ는 0.85이다.

$$P_u = \phi P_n = 0.85 P_n$$

$$\text{여기서, } P_n = \frac{A_s' f_y (d - d')}{e_1}$$

예제 9.16

그림 9.22에 보이는 단면에서 콘크리트 단면 중심에서 80mm인 곳에 작용하는 $P_n = 1{,}000\text{kN}$의 계수 인장력에 저항하기 위해 필요한 철근량을 결정하라. $f_{ck} = 21\text{MPa}$, $f_y = 400\text{MPa}$이다.

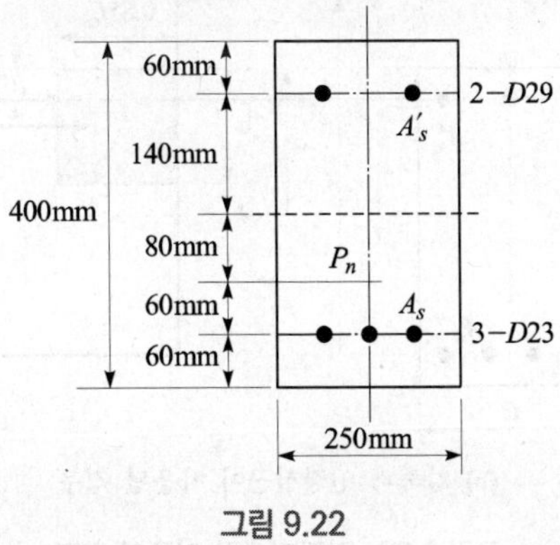

그림 9.22

▌풀이

$$P_n = \frac{P_u}{\phi} = \frac{1000}{0.85} = 1{,}177\text{kN}$$

$e_1 = 60\text{mm}$, $e_2 = 220\text{mm}$, $d - d' = 280\text{mm}$

$$A_s = \frac{P_n e_2}{f_y(d-d')} = \frac{1.18 \times 10^6 \times 220}{400 \times 280} = 2{,}318\text{mm}^2$$

D32 철근 3개를 사용($A_s = 2{,}383\text{mm}^2$)

$$A_s' = \frac{P_n e_1}{f_y(d-d')} = \frac{1.18 \times 10^6 \times 60}{400 \times 280} = 632\text{mm}^2$$

D22 철근 2개 사용($A_s = 774\text{mm}^2$)하면 적정하다.

9.7.3 인장지배단면

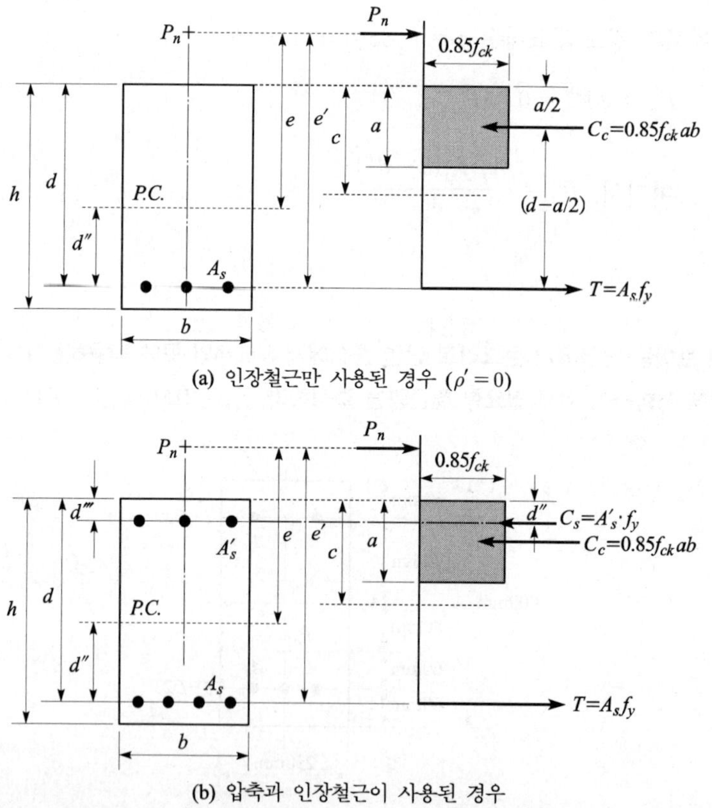

그림 9.23 인장지배인 기둥의 단면

공칭축강도 P_n이 P_b 이하이고, $e > d$이거나 $e' > 1.5d$일 때 인장지배라 가정한다. 그림 9.23과 같이 2가지 경우가 고려될 수 있다.

(1) 압축철근이 사용되지 않을 경우($A_s{}' = 0$)

$A_s{}' = 0$인 경우에 대해서 고려하면, 그림 9.23(a)에서 $e' = e + d''$이다. 압축력 C_c에 관해 모멘트를 취하면,

$$P_n\left[e' - \left(d - \frac{a}{2}\right)\right] = T\left(d - \frac{a}{2}\right) = A_s f_y\left(d - \frac{a}{2}\right)$$

$$P_n e' - P_n\left(d - \frac{a}{2}\right) = A_s f_y\left(d - \frac{a}{2}\right)$$

$$A_s = \frac{P_n e'}{f_y\left(d - \frac{a}{2}\right)} - \frac{P_n}{f_y}$$

$$A_s = \frac{M_n{}'}{f_y\left(d - \frac{a}{2}\right)} - \frac{P_n}{f_y} \tag{9.34}$$

여기서, $M_n{}' = P_n e'$는 인장철근 A_s에 관한 힘 P_n의 모멘트이다. 첫 번째 항은 단순 휨만을 받는 단면에 대한 철근의 면적 $A_s{}''$를 나타낸다.

$$M_n{}' = A_s{}'' f_y\left(d - \frac{a}{2}\right)$$

혹은

$$A_s = A_s{}'' - \frac{P_n}{f_y} = (\rho'' bd) - \frac{P_n}{f_y} \tag{9.35}$$

여기서, ρ''는 $M_n{}' = P_n e'$에 대한 철근비이다. 강도감소계수 ϕ는 0.65와 순수 휨을 받는 경우의 0.85까지 변한다.

$e' > e$이며, $M_n{}' > M_n$이므로 $M_n{}'$가 사용될 때 보다 큰 단면이 예상된다.

$$P_n = \frac{P_u}{\phi}\text{이고 } M_n = \frac{M_u}{\phi}$$

(2) 압축과 인장철근이 단면에 사용될 경우(그림 9.23(b))

인장철근 A_s에 관해 모멘트를 취하면

$$P_n e' - C_c\left(d - \frac{a}{2}\right) - C_s(d - d') = 0$$

여기서 $C_c = 0.85 f_{ck} ab$이고, $C_s = A_s' f_y$(압축철근이 항복한다면)

$$A_s' = \frac{P_n e' - C_c\left(d - \frac{a}{2}\right)}{f_y(d - d')}$$

혹은

$$A_s' = \frac{M_n' - M_{n1}}{f_y(d - d')} \tag{9.36}$$

여기서

$$M_n' = P_n e' \text{이고}$$

$$M_{n1} = C_c\left(d - \frac{a}{2}\right) = A_{s1} f_y\left(d - \frac{a}{2}\right) \tag{9.37}$$

여기서 M_{n1}은 복철근 보에서 〈단면1〉에 해당하는 모멘트이다(그림 4.20참고) 인장철근이 항복하였기 때문에, 위 식에 f_y를 사용하는 것은 적절하다. 압축철근 A_s'에 대해 모멘트를 취하면

$$P_n[e' - (d - d')] + C_c\left(\frac{a}{2} - d'\right) - T(d - d') = 0$$

$$P_n e' - P_n(d - d') + C_c\left(\frac{a}{2} - d'\right) - A_s f_y(d - d') = 0$$

$\left(\frac{a}{2} - d'\right)$를 $(d - d') - \left(d - \frac{a}{2}\right)$의 형태로 바꾸어 쓰면

$$A_s = \left[\frac{P_n e'}{f_y(d - d')} - \frac{P_n}{f_y}\right] + \frac{C_c}{f_y(d - d')}\left[(d - d') - \left(d - \frac{a}{2}\right)\right]$$

$$A_s = \left[\frac{M_n'}{f_y(d - d')} - \frac{P_n}{f_y}\right] + \frac{C_c}{f_y} - \frac{C_c\left(d - \frac{a}{2}\right)}{f_y(d - d')}$$

그리고 $M_{n1} = C_c\left(d - \frac{a}{2}\right) = A_{s1} f_y \left(d - \frac{a}{2}\right)$로 놓으면

$$A_s = \left(\frac{C_c}{f_y} - \frac{P_n}{f_y}\right) + \frac{M_n{}' - M_{n1}}{f_y(d-d')} \tag{9.38}$$

$$A_s = \left(A_{s1} - \frac{P_n}{f_y}\right) + \frac{M_n{}' - M_{n1}}{f_y(d-d')} \tag{9.39}$$

또는

$$A_s = \left(\rho_1 bd - \frac{P_n}{f_y}\right) + \frac{M_n{}' - M_{n1}}{f_y(d-d')} \tag{9.40}$$

여기서 $M_{n1} = C_c(d - a/2) = A_{s1} f_y (d - a/2)$,

$$\frac{C_c}{f_y} = A_{s1} = \rho_1 bd$$

이것은 M_{n1}에 대한 철근비이다($\rho_1 \leq \rho_{\max}$).

▼ **주석**

1. 위 식은 압축철근이 항복한다고 가정한 것이다. 압축철근이 항복하지 않는다면, 압축철근에서의 실제응력은 식 (9.33)을 사용해여 다음과 같이 계산하여야 한다.

$$A_s{}' = \frac{M_n{}' - M_{n1}}{f_s{}'(d-d')}$$

2. $\rho_1 \leq \rho_{\max}$인지 검토한다.

예제 9.17

$P_u=150\text{kN}$의 축방향 계수하중과 $M_u=250\text{kN}\cdot\text{m}$의 계수모멘트를 받는 사각형 띠철근 단주단면을 설계하라. $f_{ck}=28\text{MPa}$, $f_y=400\text{MPa}$, $b=250\text{mm}$로 주어져 있다. 압축철근은 사용하지 않는다 ($A_s{}'=0$).

▮풀이

1. $e=\dfrac{M_u}{P_u}=\dfrac{250\times1000}{150}=1{,}667\text{mm}$

   편심 e는 상당히 큰 값이며, 예상되는 d는 1,667mm보다 작은 것이기 때문에, 인장지배로 가정하며 후에 검토해야 한다.

2. d는 주어져 있지 않기 때문에, $\phi=0.65$을 이용하여 주어진 모멘트로부터 대략적인 d를 결정 ($\rho=0.014$로 가정)

$$M_n=\frac{250}{0.65}=385\text{kN}\cdot\text{m}$$

$$P_n=\frac{150}{0.65}=231\text{kN}$$

$$R_n=\rho f_y\left(1-\frac{\rho f_y}{\eta 1.7 f_{ck}}\right)=0.014\times400\times(1-\frac{0.014\times400}{1.7\times28})=4.94\text{MPa}$$

$$d=\sqrt{\frac{M_n}{R_n b}}=\sqrt{\frac{385{,}000{,}000}{4.94\times250}}=558\text{mm}$$

   예제 9.15에서도 설명한 바와 같이 이 d보다 작으면 압축지배, 크면 인장지배가 된다. 따라서, 본 설계에서 이보다 큰 d의 단면으로 설계히는 것이 합당하다. 그러므로 본 예제에서 $d=560\text{mm}$로 검토한다.

   $h=560\text{mm}+60\text{mm}=620\text{mm}$

3. A_s의 계산

$$e'=e+d''=e+d-\frac{h}{2}(\text{대략적으로})$$

$$=1{,}667+560-\frac{620}{2}=1{,}917\text{mm}$$

$$M_n{}'=P_n e'=231\times\frac{1{,}917}{1{,}000}=443\text{kN}\cdot\text{m}$$

$$R_n{}'=\frac{M_n{}'}{bd^2}=\frac{443\times10^6}{250\times560^2}=5.65\text{MPa}$$

   상기 $R_n{}'$은 단순 휨만을 받는 단면에 대한 값이며, 이에 적적한 철근비 ρ''은 다음 식에서 ρ에 대한 2차 방정식으로부터 구할 수 있다.

$$\phi R_n = \phi \rho'' f_y \left(1 - \frac{\rho'' f_y}{\eta 1.7 f_{ck}} \right)$$

상기 식에서 ρ''를 결정하기 위해서는 ϕ를 결정해야 한다. 콘크리트 구조설계기준(2003)에서는 기둥의 강도감소를 결정하기 위하여 다음과 같은 식을 제시하였다.

$$\phi = 0.85 - \frac{2P_u}{f_{ck} A_g} = 0.85 - \frac{2 \times 150{,}000}{28 \times 250 \times 560} = 0.77,\ \ \phi R_n = 0.77 \times 5.65 = 4.35\text{MPa}$$

이를 상기 식에 대입하여 ρ''에 대한 2차 방정식을 풀면, $\rho'' = 0.012$이다.

$$A_s = \rho'' bd - \frac{P_n}{f_y} = 0.012 \times 250 \times 560 - \frac{231{,}000}{400} = 1{,}103\text{mm}^2$$

D22 철근 3개를 선택한다($A_s = 1{,}161\text{mm}^2$)(그림 9.24).

$$\rho = \frac{1{,}161}{250 \times 560} = 0.0083 < \rho_{\max} = 0.0217,\ \text{그러나}$$

$$\rho_g = \frac{1{,}161}{280 \times 620} = 0.0075 = 0.75\%\text{이며 } 1\% < \rho < 8\%\text{의 기준에 미치지 못하므로}$$

D29 3개로 설계하면 $\rho = \frac{1{,}927}{250 \times 80} = 0.013,\ \ \rho_g = \frac{1{,}927}{250 \times 620} = 0.0124$로 모두 만족함.

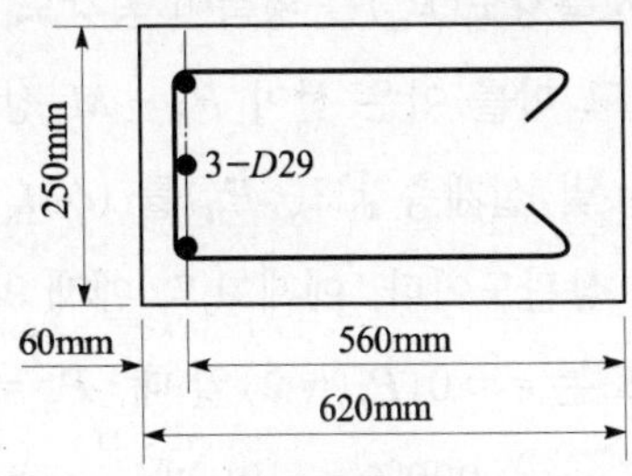

그림 9.24

4. 균형하중 P_b의 계산

$$\phi P_b = \phi\, [\eta (0.85 f_{ck}) ab + A_s' (f_y - \eta 0.85 f_{ck}) - A_s f_y]$$

$$a_b = 0.51d = 0.51 \times 560 = 286\text{mm} \quad A_s' = 0$$

$$\phi P_b = 0.65 [0.85 \times 28 \times 286 \times 250 - 1{,}927 \times 400] = 605kN$$

$$P_u = 150\text{kN} < 434\text{kN}$$

$0.1 f_{ck} A_g = 0.1 \times 28 \times (250 \times 620) = 434\text{kN} < \phi P_b$ ($\phi = 0.65$일 때)이므로,

단면은 인장지배이며, 축력의 영향은 무시할 수 있다.

5. 설계된 단면은 식 (9.28)을 사용하여 P_n에 대하여 검토할 수 있다.

9.7.4 P-M 상관도 작성과 활용

본 책에서는 동일한 단면에 대하여 편심을 변경하며, 기둥의 축 및 휨강도를 계산하였다. 예제 9.7에서는 편심 e_b일 때, 예제 9.8에서는 $e = 250\text{mm}$일 때 , 예제 9.9에서는 $e = 510\text{mm}$ 일 때 해석을 수행하였으며, 그 결과는 표 9.1에 정리하였다. 표 9.1에는 그 외에도 편심거리가 변화할 때 중립축(c), 공칭축강도(P_n)와 공칭휨강도(M_n)를 정리하였다. 표에서 알 수 있듯이 편심거리가 증가할 때 중립축이 작아지며(중립축이 상승), P_n은 감소하는 반면 M_n은 증가하는 것을 볼 수 있다. 이 결과는 동일한 단면이라 할지라도 하중이 작용하는 편심거리에 따라 단면이 저항할 수 있는 축강도와 휨모멘트강도가 달라진다는 것을 의미한다. 또한 편심거리에 따라 변화되는 축강도 P_n과 휨모멘트강도 M_n의 상대적인 관계도를 이용하여 다양한 편심에서 이 단면이 저항할 수 있는 축강도와 휨모멘트강도의 한계치를 평가할 수 있음을 알 수 있다. 이와 같은 축강도와 휨모멘트강도간의 상관관계도를 $P-M$ 상관도라 한다.

정리하면, 편심거리가 소성중심으로부터 점차적으로 멀어질 때, 각 편심거리에서 계산된 기둥의 공칭휨강도(M_n)와 공칭축강도(P_n)를 횡축이 휨강도, 종축이 축강도인 평면 그래프에 (M_n, P_n)의 좌표로 나타내고 이를 이은 선이 $P_n - M_n$상관도가 되며, 강도감소계수 ϕ 곱한 설계휨모멘트강도(ϕM_n) 및 설계축강도(ϕP_n)를 $(\phi M_n, \phi P_n)$의 좌표로 나타내고 이 점들을 이은 선이 $\phi P_n - \phi M_n$ 상관도이다. 예제 9.7, 예제 9.8 및 예제 9.9 단면의 상관도는 그림 9.25와 같다. 이 상관도는 $e = 0(P_n = 0)$일 때, $P_n = P_{n(\max)}$일 때, $\varepsilon_{st} = 0\% \times \varepsilon_y$일 때, $\varepsilon_{st} = 100\% \times \varepsilon_y$일 때, $\varepsilon_{st} = 200\% \times \varepsilon_y$일 때, $\varepsilon_{st} = 250\% \times \varepsilon_y$일 때, 마지막으로 $P_n = 0$일 때 7개의 경우에 계산하여 작성하였으며, 이후 연습예제에도 이 경우들에 대하여 계산하면 $P-M$ 상관도를 그리기 위한 자료들로는 충분하다.

표 9.1 예제결과 비교 정리

편심거리	c(mm)	P_n(kN)	M_n(kNm)	비고
$e = 250\text{mm}$	362	2129		예제 9.8(압축지배)
$e = e_b = (362\text{mm})$	311	2129	771	예제 9.7(평형상태)
$e = 510\text{mm}$	204	1421		예제 9.9(인장지배)

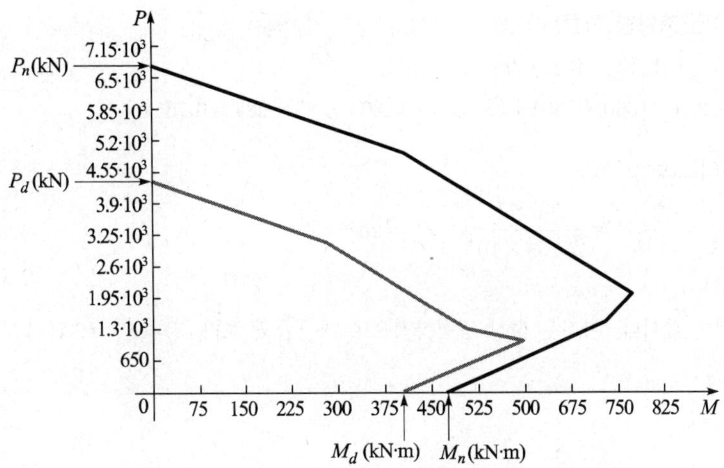

그림 9.25 예제 9.7 단면의 P-M 상관도

예제 9.19는 $P-M$를 이용한 설계에 대한 예제이다. 상관도 작성시 $P_{n,\max}$와 $P_n=0$ 시행착오에 의해 중립축을 찾아낸 후 강도를 결정하여야 함을 주목하여야 한다.

예제 9.18

하중-모멘트 상관도(P-M)에서 P_0와 P_b 사이에는 직선관계가 있다고 가정하여, 예제 9.7~예제 9.9에 주어진 단면에 대한 P_n을 계산하라(그림 9.26을 보라).

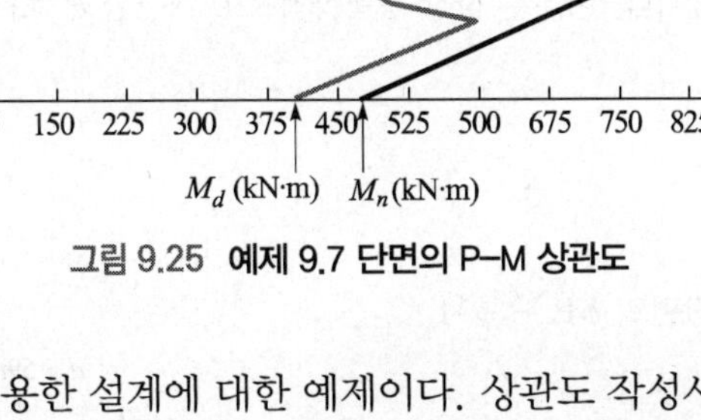

그림 9.26

▮풀이

1. 단면에 대한 균형하중 P_b와 이때의 편심 e_b는 예제 9.7에서 계산되었다.

$$P_b=2{,}074\text{kN},\ e_b=371.7\text{mm},\ M_b=7.709\times10^5\text{kN}\cdot\text{mm}$$

2. P_0를 계산(이론적인 축방향 하중)

$$P_0 = 0.85f_{ck}A_g + A_{st}(f_y - 0.85f_{ck})$$
$$= (0.85\times 28)\times(360\times 560) + (5{,}139)\times(400 - 0.85\times 28) = 6{,}731\text{kN}$$

3. 삼각형 관계로부터(그림 9.26)

$$\frac{6{,}731 - P_n}{6{,}731 - 2074} = \frac{P_n \times e}{M_b} = \frac{250\times P_n}{7.709\times 10^5} \quad P_n = 2681\text{kN}$$
$$P_n = 2{,}124\text{kN}$$

이것은 P_n의 안전한 값이다. 이것은 항상 정력학적으로 계산한 P_n보다 작다($P_n = 2{,}709\text{kN}$).

예제 9.19

다음 그림 9.27과 같은 단면의 $\phi \mathrm{P_n} - \phi \mathrm{M_n}$ 상관도를 작성하시오.

$f_{ck} = 27\text{MPa}(\eta = 1)$, $f_y = 400\text{MPa}$

$A_g = 400\times 400 = 160{,}000\text{mm}^2$

$A_{s1} = 3\times 286.5 = 859.5\text{mm}^2$

$A_{s2} = 2\times 286.5 = 573\text{mm}^2$

$A_{s3} = 3\times 286.5 = 859.5\text{mm}^2$

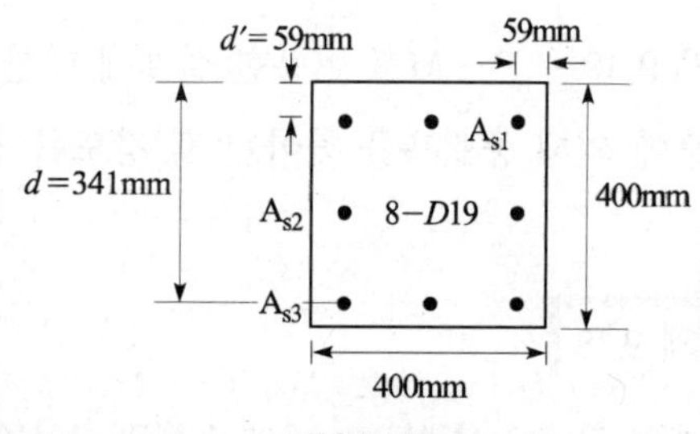

그림 9.27

▌풀이

1. $P_n = P_0$일 때 (즉 $e = 0$일 때)

$$P_n = P_0 = f_g A_{st} + 0.85f_{ck}(A_g - A_{st})$$
$$= 400(2{,}292) + 0.85\times 27\times(160{,}000 - 2{,}292) \fallingdotseq 4{,}536{,}000\text{ N} = 4{,}536\text{kN}$$
$$M_n = 0.\quad e = 0.$$

2. $P_n = P_{n(\max)}$일 때

$\therefore c = h$로 가정 (전단면이 압축상태)

$P_{n(\max)} = 0.8(P_0) = 0.8(4{,}536) = 3{,}629\text{ kN}$ (띠철근기둥의 α값)

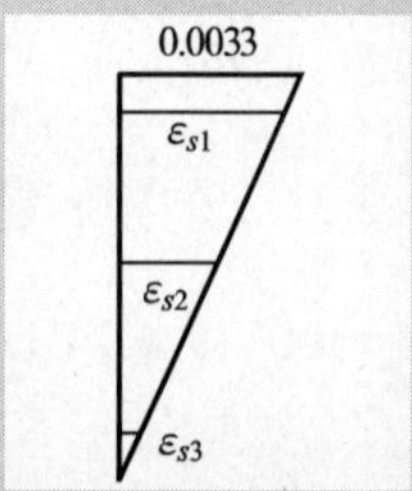

$$\varepsilon_{s1} = (c - d')\frac{0.0033}{c} = \frac{(h-d')0.0033}{h} = 0.0028 \text{ (항복)}$$
$$\varepsilon_{s2} = (c - \frac{h}{2})\frac{0.0033}{c} = \left(h - \frac{h}{2}\right)\frac{0.0033}{h} = 0.0017$$
$$\varepsilon_{s3} = (c - d')\frac{0.0033}{c} = (h - d)\frac{0.0033}{h} = 0.00049$$

$f_{s1} = (f_y - 0.85f_{ck})$

$\therefore F_{s1} = A_{s1}(f_y - 0.85f_{ck}) = 859.5 \times (400 - 0.85 \times 27) \fallingdotseq 324{,}000\text{N} = 324\text{kN}$

$f_{s2} = (\varepsilon_{s2}E_s - 0.85f_{ck})$

$\therefore F_{s2} = A_{s2}(\varepsilon_{s2}E_s - 0.85f_{ck})$

$= 573 \times (0.0017 \times 200{,}000 - 0.85 \times 27) \fallingdotseq 176{,}000\text{N} = 176\text{kN}$

$f_{s3} = (\varepsilon_{s3}E_s - 0.85f_{ck})$

$\therefore F_{s3} = A_{s3}(\varepsilon_{s3}E_s - 0.85f_{ck})$

$= 859.5 \times (0.00049 \times 200{,}000 - 0.85 \times 27) \fallingdotseq 64{,}000\text{N} = 64\text{kN}$

$f_c = 0.85f_{ck}$

$\therefore F_c = 0.85f_{ck}ab = 0.85 \times 27 \times 0.80 \times 400 \times 400 \fallingdotseq 2{,}938{,}000\text{N} = 2{,}938\text{kN}$

$\therefore \sum P_n = F_{s1} + F_{s2} + F_{s3} + F_c = 3{,}502\text{kN}$

$\therefore P_{n(\max)}(=3{,}502\text{kN}) \fallingdotseq \sum P_n$ 이므로 가정한 $c = h$가 만족.

$\therefore c \fallingdotseq 400\text{mm}$임을 알 수 있다.

M_n은 소성중심을 기준으로 구한다.

$M_{s1} = F_{s1}\left(\dfrac{h}{2} - d'\right) = 324 \times (200 - 59) \fallingdotseq 45{,}700\text{kN}\cdot\text{mm} = 45.7\text{kN}\cdot\text{m}$

$M_{s3} = F_{s2}\left(\dfrac{h}{2} - d\right) = 64 \times \left(\dfrac{400}{2} - 341\right) \fallingdotseq -9{,}024\text{kN}\cdot\text{mm} = -9\text{kN}\cdot\text{m}$

$M_c = F_c\left(\dfrac{h}{2} - \dfrac{a}{2}\right) = F_c\dfrac{1}{2}(h - a)$

$= 3{,}121 \times \dfrac{1}{2} \times (400 - 0.80 \times 400) \fallingdotseq 117{,}500\text{kN}\cdot\text{mm} = 117.5\text{kN}\cdot\text{m}$

$\therefore \sum M_n = 45.7\text{kN}\cdot\text{m} - 9\text{kN}\cdot\text{m} + 117.5\text{kN}\cdot\text{m} = 154.2\text{kN}\cdot\text{m}$

$\therefore e = \dfrac{\sum M_n}{\sum P_n} = \dfrac{154.2 \times 1000}{3502} \fallingdotseq 44\text{mm}$

3. $\varepsilon_{st} = 0\% \varepsilon_y$일 때 $\therefore c = d = 341\text{mm}$

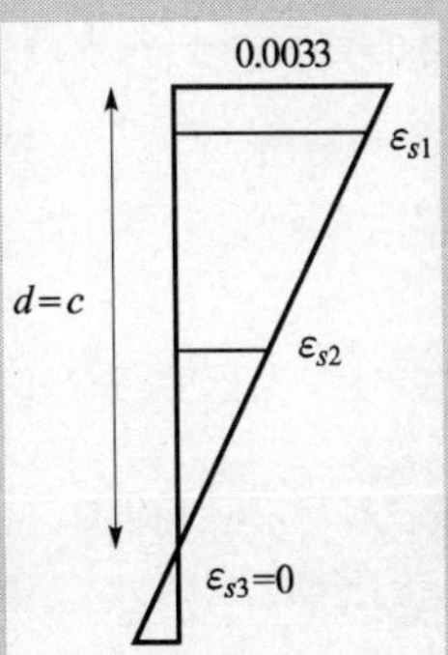

$\varepsilon_{s1} = \dfrac{0.0033}{c}(c - d') = 0.0027$ (항복)

$\varepsilon_{s2} = \dfrac{0.0033}{c}\left(c - \dfrac{h}{2}\right) = 0.0014$ (항복×), $\varepsilon_{s3} = 0$

$F_{s1} = A_{s1}(f_y - 0.85f_{ck}) = 859.5 \times (400 - 0.85 \times 27) \fallingdotseq 324{,}000\text{N} = 324\text{kN}$

$F_{s2} = A_{s2}(E_s\varepsilon_{s2} - 0.85f_{ck}) \fallingdotseq 147{,}300\text{N} = 147.3\text{kN}$

$F_{s3} = 0$

$F_c = 0.85f_{ck}ab = 0.85 \times 27 \times 0.8 \times 341 \times 400 \fallingdotseq 2{,}504{,}300\text{N} = 2{,}504\text{kN}$

$$\therefore \sum P_n = F_{s1} + F_{s2} + F_{s3} + F_c = 2975.3\,\text{kN}$$

소성중심에서 모멘트를 구하면,

$$\therefore M_{s1} = F_{s1} \times \left(\frac{h}{2} - d'\right) = 45.7\text{kN}\cdot\text{m},\ M_{s2} = 0,\ M_{s3} = 0$$

$$M_c = F_c\left(\frac{h}{2} - \frac{a}{2}\right) = 2{,}504 \times \frac{1}{2} \times (400 - 0.80 \times 341) \fallingdotseq 159{,}250\text{kN}\cdot\text{mm} = 159.25\text{kN}\cdot\text{m}$$

$$\therefore \sum M_n = 45.7 + 159.25 = 204.95\text{kN}\cdot\text{m}$$

$$\therefore e = \frac{\sum M_n}{\sum P_n} = \frac{204.95 \times 1{,}000}{2975} = 68.87\text{mm} \fallingdotseq 69\text{mm}$$

4. $\varepsilon_{st} = 100\%\,\varepsilon_y = 0.002$ (평형상태)

$$\frac{c}{0.0033} = \frac{d}{0.0033 + 0.002} \qquad \therefore c = \frac{0.0033d}{0.0053} = 212.3\text{mm}$$

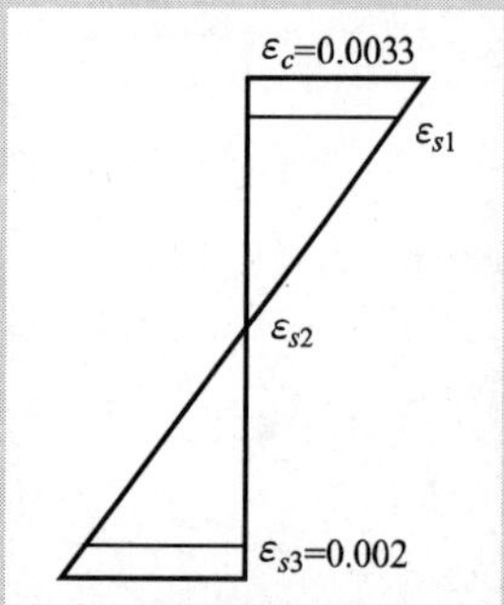

$$\varepsilon_{s1} = \frac{0.003}{c}(c - d') = 0.0024\ \text{(항복)}$$

$\varepsilon_{s2} \fallingdotseq 0$ (중립축이 212mm로 거의 동일하므로)

$\varepsilon_{s3} = -0.002$(인장)

$$F_{s1} = A_{s1}(f_y - 0.85 f_{ck}) = 324\text{kN}$$

$$F_{s3} = A_{s3} f_y = -344\text{kN}\ \text{(인장)}$$

$$F_c = 0.85 f_{ck} ab = 1{,}559\text{kN}$$

$$\therefore \sum P_b = F_{s1} + F_c - F_{s3} - 1{,}539\,\text{kN}$$

$$M_{s1} = F_{s1}\left(\frac{h}{2} - d'\right) = 324 \times (200 - 59) \fallingdotseq 45{,}700\text{kN}\cdot\text{mm} = 45.7\text{kN}\cdot\text{m}$$

$$M_{s3} = F_{s3}\left(\frac{h}{2} - d\right) = -344 \times (200 - 341) \fallingdotseq 48{,}500\text{kN}\cdot\text{mm} = 48.5\text{kN}\cdot\text{m}$$

$$M_c = F_c\left(\frac{h}{2} - \frac{a}{2}\right) = 1{,}559 \times \left(200 - \frac{0.85 \times 205}{2}\right) \fallingdotseq 179{,}472\text{kN}\cdot\text{mm} = 179.5\text{kN}\cdot\text{m}$$

$$\therefore \sum M_b = 180.6 + 48.5 + 45.7 \fallingdotseq 273.7\text{kNm}$$

$$\therefore e_b = \frac{\sum M_b}{\sum P_b} = \frac{273.7 \times 1{,}000}{1{,}539} = 177.8\text{mm}$$

5. $\varepsilon_t = 200\%\,\varepsilon_y = 0.004$

$$\frac{c}{0.0033} = \frac{d}{0.0033 + 0.004}$$

$\therefore\ c = \dfrac{0.0033(341)}{0.0073} = 154.15\text{mm}$

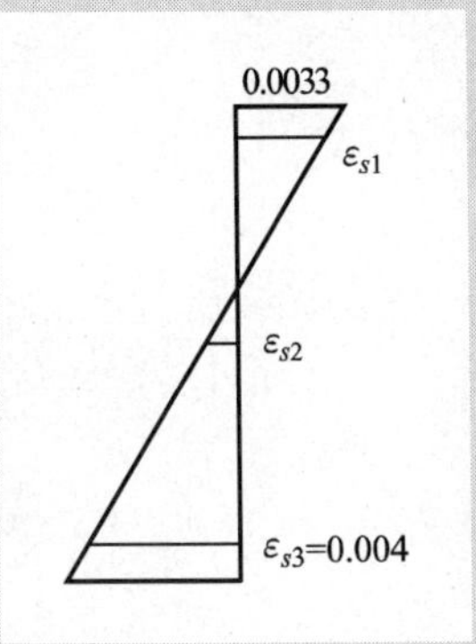

$\varepsilon_{s1} = \dfrac{0.0033}{c}(c-d') = 0.00204$

$\varepsilon_{s2} = \dfrac{0.0033}{c}(c-\dfrac{h}{2}) = -0.00098$ (인장)

$\varepsilon_{s3} = -0.004$ (인장)

$F_{s1} = A_{s1}(E_s\varepsilon_y - 0.85f_{ck}) = 324\text{kN}$

$F_{s2} = A_{s2}(E_s\varepsilon_{s1}) = -112.5\text{kN}$ (인장)

$F_{s3} = A_{s3}f_y = -344\text{kN}$ (인장)

$F_c = 0.85f_{ck}ab = 1{,}132\text{kN}$

$$\therefore\ \sum P_n = 324 + 1132 - 112.5 - 344 = 1{,}000\,\text{kN}$$

$M_{s1} = F_{s1}\left(\dfrac{h}{2} - d'\right) = 45.7\text{kN}\cdot\text{m}$

$M_{s3} = F_{s3}\left(\dfrac{h}{2} - d\right) = 48.5\text{kN}\cdot\text{m}$

$M_c = F_c\left(\dfrac{h}{2} - \dfrac{a}{2}\right) = 156.6\text{kN}\cdot\text{m}$

$\therefore\ \sum M_n = M_{s1} + M_{s3} + M_c = 250.8\text{kN}\cdot\text{m}$

$\therefore\ e = \dfrac{\sum M_n}{\sum P_n} = \dfrac{250.8 \times 1{,}000}{1000} = 250.8\text{mm}$

6. $\varepsilon_t = 250\% f_y$ (인장지배한계) $\quad c = \dfrac{0.0033d}{0.0086} = 135.6\text{mm}$

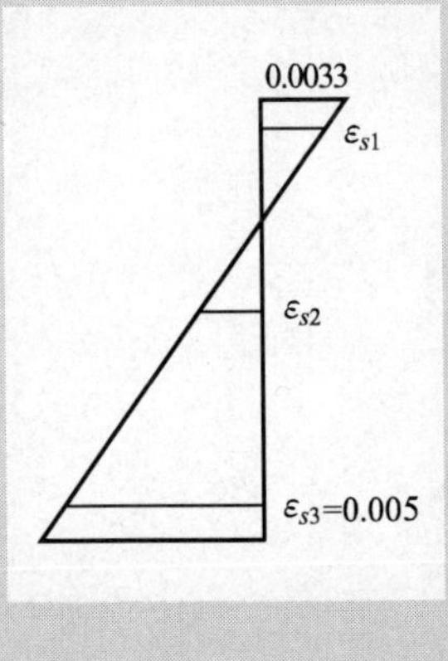

$\varepsilon_{s1} = \dfrac{0.0033}{c}(c-d') = 0.0019$

$\varepsilon_{s2} = \dfrac{0.0033}{c}(c-\dfrac{h}{2}) = -0.0016$(인장)

$\varepsilon_{s3} = -0.005$(인장)

$F_{s1} = A_{s1}(E_s\varepsilon_{s1} - 0.85f_{ck}) = 300.7\text{kN}$

$F_{s2} = A_{s2}(E_s\varepsilon_{s1}) = -180\text{kN}$ (인장)

$F_{s3} = A_{s3}f_y = -344\text{kN}$ (인장)

$F_c = 0.85f_{ck}ab = 996\text{kN}$

$$\therefore \sum P_n = 996 + 271.6 - 180 - 344 = 772.7\text{kN}$$

$$M_{s1} = F_{s1}\left(\frac{h}{2} - d'\right) = 42.4\text{kN}\cdot\text{m}$$

$$M_{s3} = F_{s3}\left(\frac{h}{2} - d\right) = 48.5\text{kN}\cdot\text{m}$$

$$M_c = F_c\left(\frac{h}{2} - \frac{a}{2}\right) = 141.8\text{kN}\cdot\text{m}$$

$$\therefore \sum M_n = 141.8 + 48.5 + 42.4 = 232.7\text{kN}\cdot\text{m}$$

$$\therefore e = \frac{228.6 \times 1,000}{743.6} = 301.2\text{mm}$$

7. $P_n = 0$일 때

$c = 69\text{mm}$로 가정

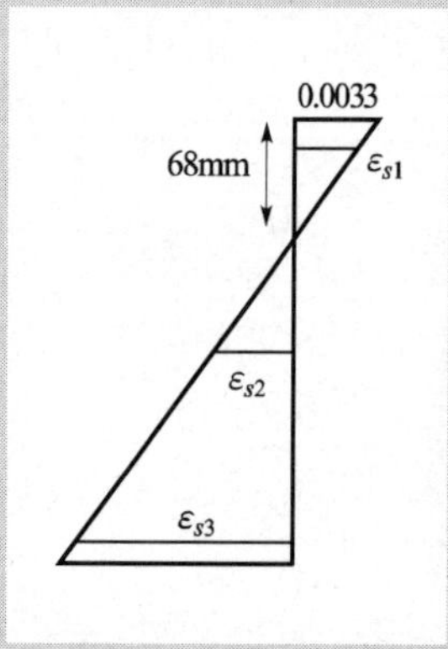

$$\varepsilon_{s1} = \frac{0.0033}{c}(c - d') = \frac{0.0033}{68}(69 - 59) = 0.0005$$

$$\varepsilon_{s2} = \frac{0.0033}{c}(c - \frac{h}{2}) = -0.0063 \text{ (인장항복)}$$

$$\varepsilon_{s3} = \frac{0.0033}{c}(c - d) = -0.013 \text{ (인장항복)}$$

$$F_{s1} = A_{s1}(E_s\epsilon_{s1} - 0.85f_{ck}) = 62.5\text{kN}$$

$$F_{s2} = A_{s2}f_y = 573 \times 400 = -229\text{kN (인장)}$$

$$F_{s3} = A_{s3}f_y = -344\text{kN (인장)}$$

$$F_c = 0.85f_{ck}ab = 506.8\text{kN}$$

$$\therefore \sum P_n = 506.8 + 62.5 - 229 - 344 = -3.7\text{kN}$$

$c = 68\text{mm}$로 재계산하면,

$\varepsilon_{s1} = 0.00034$, ε_{s2} =항복, ε_{s3} =항복이므로,

$$F_{s1} = 55.4\text{kN},\ F_{s2} = -229\text{kN},\ F_{s3} = -344\text{kN},\ F_c = 500\text{kN}$$

$$\therefore \sum P_n = 500 + 55.4 - 344 - 229 = -17.6\text{kN}$$

$\therefore c = 70\text{mm}$로 재계산하면,

$$\therefore F_{s1} = 69.4\text{kN},\ F_{s2} = -229\text{kN},\ F_{s3} = -344\text{kN},\ F_c = 514\text{kN}$$

$$\therefore \sum P_n = 514 + 69.4 - 344 - 229 = +10.4\text{kN}$$

가장 $\sum P_n$이 0과 가까운 경우는 $c = 68\text{mm}$이므로 이것으로 중립축 확정,

$$M_{s1}=F_{s1}\times\left(\frac{h}{2}-d'\right)=62.5\times(200-59)\fallingdotseq 8{,}800\,\text{kN}\cdot\text{mm}=8.8\text{kN}\cdot\text{m}$$

$$M_{s3}=F_{s3}\times\left(\frac{h}{2}-d\right)=-344\times(200-341)\fallingdotseq 48{,}500\text{kN}\cdot\text{mm}=48.5\,\text{kN}\cdot\text{m}$$

$$M_c=F_c\times\left(\frac{h}{2}-\frac{a}{2}\right)=506.8\times(200-\frac{68}{2})\fallingdotseq 87{,}400\text{kN}\cdot\text{mm}=87.4\text{kN}\cdot\text{m}$$

$$\therefore\ \sum M_n=87.4+48.5+8.8=144.47\text{kN}\cdot\text{m}$$

$$\therefore\ e=\frac{144.7\times 1{,}000}{-3.7}\fallingdotseq\infty$$

8. 지금까지의 계산 결과를 정리하면,

	1	2	3	4	5	6	7
M_n	0	154.2	204.9	273.7	250.8	232.7	144.7
P_n	4536	3502	2927.3	1539	1000	772.7	-3.7
e	0	44mm	69mm	177.8mm	250.8mm	301.2	∞
ϕ	0.65	0.65	0.65	0.65	0.78	0.85	0.85
ϕM_n	0	100.2	133.2	177.9	195.6	198	123
ϕP_n	2948	2276.3	1902.7	1000	780	657	0

9. $\phi P-\phi M$ 상관도

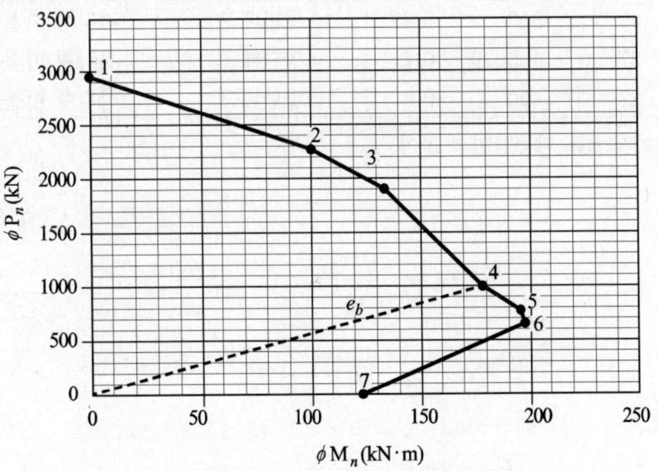

그림 9.28 $\phi P_n-\phi M_n$ 상관도

9.7.5 도표를 사용한 기둥의 설계

실제 설계에서는 전장에서 설명한 P-M상관도를 발전시킨 도표를 이용하여 설계할 수 있다. 기둥 설계를 위한 도표는 P-M상관도를 다양한 기둥의 크기, 철근비에 대하여 적용할 수 있도록 범용화 하여 제작된 것으로서, 단면의 형태(원형 또는 각형), 콘크리트설계기준강도f_{ck}, 사용하는 철근의 항복강도f_y, 띠철근 또는 나선철근 기둥인지에 따라 매우 다양하게 제작될 수 있다. 그림 본 책 그림 9.30과 그림 9.31에는 표 9.2에 제시된 No1~No.8 단면에 해당하는 도표를 보여주고 있다. 이 도표는 콘크리트구조 학회기준예제집(2020년 개정)판의 부록 B에 제시된 도표들 중의 일부로서 2007년 학회기준에 의하여 계산한 결과로부터 제작된 도표이다. 그림 9.30~그림 9.31에 나타낸 도표를 사용하여 설계되는 방법을 다음 예에서 설명하고자 한다. 표 9.2에서 γ=

표 9.2 도표에 대한 설명(그림 9.30~그림 9.31)

도표 번호	f_{ck}	f_y	γ	종방향 철근 배치형태	횡방향 철근 종류	그림
No. 1	24	300	0.7	양단배근	사각형 띠철근	그림 9.30
No. 2	24	300	0.8	양단배근	사각형 띠철근	
No. 3	24	400	0.7	양단배근	사각형 띠철근	
No. 4	24	400	0.8	양단배근	사각형 띠철근	
No. 5	27	300	0.7	양단배근	사각형 띠철근	그림 9.31
No. 6	27	300	0.8	양단배근	사각형 띠철근	
No. 7	27	400	0.7	양단배근	사각형 띠철근	
No. 8	27	400	0.8	양단배근	사각형 띠철근	

$\gamma=(d-d')/h$ 여기서 h는 기둥단면의 높이

예제 9.20

그림 9.29와 같은 단면을 갖는 띠철근 기둥에 편심 $e=300\text{mm}$에 작용하는 단주의 극한강도 P_u를 그림 9.30 도표를 사용하여 결정하라. $f_{ck}=24\text{MPa}$, $f_y=400\text{MPa}$이다.

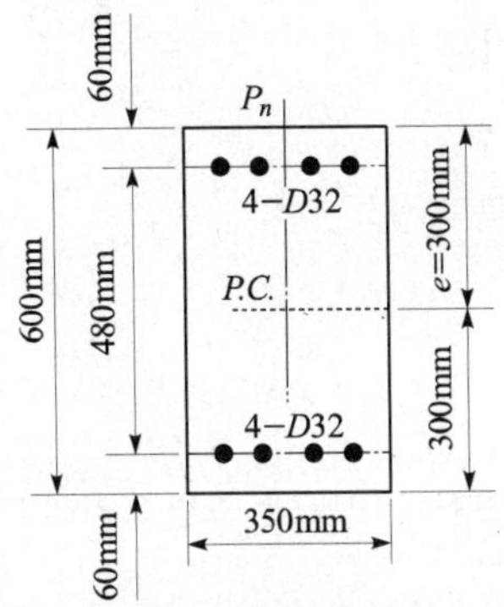

그림 9.29

▌풀이

1. 단면의 특성

$$h=600\text{mm},\ \gamma=(d-d')/h=480/600=0.8$$

$=A_s$와 $A_s{}'$ 사이의 거리비

$$\rho_g=\frac{A_{st}}{bh}=\frac{(8\times 794.2)}{(350\times 600)}=0.030$$

$$e/h=\frac{300}{600}=0.5,\ A_g=bh=210000mm^2$$

2. 상기 조건에 부합한 도표는 그림 9.30에서 네 번재(No.4) 그림이다. 그림에서 e/h=0.5인 직선이 $\rho_g=0.03$인 그래프와 만나는 점의 $\dfrac{\phi P_n}{A_g}$값은 대략 7.8MPa이다. 그러므로

$$\frac{P_u}{bh}=7.8\text{MPa},\ P_u=7.8\times 350\times 600=1{,}638\text{kN}$$

예제 9.21

2,380kN의 계수하중과 357kN·m의 계수모멘트를 받을 수 있도록 띠철근 단주에 필요한 철근량을 결정하라. 기둥 단면은 폭 $b=350\text{mm}$이고, 전체 높이 $h=500\text{mm}$이다. $f_{ck}=27\text{MPa}$, $f_y=300\text{MPa}$이며, 그림 9.31의 도표를 사용하라.

▮풀이

1. 편심 $e=\dfrac{M_u}{P_u}=\dfrac{357}{2,380}=150\text{mm}$

   피복을 50mm로 가정하면,

   $\gamma=\dfrac{400}{500}=0.8$

   $\dfrac{e}{h}=\dfrac{150}{500}=0.3$ 그러므로 해당하는 도표는 그림 9.31의 No.6 도표이다.

   $\dfrac{P_u}{bh}=\dfrac{\phi P_n}{A_g}=\dfrac{2380}{350\times500}=13.6\text{MPa}$이므로

2. No.6의 그래프에서 $\dfrac{P_u}{bh}=13.6$, $\dfrac{e}{h}=0.3$이 만나는 점은 $\rho_g=0.05$와 $\rho_g=0.06$ 사이에 있음을 알 수 있다. 이에 해당하는 철근비 ρ가 대략 0.053임을 알 수 있다.
   그러므로

   $A_s=0.053\times350\times500=9,275\text{mm}^2$

   짧은 변에 각각 5개씩, D35 철근 10개($A_s=9,566\text{mm}^2$)를 선택하고, 350mm 간격으로 D13 띠철근을 사용한다.

No.01

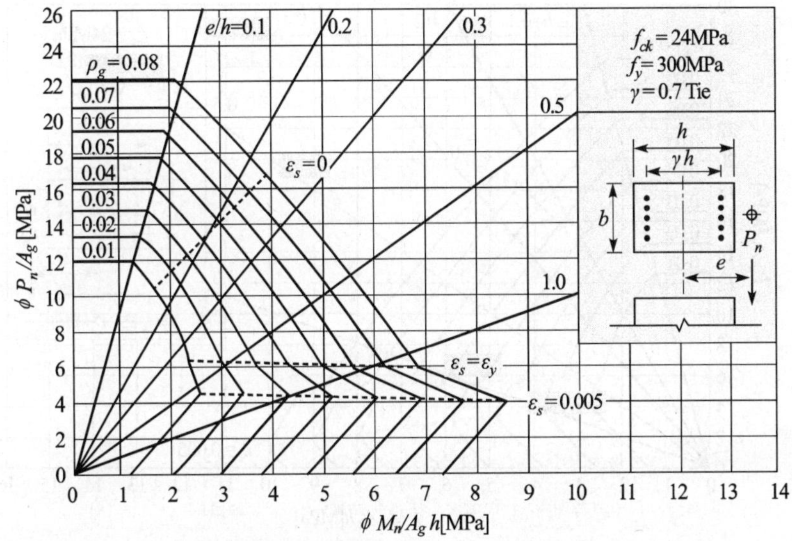

No.02

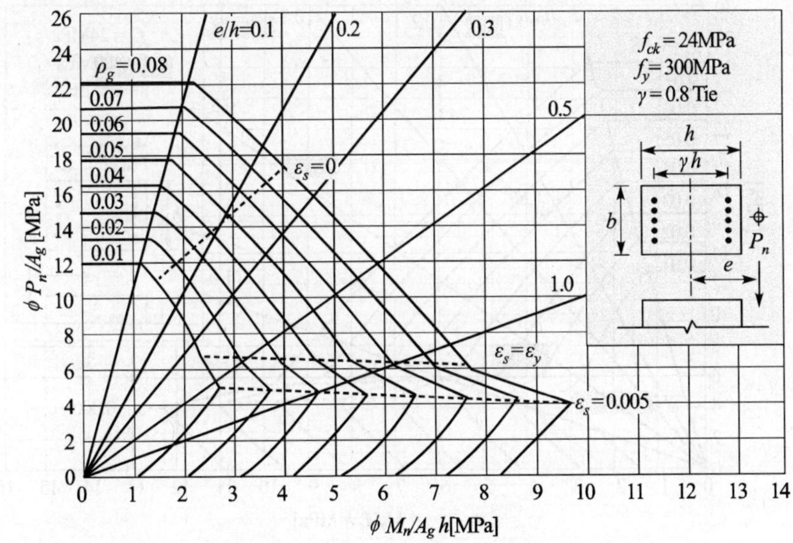

그림 9.30 f_{ck} = 24MPa인 사각형 기둥 축력-휨모멘트 설계강도 도표(계속)

No.03

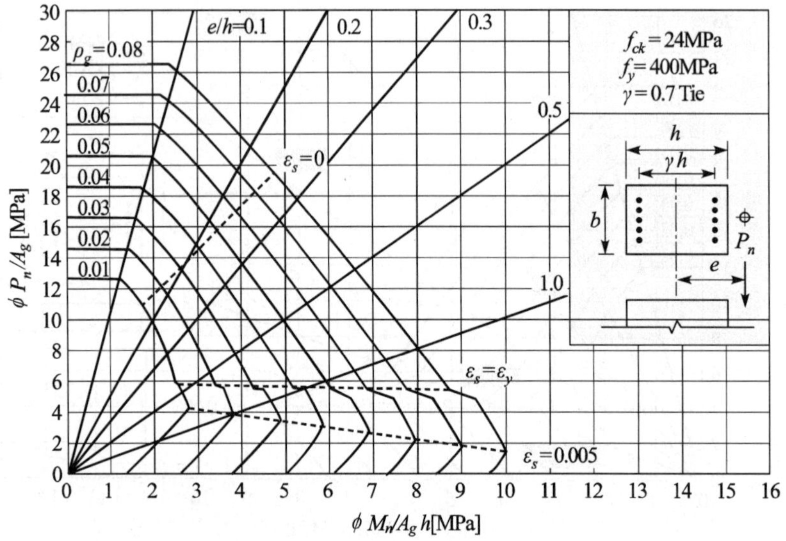

No.04

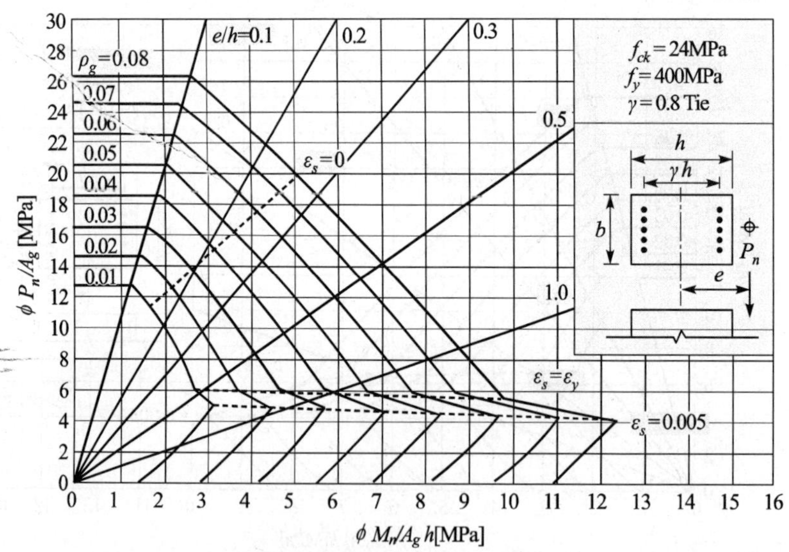

그림 9.30 f_{ck} = 24MPa인 사각형 기둥 축력-휨모멘트 설계강도 도표

No.05

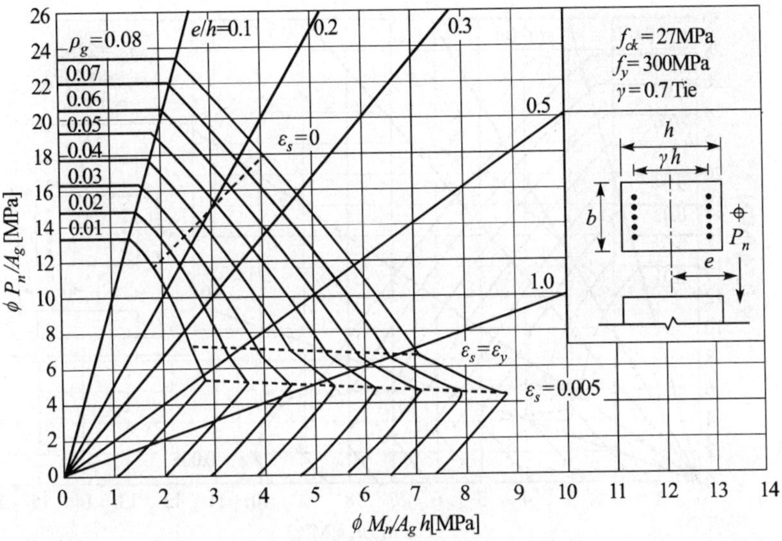

No.06

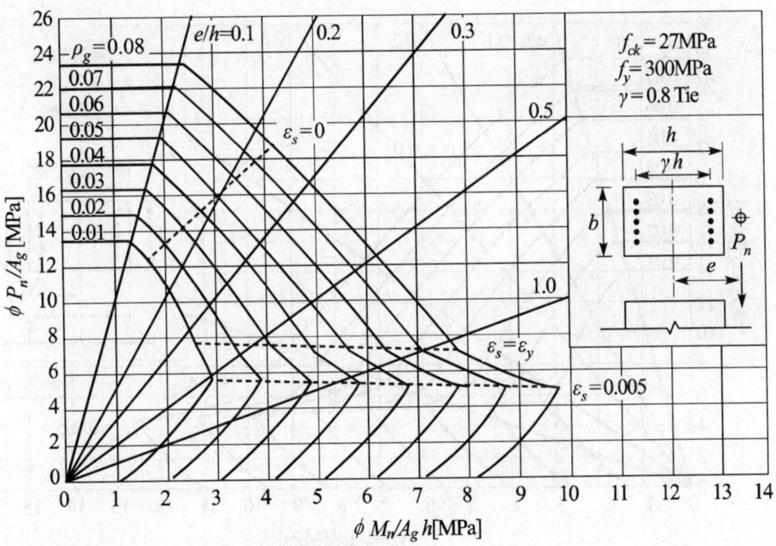

그림 9.31 f_{ck} = 27MPa인 사각형 기둥 축력-휨모멘트 설계강도 도표(계속)

No.07

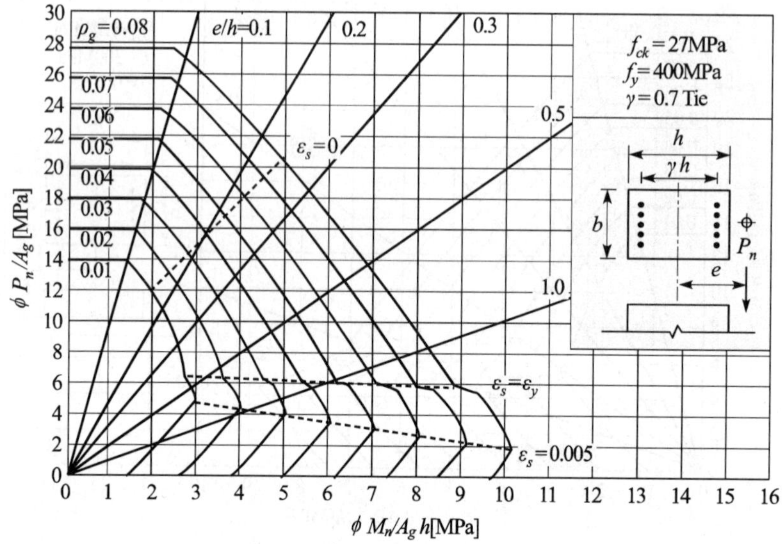

No.08

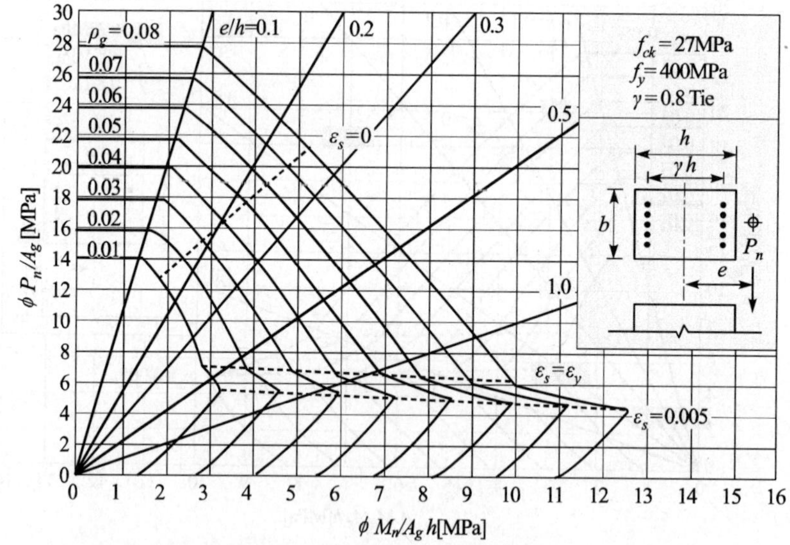

그림 9.31 f_{ck} = 27MPa인 사각형 기 둥 축력–휨모멘트 설계강도 도표

9.8 2축 휨을 받는 기둥의 설계

9.8.1 2축 휨하중에 의한 휨모멘트

이전까지 장에서는 1축 편심하중을 받는 기둥의 해석과 설계에 대한 내용을 설명하였다. 그림 9.32는 축하중 P가 x축 또는 y축에 편심을 갖는 기둥부재를 나타낸 것이며, 이때 모멘트는 각각 $M_{ny}=P_n e_x$, $M_{nx}=P_n e_y$가 작용하게 된다. 그러나 그림 9.33과 같이 x축에서의 거리가 e_y, y축에서의 거리가 e_x인 곳에 하중 P_n이 작용하면 기둥 단면은 축하중 P_n과 x축에 관한 모멘트= $M_{nx}=P_n e_y$, y축에 관한 모멘트= $M_{ny}=P_n e_x$의 합성하중에 의한 2축 휨(biaxial bending) 또는 양축 휨을 받는다고 말한다.

이러한 합성력을 받는 기둥의 해석과 설계는 단순 계산하기가 쉽지 않다. 중립축은 그림 9.34와 같이 양축에 각을 이루고 있으며, 중립축의 위치, 변형률, 콘크리트 압축면적, 내력의 크기 및 내력의 작용점 등을 결정하기 위해서는 긴 계산이 필요하다. 그러므로 축하중과 2축 휨을 받는 기둥의 강도를 추정하기 위해서는 실용식을 사용하는 것이 적절하다.

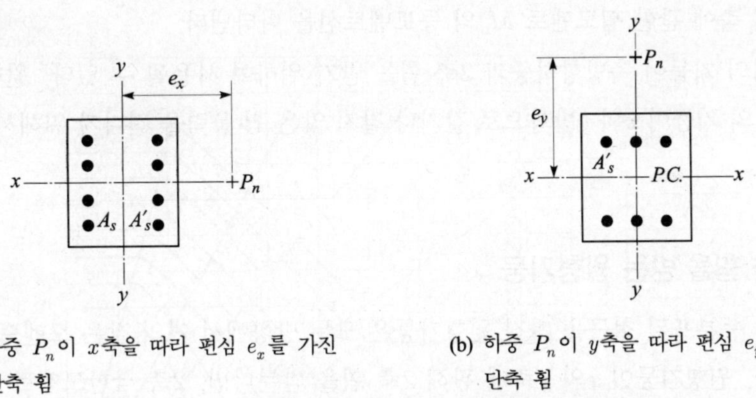

(a) 하중 P_n이 x축을 따라 편심 e_x를 가진 단축 휨

(b) 하중 P_n이 y축을 따라 편심 e_y를 가진 단축 휨

그림 9.32 1축 편심하중을 받는 부재

축하중을 받는 기둥의 2축 휨강도는 그림 9.34에서와 같이 3차원 P-M 상관도에 의하여 나타낼 수 있다. 표면은 P_n축으로부터 방사선으로 그려진 일련의 일축 P-M 상관도에 의해 형성된다.

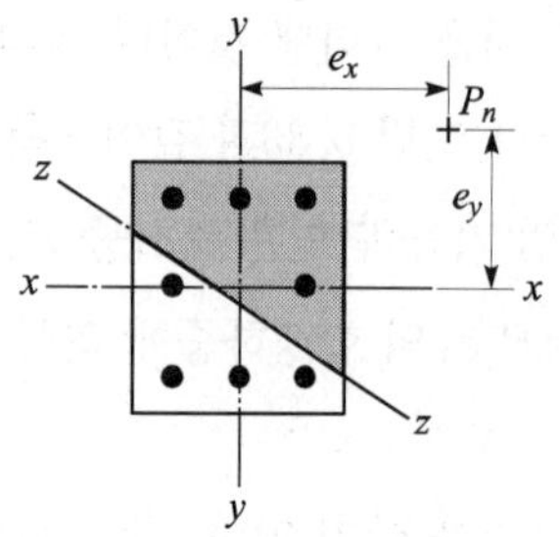

그림 9.33 **양축 휨**

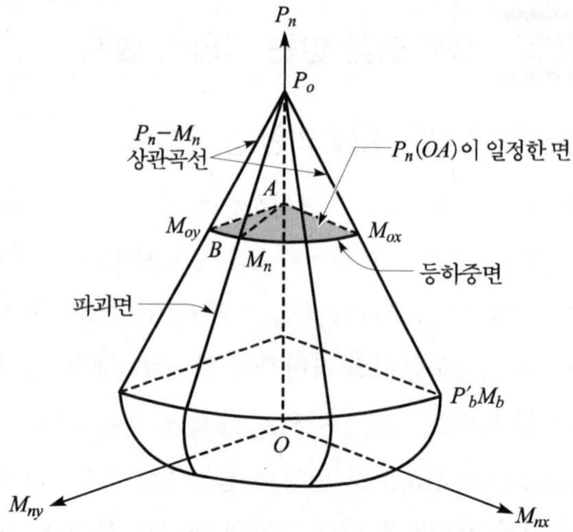

그림 9.34 **양축 상관 파괴표면**

여기에서 M_{ox}는 x축에 관한 일축 휨에서의 P−M 상관도를 나타내며, 곡선 M_{oy}는 y축에 관한 일축 휨에서의 상관도를 나타낸다. 그림 9.34에 나타난 일정한 축하중 P_n에서의 빗금 친 평면은 임의 축에 관한 휨모멘트 M_n의 등모멘트선을 나타낸다.

여러 형태의 기둥이 축방향하중과 2축 휨을 받기 위하여 사용될 수 있다. 원형, 정방형, 사각형 단면의 기둥이 x와 y방향으로 같거나 같지 않은 휨 응력을 견디기 위해서 사용될 수 있다.

9.8.2 2축 휨을 받는 원형기둥

단면 주위에 등분포된 철근을 가진 원형기둥은 모든 방향에서 거의 같은 모멘트에 대한 내력을 갖는다. 원형기둥이 x와 y축에 관해 2축 휨을 받는다면, 2축 극한모멘트 M_u는 다음 식으로 구할 수 있다.

$$M_u = \sqrt{(M_{ux})^2 + (M_{uy})^2} = P_u \cdot e \tag{9.41}$$

그리고 편심 e는 아래와 같다.

$$e = \sqrt{(e_x)^2 + (e_y)^2} \tag{9.42}$$

여기서, $M_{ux} = P_u e_y = x$축에 관한 일축모멘트

$M_{uy} = P_u e_x = y$축에 관한 일축모멘트

$$M_u = P_u = \text{임의 축에 관한 일축모멘트}$$

위의 가정을 적용하기 위해서는 원형기둥에서 철근은 단면에 균등하게 분포되어야 하며, 최소한 6개의 철근이 사용되어야 한다.

9.8.3 2축 휨을 받는 정방형과 사각형기둥의 상반하중법

(1) 상반하중법

주축(major axes)에 따라 서로 다른 휨모멘트를 받는 정방형이나 사각형기둥은 각각의 서로 다른 철근량을 필요로 한다. 그와 같이 단면의 해석에 대한 근사법이 Boris Bresler에 의해 개발되었으며, 이 방법을 Bresler의 상반하중법(reciprocal method)이라 불리운다. 이 방법에 따르면 2축 휨을 받는 기둥의 하중은 다음 식을 사용하여 구할 수 있다.

$$\frac{1}{P_u} = \frac{1}{P_{ux}} + \frac{1}{P_{uy}} - \frac{1}{P_{uo}} \tag{9.43}$$

혹은

$$\frac{1}{P_n} = \frac{1}{P_{nx}} + \frac{1}{P_{ny}} - \frac{1}{P_{no}} \tag{9.44}$$

여기서, P_u =2축 휨 상태에서의 하중

$P_{ux} = e_y$의 편심을 갖고 하중이 작용할 때의 일축하중($e_x = 0$)

$P_{uy} = e_x$의 편심을 갖고 하중이 작용할 때의 일축하중($e_y = 0$)

P_{uo} =순수 축하중($e_x = e_y = 0$)

$$P_n = \frac{P_u}{\phi} \quad P_{nx} = \frac{P_{ux}}{\phi} \quad P_{ny} = \frac{P_{uy}}{\phi} \quad P_{no} = \frac{P_{uo}}{\phi}$$

일축강도 P_{nx}, P_{ny}, P_{no}는 앞 절에서 주어진 식이나 방법에 따라 혹은 도표를 사용하여 계산할 수 있으며, 그 값들을 식 (9.43)에 대입하여 P_n을 산정한다. Bresler식은 P_n이 $0.1P_n$ 이상인 경우에 적용할 수 있고, P_n이 $0.10P_n$보다 작을 때에는 축력을 무시할 수 있다고 가정하여 다음 식에 의해 단면을 순수 양축 휨을 받는 부재로 설계할 수 있다.

$$\frac{M_{ux}}{M_x} + \frac{M_{uy}}{M_y} \leq 1.0 \tag{9.45}$$

혹은

$$\frac{M_{nx}}{M_{ox}} + \frac{M_{ny}}{M_{oy}} \leq 1.0 \tag{9.46}$$

여기서, $M_{ux} = P_u e_y = x$축에 관한 설계모멘트

$M_{uy} = P_u e_x = y$축에 관한 설계모멘트

M_x와 $M_y = x$와 y축에 관한 일축모멘트

$$M_{nx} = \frac{M_{ux}}{\phi} \quad M_{ny} = \frac{M_{uy}}{\phi} \quad M_{ox} = \frac{M_x}{\phi} \quad M_{oy} = \frac{M_y}{\phi}$$

Bresler의 근사해법은 단면이 축인장 하중을 받을 때는 사용하지 않는 것이 좋다.

(2) 등하중면법

등하중면 방법에서는 그림 9.34에 나타난 파괴면이 M_{nx}와 M_{ny}에 관련되는 일정한 하중등고선 P_n의 면으로 결정된다. 이 평면은 근사적으로 등하중면(load contour method) 방법에 대한 일반적인 무차원 식은 다음과 같이 표현될 수 있다.

$$\left(\frac{M_{nx}}{M_{ox}}\right)^{\alpha 1} + \left(\frac{M_{ny}}{M_{oy}}\right)^{\alpha 2} = 1.0 \tag{9.47}$$

여기서, $M_{nx} = P_n e_y$, $M_{ny} = P_n e_x$

식 (9.47)에서 지수 α_1과 α_2는 기둥의 단면, 철근량 및 배근상태, 콘크리트 강도특성, 피복두께 및 띠철근과 나선철근의 행태 등에 따라 변화되며 축력이 일정하고, $\alpha = \alpha_1 = \alpha_2$일 때의 모멘트와 α의 관계는 그림 9.35와 같다.

Bresler는 지수 α가 위 식의 양쪽 항에서 같은 값($\alpha_1 = \alpha_2$)을 가질 수 있으며, 사각형 단면에서 α값은 1.15와 1.55 사이에서 변화하며, 1.5로 가정할 수 있다고 하였다. 정방형 단면에서 α는 1.5와 2.0 사이에서 변하고, 실제 설계에서 α의 평균값=1.75가 사용될 수 있다. 정방형 기둥에서 4면 주위를 철근이 등분포하게 배근되었을 때, α는 1.5로 가정할 수 있다.

$$\left(\frac{M_{nx}}{M_{ox}}\right)^{1.5} + \left(\frac{M_{ny}}{M_{oy}}\right)^{1.5} = 1.0 \tag{9.48}$$

BSCP 110 (British code)에서는 $P_n/1.1P_{no}$의 값이 0.2, 0.4, 0.6, 그리고 0.8 이상일 때, α =1.0, 1.33, 1.67 및 2.0으로 각각 가정하고 있다.

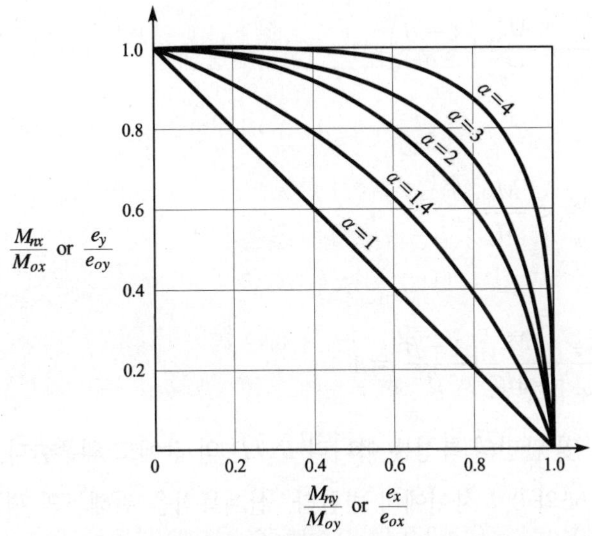

그림 9.35 축력 P_n 이 일정할 때 모멘트와 α의 관계

Portland Cement Association(PCA)에서 제안한 등하중면 방법은 Bresler에 의해 개발된 방법의 연장이다. Parme법으로도 불리는 이 방법에서 등하중면(그림 9.34)에 나타난 일정한 P_n에서의 빗금 친 수평면 상의 점 B(그림 9.36)는 2축 모멘트 강도 M_{nx}, M_{ny}와 일축모멘트 강도 M_{ox}, M_{oy}와 같은 비를 갖는 점으로서 정의된다. 즉,

$$\frac{M_{nx}}{M_{ny}} = \frac{M_{ox}}{M_{oy}}$$

또는

$$\frac{M_{nx}}{M_{ox}} = \frac{M_{ny}}{M_{oy}} = \beta$$

β는 그림 9.36에 나타나 있으며, 기둥단면에 동시에 적용할 수 있는 일축모멘트 강도의 일정한 부분을 나타낸다.

실제 설계를 위해 그림 9.36에 나타난 등하중선은 2개의 직선 AB와 BC로 근사화할 수 있다. 선 AB의 기울기 $= (1-\beta)/\beta$이고, BC의 기울기 $= \beta/(1-\beta)$이다.

그러므로

$$\frac{M_{ny}}{M_{oy}} > \frac{M_{nx}}{M_{ox}} \text{이면}$$

$$\frac{M_{ny}}{M_{oy}}+\frac{M_{nx}}{M_{ox}}\left(\frac{1-\beta}{\beta}\right)=1 \tag{9.49}$$

그리고 여기서

$$\frac{M_{ny}}{M_{oy}}<\frac{M_{nx}}{M_{ox}}$$

또한

$$\frac{M_{nx}}{M_{ox}}+\frac{M_{ny}}{M_{oy}}\left(\frac{1-\beta}{\beta}\right)=1 \tag{9.50}$$

β의 실제 값은 재료 및 단면의 특성뿐 아니라 P_n/P_o의 값에도 의존한다. 가벼운 하중을 받는 기둥에서 β는 0.55와 0.7 사이에서 변한다. 설계목적을 위해 β의 평균값으로서 통상적으로는 0.65를 사용하고 있다.

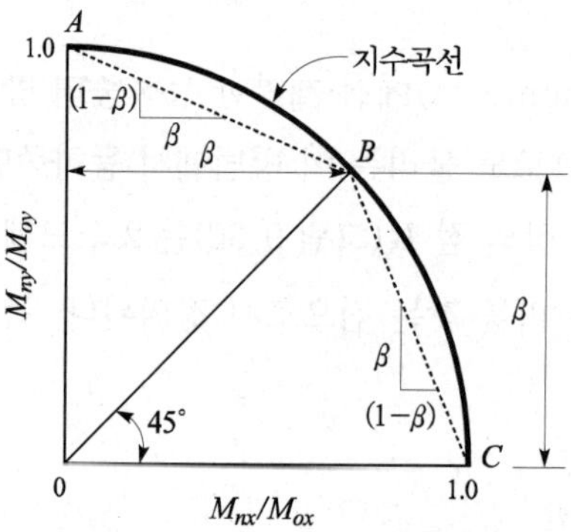

그림 9.36 일정한 P_n 에서 무차원 등하중면(점선은 근사값)

사각형 기둥의 모든 면을 따라 철근이 등분포로 배근되었을 때, M_{oy}/M_{ox}의 값은 대략적으로 b/h의 값이며, 여기서 b와 h는 각각 사각형 단면의 폭과 전체 높이이다. 이 값을 식 (9.49)과 (9.50)에 대입하면

$$M_{ny}+M_{nx}\left(\frac{b}{h}\right)\left(\frac{1-\beta}{\beta}\right)\cong M_{oy} \tag{9.51}$$

$$M_{nx}+M_{ny}\left(\frac{h}{b}\right)\left(\frac{1-\beta}{\beta}\right)\cong M_{ox} \tag{9.52}$$

$\beta=0.65$, $h/b=1.5$인 경우

$$M_{oy} \cong M_{ny} + 0.36M_{nx} \tag{9.53}$$

이고,

$$M_{ox} \cong M_{nx} + 0.8M_{ny} \tag{9.54}$$

지금까지 설명된 바와 같이, 축방향하중과 2축 휨을 받는 기둥의 설계에서 직접적이고 명확한 식은 없다. 그러므로 설계자는 충분한 경험을 토대로 P_n, M_{nx}, 그리고 M_{ny}의 값과 일축 기둥 설계식을 사용하여 단면의 초기치를 설명하여야 하며, 그 후 2축 휨에 대한 식을 사용하여 설계된 기둥단면이 적절한지를 검토해야 한다.

예제 9.22

띠철근 단주의 단면에 그림 9.37에 나타난 것과 같이 D32 철근 8개가 분포되어 있다. $e_x = 200\text{mm}$, $e_y = 300\text{mm}$에 하중이 작용한다면, 단면의 계수 축하중 P_u를 결정하라. f_{ck} =35MPa, f_y = 400MPa를 사용하라. ($\eta = 1$)

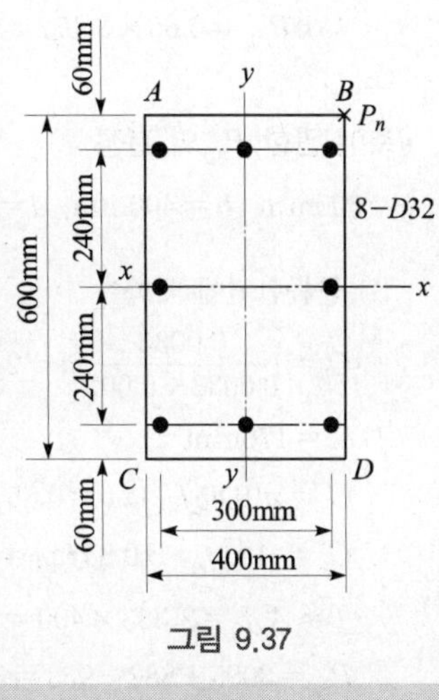

그림 9.37

▌풀이

1. x축에 관한 P_{nx}의 결정

$b = 400\text{mm}$, $h = 600\text{mm}$, $d = 540\text{mm}$, $d' = 60\text{mm}$

$A_s = A_s' = 794.2 \times 3(\text{D32 3개}) = 2{,}383\text{mm}^2$

1) 균형단면에 대하여

$$c_b = \frac{0.0033}{0.0033 + 0.002}d = 336\,\text{mm}$$

$$\therefore a_b = 0.8 \times 336\text{mm} ≒ 267\text{mm}$$

$$C_c = \eta(0.85f_{ck})a_b b = 0.85 \times 35 \times 267 \times 400 ≒ 3{,}177{,}000\text{N} = 3{,}177\text{kN}$$

$$\varepsilon_s' = 0.0033\frac{c_b - d'}{c_b} = 0.0033\frac{336 - 60}{336} = 0.0027 > \varepsilon_y \therefore\ f_s' = 400\text{MPa}$$

$$C_s = A_s'(f_y - \eta 0.85f_{ck}) = 2{,}383 \times (400 - 0.85 \times 35) = 882{,}306\text{N} ≒ 882\text{kN}$$

$$T = A_s f_y = 2{,}383 \times 400 = 953200\text{N} ≒ 953\text{kN}$$

$$P_{bx} = 3{,}082 + 882 - 953 = 3{,}011\text{kN}$$

$$\phi P_{bx} = 0.65 \times 3{,}011\text{kN} = 1{,}957\text{kN}\ (\text{균형단면이므로}\ \varepsilon_t = 0.002,\ \phi = 0.65)$$

2) $e_y = 300\text{mm} < 540\text{mm}$이므로 압축지배단면으로 가정하며, 예제 9.8의 해석과정을 적용하면

$a = 267\text{mm}\ c = 334\text{mm} > c_b(= 324\text{mm})$

그러므로, 압축지배단면이며

$\varepsilon_s{}' = 0.0033\left(\dfrac{334-60}{334}\right) = 0.0027 > \varepsilon_y$이므로, $f_s{}' = f_y = 400\,\text{MPa}$

$\varepsilon_s = 0.0033\left(\dfrac{540-334}{334}\right) = 0.00126$ 이며, $f_s = E_s\varepsilon_s = 200{,}000 \times 0.00126 = 252\text{MPa}$

$C_c = \eta(0.85 f_{ck})\,ab = 0.85 \times 35 \times 267 \times 400 = 3{,}177\,\text{kN}$

$C_s = A_s{}'(f_y - \eta 0.85 f_{ck}) = 2{,}383 \times (400 - 0.85 \times 35) = 882\text{kN}$

$T = A_s f_s = 2{,}383 \times 370 = 882\text{kN}$

$\therefore\ P_{nx} = C_c + C_s - T = 3{,}177 + 882 - 882 = 3{,}177\text{kN} > P_{bx}$

$\varepsilon_s < \varepsilon_y$이므로 $\phi = 0.65$

$\therefore\ \phi P_{nx} = 0.65 \times 3{,}177 = 2{,}065\text{kN}$

2. y축에 관한 P_{ny}의 결정

$b = 600\text{mm},\ h = 400\text{mm},\ d = 340\text{mm},\ d' = 60\text{mm},\ A_s = A_s{}' = 2{,}383\text{mm}$

1) 균등단면에 대하여

$C_b = \dfrac{0.0033}{0.0033 + 0.002} d = 212\text{mm},\ \beta_1 = 0.8$

$a_b = 170\text{mm}$

$C_c = \eta(0.85 f_{ak}) a_b b = 0.85 \times 35 \times 170 \times 600 = 3{,}035\text{kN}$

$C_s = A_s{}'(f_y - \eta 0.85 f_{ck}) = 2{,}383 \times (400 - 0.85 \times 35) = 882\text{kN}$

$T = A_s f_y = 2{,}383 \times 400 = 953\text{kN}$

$P_{by} = 3085 + 882 - 953 = 3{,}014\text{kN}$

$\phi P_{by} = 0.65 \times 3014 = 1{,}959\text{kN}$

2) $e = 200\text{mm} < d = 340\text{mm}$이므로 압축지배단면으로 가정하며,

예제 9.8의 해석과정을 적용하면,

$a = 167\text{mm},\ c = 209\text{mm} > c_b(= 204\text{mm})$이므로 압축지배단면이며,

$\varepsilon_s{}' = 0.0033\left(\dfrac{209-60}{209}\right) = 0.00235 > \varepsilon_y$이므로 $f_s{}' = 400\,\text{MPa}$

$\varepsilon_s = 0.0033\left(\dfrac{380-209}{380}\right) = 0.00149 \quad \therefore\ f_s = E_s\varepsilon_s = 200{,}000 \times 0.00149 = 298\text{MPa}$

$C_c = \eta(0.85 f_{ck}) a_b b = 0.85 \times 35 \times 167 \times 600 = 2{,}981\text{kN}$

$C_s = A_s'(f_y - \eta 0.85 f_{ck}) = 2{,}383 \times (400 - 0.85 \times 35) = 882\text{kN}$

$T = A_s f_y = 2{,}383 \times 298 = 710\text{kN}$

$\therefore\ P_{ny} = 2{,}981 + 882 - 710 = 3{,}153\text{kN} > P_{by}$

$\varepsilon_s < \varepsilon_y$이므로 $\phi = 0.65$

$\therefore\ \phi P_{ny} = 0.65 \times 3{,}153 = 2{,}049\text{kN}$

3. P_{n0} 구하기

$$P_{n0} = 0.85 f_{ck}(A_g - A_{st}) + A_{st} f_y$$
$$= 0.85 \times 35 \times (600 \times 400 - 2 \times 2{,}383) + 2 \times 2{,}383 \times 400 = 8{,}905\text{kN}$$

$\therefore\ \phi P_{n0} = 0.65 \times 8{,}905 = 5{,}788\text{kN}$

4. Bresler 식을 사용

$$\frac{1}{P_u} = \frac{1}{P_{ux}} + \frac{1}{P_{uy}} - \frac{1}{P_{u0}}$$

$$\frac{1}{P_u} = \frac{1}{2{,}065} + \frac{1}{2{,}049} - \frac{1}{5{,}788} = 0.0008$$

$\therefore\ P_u = 1{,}251\text{kN}$

$\therefore\ P_n = \dfrac{P_u}{0.65} = 1{,}925\text{kN}$

예제 9.23

PCA(혹은 Parme)법을 사용하여 앞 예제의 기둥단면에 대한 공칭 축하중 P_n을 결정하라.

▌풀이

1. $\beta = 0.65$라 가정. 앞에서 x와 y축 방향 일축하중이 계산되었다.

$P_{ux} = 2{,}065\text{kN}$ $\quad P_{uy} = 1{,}929\text{kN}$ $\quad P_{nx} = 3{,}177\text{kN}$ $\quad P_{ny} = 2{,}967\text{kN}$

2. x축에 관한 단면의 모멘트

$M_{ox} = P_{nx} e_y = 3{,}177 \times 0.3 = 953.1\text{kN}\cdot\text{m}$

y축에 관한 단면의 모멘트 능력

$M_{oy} = P_{ny} e_x = 2967 \times 0.2 = 593.4\text{kN}\cdot\text{m}$

3. 공칭축강도$= P_n$이라 하자. x축에 관한 단면의 공칭설계모멘트는

$M_{nx} = P_n e_y = 0.3 P_n$

y축에 관해서는

$$M_{ny} = P_n e_x = 0.2P_n$$

4. $\frac{M_{ny}}{M_{oy}} > \frac{M_{nx}}{M_{ox}}$ 인지의 검토

$$\frac{0.2P_n}{2{,}967 \times 0.2} > \frac{0.3P_n}{3{,}177 \times 0.3} \quad \text{혹은} \quad \frac{P_n}{2{,}967} > \frac{P_n}{3{,}177}$$

5. $\frac{P_n}{2{,}967} + \frac{P_n}{3{,}177}\left(\frac{1-0.65}{0.65}\right) = 1$

(계산을 간단히 하기 위하여 10,000을 곱한다.)

$$3.37P_n + 1.69P_n = 10{,}000$$

$$P_n = 1{,}976\text{kN},\ P_u = \phi P_n = 1{,}285\text{kN}\ (\phi = 0.65)$$

P_u는 앞 예제의 Bresler 호혜법(식 (9.40))에 의해 얻어진 1,205kN의 값보다 크다는 것에 유의하라.

6. $\beta = 0.6$이라 가정하면

$$\frac{P_n}{2{,}967} + \frac{P_n}{1{,}377}\left(\frac{1-0.6}{0.6}\right) = 1$$

$P_n = 1{,}829\text{kN},\ P_u = 0.65 \times 1{,}829 = 1{,}189\text{kN}$이므로 이 값은 앞 예제와 거의 같다.

예제 9.24

$P_u = 1{,}600\text{kN}$의 계수축하중과 $M_{ux} = 300\,\text{kN}\cdot\text{m}$, $M_{uy} = 200\,\text{kN}\cdot\text{m}$의 2축 휨모멘트를 받는 사각형 띠철근 단주 단면을 설계하라. $f_{ck} = 35\,\text{MPa}$, $f_y = 420\,\text{MPa}$, $b = 400\text{mm}$를 사용하라.

▮풀이

1. $\phi = 0.65$이라 가정하고 공칭설계강도를 계산

$$P_n = \frac{P_u}{\phi} = \frac{1{,}600}{0.65} = 2{,}462\text{kN}$$

$$M_{nx} = \frac{300}{0.65} = 462\text{kN}\cdot\text{m}$$

$$M_{ny} = \frac{200}{0.65} = 308\text{kN}\cdot\text{m}$$

$$e_x = \frac{M_{ny}}{P_n} = \frac{308 \times 1000}{2{,}462} = 125\text{mm}$$

$$e_y = \frac{M_{nx}}{P_n} = \frac{462 \times 1000}{2{,}462} = 188\text{mm}$$

2. $\beta=0.65$라 가정하고 식 (9.48)과 (9.49)를 사용하여 등가 일축휨모멘트를 계산

$$M_{ox}=M_{nx}+M_{ny}\left(\frac{h}{b}\right)\left(\frac{1-\beta}{\beta}\right)$$

$h/b=1.5$라 하면

$$M_{ox}=462+308\times1.5\times\frac{(1-0.65)}{0.65}=711\text{kN}\cdot\text{m}$$

등가 일축편심

$$e_y=\frac{M_{ox}}{P_n}=\frac{711\times1000}{2{,}462}=289\text{mm}$$

$$M_{oy}=M_{ny}+M_{nx}\left(\frac{b}{h}\right)\left(\frac{1-\beta}{\beta}\right)$$

$$=308+462\left(\frac{1}{1.5}\right)\left(\frac{1-0.65}{0.65}\right)=474\text{kN}\cdot\text{m}$$

등가 일축편심

$$e_x=\frac{M_{oy}}{P_n}=\frac{474\times1000}{2{,}462}=193\text{mm}$$

3. x축에 관한 $M_{ox}=711\text{kN}\cdot\text{m}$로부터 기둥단면의 치수를 계산한다. $f_{ck}=35\text{MPa}$, $f_y=420\text{MPa}$에 대해 $\rho_{\max}=2.43\%$(본 책 4.3.2장 참고, 항복강도 420MPa 철근의 $\varepsilon_{t,a}$는 0.004로 가정)이다.

$\rho_{\max}$보다 작은 ρ=2%에 대하여 $R_u=\phi\rho_{\max}f_y(1-\frac{\rho_{\max}f_y}{\eta(1.7f_{ck})})$이며,

$\phi=0.65+(\varepsilon_{t,a}-0.0021)\frac{200}{3}=0.78$이므로

$R_u=\phi\rho_{\max}f_y(1-\frac{\rho_{\max}f_y}{\eta(1.7f_{ck})})=0.78\times0.0243\times420\times(1-\frac{0.0243\times420}{1.7\times35})=6.6\text{MPa}$이다.

짧은 변의 폭을 400mm로 가정하고 긴변의 d를 결정하면,

$$d=\sqrt{\frac{M_u}{R_ub}}=\sqrt{\frac{771\times10^6}{6.6\times400}}=540\text{mm}(\text{긴변})$$

한편, M_{oy}를 사용하여 짧은 방향에서의 유효높이 d_s를 검토하면,

$$d_s=\sqrt{\frac{474\times10^6}{6.6\times400}}=424\text{mm}\ (\text{짧은 변})$$

따라서 콘크리트 단면은 400mm × 600mm을 사용한다.

4. 철근량은 그림 9.31의 도표를 사용하여 결정할 수 있다.

$P_n=2{,}462\text{kN}$, $M_{ox}=711\text{kN}\cdot\text{m}$, $e_y=\frac{711}{2{,}462}=289\text{mm}$, $d-d'=600-120=480\text{mm}$에 대해

$$\frac{e}{h}=\frac{289}{600}=0.48\quad\gamma=\frac{480}{600}=0.8$$

$$\frac{P_n}{bh}=\frac{2{,}462\times10^3}{400\times600}=10.26\text{MPa}$$

도표에서, 철근비 $\rho = 0.03$

$$A_{st} = 0.03 \times 600 \times 400 = 7200\text{mm}^2$$

그림 9.38에 나타난 것과 같이 분포된 D29 철근 10개를 사용한다.

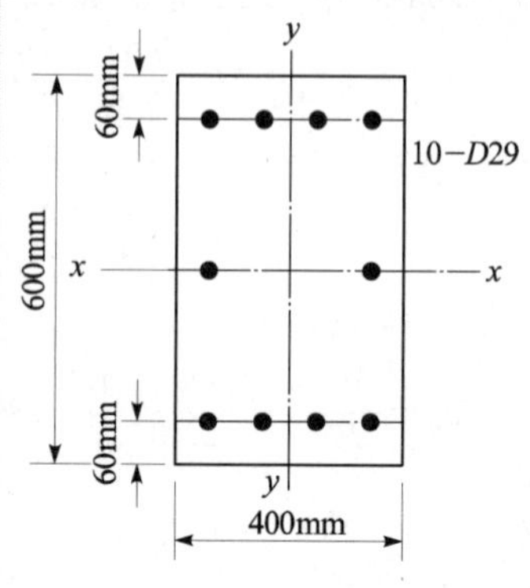

그림 9.38

5. Bresler 상반하중법(9.40)을 사용하여 단면이 적절한지를 검토

$$M_{nx} = 462\text{kN}\cdot\text{m} \qquad e_y = 188\text{mm}$$

$$M_{ny} = 286\text{kN}\cdot\text{m} \qquad e_x = 125\text{mm}$$

x축에 관한 일축하중강도 P_{ux}를 결정

$$d - d' = 480\text{mm} \qquad \gamma = \frac{480}{600} = 0.8$$

$$\frac{e_y}{h} = \frac{188}{600} \qquad A_s = 5{,}139\text{mm}^2(8\text{D}29) \qquad \rho = \frac{5{,}139}{(400 \times 600)} = 0.0214$$

도표에서(그림 9.31)

$$\frac{P_{ux}}{bh} = 13.6\text{MPa}$$

$$P_{ux} = 13.6 \times 400 \times 600 = 3{,}264\text{kN}$$

y축에 관한 일축하중강도 P_{uy}를 결정

$$\gamma = \frac{254}{400} = 0.64 \qquad \frac{e}{h} = \frac{125}{600} = 0.21$$

$$\rho = \frac{6 \times 642}{400 \times 600} = 0.016$$

$$\frac{P_{uy}}{bh} = 11.9\text{MPa}$$

$$P_{uy} = 11.9 \times 400 \times 600 = 2{,}856\text{kN}$$

$P_{uo} = \phi P_{no} = \phi(0.85 f_{ck} A_g + A_{st} f_y)$를 결정하면

$$P_{uo} = 0.65(0.85 \times 35 \times 400 \times 600 + 6{,}424 \times 420) = 6{,}394\text{kN}$$

$$\frac{1}{P_u} = \frac{1}{P_{ux}} + \frac{1}{P_{uy}} - \frac{1}{P_{uo}}$$

$$\frac{1{,}000}{P_u} = \frac{1{,}000}{3{,}264} + \frac{1{,}000}{2{,}856} - \frac{1{,}000}{6{,}394} = 0.5$$

이 값은 작용한 계수하중이 2,000kN보다 크다. 그러므로 단면은 적절하다.

$$0.306 + 0.350 - 0.156 = \frac{1000}{\rho_w}$$

연습문제

9.1 D29 철근 6개로 보강된 ($A_s = 3,845\text{mm}^2$) $300\text{mm} \times 450\text{mm}$의 사각형 띠철근 단주에 대한 계수 허용축하중을 결정하라. 띠철근은 D10번 철근(지름 9.53mm)이며, 300mm 간격이다 ($f_{ck} = 27\text{MPa}$, $f_y = 400\text{MPa}$).

9.2 400mm 지름의 원형 띠철근 단주에 대해서 9.1을 다시 풀어라.

9.3 원형 기둥이 띠철근 대신에 나선철근을 가졌을 때, 문제 9.2를 다시 풀어라.

9.4 80kN의 축방향 고정하중과 700kN의 축방향 활하중을 받는 정방형 띠철근 단주를 설계하라. 필요한 띠철근을 결정하고 철근 배치를 나타내는 단면을 그려라($f_{ck} = 35\text{MPa}$, $f_y = 400\text{MPa}$, 철근비는 3%를 사용하라).

9.5 단면이 $b = 250\text{mm}$인 사각형이고, 철근비가 2%라 할 때 문제 9.4를 다시 풀어라.

9.6 가능한 한 가장 작은 정방향 띠철근 기둥으로써 문제 9.4를 다시 풀어라(철근비는 8%를 증가시켜라).

9.7 300kN의 계수축하중을 받는 나선철근으로 보강된 원형 단주를 설계하라. 필요한 나선철근을 설계하고, 상세한 단면을 그려라($f_{ck} = 30\text{MPa}$, $f_y = 400\text{MPa}$, 3%의 철근비를 사용하라).

9.8 $e = 150\text{mm}$, $f_{ck} = 27\text{MPa}$, $f_y = 400\text{MPa}$일 때, D29 철근 8개로 보강된($5,139\text{mm}^2$) 지름 500mm의 원형 단면에 대한 P_n을 계산하라.

9.9 고정하중으로 인한 축하중= 550kN이고 휨모멘트 $M = 40\,\text{kN}\cdot\text{m}$이며, 활하중으로 인한 640kN·m의 축하중과 모멘트 $M = 300\text{kN}\cdot\text{m}$를 받을 수 있는 사각형 띠철근 단주를 설계하라($f_{ck} = 30\text{MPa}$, $f_y = 300\text{MPa}$, $b = 300\text{mm}$를 사용하라).

9.10 띠철근 단주의 단면은 그림 9.39와 같다. 하중이 $e_x = 175\text{mm}$, $e_y = 250\text{mm}$ 곳에 작용할 때, 단면의 축강도(ΦP_u)를 결정하라($f_{ck} = 28\text{MPa}$, $f_y = 400\text{MPa}$, Bresler 식을 사용하라).

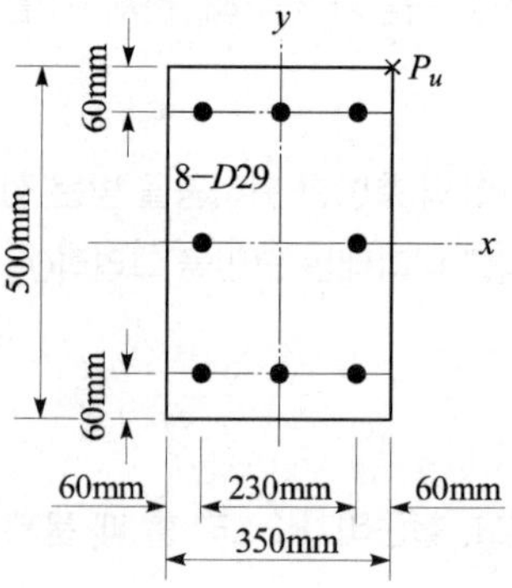

그림 9.39

9.11 PCA(Parme) 식을 사용하여 문제 9.10을 다시 풀어라.

CHAPTER 10

장 주

CHAPTER

10

Design of Reinforced Concrete Structures

장주

10.1 서론

앞장에서는 단주에 대하여 설명하였다. 단주는 단면에 비하여 기둥의 길이가 상대적으로 짧은 경우에 해당하며, 많은 압축부재들이 단주에 해당된다. 그러나 기둥의 길이가 길어지면 지점의 형태, 단면 형상 등에 의하여 단주의 압축파괴 형태와는 다른 파괴형태를 보이는 기둥이 있다. 이를 장주라고 부른다. 장주에서는 일반적으로 압축력에 의한 좌굴파괴가 발생하게 되며, 일반적으로 이 경우의 파괴하중은 동일한 단면을 갖는 단주의 압축저항강도 보다 낮다. 단주와 장주는 지간과 회전반경의 비 세장비($\lambda = l/r$)에 의하여 구분할 수 있다. 여기서, l은 기둥의 경계조건을 고려한 기둥의 지간이며, r은 단면의 회전반경($\sqrt{I/A}$), I는 단면의 관성모멘트, A는 단면적이다. 큰 세장비 값을 가진 기둥은 강도가 감소되는 반면 적은 세장비를 갖는 기둥은 상대적으로 강도의 감소가 심하지 않다. 기둥의 지간(l)은 기둥의 축력에 대한 변형조건을 반영하기 때문에 구속과 지점조건의 영향을 반영하게 되며, 회전반경(r)은 단면의 영향을 반영하고 있다.

콘크리트 골조에 의한 기둥은 힌지 또는 고정단 등으로 제작할 수 있는 강재 기둥과 달리 경계조건의 변화가 크지 않기 때문에 지점조건보다는 횡방향 변위의 발생 유무에 따라 거동의 차이와 유효지간을 고려하게 된다.

휨모멘트와 축력을 동시에 받는 기둥부재는 외력에 의하여 축방향 변형과 함께 횡방향 변위가 발생하게 된다. 단주의 경우에는 횡방향 변위에 비하여 기둥의 길이가 짧기 때문에 크게 영향을 미치지 못하나, 장주의 경우에는 횡방향 변위에 의한 부가적인 모멘트가 발생하게 된다. 이와 같은 부가적인 모멘트를 2차모멘트(Second moment)라고 정의하며, 외력에 의한 2차모멘트에 의해 기둥의 축력에 대한 저항력이 감소하게 되며, 설계기준에서는 이에 대한 영향을 고려하도록 하고 있다.

일반적으로 기둥 설계에서는 다음과 같은 사항이 고려된다.

1) 비교적 큰 세장비 값을 지닌 장주의 경우는 횡브레이싱이나 전단벽이 필요하다.
2) 비교적 중간치의 세장비 값을 지닌 장주의 경우는 횡브레이싱이 필요치 않지만 축강도의 감소를 고려해야한다.
3) 세장비가 작은 단주의 경우 축강도의 감소가 크지 않기 때문에 무시할 수 있다.

KDS(2022)에서 다음의 조건을 만족하는 경우에 대하여 압축부재의 장주효과를 무시할 수 있다고 가정하고 있다.

① 비횡구속 골조의 압축부재

$$\frac{kl_u}{r} \leq 22$$

② 횡구속 골조의 압축부재

$$\frac{kl_u}{r} \leq 34 - 12(M_1/M_2)$$

여기서, M_1/M_2는 그림 10.1의 기둥이 단일 곡률일 때 양(+)으로, 이중 곡률일 때 음(−)이며, 40을 초과할 수 없다. 또한 l_u는 압축부재의 비지지길이를 의미한다. k는 압축부재의 유효좌굴길이 계수를 의미한다.

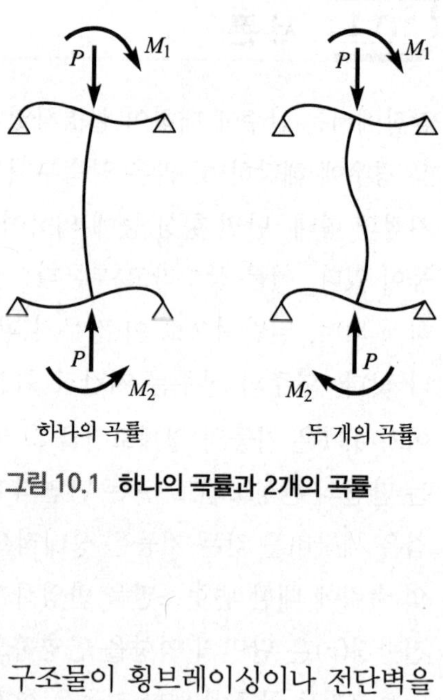

그림 10.1 하나의 곡률과 2개의 곡률

위에서 언급하고 있는 횡구속이란 고려하고 있는 대상 구조물이 횡브레이싱이나 전단벽을 두고 있는 경우를 통틀어 일컫고 있다.

10.2 장주의 좌굴하중

탄성체의 좌굴이론은 1744년 Euler가 처음 제시하였다. Euler는 기둥의 좌굴 변형에 대한 미분방정식의 수학적 해로부터 좌굴강도를 산정하였으며, 다음의 몇 가지 조건을 충족하는 이론적 기둥에 대한 탄성좌굴식을 유도하였다.

(1) 재료는 탄성재료이다.
(2) 부재는 직선이며, 초기 변형은 없는 상태이다.
(3) 부재는 순수축하중만을 받는다.
(4) 부재는 양단 단순지지되어 있다.

이와 같은 조건에서 그림 10.2와 같은 탄성기둥에 외부의 축력(P)에 의해 좌굴이 발생하면 미세한 횡변위(ν)가 발생하게 되고, 횡변위에 의해 기둥에 발생하게 되는 모멘트(M)와 외력 및 변위와의 관계는 식 (10.1)과 같이 정리할 수 있다.

그림과 같이 탄성기둥이 존재할 때, 축력 P에 의한 모멘트M은 다음과 같다.

$$M = P\nu \qquad (10.1)$$

보 이론에 의한 모멘트와 변형의 관계는 아래와 같이 표현할 수 있다.

$$M = -EI\nu'' \qquad (10.2)$$

여기서, E = 탄성계수, I = 단면2차모멘트

식 (10.1)과 (10.2)를 정리하면

$$EI\nu'' - P\nu = 0 \qquad (10.3)$$

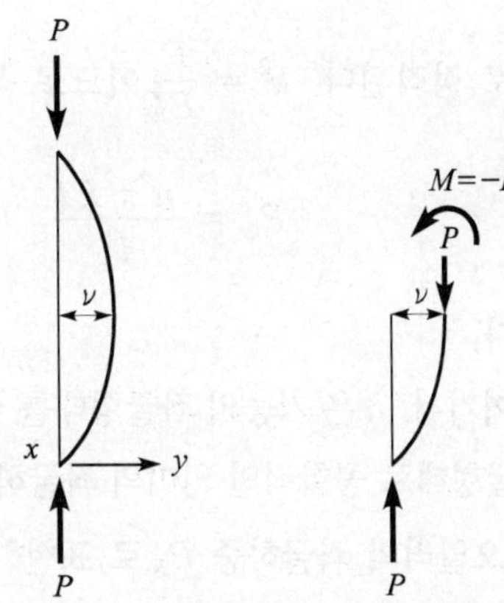

그림 10.2 오일러의 탄성기둥

$k^2 = \dfrac{P}{EI}$로 정의하면, 제차미분방정식 (10.3)은 아래와 같이 정리되며

$$\nu'' + k^2\nu = 0 \qquad (10.4)$$

일반해는 (10.5)와 같다.

$$\nu = A\cos kx + B\sin kx \qquad (10.5)$$

이때 상수 A, B는 경계조건에 의한 초기치 문제이므로 기둥의 양단이 단순지지된 경계조건은 다음과 같다.

$$x = 0\text{에서 } \nu = 0 \tag{10.6a}$$

$$x = l\text{에서 } \nu = 0 \tag{10.6b}$$

(10.6a) 조건에 대해서

$$\nu = B\sin kx \tag{10.7}$$

(10.6b) 조건의 경우에는

$$B\sin kl = 0 \tag{10.8}$$

따라서 $B = 0$이거나 $\sin kl = 0$이어야 한다.

기둥의 좌굴에 대한 미분방정식의 유효한 해는 $\sin kl = 0$인 경우이며,

$$kl = n\pi\,(n = 1,2,3\cdots) \tag{10.9}$$

으로 정리된다. $k^2 = \dfrac{P}{EI}$이므로 식 (10.9)에 대입하면 탄성기둥의 좌굴하중은

$$P_{cr} = \frac{n^2\pi^2 EI}{l^2} \tag{10.10}$$

이다.

여기서, n은 기둥의 좌굴형태를 나타내며, 그림 10.3과 같은 다양한 형태로 나타날 수 있다. 좌굴형태로 공학적인 의미의 좌굴하중은 $n = 1$일 때이다. 이때의 하중을 임계좌굴하중 P_{cr} 또는 오일러의 좌굴하중 P_E로 표현한다. 또한 기둥의 좌굴응력은 식 (10.11)과 같이 표현되며,

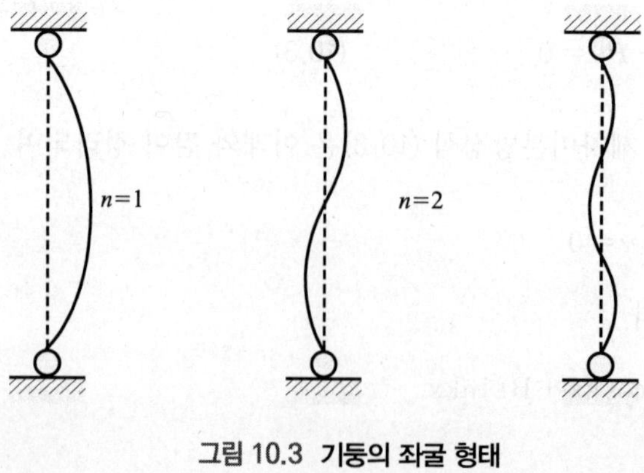

그림 10.3 기둥의 좌굴 형태

$$f_{cr} = \frac{P_{cr}}{A} = \frac{\pi^2 E}{l^2} \cdot \frac{I}{A} = \frac{\pi^2 E}{(l/r)^2} = \frac{\pi^2 E}{\lambda^2} \tag{10.11}$$

$\lambda = l/r$를 기둥의 세장비로 정의하며, 지간 l은 기둥 양단의 경계조건을 고려하여 유효길이 kl_u로 정의하며, r은 회전반경을 의미한다. 또한 설계하고자 하는 기둥이 단주 또는 장주인지는 세장비($\lambda = l/r$)를 통해서 확인할 수 있다.

기둥의 세장비를 결정하는 다른 변수인 회전반경은 기둥의 단면의 함수로 나타내며, 기둥에서 가장 많이 사용되는 사각형과 원형 단면의 회전반경은 다음과 같이 쉽게 계산할 수 있다. 폭이 b이고, 높이가 h인 그 10.4의 직사각형 단면에서 $I_x = bh^3/12$, $A = bh$이다. 그러므로 $r_x = \sqrt{I_x/A} = 0.288h$(근사치로 $r_x = 0.3h$)이고, $I_y = hb^3/12$ 이므로 이를 통해 계산한 $r_y = \sqrt{I_y/A} = 0.288b$(근사치로 $r_y = 0.3b$)이다. 직경이 D인 원형기둥일 경우 $I_x = I_y = \pi D^4/64$, $A = \pi D^2/4$이므로 $r_x = r_y = 0.25D$이다.

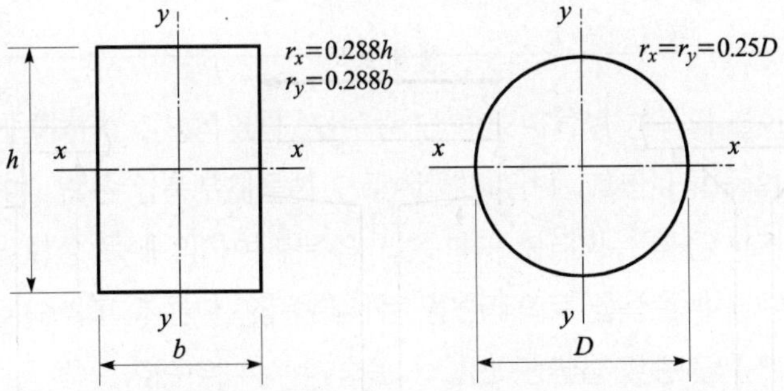

그림 10.4 사각형 기둥 단면과 회전반경이 r인 원형기둥

콘크리트 기둥의 유효길이(kl_u)는 다음 2가지 중요한 요소의 함수이다.

1. 비지지길이 l_u는 기둥 양단부에 접속한 두 바닥(floor) 사이의 지지되지 않은 기둥의 길이를 의미한다. 이 값은 슬래브, 보 또는 기둥을 횡지지하는 부재들 간의 순길이를 의미한다. 예를 들어 기둥머리(column capital)을 가진 플랫(flat) 슬래브에서 기둥의 비지지길이는 하부슬래브의 최상단으로부터 기둥머리의 밑 부분까지의 길이이다(그림 10.5 참고). 만약 기둥이 x축과 y축에 따라 길이가 다르게 지지되어 있다면, l_u는 단면의 양쪽방향(x축과 y축)에서 별도로 계산하여야 하며, 이 중 위험한 큰 값을 설계에 고려하여야 할 것이다.

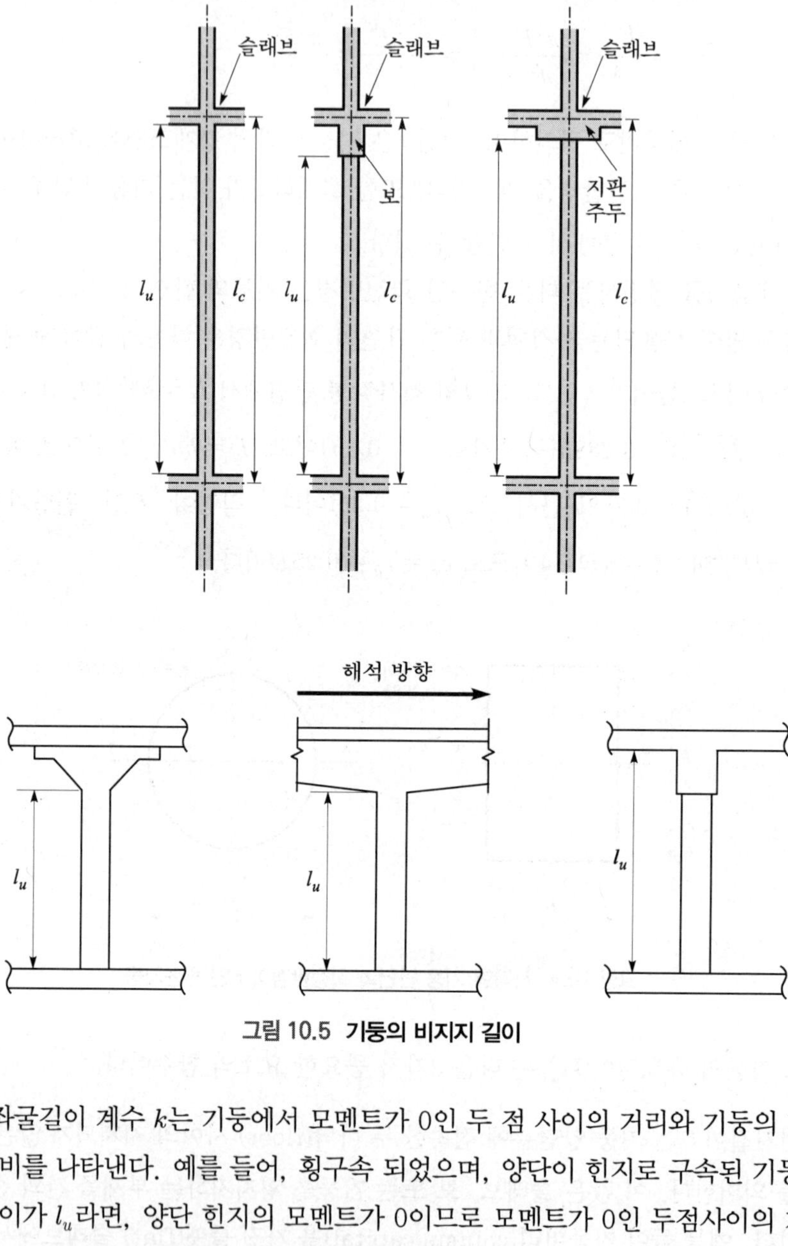

그림 10.5 기둥의 비지지 길이

2. 유효좌굴길이 계수 k는 기둥에서 모멘트가 0인 두 점 사이의 거리와 기둥의 비지지길이의 비를 나타낸다. 예를 들어, 횡구속 되었으며, 양단이 힌지로 구속된 기둥의 비지지 길이가 l_u라면, 양단 힌지의 모멘트가 0이므로 모멘트가 0인 두점사이의 거리는 l_u와 같다. 그러므로 유효길이 계수 $k=(l_u/l_u)=1$이다. 만약에 기둥의 양끝이 고정되어 있고 횡지지 되었다면, 모멘트 값이 0인 변곡점(inflection point)은 기둥의 양단으로부터 $l_u/4$지점에 있다. 그러므로 $k=(0.5l_u/l_u)=0.5$이다(그림 10.6). k값을 계산하기 위해서는 다음 2가지의 경우가 고려되어야 한다.

1) 구조물의 골조가 횡방향으로 지지된 경우: 이 경우는 보와 기둥으로 구성된 골조 구조가 전단벽, 브레이싱 혹은 인접구조물로 인하여 횡지지되어 횡방향 변위가 억제되고 있는 경우이다. 이 경우에는 기둥의 양단은 제 위치에 있을 것이고, 절점의 횡방향 이동은 없다. 횡방향으로 구속된 골조(braced frame)에서 k의 범위는 항상 1보다 적다.
2) 구조물의 골조가 지지되어 있지 않은 경우 : 이 경우는 골조 구조가 횡방향 변위에 대해서 어떠한 지지도 되어 있지 않는 경우이다. 이 경우에 횡방향 처짐은 보와 기둥의 강성에 의해서만 지지된다. 절점의 변형은 구속되어있지 않고, 골조는 횡하중 방향으로 흔들린다. 횡방향 변위가 구속되어 있을 때와 구속되어 있지 않을 때의 두 경우에 대한 여러 다른 기둥과 골조에 대한 k의 범위가 그림 10.6과 그림 10.7에 주어져 있다.

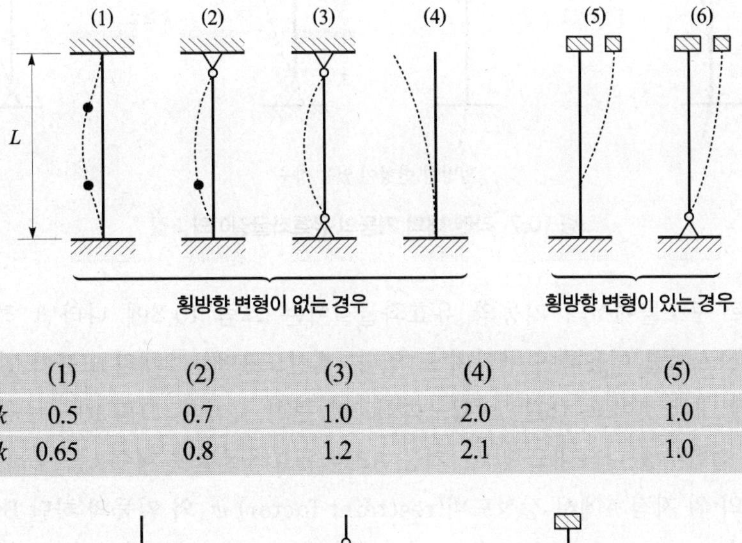

		(1)	(2)	(3)	(4)	(5)	(6)
이론적	k	0.5	0.7	1.0	2.0	1.0	2.0
설계상	k	0.65	0.8	1.2	2.1	1.0	2.0

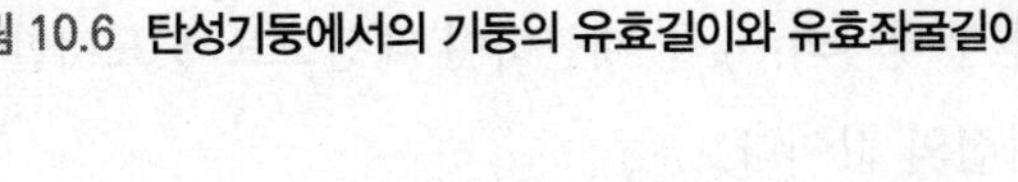

그림 10.6 탄성기둥에서의 기둥의 유효길이와 유효좌굴길이 계수 k

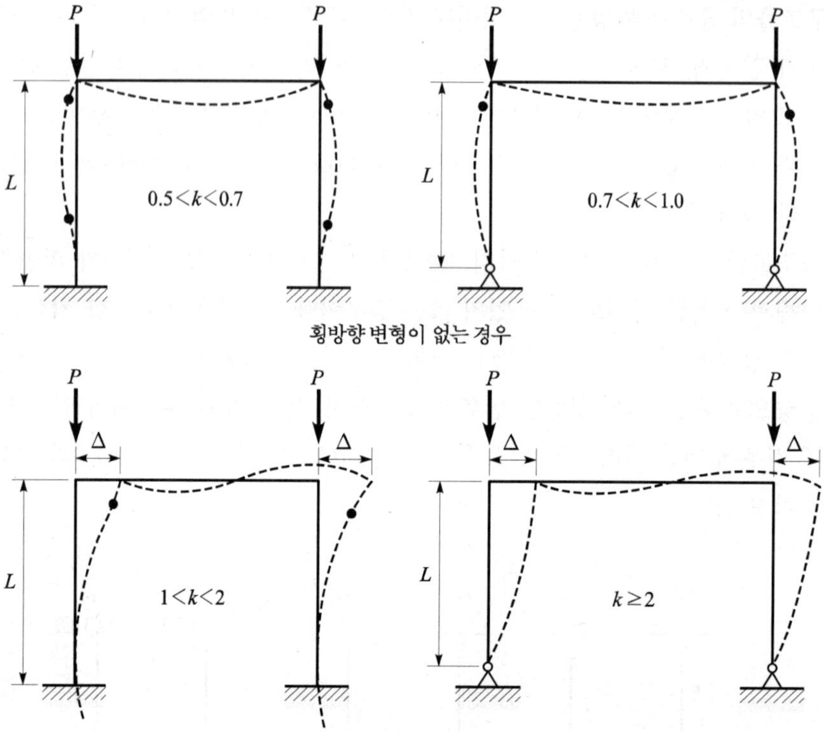

그림 10.7 라멘 내의 기둥의 유효좌굴길이와 k값

철근콘크리트 구조물에서의 기둥의 유효좌굴길이는 그림 10.8에 나타낸 직선연결도표(alignment chart)를 이용하여 구할 수도 있다. 계산도표에는 2개의 도표가 있는데, (a)는 횡구속골조에 대한 것이고, (b)는 비횡구속골조에 관한 것이다. 그림 10.9는 철근콘크리트 기둥과 보의 접합부를 나타내고 있다. 기둥 AB의 유효좌굴길이 계수 k를 구하기 위해서는 첫째로 기둥의 위 지점 A에서 강성도비(restraint factor) ψ_A와 기둥의 하단 B에서 강성도비 ψ_B를 계산하여야 한다. 강성도비는 식 (10.12)와 같이 그림에서 기둥에 접합된 보에 대한 기둥의 상대적인 휨강성의 비로 정의된다. k를 구하는 과정은 먼저 기둥의 위 받침부에서의 ψ_A와 기둥의 밑받침부에서의 ψ_B를 계산하여 계산도표에 표시한 다음 두 점을 연결했을 때 중간의 k선과 교차점의 값이다.

$$\psi = \frac{\left(\sum \frac{EI}{l}\right)_{기둥}}{\left(\sum \frac{EI}{l}\right)_{보}} \tag{10.12}$$

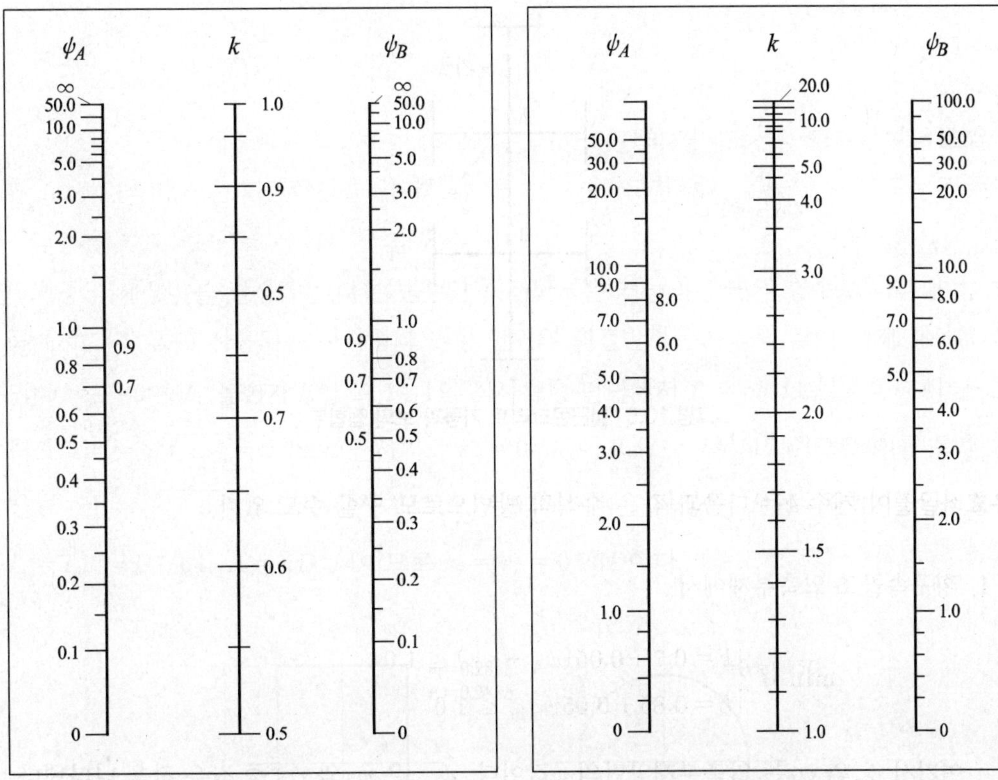

그림 10.8 직선연결도표(유효길이계수)

보의 강성이 기둥의 강성보다 매우 클 경우에는 양단이 고정인 기둥과 유사한 거동을 하며, 이때 식 (10.12)의 분모 부분이 크기 때문에 강성도비는 0에 수렴한다. 따라서 그림 10.8 도표에서 (a)횡구속된 골조에서 $\psi_A = 0$, $\psi_B = 0$의 두점을 연결할 때 만나게 되는 k값은 0.5이며, 이 결과는 그림 10.6에서 (1)의 이론적 k값인 0.5와 같다. 반대로 보의 강성이 상대적으로 매우 작을 때는 양단이 힌지구속이 된 기둥과 유사한 거동을 하며, 이때 식 (10.12)의 결과 $\psi_A = \infty$, $\psi_B = \infty$이다. 이 값을 그림 10.8 도표 중 (a)횡구속 골조에서 찾아서 연결하면 1.0이 됨을 알 수 있다. 이 결과는 그림 10.6에서 의 (3)의 이론적 k값인 1과 같다.

직선 연결도표를 적용하기 위해서는 아래의 가정을 만족하여야 한다.

- 구조물은 대칭형의 직사각형 골조로 구성되어 있다.
- 절점에서의 거더의 모멘트는 상대 강성에 따라서 기둥에 전달된다.
- 모든 기둥은 동시에 파괴하중에 도달한다.

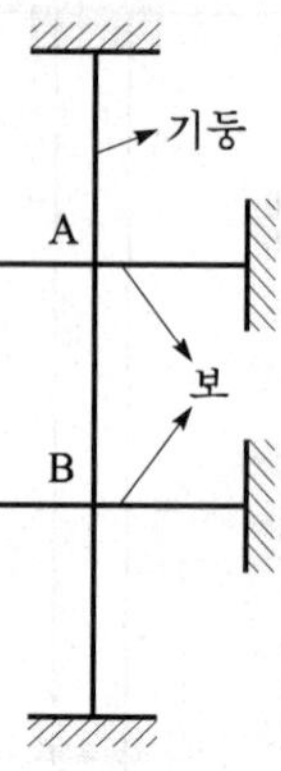

그림 10.9 철근콘크리트 기둥과 보의 접합부

유효좌굴길이 계수 k는 다음과 같은 수식적 방법으로도 구할 수도 있다.

1. 횡구속골조 압축부재에서

$$\min of \begin{cases} k = 0.7 + 0.05(\psi_A + \psi_B) \leq 1.0 \\ k = 0.85 + 0.05\psi_{\min} \leq 1.0 \end{cases}$$

여기서 ψ_A와 ψ_B는 압축부재양단의 ψ값이다. $\psi_{\min}$은 ψ_A와 ψ_B 중 작은 값을 나타낸다.

2. 비횡구속골조 압축부재에서

- 양단이 구속된 압축부재

$\psi_m < 2$일 때, $k = \dfrac{20 - \psi_m}{20}\sqrt{1+\psi_m}$

$\psi_m \geq 2$일 때, $k = 0.9\sqrt{1+\psi_m}$

여기서, ψ_m은 ψ_A와 ψ_B의 평균값이다.

- 일단 구속 및 일단힌지인 압축부재

$k = 2.0 + 0.3\psi$

여기서 ψ는 구속단의 강성도 비이다.

장주의 좌굴하중 산정을 위한 부재의 강성은 탄성계수 E와 단면의 관성모멘트 I를 곱한 값과 같다. 철근콘크리트 부재의 E와 I값은 다음과 같이 계산될 수 있다.

1. 콘크리트의 탄성계수 E_c 는 KDS(2022)에서 다음의 식을 제공하고 있다.

$$E_c = 0.077 m_c^{1.5} \sqrt[3]{f_{cm}}\ (\text{MPa})$$
$$= 8{,}500 \sqrt[3]{f_{cm}}\ (\text{보통중량골재를 쓴 콘크리트의 경우})$$

철근의 탄성계수는 항상 $E_s = 2.0 \times 10^5\,\text{MPa}$이다.

2. 철근콘크리트 부재에 있어서 단면2차모멘트 I값은 부재에서의 균열정도와 단면 내의 철근비에 따라 달라진다. 기둥의 유효좌굴 길이 ψ을 계산하기 위해서는 EI값을 보와 기둥에 대해서 각각 계산하여야 한다. EI는 다음과 같이 계산될 수 있다. 휨부재(보)에서는 균열환산 단면적이 계산되고, 기둥에서는 총 단면의 2차모멘트가 사용되거나 다음의 근사식을 사용한다. I_g 를 계산하는 근사방법은 다음과 같다(KDS 14 20 20:2022 4.4.4 참고).

① 보 ··· $0.35I_g$
② 기둥 ·· $0.70I_g$
③ 비균열 벽체 ································ $0.70I_g$
④ 균열 벽체 ··································· $0.35I_g$
⑤ 플랫 플레이트 및 플랫 슬래브 ·············· $0.25I_g$

3. 횡방향 지속하중이 작용할 경우에는 상기 2항으로 구한 압축부재의 단면2차모멘트를 $(1+\beta_{ds})$로 나누어야 한다. β_{ds}는 1개 층 전체의 계수전단력에 대한 최대 계수지속전단력의 비로서 1.0 이하의 값을 사용하여야 한다.

10.3 확대휨모멘트법

확대휨모멘트를 구하기 위해서는 축하중의 영향, 부재 길이에 걸쳐있는 균열 구역, 하중지속효과를 고려하여 계산된 단면 특성에 대한 탄성해석으로부터 구한 계수축하중 P_u, 기둥 양단의 계수모멘트 M_1과 M_2, 층간 기둥의 상대적인 횡변위 Δ_0를 계산하여야 한다. 확대휨모멘트법에 대하여 KDS(2022)에서는 다음과 같이 규정하고 있다.

1) 구조물의 기둥과 보 골조는 횡구속과 비횡구속의 경우로 구분되어야 한다. 횡구속된 경우는 10.3.1장의 내용에 따라, 비횡구속의 경우에는 10.3.2장의 내용에 따라 설계한다.
2) 기둥 단부 휨모멘트의 증가량이 탄성 1차 해석에 의한 단부 휨모멘트의 5%를 초과하지 않는 경우에 구조물의 기둥은 횡구속 구조물로 가정할 수 있다. 또한 식 (10.13)으로 계산 된 층 안정성 지수가 0.05 이하일 경우 해당 구조물 층은 횡구속 구조물로 가정할 수 있다.

$$Q = \frac{\Sigma P_u \Delta_0}{V_u l_c} \tag{10.13}$$

여기서 ΣP_u와 V_u는 각각 해당 층에서 전체 수직축력과 층전단력이다. 그리고 Δ_0는 V_u로 인한 해당 층의 상단과 하단 사이의 탄성 1차 해석에 의한 상대변위이다.

10.3.1 횡구속 골조 압축부재의 확대모멘트

1. 횡구속골조 구조물에서 다음 조건을 만족하는 경우에는 단주로 간주할 수 있다(KDS 14 20 20:2022, 4.4.1장).

$$\frac{kl_u}{r} \le 34 - 12(M_1/M_2) \qquad (\text{여기서 } M_1/M_2 \ge -0.5) \tag{10.14}$$

여기서, M_1/M_2는 그림 10.1에 나타낸 것과 같으며, M_1/M_2의 값은 기둥이 단일 곡률일 때 양(+)으로 취하여야 한다.

2. 횡구속골조의 압축부재는 계수축력 P_u와 부재의 장주효과(곡률영향)를 고려하여 구한 확대 계수모멘트 M_c에 대하여 설계하여야 하며, 계산방법은 다음과 같다.

$$M_c = \delta_{ns} M_2 \quad (10.15)$$

여기서

$$\delta_{ns} = \frac{C_m}{1 - \dfrac{P_u}{0.75 P_c}} \geq 1.0 \quad (10.16)$$

식 (10.16)에서 P_c는 다음 식 (10.17)에 의해 계산할 수 있다.

$$P_c = \frac{\pi^2 EI}{(kl_u)^2} \quad (10.17)$$

식 (10.17)의 EI는 다음 식에 따라 계산할 수 있다.

$$EI = \frac{(0.2E_c I_g + E_s I_{se})}{1 + \beta_{dns}} \quad (10.18)$$

여기서, I_{se}는 단면의 중심축에 대한 철근의 단면2차 모멘트이다.

또는

$$EI = \frac{0.4 E_c I_g}{1 + \beta_{dns}} \quad (10.19)$$

여기서,

$$\beta_{dns} = \frac{\text{축방향 계수지속하중}}{\text{최대 축방향 계수하중}} \leq 1.0 \quad (10.20)$$

기둥의 양단 사이의 횡방향 하중이 없는 부재에 대한 C_m은 다음 값을 사용하여야 한다.

$$C_m = 0.6 + 0.4 \frac{M_1}{M_2} \geq 0.4 \quad (10.21)$$

여기서, $M_1/M_2(M_1 < M_2)$는 기둥이 단일 곡률일 때 양(+)의 값이고, 기둥의 양단 사이에 횡하중이 있는 경우에 C_m을 1.0으로 취하여야 한다.

식 (10.15)의 계수휨모멘트 M_2는 각 주축에 대하여 다음 값 이상으로 하여야 한다.

$$M_{2,\min} = P_u e_{\min} \quad (10.22)$$

$$e_{\min} = 15 + 0.03h \quad (10.23)$$

여기서, 15와 h는 mm 단위이다. 그러나 $M_{2,\min}$이 M_2보다 큰 부재에 대해서 식 (10.21)의 C_m값은 1.0으로 취하거나 계산된 단부모멘트 M_1과 M_2의 비를 이용하여 구하여야 한다.

10.3.2 비횡구속골조 압축부재의 확대모멘트

1. 비횡구속 골조의 압축부재의 kl_u/r의 값이 22 이하일 때에는 단주로 간주할 수 있다.

2. 비횡구속 골조 압축부재의 양단모멘트 M_1과 M_2는 다음과 같이 계산하여야 한다.

$$M_1 = M_{1ns} + \delta_s M_{1s}$$

$$M_2 = M_{2ns} + \delta_s M_{2s} \tag{10.24}$$

여기서, $M_1 =$ 압축부재의 단부 계수모멘트 중 작은 값으로, 단곡률로 휜 경우에는 정(+), 복곡률로 휠 경우에는 부(−) 부호를 가짐

$M_2 =$압축부재의 단부 계수모멘트 중 큰 값으로 항상 정(+)의 부호를 가짐

$M_{1ns} =M_1$이 작용하는 압축부재의 단부에 횡변위를 일으키지 않는 하중에 대하여 탄성1차 해석으로 계산된 단부의 계수모멘트

$M_{2ns} =M_2$가 작용하는 압축부재의 단부에 횡변위를 일으키지 않는 하중에 대하여 탄성 1차 해석으로 계산된 단부의 계수모멘트

$M_{1s} = M_1$이 작용하는 압축부재의 난부에 횡번위를 일으키는 하중에 대하여 탄성 1차 해석으로 계산된 단부의 계수모멘트

$M_{2s} = M_2$가 작용하는 압축부재의 단부에 횡변위를 일으키는 하중에 대하여 탄성 1차 해석으로 계산된 단부의 계수모멘트

$\delta_s =$ 횡방향 하중과 연직하중의 의한 횡방향 이동을 반영하기 위한 계수로서 비횡구속골조에 대한 모멘트 확대계수

3. 비횡구속 골조의 모멘트 확대계수 δ_s의 계산은 다음의 규정에 따라 구하여야 한다.

① 비횡구속인 경우의 확대모멘트식 (10.15)의 δ_s는 아래 ②와 ③에 따라 구하는 경우를 제외하고는 부재 강성을 이용하여 2차 해석으로부터 계산할 수 있지만, $(1.2D+1.6L)$과 횡하중의 조합으로 발생하는 탄성 1차 해석으로부터 구한 횡방향변위에 대한 2차 해석

으로부터 구한 횡방향변위의 비가 2.5를 초과하지 않아야 한다.

② 2차 해석으로부터 구하지 않을 때, 다음 식에 의해 구할 수 있다.

$$\delta_s = \frac{1}{1-Q} \geq 1 \tag{10.25}$$

위 식에 따라 계산된 δ_s가 1.5를 초과하면, δ_s는 2차 해석 또는 ③에 따라 계산하여야 한다.

③ δ_{ns}는 다음 식의 방법으로도 구할 수 있다.

$$\delta_s = \frac{1}{1-\dfrac{\Sigma P_u}{0.75\Sigma P_c}} \geq 1 \tag{10.26}$$

여기서 ΣP_u는 한 층의 모든 기둥의 연직계수축력의 합이고, ΣP_c는 횡방향 변위에 저항하는 모든 기둥의 임계축력 P_c의 합이다. P_c는 식 (10.18)이나 식 (10.19)의 EI를 사용하여 식 (10.17)로부터 계산하여야 한다.

4. 만일 각 압축부재가 다음 식을 만족하는 경우에는 식 (10.15), 식 (10.17) 및 식(10.20)을 사용하여 설계하여야 한다. 이러한 상태는 횡구속된 기둥으로 다시 설계하여야 한다. 이 식을 만족하지 못할 경우에는 최대모멘트가 단부에서 발생하지 않을 가능성이 높다는 것을 의미한다.

$$\frac{l_u}{r} \geq \frac{35}{\sqrt{\dfrac{P_u}{f_{ck}A_g}}} \tag{10.27}$$

그러나 이때 M_1과 M_2는 식 (10.24)에 따라 계산하고, k는 10.2장의 방법으로 구하여야 한다.

5. 만약 kl_u/r가 100보다 크다면 10.3절의 근사해법에 의한 방법 대신에 재료의 비선형성, 균열, 부재곡률, 횡방향 이동, 재하기간, 건조 수축과 크리프, 지지기초구조와의 상호작용 등의 영향을 고려하는 2차 해석으로 구한 계수축하중과 계수모멘트에 대하여 압축부재, 구속보, 지하 받침부재를 설계하여야 한다.

예제 10.1

그림 10.9의 기둥단면은 고정하중에 의한 축력 $P_D = 560\text{kN}$, 휨 모멘트 $M_D = 150\,\text{kN}\cdot\text{m}$와 활하중에 의한 축력 $P_L = 500\text{kN}$, 휨 모멘트 $M_L = 150\,\text{kN}\cdot\text{m}$를 받고 있다. 이 기둥은 횡방향 변위에 대해서 지지되어 있고 주축에 대해 하나의 곡률을 그리며 휘어진 골조의 일부분이다. 기둥의 비지지길이 $l_u = 5.8\text{m}$이고, 양지점의 단부 모멘트는 같다. $f_{ck} = 28\text{MPa}$이고, $f_y = 400\text{MPa}$일 때 기둥의 적합성을 검토하라.

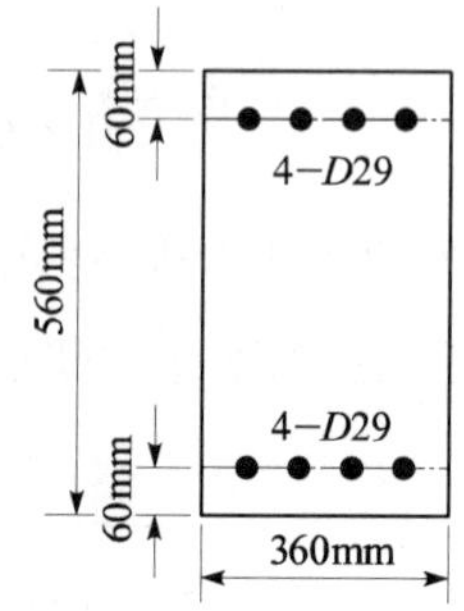

그림 10.9

▌풀이

1. 계수하중을 계산하다.

$$P_u = 1.2P_D + 1.6P_L = 1.2\times 560 + 1.6\times 500 = 1{,}472\,\text{kN}$$

$$M_u = 1.2M_D + 1.6M_L = 1.2\times 150 + 1.6\times 150 = 420\,\text{kN}\cdot\text{m}$$

$$e = \frac{M_u}{P_u} = \frac{420\times 1000}{1{,}472} = 285\text{mm}$$

2. 기둥이 장주인지 검토한다. 골조가 횡방향 변위에 대해 지지되어 있으므로 $k = 1.0$이라고 가정하고, $r = 0.3h = 0.3\times 560 = 168\text{mm}$, $l_u = 5.8\text{m}$이다.

$$\frac{kl_u}{r} = \frac{1\times 5800}{168} = 34.5$$

지지된 기둥에서 만약 $kl_u/r < 34 - 12(M_1/M_2)$라면 세장비의 영향을 무시할 수 있다. 주어진 단모멘트가 $M_1 = M_2$이고, M_1/M_2가 하나의 곡률을 그릴 때 (+)이므로

$$\text{우변} = 34 - 12\frac{M_1}{M_2} = 34 - 12\times 1 = 22$$

$kl_u/r = 34.5 > 22$이므로 세장비의 영향이 고려되어야 한다.

3. 모멘트 확대계수 δ_{ns}를 다음과 같이 계산한다($\delta_s = 0$).

우선 C_m을 계산한다.

$$C_m = 0.6 + 0.4\frac{M_1}{M_2} \ge 0.4 = 0.6 + 0.4\times 1 = 1.0$$

E_c를 계산한다.

$$E_c = 8{,}500\sqrt[3]{f_{cm}} = 8{,}500\sqrt[3]{28+4} = 27{,}000\text{MPa}$$

$$E_s = 200{,}000\,\text{MPa}$$

관성모멘트

$$I_g = \frac{360 \times 560^3}{12} = 5.27 \times 10^9 \mathrm{mm}$$

$$A_s = A_s' = 2570\mathrm{mm}$$

$$I_{se} = 2 \times 2570 \times \left(\frac{560-60}{2}\right)^2 = 3.21 \times 10^8 \mathrm{mm}^4$$

고정하중모멘트 계수

$$\beta_{dns} = \frac{\text{축방향계수지속하중}}{\text{최대축방향계수하중}} = \frac{1.2 \times 560}{1,472} = 0.46$$

$$EI = \frac{0.2E_cI_g + E_sI_{se}}{1+\beta_{dns}} = \frac{(0.2 \times 27,000 \times 5.27 \times 10^9) + (200,000 \times 3.21 \times 10^8)}{1+0.46}$$

$= 6.35 \times 10^{13} \mathrm{N{\cdot}mm}^2$

P_c를 계산한다.

$$P_c = \frac{\pi^2 EI}{(kl_u)^2} = \frac{\pi^2 \times 6.35 \times 10^{13}}{(5800)^2} = 18,630\,\mathrm{kN}$$

모멘트 확대계수

$$\delta_{ns} = \frac{C_m}{1-\left(\dfrac{P_u}{0.75P_c}\right)} = \frac{1.0}{1-\dfrac{1,472}{0.75 \times 18,630}} = 1.12$$

4. 설계모멘트 $\delta_{ns}M_n$을 계산한다.

$P_n = P_u/\phi = 1,472/0.65 = 2,265\,\mathrm{kN}$

$M_n = M_u/\phi = 420/0.65 = 646\,\mathrm{kN{\cdot}m}$

설계모멘트 $\delta_{ns}M_n = 1.12 \times 646 = 724\mathrm{kN{\cdot}m}$

설계편심 $e = 724/2,265 = 320\mathrm{mm}$

5. $e = 320\mathrm{mm}$를 사용하여 단면의 공칭축하중을 결정한다. 예제 9.7과 9.8을 참고하면, $e < e_b(=364\mathrm{mm})$이며, 압축지배 단면이다. 계산 결과는 다음과 같다.

$P_n = C_c + C_s - T$

$C_c = \eta(0.85f_{ck})ab = 0.85 \times 28 \times 360a = 8568a$

$C_s = A_s'(f_y - 0.85f_{ck}) = 967\mathrm{kN}$

$T = A_s f_s = 2570 f_S$

그러므로, $P_n = 8,568a + 9.67 \times 10^5 - 2570f_s$ (A)

$e' = e + d - h/2 = 320 + 500 - 560/2 = 540\mathrm{mm}$

A_s' 에서 모멘트를 취하면,

$$P_n = \frac{1}{540}[8{,}568a \times (500 - a/2) + 9.67 \times 10^5 \times (500 - 60)] \quad \text{(B)}$$

$$P_n = 7{,}933a - 7{,}93a^2 + 787{,}926$$

예제 9.8 후반에 제시된 a의 3차 방정식의 풀이 예를 적용하여 a를 계산하면,

$a = 256\text{mm},\ P_n = 2{,}299\text{kN}$

계산된 공칭축하중 P_n은 요구되는 축강도 2,265kN 보다 크므로 단면은 적당하다.

6. 강도감소계수 확인

$a = 256\text{mm},\ c = 301\text{mm}$ 이므로 $\varepsilon_t = \dfrac{500-301}{301} \times 0.0033 = 0.0022 \fallingdotseq \varepsilon_y$

그러므로 $\phi = 0.65$가 적정했음을 알 수 있다.

예제 10.2

만약 비지지길이(unsupported length) $l_u = 3.00\text{m}$일 때 예제 10.1에서 기둥의 적합성을 검토하라. 그리고 기둥의 최대 허용공칭축하중을 결정하라.

▌풀이

1. 앞에서 $P_n = 2{,}265\text{kN}$, $M_n = 646\text{kN}\cdot\text{m}$

2. 기둥이 장주인지를 검토한다.

$l_u = 3.00\text{m},\ r = 0.3h = 0.3 \times 560 = 168\text{mm},\ k = 1$

(골조가 횡방향 변위에 대해 지지되어 있으므로)

$$\frac{kl_u}{r} = \frac{1 \times 3{,}000}{168} = 17.9$$

$\dfrac{kl_u}{r} \le 34 - 12\dfrac{M_1}{M_2}$ 인지를 검토한다.

우변$= 34 - 12 \times 1 = 22$

그러므로 세장비의 효과를 무시할 수 있다.

3. 예제 9.8에서와 유사한 과정에 따라 단주의 공칭축압축강도를 결정한다. 예제 9.9에서 기둥은 단주였고, $P_n = 2{,}777\text{kN}$이었다.

4. P_n은 역시 도표를 이용하여 계산할 수도 있다.

예제 10.3

예제 10.2에서 골조가 횡방향 변위에 대해 지지되어 있지 않다면, 즉 비횡구속 기둥의 적합성을 검토하라. 단 강성비 ψ_A(위)$=0.8$, ψ_B(바닥)$=2.0$이고 비지지길이 $l_u=5.0\text{m}$이다.

▌풀이

1. 유효길이계수를 구하기 위한 계산도표(그림 10.8)에서 비횡구속골조에 대한 k값을 결정한다. $\psi_a=0.8$, $\psi_b=2.0$을 연결시켰을 때 k값은 $k=1.4$이다.

$$\frac{kl_u}{r}=\frac{1.4\times 5{,}000}{168}=41.7$$

2. 지지되어있지 않은 골조에 있어서 만약 $\frac{kl_u}{r}\leq 22$이면, 기둥은 단주로서 설계된다. 계산된 $\frac{kl_u}{r}=41.7>22$이므로, 세장비 효과는 고려되어야 한다.

3. $C_m=1.0$, $k=1.4$, $EI=6.35\times 10^{13}\text{N}\cdot\text{mm}^2$일 때, 모멘트 확대계수 δ_{ns}를 계산한다.

$$P_c=\frac{\pi^2 EI}{(kl_u)^2}=\frac{\pi^2\times 6.35\times 10^{13}}{(1.4\times 5{,}000)^2}=12{,}790\text{kN}$$

$$\delta_{ns}=\frac{C_m}{1-\left(\frac{P_u}{0.75\times P_c}\right)}=\frac{1.0}{1-\left(\frac{1{,}472}{0.75\times 12{,}790}\right)}=1.18\fallingdotseq 1.2$$

4. 예제 10.1에서 $P_u=1{,}472\text{kN}$, $M_u=420\text{kN}\cdot\text{m}$ 이고,

$$P_n=\frac{P_u}{\phi}=\frac{1{,}472}{0.65}=2{,}265\text{kN},\ M_n=\frac{M_u}{\phi}=\frac{420}{0.65}=646\text{kN}$$

설계모멘트$=\delta_{ns}M_n=1.2\times 646=775\text{kNm}$

설계편심 $e=(\delta_{ns}M_n)/P_n=775/2{,}265=342\text{mm}$

5. 이제 필요한 것은 $P_n=2{,}265\text{kN}$, $\delta_{ns}M_n=775\text{kNm}$, $e=342\text{mm}$에 대하여 단주의 적합성을 검토하는 것이다. 이 과정은 예제 9.8을 참고하라.

6. $$P_n=8{,}568a+9.67\times 10^5-2570f_s \qquad \text{(A)}$$

$$e'=e+d-h/2=342+500-560/2=562\text{mm}$$

$$P_n=\frac{1}{562}[8{,}568a\times(500-a/2)+9.67\times 10^5\times(500-60)] \qquad \text{(B)}$$

$$=7{,}622a-7.62a^2+75{,}708$$

근의 공식을 이용하여 풀면, $a = 250\text{mm}$

그러므로 $a = 250\text{mm}$, 공칭축강도 $P_n = 1{,}505\text{kN}$ 이다.
이 기둥에 요구되는 축강도 $P_n = 2{,}265\text{kN}$ 보다 작으므로, 이 단면은 부적당하다.

7. 철근을 4D32으로 교체하고 상기과정을 반복하여 검토한다.

예제 10.4

8층 건물의 1층 내부 정방형 기둥을 설계하라. 1층의 높이는 5m이고 다른 층은 모두 3.4m이다. 빌딩의 평면은 그림 10.10과 같으며, 기둥은 횡방향 변위에 대해 지지되어 있지 않다.
자중과 바람에 의해 1층의 내부기둥에 작용하는 하중은 다음과 같다.

- 축 고정하중 = 1700kN
- 축 활하중 = 650kN
- 축 풍하중 = 0kN
- 고정하중 모멘트 40kN·m(위)와 80kN·m(바닥)
- 활하중 모멘트 30kN·m(위)와 50kN·m(바닥)
- 풍하중 모멘트 80kN·m(위)와 80kN·m(바닥)
- 보에 대해 $EI_b/l = 4.08 \times 10^{10}\text{N}\cdot\text{mm}$

$f_{ck} = 35\text{MPa}$, $f_y = 400\text{MPa}$이고 KDS를 사용한다. 외부기둥하중은 내부기둥하중의 2/3배이고 모서리의 기둥하중은 내부기둥하중의 1/3배라고 가정하라.

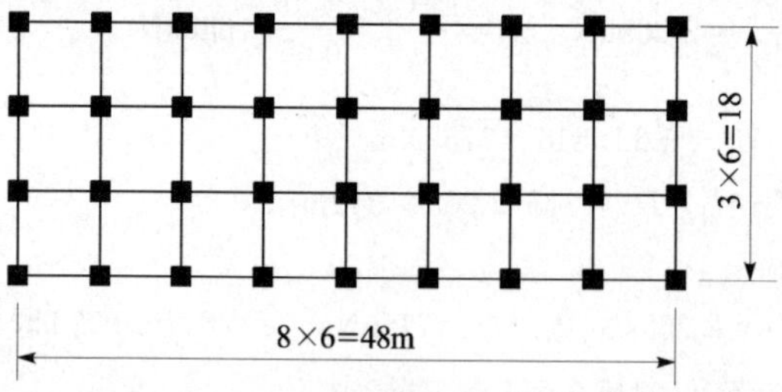

그림 10.10

▌풀이

1. 하중을 조합하여 계수하중을 계산한다.

자중일 때

$P_u = 1.2D + 1.6L = 1.2 \times 1{,}700 + 1.6 \times 650 = 3{,}080\text{kN}$

$$M_u = M_{2b} = 1.2M_D + 1.6M_L$$
$$= 1.2 \times 80 + 1.6 \times 50 = 176\text{kN}\cdot\text{m}$$

자중+풍하중일 때(하중조합 기준 참고 필요)

$$P_u = 0.75(1.2D + 1.6L + 0.65W)$$
$$= 0.75(1.2 \times 1{,}700 + 1.6 \times 650 + 0) = 2{,}310\text{kN}$$
$$M_{un} = M_{2ns} = 0.75(1.2M_D + 1.6M_L)$$
$$= 0.75(1.2 \times 80 + 1.6 \times 50) = 132\text{kN}\cdot\text{m}$$
$$M_{us} = M_{2s} = 0.75(1.6M_w) = 0.75(1.6 \times 80) = 96\text{kN}\cdot\text{m}$$

다른 하중 조합은 위험하지 않다.

$$P_u = 0.9D + 1.3W = 0.9 \times 1{,}700 + 1.3 \times 0 = 1{,}530\text{kN}$$
$$M_{2ns} = 0.9M_d = 0.9 \times 80 = 72\text{kN}\cdot\text{m}$$
$$M_{2s} = 1.3M_w = 1.3 \times 80 = 104\text{kN}\cdot\text{m}$$

2. 설계표나 도표를 사용하여 자중 조합에 기초를 둔 기둥의 예비 단면을 선택한다. D32의 철근 4개가 보강된 450mm×450mm 단면을 선택한다(그림 10.11).

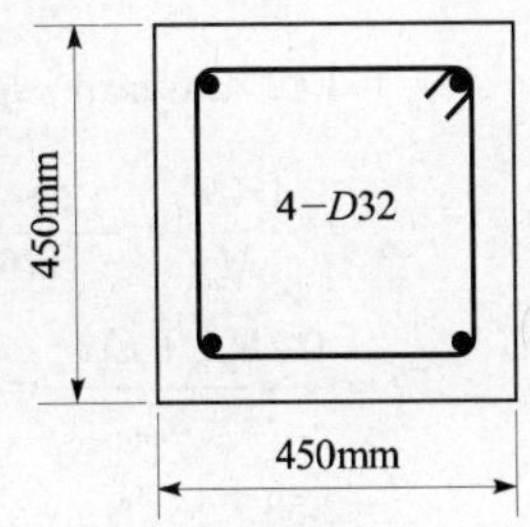

그림 10.11

3. kl_u/r을 검토한다.

$$I_g = 450 \times 450^3/12 = 3.42 \times 10^9\text{mm}^4,$$
$$E_c = 8{,}500\sqrt{35+4} = 28{,}825\text{MPa}$$

5.0m 기둥에 대해

$$I = 0.7I_g$$
$$(0.7)\frac{EI_g}{l_c} = 0.7 \times \frac{3.42 \times 10^9 \times 28{,}825}{5{,}000} = 1.38 \times 10^{10}\text{N}\cdot\text{mm}$$

3.4m 기둥에 대해

$$(0.7)\frac{EI_g}{l_c} = 0.7 \times \frac{3.42 \times 10^9 \times 28{,}825}{3400} = 2.03 \times 10^{10}\text{N}\cdot\text{mm}$$

보에 대해

$$(0.35)\frac{EI_b}{l} = 0.35 \times 4.08 \times 10^{10} = 1.43 \times 10^{10}$$

$$\Psi = \frac{\Sigma\left(\frac{EI}{l}\right)_{col}}{\Sigma\left(\frac{EI}{l}\right)_{beam}} = \left(\frac{2.03 + 1.38}{2 \times 1.43}\right) = 1.19 = \psi_A = \psi_B$$

그림 10.8의 도표로부터, 비횡구속골조의 $k=1.35$이고, 횡구속 골조의 $k=0.78$이다.

$$\frac{kl_u}{r}=\frac{1.35\times 5{,}000}{0.3\times 450}=50$$

위의 값은 22보다 크고 100보다 작다. 그러므로 세장비가 고려되어야 한다.

4. $l_u/r=\dfrac{5{,}000}{0.3\times 450}=37.0$

$$\frac{l_u}{r}<\frac{35}{\sqrt{\dfrac{P_u}{f_{ck}\cdot A_g}}}=\frac{35}{\sqrt{\dfrac{3.08\times 10^6}{35\times 450\times 450}}}=53$$

따라서 계수축력 P_u와 확대모멘트 M_c에 대해서 부재설계를 할 필요가 없다.

5. P_c를 계산한다.

$$E_c=28{,}825\text{MPa},\ E_s=2.0\times 10^5\text{MPa}$$

$$I_g=3.42\times 10^9\text{mm}^4,\ I_{se}=3177\left(\frac{450}{2}-50\right)^2=9{,}73\times 10^7\text{mm}^4$$

$$\beta_{dns}=\frac{1.4M_d}{M_u}=\frac{1.2\times 80}{176}=0.55$$

$$EI=\frac{0.2E_cI_g+E_sI_{se}}{1+\beta_{dns}}=\frac{0.2(28{,}825\times 3.42\times 10^9)+200{,}000\times 9.73\times 10^7}{1+0.55}$$

$$=2.53\times 10^{13}\text{N}\cdot\text{mm}$$

δ_{ns}의 계산에서, $EI=2.53\times 10^{13}\times 1.55=3.92\times 10^{13}\text{N}\cdot\text{mm}^2$

$$P_c=\frac{\pi^2 EI}{(kl_u)^2}=\frac{\pi^2\times 2.53\times 10^{13}}{(0.78\times 5{,}000)^2}=16{,}417\text{kN}\ (\text{횡구속되어 있을 때})$$

$$P_c=\frac{\pi^2\times 3.92\times 10^{13}}{(1.35\times 5{,}000)^2}=8.491\text{kN}\ (\text{횡구속되어있지 않을 때})$$

한 층에 내부기둥 14개, 외부기둥 18개, 4개의 모서리 기둥이 있다.

$$\Sigma P_u=14(2{,}310)+18\left(\frac{2}{3}\times 2{,}310\right)+4\left(\frac{1}{3}\times 2{,}310\right)=63{,}140\text{kN}$$

$$\Sigma P_c=14(8{,}491)+22\left(\frac{2}{3}\times 8{,}491\right)=243{,}409\text{kN}$$

$$\delta_{ns}=\frac{C_m}{1-\left(\dfrac{P_u}{\phi P_c}\right)}=\frac{1.0}{1-\left(\dfrac{63{,}140}{0.75\times 243{,}409}\right)}=1.53\ (1<\delta_{ns}<2.5\text{이므로 적정})$$

$$M_c=M_{2ns}+\delta_s M_{2s}=72+1.53\times 104=231.1\text{kN}\cdot\text{m}$$

6. 설계하중 $P_u = 2310\text{kN}$, $M_c = 231\text{kN}\cdot\text{m}$

$e = 231\text{kN}\cdot\text{m}/2310\text{kN} = 100\text{mm}$

$e_{\min} = 15 + 0.03h = 15 + 0.03 \times 450 = 28.5\text{mm}$

$\therefore e > e_{\min}$

7. 이후의 단면설계는 앞의 예제들을 참고한다.

연습문제

10.1 그림 10.12의 기둥 단면은 고정하중에 의한 축하중 $P_d = 550\text{kN}$와 모멘트 $M_d = 150\text{kNm}$ 활하중에 의한 축하중 $P_1 = 430\text{kNm}$와 모멘트 $M_1 = 140\text{kNm}$를 받고 있다. 이 기둥은 골조의 한 부분이고 횡방향 변위에 대해 지지되어 있으며 주축에 대해 하나의 곡률을 그리며 휘어진다. 이 기둥의 비지지길이 $l_u = 5\text{m}$이고, 양단의 모멘트는 동일하다. $f_{ck} = 27\text{MPa}$와 $f_y = 400\text{MPa}$를 사용하여 단면의 적합성을 검토한다.

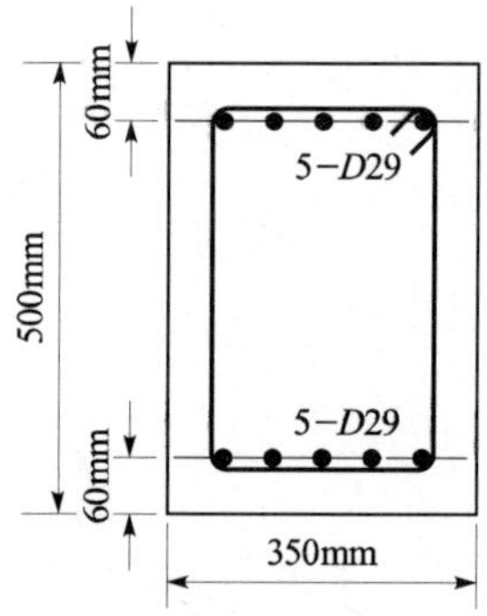

그림 10.12

10.2 $l_u = 4\text{m}$일 때 문제 10.1을 계산하라.

10.3 연습문제 10.1에서 골조가 횡방향 변위에 대해서 지지되어 있지 않고, 단 구속계수 $\psi_A = 0.7$, $\psi_B = 1.8$이고 비지지길이 $l_u = 4\text{m}$일 때에 대해 계산하라.

10.4 고정하중에 의한 축하중 $P_d = 90\text{kN}$, 모멘트 $M_d = 80\text{kN·m}$와 활하중에 의한 축하중 $P_1 = 540\text{kN}$, 모멘트 $M_1 = 50\text{kN·m}$를 받는 길이 12m의 사각형 기둥을 설계하라. 이 기둥은 주축에 대해 하나의 곡률로 휘어지고, 횡방향 변위에 대해 지지되어 있으며 양단의 모멘트는 동일하다. 단, 구속계수 $\psi_A = 2.5$, $\psi_B = 1.4$이고 $f_{ck} = 35\text{MPa}$, $f_y = 400\text{MPa}$이다.

CHAPTER 11

1방향 슬래브

CHAPTER

11

Design of Reinforced Concrete Structures

1방향 슬래브

11.1 서 언

건물의 바닥과 지붕, 교량, 그 외의 형태의 구조물에 있어서 일반적으로 넓은 면적에 하중을 재하하기 위하여 슬래브가 사용된다. 슬래브는 벽돌이나 철근콘크리트 벽체, 기둥, 슬래브와 일체로 된 철근콘크리트 보, 강거더 또는 지반에 의해 지지되며, 슬래브의 두께는 보통 경간에 비해 대단히 작다.

11.2 슬래브의 종류

슬래브는 구조적으로 다음과 같이 분류할 수 있다.

■ 1방향 슬래브

슬래브가 마주보는 두 변으로만 지지되어 있다면, 슬래브는 지지면에 수직한 방향으로 하나의 곡률을 갖고 구부러지거나 처질 것이다. 구조작용은 한 방향으로 이루어지며, 하중은 짧은 변의 처짐방향으로 슬래브에 의하여 전달된다. 이러한 형태의 슬래브를 1방향 슬래브라 한다(그림 11.1(a)). 슬래브가 네 변으로 지지되어 있다 하더라도, 짧은 변에 대한 긴 변의 길이가 비가 2 이상이라면, 하중의 대부분은(약 95% 이상) 짧은 방향에서 받게 되므로, 실용적인 목적을 위해 1방향만으로 작용한다고 간주할 수 있다(그림 11.1(b)).

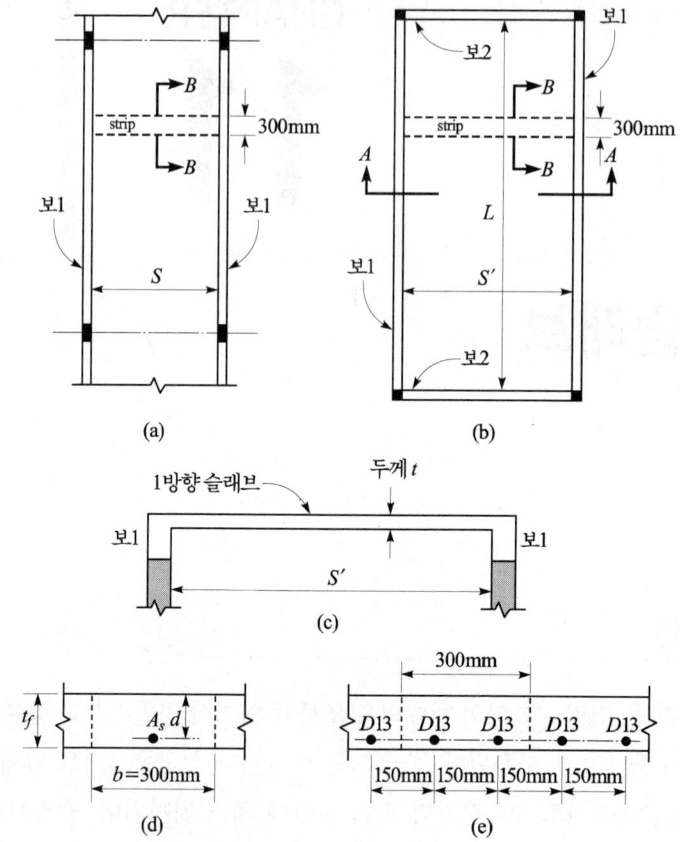

그림 11.1 1방향 슬래브

■ 1방향 장선구조(Joist floor system)

이러한 형태의 슬래브는 리브(ribbed) 슬래브라고도 한다. 이것은 보통 50~100mm 두께를 갖는 바닥 슬래브로 이루어져 있으며, 철근콘크리트 리브(혹은 joist)에 의해 지지되며, 공장에서 프리캐스트 형태로 제작되는 것이 일반적이다. 리브간격은 750mm를 초과하지 않는 것이 일반적이고, 단면의 형태는 끝이 좁은 사다리꼴로 제작되어, 기둥 위에 놓여있는 보에 의해 지지된다.

리브 사이의 공간은 여러 번 쓸 수 있는 거푸집을 사용하여 만들어진다(그림 11.2). 슬래브 하면이 평평하게 되도록 리브 사이의 공간을 영구충전재로 채울 수도 있으며, 이때 충전재로 사용되는 재료에는 속이 빈 경량 혹은 보통 중량의 콘크리트 블록, 또는 발포콘크리트 등과 같은 가벼운 중량의 재료들이 사용된다.

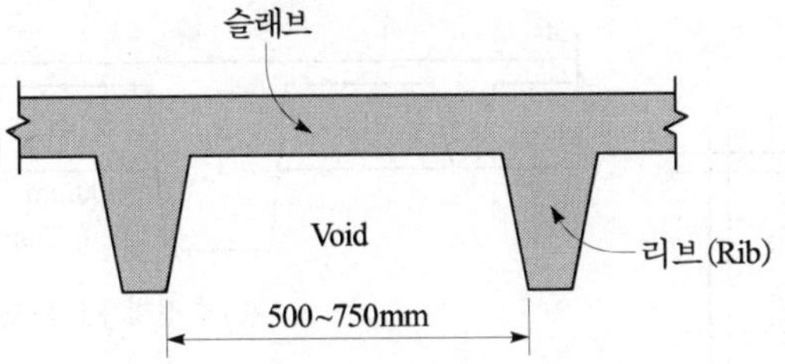

그림 11.2 1방향 리브 슬래브

2방향 슬래브

슬래브가 네 변에서 지지되고 짧은 변에 대한 긴 변의 비가 2보다 작을 때, 이 슬래브는 두 방향으로 곡률을 그리며 처짐이 발생한다. 바닥하중은 두 방향에서 4개의 보에 의해 전달되며, 이와 같은 슬래브를 2방향 슬래브라 부른다(그림 11.3).

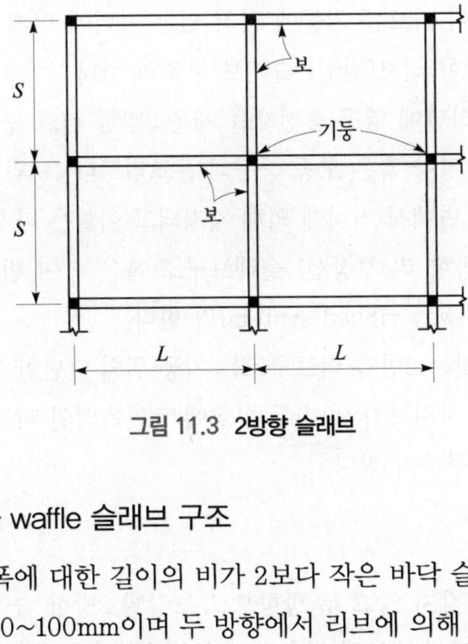

그림 11.3 2방향 슬래브

2방향 리브 슬래브와 waffle 슬래브 구조

이런 종류의 슬래브는 폭에 대한 길이의 비가 2보다 작은 바닥 슬래브로 구성되고, 슬래브의 두께는 일반적으로 50~100mm이며 두 방향에서 리브에 의해 지지된다. 리브는 각 방향에서 약 500~750mm의 간격으로 배치되어 정사각형 혹은 직사각형 모양을 갖는다(그림 11.4). 또한 리브를 슬래브의 중심선에 대하여 45° 혹은 60°의 각을 이루도록 배치시킴으로써 슬래브의 하면에 건축적 미를 나타낼 수도 있다. 2방향 리브 슬래브에는 여러 구조가 채택될 수 있다.

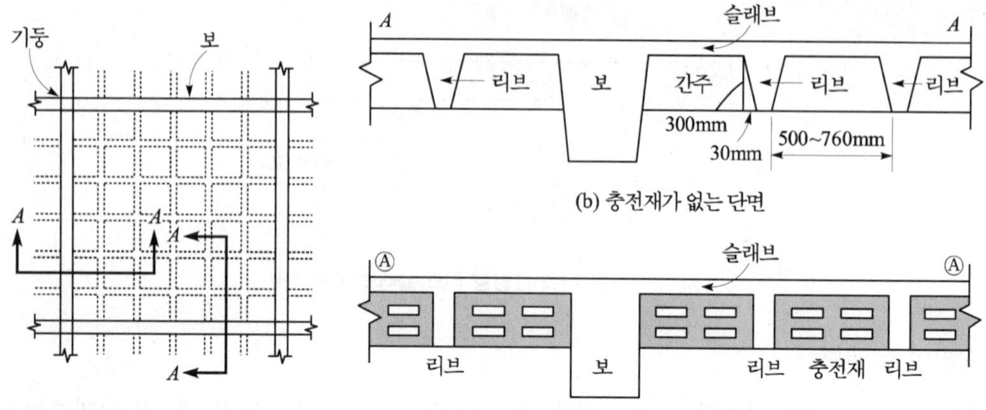

(a) 2방향 리브 슬래브

(b) 충전재가 없는 단면

(c) 충전재가 있는 단면

그림 11.4

- 리브 사이에 공간을 갖는 2방향 리브구조는 보통 사각형 모양의 제거용 거푸집을 이용하여 만들 수 있다. 이 리브는 기둥에 얹혀 있는 거더에 의해 4변이 지지된되며, 이런 형태의 슬래브를 2방향 리브(장선) 슬래브 구조라 한다.
- 리브 사이에 슬래브 하면에 영구 충전재를 채운 2방향 리브 구조를 제작할 수 있다. 이때 충전재는 속이 빈 경량 혹은 보통 중량의 콘크리트나 그 외의 가벼운 중량의 물질이 사용된다. 리브는 네 변에서 거더에 의해 지지되고 이들은 다시 기둥에 의해 지지된다. 이런 형태를 역시 2방향 리브(장선) 슬래브구조 혹은 속이 빈 블록의 2방향 리브구조(hollow-block two-way ribbed system)라 한다.
- 리브 사이에 공간을 갖는 2방향 리브구조는 기둥 위의 단단한 지판을 통해 기둥에 직접적으로 놓이게 되며, 지지보가 없이 두 방향에서 연속적인 리브를 갖기 때문에 이 슬래브를 waffle 슬래브 구조라 한다.

■ 평 슬래브(Flat slab)

평 슬래브는 보나 거더를 갖지 않고 두 방향으로 보강된 2방향 슬래브로서 하중을 직접 지지기둥에 전달한다. 기둥과 슬래브의 접촉면에서는 기둥이 슬래브 속으로 삽입되는 형태의 펀칭(뚫림) 전단이 발생할 수 있으며, 다음 3가지 방법으로 방지할 수 있다.

- 지판(drop panel)과 기둥머리(column capital)를 사용한다(그림 11.5).
- 기둥머리 없이 지판을 사용한다. 기둥머리 주위에 콘크리트 지판은 뚫림(punching) 전단으로 인한 사인장 응력을 저항하기에 충분할 만큼 두꺼워야 한다.
- 지판 없이 기둥머리를 사용한다(그림 11.6).

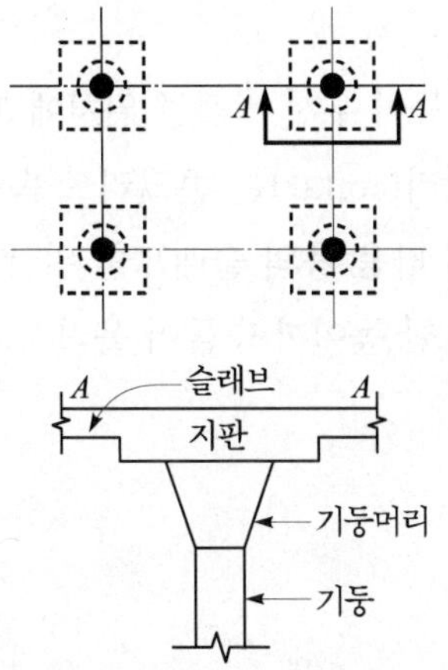

그림 11.5 지판을 갖는 평슬래브 바닥

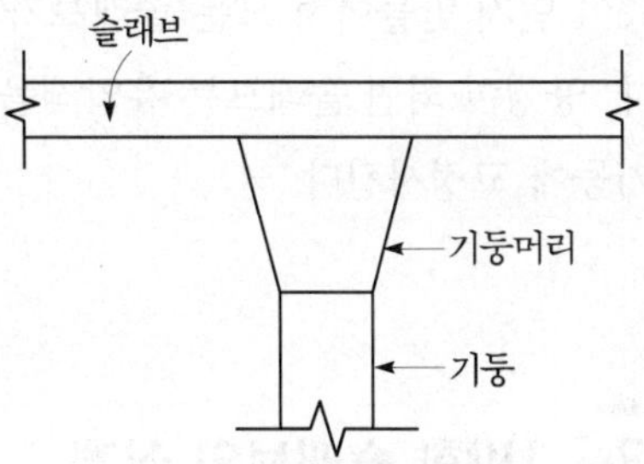

그림 11.6 지판이 없는 평슬래브 바닥 단면

▪ 평판슬래브(Flat plate floors)

평판슬래브 구조는 보나 기둥머리를 갖지 않고 기둥 위에 직접 놓임으로써 균일한 두께를 가지는 2방향 슬래브 구조이다(그림 11.7). 이 경우, 슬래브에는 기둥에 의해서 편칭되려고 하는 힘에 의해 사인장 응력이 발생한다. 그러므로 슬래브 두께를 증가시킨다든지 혹은 특별한 보강철근(전단머리 보강)을 사용해야 한다.

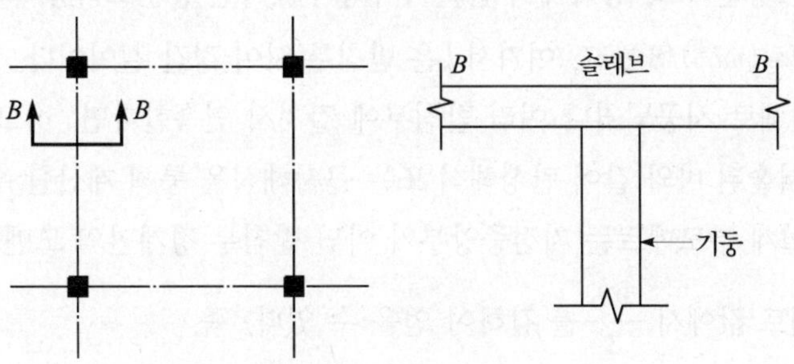

그림 11.7 평판슬래브

▪ 지반에 직접 놓여있는 슬래브

이 슬래브는 기초, 지하바닥, 보도, 그리고 대부분 도로나 공항 활주로 등에서 사용된다. 이 슬래브는 지하바닥과 같은 단순한 경우에는 경험적인 방법으로 설계될 수도 있고 혹은 탄성 지반 위에 보 해석과 같은 방법에 의해 해석될 수도 있다.

▪ 리프트(Lift) 슬래브

이 슬래브는 평판슬래브의 축조 과정에서 생성된다. 기둥이 우선 적절한 위치에 고정되어야 한다. 기둥 주위에 느슨히 끼워진 슬리브(sleeve)나 칼라(collar)는 콘크리트 속에 묻는다. 바닥 층이 먼저 만들어져 모든 슬래브가 완성될 때까지 다음 층의 슬래브를 위한 밑판 구실을 한다. 양생이 되면 슬래브는 유압잭을 이용하여 필요한 높이까지 들어 올려지고, 이때 칼라를 기둥에 고정시킨다.

11.3 1방향 슬래브의 설계

앞에서 언급한 것처럼 1방향 슬래브에서 슬래브 폭에 대한 길이의 비는 2보다 크다. 거의 모든 하중이 짧은 방향으로 전달되므로 슬래브는 보로 가정할 수 있다. 일반적으로 지지 거더에 대해 직각을 이루는 폭 1,000mm의 단위스트립(unit strip)의 직사각형 보로 간주된다. 이 보는 단위폭을 가지고, 슬래브 두께와 같은 깊이를 가지며 경간 길이는 슬래브 받침부 사이의 거리와 동일하다. 그러므로 1방향 슬래브는 나란히 위치한 여러 개의 직사각형 보로 구성된다(그림 11.1).

만약 슬래브가 1경간이고, 양쪽에서 단순지지되어 있다면 등분포하중이 재하되었을 때 최대 정모멘트는 $M=(wl^2)/8$이고, 여기서 l은 받침부 사이 경간 길이이다. 만약 같은 슬래브가 받침부와 동일체로 시공되거나 여러 받침부에 걸쳐서 연속한다면, 정모멘트와 부모멘트는 3.4.3절에서 서술된 바와 같이 탄성해석 또는 근사해석을 통해 계산할 수 있다. 탄성해석 시 주의할 점은 설계 부모멘트는 지점중앙부가 아닌 받침부 경계면의 모멘트로서 받침부 중앙의 최대 부모멘트 값에서 $\frac{Vb}{3}$를 감하여 얻을 수 있다. 즉,

$$M_r(\text{받침부 경계면에서}) = M_c(\text{받침부 중앙에서}) - \frac{Vb}{3}$$

이때 V는 탄성해석에서 계산된 전단력이고, b는 받침부의 폭이다. 한편 근사해석 시 사용되는 모멘트 및 전단계수의 값은 제3장 설계이론 및 방법은 표 3.3 및 그림 3.8에 나타내었다.

11.4 구조기준 설계상 제한조건

1) 슬래브의 설계폭은 단위폭 1.0m로 한다.
2) 현행 콘크리트구조 사용성 설계기준(KDS 14 20 30: 2021) 4.2.1에 따라 항복강도 $f_y = 400\text{MPa}$의 철근을 사용한 1방향 슬래브의 최소 두께는 다음과 같다.

   단순지지 부재에서 $l/20$
   1단 연속 부재에서 $l/24$
   양단 연속 부재에서 $l/28$
   캔틸레버 부재에서 $l/10$

   포함리브가 있는 1방향 슬래브의 최소두께는 다음과 같다.

   단순지지 부재에서 $l/16$
   1단 연속 부재에서 $l/18.5$
   양단 연속 부재에서 $l/21$
   캔틸레버 부재에서 $l/8$

   $f_y = 400\text{MPa}$ 이외의 항복강도를 가진 철근을 사용한 경우에는 위의 값에 다음 값을 곱해야 한다. 또한 최소 100mm 이상으로 하여야 한다.

   $$\left(0.43 + \frac{f_y}{700}\right)$$

3) 강도설계법뿐만 아니라 허용응력설계법도 허용된다.
4) 슬래브 지지부가 과도한 처짐으로 손상되기 쉬운 구조물에 부착되어 있을 때는 처짐이 검토되어야 한다(콘크리트구조 사용성 설계기준(KDS 14 20 30: 2021)).
5) 슬래브의 설계두께는 10mm 단위가 바람직하다.
6) 일반적으로 위험하지 않더라도, 전단이 검토되어야 한다.
7) 슬래브의 콘크리트 피복두께는 기후나 지표면에 노출되지 않은 표면에서 20mm보다 작아서는 안 된다.
8) 두께가 일정한 슬래브에서 지간방향의 최소 철근량은 건조수축 및 온도 철근량보다 작아서는 안 된다(콘크리트구조 철근상세 설계기준(KDS 14 20 50: 2021) 4.6.2).
9) 슬래브의 정철근 및 부철근의 중심 간격은 최대 휨모멘트가 일어나는 단면에서는 슬래브 두께의 2배 이하여야 하고, 또한 300mm 이하로 하여야 한다. 기타의 단면에서는 슬래브 두께의 3배 이하 혹은 400mm 이하라야 한다(콘크리트 슬래브와 기초판 설계기준

(KDS 14 20 70: 2021) 4.1.1.3).

10) 연속 슬래브의 윗면과 아랫면에는 직선철근이 배근되어야 한다. 경우에 따라 직선철근과 절곡철근을 겸용한 배근방법도 사용될 수 있다.

11) 주철근 외에도 주철근에 직각방향으로 철근이 보강되어야 한다. 이 추가 철근은 수축 또는 온도철근이라고 부른다.

11.5 수축 · 온도철근

시멘트의 경화함에 따라 콘크리트는 수축하고 따라서 어느 정도의 수축량은 항상 예상된다. 만약 슬래브가 받침부 위에서 자유로이 움직일 수 있도록 놓여 있다면, 슬래브는 건조수축에 따라 줄어든다. 그러나 슬래브와 다른 부재들은 구조물의 다른 부분에 단단히 고정되어 있으므로 그 끝에 일정량의 구속효과가 존재하게 되고, 부재에는 건조수축에 의한 인장응력이 발생하게 된다. 또한 온도의 감소도 건조수축과 유사한 효과를 부재에 줄 수 있으며, 인장강도가 낮은 콘크리트는 이와 같은 건조수축 및 온도변화에 의해 매우 가는 균열이 발생할 수 있다. 따라서 슬래브에는 건조수축에 대응하고 균열을 일정하게 분포시키기 위해 균열의 직각방향으로 철근을 보강하여야 하며, 콘크리트가 수축함에 따라 철근은 압축을 받게 된다. 주철근이 1방향으로만 배치되어 있는 경우에는 주철근에 직각 방향으로 수축철근(온도철근)을 두어야 한다. 구조기준에서는 건조수축 및 온도철근에 대한 최소 철근비를 다음과 같이 규정하고 있다. 설계기준항복강도 400MPa 이하인 이형철근이 사용된 슬래브에서는 $\rho = 0.0020$이고, 설계기준 항복강도 400MPa을 초과하는 이형철근 또는 용접망을 사용하는 경우 $\rho = 0.002 \times \dfrac{400}{f_y}$ 이다. 이때 철근의 간격은 슬래브 두께의 5배 이하, 그리고 450mm 이하로 하여야 한다. 다만, 어떤 경우에 있어서도 철근비는 0.0014 이상이어야 한다.

11.6 철근의 배근상세

연속 1방향 슬래브에서 주철근의 면적은 모든 위험 단면과 경간의 중앙부 및 받침부에서 계산된다. 철근직경과 배근의 상세는 주로 소요 철근량, 철근간격에 대한 제한사항, 그리고 정착 길이에 따라 결정된다. 철근의 배근방법에는 다음과 같은 2가지가 있다. 우선 직선 철근만을 사용하는 배근방법(그림 11.8(a))에서는 직선 철근이 모든 경간에서의 상부철근과 하부 철근으로 사용하며, 직선철근을 사용함으로써 절곡철근을 만드는데 소요되는 시간과 비용을 줄일 수 있다. 절곡철근 혹은 트러스 형상의 철근을 사용하는 배근방법(그림 11.8(b))에서는 직선철근과 절곡철근을 슬래브에 번갈아 배근하게 되며, 철근의 절곡위치는 휨, 전단, 정착길이의 요구조건 등에 따라 검토되어야 한다. 1방향 슬래브의 내측 및 외측경간의 배근상세는 일반적으로 그림 11.8과 같다.

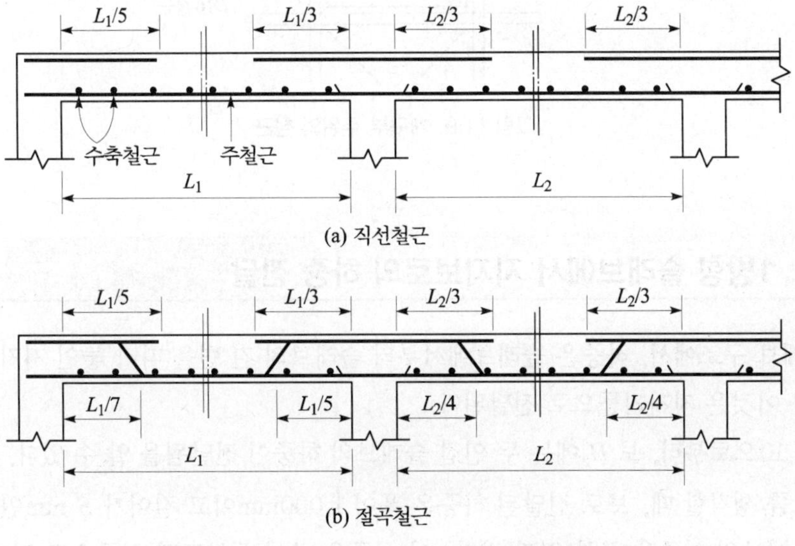

그림 11.8 연속 1방향 슬래브에서의 배근상세

11.7 슬래브에서의 개구부

바닥 슬래브에는 일반적으로 덕트나 리프트 샤프트 등에 의해 개구부가 위치한다. 이때 슬래브의 설계 강도가 영향을 받지 않도록 개구부는 특별히 보나 철근에 의해 보강되어야 하며, 개구부 모서리에는 대각선 균열이 발생할 수 있으므로, 별도의 철근으로 보강하여야 한다. 덕트가 지나가는 길과 같이 개구부가 작고 보로서 보강되지 않은 경우에도 철근으로 반드시 보강되어야 하며, 슬래브의 양방향의 철근은 개구부 앞에서 절단되는데, 적어도 그 절단된 양만큼 개구부의 주위에 보강되어야 한다. 또한 개구부의 네 모서리를 가로질러 대각선 철근이 보강되어야 하는데, D13 혹은 D16 철근이 주로 사용되며 이때 철근 직경은 주철근의 직경보다 작아서는 안 된다(그림 11.9)(콘크리트 슬래브와 기초판 설계기준(KDS 14 20 70: 2021) 4.1.6).

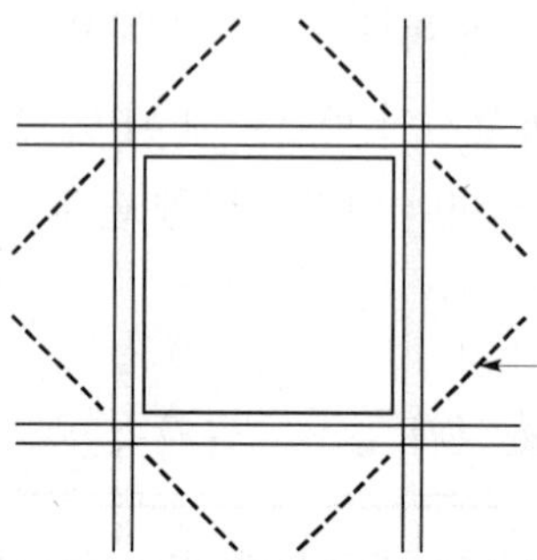

그림 11.9 개구부 주위의 철근

11.8 1방향 슬래브에서 지지보로의 하중 전달

1방향 슬래브 구조에서, 하중은 슬래브에서부터 슬래브의 긴 변을 따라 놓인 지지보로 전달되고 다시 이것은 지지기둥으로 전달된다.

그림 11.10으로부터, 보 B_2에는 두 인접 슬래브의 하중이 전달됨을 알 수 있다. 1,000mm 길이의 보를 생각할 때, 보로 전달된 하중은 폭이 1,000mm이고 길이가 S mm인 스트립의 면적에 슬래브의 하중을 곱한 것과 같다. 이 하중은 보에 등분포된 하중으로 된다.

$$U_B = U_S S$$

보 B_1에 작용하는 등분포하중은 B_2에 작용하는 하중의 1/2이다. 왜냐하면 B_1은 하나의 슬래브로부터만 하중을 받기 때문이다.

기둥 C_4에 작용하는 하중은 2개의 보 B_2의 각각의 반력의 합과 같다.

$$\text{기둥 } C_4\text{에 작용하는 하중} = U_B L = U_S LS$$

기둥 C_3에 작용하는 하중은 기둥 C_4에 작용하는 하중의 1/2이다. 왜냐하면 C_3 은 하나의 슬래브로부터만 하중을 받기 때문이다. 비슷한 방법으로, 기둥 C_2 와 C_1에 작용하는 하중은

$$C_2\text{에 작용하는 하중} = U_s \frac{L}{2} S = C_3\text{에 작용하는 하중}$$

$$C_1\text{에 작용하는 하중} = U_s \frac{L}{2} S$$

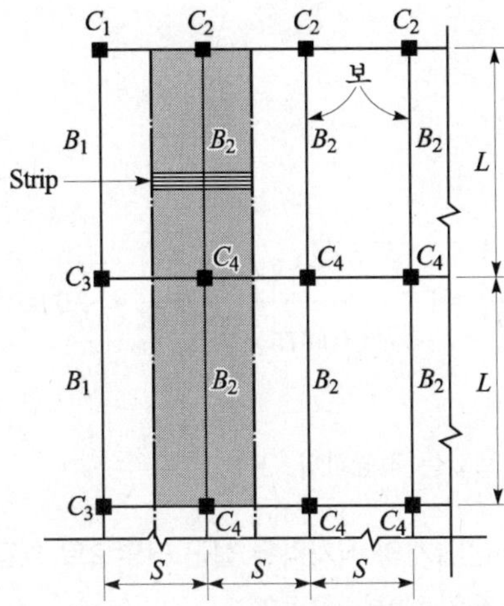

그림 11.10 보에 작용하는 하중의 분포

이와 같이 각 기둥은 기둥을 둘러싼 슬래브에 있어서 인접슬래브 간의 중심선으로 이루어진 면적, 즉 기둥의 양쪽으로 장변의 $L/2$까지, 그리고 단변의 $S/2$까지의 하중을 지지함을 알 수 있다.

예제 11.1

유효깊이 d=150mm이고 150mm의 간격으로 D13 철근으로 보강된 1방향 슬래브의 공칭휨강도를 계산하라. $f_{ck}=27\text{MPa}$, $f_y=400\text{MPa}$이다.

▌풀이

1. 이 슬래브는 150mm의 간격으로 D13으로 보강되어 있다. 따라서 슬래브의 설계폭 1,000mm 내의 철근 면적은

$$\frac{1,000}{150}\times 127\text{mm}^2=847\text{mm}^2$$

2. 폭 1m에 사용된 철근비

$$\rho=\frac{A_s}{b_w d}=\frac{847}{1,000\times 150}=0.0056$$

3. ρ와 구조기준의 허용치 ρ_{max}과 비교한다.

$$\rho_{max}=\left(\eta 0.85\beta_1\frac{f_{ck}}{f_y}\frac{0.0033}{0.0033+2.5\varepsilon_y}\right)=\left(1.0\cdot 0.85\cdot 0.8\frac{27}{400}\frac{0.0033}{0.0033+0.005}\right)=0.018249$$

$$\rho=0.0056<\rho_{max}$$

4. $\rho_{\min}$과 비교한다.

$$\phi M_n \geq 1.2 M_{cr}$$

$$\phi A_{s,\min} f_y jd \geq 1.2 \frac{f_r I_g}{y_t},$$

$$\rho_{\min} = 1.2 \frac{f_r I_g}{\phi f_y jd y_t} \times \frac{1}{bd} \simeq 1.2 \frac{0.63\lambda\sqrt{f_{ck}}\frac{bh^3}{12}}{\phi f_y (0.875 \times 0.9d)\frac{h}{2}} \times \frac{1}{b} 0.9d = 0.178 \frac{\lambda\sqrt{f_{ck}}}{\phi f_y} = 0.00231$$

$$\rho = 0.0056 > \rho_{\min}$$

즉, $\rho_{\min} < \rho < \rho_{\max}$ 그러므로 ρ는 적당하다.

5. 이 단면은 폭 $b_w = 1{,}000$mm인 1개의 직사각형 철근 단면으로 취급한다.

그러므로 단면 힘의 평형 조건으로부터, $C = T$

$$C = \eta(0.85 f_{ck})\beta_1 cb = 1.0 \times (0.85 \times 27) \times 0.8 \times c \times 1000 = 14360c\text{N}$$

$$T = A_s f_y = 847 \times 400 = 338{,}800\text{N}$$

$$14{,}360c = 338{,}800,\ c = 23.59\text{mm}$$

$$\therefore M_u = \phi A_s f_y \left(d - \frac{\beta_1 c}{2}\right)$$

$$= 0.85 \times 847 \times 400 \times (150 - \frac{0.8 \times 23.59}{2}) = 40{,}479{,}620\text{N}\cdot\text{mm} \approx 40.5\text{kN}\cdot\text{m}$$

예제 11.2

슬래브가 180mm의 간격의 D19 철근으로 보강되었을 때 예제 11.1을 풀어라.

▮풀이

1. 슬래브는 180mm의 간격으로 D19 철근으로 보강되어 있다.

D19 철근의 면적은 286.5mm², 폭 1,000mm당 철근의 면적을 계산하기 위해, D19 철근 1개의 면적을 간격 180mm로 나누어 슬래브 1,000mm 폭당 평균 철근면적을 얻는다.

$$A_s = \frac{1{,}000}{180} \times 286.5 \div 1{,}600\text{mm}^2$$

2. 철근비 ρ를 앞에서 얻은 $\rho_{\max}$와 $\rho_{\min}$으로 비교한다.

$$\rho = \frac{1{,}600}{1{,}000 \times 150} = 0.0107$$

$$\rho_{\max} = 0.0183$$

$\rho_{\min} = 0.00231$

$\rho_{\min} < \rho < \rho_{\max}$, 그러므로 계산된 ρ 값은 공칭휨강도를 계산하는데 그대로 사용한다.

3. $M_u = \phi A_s f_y \left(d - \dfrac{\beta_1 c}{2} \right)$

$$C = T$$
$$C = \eta(0.85 f_{ck})\beta_1 cb = 1.0 \times (0.85 \times 27) \times 0.8 \times c \times 1000 = 18{,}360c\text{N}$$
$$T = A_s f_y = 1600 \times 400 = 640{,}000\text{N}$$
$$18360c = 640{,}000, \quad c = 34.86\text{mm}$$
$$M_u = 0.85 \times 1{,}600 \times 300 \times \left(150 - \frac{0.8 \times 33.61}{2}\right) = 740141815\text{N}\cdot\text{mm} \cong 74.0\text{kN}\cdot\text{m}$$

예제 11.3

슬래브가 단순 받침부 사이의 경간이 3,000mm이고 등분포 고정하중 10kN/m^2을 받을 때 앞 예제의 슬래브에 작용할 수 있는 허용 등분포 활하중을 결정하라.

▌풀이

1. 폭 1,000mm당 슬래브의 설계휨강도가 앞의 예제에서 계산되었다.

$$M_u = 74.0\text{kN}\cdot\text{m}$$

2. 단순지지된 1방향 슬래브의 계수휨모멘트

$$M_u = \frac{Ul^2}{8}$$

그러므로

$$74.0 = U\frac{3^2}{8}$$
$$U = 65.8\text{kN/m}^2$$

이때 U의 단위는 kN/m^2이다. 이것은 슬래브의 단위폭($b = 1{,}000$mm)에 따른 경간방향의 단위 길이에 대한 하중을 의미한다.

3. 계수하중

$$U = 1.2D + 1.6L$$
$$65.8 = 1.2 \times 10 + 1.6 \times L$$
$$L = (65.8 - 1.2 \times 10)/1.6 = 33.6\text{kN/m}^2$$

예제 11.4

자중을 포함한 등분포 계수하중 40kN/m를 받는 경간 3,600mm의 단순지지 1방향 슬래브를 설계하라. $f_{ck}=27\text{MPa}$, $f_y=400\text{MPa}$이고 구조기준 제한사항을 참고하라.

▌풀이

1. $f_y=400\text{MPa}$일 때 단순지지된 1방향 슬래브의 최소 두께(부록 표 A.6)

$$\text{최소두께}=\frac{l}{20}=\frac{3,600}{20}=180\text{mm}$$

따라서 슬래브 두께를 180mm 이상으로 하면 처짐은 검토할 필요가 없다.

2. $M_u=\dfrac{Ul^2}{8}=\dfrac{40\times3,600^2\times10^{-6}}{8}=64.8\text{kN}\cdot\text{m}$(슬래브의 단위폭당)

3. 철근비 $\rho=0.014$를 선택한다. (포물선-직선 응력 변형률 관계 적용)

$f_{ck}\leq 40\text{MPa}$ 이므로 $\alpha=0.8, \beta=0.4$

$$R_u=\phi\rho f_y\left(1-\frac{\beta\rho f_y}{\alpha\, 0.85 f_{ck}}\right)=0.85\times0.014\times400\times\left(1-\frac{0.4\times0.014\times400}{0.8\times0.85\times27}\right)=4.18\text{MPa}$$

$$M_u=R_u b_w d^2$$

$$64.8\times10^6=4.18\times1,000\times d^2$$

그러므로 $d_{req}=125\text{mm}$이고 적용된 슬래브 두께는 180mm이므로 $d=150\text{mm}$를 적용하면

$$A_s=\rho bd=0.014\times1,000\times143=2,100\text{mm}^2$$

따라서 120mm의 간격으로 D19 철근을 사용한다(실제 사용된 $A_s=2,292\text{mm}^2$).

4. 총 두께= $d+1/2$(철근직경) + 피복두께

$$t=150+19/2+20=180\text{mm}$$

슬래브 두께를 180mm로 한다. 이 두께는 필요한 120mm보다 크기 때문에 처짐은 검토할 필요가 없다.

$$\text{실제의 } d=180-19/2-20\cong150\text{mm}$$

5. 전단의 검토

지지면으로부터 거리 d점의 전단력을 계산한다. 받침부의 폭은 주어지지 않았으므로, 경간의 한 끝으로부터 V_u를 계산한다.

$$V_u=40(3,600/2-171)=66,000\text{N}=66\text{kN}$$

허용 전단응력 $\tau_c=1/6\sqrt{f_{ck}}=1/6\sqrt{27}=0.87\text{MPa}$

허용 계수 전단력$(\phi V_c)=\phi\tau b_w d=0.75\times0.87\times1,000\times150=97.9\text{kN}$

따라서 전단에 대한 콘크리트 단면은 충분하다. $\frac{1}{2}\phi V_c$보다 작을 때는 최소전단철근을 배근한다는 규정은 슬래브에는 적용하지 않기 때문에 검토가 불필요하다.

6. 온도변화 및 건조수축 철근의 산정 : 횡방향에 필요한 철근비는 0.2%이다.

$$A_s = 0.002 b_w t = 0.002 \times 1{,}000 \times 200 = 400\text{mm}^2$$

따라서 250mm의 간격으로 D13 철근을 배근한다(사용된 $A_s = 507\text{mm}^2$).

예제 11.5

건물에서 연속 1방향 슬래브의 횡단면이 그림 11.11에 나타나 있다. 이 슬래브는 경간 길이가 3,600mm인 단순보에 의해서 지지된다. 슬래브 위의 고정하중은 자중 외에 15kN/m^{2}이고, 활하중은 20kN/m^{2}이다. 연속슬래브를 설계하고 배근상세도를 그려라. $f_{ck} = 27\text{MPa}$, $f_y = 400\text{MPa}$이다.

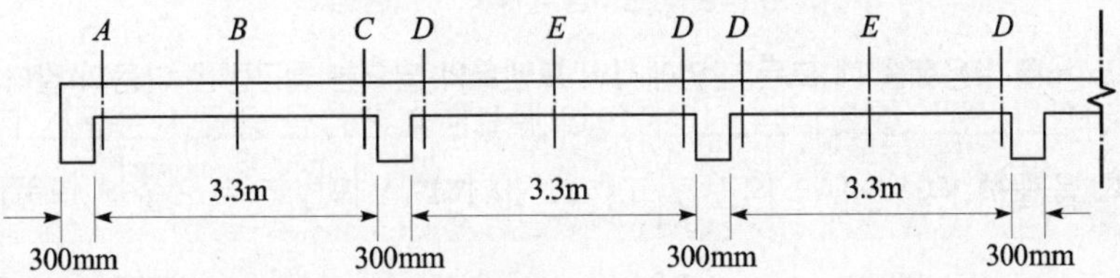

그림 11.11

▌풀이

1. 외측 슬래브는 한쪽 단만 연속인 슬래브이므로 최소 두께는 $l/24$이고, 내측슬래브는 양단이 연속이므로 $l/28$이다(부록 표 A.6). 이때 l은 보의 중심간 거리로서 여기서는 3,600mm이다.

   외측 슬래브의 최소 두께 $= l/24 = 3{,}600/24 = 150\text{mm}$

   내측 슬래브의 최소 두께 $= l/28 = 3{,}600/28 = 129\text{mm}$

   따라서 150mm의 균등한 두께로 가정하면 처짐은 검토할 필요가 없다.

2. 단위폭에 대한 하중과 모멘트 계산

   고정하중 = 슬래브의 자중+3kN/m$= (0.15 \times 25) + 15 = 18.75\text{kN/m}$

   (철근콘크리트의 단위 중량은 25kN/m^3)

   계수하중 $U = 1.2D + 1.6L = 1.2 \times 18.75 + 1.6 \times 20 = 44\text{kN/m}$

   순경간(l_n)은 3,300mm이다. 첫 번째 경간에서의 최대 설계모멘트는 내측지점 위에서 발생하며, 그 크기는 $Ul^2/10$이다(표 3.3, 그림 3.6 참고).

$$M_u = \frac{U \times (3.3)^2}{10} = 44 \times \frac{3.3^2}{10} = 47.9\text{kN}\cdot\text{m}$$

3. 예제 11.4에서 계산한 것과 같이 $\rho = 1.4\%$, $R_u = 3.15\text{MPa}$으로 하면, 이것은 예제 11.1에서 계산된 바와 같이 $\rho_{\max}(0.0183)$보다 작고, $\rho_{\min}(0.00231)$보다 크다.

$$d = \sqrt{\frac{M_u}{R_u b_w}} = \sqrt{\frac{17.1 \times 10^6}{3.15 \times 1{,}000}} = 123.3\text{mm}$$

$$A_s = \rho b_w d = 0.014 \times 1{,}000 \times 123.3 = 1{,}726.7\text{mm}^2$$

D16 철근을 사용한다면(이는 뒤에 검토하기로 한다).

$$\text{슬래브 총 두께} = d + \text{철근지름의 1/2배} + \text{피복두께} = 123.3 + \frac{16}{2} + 20 = 151.3\text{mm}$$

따라서 앞에서 정한 것과 같이 슬래브 두께를 150mm로 하면

$$\text{사용된 실제 } d = 150 - 20 - \frac{16}{2} = 122\text{mm}$$

4. $d = 122\text{mm}$를 사용했을 때 모든 단면에서의 모멘트와 필요한 철근량은 다음과 같다.

위치	모멘트계수	M_u(kN·m)	$R_u = M_u/b_w d^2$ (MPa)	ρ(%)*	$A_s(\text{mm}^2)$**	c(mm)***	ϕM_n(kN·m)
A	$-\frac{1}{24}$	20.01	1.34	0.45	549	11.96	21.88
B	$\frac{1}{14}$	34.30	2.30	0.80	976	21.26	37.66
C	$-\frac{1}{10}$	48.02	3.23	1.10	1342	29.24	50.33
D	$-\frac{1}{11}$	43.66	2.93	1.0	1220	26.58	46.20
E	$\frac{1}{16}$	30.02	2.02	0.70	854	18.61	33.26

* ρ는 $\rho = \frac{\alpha}{2\beta}\frac{0.85 f_{ck}}{f_y}\left(1 - \sqrt{1 - \frac{4\beta}{\alpha}\frac{R_n}{0.85 f_{ck}}}\right)$ 또는 $\rho = \eta\frac{0.85 f_{ck}}{f_y}\left(1 - \sqrt{1 - \frac{2}{\eta}\frac{R_n}{0.85 f_{ck}}}\right)$

** $A_s = \rho b d$

*** $c = \frac{A_s f_y}{\alpha 0.85 f_{ck} b}$ 또는 $a = \frac{A_s f_y}{\eta 0.85 f_{ck} b}$

5. 철근지름과 간격을 정하기 위하여, 정·부의 각각의 모멘트의 최대치가 발생하는 단면인 C 와 B 의 단면을 먼저 조사할 필요가 있다. C 의 단면에서 필요한 철근량은 $A_s = 1342\text{mm}^2$이다. 따라서 D19 철근을 150mm 간격으로 배근한다(실제 사용된 $A_s = 1910\text{mm}^2$). 이때 철근을 하나씩 건너서 절곡시켜 슬래브로 연장한다.

B 의 단면에서 필요한 철근량은 $A_s = 976\text{mm}^2$이고, 직선으로 된 D10 철근을 300mm 간격으로, 절곡된 D19 철근을 300mm 간격으로 배근한다. 이것은 150mm마다 철근이 있다는 것을 의미하는 것으로 직선으로 된 D10 철근과 절곡된 D13 철근이 교대로 배근되는 것이다. 이 절곡철근은 부모

멘트 지역 C 에서의 필요철근량의 절반이다. B단면에서 실제 사용된 철근량은 238mm^2(300mm 간격의 D10 철근)와 955mm^2(300mm 간격의 D19 철근)의 합으로 전체 1193mm^{2}이며, 이것은 단면 B에서의 필요철근량 976mm^{2}보다 많다.

단면 A에는 D19 절곡철근만을 상부에 배근하면, 사용된 $A_s = 955\text{mm}^2$로 필요한 $A_s = 549\text{mm}^2$보다 많다. 또한 슬래브의 내·외부경간 길이가 같다 하더라도 내부에서의 정·부모멘트 값은 외부경간에서의 정·부모멘트 값보다 작기 때문에 내부경간의 단면에서는 외부경간의 단면보다 철근직경을 줄이거나 또는 배근간격을 넓힘으로써 소용 철근량을 절약할 수 있다. 그러나 그 절감효과가 그리 크지 않은 경우에는 그림 11.12와 같이 시공 상의 편의를 위하여 단면 D, E에도 단면 C, B와 동일한 철근량으로 배근하는 것이 좋다. 9장에서 설명한 것과 같이, 철근의 배근 예를 정착길이와 절곡 위치에 대해서도 검토되어야 한다. 인건비를 줄이기 위하여 직선 철근만으로 배근할 수도 있다. D19 철근을 사용함으로써 실제로 사용된 d는 120.5mm로 되는 것에 주의해야 한다.

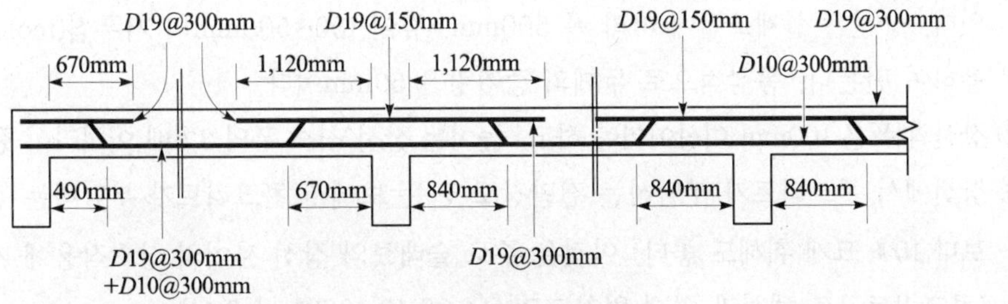

그림 11.12 1방향 슬래브 철근 배근도

6. 최대전단력은 두 번째 받침부의 외측 전면(단면 C)에서 발생하며 그 크기는 다음과 같다.

$$V_u = \frac{U l_n}{2}$$ (첫번째 내부 받침부 외의 내부 받침부의 최대 전단력)

여기서, U : 계수하중

l_n : 순경간

$$V_u = \frac{17.1}{2} \times 3.3 = 28.2\text{kN}$$

허용 공칭전단응력 $\tau_c = 1/6\sqrt{f_{ck}} = 1/6\sqrt{27} = 0.866\text{MPa}$

허용 공칭전단력 $= \phi\tau b_w d = 0.75 \times 0.866 \times 10^{-3} \times 1{,}000 \times 120.5 = 78.26\text{kN} > 28.2\text{kN}$

따라서 콘크리트 단면만으로 충분하므로 별도의 전단보강이 필요치 않다.

7. 수축·온도철근의 검토는 생략한다.

11.9 1방향 장선구조

1방향 장선구조(Joist floor system)는 일정한 간격의 장선과 그 위의 얇은 슬래브가 일체로 되어있는 구조형태로서 총 두께는 보통 슬래브보다 두껍다. 학교, 병원, 호텔 등과 같이 작용하중이 작고 경간이 상대적으로 긴 건물에서는 이 구조가 대단히 경제적이다. 콘크리트 인장부는 구조적으로 무시할 수 있기 때문에 1방향 장선구조 설계시 슬래브의 자중을 감소시키기 위하여 장선 사이의 부분을 비워두거나 경량 재료로 채운다. 장선구조 단면은 4장에서 설명한 사각형이나 T형 단면의 경우를 따른다. 다음 사항은 1방향 장선구조의 설계 시 주의해야 할 사항들이다.

① 장선은 보통 끝이 좁은 형태로 되어있으며, 약 400~750mm의 등간격으로 배치되어 있다. 장선은 설계조건에 따라 폭 500mm, 깊이 150~500mm의 거푸집(molds)을 사용하여 만든다. 통상적으로 두께의 증가량은 50mm이다.

② 장선의 폭은 100mm 이상이어야 하고, 높이는 장선 최소 폭의 3.5배 이하라야 한다.

③ 장선에서 콘크리트가 부담하는 전단강도 V_c는 보에서 콘크리트가 부담하는 전단강도보다 10% 크게 취해도 좋다. 이것은 주로 슬래브와 장선 사이의 상호작용에 기인한다(콘크리트구조 해석과 설계 원칙 KDS 14 20 10 :2021, 4.3.11).

④ 제거용 거푸집(forms)이 사용될 때 슬래브의 두께는 장선 순간격의 1/12 이상, 50mm 이상이라야 하며(KDS 14 20 10 :2021, 4.3.11), 장선의 직각방향으로 콘크리트 슬래브와 기초판 설계기준 (KDS 14 20 70: 2021) 4.1.1.3의 내용에 따른 온도변화 및 건조수축철근을 배근하여야 한다.

⑤ 연속슬래브에서 모멘트를 계산하기 위한 콘크리트구조 해석과 설계 원칙(KDS 14 20 10 :2021) 4.3.1절의 식들은 연속 장선구조에도 사용될 수 있다.

⑥ 다음에는 몇 가지 추가적인 설계세목에 대해서 정리하였다.

- 장선의 최소 폭은 100mm 이상으로 해야 한다.
- 슬래브의 최소 두께는 50mm와 장선 간격의 1/10 중에서 큰 값으로 해야 한다.
- 장선의 직각방향으로 슬래브에 배근된 철근은 온도변화 및 건조수축에 대한 최소 철근량이나 장선의 주철근 면적의 1/5보다 작아서는 안 된다.
- 장선에 평행한 상부철근이 슬래브에 배근되어야 하며, 그 간격은 장선간격의 1/2 이하이어야 한다.
- 장선구조에 작용하는 활하중이 3kN보다 작고, 장선의 간격이 5,000mm를 넘는 경우

에는 2차적인 횡방향 장선을 경간 중앙에 배치시켜야 하며(그 방향은 주 장선의 방향에 수직이다), 주 장선과 같은 양의 철근이 보강되어야 한다. 횡방향 장선의 상부철근은 인장측 주철근량의 1/2보다 작아서는 안 된다.

- 활하중이 3kN 을 초과하고 장선간격이 4,000~7,000mm 사이에서 변화한다면, 위에서 설명한 것과 같이 1개의 횡 리브를 배치하여야 한다. 그러나 장선간격이 7,000mm를 초과하는 경우에는 적어도 2개의 횡방향 장선을 등간격으로 배치시켜야 한다. 이때 철근은 위와 같이 배근한다.

예제 11.6

다음과 같은 콘크리트 장선구조의 내부 리브를 설계하라. 리브의 경간 = 6,000mm(단순지지), 고정하중(자중제외) = 0.5kN/m^2, 활하중 = 3.5kN/m^2, $f_{ck} = 27\text{MPa}$, $f_y = 400\text{MPa}$이다.

▮ 풀이

1. 슬래브의 설계

슬래브 두께는 80mm이고, 순간격 500mm인 리브와 일체로 되어있다고 가정하자. 충전재는 없는 것으로 한다.

슬래브의 자중 $= 0.08 \times 25 = 2\text{kN/m}$

총 고정하중 $= 2 + 0.5 = 2.5\text{kN/m}$

$U = 1.2D + 1.6L = 1.2 \times 2.5 + 1.6 \times 3.5 = 8.6\text{kN/m}$

$M_u = \dfrac{Ul^2}{12}$(슬래브는 고정되어있다고 가정한다) $= \dfrac{8.6 \times 0.5^2}{12} = 0.18\text{kN/m}$

슬래브에 무근 콘크리트가 사용된다면, 강도감소계수 $\phi_{pc} = 0.55$이고, 휨인장강도는 $f_{ta} = 0.41\sqrt{f_{ck}}$로 가정한다.

$f_{ta} = 0.41\sqrt{27} = 2.13\text{MPa}$

휨인장강도 $= M \cdot C / I = \phi_{po} f_{ta}$

$I = \dfrac{bh^3}{12} = \dfrac{1{,}000 \times 80^3}{12} = 4.27 \times 10^7\text{mm}^4$, $c = \dfrac{h}{2} = \dfrac{80}{2} = 40\text{mm}$

그러므로

$M = \phi_{po} f_t \dfrac{I}{c} = 0.55 \times 1.88 \times \dfrac{4.27 \times 10^7}{40} = 1.10\text{kN} \cdot \text{m}$

이 값은 $M_u = 0.18\text{kN} \cdot \text{m}$보다 크므로, 슬래브는 적당하다.

건조수축 및 온도변화에 대한 최소 철근량은

$$A_s = 0.002 \times 1{,}000 \times 80 = 160\text{mm}^2$$

따라서 D10 철근을 300mm 간격(사용 $A_s = 1{,}000/300 \times 71.33 = 240\text{mm}^2$)으로 리브의 직각방향으로 배근한다. 이러한 철근량에 대해서는 용접철망(welded wire fabrie)이 더 경제적일 수도 있다. 마찬가지로 같은 량의 철근을 리브와 평행한 방향으로 배근해야 하는데, 이때 1가닥의 철근은 각 리브의 상부에, 1가닥의 철근은 리브 사이의 슬래브에 배근한다.

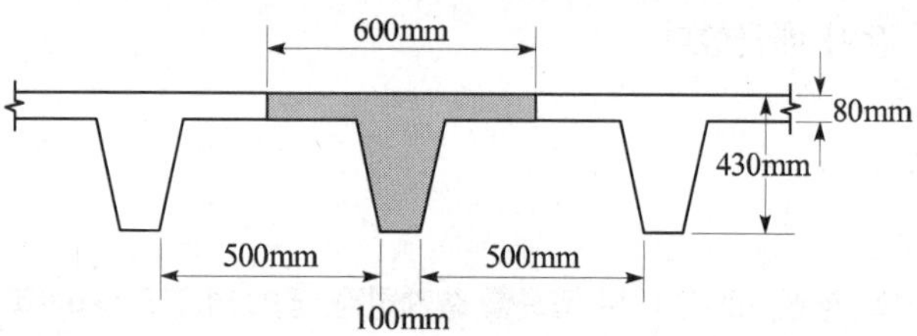

그림 11.13

2. 내부 리브에서의 모멘트 계산

$$\text{최소 높이} = l/16 \times \left(0.43 + \frac{f_y}{700}\right) = 6 \times 1{,}000/16 \times \left(0.43 + \frac{280}{700}\right) = 311\text{mm}$$

즉, 350mm로 한다. 따라서 리브와 슬래브의 총 높이는 $350 + 80 = 430\text{mm}$이다. 리브 폭은 하단에서 100mm, 슬래브와 접하는 부분에서는 150mm로 가정하자(그림 11.13). 평균 폭은 125mm이다. 제거할 수 있는 거푸집을 사용한 리브 폭의 증가는 약 수평 1에 대해 수직 12의 비율을 가진다는 것에 유의해야 한다. 리브의 단위길이당 중량$= 0.125 \times 0.35 \times 25 = 1.09\text{kN/m}$, 리브가 받는 하중은 $(500+100)\text{mm}$ 폭의 슬래브에 작용하는 하중과 리브의 자중을 합한 값이다.

$$U = 0.6 \times 8.6 + 1.2 \times 1.09 = 6.47\text{kN/m}$$

$$M_u = \frac{Ul^2}{8} = \frac{6.47}{8} \times (6)^2 = 29\text{kN} \cdot \text{m}$$

3. 리브의 설계 총 높이는 430mm이다. D25 철근을 사용하고 콘크리트 피복두께를 20mm로 가정하면, 유효깊이 $d = 430 - 20 - 25.4/2 = 397\text{mm}$이다. 플랜지의 저항모멘트는

$$M_u(\text{플랜지}) = \phi C(d - t/2)$$

여기서,

$$C = \eta 0.85 f_{ck} b_w t$$

$$\therefore M_u = 0.85(1.0 \times 0.85 \times 27 \times 600 \times 80)\left(397 - \frac{80}{2}\right) = 334{,}280{,}520\text{N} \cdot \text{mm} = 334\text{kN} \cdot \text{m}$$

$$= 334\text{kN} \cdot \text{m} > 29\text{kN} \cdot \text{m}$$

플랜지의 저항모멘트가 계수휨모멘트보다 크기 때문에 리브는 $b_w = 600\text{mm}$의 사각형 단면으로서 작용하며, 등가압축응력 블록의 깊이 a는 80mm보다 작다.

$$M_u = \phi A_s f_y\left(d - \frac{\beta_1 c}{2}\right) = \phi A_s f_y\left(d - \frac{A_s f_y}{\eta 1.7 f_{ck} b}\right)$$

$$29 \times 10^6 = 0.85 A_s \times 400 \times \left(397 - \frac{A_s \times 400}{1.0 \times 1.7 \times 27 \times 600}\right)$$

$$A_s = 218\text{mm}^2$$

$$a = \frac{A_s f_y}{\eta 0.85 f_{ck} b_w} = \frac{250 \times 400}{1.0 \times 0.85 \times 27 \times 600} = 7.26\text{mm} < 80\text{mm}$$

D16 철근 2개($A_s = 397\text{mm}^2$)를 사용한다. 그런데 일반하중상태 하에서, 리브슬래브는 $a \le t/2$인 사각형 단면으로서 작용하기 때문에 대략적인 A_s는 $a = t/3$로 가정하여 계산할 수도 있다.

$$M_u = \phi A_s f_y\left(d - \frac{t}{6}\right)$$

$$29 \times 10^6 = 0.85 \times A_s \times 400 \times (397 - 80/6)$$

$$A_s = 214\text{mm}^2$$

4. 리브에서의 전단력 계산

리브 복부의 전단강도는

$$\phi V_c = \phi \frac{1}{6}\sqrt{f_{ck}}\, b_w d = 0.75 \times \frac{1}{6} \times \sqrt{27} \times 125 \times 397 = 33{,}232\text{N} = 33.2\text{kN}$$

지점에서 거리 d인 지점의 극한전단력 V_u는

$$V_u = 6.47 \times 10^{-3} \times (3{,}000 - 397) = 16.8\text{kN}$$

따라서 이론상 전단철근은 필요치 않으나 최소 스터럽이 사용될 수 있으며, 이때 스터럽의 위치를 고정시키기 위하여 추가적인 D13 철근을 리브 위의 슬래브 내에 둔다.

또한 주 리브와 같은 량의 철근이 배근된 횡방향 리브를 주 리브의 방향에 직각으로 경간 중앙에 추가시키는 것이 바람직하다.

연습문제

11.1 두께가 120mm이고 100mm의 간격으로 D16(16mm) 철근을 배근한 1방향 보통 슬래브의 공칭 휨강도를 계산하라($f_{ck} = 28\text{MPa},\ f_y = 400\text{MPa}$).

11.2 경간이 5,000mm이고 단순지지된 1방향 슬래브가 자중을 포함한 등분포 고정하중 $= 0.1\text{kN/m}^2$을 받고 있다. 이 슬래브의 두께는 180mm이고 125mm의 간격으로 D19 철근으로 보강되어 있다. 슬래브에 작용할 수 있는 허용등분포하중을 결정하라($f_{ck} = 28\text{MPa},\ f_y = 400\text{MPa}$).

11.3 두께가 150mm인 1방향 보통 슬래브가 자중을 포함한 등분포고정하중 80MPa와 활하중 40MPa을 받고 있다. 슬래브의 순경간은 3,600mm이며, 폭이 250mm인 보에 고정되어 있다. 필요한 슬래브 철근을 결정하라($f_{ck} = 28\text{MPa},\ f_y = 400\text{MPa}$).

11.4 중심 간격이 4,200mm인 보에 의해 지지되는 연속 1방향 보통 슬래브를 다음 각 경우에 대해 설계하라. 보의 폭은 300mm이고 슬래브의 순경간은 3,900mm이다. 이 슬래브는 자중을 포함한 등분포고정하중 50MPa과 활하중 60MPa을 받는다($f_{ck} = 21\text{MPa},\ f_y = 300\text{MPa}$).

(가) 직선 철근만을 사용한 경우

(나) 절곡 철근을 사용한 경우

CHAPTER 12

2방향 슬래브

CHAPTER 12

Design of Reinforced Concrete Structures

2방향 슬래브

12.1 2방향 슬래브의 설계

2방향 슬래브에서 휨과 처짐을 정확히 해석하기란 매우 어렵다. 이것은 콘크리트의 크리프 현상과 비선형거동이 무시된다 하더라도 마찬가지이다. 유한요소법과 같은 수치해석법이 사용될 수도 있지만, 구조설계에서 제시된 단순방법이 실제 설계에서 더욱 유용하게 쓰이고 있다. 현행 구조설계에서 슬래브는 폭이 넓고 두께가 얇은 보처럼 거동하며, 기둥과 함께 단단한 골조를 형성한다고 가정하고 있다. 구조물을 등가의 골조로 분리시키는 이 가정의 타당성은 해석적이고 실험적인 연구에 의해 입증되었다. 경계가 구속되어 있는 2방향 슬래브의 파괴가 발생하기 전에 상당한 양의 모멘트 재분배가 이루어지기 때문이다. 하중이 커지면 이에 따른 변형과 처짐도 크게 되므로, 사용하중에서 적당한 처짐과 균열 상태를 유지하기 위한 최소 슬래브 두께가 필요하다.

현행 콘크리트구조 설계(강도설계법)(KDS 14 20 00: 2022)에서는 2방향 슬래브의 설계에 있어서 다음과 같은 2가지 방법을 규정하고 있다.

① 직접설계법(콘크리트 슬래브와 기초판 설계기준; KDS 14 20 70: 2021) 4.1.3은 2방향 슬래브의 근사적인 해석 및 설계방법으로서, 등분포 하중을 받고 경간의 거리가 거의 동일한 연속슬래브의 해석에 적용된다. 이 방법에서는 위험단면에서의 설계 모멘트를 결정하기 위해 계수를 사용한다. KDS 14 20 70(2021) 4.1.3.1의 제한사항을 벗어나는 슬래브는 직접설계법 외에 더욱 정확한 방법에 의해 설계되어야 한다.

② 등가골조법(콘크리트 슬래브와 기초판 설계기준; KDS 14 20 70:2021)) 4.1.4는 3차원 건물을 기둥 사이의 중앙선을 따라 절단함으로써 2차원 등가골조로 분할하는 방법이다. 골조의 절단은 건물의 종방향과 횡방향으로 분리하여 실시한다(그림 12.1).

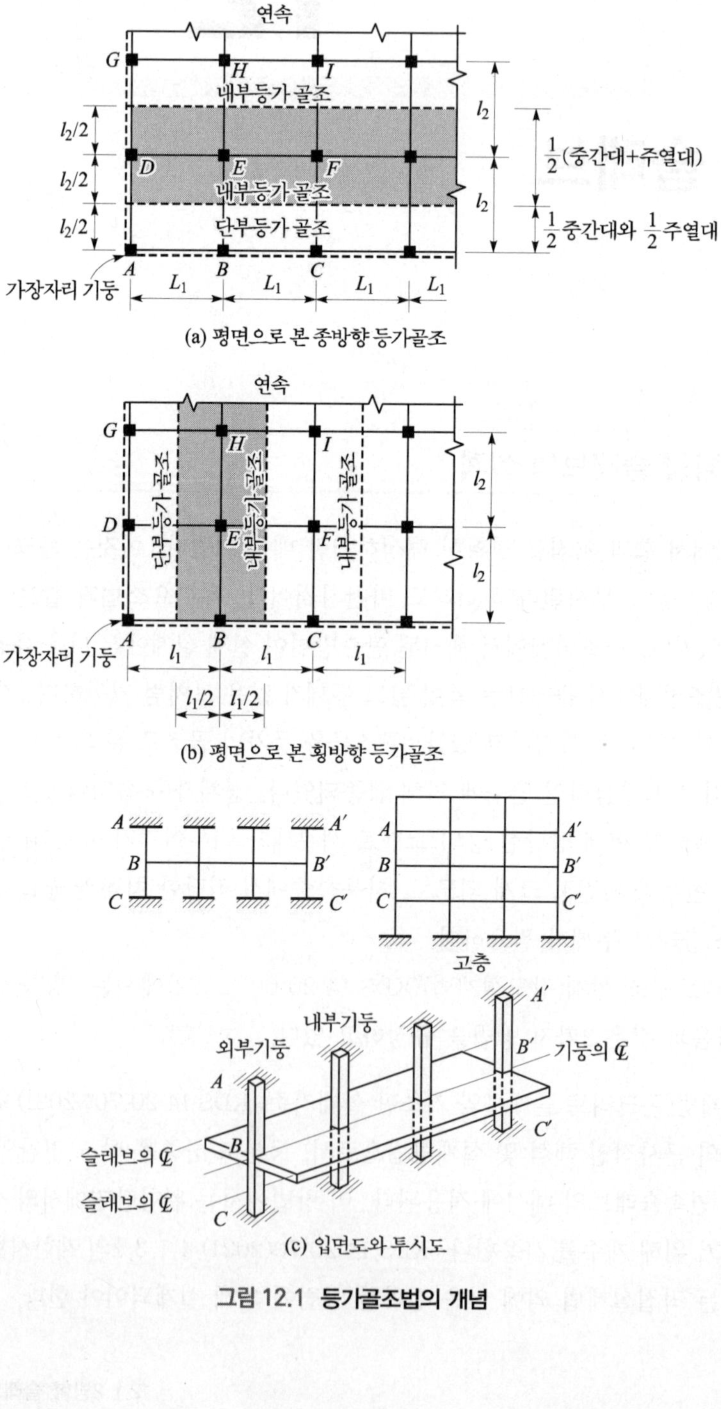

그림 12.1 등가골조법의 개념

이 2가지 방법은 계수 하중을 사용한 전체 구조물의 탄성 해석결과를 토대로 한다. 구조기준에서 규정한 방법 외에도, 슬래브의 해석과 설계에 사용되는 몇 가지 다른 방법들이 있는데 각각의 방법에 따라 계산된 철근량에 약간의 차이는 있을 수 있다. 다음과 같이 탄성, 소성 및 비선형 해석방법으로 구분된다.

① 탄성해석에서는 콘크리트 슬래브를 탄성평판으로 취급한다. 휨, 전단, 처짐은 Timoshenko가 제시한 작은 처짐을 갖는 얇은 판에 대한 하중과 처짐에 관계되는 4차 미분방정식에 의해 계산될 수 있다. 유한요소법 외에도 유한차분법을 이용하여 슬래브와 평판의 해석을 할 수 있다. 유한요소법에서 슬래브는 삼각형 또는 사변형의 요소로 나누어진다. 각 절점의 처짐 방정식이 수립되고 컴퓨터 해석을 위해 강성 매트릭스가 만들어진다.

② 소성해석에서는 3가지 방법이 이용된다. 우선 항복선 방법(yield line method)은 Johansen에 의해 발전되었는데, 파괴가 발생할 때 슬래브에 항복선이 발생한다고 생각함으로서 슬래브의 한계상태를 결정하는 것이다. 또한 스트립방법(strip method)은 Hillerborg에 의해 발전되었으며, 슬래브는 여러 개의 스트립으로 분할되고, 슬래브의 하중은 서로 반대되는 두 방향으로 분배되고, 이 스트립은 단순보로 해석한다. 세 번째 방법은 최적해석법(optimal analysis)이다. 최적 해를 구하는 데에는 많은 시도가 필요하다. Rozvany 등은 소성해석에 기초하여 철근을 최소화하기 위한 방법을 제시하였다. 최적해는 해석에 있어서 복잡하고, 이에 따른 철근배근이 매우 복잡한 모양으로 된다.

③ 비선형 해석은 유한요소법에서 각 요소의 응력-변형률 관계의 비선형성을 고려하였을 때, 철근콘크리트 슬래브의 실제하중-변형관계를 가정하는 것이다. 이때, 간략화된 실험식 또는 경험식이 가정되지 않으면 이 방법은 매우 복잡하게 된다.

지금까지 여러 가지의 슬래브 해석법을 간략하게 서술하였다. 최근에 적당한 안정성과 유용성, 경제성을 갖는 간단한 설계방법을 모색하기 위한 많은 연구가 수행되고 있다.

12.2 주열대와 중간대

그림 12.2는 기둥 A, B, C, D에 지지되는 2방향 슬래브의 내부 패널을 나타내고 있다. 만약 이 패널이 등분포하중을 받는다면, 슬래브는 양방향으로 처짐을 일으키고 중심 O에서 최대 처짐이 발생한다. 가장 높은 점은 기둥 A, B, C, D에 있으므로 기둥 주위의 슬래브는 볼록

한 형상을 띠게 된다. 슬래브의 처짐 형상은 점차적으로 변하는데, 기둥 위에서는 볼록하다가 중심 O에서는 오목하게 된다. O, E, F, G, H에서의 단면은 정의 휨모멘트를 받는다. AFB를 따른 스트립을 생각할 때, 이 스트립은 연속보처럼 휘어져(그림 12.2(b)) A와 B에서 부모멘트를 받고 F에서는 정모멘트를 받는다. 이 스트립은 기둥 A, B 양쪽으로 확장되어 주열대를 형성한다. 이와 유사하게 EOG를 따른 스트립은 E와 G에서 부모멘트를 갖고 O에서는 정모멘트를 가지며 중간대를 형성한다. DHC를 따른 세 번째 스트립은 띠 AFB와 비슷하게 거동한다. 그러므로 이 판은 3개의 스트립으로 분할되는데, 중앙의 스트립은 중간대(middle strip)라 하고 양모서리에서 AFB와 DHC에 따른 스트립을 주열대라 한다(그림 12.3(a)). 이 3개의 스트립 각각은 연속보처럼 거동한다. 비슷한 방법으로 직각방향에 대해서도 3개의 스트립으로 분할할 수 있다. 즉, FOH를 따른 중간대와 AED와 BCG를 따른 2개의 주열대로 나눌 수 있다(그림 12.3(b)).

그림 12.2(a)에서 중간대는 주열대에 의해 지지되어 중간대의 하중은 자연적으로 기둥 A, B, C, D로 전달된다는 것을 알 수 있다. 그러므로 주열대는 중간대보다 더 많은 하중을 지지한다. 결과적으로 각 주열대(E, F, G, H)에서 정의 휨모멘트는 중간대 O에서의 정의 휨모멘트보다 크다. 마찬가지로 주열대에서의 기둥 A, B, C, D에서의 부의 휨모멘트는 중간대의 E, F, G, H에서의 부의 모멘트보다 크다. 주열대와 중간대의 각 위험단면에서의 설계모멘트는 12.5절에서 논의할 것이다. 주열대의 폭은 슬래브 길이 l_1, l_2 중에 작은 값의 1/4를 기둥 중심에서부터 양쪽으로 취한 슬래브의 폭이다.

l_2 : l_1에 수직인 방향으로 받침부의 중심 간 길이

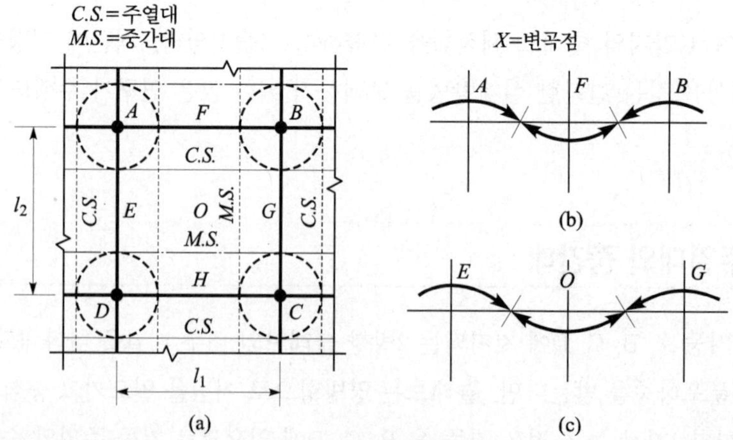

그림 12.2 내부 패널의 평면도

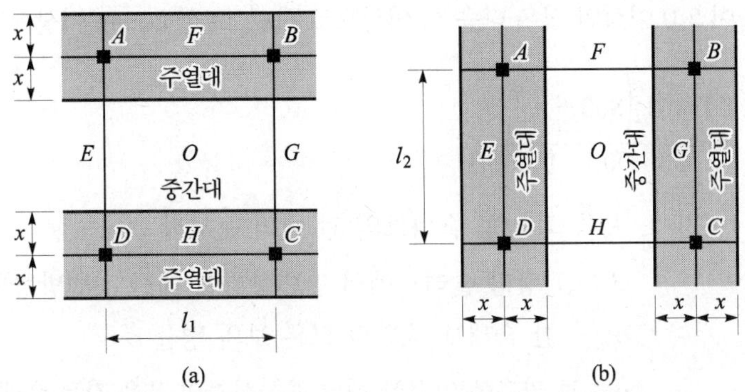

그림 12.3 중간대와 주열대 ($x = 0.25l_1$ 또는 $0.25l_2$ 중에서 작은 값)

12.3 처짐을 조절하기 위한 최소 슬래브 두께

콘크리트구조 사용성 설계기준 (KDS 14 20 30 :2021) 4.2.2에는 2방향 슬래브에서의 처짐을 조절하기 위해, 최소 슬래브 두께를 명시하고 있다. 슬래브의 처짐량은 슬래브의 휨강성 등 많은 변수의 영향을 받는데, 슬래브 두께 t의 함수로 된다. 슬래브 두께를 증가시킴으로써 슬래브의 휨강성은 증가하여, 처짐은 감소한다. 2방향 슬래브의 처짐 계산은 복잡하기 때문에, 과다한 처짐을 피하기 위해, KDS 14 20 30 (2021) 4.2.2에서는 실험연구에 의해 제시된 다음의 2가지 식을 채택하여 슬래브의 최소 두께를 제한하고 있다. 만약 이 한계조건을 만족한다면, 처짐을 계산할 필요가 없다.

다만, 처짐 계산에 의한 처짐량이 허용처짐량 이내일 경우 최소 두께 규정을 적용할 필요가 없다.

보의 강성비 α_m이 0.2를 초과하는 보가 슬래브 주변에 있는 경우 최소 두께는 다음 규정을 따라야 한다.

① 강성비 α_m이 0.2 초과 2.0 미만일 경우 계산된

$$h = \frac{l_n\left(800 + \frac{f_y}{1.4}\right)}{36,000 + 5,000\beta(\alpha_m - 0.2)} \tag{12.1}$$

이상으로 하여야 하며, 또한 120mm 이상으로 하여야 한다.

② 강성비 α_m이 2.0 이상인 경우 다음 식 이상으로 하며, 또한 90mm 이상으로 하여야 한다.

$$h = \frac{l_n\left(800 + \frac{f_y}{1.4}\right)}{36{,}000 + 9{,}000\beta} \tag{12.2}$$

여기서, l_n : 그 방향 슬래브의 긴 변의 순경간

β : 그 방향 슬래브에서 단변방향에 대한 장변방향의 순경간비

α_m : 한 슬래브 주변의 모든 보의 평균 α

α : 보 양측에 인접한 패널 중심선간의 폭을 갖는 슬래브의 휨강성에 대한 보 휨강성의 비

즉, $$\alpha = \frac{E_{cb}I_b}{E_{cs}I_s} \tag{12.3}$$

여기서, E_{cb} : 보 콘크리트의 탄성계수

E_{cs} : 슬래브 콘크리트의 탄성계수

I_b : 도심축에 대한 보의 단면의 총 단면2차모멘트

(보의 단면은 슬래브의 아래 혹은 위로 돌출한 보의 길이 중 큰 값을 보의 양쪽으로 연장시킨 슬래브 부분을 포함한다. 그러나 돌출길이는 슬래브 두께의 4배를 초과해서는 안 된다.)

KDS 14 20 30 (2021)4.2.2에서 규정하는 기타 제한사항은 대략 다음과 같다.

① 불연속단을 갖는 슬래브에 대하여는 $\alpha \geq 0.8$ 의 강성을 갖는 테두리 보를 설치하거나 식 (12.1)과 (12.2)를 통해 계산된 최소 슬래브 두께를 10% 이상 증가시켜야 한다(KDS 14 20 30 (2021) 4.3.2(3)③).

② 보가 없이 지판이 사용된 경우에 지판은 각 경간방향으로 지지점의 중심간 길이의 1/6 이상 연장되어야 하고, 돌출부가 없는 슬래브 두께의 1/4 이상으로 최소한 슬래브 아래로 돌출되어야 한다(KDS 14 20 30 (2021) 4.3.4).

③ 테두리보를 제외하고 슬래브 주변에 보가 없거나 보의 강성비 α_m이 0.2 이하일 경우 슬래브 최소 두께는 표 12.1의 값을 만족하여야 하고, 다음 값 이상으로 하여야 한다(콘크리트구조 사용성 설계기준(KDS 14 20 30 :2021) 4.3.2(2)).

- 지판이 없는 슬래브일 때 … 120mm
- 지판이 있는 슬래브일 때 … 100mm

표 12.1 슬래브 시스템에서 테두리 보를 제외하고 내부에 보가 없는 슬래브의 최소 두께

설계기준 항복강도 f_y (MPa)	지판이 없는 경우			지판이 있는 경우		
	외부슬래브		내부 슬래브	외부슬래브		내부 슬래브
	테두리보가 없는 경우	테두리보가 있는 경우		테두리보가 없는 경우	테두리보가 있는 경우	
300	$l_n/32$	$l_n/35$	$l_n/35$	$l_n/35$	$l_n/39$	$l_n/39$
350	$l_n/31$	$l_n/34$	$l_n/34$	$l_n/34$	$l_n/37.5$	$l_n/37.5$
400	$l_n/30$	$l_n/33$	$l_n/33$	$l_n/33$	$l_n/36$	$l_n/36$
500	$l_n/28$	$l_n/31$	$l_n/31$	$l_n/31$	$l_n/33$	$l_n/33$
600	$l_n/26$	$l_n/29$	$l_n/29$	$l_n/29$	$l_n/31$	$l_n/31$

예제 12.1

지판이 7,500×6,000mm인 평판 슬래브가 500mm 정사각형 기둥에 의해 지지되고 있다. 콘크리트구조 사용성 설계기준(KDS 14 20 30 :2021) 4.2.2의 규정을 사용하여 그림 12.4의 내부 지판과 모서리 지판의 최소 슬래브 두께를 결정하라. $f_{ck}=30\text{MPa}$, $f_y=400\text{MPa}$이며, 테두리 보는 사용되지 않는다.

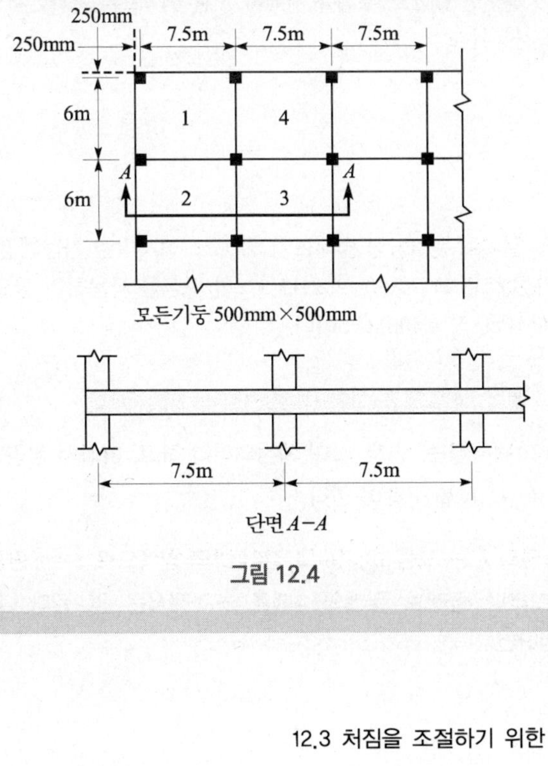

그림 12.4

▮풀이

1. 모서리 지판 1 :

식 (12.1)~(12.3)을 사용한다.

장경간의 순경간 $= l_n = 7{,}500 - 500 = 7{,}000\text{mm}$

단경간의 순경간 $= l_n = 6{,}000 - 500 = 5{,}500\text{mm}$

$\beta = 7{,}000/5{,}500 = 1.27$

$\alpha = I_b/I_s = 0$

따라서 $\alpha_m = 0$

그러므로 최소 두께는 표 12.1에 의하여

$$h_{\min} = \frac{l_n}{30} = \frac{7{,}000}{30} = 233\text{mm}$$

불연속단을 갖는 슬래브의 경우 테두리보가 없으므로 h는 최소한 10% 이상 증가시켜야 한다.

∴ 최소 슬래브 두께 $= 233 \times 1.1 = 256.3 ≒ 260\,\text{mm}$

2. 내부 지판 3

$\alpha = I_b/I_s = 0$

$\alpha_m = 0$

최소 두께

$$h_{\min} = \frac{l_n}{33} = \frac{7{,}000}{33} = 212\text{mm}$$

만약 모든 지판에서 균일한 슬래브 두께를 채택하게 된다면 모든 지판에서의 슬래브 두께는 지판 1의 $h = 260\text{mm}$가 사용된다.

예제 12.2

그림 12.5과 같이 보와 일체로 된 2방향 슬래브가 500mm 정사각형 기둥에 지지되어 있다. 콘크리트구조 사용성 설계기준(KDS 14 20 30 :2021)4.2.2의 규정을 사용하여 필요한 최소 슬래브 두께를 결정하라. $f_{ck} = 30\text{MPa}$, $f_y = 400\text{MPa}$이다.

▮풀이

1. 식 (12.1)을 사용하기 위해서는, 먼저 α_m이 계산되어야 하고, 따라서 장경간과 단경간에서의 보와 슬래브에 대한 I_b, I_s, α를 구해야 한다.

2. 보의 총 단면2차모멘트 I_b는 그림 12.5(b)와 같이 보의 양쪽으로 $x = y$ 만큼 확장된 T형 단면에 대해 계산된다. 그러나 슬래브 두께의 4배를 초과해서는 안 된다. 나중에 검토되겠지만 $t = 180\text{mm}$로 가정하면

$$x = y = 560 - 180 = 380\text{mm} < 4 \times 180 = 720\text{mm}$$

그러므로 $b_e = 500 + 2 \times 380 = 1{,}260\text{mm}$이고, 그에 따른 T 단면이 그림 12.5(c)에 나타나 있다. 단면의 도심은 플랜지의 상단에서 단면 1차모멘트를 취하여 결정한다.

플랜지 면적$= 180 \times 1{,}260 = 2.26 \times 10^5\text{mm}^2$

복부의 면적$= 500 \times 380 = 1.90 \times 10^5\text{mm}^2$

총 면적$= 2.26 \times 10^5 + 1.90 \times 10^5 = 4.16 \times 10^5\text{mm}^2$

$$(2.26 \times 10^5 \times 90) + \{1.90 \times 10^5 \times (180 + 190)\} = 4.16 \times 10^5 \times \bar{y}$$

$$\bar{y} = 218\text{mm}$$

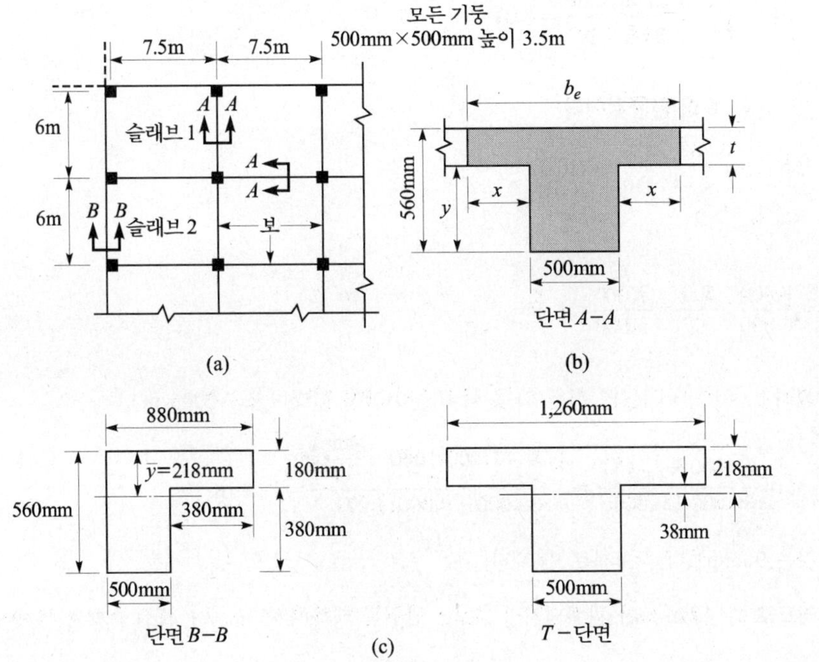

그림 12.5

$$I_b = \left[\frac{1{,}260 \times 180^3}{12} + 2.26 \times 10^5 \times (218 - 90)^2\right]$$

$$+ \left[\frac{500 \times (380)^3}{12} + 1.90 \times 10^5 \times ((180 + 190) - 218)^2\right]$$

$$= 10.99 \times 10^9\text{mm}^4$$

3. 장경간에서 슬래브의 2차모멘트는 $I_s = bt^3/12$, 여기서 $b = 6{,}000\text{mm}$, $t = 180\text{mm}$

$$I_s = \frac{(6{,}000) \times (180)^3}{12} = 2{,}91 \times 10^9 \text{mm}^4$$

$$\alpha_1(\text{장경간}) = \frac{EI_b}{EI_s} = \frac{10.99 \times 10^9}{2.91 \times 10^9} = 3.78$$

4. 단경간에서 슬래브의 2차모멘트

$I_s = bt^3/12$, 여기서 $b = 7{,}500\text{mm}$, $t = 180\text{mm}$

$$I_s = \frac{(7{,}500) \times (180)^3}{12} = 3.65 \times 10^9 \text{mm}^4$$

$$\alpha_s = \frac{EI_b}{EI_s} = \frac{10.99 \times 10^9}{3.65 \times 10^9} = 3.01$$

5. α_m은 α_1과 α_2의 평균값이다.

$$\alpha_m = \frac{3.78 + 3.01}{2} = 3.40$$

$$\therefore\ \alpha_m > 2$$

6. $\beta = \dfrac{7{,}500 - 500}{6{,}000 - 500} = \dfrac{7{,}000}{5{,}500} = 1.27$

7. 강성비 α_m이 2.0 이상인 경우 다음 식 이상이어야 한다(l_n : 7,000mm).

$$t = \frac{l_n(800 + f_y/14)}{36{,}000 + 9{,}000\beta} = \frac{(7.0 \times 1{,}000)\left(800 + \dfrac{400}{14}\right)}{36{,}000 + 9{,}000(1.27)} = 122\text{mm}$$

이것은 90mm보다 작아서는 안 된다.

그러므로 $t = 122\text{mm}$가 채택되지만 10mm 단위를 택하여 130mm가 최소 슬래브 두께이다.

12.4 슬래브의 전단강도

2방향 슬래브에서, 슬래브는 휨모멘트와 전단력에 저항하기 위해 적당한 두께를 가져야 한다. 2방향 슬래브의 전단강도를 결정하기 위해서는 다음의 각 경우가 고려되어야 한다.

12.4.1 보에 의해 지지되는 2방향 슬래브

위험단면은 지지보의 면으로부터 거리 d에 위치하고, 각 단면의 전단강도는 $\phi V_c = \phi \frac{1}{6}\sqrt{f_{ck}}\, b_w d$이다. 지지보가 단단하고 바닥하중을 기둥에 전달할 수 있을 때, 이 지지보는 그림 12.6에 나타난 것처럼 모서리에서 그어진 45°선에 의한 바닥면적에 작용하는 하중을 전달할 수 있는 것으로 가정한다. 사다리꼴 면적에 작용하는 하중은 긴 보 AB와 CD에 의해 지지되고, 반면에 삼각형 면적에 작용하는 하중은 짧은 보 AC와 BD에 의해 지지된다. 슬래브의 단위폭당 전단력은 양방향에서 E와 F에서 가장 크고,

$$V_u = w_u (l_2/2)$$

여기서, w_u는 하중계수를 곱한 단위면적당 등분포하중이다.

만약 전단철근이 보강되어있지 않으면 보의 내면에서부터 거리 d에서의 전단력 V_{ud}는 다음 식과 같다.

$$V_{ud} \le \phi V_c = \phi \frac{1}{6}\sqrt{f_{ck}}\, b_w d$$

여기서, $V_{ud} = w_u (l_2/2 - d)$

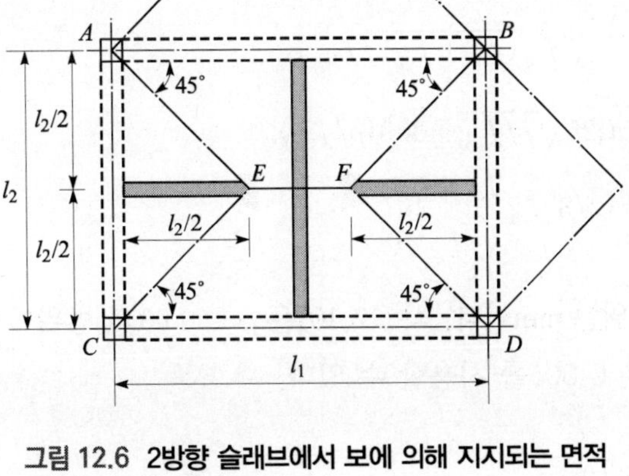

그림 12.6 2방향 슬래브에서 보에 의해 지지되는 면적

12.4.2 보가 없는 2방향 슬래브

평슬래브나 평판슬래브에서는 보가 없기 때문에 슬래브는 직접 기둥에 의해 지지된다. 이러한 슬래브에서는 다음 두 종류의 전단응력이 조사되어야 하는데, 첫 번째는 1방향 전단 혹은 보의 전단이다. 위험단면은 기둥 내면에서 거리 d인 점에 위치하고, 슬래브는 보의 경우와 같이 받침부 사이의 경간으로 하는 폭이 넓은 보로 간주된다. 콘크리트 단면의 전단강도는 $\phi V_c = \phi\frac{1}{6}\sqrt{f_{ck}}b_w d$이다. 두 번째는 2방향 전단 혹은 뚫림전단으로서, 아래의 방법에 의하여 설계하도록 규정하고 있다. 뚫림(펀칭) 전단파괴는 기둥 주위를 따라 원추형 혹은 피라미드형으로 발생한다. 이때 위험단면은 기둥면, 기둥머리 혹은 지판(그림 12.7)으로부터 거리 $d/2$점에 위치한다.

$$V_c = v_c b_o d \tag{12.4}$$

$$v_c = \lambda k_s k_{bo} f_{te} \cot\psi (c_u/d) \tag{12.5}$$

여기서, v_c는 콘크리트의 공칭전단강도, b_o는 위험단면의 둘레길이, λ는 경량콘크리트계수, k_s는 슬래브의 두께계수, 그리고 k_{bo}는 위험단면 둘레길이의 영향계수, f_{te}은 압축대 콘크리트의 인장강도, ψ는 슬래브 휨 압축대의 균열각도, c_u는 압축철근의 영향을 무시하고 계산된 슬래브 위험단면 압축대 깊이의 평균값, 그리고 f_{cc}는 위험단면의 압축대에 작용하는 평균압축응력이다.

$$k_s = (300/d)^{0.25} \tag{12.6}$$

$$k_{bo} = 4.0/\sqrt{\alpha_s (b_o/d)} \le 1.25 \tag{12.7}$$

$$f_{te} = 0.21\sqrt{f_{ck}} \tag{12.8}$$

$$\cot\psi = \sqrt{f_{te}(f_{te} + f_{cc})}/f_{te} \tag{12.9}$$

$$c_u = d[25\sqrt{\rho/f_{ck}} - 300(\rho/f_{ck})] \tag{12.10}$$

$$f_{cc} = (2/3)f_{ck} \tag{12.11}$$

식 (12.6)에서 d의 단위는 mm이다. 식 (12.10)은 $\rho \le 0.03$의 범위에서 사용할 수 있으며 ρ가 0.005 이하인 경우 0.005를 사용할 수 있다.

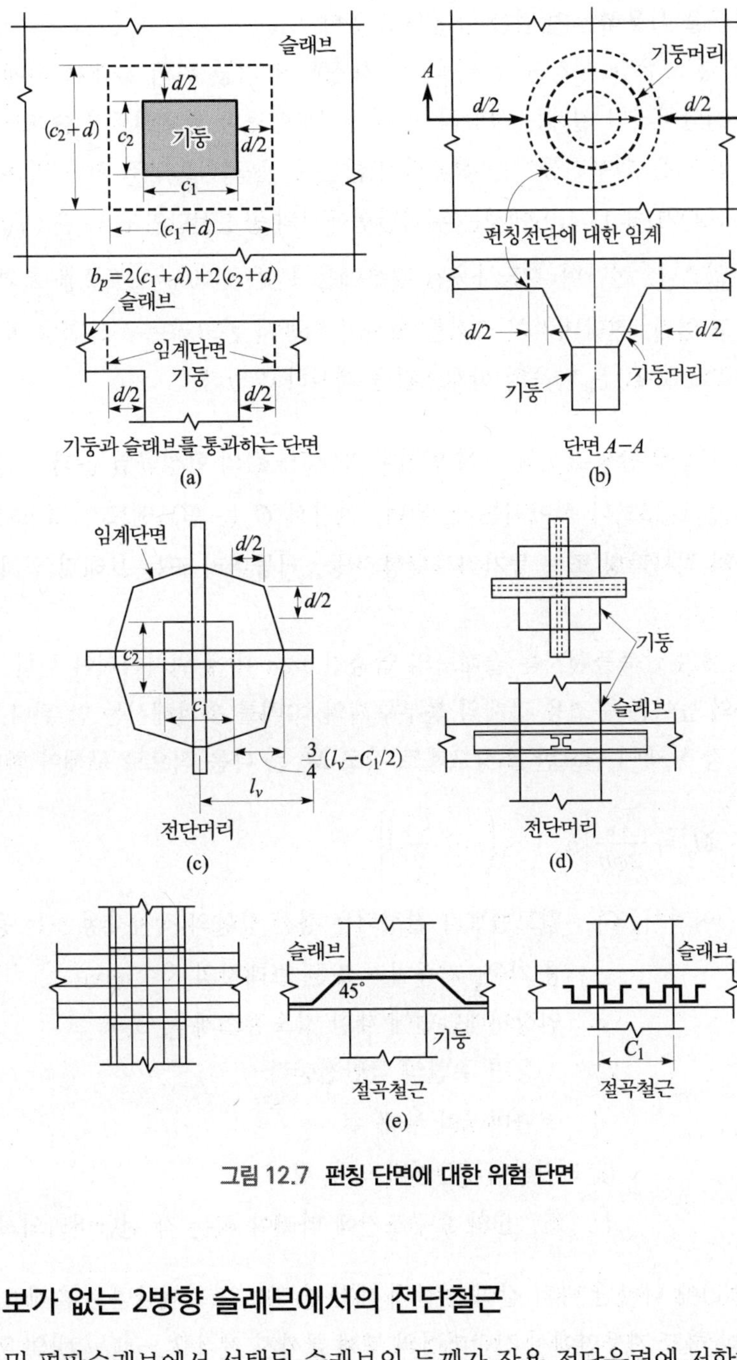

그림 12.7 펀칭 단면에 대한 위험 단면

12.4.3 보가 없는 2방향 슬래브에서의 전단철근

평슬래브 및 평판슬래브에서 선택된 슬래브의 두께가 작용 전단응력에 저항하지 못할 수도 있다. 이 경우 슬래브의 두께를 증가시키거나 전단철근이 보강되어야 한다. 콘크리트구조 전단 및 비틀림 설계(KDS 14 20 22; 2021) 4.11에서는 슬래브의 전단보강 방법으로서 전단머리와 전단철근을 사용하는 방법을 규정하고 있다.

전단머리는 I형 또는 ㄷ형강을 십자형으로 용접하여 기둥 위의 슬래브 속에 둔다(그림 12.7(c), (d)). 전단머리의 설계는 상당히 큰 비틀림모멘트와 휨모멘트가 슬래브와 기둥 사이에 전달되어야 하는 외부기둥에는 적용되지 않는다. 콘크리트구조 전단 및 비틀림 설계(KDS 14 20 22; 2021) 4.11.4(9)에서는 위험단면에서의 공칭전단강도 V_n은 $(\lambda\sqrt{f_{ck}}/3)b_o d$를 초과할 수 없으나, 전단머리가 사용된 경우에는 V_n은 $0.59\sqrt{f_{ck}}b_o d$를 초과해서는 안 된다고 규정하고 있다. 전단머리의 크기를 정하기 위해서 콘크리트구조 전단 및 비틀림 설계(KDS 14 20 22; 2021)은 다음의 한계조건을 제시하고 있다.

① 전단머리의 부재 강성 $E_s I$와 그에 인접한 폭(C_2+d)의 합성균열 슬래브 단면에 대한 강성비 α_v는 0.15보다 작아서는 안 된다. 여기서 C_2는 휨모멘트가 결정되는 경간의 직각방향의 직사각형 또는 등가직사각형 기둥, 기둥머리 또는 브래킷의 치수(mm)를 의미한다.

② 구조용 강재의 압축플랜지는 슬래브의 압축면 $0.3d$ 내에 위치하여야 한다.

③ 전단머리의 높이는 구조용 강재의 복부두께의 70배를 초과해서는 안 된다.

④ 전단머리 각 부재에 필요한 소성모멘트 강도 M_p는 다음 식으로 구해야 한다.

$$M_p = \frac{V_u}{2\phi\eta}\left[h_v + \alpha_v\left(l_v - \frac{C_1}{2}\right)\right] \tag{12.12}$$

여기서, C_1 : 휨모멘트가 결정되는 경간 방향의 직사각형 또는 등가직사각형 기둥, 기둥머리 또는 브래킷의 치수(mm)

ϕ : 인장지배단면에 대한 강도감소계수, 0.85

V_u : 기둥면 주변의 극한전단력

η : 전단머리의 부재 수

h_v : 전단머리단면의 전체 깊이

l_v : ⑤, ⑥의 요구조건에 따라야 하는 각 전단머리의 최소 길이

⑤ 그림 12.7(c)에 나타난 바와 같이 전단에 대한 슬래브의 위험단면은 슬래브의 평면에 직각이어야 하고 기둥면에서 전단머리의 부재 끝까지 거리 $[l_v-(C_1/2)]$의 3/4에 위치에서 각 전단머리와 교차해야 한다. 위험단면은 그 둘레길이 b_o가 최소가 되도록 위치시켜야 하지만 기둥의 둘레에 $d/2$보다 가까이 위치시킬 필요는 없다.

⑥ 전단머리는 다음 식으로 구하는 휨모멘트 M_v 만큼 슬래브의 각 주열대에 기여한다고 가정해도 좋다.

$$M_v = \frac{\phi}{2\eta}\alpha_v V_u\left(l_v - \frac{C_1}{2}\right) \tag{12.13}$$

그러나 이 값은 주열대에 필요한 총 계수모멘트의 30% 혹은 길이 l_v 상에서의 주열대 휨모멘트 변화량 혹은 식 (12.12)에 주어진 M_p보다 커서는 안 된다.

콘크리트구조 전단 및 비틀림 설계(KDS 14 20 22; 2021) 4.11에는 전단철근에 대해서 규정하고 있다. 이 철근은 기둥의 윗부분에 배치되는데, 그 배근도는 그림 12.7(e)에 나타나 있다. 전단 철근으로 사용할 때, 공칭전단강도는 다음 식과 같이 나타낼 수 있다.

$$V_n = V_c + V_s = v_o b_o d + \frac{0.5A_s f_y d}{s} \tag{12.14}$$

여기서, A_v는 간격 s 내의 스터럽 철근의 총 면적이고, b_o는 기둥면으로부터 거리 $d/2$에 위치한 2방향 전단의 위험단면의 길이이다.

12.5 직접설계법에 의한 2방향 슬래브의 해석

직접설계법은 등분포하중을 받는 2방향 슬래브의 설계모멘트를 결정하기 위해 콘크리트 슬래브와 기초판 설계기준(KDS 14 20 70:2021)) 4.1.3에서 제시하는 근사방법이다. 이 방법을 사용하기 위해서는 콘크리트 슬래브와 기초판 설계기준(KDS 14 20 70:2021) 4.1.3에서 언급되는 다음 몇 가지 조건을 만족시켜야 한다.

12.5.1 제한사항

① 각 방향으로 최소 3경간 이상 연속되어야 한다.
② 슬래브 판들은 정사각형 내지는 직사각형이어야 하고 단변경간에 대한 장변경간의 비는 2를 초과해서는 안 된다.
③ 각 방향으로 연속한 받침부 중심간 경간 차이는 긴 경간의 1/3 이하이어야 한다.
④ 연속한 기둥 중심선을 기준으로 기둥의 어긋남은 그 방향 경간의 10% 이하이어야 한다.

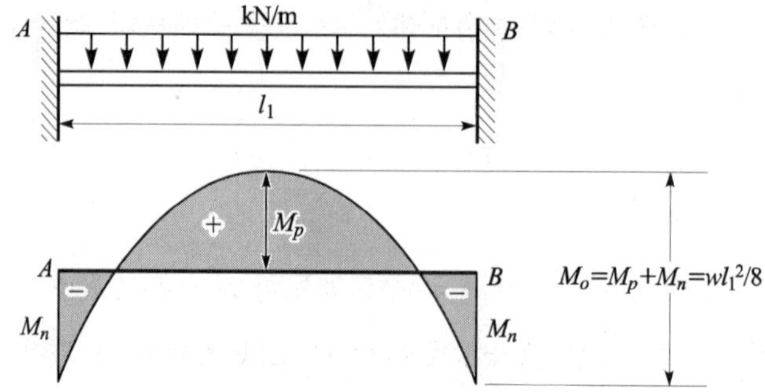

그림 12.8 양단 고정보에서의 휨모멘트

⑤ 모든 하중은 슬래브 판 전체에 걸쳐 등분포된 연직하중이어야 하며, 활하중은 고정하중의 2배 이하이어야 한다.

⑥ 만약 보가 모든 모서리에 존재한다면, 직교하는 두 방향에서 보의 상대 강성은 $\alpha_1 l_2^2/\alpha_2 l_1^2$ 은 0.2보다 작거나 5.0보다 커서는 안 된다.

12.5.2 전체 정적계수 휨모멘트

만약 단순지지보가 등분포하중 w를 받는다면, 전체 정적계수 휨모멘트 $M_o = wl_1^2/8$는 경간의 중앙에서 일어나며, 여기서 l_1은 경간의 길이이다.

또한 양단 고정보이거나 양단에서 같은 크기의 부모멘트를 받는 연속보인 경우에 전체 정적계수 휨모멘트 $M_o = M_p$(경간의 중앙에서 정계수 휨모멘트)+M_n(받침부에서의 부계수 휨모멘트)$= wl_1^2/8$(그림 12.8)이다. 또한 AB 보가 l_1에 수직한 폭 l_2인 슬래브로부터 하중 W 를 받는다면, $W = w_u l_2$이고 전체 정적계수모멘트는 다음과 같이 된다.

$$M_o = \frac{(w_u l_2) l_1^2}{8}$$

여기서, w_u = 등분포하중 $\mathrm{kN/m^2}$

이때 실제 모멘트의 크기는 이 받침부 A와 B 사이의 순경간인 경우이다. 순경간을 l_n으로 표시하면

$$M_o = (w_u l_2)\frac{l_n^2}{8} \tag{12.15}$$

순경간은 모멘트가 발생하는 방향으로 받침부에서 받침부까지 측정되는데, 이 값은 받침부 중심간 거리의 0.65배보다 작아서는 안 된다. 부계수모멘트가 계산되는 받침부는 그림 12.9에 설명되어 있다. 길이 l_2는 l_n에 수직되는 방향으로 측정되고 기둥 중심간 거리이다. 이때 긴 방향의 전체 정적계수 휨모멘트를 M_{ol}, 그리고 짧은 방향의 전체 정적계수 휨모멘트는 M_{os}로 표시할 수 있다.

일단 전체 정적계수 휨모멘트 M_o가 한 방향에서 계산되었다면, M_o는 정계수 휨모멘트 M_p와 부계수 휨모멘트 M_n으로 분할한다. 즉, $M_o = M_p + M_n$(그림 12.8)이다. 이 모멘트 M_p와 M_n은 주열대와 중간대의 슬래브 전폭에 걸쳐 분포한다. 이것은 다음에서 설명될 것이다.

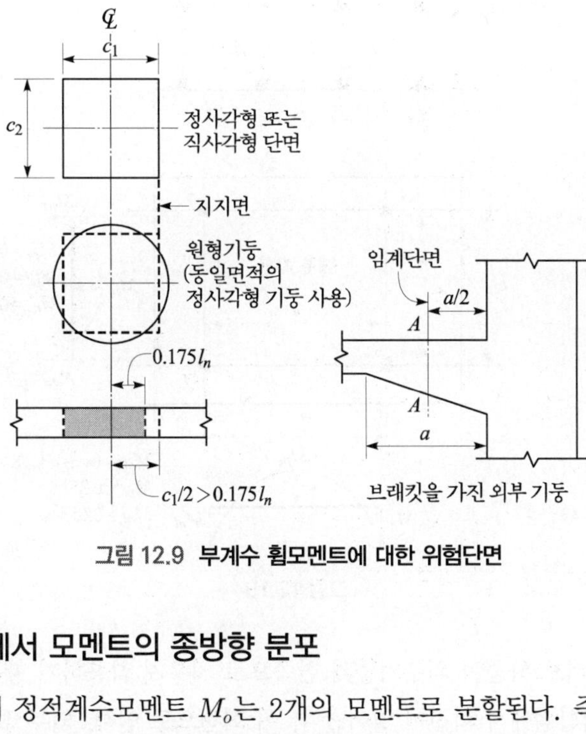

그림 12.9 부계수 휨모멘트에 대한 위험단면

12.5.3 슬래브에서 모멘트의 종방향 분포

내부경간에서 전체 정적계수모멘트 M_o는 2개의 모멘트로 분할된다. 즉, 경간의 중앙에서 정계수 휨모멘트 $M_p = 0.35M_o$, 각 받침부에서 부계수 휨모멘트 $M_n = 0.65M_o$(그림 12.10)로 분할된다. 이 모멘트 값들은 슬래브 판이 양방향으로 연속하고 거의 동일한 경간과 하중을 가지므로 내부 접합점은 회전이 없다는 가정을 토대로 한다. 그리고 이 모멘트 값은 지점의 부계수 휨모멘트가 중앙의 2배가 되는 등분포하중을 받는 양단고정보의 모멘트와 근사적으로 같다. 그림 12.10에서, 만약 $l_1 > l_2$이면 장변과 단변에서 모멘트의 분포는 다음과 같다.

$$M_{ol} = (w_u l_2)\frac{l_{n1}^2}{8}, \quad M_{pl} = 0.35M_{ol}, \quad M_{nl} = 0.65M_{ol}$$

$$M_{os} = (w_u l_1)\frac{l_{n2}^2}{8}, \quad M_{ps} = 0.35M_{os}, \quad M_{ns} = 0.65M_{os}$$

만약 내부 지지점 양쪽의 경간 길이가 틀려서 각각의 부계수모멘트 값도 틀릴 경우, 구조설계에서는 큰 쪽에 견딜 수 있도록 설계해야 한다고 규정하고 있다.

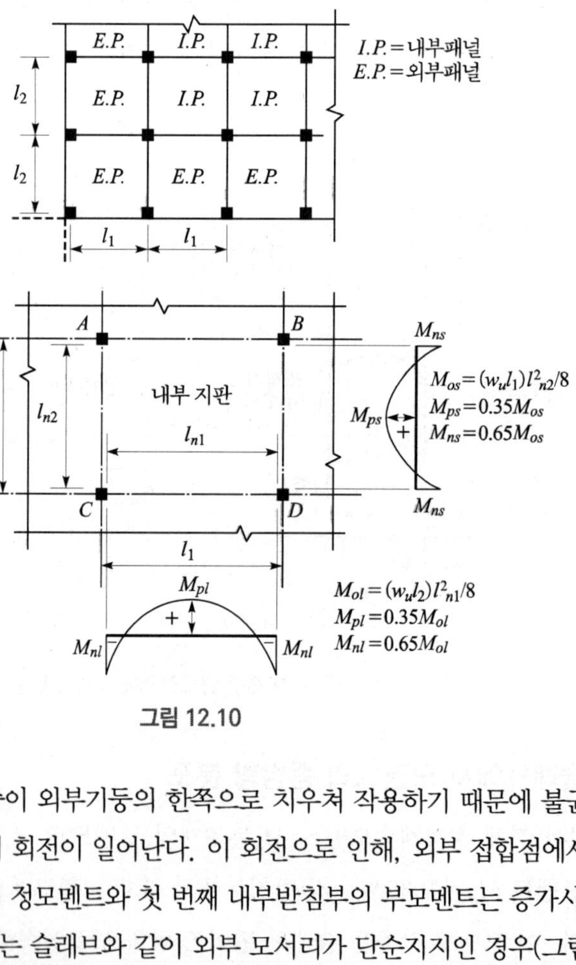

그림 12.10

외부 패널에서는 슬래브 하중이 외부기둥의 한쪽으로 치우쳐 작용하기 때문에 불균형 모멘트가 발생하고 외부 접합점에서 회전이 일어난다. 이 회전으로 인해, 외부 접합점에서 부모멘트는 감소시키면서 경간 중앙의 정모멘트와 첫 번째 내부받침부의 부모멘트는 증가시키게 된다. 예를 들어, 벽에 의해 지지되는 슬래브와 같이 외부 모서리가 단순지지인 경우(그림 12.11(a)) 벽면에서의 모멘트는 0이고, 경간 중앙의 정계수모멘트 $M_p = 0.63M_o$, 내부 받침부에서의 부계수모멘트 $M_n = 0.75M_o$이다. 이 값들은 다음 식과 같이 정적평형 방정식을 만족시킨다.

$$M_o = M_p + \frac{1}{2}M_n = 0.63M_o + \frac{1}{2}(0.75M_o)$$

콘크리트 슬래브와 기초판 설계기준(KDS 14 20 70:2021)에 따르면 단경간에서 전체 정적 계수모멘트 M_o는 표 12.2와 그림 12.11(b)와 같은 비율로 분포된다. 표 12.2의 (1)의 구속되지 않은 단부에 대한 모멘트 계수는 접합점에서의 슬래브와 보의 휨강성의 합에 대한 기둥의 휨강성의 비 α_{ec}가 0이라는 가정에 기초하여 산출된 값이다. 또한 표 (2)의 계수는 α_{ec}가 무한하다는 가정을 토대로 하고 있다. (3), (4), (5)에 있는 계수는 각기 다른 기하학적 형상과 지지조건을 갖는 슬래브 구조에 대한 해석을 통해 산정되었다.

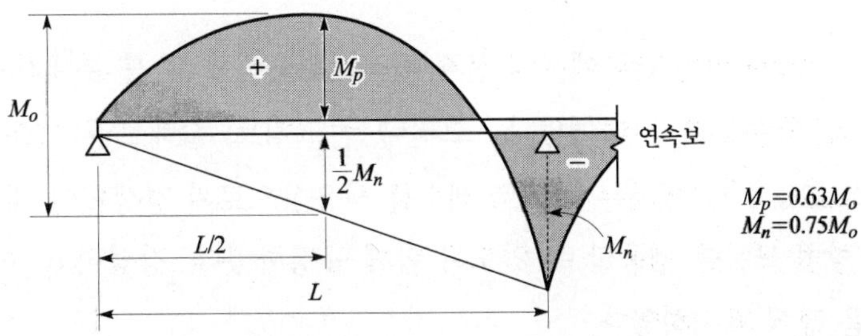

(a) 외부 패널

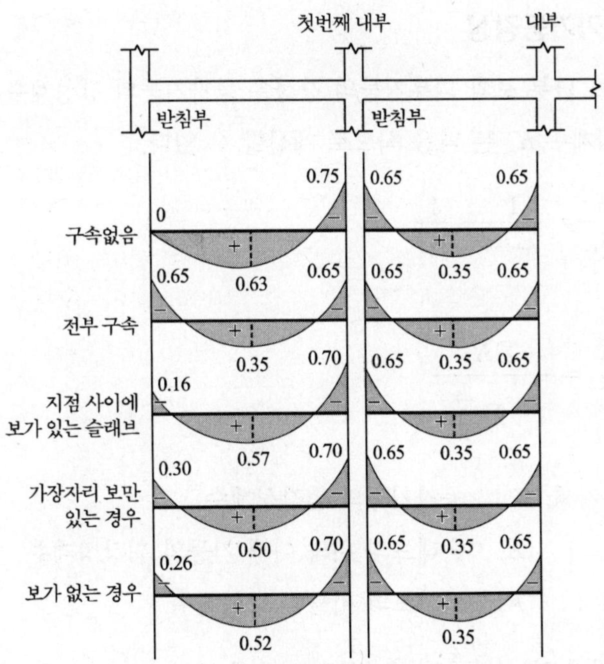

(b) 모멘트 분포

그림 12.11 전체 정적계수 휨모멘트의 정 및 부계수 휨모멘트로의 분포

표 12.2 단경간에서의 모멘트의 분포

	외부 받침부		모든 받침부 사이에 보가 있는 경우 (3)	내부 받침부 사이에 보가 없는 슬래브	
	구속이 없는 경우 (1)	전부구속일 때 (2)		테두리보가 있는 경우 (4)	테두리보가 없는 경우 (5)
외부 받침부의 부계수 모멘트	0	0.65	0.16	0.30	0.26
정계수 모멘트	0.63	0.35	0.57	0.50	0.52
내부 받침부의 부계수 모멘트	0.75	0.65	0.70	0.70	0.70

종전 기준에서는 단부에서의 전체 정적계수모멘트 M_o를 분배하기 위한 분배계수를 강성비 α_{ec}의 함수로써 나타내었다. 그러나 콘크리트 슬래브와 기초판 설계기준(KDS 14 20 70:2021) 4.1.3에서는 모멘트 계수를 사용함으로써 강성률의 계산을 배제하기도 하였으나 두 방법 모두를 병용할 수 있도록 함께 규정하였다. 강성비 α_{ec}에 따른 모멘트 분배방법은 다음 장에 제시하였다.

12.5.4 단부 등가기둥강성

이 방법에서 슬래브 단부 보와 외부기둥의 강성은 등가기둥의 강성계수 K_{ec}로 대치된다. 등가기둥의 휨강성계수 K_{ec}는 다음 식으로 계산할 수 있다.

$$\frac{1}{K_{ec}} = \frac{1}{\Sigma K_c} + \frac{1}{K_t} \tag{12.16}$$

혹은

$$K_{ec} = \frac{\Sigma K_c}{1 + \Sigma \dfrac{K_c}{K_t}}$$

여기서, K_{ec} : 등가기둥의 휨강성계수

K_c : 슬래브의 위와 아래 기둥의 휨강성계수

K_t : 단부보의 비틀림 강성계수

슬래브의 위와 아래에 있는 기둥의 휨강성은 다음과 같다.

$$\Sigma K_c = 4E\left(\frac{I_{c1}}{l_{c1}} + \frac{I_{c2}}{l_{c2}}\right) \tag{12.17}$$

여기서, I_{c1}, l_{c1} : 슬래브 위에 있는 기둥의 단면2차모멘트와 길이

I_{c2}, l_{c2} : 슬래브 아래에 있는 기둥의 단면2차모멘트와 길이

단부보의 비틀림 강성계수 K_t는 다음과 같이 계산된다.

$$\Sigma K_t = \Sigma \frac{9E_{cs}C}{l_2\left(1-\frac{c_2}{l_2}\right)^3} \tag{12.18}$$

여기서, c_2 : 모멘트가 결정되는 경간의 횡방향으로 측정된 사각형 혹은 등가사각형 기둥, 기둥머리 혹은 브래킷의 크기

E_{cs} : 슬래브 콘크리트의 탄성계수

C : 다음 식에서 계산되는 비틀림 상수

$$C = \Sigma\left(1-0.63\frac{x}{y}\right)\left(\frac{x^3y}{3}\right) \tag{12.19}$$

여기서, x : 단면을 구성하는 각 직사각형 부분에 단변의 치수

y : 단면을 구성하는 각 직사각형 부분에 장변의 치수

C를 계산할 때는, 최대 C값을 얻을 수 있도록 단면을 적절히 나누어야 한다.

만약 지판에 모멘트가 결정되는 방향과 평행한 보가 있다면 식 (12.18)의 비틀림 강성계수 K_t는 다음 식과 같은 K_{ta}로 대치되어야 한다.

$$K_{ta} = K_t\frac{I_{sb}}{I_s}$$

여기서, $I_s = \frac{l_2h^3}{12}$: 지판 중심선 사이의 전폭과 동일한 폭을 갖는 슬래브의 단면2차모멘트(슬래브의 아래, 위로 확장된 보의 부분은 제외)

I_{sb} : 슬래브 위, 아래로 확장된 보의 부분을 포함한 I_s

그러나 직접 설계법에서는 이 조건을 무시할 수도 있다. 몇 개의 비틀림 부재의 단면이 그림 12.12에 주어져 있다. 일단 K_{ec}가 계산되면 강성비 α_{ec}는 다음과 같이 얻어진다.

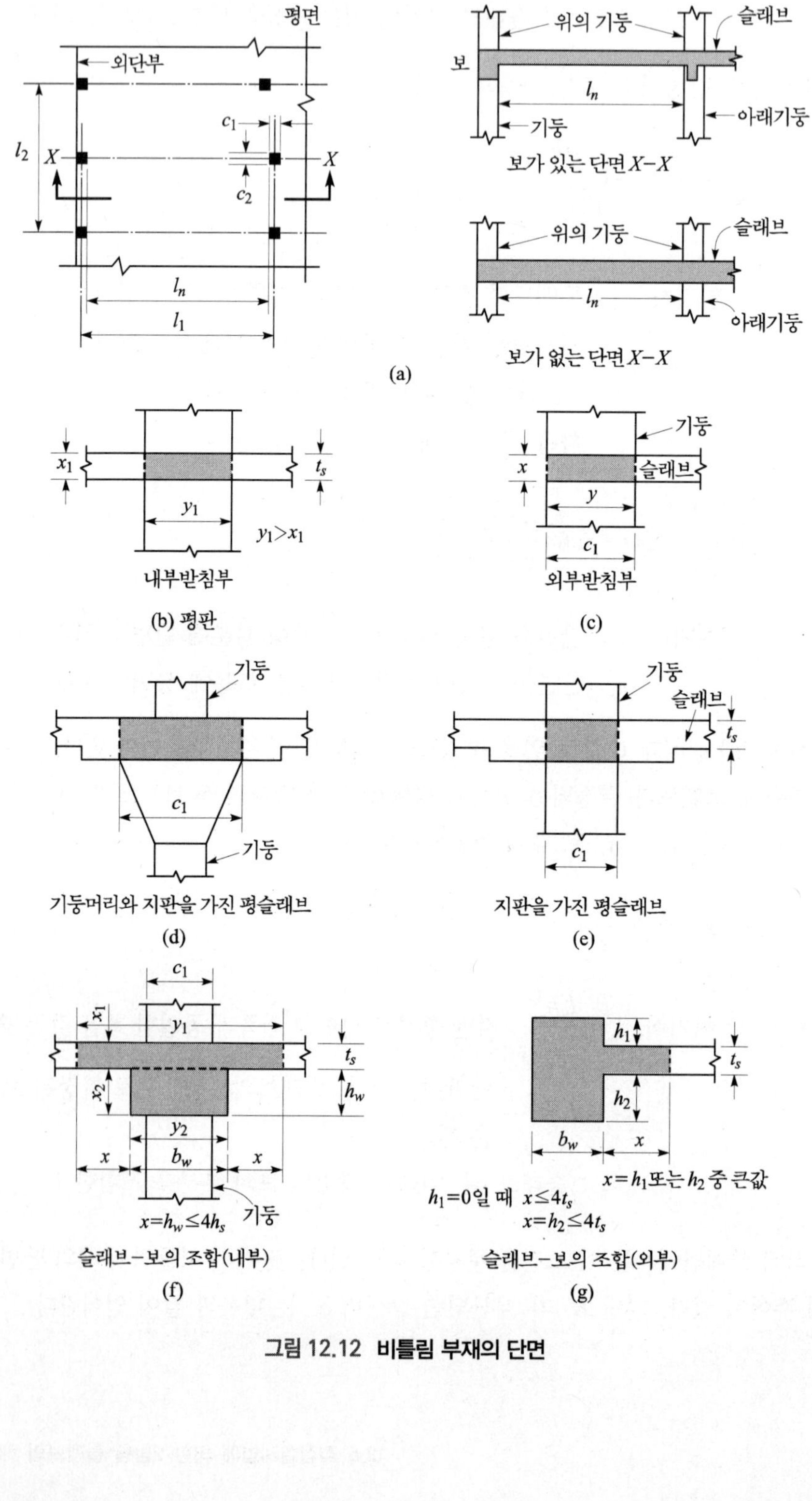

그림 12.12 비틀림 부재의 단면

$$\alpha_{ec} = \frac{K_{ec}}{\Sigma(K_s + K_b)} \tag{12.20}$$

여기서, K_s : $(4E_{cs}I_s)/l_1$ =슬래브의 휨강성

K_b : $(4E_{cb}I_b)/l_1$ =보의 휨강성

I_b : 종방향 보 단면의 단면2차모멘트

따라서 단경간에서 전체 정적계수모멘트 M_o의 분포는 다음과 같이 α_{ec}의 함수로 된다.

$$M_{ni}(\text{내부 부계수 휨모멘트}) = \left[0.75 - \frac{0.1}{\left(1 + \dfrac{1}{\alpha_{ec}}\right)}\right] M_o$$

$$M_p(\text{정계수 휨모멘트}) = \left[0.63 - \frac{0.28}{\left(1 + \dfrac{1}{\alpha_{ec}}\right)}\right] M_o$$

$$M_{ne}(\text{외부 부계수 휨모멘트}) = \left[\frac{0.65}{\left(1 + \dfrac{1}{\alpha_{ec}}\right)}\right] M_o$$

외부 지판에 대한 이 값들이 그림 12.13에 나타나 있다.

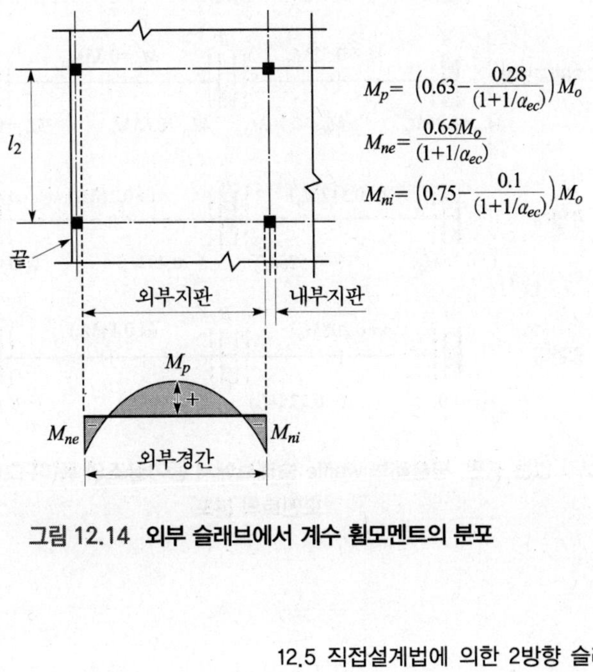

그림 12.14 외부 슬래브에서 계수 휨모멘트의 분포

12.5.5 모멘트의 횡방향 분포

앞 절에서 언급한 종방향 모멘트 값은 등가건물 골조의 전폭에 대한 값이다. 이 골조 폭은 $2\times\dfrac{1}{2}$ 주열대 넓이–주열대의 넓이와 $2\times\dfrac{1}{2}$ 중간대의 넓이의 합이다(그림 12.15). 중간대와 주열대에 대한 종방향 모멘트의 횡방향 분포는 다음과 같은 변수의 함수이다.

l_2/l_1(슬래브 패널의 형상비)

$\alpha_1 = E_{cb}I_b/E_{cs}I_s$($l_1$ 방향으로의 보의 강성/슬래브의 강성) (12.21)

$\beta_t = E_{cb}C/2E_{cs}I_s$(테두리보의 받침부 중심 간의 경간과 같은 폭을 가진 슬래브의 휨강성에 대한 비틀림 강성의 비)

$C=\sum\left(1-0.63\dfrac{x}{y}\right)\left(\dfrac{x'y}{3}\right)$($C$값은 비틀림 특성을 정의하는 단면상수)

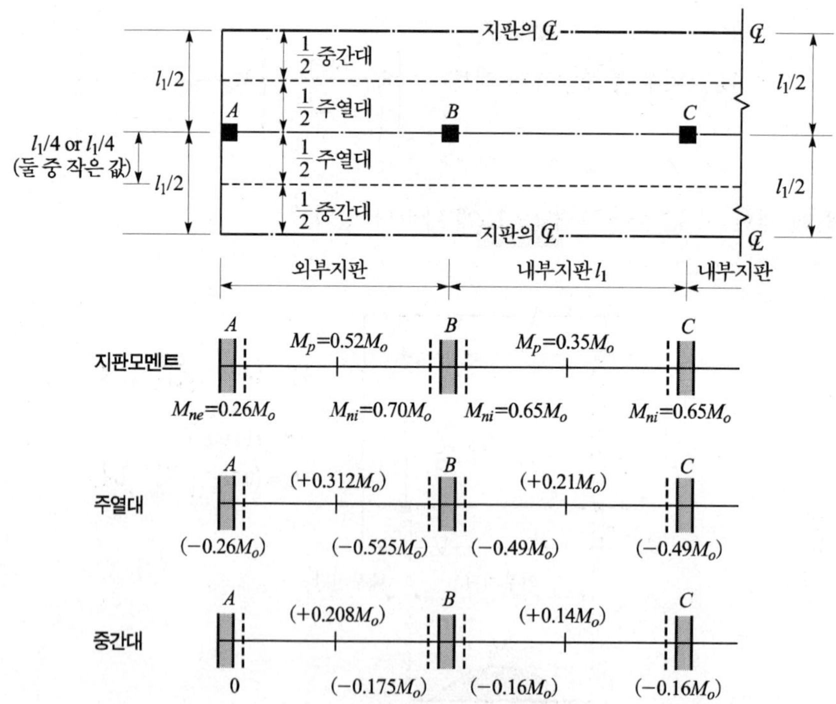

그림 12.15 보가 없는 평판, 평슬래브 waffle 슬래브에서 등가골조의 폭(이 그림에서 경간과 동일)과 모멘트의 분포

외부 지판과 내부 지판에 있어서 주열대와 중간대에 분포되는 각 계수모멘트의 비율이 표 12.3에서 표 12.5에 주어져 있다.

내부 지판에서, 표 12.3의 주열대가 부담하는 계수모멘트 이외의 부분은 $\frac{1}{2}$중간대에 의해 분담되어야 한다. 콘크리트 슬래브와 기초판 설계기준(KDS 14 20 70:2021) 4.1.3에서는 l_2/l_1의 값이 0.5~2.0이거나 $\alpha_1 l_2/l_1$값이 0~1 사이일 때, 직선보간법을 허용하고 있다. 표 12.3에서 평판이나 평슬래브의 경우처럼 보가 사용되지 않을 때는 $\alpha_1 = 0$이다. 이 경우 M_o의 항으로 표현된 주열대와 중간대에 분담될 계수모멘트는 표 12.4에 나타내었다.

외부 지판에서, 표 12.5의 주열대가 부담하는 계수모멘트 이외의 부분은 $\frac{1}{2}$중간대에 의해 분담되어야 한다.

표 12.3 주열대가 부담하는 종방향 모멘트의 비율(내부 지판)

	$\alpha_1 l_2/l_1$	l_2/l_1 (%)		
		0.5	1.0	2.0
내측 단부의 (부)계수모멘트	= 0 ≥1.0	75 90	75 75	75 45
중앙부의 (정)계수모멘트	= 0 ≥1.0	60 90	60 75	60 45

표 12.4 보가 없는 2방향 내부 슬래브에서 모멘트의 비($\alpha_1 = 0$), 전체 정적계수모멘트$= M_o = (w_u l_2)(l_{n1}^2)$

	부계수모멘트	정계수모멘트
1개 지판에서의 종방향 모멘트	$-0.65M_o$	$+0.35M_o$
주열대	$0.75(-0.65M_o) =-0.49M_o$	$0.60(0.35M_o) = {}^*0.21M_o$
중간대	$0.25(-0.65M_o) =-0.16M_o$	$0.40(0.35M_o) = {}^*0.14M_o$

* $\alpha_c < \alpha_{\min}$일 때 정계수모멘트$(0.35M_o)$에 식 (12.22)의 δ_s를 곱한다.

표 12.5 **외부 지판의 주열대가 부담하는 종방향 모멘트의 비율(외부 지판)**

	$\alpha_1 l_2/l_1$	β_t	l_2/l_1 (%)		
			0.5	1.0	2.0
외부 받침부에서의 부계수모멘트	= 0	0	100	100	100
		≥2.5	75	75	75
	≥1.0	0	100	100	100
		≥2.5	90	75	45
지간중간점에서의 정계수모멘트	= 0		60	60	60
	≥1.0		90	75	45
내측받침부에서의 부계수모멘트	= 0		75	75	75
	≥1.0		90	75	45

표 12.6 **외부 지판의 주열대와 중간대에서 종방향 모멘트의 비 (l_1/l_1 값에 대해) $\alpha_1 = \beta_t = 0$**

	%	주열대	중간대	M_o와 α_{ec}의 함수인 계수모멘트(주열대)
외단 받침부의 부계수모멘트	100	$0.26M_o$	0	$\dfrac{0.65}{\left(1+\dfrac{1}{\alpha_{ec}}\right)}(M_o)$
정계수모멘트 $(0.6\times 0.52M_o)$	60	$0.312M_o$	$0.208M_o$	$0.63-\dfrac{0.28}{\left(1+\dfrac{1}{\alpha_{ec}}\right)}(0.6M_o)$
내단 받침부의 부계수모멘트 $(0.75\times 0.70M_o)$	75	$0.525M_o$	$0.175M_o$	$0.75-\dfrac{0.10}{\left(1+\dfrac{1}{\alpha_{ec}}\right)}(0.75M_o)$

표 12.6으로부터 슬래브의 외단부에 테두리보(spandrel beam)가 사용되지 않을 때는 $\beta_t = 0$이고, 전체 정적계수모멘트의 100%가 주열대에 의해 저하된다는 것을 알 수 있다. 중간대는 모멘트에 저항하지는 않지만, 최소의 철근이 보강되어야 한다. 콘크리트 슬래브와 기초판 설계기준(KDS 14 20 70:2021) 4.1.3.5에서는 외단 받침부가 M_o계산에 사용되는 l_2의 3/4 이상 거리에 연장된 기둥이나 벽체로 된 경우, 외단 부계수모멘트는 l_2 상에 균등하게 분포된다고 명시하였다. 기둥의 중심선을 따라 보가 있을 때, 구조설계에서는 $\alpha_1 l_2/l_1 \geq 1.0$이면 보는 주열대 계수모멘트의 85%를 저항하도록 요구하고 있다. $\alpha_1 l_1/l_1$ 값이 0~1 사이일 때, 보에 할당되는 계수모멘트는 0%~85% 사이에서 직선보간법에 의해 결정된다. 보는 이외에도 내민보 부분의 중량을 포함하여, 보에 직접적으로 작용하는 모든 하중으로 인한

추가 계수모멘트에 저항하도록 설계되어야 한다. 보에 분담되는 계수모멘트 이외의 부분은 주열대에서 슬래브에 의해 저항되어야 한다.

12.5.6 철근 상세

주열대와 중간대에 있어서 전체 정적계수모멘트의 분포가 결정되면 5장의 보 단면에서의 경우와 같이, 각각의 스트립에서 부계수모멘트와 정계수모멘트에 대한 철근이 계산된다.

$$M_u = \phi A_s f_y (d - \beta c) = \phi A_s f_y (d - \frac{\beta_1 c}{2}) = R_u b d^2$$

R_u를 계산하고 부록 A의 표를 사용하거나 다음 식을 사용하여 철근비 ρ를 결정한다.

$$R_u = \phi \rho f_y \left(1 - \frac{\beta}{\alpha} \frac{\rho f_y}{0.85 f_{ck}}\right) = \phi \rho f_y \left(1 - \frac{\rho f_y}{\eta 1.7 f_{ck}}\right) =$$

여기서, $\phi = 0.85$이다. 12.12절에서 서술한 최소 슬래브 두께가 만족되었을 때, 압축철근은 필요하지 않다. 콘크리트 슬래브와 기초판 설계기준(KDS 14 20 70:2021) 4.1.5에는 보가 없는 슬래브에서의 최소 철근 길이와 배근 상세에 대하여 규정하고 있는데 그림 12.16에 이를 나타내었다. 철근의 간격은 콘크리트 슬래브와 기초판 설계기준(KDS 14 20 70:2021)의 최대허용간격, 즉 300mm와 슬래브 두께의 2배를 초과해서는 안 된다.

12.5.7 직접설계의 개요

다음은 직접설계법에 의한 2방향 슬래브의 해석 및 설계절차를 요약한 것이다.

① 12.14.1절에서 설명한 제한사항을 검토한다. 식 (12.1)에서 (12.2)에 의해 슬래브 두께를 구한다.

② 계수하중을 계산한다.

③ 1방향 전단과 2방향 전단에 대하여 슬래브 두께를 검토한다.

④ 양방향에서 전체 정적계수모멘트 M_o를 계산한다(식 (12.15)).

⑤ 각 구조요소에 대한 강성과 계수를 계산한다.

슬래브 강성 : $K_s = 4EI_s / l_1$, $I_s = \Sigma \left(\frac{1}{2} l_2\right)(h_s^3/12)$

기둥강성 : K_c(식 (12.17))

비틀림강성 : K_t(식 (12.18))

비틀림상수 : C (식 (12.19))

등가기둥강성 : K_{ec}(식 (12.16))

강성비 : α_{ec}(식 (12.20))

슬래브 강성에 대한 보의 강성비 : α_1(식 (12.21))

비틀림강성비 : β_t(식 (12.21))

슬래브와 보의 강성에 대한 기둥 강성비 α_c(식 (12.23))

$\alpha_{\min}$(표 12.7)

δ_s(식 (12.22))

⑥ 계수모멘트를 계산한다.

주열대와 중간대에 있어서 종방향과 횡방향에 대한 전체 정적계수모멘트의 분담을 결정한다. 내부지판과 외부지판의 경우를 다음과 같이 요약할 수 있다.

- 보가 없는 내부지판 $\alpha_1 = 0$(평판슬래브와 평슬래브) : 표 12.3과 그림 12.15에서 주어진 계수모멘트량을 사용한다.
- 보가 있는 내부지판 : 종방향 계수모멘트에 대해서는 그림 12.11의 값을 사용하고 횡방향 계수모멘트에 대해서는 주열대에 대한 표 12.3을 사용한다. 주열대에 분담된 이외의 부분은 중간대가 저항한다. 식 (12.21)로부터 α_1을 계산한다.
- 보가 없는 외부지판 $\alpha_1 = \beta_t = 0$: 종방향 계수모멘트에 대해서는 표 12.2, 그림 12.12(b) 또는 그림 12.15에 주어진 값을 사용한다. 그림 12.13의 (a), (b), (c)는 비틀림 상수 C, K_t 와 α_{ec}를 계산할 때 사용된다. 횡방향 계수모멘트 분포에 대해서는 주열대 계수모멘트에 대해서 표 12.5 혹은 그림 12.15을 사용한다. 중간대는 주열대에 분담된 이외의 계수모멘트를 저항한다.
- 단부보는 있고 내부보는 없는 외부지판(단부보가 있는 평판슬래브와 평슬래브) : 종방향 계수모멘트에 대해서는 그림 12.12(b)와 그림 12.14에서 주어진 M_p, M_{ne}, M_{ni}를 사용하고, 비틀림 상수 C와 K_t, α_{ec}를 계산하기 위해서는 그림 12.13의 (e)와 (g)를 사용한다. 횡방향 계수모멘트의 분포에 대해서는 주열대에 대한 표 12.4를 사용한다. 중간대는 주열대에 분담된 이외의 계수모멘트를 저항한다. 식 (12.21)로부터 α_1과 β_t 를 계산한다.
- 보가 있는 외부지판 : 종방향 모멘트에 대해서는 표 12.2, 그림 12.12(b)와 그림

12.14에서 주어진 M_p, M_{ne}와 M_{ni}를 사용하고, 비틀림 상수 C와 K_t, α_{ec}를 계산하기 위해서는 그림 12.13의 (f)와 (g)를 사용한다. 횡방향 계수모멘트의 분포는 앞의 경우와 같다. $\alpha_1(l_2/l_1) \geq 1.0$일 때, 보는 주열대 계수모멘트의 85%를 저항하고, $\alpha_1(l_2/l_1)$이 0~1 사이일 때, 보의 계수모멘트는 0~85% 사이 직선보간법에 의해 결정된다는 것에 유의한다.

⑦ 위험단면에서 필요한 철근량을 계산하고, 그림 12.16에 나타낸 최소 철근길이를 만족하도록 철근을 배근한다.

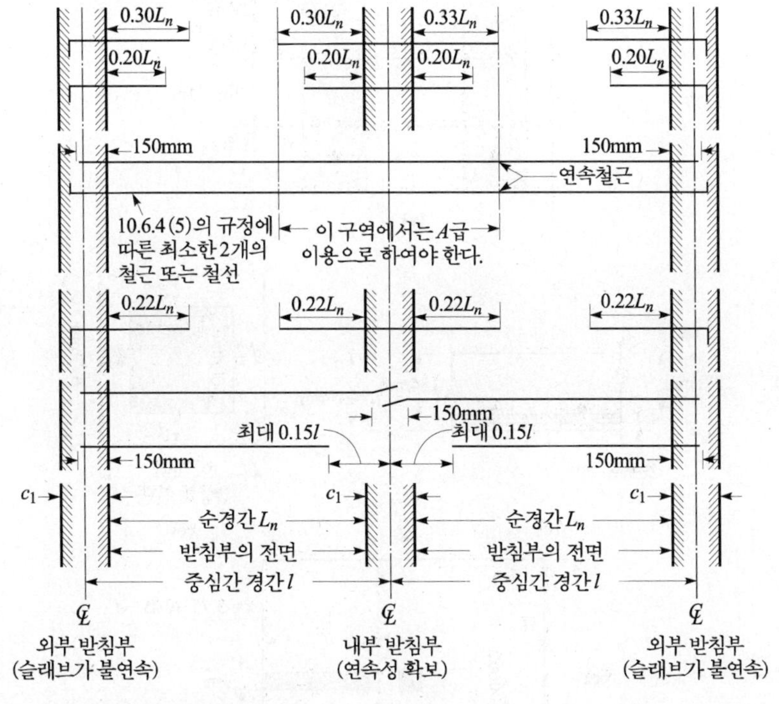

그림 12.16 보가 없는 슬래브에서 철근의 최소 정착길이(콘크리트구조기준(2012) 그림 10.6.1)

예제 12.3

직접설계법을 이용하여 그림 12.17와 같은 평판슬래브의 내부지판을 설계하라. 슬래브 시스템은 각 방향으로 7,500×6,000mm인 4개의 지판으로 구성되어 있고 모든 지판은 단면이 500×500mm이고 길이가 3,500mm인 기둥에 의해 지지된다. 이 슬래브는 고정하중 5kN/m^2, 등분포 활하중 3kN/m^2을 받고 있다($f_{ck}=27\text{MPa}$, $f_y=400\text{MPa}$).

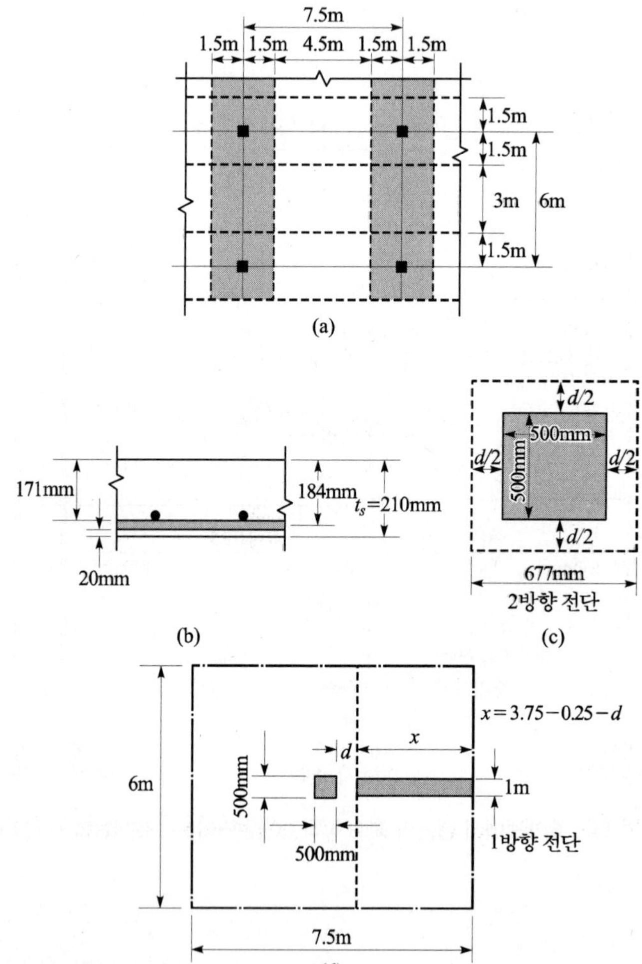

그림 12.17 내부 평판

▌풀이

1. 우선 12.5.1절에서 언급한 모든 제한사항이 만족한다.
   식 (12.1~12.3)을 사용하여 최소 슬래브 두께를 결정한다.
   보가 사용되지 않을 때 $\alpha_m = 0$(슬래브 강성에 대한 보의 강성비)

   장경간의 순경간 = 7,500 − 500 = 7,000mm

   단경간의 순경간 = 6,000 − 500 = 5,500mm

   $$h_{\min} = \frac{l_n}{33} = \frac{7,000}{33} = 212\text{mm}$$

   그러므로 슬래브 두께는 $t = 220$mm를 사용한다.

2. 계수 하중을 계산한다.

   $w_d = 5 +$ 슬래브 자중 $= 5 + 0.220 \times 25 = 10.5\text{kN/m}^2$

   $w_u = 1.2 \times 10.5 + 1.6 \times 3 = 17.4\text{kN/m}^2$

3. 1방향과 2방향 전단 검토 :
   - 기둥면에서 거리 $d/2$의 펀칭전단을 검토한다(2방향작용). 콘크리트 피복 두께가 20mm이고, D13 철근을 사용하면, 평균 유효깊이는

     $d = 220 - 20 - 12.7/2 = 193.6$mm(그림 12.17(b)).

     $\alpha_s = 1$(내부 기둥이므로)

     $k_s = (300/d)^{0.25} = 1.12 \le 1.0 \qquad \therefore k_s = 1$

     $k_{bo} = 4/\sqrt{\alpha_s(b_o/d)} = 1.06 \le 1.25 \qquad \therefore k_{bo} = 1.06$

     $b_o = 4 \times (500 + 177.3) = 2,774\text{mm} \fallingdotseq 2,770\text{mm}$

     $$V_u = \left[l_1 \cdot l_2 - \left(\frac{(500+193.7)}{1,000} \times \frac{(500+193.7)}{1,000}\right)\right] \cdot w_u$$
     $$= (7.5 \times 6 - 0.48) \times 17.4 \times 10^3 = 774$$

     $V_c = v_c b_o d$

     $V_c = \lambda k_s k_{bo} f_{te} \cot\psi (c_u/d)$ ($\lambda = 1$, 보통 중량콘크리트이므로)

     $f_{te} = 0.21\sqrt{f_{ck}} = 0.21\sqrt{27} = 1.09\text{MPa}$

     $c_u = d\left[25\sqrt{\rho/f_{ck}} - 300(\rho/f_{ck})\right]$

     (여기서, $\rho = 0$으로 가정하면; < 0.005이므로 $\rho = 0.005$)

     $= 193.7\left[25\sqrt{0.005/27} - 300(0.005/27)\right] = 55.14$

     $$\cot\psi = \sqrt{f_{te}(f_{te} + f_{cc})}/f_{te} = \sqrt{1.09\left(1.09 + \frac{2}{3}(27)\right)}/1.09 = 4.18$$

     $\therefore v_c = 1 \times 1 \times 1.06 \times 1.09 \times 4.18 \times (55.14/193.6) = 1.38$

     $V_c = v_c b_o d = 1.38 \times 2,770 \times 193.6 = 581,384\text{N} = 740\text{kN}$

$0.34f_{ck}b_oc_u = 0.34\times 27\times 2{,}770\times 55.14 = 1{,}402\times 10^6\text{N} = 1{,}402\text{kN}$

$\therefore\ V_c \le 0.34f_{ck}b_oc_u$ 기준 만족하므로

$V_c = 740\text{kN}$

$\phi V_c = 0.75\times 740\ =\ 555\text{kN} \le V_u(=774\text{kN})$

그러므로 전단철근 설계 필요

$\phi V_u = \phi(V_c + V_s) = V_u$이므로

$$V_s = \frac{V_u}{\phi} - V_c = \frac{774}{0.75} - 740\ \doteqdot\ 292\text{kN}$$

그런데 기둥의 한 변에서 철근이 부담해야 할 전단력 $V_s' = 1/4\times 292 = 73.2\text{kN}$이므로 기둥 폭 500mm 내에 배근되어야 할 전단철근의 소요단면적은

$$A_v = \frac{V_s s}{f_y d} = \frac{73{,}200\times 500}{400\times 193.6}\ \doteqdot\ 472.6\text{mm}^2$$

따라서 4-D13($A_s = 507\text{mm}^2$)의 철근을 기둥 폭 500mm 내에 등간격으로 양방향에 집중 배치시켜야 한다(그림 12.8(e) 참조).

- 기둥면에서 거리 d의 보의 전단을 검토한다(1방향 작용). 평균 $d = 193\text{mm}$인, 1,000mm의 설계폭을 생각한다(그림 12.17). 설계폭의 길이는

  $x = 3{,}750 - 250 - 193 = 3{,}307\text{mm}$

  $V_u = w_u(1\times 3.31) = 17.4\times 10^{-3}\times 3{,}310 = 41.53 \fallingdotseq 57.6\text{kN}$

  $\phi V_c = \phi(\frac{1}{6}\sqrt{f_{ck}})b_w d = 0.75\times 1/6\times \sqrt{27}\times 1{,}000\times 193 = 125\text{kN}$

이 값은 $V_u = 57.6\text{kN}$보다 크다. 일반적인 하중조건에서는, 1방향 전단은 설계에 있어 큰 문제가 되지 않는다.

4. 장경간과 단경간에서 전체 정적계수모멘트를 계산한다.

장경간에서

$$M_{ol} = \frac{w_u\cdot l_2\cdot l_{n1}^2}{8} = \frac{17.4}{8}\times 6\times 7.0^2 = 639.5\text{kN}\cdot\text{m}$$

단경간에서

$$M_{os} = \frac{w_u\cdot l_1\cdot l_{n2}^2}{8} = \frac{17.4}{8}\times 7.5\times 5.5^2 = 493.5\text{kN}\cdot\text{m}$$

표 12.8 내부 평판 지판의 설계

	긴 변 방향 $M_o = 639.5\text{kN}\cdot\text{m}$ $M_n = -0.65M_o = -415.6\text{kN}\cdot\text{m}$ $M_p = +0.35M_o = 223.8\text{kN}\cdot\text{m}$				짧은 변 방향 $M_o = 493.5\text{kN}\cdot\text{m}$ $M_n = -0.65M_o = -320.7\text{kN}\cdot\text{m}$ $M_p = +0.35M_o = 172.7\text{kN}\cdot\text{m}$			
	주열대		중간대		주열대		중간대	
	(−)	(+)	(−)	(+)	(−)	(+)	(−)	(+)
계수모멘트 분배(%) M_u(kN·m)	−311.7 (75%)	134.3 (60%)	−103.9 (25%)	89.5 (40%)	−240.6 (75%)	103.6 (60%)	−80.2 (25%)	69.08 (40%)
대의 폭 b(mm)	3,000	3,000	3,000	3,000	3,000	3,000	4,500	4,500
유효깊이 d(mm)	193.6	193.6	193.6	193.6	180.9	180.9	180.9	180.9
$R_u = \dfrac{M_u}{bd^2}$(MPa)	2.772	1.194	0.924	0.796	2.139	0.922	0.475	0.410
필요철근비 ρ	0.0074	0.0031	0.0024	0.0020	0.0056	0.0024	0.0012	0.0010
$A_s = \rho bd(\text{mm}^2)$	4,304	1,782	1,370	1,177	3,267	1,366	1,047	900
최소 철근량 $A_s = 0.002bt(\text{mm}^2)$	1,260	1,260	1,260	1,260	1,260	1,260	1,890	1,890
철근 선택	22−D16	10−D16	8−D16	6−D16	30−D13	12−D13	16−D13	16−D13
배근된 A_s	4,369.2	1,986	1,588.8	1,191.6	3,801	1,520.4	2,027.2	2,027.2
직선철근	11	5	3	4	18	6	8	8
절곡철근	11	5	5	4	12	6	8	8
철근 간격 $\le 2h_t = 420$(mm)	136.4	300.0	375.0	500.0	100.0	250.0	281.3	281.3

* ρ는 $\rho = \dfrac{\alpha}{2\beta}\dfrac{0.85f_{ck}}{f_y}\left(1-\sqrt{1-\dfrac{4\beta}{\alpha}\dfrac{R_n}{0.85f_{ck}}}\right)$ 또는 $\rho = \eta\dfrac{0.85f_{ck}}{f_y}\left(1-\sqrt{1-\dfrac{2}{\eta}\dfrac{R_n}{0.85f_{ck}}}\right)$

** $A_s = \rho bd$

*** $c = \dfrac{A_s f_y}{\alpha 0.85 f_{ck} b}$ 또는 $a = \dfrac{A_s f_y}{\eta 0.85 f_{ck} b}$

그림 12.17로부터 주열대 및 중간대의 크기를 알 수 있다.

$l_2 < l_1$이므로, 중간대의 폭$=6{,}000-2\times1{,}500=3{,}000$m, 짧은 방향에서 주열대의 폭$=l_2/4$ 1,500, 중간대의 폭$=7{,}500-2\times1{,}500=4{,}500$mm이다. 각 방향에서 유효깊이 d를 계산하기 위해, 짧은 방향의 철근은 긴 방향 철근의 위에 설치한다고 가정하면

$$d(\text{긴 방향}) = 220-20-15.9/2 = 192.1\text{mm}$$

$$d(\text{짧은 방향}) = 220-20-15.9-12.7/2 = 177.8\text{mm}$$

이 설계과정을 표 12.8에 정리하였다. 절곡철근을 사용한 철근의 배근상세도를 그림 12.18에 나

타내었다. 철근의 최소 길이는 그림 12.16에 나타낸 길이를 만족하여야 한다. 실무에서는 최대 배근간격은 짧은 방향의 중간대에서 발생한다. 직선 철근과 $f_y = 400\text{MPa}$인 철근이 많이 사용되며, 역시 최소 철근길이를 가져야 한다.

$$\text{최대 배근간격} = \frac{\text{지판의 폭}}{\text{철근의 수}}$$

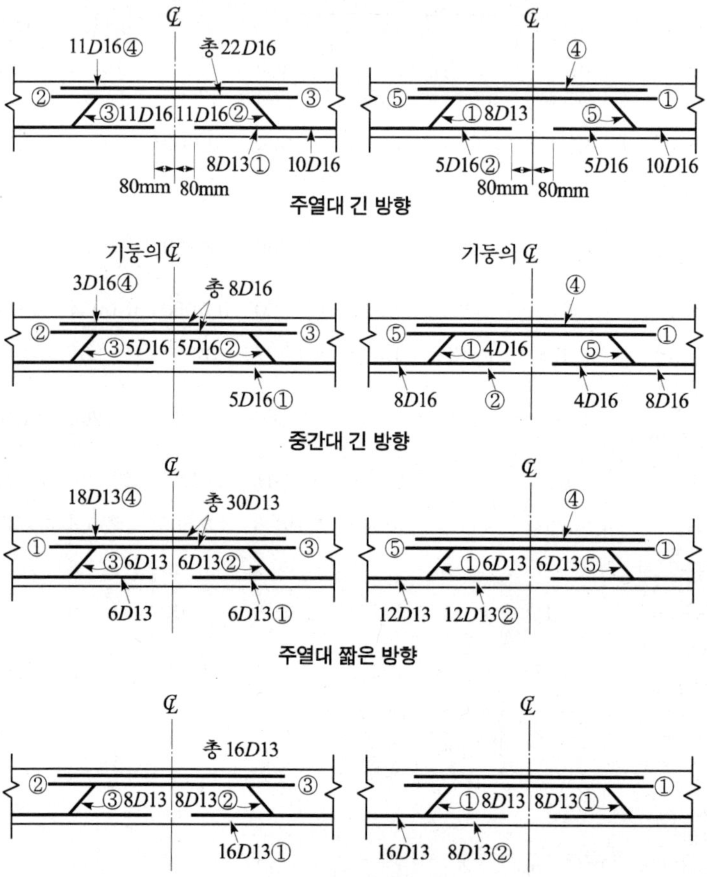

그림 12.18 철근의 세부

예제 12.4

직접설계법을 이용하여, 예제 12.3의 외부 지판을 설계하라. 모서리를 따라 보가 사용되지 않는다 (그림 12.19).

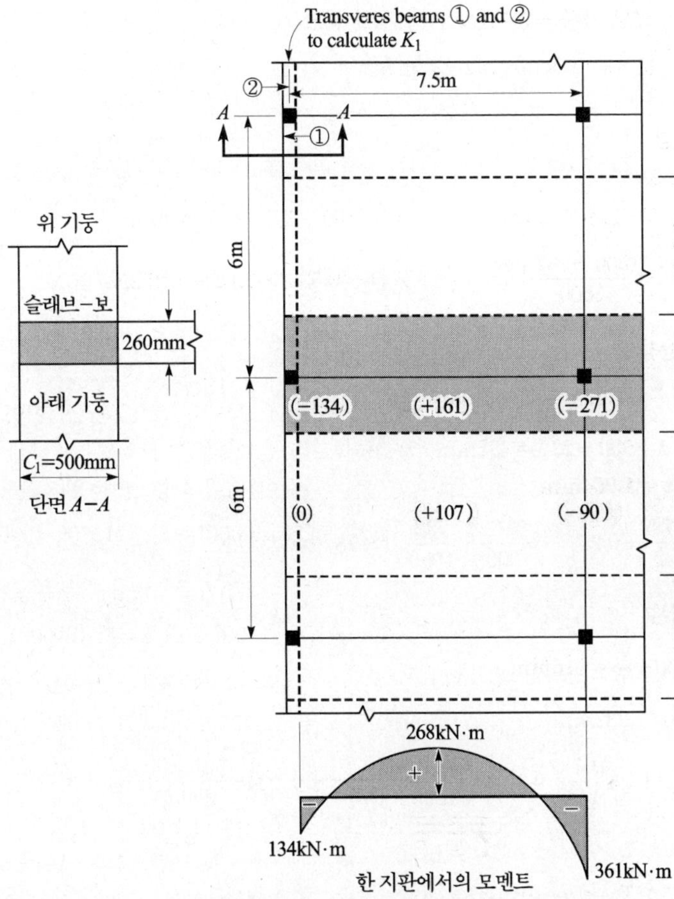

그림 12.19 휨모멘트의 분포

풀이

1. 슬래브 두께를 결정한다. 보가 사용되지 않으므로 $\alpha_m = 0$

KDS 14 20 30 (2021) 4.3.2에 의해

$$h_{\min} = \frac{l_n}{30} = \frac{(7.0)(1,000)}{30} = 233\text{mm}$$

KDS 14 20 30 (2021) 4.3.2에서는 불연속단을 갖는 슬래브에 대하여 계산된 슬래브 두께의 10%를 증가하도록 하고 있다. 그러므로 슬래브의 두께는

$$h = 1.1 \times 233 = 256\text{mm} \fallingdotseq 260\text{mm}$$

2. 계수하중을 계산한다.

$$w_d = 5 + \text{슬래브 자중} = 5 + 0.260 \times 25 = 11.5\text{kN/m}^2$$

$$w_u = 1.2 \times 11.5 + 1.6 \times 3 = 18.6\text{kN/m}^2$$

3. 전단에 대한 검토

1) 내부 기둥 받침부

$$d = 260 - 20 - 15.9 \doteq 232\text{mm},\ b_o = 4 \times (500 + 232) \doteq 2{,}928\text{mm}$$

$$V_u = \left[l_1 l_2 - \left(\frac{500+232}{1000}\right)^2\right] w_u = (7.5 \times 6 - 0.536) \times 18.6 \doteq 827\text{kN}$$

2) 외부 기둥 받침부

$$x = 500 + \frac{d}{2} = 500 + \frac{232}{2} = 616\text{mm}$$

$$y = 500 + d = 500 + 232 = 732\text{mm}$$

$$b_o = 2x + y = 1{,}964\text{mm}$$

$$V_u = \left[6\left(\frac{7.5}{2} + 0.25\right) - \left(\frac{616}{1000}\right)\left(\frac{732}{1000}\right)\right] \times 18.6 \doteq 438\text{kN}$$

3) 모서리 받침부

$$x = y = 500 + \frac{d}{2} = 616\text{mm}$$

$$b_o = x + y = 1{,}232\text{mm}$$

$$V_u = \left[\left(\frac{6}{2} + 0.25\right)\left(\frac{7}{2} + 0.25\right) - \left(\frac{616}{1000}\right)^2\right] \times 18.6 \doteq 234\text{kN}$$

4) V_c 계산

$$k_s = (300/d)^{0.25} = (300/232)^{0.25} = 1.07 \le 1.0 \qquad \therefore K_s = 1.0$$

$$k_{bo} = 4/\sqrt{\alpha_s (b_o/d)}$$

내부 기둥 : $k_{bo} = 4/\sqrt{b_o/d} = 4/\sqrt{2928/232} = 1.13$

외부 기둥 : $k_{bo} = 4/\sqrt{1.33(1964/232)} = 1.19$

모서리 기둥 : $k_{bo} = 4/\sqrt{2.0(1232/232)} = 1.23$

$f_{te} = 1.09 \qquad \cot\psi = 4.18$

$C_u = 232\left[25\sqrt{0.005/27} - 300(0.005/27)\right] = 66.05$이므로

내부 기둥의 $V_c = (\lambda k_s k_{bo} f_{te} \cot\psi)\, b_o C_u$

$$= (1 \times 1 \times 1.13 \times 1.09 \times 4.18) \times 2928 \times 66.05 = 9.93 \times 10^5\text{N} = 993\text{kN}$$

외부 기둥의 $V_c = (1\times1\times1.19\times1.09\times4.18)\times1964\times66.05 = 7.05\times10^5\text{N} = 705\text{kN}$

모서리 기둥의 $V_c = (1\times1\times1.23\times1.09\times4.185)\times1232\times66.05 = 4.55\times10^5\text{N} = 455\text{kN}$

내부 기둥의 경우

$$V_s = \frac{827}{0.75} - 993 > 0 \quad \text{그러므로 지판확대 필요}$$

지판 단면을 700mm로 확대하면

$$b_o = 4\times(700+232) \doteqdot 3{,}728\text{mm}$$

$$k_{bo} = 4/\sqrt{b_o/d} = 4/\sqrt{3728/232} = 1.0$$

내부 기둥의 $V_c = (1\times1\times1.0\times1.09\times4.18)\times3728\times66.05 = 11.20\times10^5\text{N} = 1{,}120\text{kN}$

$$V_s = \frac{827}{0.75} - 1120 < 0 \qquad \text{그러므로 최소전단철근 필요}$$

외부 기둥의 경우

$$V_s = \frac{438}{0.75} - 705 < 0 \qquad \text{그러므로 최소전단철근 필요}$$

모서리 기둥의 경우

$$V_s = \frac{234}{0.75} - 455 < 0 \qquad \text{그러므로 최소전단철근 필요}$$

4. 긴 방향과 짧은 방향에서 전체 정적계수모멘트를 계산한다.

긴 방향에서

$$M_{ol} = w_u l_2 \cdot \frac{l_{n1}^2}{8} = 18.6\times6\times\frac{7^2}{8} = 683.6\,\text{kN}\cdot\text{m}$$

짧은 방향에서

$$M_{os} = w_u l_1 \cdot \frac{l_{n2}^2}{8} = 18.6\times7.5\times\frac{5.5^2}{8} = 527.5\,\text{kN}\cdot\text{m}$$

양방향에서 1/2 주열대의 폭 $= 0.25l_2 = 0.25\times6{,}000 = 1{,}500\text{mm}$

긴 방향과 짧은 방향에서 중간대의 폭은 3,000mm와 4,500mm이다. 짧은 방향의 철근이 긴 방향 철근의 위에 설치된다고 가정하면

$$d(\text{긴 방향}) = 260 - 20 - \frac{15.9}{2} = 232\text{mm}$$

$$d(\text{짧은 방향}) = 260 - 20 - 15.9 - \frac{15.9}{2} = 216\text{mm}$$

5. 긴 방향 $l_1 = 7{,}500\text{mm}$(표 12.5, 그림 12.15 참조)에서 계수모멘트를 계산한다. 주열대와 중간대에서 총 정적모멘트 $M_{ol} = 638.6\text{kN}\cdot\text{m}$의 전체 정적계수 방향 분포는 다음과 같다.

• 주열대

내부받침부의 부계수모멘트$=-0.525M_o=-0.525\times638.6=-335.3\text{kN}\cdot\text{m}$

정계수모멘트$=0.312M_o=0.312\times638.6=199.2\text{kN}\cdot\text{m}$

외부받침부의 부계수모멘트$=-0.26M_o=-0.26\times638.6=-166.0\text{kN}\cdot\text{m}$

• 중간대

내부받침부의 부계수모멘트$=-0.175\times527.5=-92.3\text{kN}\cdot\text{m}$

정계수모멘트$=0.208M_o=0.208\times527.5=109.7\text{kN}\cdot\text{m}$

외부받침부의 부계수모멘트$=0$

6. 또 다른 풀이방법으로써 수정된 강성법과 등가 기둥 강성계수 K_{ec}를 사용하는 방법이 있다. 먼저 K_{ec}를 계산한다.

$$\frac{1}{K_{ec}}=\frac{1}{\Sigma K_c}+\frac{1}{K_t}$$

외부기둥의 사이에 있는 슬래브의 단부는 비틀림에 저항하는 보처럼 작용한다고 가정할 수 있다. 슬래브-보의 단면은 700mm(기둥의 폭)×260mm(슬래브의 두께)(그림 12.19)이다. 식 (12.18)로부터 비틀림 강성 K_t를 결정한다.

$$C=\left(1-0.63\cdot\frac{x}{y}\right)\cdot\frac{x^3y}{3}$$

$$x=260\text{mm},\ y=700\text{mm}$$

$$C=\left(1-0.63\times\frac{260}{700}\right)\times\left(\frac{260^3\times700}{3}\right)=3.14\times10^9\text{mm}^4$$

$$K_t=\frac{9E_c\cdot C}{l_2\cdot(1-c_2/l_2)^3}=\frac{9E_c\times3.14\times10^9}{(6{,}000)\times\left(1-\frac{700}{6000}\right)^3}=6.83\times10^6E_c$$

기둥의 양쪽에서 횡방향 보처럼 작용하는 2개의 인접슬래브에서

$$K_t=2\times6.83\times10^6E_c=13.66\times10^6E_c$$

기둥강성 K_c를 계산한다.

기둥높이 $l_c=3{,}500\text{mm}$

$$K_c=\frac{4E_cI_c}{l_c}=\frac{4E_c}{3{,}500}\times\frac{(700)^4}{12}=22.9\times10^6E_c$$

그러므로

$$\frac{1}{K_{ec}}=\frac{1}{22.9\times10^6E_c}+\frac{1}{13.66\times10^6E_c}$$

$$K_{ec}=8.55\times10^6E_c$$

7. 슬래브 강성과 α_{ec}을 계산한다.

$$K_s = \frac{4E_c I_s}{l_1}$$

$$h_c = 260\text{mm},\ l_1 = 7{,}500\text{mm},\ l_2 = 6{,}000\text{mm},\ I_s = \frac{l_2 h_s^3}{12}$$

$$K_s = \frac{4E_c}{7{,}500} \times \frac{(6{,}000)(260)^3}{12} = 4.69 \times 10^6 E_c$$

$$\alpha_{ec} = \frac{K_{ec}}{\Sigma K_s + K_b} \qquad (12.20)$$

보가 없으므로 $K_b = 0$이고, 따라서

$$\alpha_{ec} = \frac{8.55 \times 10^6 E_c}{4.69 \times 10^6 E_c} = 1.82$$

$$\left(1 + \frac{1}{\alpha_{ec}}\right) = 1 + \frac{1}{1.82} = 1.55$$

8. 장경간($l_1 = 7{,}500\text{mm}$)에서의 계수모멘트를 계산한다. 한 지판에서의 모멘트 분포가 그림 12.14에 주어져 있다.

내부 받침부의 부계수모멘트

$$M_{ni} = -\left[0.75 - \frac{0.1}{1+1/\alpha_{ec}}\right] \cdot M_{ol} = -\left(0.75 - \frac{0.1}{1.55}\right) \times 683.6 = -468.6\text{kN}\cdot\text{m}$$

정계수모멘트

$$M_p = \left[0.63 - \frac{0.28}{1+1/\alpha_{ec}}\right] \cdot M_{ol} = \left(0.63 - \frac{0.28}{1.55}\right) \times 683.6 = +320.8\text{kN}\cdot\text{m}$$

외단받침부의 부계수모멘트

$$M_{ne} = -\left(\frac{0.65}{1+1/\alpha_{ec}}\right) \cdot M_{ol} = -\left(\frac{0.65}{1.55}\right) \times 683.6 = -287\text{kN}\cdot\text{m}$$

이 예제에서 모멘트 확대계수 $\delta_s = 1.0$임을 주의해야 한다. 이것은 다음과 같이 검토된다.

$$\alpha_c = \frac{\Sigma K_c}{\Sigma K_s}(\text{내부}) = \frac{2 \times 22.9 \times 10^6 E_c}{2 \times 4.69 \times 10^6 E_c} = 4.88$$

$$\frac{l_2}{l_1} = \frac{6{,}000}{7{,}500} = 0.8$$

$$\beta_a = \frac{D.L.}{L.L.} = \frac{11.5}{3} = 3.83$$

따라서 표 12.7로부터 $\alpha_{min}=0$이므로 $\delta_s=1.0$. 만약 $\alpha_c \geq \alpha_{min}$이면 $\delta_s=1.0$, 만약 그렇지 않다면 식 (12.22)를 사용한다.

9. 휨 방향에서 주열대와 중간대로의 계수모멘트의 횡방향 분배를 계산한다. 모멘트 M_{ni}, M_p, M_{ne}는 다음과 같이 분배된다(표 12.6).

- 내부 받침부의 부계수모멘트 $M_{ni}=-468.6\text{kN}\cdot\text{m}$는 주열대에 75%, 중간대에 25% 분배된다.
  주열대$=0.75\times(-468.6)=-351.4\text{kN}\cdot\text{m}$
  중간대$=0.25\times(-468.6)=-117.1\text{kN}\cdot\text{m}$
- 정계수모멘트 $M_p=287\text{kN}\cdot\text{m}$는 주열대에 60%, 중간대에 40% 분배된다.
  주열대$=0.6\times(320.8)=192.5\text{kN}\cdot\text{m}$
  중간대$=0.4\times(320.8)=128.3\text{kN}\cdot\text{m}$
- 외부 받침부의 부계수모멘트 $M_{ne}=-287\text{kN}\cdot\text{m}$는 표 12.5에 따라 분배된다.

$$\beta_t=\frac{E_cC}{2E_cI_s}=\frac{C}{2I_s}\text{(슬래브와 기둥의 콘크리트는 같다)}$$

$$I_s=(6{,}000)\times\frac{(260)^3}{12}=8.79\times10^9\text{mm}^4$$

$$\beta_t=\frac{3.14\times10^9}{2*8.79\times10^9}=0.178$$

$$\alpha_1=\frac{E_{cb}\cdot I_b}{E_{cs}\cdot I_s}=0,\ \alpha_1\cdot\frac{l_2}{l_1}=0,\ \frac{l_2}{l_1}=0.8$$

표 12.5에서 $\beta_t=0(100\%)$과 $\beta_t=2.5(75\%)$ 이므로 종방향 모멘트 분배율은 75%이다. 주열대에서 외부 받침부의 부계수모멘트$=0.75\times(-287)=-215\text{kN}\cdot\text{m}$이고, 중간대에서 $-287+215=-72\text{kN}\cdot\text{m}$이다.

10. 장경간에 필요한 철근을 결정한다.

단계 5에서 계산된 계수모멘트가 사용될 수도 있으나 이 예제에서는 단계 6~9에서 계산된 계수모멘트를 사용하기로 한다.

주열대의 폭=중간대의 폭=3,000mm
양대에 대한 유효깊이=232mm

철근량은 앞 예제의 경우와 같이 결정되고 그 결과가 표 12.9와 그림 12.20에 주어져 있다. 중간대에서 최대 간격$=300/8=375$mm로서 $3t=780$mm 또는 400mm보다 작다.

표 12.9 외부 평판 지판의 설계(긴 방향)

	주열대			중간대		
	외측	중앙부	내측	외측	중앙부	내측
M_u(kN·m)	−215	192.5	−351.4	−75	128.3	−117.1
대의 폭	3,000	3,000	3,000	3,000	3,000	3,000
유효깊이	232	232	232	232	232	232
$R_u = \frac{M_u}{bd^2}$(MPa)	1.33	1.19	2.18	0.46	0.79	0.73
철근비 ρ	0.0034	0.0031	0.0057	0.0012	0.0020	0.0018
$A_s = \rho bd(\mathrm{mm}^2)$	2388.2	2131.2	3985.5	816.5	1407.3	1282.4
최소 철근량 $A_s = 0.002bt(\mathrm{mm}^2)$	1560	1560	1560	1560	1560	1560
철근 선택	14−D16	12−D16	22−D16	8−D16	8−D16	8−D16
직선철근	7	6	11	4	4	4
절곡철근	7	6	11	4	4	4

표 12.10 평판 지판의 설계(짧은 방향)

	주열대		중간대	
	부	정	부	정
M_u(kN·m)	−258.5	110.8	−84.4	73.8
대의 폭 b(mm)	3,000	3,000	4,500	4,500
유효깊이	221	221	221	221
$R_u = \frac{M_u}{bd^2}$(MPa)	1.76	0.76	0.38	0.34
철근비 ρ	0.0046	0.0019	0.0010	0.0008
$A_s = \rho bd(\mathrm{mm}^2)$	3045.8	1274.4	962.8	841.6
최소 철근량	12−D16	8−D16	12−D16	12−D16
철근선택	3177.6	1588.8	2383.2	2383.2
직선철근	11	6	6	6
절곡철근	3	2	6	6

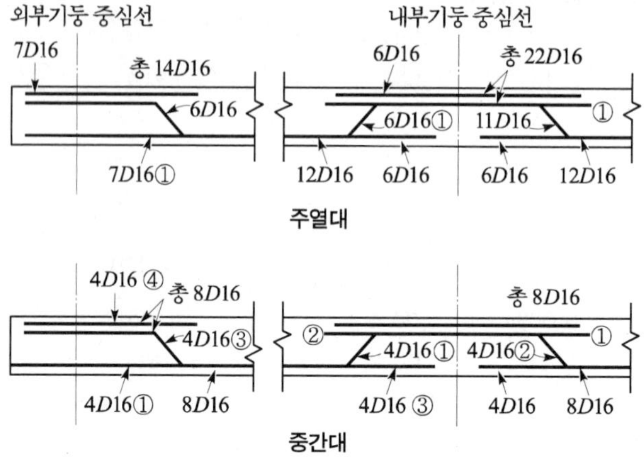

그림 12.20 철근의 세부(긴 방향)

11. 단경간($l_2 = 6{,}000\text{mm}$)에서의 전체 정적계수모멘트를 계산한다.

지판은 양방향으로 연속이고 따라서 예제 12.10과 비슷한 방법으로 계산된다. M_{os} =527.5kN·m(단계 4에서 계산). 표 12.4의 계수를 사용하여

$$M_n = -0.65M_o = -0.65 \times 527.5 = -342.9\text{kN}\cdot\text{m}$$

$$M_p = +0.35M_o = +0.35 \times 527.5 = +184.6\text{kN}\cdot\text{m}$$

주열대 부계수의 모멘트$= -0.49M_o = -258.5\text{kN}\cdot\text{m}$

주열대 정계수의 모멘트$= +0.21M_o = 110.8\text{kN}\cdot\text{m}$

중간대 부계수의 모멘트$= -0.16M_o = -84.4\text{kN}\cdot\text{m}$

중간대 정계수의 모멘트$= +0.14M_o = 78.8\text{kN}\cdot\text{m}$

12. 단경간에 필요한 철근을 결정한다.

주열대의 폭 : 3,000mm

중간대의 폭 : 4,500mm

절곡 철근과 직선 철근을 사용한 자세한 결과들이 표 12.10에 주어져 있다. 직선 철근이 간단하여 이 예제에서 채택될 수 있다.

12.6 기둥에서의 계수모멘트

직접설계법으로 등가골조를 해석할 때, 인접 지판의 불균형 하중에 의한 기둥에서의 계수모멘트는 콘크리트 슬래브와 기초판 설계기준(KDS 14 20 70:2021) 4.1.3.9절에 명시된 다음 식으로부터 얻어진다.

$$M_u = 0.07[(w_d + 0.5w_l)l_2 l_n^2 - w_d{}' l_2{}' (l'{}_n^2)] \tag{12.24a}$$

여기서 $w_d{}'$, $l_2{}'$, $l_n{}'$는 짧은 경간에 대한 값이다.

만약 K_{ec}와 α_{ec}를 사용하면 계수모멘트 M_u는 다음과 같이 계산된다.

$$\frac{M_u = 0.08[(w_d + 0.5w_l)l_1 l_n^2 - w_d{}' l_2{}' (l'{}_n^2)]}{(1 + 1/\alpha_{ec})} \tag{12.24b}$$

여기서, w_d, w_l : 긴 경간에서 계수 고정하중과 활하중

$w_d{}'$: 짧은 경간에서 계수 고정하중

l_n, l'_n : 긴 경간에 짧은 경간의 길이

$$\alpha_{ec} = \frac{K_{ec}}{\Sigma(K_s + K_b)} \tag{12.20}$$

식 (12.24)의 모멘트는 슬래브 상하 기둥의 휨강성에 비례하여 분포시켜야 한다. 경간이 짧을 때, 즉, $l_2 = l_2{}'$, $l_n = l_n{}'$일 때

$$M_u = 0.07(0.5w_l l_2 l_n^2) \tag{12.25a}$$

$$M_u = \frac{0.08(0.5w_l l_2 l_n^2)}{(1 + 1/\alpha_{ec})} \tag{12.25b}$$

위 방정식은 활하중의 반은 긴 경간에만 작용하고 고정하중은 양 경간에 같이 작용한다는 가정을 토대로 유도된 것이다. 식 (12.24)에서 짧은 경간의 길이를 0으로 놓으면 외부기둥에도 적용할 수 있다(그림 12.22).

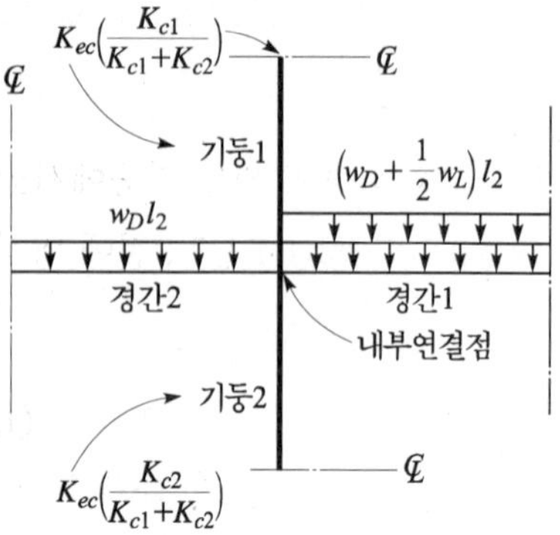

그림 12.21 내부 기둥하중

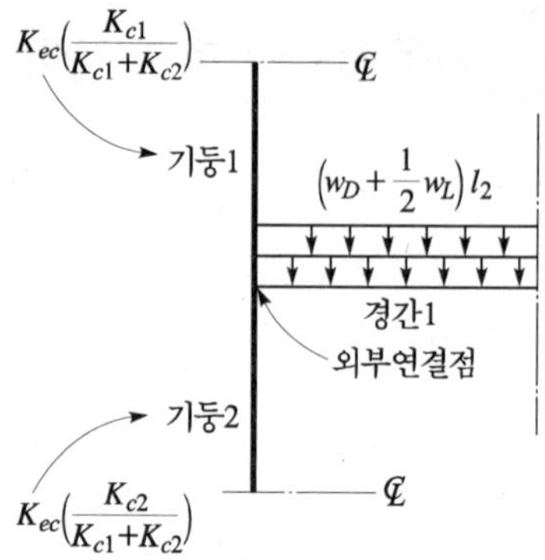

그림 12.22 외부 기둥하중

12.7 기둥에 전달되는 불균형휨모멘트

12.7.1 모멘트의 전달

풍하중, 지진 혹은 불평형 연직하중과 같은 횡하중이 슬래브와 기둥의 연결부에 작용하게 되면 슬래브와 기둥의 접합부 양쪽에서 불균형모멘트가 발생하게 된다. 이 불균형모멘트의 일부는 휨에 의해 기둥에 전달되어야 하고, 나머지는 펀칭 전단에 대한 위험단면에 작용하는 수직전단에 의해 전달되어야 한다. 슬래브 및 기초판과 기둥 사이에 불균형휨모멘트 M_u가 발생하면, 콘크리트구조 전단 및 비틀림 설계기준(KDS 14 20 22 :2022) 4.11.7에 따라 접합부는 불균형휨모멘트(M_u)가 전달되도록 설계되어야 한다. 설계불균형휨강도 ϕM_n는 식 (7.12.14)와 같이 위험단면을 구성하는 전면, 후면, 측면의 3개 모멘트 성분의 합으로 계산한다.

$$M_u = \phi M_n = \phi_f M_F + \phi_v M_S + \phi_v M_T$$

$$= M_F = \phi_f (M_{Ff} + M_{Fb}) + \phi_v (M_{Sf} + M_{Sb} + M_T) \quad (12.26)$$

여기서 M_F는 전면과 후면 슬래브의 휨강도의 합, M_S는 전면과 후면의 편심전단에 의한 휨강도, M_T는 측면의 편심전단에 의한 비틀림강도, $\phi_f = 0.85$, $\phi_v = 0.75$이다. 여기서 기둥 주위 4각형 형태의 위험단면의 4개의 모서리 성분 중에서 전면과 후면은 불균형 휨모멘트가 직접 받침부에 전달되는 면이다. 2방향으로 휨을 받는 슬래브 또는 기초판에서 전단에 대한 위험단면은 슬래브 두께가 일정할 경우에는 받침부의 경계부터 $d/2$ 만큼 떨어진 위험단면을 사용할 수 있다. 전면은 연직하중에 의한 직접전단력과 불균형휨모멘트에 의한 전단력의 방향이 일치하는 면이며, 후면은 전면의 반대 측에 위치하는 면이다. 측면은 전후면에 직교하는 두 면을 가리킨다. M_{Fb}는 위험단면 이내에서 전면의 상부주철근과 후면의 하부주철근을 인장철근으로 하는 슬래브 휨강도로 정의된다. 외부 접합부의 경우에는 불균형휨모멘트의 작용방향에 따라서 전면이나 후면이 외부에 접하는 경우에는 M_{Ff} 또는 M_{Fb}가 존재하지 않을 수 있다.

M_S와 M_T는 위험단면의 각 모서리에 작용하는 전단력과 기둥단면 중심까지 거리의 곱으로 정의되는 각 전단력의 기여도의 합으로 계산된다. 이때 전단응력은 접합부 주위 위험단면의 중립축부터 거리에 비례하여 직선적으로 분포한다고 가정하여야 한다. 여기서 중립축의 위치는 위험단면에서 거리에 비례하는 선형 전단응력 분포의 직접뚫림계수 전단력에 대한 힘의 평형조건을 사용하여 계산한다. 전후면과 측면에서 편심전단강도는 다음과 같이 정의된다.

① 전면 , 후면의 편심전단강도는 다음 식 (12.27)과 같이 계산한다.

$$v_n = v_c + v_p + 0.4v_s \le 0.34 f_{ck} c_u / d \qquad (12.27)$$

② 측면의 편심전단강도는 다음 식 (12.28)과 같이 정의한다.

$$v_{nT} = 0.63\lambda\sqrt{f_{ck}} + v_p + v_s \le 0.34 f_{ck} c_u / d \qquad (12.28)$$

여기서 콘크리트의 편심전단강도 v_c는 식 (12.5)에 의하여 정의되며, v_p는 전면, 후면 또는 측면에 작용하는 유효프리스트레스 힘의 수직성분에 의하여 발생하는 해당 위험 단면적에 대한 평균응력이다. v_s는 전면, 후면 또는 측면에 배치된 전단보강재에 의한 편심전단강도이다. 식 (12.27)에서 v_s를 고려하기 위해서는 접합부 주위 전후면과 측면에 전단보강재를 균등하게 배치하여야 하며 $V_s = \dfrac{0.5A_s f_{yt} d}{s}$로부터 계산된 V_s를 이용하여 $v_s = V_s/(b_o d)$로 계산할 수 있다. 다만 v_s를 산정할 때 전단보강재의 설계기준항복강도 f_{yt}는 400 MPa를 초과할 수 없다.

식 (12.27)에서 불균형휨모멘트에 의하여 큰 압축손상을 받는 전후면에서는 전단철근의 공칭전단강도 산정시 전단보강근의 평균응력을 항복강도의 20%로 가정하였고, 식 (12.28)에서 측면에 배치된 전단보강근의 평균응력은 항복강도의 50%에 도달하는 것으로 가정하였다. 그러나 안전측의 설계를 위해서는, 측면에 요구되는 전단보강을 접합부 위험단면의 모든 모서리에 균등하게 배치하여야 한다.

접합부 위치에 따라서 부 위치에 따라서 M_S와 M_T는 다음과 같이 정의된다.

내부접합부

내부 접합부는 전후면의 편심전단응력은 불균형휨모멘트 $M_S(= M_{Sf} + M_{Sb})$를 발생시킨다. 전면의 압축대에는 직접전단응력 $v_g[= V_G/(b_o d)]$가 작용하고 있으므로 불균형휨모멘트에 의한 허용전단응력은 $(v_n - v_g)$로 제한된다. 직접전단응력은 불균형휨모멘트를 유발하지 않으며, 따라서 전후면의 불균형휨모멘트 M_S는 편심전단의 기여도를 고려하여 식(12.29)와 같이 계산하고, 측면의 편심전단에 의한 휨모멘트 M_T는 측면의 유효전단응력강도 $(v_{nT} - v_g)$를 이용하여 식(12.30)과 같이 계산한다.(그림. 12.23)

$$M_S = [(v_n - v_g)(c_2 + d)d](c_1 + d) \geqq 0 \tag{12.29}$$

$$M_T = \frac{4}{3}(v_{nT} - v_g)\left(\frac{c_1 + d}{2}\right)^2 d \geqq 0 \tag{12.30}$$

여기서, v_n = 전면의 편심전단강도

$v_g[= V_G/(b_o d)]$ = 위험단면에 작용되는 직접 전단응력

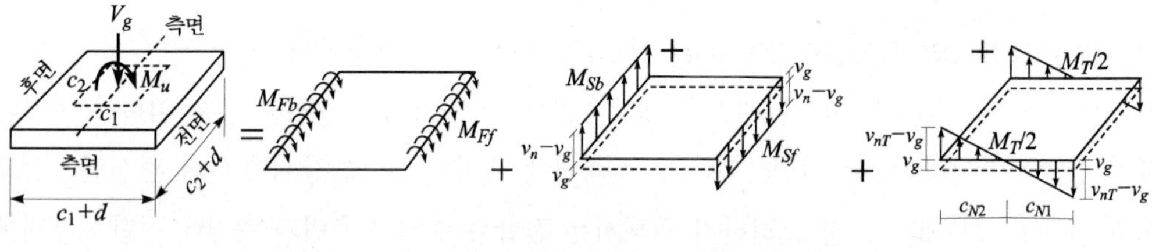

그림 12.23 슬래브-기둥 내부 접합부에서 편심전단응력의 중립축과 불균형휨모멘트 모델

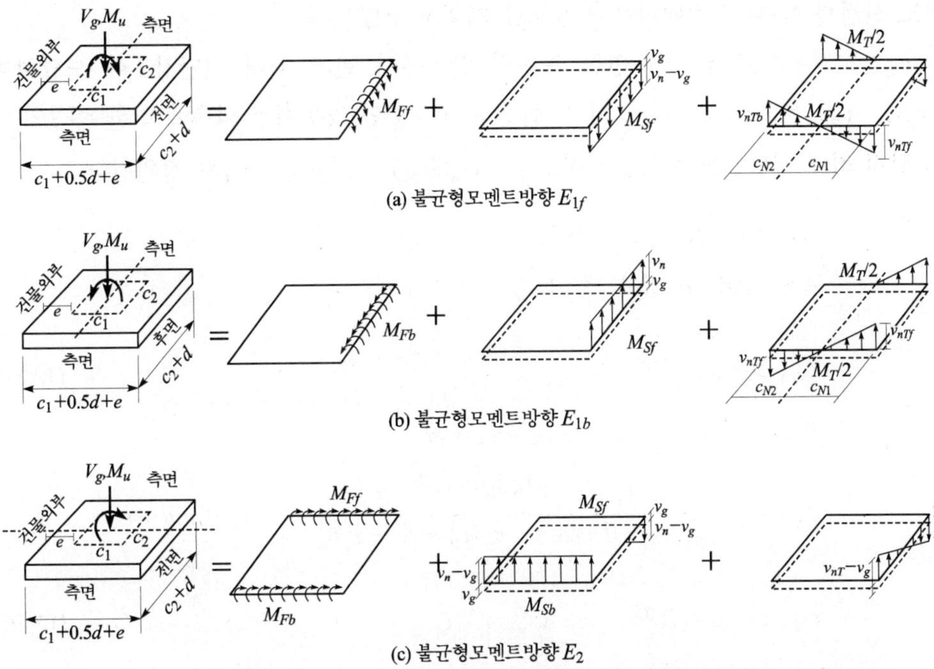

그림 12.24 슬래브-기둥 외부 접합부에서 편심전단응력의 중립축과 불균형휨강도 모델

외부에 면한 외부 접합부에서(그림 12.24(a) 모멘트 방향 E_{1f})

외부 기둥이 슬래브 단부에서 떨어져 있는 경우, 위험단면을 정의할 때에 기둥 면과 슬래브 단부사이의 거리 e는 슬래브 두께의 두 배보다 작아야 한다($e \leq 2h$).

전후면과 측면의 편심전단에 의한 휨강도 M_S와 M_T는 각각 다음과 같이 계산한다.

$$M_S = M_{Sf} = 0.5v_n(c_2 + d)d(c_1 + d) \tag{12.31}$$

$$M_T = \left[c_{N2} + \frac{2}{3}c_{N1} - \frac{c_1}{2} - e\right]v_{nTf}dc_{N1} + \left[-\frac{1}{3}c_{N2} + \frac{c_1}{2} + e\right]v_{nTb}dc_{N2} \tag{12.32}$$

여기서, v_n = 전면의 편심전단강도

v_{nTf}, v_{nTb} = 각각 전면과 후면에 면한 측면의 양단부에서 편심전단강도

c_{N1}, c_{N2} 는 각각 중립축부터 전면과 후면까지 거리로서 직접뚫림전단력에 의한 힘의 평형을 고려하여 계산된다(그림 12.24(a)) 외부접합부에서는 위험단면이 비대칭이므로 직접전단응력 v_g가 불균형모멘트를 유발할 수 있기 때문에 식 (12.29)의 내부접합부와 달리 불균

형휨강도 산정를 할 때 직접전단응력 성분을 제외하지 않는다.

$c_{N1} > c_{N2}$ 인 경우에는 전면에 면한 측면의 단부에서 먼저 최대 전단강도에 도달하며 $v_{nTf} = v_{nT}$, $v_{nTb} = (c_{N2}/c_{N1})v_{nT}$ 이고, 반면 $c_{N1} \leq c_{N2}$ 인 경우에는 외측에 면한 측면의 단부에서 먼저 최대 전단강도에 도달하며 $v_{nTf} = (c_{N1}/c_{N2})v_{nT}$, $v_{nTb} = v_{nT}$로 정의된다.

$$c_{N1} + c_{N2} = c_1 + 0.5d + e \qquad (12.33)$$
$$e \leq \min(2h, 2l_d)$$

$$c_{N1} > c_{N2} \text{ 일때} \qquad (12.34)$$
$$v_{nTf} = V_{nT},\ v_{nTb} = (c_{N2}/c_{N1})v_{nT}$$
$$c_{N1} = \frac{v_{nT}(c_1 + 0.5d + e)^2}{v_{nT}(2c_1 + d + 2e) + v_n(c_2 + d) - v_g b_o} \leq c_1 + 0.5d + e$$

$$c_{N1} \leq c_{N2} \text{ 일때} \qquad (12.35)$$
$$v_{nTf} = (c_{N1}/c_{N2})v_{nT},\ v_{nTb} = V_{nT},$$
$$c_{N2} = \frac{v_{nT}(c_1 + 0.5d + e)^2}{v_{nT}(2c_1 + d + 2e) - v_n(c_2 + d) + v_g b_o} \leq c_1 + 0.5d + e$$

전면이 외부에 면한 외부 접합부에서(그림. 7.24(b) 모멘트 방향 E_{1b})

전후면의 편심전단에 의한 휨강도 M_S와 측면의 편심전단에 의한 휨강도 M_T는 다음과 같이 계산한다.

$$M_S = M_{Sb} = 0.5v_n(c_2 + d)d(c_1 + d) \qquad (12.36)$$

$$M_T = \left[c_{N2} + \frac{2}{3}c_{N1} - \frac{c_1}{2} - e\right]v_{nTb}dc_{N1} + \left[-\frac{1}{3}c_{N2} + \frac{c_1}{2} + e\right]v_{nTf}dc_{N2} \qquad (12.37)$$

여기서 v_n = 후면의 편심전단강도

$c_{N1} > c_{N2}$ 인 경우에는 후면에 면한 측면의 단부에서 먼저 최대 전단강도에 도달하며 $v_{nTb} = v_{nT}$, $v_{nTf} = (c_{N2}/c_{N1})v_{nT}$ 이고, 반면 $c_{N1} \leq c_{N2}$ 인 경우에는 외측에 면한 측면의 단부에서 먼저 최대 전단강도에 도달하며 $v_{nTb} = (c_{N1}/c_{N2})v_{nT}$, $v_{nTf} = v_{nT}$ 로 정의된다.

$c_{N1} > c_{N2}$ 일 때 (12.38)

$$v_{nTf} = (c_{N2}/c_{N1})v_{nT}\,,\ v_{nTb} = V_{nT}$$

$$c_{N1} = \frac{v_{nT}(c_1 + 0.5d + e)^2}{v_{nT}(2c_1 + d + 2e) - v_n(c_2 + d) + v_g b_o} \le c_1 + 0.5d + e$$

$c_{N1} \le c_{N2}$ 일 때 (12.39)

$$v_{nTf} = V_{nT},\ v_{nTf} = (c_{N1}/c_{N2})v_{nT}$$

$$c_{N2} = \frac{v_{nT}(c_1 + 0.5d + e)^2}{v_{nT}(2c_1 + d + 2e) + v_n(c_2 + d) - v_g b_o} \le c_1 + 0.5d + e$$

한 측면이 외부에 면한 외부 접합부의 경우 (그림 7.24(c) 모멘트 방향 E_2)

전후면의 편심전단에 의한 휨강도 M_S와 측면의 편심전단에 의한 휨강도 M_T는 다음과 같이 계산한다.

$$M_S = [(v_n - v_g)(c_1 + 0.5d + e)d](c_2 + d) \ge 0 \tag{12.40}$$

$$M_T = \frac{2}{3}(v_{nT} - v_g)\left(\frac{c_2 + d}{2}\right)^2 d \ge 0 \tag{12.41}$$

여기서 v_n = 전면의 편심전단강도

슬래브-기둥접합부의 불균형휨강도식의 검증을 위하여, Moehle와 Luo와 Durrani 등의 실험결과에 적용한 결과, 콘크리트구조 전단 및 비틀림 설계기준(KDS 14 20 22:2022) 4.11.7의 식들이 실험결과들과 비교적 잘 일치하는 것으로 제시하고 있다.

양방향으로 불균형모멘트가 작용하는 경우

위험단면에서 각 방향 불균형모멘트에 대하여 안전하도록 설계하여야 하며, 각 방향의 편심전단강도는 양방향 편심전단의 상호작용을 고려하여 저감하여야 한다. 근사적으로 편심전단강도는 다음과 같은 상호작용식을 만족하도록 설계할 수 있다.

$$\left(\frac{M_{u1} - \phi_f M_{F1}}{\phi_v M_{v1}}\right) + \left(\frac{M_{u2} - \phi_f M_{F2}}{\phi_v M_{v2}}\right) \le 1 \tag{12.42}$$

여기서 $M_{v1}(= M_{S1} + M_{T1})$, $M_{v2}(= M_{S2} + M_{T2})$이며, 아래첨자 1, 2는 두 개의 직교방향을 가리킨다.

실험연구들에 따르면 접합부에 양방향으로 불균형모멘트 (M_{u1}, M_{u2})가 작용하는 경우 일방향으로만 작용하는 경우 보다 강도가 저하된다(그림 12.25). 양방향 슬래브휨강도 (M_{F1}, M_{F2})는 독립적으로 발휘되지만, 편심전단에 의한 불균형모멘트강도 $M_{v1}(=M_{S1}+M_{T1})$과 $M_{v2}(=M_{S2}+M_{T2})$는 서로 영향을 미치기 때문이다. 편심전단성분 M_{v1}과 M_{v2} 사이에 직선형 상관관계를 가정할 경우, 안전측의 설계조건은 (12.42)로 정의할 수 있다.

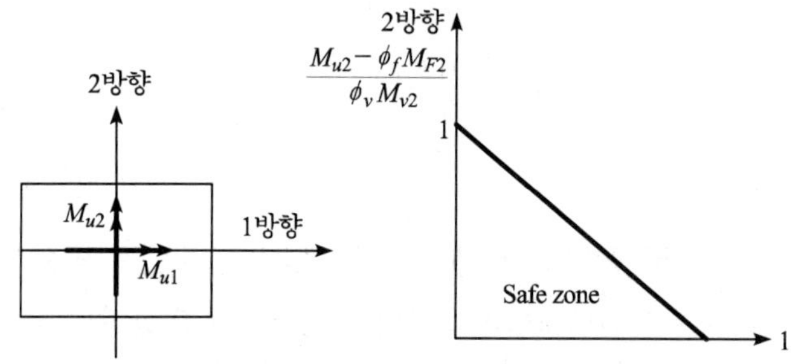

그림 12.25 양방향 불균형모멘트 상관관계를 고려한 슬래브 설계방법

예제 12.6

예제 12.4에서 평판의 장경간에서 내부기둥과 외부기둥의 모멘트를 결정하라.

▌풀이

1. 외부기둥의 모멘트

$$M=\frac{0.08}{1+(1/\alpha_{ec})}[(w_d+0.5w_l)l_2 l_n^2-w_d{}'l_2{}'(l_n{}')^2]$$

예제 12.4으로부터

$w_d=7.7\times1.2=9.24\text{kN}\cdot\text{m}$

$0.5w_l=0.5\times1.6\times3.0=2.4\text{kN}\cdot\text{m}$(예제 12.9 참조)

$l_2=l_2{}'=6{,}000\text{mm},\ l_n=l_n{}'=7{,}000\text{mm}$

$1+1/\alpha_{ec}=2.01\ (\alpha_{ec}=0.99)$

외부기둥에 전달되는 불균형모멘트

$$M_u=\frac{0.08}{2.01}\times[(9.24+2.4)(6)(7)^2-0]=136\,\text{kN}\cdot\text{m}$$

만약 식 (12.24a)를 사용하면 $M_u=0.07[(9.24+2.4)(6)(7)^2-0]=240\text{kN}\cdot\text{m}$로서 안전측의 값이 얻어진다.

2. 내부기둥에서 α_{ec}를 계산하기 위해서는 기둥 양쪽의 슬래브 강성이 계산되어야 한다.

$$\alpha_{ec} = \frac{K_{ec}}{\Sigma K_s + K_b} \tag{12.20}$$

예제 12.10으로부터 $K_{ec} = 4.67 \times 10^6 E_c$, $K_s = 4.69 \times 10^6 E_c$, $K_b = 0$, 그러므로

$$\alpha_{ec} = \frac{4.67 \times 10^6 E_c}{2 \times (4.69 \times 10^6 E_c) + 0} = 0.50$$

$$\left(1 + \frac{1}{\alpha_{ec}}\right) = 1 + \frac{1}{0.50} = 3.0$$

식 (12.24b)로부터 내부기둥에서의 불균형모멘트 M_u는

$$M_u = \frac{0.08}{3.0} \times [(9.24 + 2.4)(6)(7)^2 - (9.24)(6)(7)^2] = 18.8\text{kN}\cdot\text{m}$$

만약 식 (12.24a)를 사용하면, $M_u = 0.07 \times [(9.24 + 2.4)(6)(7)^2 - (9.24)(6)(7)^2] = 49.4\text{kN}\cdot\text{m}$로서 안전측의 값이 얻어진다.

예제 12.7

예제 12.4의 평판에서 내부와 외부기둥에 작용하는 불균형모멘트와 전단력에 의한 슬래브의 위험단면에서의 전단응력을 계산하라. 외부기둥 주위의 철근의 배근량과 비틀림모멘트에 저항하기 위한 철근량을 결정하라($f_{ck} = 27\text{MPa}$, $f_y = 400\text{MPa}$).

▌풀이

1. 내부기둥의 위험단면폭 $b_1 = b_2 = c_1 + d = 500 + 232 = 732\text{mm}$

전후면 휨강도 $M_F = M_{Ff} + M_{Fb}$ 산정, 위험단면이내 전면 상부주철근과 하부주철근의 슬래브 휨강도이므로 상부주철근$A_s = 6D16 = 6 \times 198.6 = 1191.6\text{mm}^2$

하부주철근$A_s = 3D16 = 3 \times 198.6 = 595.8\text{mm}^2$

$$M_{Ff} = A_S f_y\left(d - \frac{\beta A_s f_y}{\alpha 0.85 f_{ck} b}\right) = 1191.6 \times 400\left(232 - \frac{0.4 \times 1191.6 \times 400}{0.8 \times 0.85 \times 27 \times 732}\right) = 103.8\text{kN}\cdot\text{m}$$

$$M_{Fb} = A_S f_y\left(d - \frac{\beta A_s f_y}{\alpha 0.85 f_{ck} b}\right) = 595.8 \cdot 400\left(232 - \frac{0.4 \cdot 595.8 \cdot 400}{0.8 \cdot 0.85 \cdot 27 \cdot 732}\right) = 53.6\text{kN}\cdot\text{m}$$

$$M_F = 103.8 + 53.6 = 157.4\text{kN}\cdot\text{m}$$

2. 전후면 편심전단강도

$$M_s = [(v_n - v_g)(b_2 + d)d](b_1 + d) \geqq 0$$

$$v_n = v_c + v_p + v_S = \lambda k_o k_{bo} f_{te} \cot\psi (c_u/d) + v_p + 0.4[0.5(\frac{A_v f_{yt} d}{s})/b_0 d] \leqq (0.34 f_{ck}) c_u/d$$

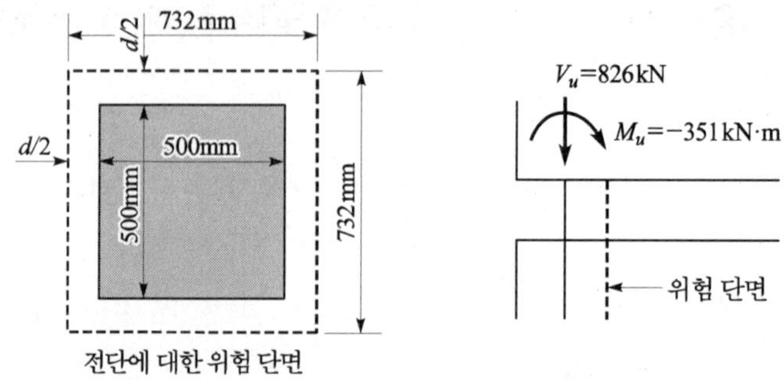

그림 12.26 불균형모멘트로 인한 내부기둥으로의 전단력과 휨모멘트

$k_s = (300/d)^{0.25} = (300/232)^{0.25} = 1.07 \leq 1.0 \qquad \therefore K_s = 1.0$

$k_{bo} = 4/\sqrt{\alpha_s(b_o/d)}$

내부 기둥 : $k_{bo} = 4/\sqrt{b_o/d} = 4/\sqrt{2928/232} = 1.13$

$f_{te} = 1.09 \qquad \cot\psi = 4.18$

$C_u = 232\left[25\sqrt{0.005/27} - 300(0.005/27)\right] = 66.05$

$v_c = (1\times1\times1.13\times1.09\times4.18)\times66.05/232 = 1.47\text{MPa}$

$v_p = 0,\ v_s = 0$

$v_n = 1.47+0+0 = 1.47 \leqq 0.34\times27\times66.05/232 = 2.61$

하중 부하면적 $= 7.5\times6.0 - 0.732\times0.732 = 44.46\text{m}^2$

$v_g = V_g/(b_o d) = 44.46\times18.6/(2928\times232/1000) = 1.22\text{MPa}$

$M_s = [(1.47-1.22)(732)232](732) = 31.1\text{kN·m} \geqq 0$

3. 측면 편심전단강도

$$M_T = \frac{4}{3}(v_{nT} - v_g)\left(\frac{c_1+d}{2}\right)^2 d \geqq 0$$

$$v_{nT} = 0.63\lambda\sqrt{f_{ck}} + v_p + v_s \leq 0.34 f_{ck} c_u/d$$

$$= 0.63\times1.0\sqrt{27}+0+0 = 3.27MPa \leqq 0.34\times27\times66.05/232 = 2.61\,\text{MPa}$$

$$M_T = \frac{4}{3}(2.61-1.22)\left(\frac{732}{2}\right)^2 232 = 57.6\text{kN·m} \geqq 0$$

부계수 휨모멘트 $M_u = -351\text{kN·m}$

설계강도 $\phi M_n = \phi_f M_F + \phi_v(M_S + M_T) = \phi_f(M_{Ff} + M_{Fb}) + \phi_v(M_{Sf} + M_{Sb} + M_T)$

$= 0.85(157.4) + 0.75(31.1+57.6) = 200\text{kN·m}$

따라서 철근 필요 $(351-88.7)/0.85=308\text{kN}\cdot\text{m}$, $(308/157.4)\times 4=7.8\approx 8$

따라서 위험단면 폭 732mm 내에 D16철근 8개를 배근한다.

4. 외부기둥의 위험단면폭 $b_1=$ 기둥단면 $+d=500+232=732\text{mm}$

$$b_2=500+232/2=616\,\text{mm}$$

전후면 휨강도 $M_F=M_{Ff}+M_{Fb}$ 산정, 위험단면이내 전면 상부주철근의 슬래브 휨강도이므로

상부주철근 $A_s=4D16=4\times 198.6=794.4\text{mm}^2$

$$M_{Ff}=A_Sf_y(d-\frac{\beta A_sf_y}{\alpha 0.85f_{ck}b})=794.4\times 400(232-\frac{0.4\times 794.4\times 400}{0.8\times 0.85\times 27\times 732})=70.7\text{kN}\cdot\text{m}$$

$$M_F=70.7+0=70.7\text{kN}\cdot\text{m}$$

5. 후면이 단부에 면한 접합부의 전후면 편심전단강도 (모멘트 방향 E_{1f})

$$M_s=M_{sf}=0.5v_n(b_2)d(b_1)\geq 0$$

$$v_n=v_c+v_p+v_S=\lambda k_o k_{bo} f_{te}\cot\psi(c_u/d)+v_p+0.4[0.5(\frac{A_vf_{yt}d}{s})/b_0d]\leq(0.34f_{ck})c_u/d$$

$$v_c=(1\times 1\times 1.13\times 1.09\times 4.18)\times 66.05/232=1.47\text{MPa}$$

$$v_p=0,\ v_s=0$$

$$v_n=1.47+0+0=1.47\leq 0.34\times 27\times 66.05/232=2.61$$

$$M_s=0.5\times 1.47\times 732\times 232\times 616=76.9\text{kN}\cdot\text{m}$$

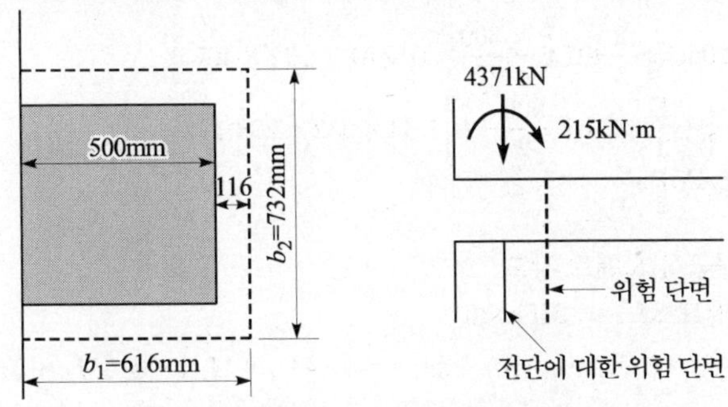

그림 12.27 불균형모멘트로 인한 외부기둥으로의 전단력과 휨모멘트

6. 후면이 단부에 면한 접합부의 측면 편심전단강도 (모멘트 방향 E_{1f})측면 편심전단강도

$$M_T=\left[c_{N2}+\frac{2}{3}c_{N1}-\frac{c_1}{2}-e\right]v_{nTf}dc_{N1}+\left[-\frac{1}{3}c_{N2}+\frac{c_1}{2}+e\right]v_{nTb}dc_{N2}$$

$$v_{nT}=0.63\times 1.0\sqrt{27}+0+0=3.27\text{MPa}\leq 0.34\times 27\times 66.05/232=2.61\,\text{MPa}$$

(a) 위험단면에 작용하는 직접전단응력 $v_g = V_g/(b_o d)$

뚫림전단에 대한 단부의 부하면적

수평방향 : $7.5/2+0.5/2=4\text{m}$

수직방향 : $3+3=6\text{m}$

전체부하면적 : $4\times6-0.732\times0.616=23.5\text{m}^2$

$v_g=23.5\times18.6/((732+616\times2)232/10^3)=0.96\text{MPa}$

(b) $c_{N1} > c_{N2}$일 때

$$c_{N1}=\frac{v_{nT}(c_1+0.5d+e)^2}{v_{nT}(2c_1+d+2e)+v_n(c_2+d)-v_g b_o} \le c_1+0.5d+e=613\text{mm}$$

$$c_{N1}=\frac{2.61(613)^2}{2.61(2\times500+232+0)+1.47(500+232)-0.96\times1964}=407.6\text{mm}$$

$$c_{N2}=c_1+0.5d-c_{N1}=500+0.5\times232-407.6=208.4\text{mm}$$

(c) v_{nTf}와 v_{nTb} 계산

$v_{nTf}=v_{nT}=2.61\text{MPa}$

$v_{nTb}=(c_{N2}/c_{N1})v_{nT}=(208.4/407.6)\times2.61=1.33\text{MPa}$

(d) 측면의 편심전단강도 M_T 계산

$$\begin{aligned}M_T&=\left[c_{N2}+\frac{2}{3}c_{N1}-\frac{c_1}{2}-e\right]v_{nTf}dc_{N1}+\left[-\frac{1}{3}c_{N2}+\frac{c_1}{2}+e\right]v_{nTb}dc_{N2}\\&=\left[208.4+\frac{2}{3}407.6-\frac{500}{2}-0\right]2.61\times232\times407.6\\&\quad+\left[-\frac{1}{3}208.4+\frac{500}{2}+0\right]1.33\times232\times208.4\\&=68.4\text{MPa}\end{aligned}$$

(d) 접합부 설계불균형 모멘트 강도

부계수 휨모멘트 $M_u=-215\text{kNm}$

설계강도 $\phi M_n=\phi_f M_F+\phi_v(M_S+M_T)=\phi_f(M_{Ff}+M_{Fb})+\phi_v(M_{Sf}+M_{Sb}+M_T)$

$=0.85(70.7)+0.75(76.9+68.4)=169.1\text{kN}\cdot\text{m}$

따라서 철근 필요 $(215-109)/0.85=124.7\text{kN}\cdot\text{m}$, $(124.7/70.7)\times4=7.1\approx8$

따라서 위험단면 폭 732mm 내에 D16철근 8개를 배근한다.

12.8 등가골조법(Equivalent frame method)

2방향 슬래브에 있어서 직접설계법이 그 제한사항을 만족하지 못하는 경우, 계수모멘트는 등가골조법에 의해 계산되어야 한다. 등가골조법에서 건물은 두 방향의 등가골조로 분할되고 이들은 모든 하중조건에 의해 탄성적으로 해석된다. 직접설계법과 등가골조법 사이의 차이점은 등가골조의 경간을 따라 종방향 계수모멘트를 결정하는 방법에 있다. 설계할 때 유의사항은 다음과 같다.

▪ 등가골조의 설정

등가골조는 3차원 건물을 기둥사이의 중간선을 따라 절단함으로써 얻어지는 2차원 건물골조이다(그림 12.2). 이때 등가골조는 건물의 종방향과 횡방향으로 분리하여 생각한다. 수직하중에 대해서는 아래 기둥과 위 기둥의 원단(遠端)이 고정되었다고 가정하고 각 바닥은 분리하여 해석한다. 이때 슬래브-보는 고려하는 받침부에서 두 지판 떨어진 임의의 받침부에서 고정되었다고 가정할 수 있다. 왜냐하면, 수직하중은 그 받침부의 모멘트에 거의 영향을 주지 못하기 때문이다. 횡하중에 대해서는 등가골조는 모든 층으로 구성되어 건물의 총 높이로 확장된다. 왜냐하면 각 층에서의 힘은 고려하는 높이의 모든 층에 작용하는 횡하중의 함수이기 때문이다.

▪ 하중의 가정

공용고정하중에 대한 공용활하중의 비가 0.75보다 작을 때 골조의 구조해석은 규칙적인 하중(pattern loading) 대신 모든 경간에 작용하고 있는 계수고정하중과 계수활하중에 의해 실시한다. 공용고정하중에 대한 공용활하중의 비가 0.75보다 클 때는 다음의 각 경우와 같은 규칙적인 하중이 사용되어야 한다.

- 규칙적인 하중을 사용하여 해석하는 경우에는 계수 활하중의 75%만이 해석에 사용된다.
- 받침부에서의 슬래브의 최대 부모멘트는 오직 인접 두 지판에만 하중이 작용할 때 얻어진다.
- 경간중앙의 최대 정계수모멘트는 하중이 해당 지판과 한경간씩 건너 지판에 작용할 때 일어난다.
- 계수모멘트는 모든 지판에 전 계수 활하중이 작용할 때 일어나는 모멘트보다 작아서는 안 된다.
- 부계수모멘트에 대한 위험단면도 사각형 기둥의 전면 혹은 직사각형이 아닌 단면에 대

해서는 동일한 면적을 갖는 등가 사각형 기둥의 전면에서 취한다.

▪ 슬래브-보의 관성모멘트

콘크리트 슬래브와 기초판 설계기준(KDS 14 20 70: 2021) 4.1.4에서는 기둥과 슬래브-보의 종축을 따른 단면2차모멘트 변화를 골조의 해석에 반드시 고려해야 한다고 명시하고 있다. 임계구역은 기둥의 중심선과 기둥, 브래킷(breaket) 혹은 기둥머리의 측면 사이에 위치한다. 이 구역은 바닥 슬래브의 두꺼운 단면으로 생각할 수 있다. 기둥 폭의 크기와 이에 따른 슬래브-보의 유효폭의 검토를 고려하기 위해 KDS 14 20 70(2021) 4.1.4에서는 기둥의 중심과 지지부측면 사이의 슬래브-보의 단면2차모멘트는 기둥면에서의 슬래브-보의 단면2차모멘트를 다음 값으로 나눈 값과 같다고 가정하고 있다.

$$\left(1-\frac{c_2}{l_2}\right)^2 \tag{12.43}$$

여기서, c_2 : 기둥의 횡방향 폭

l_2 : 슬래브-보의 폭이다.

그 외의 구간에서 슬래브-보가 단면2차모멘트는 콘크리트의 총 단면적에 의해 계산해도 좋다.

▪ 기둥의 단면2차모멘트

콘크리트 슬래브와 기초판 설계기준(KDS 14 20 70: 2021) 4.1.4에서는 접합부에서 슬래브의 상면에서 하면까지의 기둥의 단면2차모멘트를 무한대로 가정해야 한다고 규정하고 있다(그림 12.28).

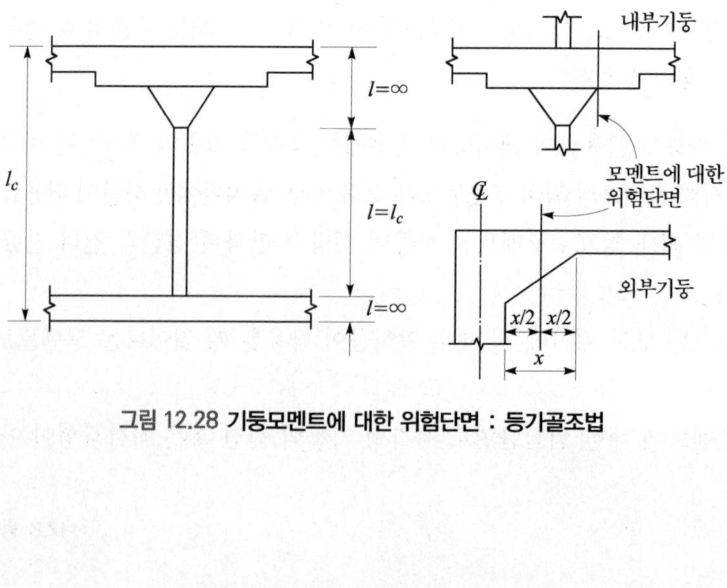

그림 12.28 기둥모멘트에 대한 위험단면 : 등가골조법

■ 기둥 강성 K_{ec}

$$\frac{1}{K_{ec}} = \frac{1}{\Sigma K_c} + \frac{1}{K_t} \tag{12.44}$$

여기서, K_t : 단위회전각에 대한 비틀림모멘트($= M/\theta$)로 다음과 같이 계산할 수 있다.

$$K_t = \Sigma \frac{9E_{es}C}{l_2(1-c_2/l_2)^3} \tag{12.45}$$

$$C = \Sigma\left(1 - 0.63\frac{x}{y}\right)\left(\frac{x^3 y}{3}\right) \tag{12.46}$$

■ 기둥의 모멘트

골조해석에서 슬래브 아래의 기둥 상단, 그리고 슬래브 위의 기둥하단에서 등가 기둥에 대하여 결정된 모멘트는 기둥의 설계에 사용되어야 한다.

■ 받침부에서의 부계수모멘트

콘크리트 슬래브와 기초판 설계기준(KDS 14 20 70: 2021) 4.1.4.7에서는 내부 받침부에서의 부계수모멘트에 대한 위험단면은 기둥 전면 혹은 기둥머리에서 취해지나, 기둥의 중심으로부터 $0.175l_1$ 이상 떨어져서는 안 된다고 규정하고 있다. 외부 받침부에서는 부계수모멘트에 대한 위험단면은 받침부재의 전면에서 브래킷과 기둥머리가 내민 길이의 1/2 이내에서 취해진다. 원형 단면 기둥은 같은 면적을 갖는 정사각형 기둥으로 취급해야 한다.

■ 모멘트의 합

직접 설계법의 제한사항을 만족하는 2방향 슬래브 역시 등가골조법으로 해석할 수 있다. 두 방법이 비슷한 결과를 줄 수 있도록 콘크리트 슬래브와 기초판 설계기준(KDS 14 20 70: 2021) 4.1.4(4)에서는 등가골조법에 사용된 정모멘트와 평균 부모멘트의 절대치의 합이 전체 정적계수모멘트 M_o를 초과하지 않는 비율로 등가골조법으로 결정된 모멘트를 감소시킬 수 있다고 규정하고 있다.

예제 12.8

등가골조법을 이용하여 종방향으로 예제 12.3에 주어진 평판바닥구조의 내부 골조를 해석하라. 그 바닥구조는 각 방향으로 크기가 7,500 × 6,000mm인 지판 4개로 구성되어 있다. 모든 지판은 면적인 500 × 500mm이고 길이가 3.5m인 기둥으로 지지되고 있다. 공용활하중 = 3kN/m^2, 자중을 포함한 공용고정하중 = 10.5kN/m^2, $f_{ck} = 27\text{MPa}$, $f_y = 400\text{MPa}$, 모서리 보는 사용되지 않는다. 그림 12.29을 참고로 하라.

▌풀이

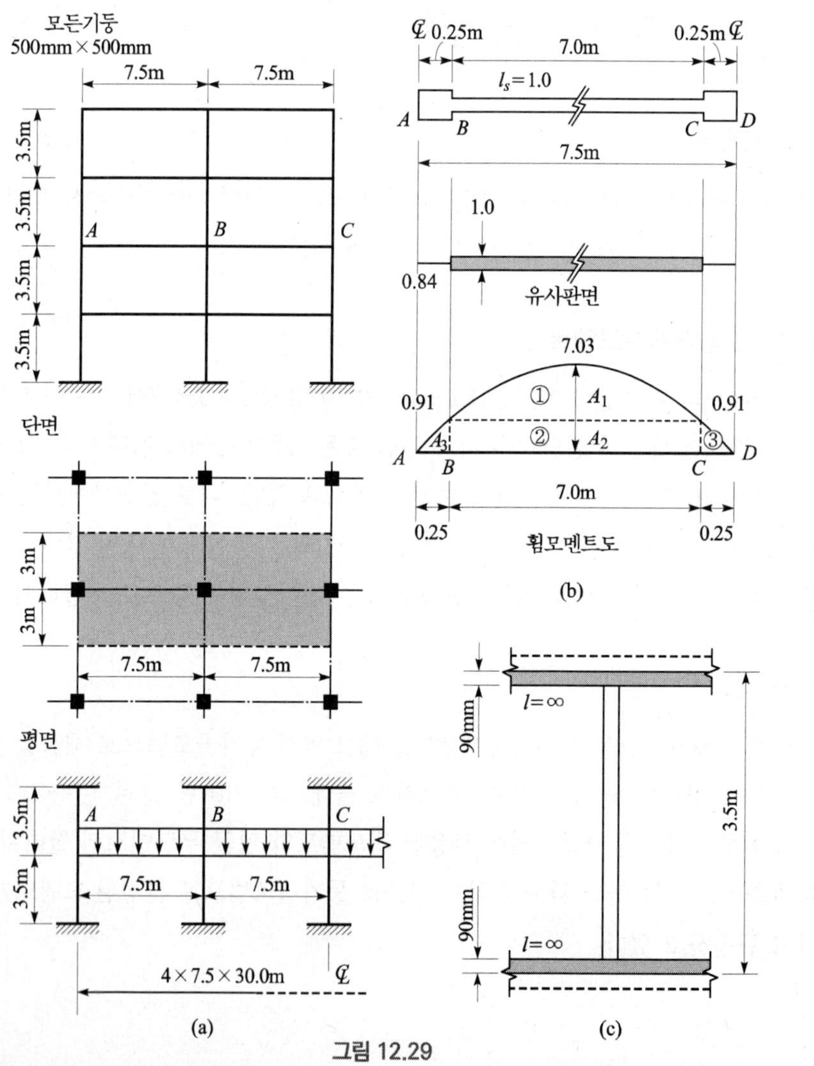

그림 12.29

1. 앞의 예제 12.3에서 설명된 것처럼 220mm 슬래브 두께를 선택한다.

2. 계수하중 $w_u = 1.2\times 10.5 + 1.6\times 3.0 = 17.4\text{kN/m}^2 = 17.4\times 10^{-2}\text{N/mm}^2$

공용고정하중에 대한 공용활하중의 비=3/10.5 = 0.29 < 0.75, 그러므로 골조는 규칙적인 하중 대신 모든 경간에 작용하는 하중계수를 곱한 전 하중 w_u로서 해석될 수 있다.

3. 슬래브의 강성 K_s를 결정한다.

$$K_s = k\frac{EI_s}{l_s}$$

여기서, k : 강성계수

$$I_s = \frac{l_s t_s^3}{12} = \frac{6{,}000\times(220)^3}{12} = 5.32\times 10^9\text{mm}^4$$

강성계수는 일반적인 기둥유사법에 의해 결정될 수 있다. 참고로 슬래브의 관성모멘트가 1.0이라 할 때 기둥면과 중심선 사이 관성모멘트는

$$\frac{1.0}{\left(1-\frac{c_2}{l_2}\right)^2} = \frac{1.0}{\left(1-\frac{500}{6{,}000}\right)^2} = 1.19$$

유사 기둥의 폭은 그림 12.29(b)에 보이는 것처럼 $1/I$에 따라 변화한다(1/1.19=0.84)

$$\text{슬래브의 강성계수} = k = l_1\left(\frac{1}{A_a} + \frac{Mc}{I_a}\right) \tag{12.47}$$

여기서, A_a : 유사 기둥단면의 면적

I_a : 유사 기둥의 관성모멘트

M : 슬래브의 중앙에 위치한 유사기둥의 극한 연단에 작용하는 단위하중으로 인한 모멘트

M : $1.0(l_1/2) = 1.0\times(7{,}500/2) = 3{,}250$

A_a : $7{,}000\times 1 + 2\times(250)\times(0.84) = 7{,}420$

I_a : I(슬래브 부분 7.0m에 대해) + I(나머지 부분)

중심선에 대해

$$I_a = \frac{(7{,}000)^3}{12} + 420\times\left(3{,}500 - \frac{250}{2}\right)^2 = 3.33\times 10^{10}\text{mm}^4$$

유사판면의 단부(short end segments)의 도심에 대한 단면2차모멘트를 무시하면

$$\text{강성계수} = 7{,}500\times\left[\frac{1}{7420} + \frac{1\times 3250\times 3250}{3.33\times 10^{10}}\right] = 1.01 + 2.38 = 3.39$$

$$\text{전달계수} = \frac{(2.38-1.01)}{3.39} = 0.40$$

그러므로 슬래브 강성

$$K_s = \frac{3.39E\times 5.32\times 10^9}{(7{,}500)} = 2.41\times 10^6 E$$

4. 기둥강성 K_c 를 결정한다.

$$k_c = k'\left(\frac{E_c I_c}{l_c}\right)\times 2$$

슬래브 아래와 위의 기둥에 대해

k' : 기둥강성계수

$$l_c = 3{,}500\text{mm},\ I_c = \frac{(500)^4}{12} = 5.21\times 10^9\text{mm}^4$$

강성계수 k'는 다음과 같이 결정될 수 있다.

$$k' = l_c\left(\frac{1}{A_a} + \frac{Mc}{I_a}\right)$$

기둥에 대해

$$c = \frac{l_c}{2} = 1{,}750\text{mm},\ M = 1.0\times\frac{l_c}{2} = \frac{l_c}{2} = 1{,}750\text{mm}$$

$$A_a = l_c - t_s = 3{,}500 - 220 = 3{,}280\text{mm}$$

$$I_a = \frac{(l_c - t_s)^3}{12} = \frac{(3280)^3}{12} = 2.94\times 10^9\text{mm}^4$$

$$k' = 3{,}500\times\left(\frac{1}{3280} + \frac{(1750)\times(1750)}{2.94\times 10^9}\right) = 4.71$$

$$K_c = 4.71E_c\times\frac{5.21\times 10^9}{(3{,}500)}\times 2 = 14.0\times 10^6 E_c$$

평판바닥 구조에서, 기둥강성 K_c 는 다음과 같이 직접 계산할 수 있다.

$$\frac{K_c}{E_c} = \frac{I_c}{(l_c - t_s)} + \frac{3I_c l_c^2}{(l_c - t_s)^3} \qquad (12.48)$$

5. 기둥의 면에서 슬래브의 비틀림 강성 K_t를 계산한다.

$$K_t = \Sigma\frac{9E_{cs}C}{l_2\left(1 - \frac{c_2}{l_2}\right)^3}$$

$$C = \Sigma\left(1 - 0.63\frac{x}{y}\right)\left(\frac{x^3 y}{3}\right)$$

이 예제에서 $x = 210$mm(슬래브 두께), $y = 500$mm(기둥 폭)(그림 12.19)

$$C = \left(1 - 0.63\times\frac{220}{500}\right)\times\left(\frac{(220)^3\times 500}{3}\right) = 1.28\times 10^9$$

$$K_t = \frac{9E_{cs}\times 1.28\times 10^9}{(6{,}000)\left(1 - \frac{500}{6{,}000}\right)^3} = 2.49\times 10^6 E_c\ (E_{cs} = E_c\text{이므로})$$

2개의 인접한 슬래브에 대해 $K_t = 2 \times 2.49 \times 10^6 E_c = 4.98 \times 10^6 E_c$

6. 등가 기둥 강성을 계산한다.

$$\frac{1}{K_{ec}} = \frac{1}{\Sigma K_c} + \frac{1}{K_t} = \frac{1}{14.0 \times 10^6 E_c} + \frac{1}{4.98 \times 10^6 E_c}$$

혹은

$$K_{ec} = 3.67 \times 10^6 E_c$$

7. 모멘트 분배계수$(D.F)$: 외부 접합점에 대해

$$D.F.(\text{슬래브}) = K_s/(K_s + K_{ec}) = \frac{2.41 \times 10^6}{2.41 \times 10^6 + 3.67 \times 10^6} = 0.4$$

$$D.F.(\text{기둥}) = \frac{K_{ec}}{\Sigma K} = \frac{3.67 \times 10^6}{2.41 \times 10^6 + 3.67 \times 10^6} = 0.60$$

슬래브 위, 아래의 기둥은 같은 강성을 갖는다. 그러므로 분배계수 0.60는 두 기둥 사이에 똑같이 분배된다. 즉,

$$D.F. = \frac{0.60}{2} = 0.30$$

내부 결합점에 대해

$$D.F.(\text{슬래브}) = \frac{K_s}{(2K_s + K_{ec})} = \frac{2.41 \times 10^6}{2 \times 2.41 \times 10^6 + 3.67 \times 10^6} = 0.283$$

$$D.F.(\text{기둥}) = \frac{K_{ec}}{\Sigma K} = \frac{3.67 \times 10^6}{(2 \times 2.41 \times 10^6 + 3.67 \times 10^6)} = 0.314$$

각 기둥은 $D.F. = \frac{0.314}{2} = 0.157$를 갖는다.

8. 고정단모멘트

실제의 $L.L./D.L. < 0.75$이므로, 하중계수를 곱한 전 하중은 모든 경간에 작용한다고 가정한다.

고정단모멘트$= k'' w_u l_2 l_1^2$

계수 k''는 기둥유사법에 의해 결정될 수 있다. 종방향 경간 7,500mm에 걸쳐 단위하중 1kN·m가 작용할 때 단순모멘트 선도가 그림 12.29(b)에 주어져 있다. 경간을 따라 관성모멘트의 변화를 고려한 휨모멘트 선도의 면적은

$$\text{총 면적 } A_m = A_1 + A_2 + 2A_3$$
$$= \frac{2}{3} \times 7 \times (7.03 - 0.91) + 7 \times 0.91 + 2 \times \left(\frac{1}{2} \times 0.25 \times 0.91\right) \times 0.84$$
$$= 28.56 + 6.37 + 0.19 = 35.12\text{m}^2$$

$$\text{고정단모멘트 계수 } k'' = \left(\frac{A_m}{(A_a \cdot l_1^2)}\right)$$

여기서, 단계 3에서 계산된 것처럼 슬래브의 $A_a = 7420/1000 = 7.42$

$$k'' = \frac{35.12}{7.42 \times 7.5^2} = 0.084$$

고정단모멘트 계수 $k'' = 0.084$는 보에서 고정단모멘트를 계산하기 위해 일반적으로 사용되는 계수$= \frac{1}{12} = 0.0833$과 유사하다는 것을 알 수 있다. 왜냐하면 변화하는 단면2차모멘트 값을 갖는 경간의 부분이 기둥머리나 지판이 사용되지 않는 평판에서 매우 작기 때문이다. 이 예제에서는, 각 길이가 0.25인 AB와 CD가 I_s 보다 큰 관성모멘트를 갖는다. 기둥폭에 대한 경간의 비가 큰, 즉 20 이상인 평판에서, 계수 0.0833은 근사 고정단모멘트를 계산할 때 사용할 수 있다.

고정단모멘트($w_u = 17.4\text{kN/m}^2$으로 인한)

$$= 0.084 \times 17.4 \times 6 \times 7.5^2 = 493\text{kN}\cdot\text{m}$$

계수 K, K', K''는 등가골조법을 사용할 때 KDS 14 20 70(2021) 4.1.4 조건을 만족시키기 위해 Simmonds와 Misic에 의해 제시된 표로부터 얻을 수 있다.

$V_A = 104.4 \times 3.75 - (565.7 - 304.2)/7.5 = 356.6\text{kN}$

$V_{B(L)} = 104.4 \times 3.75 + (565.7 - 304.2)/7.5 = 426.3\text{kN}$

$V_{B(R)} = 104.4 \times 3.75 + (521.7 - 479)/7.5 = 397.2\text{kN}$

$V_C = 104.4 \times 3.75 - (521.7 - 479)/7.5 = 395.8\text{kN}$

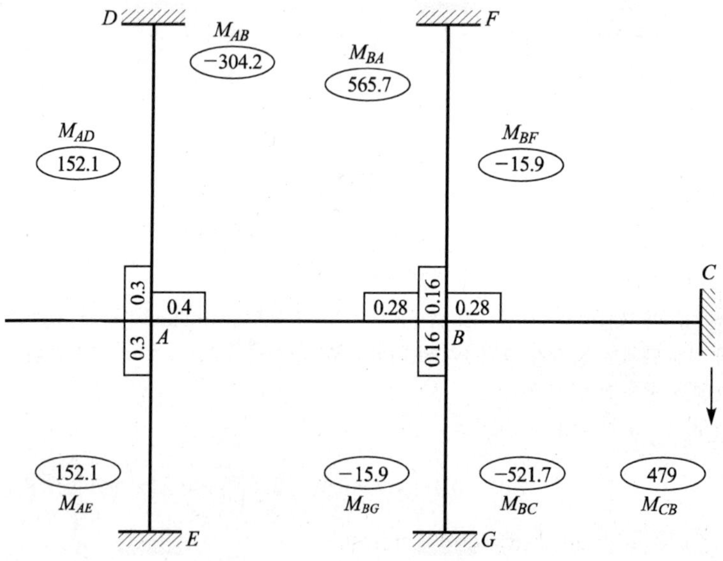

그림 12.30 모멘트 분배에 의한 해석(모든 모멘트의 단위는 kN·m 이다.)

Joint	E	D	A			B				C	F	G
Mem.	EA	DA	AD	AE	AB	BA	BF	BG	BC	CB	FB	GB
DF	0.00	0.00	0.30	0.30	0.40	0.28	0.16	0.16	0.28	0.00	0.00	0.00
FEM					−493.0	493.0			−493.0	493.0		
Dist.			147.9	147.9	197.2	0.0	0.0	0.0	0.0	0.0		
Co.	74.0	74.0			0.0	98.6				0.0	0.0	0.0
Dist.	0.0	0.0	0.0	0.0	0.0	−27.9	−15.5	−15.5	−27.9	0.0	0.0	0.0
Co.					−14.0	0.0				−14.0	−7.7	−7.7
Dist.	4.2	4.2	5.6	0.0	0.0	0.0						
Co.		1.2				2.8				0.0	0.0	0.0
Dist.	0.0	0.0	−0.8	−0.4	−0.4	−0.8						
Σ	75.2	152.1	152.1	−304.2	565.7	−15.9	−15.9	−521.7	479.0	−7.7	−7.7	0.0

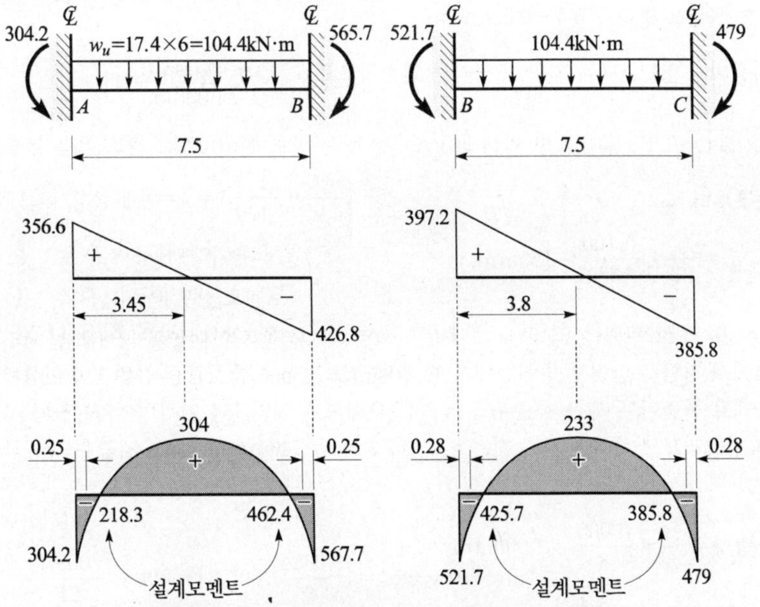

그림 12.31 등가골조법-최종 휨모멘트와 전단력

9. 모멘트 분배는 골조가 대칭이기 때문에 그 골조의 반쪽에서만 수행하면 된다. 부계수모멘트가 계산되면, 한 경간 중앙의 정계수모멘트는 단순보 정계수모멘트에서 음의 단모멘트의 평균값을 감하면 얻을 수 있다. 이 모멘트 분배가 그림 12.30에 주어져 있다. 최종 휨모멘트와 전단력이 그림 12.31에 주어져 있다.

10. 그림 12.31에 나타난 것처럼 슬래브는 기둥면의 부계수모멘트에 대해 설계될 수 있다.

예제 12.9

직접 설계법으로 고정하중 = 8.6kN/m^2, 활하중 = 11kN/m^2을 받는 지판을 갖는 전형적인 내부 평 슬래브를 설계하라. 바닥구조는 각 방향에서 크기가 6,000×5,400mm인 6개의 지판으로 구성되어 있다. 모든 지판은 직경이 1.0m인 기둥머리를 갖는 직경 400mm인 기둥에 의해 지지되어 있다. 총 높이는 3,000mm이고 f_{ck} = 28MPa, f_y =400MPa

풀이

1. 직접설계법을 사용하기 위해 모든 KDS 14 20 70(2021) 한계조건이 만족되어야 한다.

식 (12.1)~(12.2)를 이용하여 최소 슬래브 두께 h_s를 결정한다. 기둥머리의 직경은 1,000mm이므로 같은 면적을 갖는 등가 정사각형 단면의

한 변은= $\sqrt{\pi R^2} = \sqrt{\pi\, 500^2} = 885\text{mm}$, 즉 900mm

순경간(긴 방향) = 6.0 − 0.19 = 5.1m

순경간(짧은 방향) = 5.4 − 0.9 = 4.5m

보가 사용되지 않고, 모든 지판 모서리는 연속이므로 $\alpha_m = 0$, $\beta_s = 1.0$.

$$\beta = \frac{6.0}{5.4} = 1.11$$

표 12.1로부터

$$h_{s,\min} = \frac{l_n}{33} = \frac{5{,}100}{33} = 155\text{mm}$$

그러므로 $h_s = 155\text{mm}$를 선택할 수 있다. 그러나 지판이 사용되므로 KDS 14 20 70 (2021) 4.1.2.4에서 지판은 받침부 중심선에서 각 방향으로 받침부 중심간 경간의 1/6 이상 확장되고 슬래브 아래로 돌출한 두께는 돌출부를 제외한 슬래브 두께의 1/4 이상이어야 하므로 10% 감해서 사용한다. 그러므로 슬래브의 두께는 $h_s = 0.9 \times 155 = 140\text{mm}$로 하고, 지판은 다음과 같이 사용한다.

$$\text{긴 방향} = \frac{l_1}{3} = \frac{6{,}000}{3} = 2{,}000\text{mm}$$

$$\text{짧은 방향} = \frac{l_2}{3} = \frac{5{,}400}{3} = 1{,}800\text{mm}$$

필요 지판의 두께 = $1.25h_s = 1.25 \times 140 = 175\text{mm}$

펀칭 전단에 대해 적당한 두께를 제공하고 많은 철근의 사용을 피하기 위해 지판의 전체두께를 220mm로 증가시킨다. 그림 12.32에 상세하게 나타나 있다.

2. 계수하중을 계산한다.

$w_u = 1.2 \times 8.6 + 1.6 \times 11 = 28\text{kN/m}^2$

3. 첫 번째로 지판에서 2방향 전단을 검토한다. 위험단면은 기둥머리 주위 거리 $d/2$점 위치한다.

$d = 220 - 30 = 190\text{mm}$라 하면

전단단면의 직경=$1000 \times 190 = 1{,}190\text{mm}$

$\alpha_s = 1$(내부 기둥이므로)

$k_s = (300/d)^{0.25} = 1.12 \leq 1.0 \qquad \therefore k_s = 1$

$k_{bo} = 4/\sqrt{\alpha_s(b_o/d)} = 0.9 \leq 1.25 \qquad \therefore k_{bo} = 1.06$

$b_o = 2 \times \pi b_o/2 = 3.78\text{m}$

$$V_u = \left[l_1 \cdot l_2 - \left(\frac{(900+190)}{1{,}000} \times \frac{(900+190)}{1{,}000}\right)\right] \cdot w_u$$

$= (6.0 \times 5.4 - 1.19) \times 17.4 \times 10^3 = 543\text{kN}$

$V_c = v_c b_o d$

$v_c = \lambda k_s k_{bo} f_{te} \cot\psi (c_u/d) \quad (\lambda = 1$, 보통 중량콘크리트이므로)

$f_{te} = 0.21\sqrt{f_{ck}} = 0.21\sqrt{28} = 1.11\text{MPa}$

$c_u = d\left[25\sqrt{\rho/f_{ck}} - 300(\rho/f_{ck})\right]$

(여기서, $\rho = 0$으로 가정하면; < 0.005이므로 $\rho = 0.005$)

$= 190\left[25\sqrt{0.005/28} - 300(0.005/28)\right] = 53.3$

$$\cot\psi = \sqrt{f_{te}(f_{te} + f_{cc})}/f_{te} = \sqrt{1.11\left(1.11 + \frac{2}{3}(28)\right)}/1.11 = 4.32$$

$\therefore v_c = 1 \times 1 \times 1.06 \times 1.11 \times 4.32 \times (53.3/190) = 1.43$

$V_c = v_c b_o d = 1.43 \times 3780 \times 190 = 1{,}027{,}026\text{N} = 1{,}027\text{kN}$

$0.34 f_{ck} b_o c_u = 0.34 \times 28 \times 3{,}780 \times 53.3 = 1{,}402 \times 10^6\text{N} = 1{,}918\text{kN}$

$\therefore V_c \leq 0.34 f_{ck} b_o c_u$ 기준 만족하므로

$V_c = 1{,}027\text{kN}$

$\phi V_c = 0.75 \times 1{,}027 = 770.3\text{kN} \leq V_u(= 543\text{kN})$

그러므로 뚫림전단 설계 필요없음.

다음으로 슬래브에서 일방향 전단을 검토한다. 위험단면은 지판 바깥으로 거리 $d/2$점에 위치한다.

d(슬래브) $= 140 - 30 = 110\text{mm}$

임계면적= $(2.0 + 0.11) \times (18 + 0.11) = 4.03\text{m}^2$

$b_o = 2 \times (2.11 + 1.91) = 8.04\text{m}$

$$V_n = 28 \times (6 \times 5.4 - 4.03) = 794\text{kN}$$

$$\phi V_c = \frac{0.85 \times 0.33}{1000} \times \sqrt{28} \times 8{,}040 \times 110 = 1158\text{kN} > V_u$$

1방향 전단은 위험하지 않다.

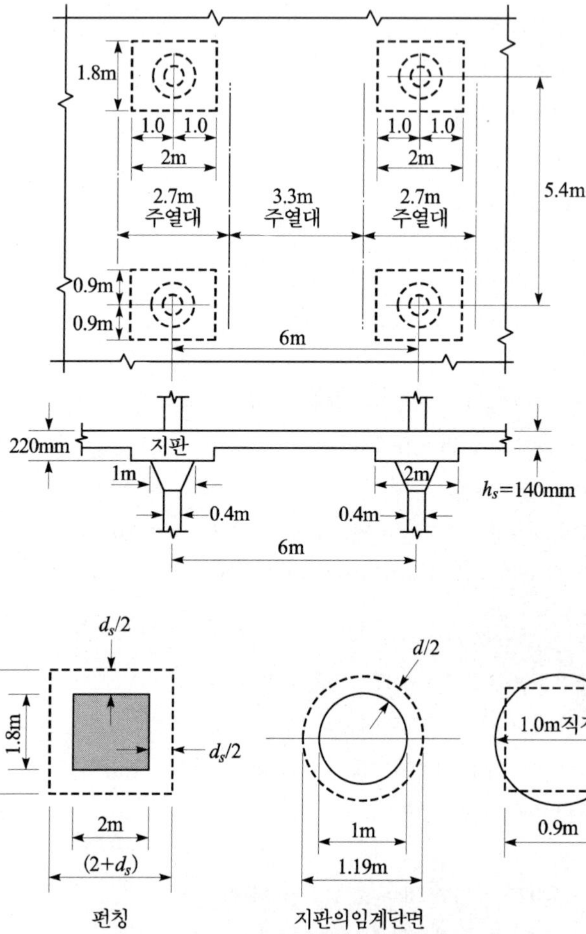

그림 12.33 지판을 갖는 내부 평슬래브

4. 긴 방향과 짧은 방향에서 전체 정적계수모멘트를 계산한다.

$$M_{ol} = \frac{w_u}{8} l_2 l_{n1}^{\,2} = \frac{28}{8} \times 5.4 \times 5.1^2 = 492\text{kN} \cdot \text{m}$$

$$M_{os} = \frac{w_u}{8} l_1 l_{n2}^{\,2} = \frac{28}{8} \times 6.0 \times 4.5^2 = 425\text{kN} \cdot \text{m}$$

$l_2 < l_1$ 이므로 긴 방향에서 주열대의 폭$= 2\times(250\times 5,400) = 2,700$mm, 짧은 방향에서 주열대의 폭$= 2,700$mm, 철근은 직경이 12mm이고 짧은 방향 철근이 긴 방향 철근의 위에 설치된다고 가정했을 때, 짧은 방향에서 유효깊이는 긴 방향에서 유효깊이보다 약 10mm 정도 작을 것이다. d 값과 설계과정이 모두 표 12.12에 주어져 있다.

5. **기둥강성**

$$\frac{D.L.}{L.L.} = \frac{8.6}{11} = 0.782, \quad \frac{l_2}{l_1} = 1.11$$

보가 사용되지 않았기 때문에, 보의 상대 강성이 0인 것을 고려하여 표 12.7로부터 $\alpha_{\min}$을 결정한다. 보간법에 의해 $\alpha_{\min} = 1.15$, 여기서는 기둥머리를 가진 기둥의 강성을 결정하기 위해 근사방법을 사용하였다.

$$I_s(\text{짧은 방향에서 슬래브의 관성 모멘트}) = 6,000\times\left(\frac{140^3}{12}\right) = 1.372\times 10^9\text{mm}^4$$

$$K_s = \frac{4E_cI_s}{l_2} = \frac{4E_c\times 1.372\times 10^9}{5,400} = 1.02\times 10^6 E_c$$

$$I_c(\text{직경 400mm인 원형기둥}) = \frac{\pi D^4}{64} = \frac{\pi}{64}\times 400^4 = 1.257\times 10^9\text{mm}^4$$

$$K_c = \frac{4E_cI_c}{l_c} = \frac{4E_c\times 1.257\times 10^9}{3,000} = 1.68\times 10^6 E_c$$

$$\frac{K_c}{K_s} = \frac{1.68\times 10^6 E_c}{1.02\times 10^6 E_c} = 1.65$$

이 값은 $\alpha_{\min} = 1.15$보다 크다. 만약 긴 방향의 I_s가 사용된다면 슬래브 강성에 대한 기둥 강성비는 1.65보다 클 것이다. 그러므로 기둥은 적당하다.

6. **기둥에서 불균형모멘트를 결정하고, 예제 12.7에서 설명한 것처럼 전단응력을 검토한다.**

표 12.12 지판이 있는 내부 평슬래브의 설계

	긴 변 방향 $M_o = 492\,\text{kN}\cdot\text{m}$ $M_n = -0.65M_o = -319.8\,\text{kN}\cdot\text{m}$ $M_p = +0.35M_o = 172.2\,\text{kN}\cdot\text{m}$				짧은 변 방향 $M_o = 425\text{kN}\cdot\text{m}$ $M_n = -0.65M_o = -276.3\text{kN}\cdot\text{m}$ $M_p = +0.35M_o = 148.8\,\text{kN}\cdot\text{m}$			
	주열대		중간대		주열대		중간대	
모멘트 분배 $M_u(\text{kN}\cdot\text{m})$	$0.75M_n$ $=-240$	$0.60M_p$ $=103$	$0.25M_n$ $=-80$	$0.40M_p$ $=69$	$0.75M_n$ $=-207$	$0.60M_p$ $=89$	$0.25M_n$ $=-69$	$0.40M_p$ $=60$
띠폭 $b(\text{mm})$	2,700	2,700	2,700	2,700	2,700	2,700	3,300	3,300
$d(\text{mm})$	190	110	110	110	180	100	100	100
$R_u = \dfrac{M_u}{bd^2}(\text{MPa})$	2.461	3.163	2.447	2.108	2.368	3.306	2.093	1.803
필요철근비 ρ	0.007	0.009	0.006	0.006	0.006	0.009	0.005	0.005
$A_s = \rho bd(\text{mm}^2)$	3338	2529	1922	1642	3037	2412	1810	1549
최소 철근량 $A_s = 0.002bt(\text{mm}^2)$	1260	1260	1260	1260	1260	1260	1890	1890
철근 선택	20-D16	15-D16	10-D16	10-D16	25-D13	20-D13	15-D13	14-D13
배근된 A_s	3972	2979	1986	1986	3167.5	2534	1900.5	1773.8
직선철근	10	10	5	5	20	10	10	10
절곡철근	10	5	5	5	15	10	5	4
철근 간격 $\leq 2h_t = 420(\text{mm})$	135	180	270	270	108	135	220	236

연습문제

12.1 직접 설계법을 사용하여, 각 방향으로 5개의 지판으로 구성되어 있는 평판슬래브의 내부 지판을 설계하라. 모든 지판은 정사각형($6{,}000 \times 6{,}000\text{mm}$)이며, 단면이 $400 \times 400\text{mm}$이고, 길이가 3,000mm인 기둥에 의해 지지되어 있다. 이 슬래브는 자중과 등분포 고정하중 $= 15\text{MPa}$와 등분포 활하중$= 60\text{MPa}$을 받는다. $f_{ck} = 28\text{MPa}$, $f_y = 400\text{MPa}$이다. 절곡철근과 직선철근을 각각 사용한 경우에 양방향의 철근의 배근 상세를 나타내어라.

12.2 문제 12.1에서 외부 지판에 대하여 설계하라. 단부를 따라 보는 사용하지 않는다. 외부 지지점에서 모멘트 전달과 전단 전달을 검토하라.

12.3 등가골조법을 이용하여 문제 12.1의 슬래브를 설계하라.

12.4 등가골조법을 이용하여 문제 12.3의 슬래브를 설계하라.

CHAPTER

13

기초설계

CHAPTER 13

Design of Reinforced Concrete Structures

기초설계

13.1 서론

기초란 기둥이나 벽을 지지할 목적을 가지고 다음과 같은 조건을 만족하며, 지반에 하중을 전달하고 분배할 때 사용되는 구조물이다.

- 흙의 허용지지력을 초과하지 않아야 한다.
- 과다한 침하나 부등침하, 회전이 발생하지 않아야 한다.
- 전도나 미끄러짐에 대한 안전이 유지되어야 한다.

기둥하중이 기초에 의해 지반에 전달될 때, 지반은 흙의 압축에 의하여 침하가 발생하게 된다. 침하의 정도는 많은 요인들, 즉 흙의 종류, 하중강도, 지표면으로부터의 깊이, 기초의 종류 등에 의해 영향을 받는다. 동일한 구조물에서도 기초의 종류를 달리하면 침하의 양도 달라지며, 구조물에는 새로운 응력상태가 발생하게 된다. 과다한 부등침하가 건물에 발생하게 되면, 1차적으로 비구조 요소들의 손상을 가져오고, 심하면 구조부재 파손도 발생하게 된다.

수직하중은 일반적으로 기초의 중심에 작용하는 것이 좋다. 만약 작용하중의 합력이 지지면의 중심과 일치하지 않는다면 휨모멘트가 발생하게 된다. 이런 경우 기초의 한 부분에서 발생하는 압력이 다른 부분의 압력보다 크게 되고, 한쪽의 침하에 의하여 기초판의 회전이 발생할 수 있다.

만약 구조물의 기초가 일부분은 흙 위에 있고 일부분은 바위 위에 있는 경우와 같이 지반의 지지력이 기초의 위치마다 다르다면 부등침하가 발생할 것이다. 이런 경우 두 기초를 분리하기 위한 절점(joint)을 두어 독자적인 침하를 허용하는 것이 보통이다.

지표면으로부터의 기초 깊이는 기초의 설계에 있어서 중요한 요소이다. 이 깊이는 토질시험에 의해 결정되어야 하며, 토질시험은 지표면 아래 각 조건에서의 지내력을 계산해낼 수 있는 정보를 제공해야 한다.

토질시험의 성과표에서는 설계에 사용되는 지반의 허용지지력이 명시되어 있다. 지표면으로부터의 기초의 깊이는 Rankine의 공식에 의해 결정된다.

$$h = \frac{P}{W}\left(\frac{1-\sin\phi}{1+\sin\phi}\right)^2 \tag{13.1}$$

여기서, h : 지표면으로부터의 길이

P : 흙의 압력(MPa)

W : 흙의 단위중량

ϕ : 내부마찰각

동결이 발생하는 추운 지역에서는 수분의 작용이 융기나 침하를 발생시키므로 동결깊이 아래에 기초를 설치하는 것이 필요하다.

13.2 기초의 종류

여러 종류의 기초(또는 확대기초)가 교량의 하부구조 또는 건축물의 기둥이나 벽을 지지하기 위해 사용되는데 일반적으로 다음과 같이 분류된다.

1. 벽 기초(wall footing)는 다른 바닥으로부터 하중을 전달하는 구조벽을 지지하거나 비구조벽을 지지할 때 사용한다. 이것은 벽 아래에서 제한된 넓이와 연속적인 길이를 가진다(그림 13.1). 벽 기초는 두께가 일정하거나 계단식 혹은 경사면을 가질 수 있다.
2. 독립 기초(single column footing)는 하나의 기둥을 지지할 때 사용한다(그림 13.2). 기둥은 정방형, 사각형 혹은 원형일 수 있고, 일반적으로 가장 경제적인 기초의 형태이며 기초 간의 거리가 상대적으로 길 때 사용된다.
3. 연결확대기초(combined footing)(그림 13.3)는 일반적으로 2개의 기둥 혹은 한 줄에 있지

않은 3개 이상의 기둥을 지지할 때 사용되며, 기초의 모양은 기둥의 하중에 따라 사각형이나 사다리꼴이 될 수 있다. 연결확대기초는 2개의 기둥이 너무 밀집하여 1개의 기초가 사용되지 못할 때 혹은 한 기둥이 토지경계선에 있거나 근접되어 있을 때 사용된다.

4. 캔틸레버 혹은 스트랩(strap) 기초(그림 13.4)는 보나 스트랩과 연결되어 있는 2개의 기초로 이루어져 있고 2개의 기둥을 지지한다. 이것은 하나의 기초가 편심기둥을 지지하고, 가장 근접하게 있는 기초가 멀리 떨어져 있을 때 사용되며, 연결확대기초를 대신할 수 있을 때 더욱 경제적이다.
5. 연속기초(그림 13.5)는 한 줄로 늘어선 3개 이상의 기둥을 지지한다. 이것은 제한된 폭을 가지며 모든 기둥 아래에서 연속적이다.
6. 전면기초(raft footing) 혹은 매트기초(그림 13.6)는 일반적으로 전체 구조물 아래에 위치한 하나의 기초로 구성되고 구조물의 기둥을 지지한다. 이 기초는 다음 경우에 주로 사용한다.

   - 지반의 지지력이 작을 때
   - 기둥하중이 클 때
   - 1개의 기초가 사용될 수 없을 때
   - 말뚝이 사용되지 않을 때
   - 전체 기초계에서의 부동침하를 줄여야 할 때

7. 말뚝기초(pile cap)(그림 13.7)는 말뚝군을 서로 묶기 위한 두꺼운 슬래브로서 기둥하중을 지지하거나 말뚝에 전달하기 위해 사용된다.

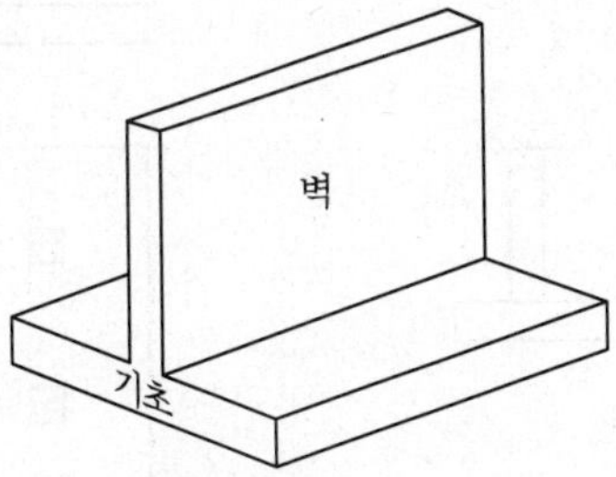

그림 13.1 벽 기초

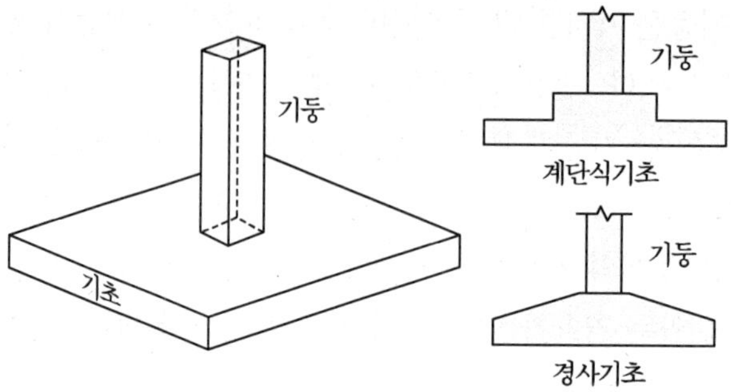

그림 13.2 **독립기초**

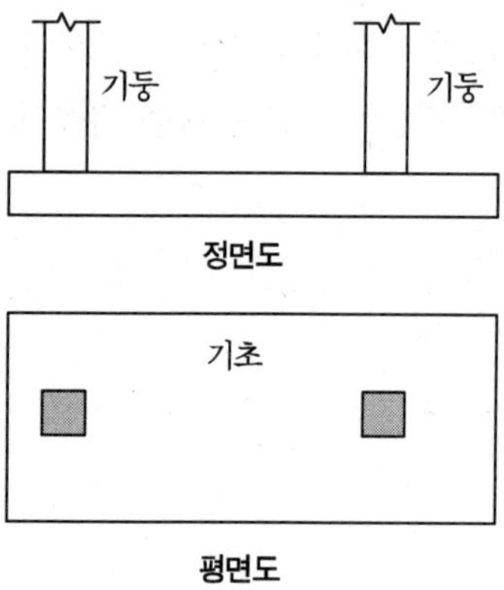

그림 13.3 **연결확대기초**

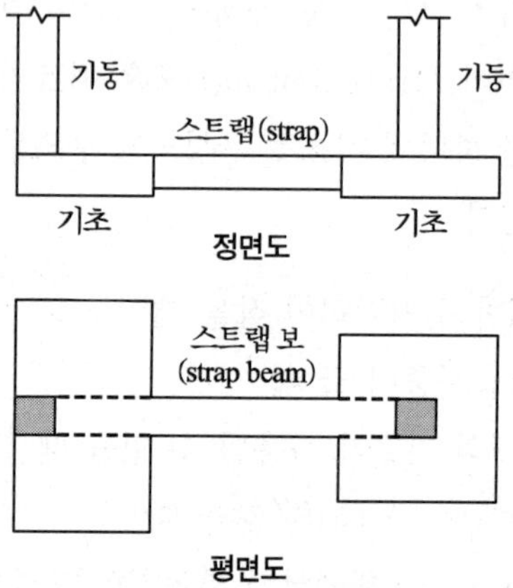

그림 13.4 **스트랩 기초**

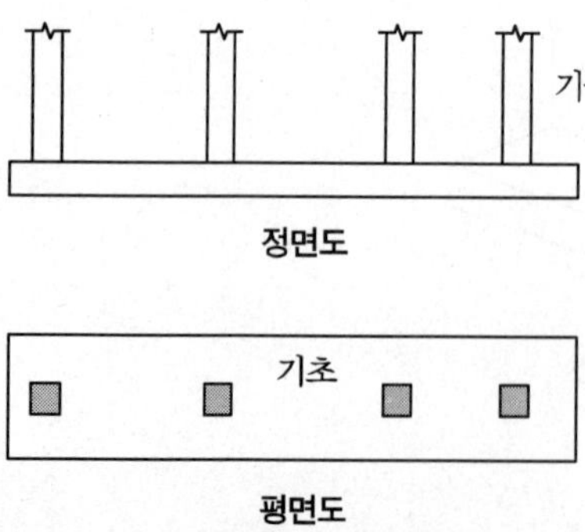

그림 13.5 **연속기초**

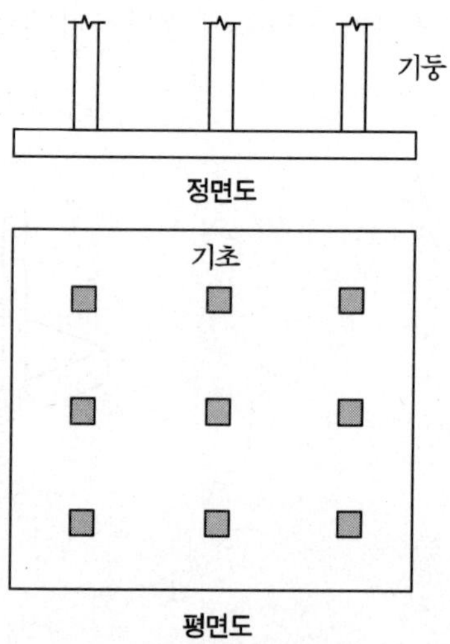

그림 13.6 **매트기초**

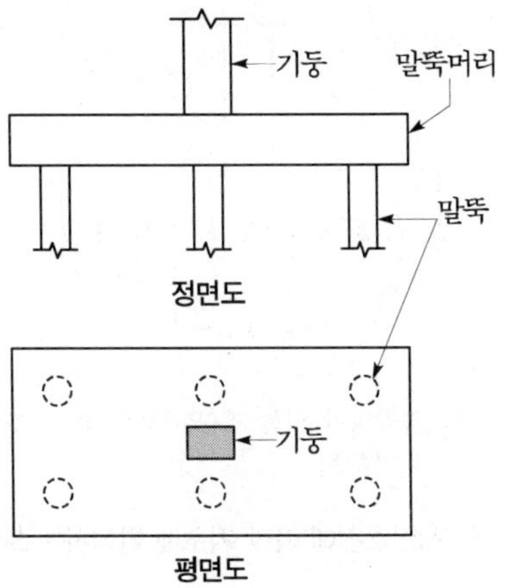

그림 13.7 **말뚝기초**

13.3 토압분포

그림 13.8은 하나의 기둥을 지지하고 있는 독립기초를 보여주고 있다. 기둥하중이 기초의 중심에 작용할 때, 균일한 압력이 기초면 아래의 지반에 발생한다고 가정한다. 그런데 실제 지반의 압력은 균일하지 않고 많은 요인들의 영향을 받는데 특히 지반의 구성성분과 기초의 유연성 정도의 영향을 많이 받는다.

예를 들어 딱딱한 기초 아래에 모래와 같이 점착력이 없는 토질에서의 토압분포는 그림 13.8(b)와 같다. 이 압력은 기초의 중심점에서 최대이고 양끝으로 갈수록 낮아진다. 점착력이 없는 흙은 확대기초의 끝에서 이동하는 경향이 있어서 토압의 감소를 가져오며 평형상태를 만족시키기 위해 중앙부에서 압력은 증가한다. 만약 기초가 진흙과 같이 점착력이 있는 흙 위에 있다면, 기초의 끝에서의 압력은 중앙에서 보다 크다(그림 13.8(c)). 기초의 끝 부근의 흙은 균일하지 않은 압력분포를 이루면서 기초를 둘러싸고 있는 인접된 진흙과 함께 강력한 점착력을 지닌다.

그림 13.8에서 하중이 작용할 때, 기둥 아래에 있는 기초부분은 밑으로 침하하는 경향이 있다. 이 기초에 작용하는 하중은 일정한 곡선 형태를 취할 것이고, 기초의 내민 부분에서 상향압력을 가져오게 한다. 각 부분은 캔틸레버처럼 거동하고, 휨모멘트와 전단력에 대해 설계되어야 한다. 기초의 설계 방법은 다음 절에서 설명될 것이다.

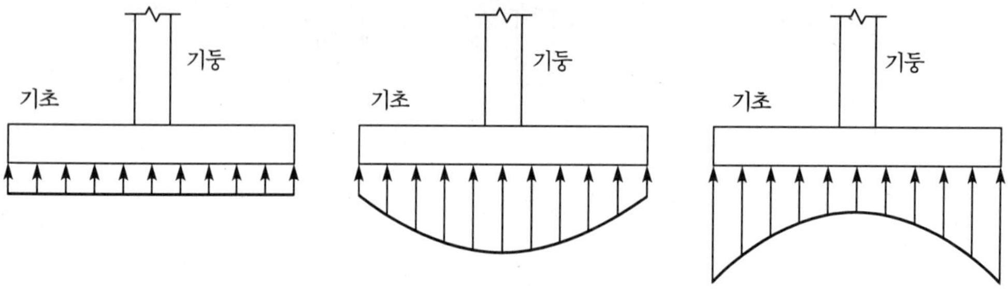

(a) 균일 압력을 가정한 토압 분포 (b) 점착력이 없는 흙(모래)에서의 토압분포 (c) 점착력이 있는 흙(진흙)에서의 토압분포

그림 13.8 지반조건에 따라 기초에 발생하는 토압분포

13.4 설계 시 고려사항

기초는 설계기준 규정을 만족하면서 기둥에 전달되는 외부하중이 지반에 안전하게 전달되도록 설계되어야 한다. 설계과정은 다음의 요구조건을 고려하여야 한다.

- 허용지지력을 토대로 한 기초의 면적
- 2방향 전단 혹은 뚫림전단
- 1방향 전단
- 휨모멘트와 필요한 철근량
- 기둥저면(base)에서 지지력
- 다우웰철근(dowel)력
- 철근의 정착길이
- 부등침하

이러한 요구 조건에 대한 설명은 각각 자세하게 언급될 것이다.

13.4.1 기초의 크기

기초의 면적은 실제의 외부하중(즉, 사용하중; 하중계수를 곱하지 않은 하중과 모멘트)으로부터 결정될 수 있는데 허용토압(지지력)을 초과하지 않도록 해야 한다. 일반적으로 수직하중에 대해

$$기초의\ 면적 = \frac{자중을\ 포함한\ 총하중}{허용토압(지지력)} = \frac{P}{q_u} \tag{13.2}$$

여기서, 총 하중은 하중계수를 곱하지 않은 설계 하중이다. 확대기초의 경우 강도설계법으로 설계할 경우라도 면적을 계산할 때에는 하중계수를 곱하지 않은 사용하중으로 계산한다.

13.4.2 휨강도와 철근의 배근

그림 13.13과 같은 독립확대기초의 휨에 대한 위험단면은 기둥 또는 벽체의 전면부 n-n을 위험단면으로 가정한다. 만약 기둥이 원형인 경우에는 동일한 단면적을 갖는 정사각형 기둥을 가정하여 그 기둥의 전면부를 위험단면으로 본다. 석공벽을 지지하는 구조의 경우에는 벽의 중심과 전면까지의 중간을 위험단면으로 가정하고, 강제저판이 설치되어 있는 경우에는 저판의 끝단과 기둥전면의 중간을 위험단면으로 설계한다.

기초 설계 시 각 방향에서의 휨모멘트를 산정하여 적절한 철근을 보강하여야 하며, 정방형 기초는 특별한 경우를 제외하고는 양방향 휨모멘트가 동일한 것으로 간주한다. 예를 들어 그림 13.9와 같은 기초의 n-n의 위험단면에서의 휨모멘트는 다음과 같이 계산될 수 있다.

$$M_a = q_u \times \frac{1}{2}(L-c) \times b \times \frac{1}{4}(L-c) = \frac{1}{8} q_u b (L-c)^2 \tag{13.3}$$

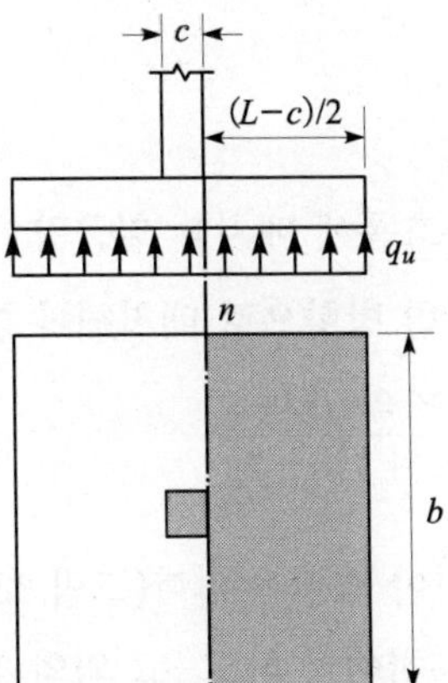

그림 13.9 휨모멘트의 임계단면

계산된 휨모멘트와 가정된 기초의 깊이를 적용하여 각 방향에서의 필요 철근량을 산정한다. 이때 한 방향의 철근이 다른 방향 철근의 위에 놓여있을 때 유효깊이 d는 사용된 철근의 지름에 따라 변하므로 d_{min} 값을 채택한다.

종종 기초의 파괴가 휨보다는 전단에 의해 발생할 수 있기 때문에 위에서 가정된 휨모멘트에 의한 유효높이보다 더 큰 값의 깊이 d를 필요로 하는 경우도 있다. 휨을 받는 경우 각 방향에서 철근은 다음과 같이 계산된다.

$$A_s = \frac{M_u}{\phi f_y (d - a/2)} \tag{13.4}$$

다른 방법은 $R_u = M_u / bd^2$를 계산하고 도표로부터 필요한 철근비 ρ을 결정하는 것이다. 기초에서 식 (13.4)의 a값은 작으므로 보통 2.5~5cm로 가정함으로써 A_s는 쉽게 계산될 수 있다. $(d - a/2)$를 결정하고 나면 가정치 $0.9d$와 계산치 $a(a = A_s f_y / 0.85 f_{ck} b)$가 일치하는가를 검토한다. 만약 일치하지 않으면 값을 다시 가정하여 계산을 되풀이한다. $(d - a/2)$에 대한 근사치는 $0.9d$와 동일하다고 가정할 수 있다.

1방향 기초와 2방향 기초에 있어서 철근은 기초의 전 폭에 걸쳐 분포되어야 하며, 2방향 사각형 기초의 경우 현행 콘크리트구조기준에서는 긴 변방향의 철근을 확대기초의 전폭에 걸쳐 등간격으로 배치할 것을 명시하고 있다. 짧은 방향에서의 철근은 다음 식으로 계산되는 양만큼 중앙부에 배근하고, 나머지는 양쪽구간에 균일하게 분포할 것을 명시하고 있다.

$$\frac{A_{sc}}{A_{ss}} = \frac{2}{\beta + 1} \tag{13.5}$$

여기서, A_{sc} : 유효폭에 배치할 철근량

A_{ss} : 단변 방향으로 배치해야 할 총 철근량

β : $\frac{\text{기초의 긴변}}{\text{기초의 짧은 변}}$

구간폭은 기둥의 중심선에 중심이 있어야 한다(그림 13.10). 짧은 방향에서 나머지 철근은 구간폭 바깥에서 균일하게 분포하여야 하고, 그 외의 철근비는 수축과 온도에 필요한 것보다 적어서는 안 된다.

현행 콘크리트구조기준(5.7.2(1))에서 1방향 슬래브의 경우에는 온도 및 수축철근으로 배치되는 철근은 최소 0.0014 이상 배치하도록 규정하고 있다.

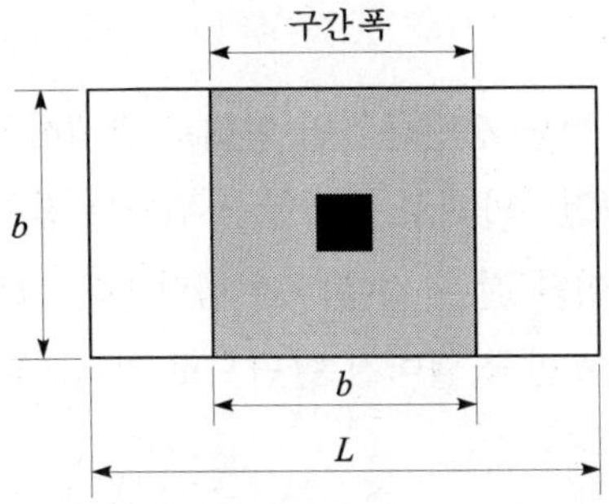

그림 13.10 철근 분포에 대한 구간폭

13.4.3 전단

(1) 1방향 전단

폭이 넓은 보와 같이 사인장 균열에 의하여 기초가 파괴된다면 이는 보와 같이 해석될 수 있다. 이와 같은 한 방향으로 휨 거동을 하는 기초에 있어서, 전단에 대한 위험단면은 기둥 전면으로부터 d만큼 떨어진 곳에 있다. 그림 13.11에서 단면 m-m에서 사인장 응력은 보에서 다루어진 것처럼 검토될 수 있다. 단면의 폭을 $b = m - m$라 가정하면 위험단면에서의 극한 전단력은 다음과 같다.

$$V_u = q_u b\left(\frac{L-c}{2} - d\right) \tag{13.6}$$

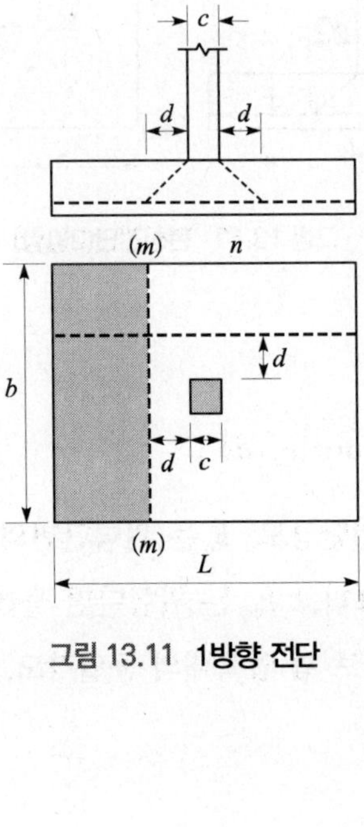

그림 13.11 1방향 전단

(2) 2방향 전단(펀칭 전단)

독립기초의 파괴가 휨균열이 아닌 전단균열의 형태로 발생하고, 전단균열이 기초의 장변과 단변에서 모두 발생하는 펀칭전단파괴로 발생할 경우에는 집중하중을 받는 2방향 슬래브의 파괴형태와 유사하게 된다. 이와 같은 경우의 위험단면은 그림 13.12에 나타낸 것과 같이 기둥전면에서 각 방향으로 $2/d$만큼 떨어진 단면으로 가정한다. 따라서 위험단면의 둘레길이(b_o)는 다음과 같다.

$$b_o = 4 \times (c+d) \tag{13.7}$$

이때 전단력은 아래와 같이 산정된다.

$$V = q_u (LH - (c+d)^2) \tag{13.8}$$

일반적으로 슬래브와 기초의 경우에는 전단철근을 배근하지 않는다. 보와 비교하여 두께가 얇은 단면에 전단철근을 배근하게 되면 철근을 배치시키기 어렵고, 전단철근을 절곡하여 배치시켜야 하기 때문에 불합리하다. 따라서 콘크리트만으로 전단에 저항하는 것이 바람직하여 다음과 같은 방법에 의하여 2방향 전단에 대하여 설계하도록 규정되어 있다.

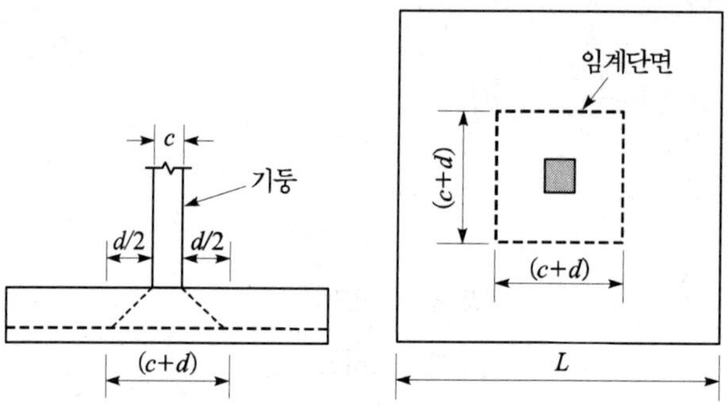

그림 13.12 펀칭전단(2방향)

$$V_c = v_c b_o d \tag{13.9}$$

$$v_c = \lambda k_s k_{bo} f_{te} \cot\psi (c_u/d) \tag{13.10}$$

여기서, v_c는 콘크리트의 공칭전단강도, b_o는 위험단면의 둘레길이, λ는 경량콘크리트계수, k_s는 슬래브의 두께계수, 그리고 k_{bo}는 위험단면 둘레길이의 영향계수, f_{te}은 압축대 콘크리트의 인장강도, ψ는 슬래브 휨 압축대의 균열각도, c_u는 압축철근의 영향을 무시하고 계산된 슬래브 위험단면 압축대 깊이의 평균값, 그리고 f_{cc}는 위험단면의 압축대에 작용하는 평균압축응력이다.

$$k_s = (300/d)^{0.25} \quad (13.11)$$

$$k_{bo} = 4.0/\sqrt{\alpha_s(b_o/d)} \le 1.25 \quad (13.12)$$

$$f_{te} = 0.21\sqrt{f_{ck}} \quad (13.13)$$

$$\cot\psi = \sqrt{f_{te}(f_{te}+f_{cc})}/f_{te} \quad (13.14)$$

$$c_u = d[25\sqrt{\rho/f_{ck}} - 300(\rho/f_{ck})] \quad (13.15)$$

$$f_{cc} = (2/3)f_{ck} \quad (13.16)$$

식 (13.11)에서 d의 단위는 mm이다. 식 (13.15)는 $\rho \le 0.03$의 범위에서 사용할 수 있으며 ρ가 0.005 이하인 경우 0.005를 사용할 수 있다.

이전까지의 구조기준에서는 2방향으로 휨을 받는 슬래브와 기초판에서 뚫림전단강도는 콘크리트 압축강도만을 고려하여 경험적으로 $v_c \approx (1/3)\sqrt{f_{ck}}$로 정의하였으나, 슬래브의 주철근비가 낮을 경우에는 실제 강도보다 과대평가되는 것으로 밝혀졌다. 이는 주철근비가 낮을수록 전단파괴가 일어날 때 균열폭이 증가하기 때문에 콘크리트 압축대가 대부분의 전단저항을 받는데 비하여 철근비가 낮은 경우에는 압축대의 깊이가 줄어들기 때문에 실제 전단강도가 낮아지게 된다. 펀칭(뚫림)전단강도는 콘크리트 압축대의 깊이에 비례하고, 전단력에 의하여 압축대 콘크리트에 발생하는 경사인장균열을 압축력이 억제하기 때문이 압축대에 작용하는 압축력이 증가할수록 압축대 콘크리트의 전단강도가 증가한다. 그리고 k_s와 k_{bo}는 크기효과와 위험단면 길이-슬래브의 두께비의 영향을 고려하기 위하여 적용된 값이다.

만약 2방향 슬래브에 전단철근이 배근된다면, 이때의 전단철근의 설계항복강도 f_{yt}는 400MPa를 초과할 수 없으며, 공칭전단강도는 다음의 식으로 산정한다.

$$V_s = \frac{0.5A_v f_{yt} d}{s} \quad (13.17)$$

공칭전단강도 V_n은 $0.34f_{ck}b_oc_u$으로 제한한다. 기존 연구에 의하면 전단철근량이 과다할 경우, 전단철근이 항복되기 이전에 슬래브 압축대가 압축 파괴되므로 콘크리트와 전단철근에 의한 전단강도의 합으로 정의된 공칭전단강도가 발휘되지 않는다. 따라서 슬래브의 압축대에 압축파괴기준을 적용하여 계산된 $0.34f_{ck}b_oc_u$으로 공칭전단강도의 최댓값을 제한한다. 여기서, b_0는 7.12.1(3)에서 정의된 위험단면의 둘레길이이다.

뚫림전단에 대한 전단강도는 아래와 같은 순서로 산정한다.

1. d를 가정한다.
2. 정방형 기둥에 대해 $b_o = 4(c+d)$를 계산한다. 여기서 c=기둥 한 변의 길이, 각 변이 c_1, c_2인 사각형 단면인 경우는 $b_o = 2(c_1+d)+2(c_2+d)$로 결정한다.
3. 전단력 V_u는 깊이 $b_o = 4(c+d)$ 혹은 $[2(c_1+d)+2(c_2+d)]$와 깊이 d를 갖는 단면에서 작용하는데 이 단면은 수직하향하중 P_u와 수직상향압력 q_u를 받고 있다. 그러므로

$$V_u = P_u - q_u(c+d)^2 \text{ : 정방형 기둥} \tag{13.18a}$$

$$= P_u - q_u(c_1+d)(c_2+d) \text{ : 사각형 기둥} \tag{13.18b}$$

4. $\phi V_c = \phi v_c b_o d$이고 $V_u = \phi V_c$라면, 이때

$$d = \frac{V_u}{\phi v_c b_o d} \tag{13.19}$$

만일, d값이 가정치 d와 일치하지 않으면 계산을 되풀이한다.

13.4.4 지압강도

기둥의 하중은 기둥의 저부에서 기둥단면의 넓이와 동일한 넓이의 기초단면 위에 작용한다. 따라서 압축력은 콘크리트에서 지지력에 의해 직접적으로 기둥에 전달되고, 인장력은 철근에 의해서 저항되므로 콘크리트의 저항력은 무시한다. 이때 기둥의 저판에서 콘크리트에 작용하는 압축력은 콘크리트구조설계기준 6.8에 명시된 콘크리트의 설계지압강도를 초과할 수 없다.

$$\text{지압강도} = N_1 = \phi(0.85 f_{ck} A_1) \tag{13.20}$$

여기서, ϕ : 0.55

A_1 : 기둥지지면적

그러나 기초판의 크기가 하중을 전달하는 기둥의 면적보다 충분히 크다면 하중을 받게 되는 기초부 주위는 축력에 대한 구속효과가 발생하게 되고, 콘크리트는 3축 응력상태가 되어 기초판의 지압강도가 증가하게 된다. 따라서 구조기준에서는 식 (13.20)의 지압강도는 지지면이 하중을 받는 면적보다 클 때, 기초의 지지력에 대해 계수 $\sqrt{A_2/A_1} \leq 2.0$만큼 증가시킬

수 있다고 규정하고 있다. 여기서 A_2는 하중을 받는 면적과 기하학적으로 비슷하고 같은 중심을 갖는 지지기초의 면적이다(그림 13.13). $A_2 > A_1$이므로, 계수 $A_2 > A_1$은 1보다 큰데, 이것은 기둥의 저판을 둘러싸고 있는 기초면적의 횡적지지 때문에 허용지압강도가 증가된다는 것을 의미하고 있다. 그러므로 보정된 설계지압강도는

$$N_2 \le \ \phi(0.85 f_{ck} A_1)\sqrt{\frac{A_2}{A_1}} \le 2\phi(0.85 f_{ck} A_1) \tag{13.21}$$

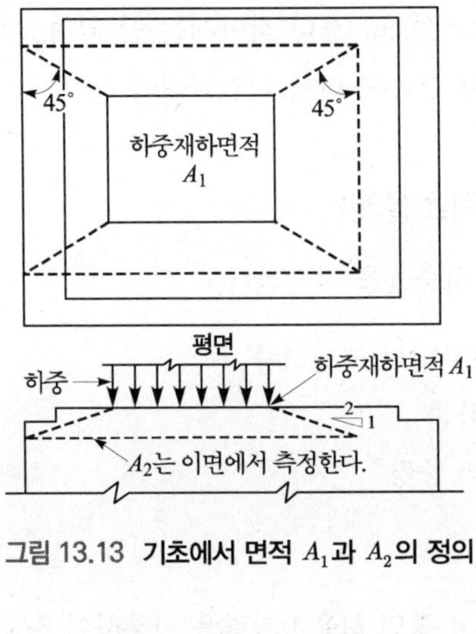

그림 13.13 기초에서 면적 A_1과 A_2의 정의

만약 계산된 지지력이 N_1이나 N_2보다 크다면 과잉력을 전달하기 위하여 철근을 보강하여야 하고, 계산된 지지력이 N_1이나 N_2보다 적을 경우에는 최소 철근을 배근하도록 한다. 다우웰철근(dowel)의 최소 면적은 최소한 $0.005A_g$이고 4개 이상이어야 한다. 여기서 A_g는 지지되는 부재의 기둥단면의 총 면적이다. 최소 철근량은 역시 계산된 지지력이 N_1과 N_2보다 클 때 이용된다.

13.4.5 기초에서의 철근 및 정착 길이

앞 절에서 비록 설계지압강도가 적당하다 하더라도, 어느 경우에서나 다우웰(dowel)철근이 필요하다는 것을 설명하였다. 시방서에서 기둥자체에 대한 최소 철근비 $\rho = 0.01$인데 반해 기둥단면의 최소 철근비 $\rho = 0.005$를 명시하고 있다. 필요한 다우웰철근의 최소 수는 4개이고, 기둥의 모서리에 위치할 것이다. 다우웰철근은 일반적으로 기초까지 확장되고 끝에서

구부러져 기초의 주철근에 연결되어 있다. 다우웰철근 직경은 기둥에서의 종철근 직경보다 3mm 이상 초과해서는 안 된다. 이것은 기둥과 기초 사이의 연결과 적당한 거동을 위해 필요하기 때문이다. 다우웰철근의 정착 길이는 압축력을 기초에 적절히 전달하기 위해 검토되어야 한다.

철근의 정착 길이를 검토하기 위한 위험단면은 휨모멘트에 대한 위험단면과 같다. 압축철근의 정착 길이는 앞 장에서 다음과 같이 주어졌다.

$$l_{db} = 0.08 d_b f_y / \sqrt{fck}$$

그러나 이 값은 $0.004 d_b f_y (\geq 20\text{cm})$보다 작아서는 안 되며, 다른 값들은 9장에 주어져 있다. 연결철근은 적절한 정착 길이에 대해 검토되어야 한다.

13.4.6 부등침하(평형 기초설계)

기초는 일반적으로 다음의 하중들을 지지한다.

- 하부구조와 상부구조로부터의 고정하중
- 이동하중으로 인한 활하중
- 뒷채움에 사용된 재료의 중량
- 풍하중

건물에 있어서 각각의 기초는 흙의 허용지지력을 이용하여 하중조합에 의해 기둥에 발생하는 최대하중을 지지하도록 설계된다.

이때 고정하중과 활하중의 일부는 연속적으로 구조물에 작용하게 되며, 그 외의 활하중은 구조물에 임의의 부분에 작용하여 기둥의 크기가 다른 하중을 유발시킨다. 따라서 서로 다른 기초저면에서의 토압은 작용하는 하중에 따라 다르고 한 구조물 내에서도 부등침하가 발생할 수 있다. 지반 조건 및 하중 특성 등에 따라 부분적인 침하가 불가피할 수 있기 때문에 구조물이 허용하는 부등침하의 크기를 파악하여야 한다. 부등침하의 양은 흙의 압축 특성과 기초저면의 압축재료의 두께 또는 상부구조물의 강도에 따라 다르며, 과다한 부등침하는 콘크리트에 균열을 발생시키고 외장재, 격벽, 천장, 마감재 등에 손상을 입힌다.

부등침하는 구조물의 각 뒤틀림(angular distortion)으로 표시되는데 Bjerrun은 여러 상태에 대한 뒤틀림의 위험한도를 표 13.1과 같이 제시하였다.

표 13.1 뒤틀림의 위험한도

각 뒤틀림	구조물의 거동
$\frac{1}{600}$	대각선재를 지닌 뼈대의 위험한도
$\frac{1}{500}$	균열이 허용되지 않는 건물에서의 안전한도
$\frac{1}{300}$	벽에서 첫 번째 균열이 예상되는 한도
$\frac{1}{250}$	높고 단단한 빌딩의 기울기가 가시화되는 한도
$\frac{1}{150}$	빌딩의 구조적 손상이 염려되는 한도

실제로, 지속하중의 영향을 받은 흙의 압력은 전 기초에 걸쳐 동일한 침하를 일으킨다고 가정하며, 지속적인 하중(보통하중)은 고정하중과 구조물에 매우 빈번하게 발생하는 활하중의 일부를 더한 것과 같다고 가정할 수 있다. 이때 기초는 모든 기초아래서 같은 토압을 발생시키기 위해 이 지속하중에 비례해서 만들어져야 한다. 어떠한 경우에서도 각 기초에 대한 고정하중과 최대 활하중을 더한 값이 허용지지력을 초과해서는 안 된다.

13.5 기초설계의 일반조건

다음은 기초의 설계에 대한 일반적인 조건들을 설명하고 있다.

1. 흙의 화학적, 물리적 성질을 알기 위해 현장조사가 필요하다.
2. 상부구조물로부터 하중의 크기와 분포를 결정한다.
3. 구조물의 전 침하와 부등침하에 대한 기준과 허용치를 설정한다.
4. 가장 적당하고 경제적인 기초형태를 결정한다.
5. 지표면으로부터의 기초의 깊이와 굴착방법을 결정한다.
6. 설계에 사용되는 허용지지력을 설정한다.
7. 기초넓이를 토대로 하여 기초 저면의 압력분포를 결정한다.
8. 침하에 대한 분석을 한다.

예제 13.1

자중을 포함한 고정하중 = 400kN/m와 활하중 = 500kN/m를 받는 넓이 6,000mm^{2}의 콘크리트벽을 지지하기 위한 철근콘크리트 기초를 설계하라. 기초의 바닥은 지표면 아래 1.8m에 있고 $f_{ck}=28\text{MPa}$, $f_y=400\text{MPa}$, 그리고 허용지지력은 300kN/m^{2}이다.

▌풀이

1. 유효 지지력을 계산한다.

기초의 두께를 600mm라 가정하면, 기초의 중량은 $0.6\times25=15\text{kN/m}^2$, 흙의 단위중량을17kN/m^{3}라 가정하면, 기초면 위의 흙의 중량 $(1.8-0.6)\times17=20.4\text{kN/m}^2$, 기초의 아래에서 유효지지력 $=300-15-20.4=264.6\text{kN/m}^2$

2. 벽의 길이 1m에 대한 기초의 폭을 계산한다.

$$\text{기초의 폭}=\frac{\text{총하중}}{\text{유효지지력}}=\frac{400+500}{264.6}=3.4\text{m},\ \text{즉 } 3.4\text{m}$$

3. 순 상향압력 $=\dfrac{\text{계수하중}}{\text{기초폭}}$(1m 길이에 대해)

$$\text{계수하중 } P_u=1.2D+1.6L=1.2\times400+1.6\times500=1280\text{kN/m}$$

$$\text{단위 순 상향압력 } q_u=\frac{1280}{3.4}=376\text{kN/m}^2$$

4. 전단조건에 대해 가정한 깊이를 검토한다.

기초에서 콘크리트 피복두께 = 75mm, D25 철근을 가정하면 $d=600-(75+25/2)=513\text{mm}$, 1방향 전단에서 위험단면은 벽면으로부터 거리 d 점에 위치하므로

$$V_u=q_u\left(\frac{B}{2}-d-\frac{c}{2}\right)=376\left(\frac{3400}{2}-513-\frac{500}{2}\right)=352\text{kN}$$

$$\text{허용 1방향 전단}=\frac{1}{6}\sqrt{f_{ck}}=\frac{1}{6}\sqrt{28}=0.88\text{MPa}$$

$b=$기초의 1m 길이 = 100cm = 1,000mm

$$\text{필요한 } d=\frac{V_u}{\phi 1/6\sqrt{f_{ck}}\,b}=\frac{352\times1,000}{0.75\times8.8\times1000}=533\text{mm}$$

필요 높이 $=533+(75+25/2)=620.5\text{mm}$, 즉 62cm

실제 $d=600-(75+25/2)=513\text{cm}$

5. 휨모멘트와 철근량을 계산한다. 위험단면은 벽의 전면에 있으므로

$$M_u=\frac{1}{2}q_u\left(\frac{B}{2}-\frac{c}{2}\right)^2=\frac{376}{2}\left(\frac{3400}{2}-\frac{500}{2}\right)^2=395\text{kN}\cdot\text{m}$$

$$R_u = \frac{M_u}{bd^2} = \frac{395 \times 10^6}{1000 \times 533^2} = 1.39\text{MPa}$$

부록 A의 표 A-2로부터, $R_u = 1.39\text{MPa}$, $f_{ck} = 28\text{MPa}$, $f_y = 400\text{MPa}$일 때 철근비 $\rho = 0.004$, 휨 부재에 대한 최소 철근비

$$\rho_{\min} = \frac{1.4}{f_y} = \frac{1.4}{4{,}00} = 0.0035$$

그러므로 계산치 $\rho = 0.004$을 사용하는데 이것은 현행 콘크리트구조설계기준에서 제시한 최소철근비 $\rho = 0.002$보다 크다.

$$A_s = 0.004 \times 1000 \times 513 = 2{,}052\text{mm}^2$$

부록 A의 표 A-9로부터 240mm 간격으로 4-D25 철근을 사용한다($A_s = 2{,}111\text{mm}^2$).

6. 정착 길이를 검토한다. 부록 A의 설계표로부터 바닥 철근에 대한 $l_d = 770\text{mm}$이다. 그런데 l_d는 벽면에서 최대모멘트가 발생하는 단면으로부터 기초의 가장자리까지 거리에서 75mm를 뺀 길이이므로(콘크리트 피복두께=75mm)

$$l_d = \frac{B}{2} - \frac{c}{2} - 75 = \frac{3400}{2} - \frac{500}{2} - 75 = 1{,}375\text{mm}$$

이 값은 필요한 77cm보다 크다.

7. 종방향에서 수축철근이 보강되어야 한다(최소 $\rho = 0.002$, $f_y = 400\text{MPa}$일 때).

$$A_s = 0.002 \times 1000 \times 600 = 1{,}200\text{mm}^2$$

20cm의 간격을 두고 D19 철근을 사용한다($A_s = 1{,}433\text{mm}^2$).
그림 13.6에서 이 단면을 상세히 보여주고 있다.

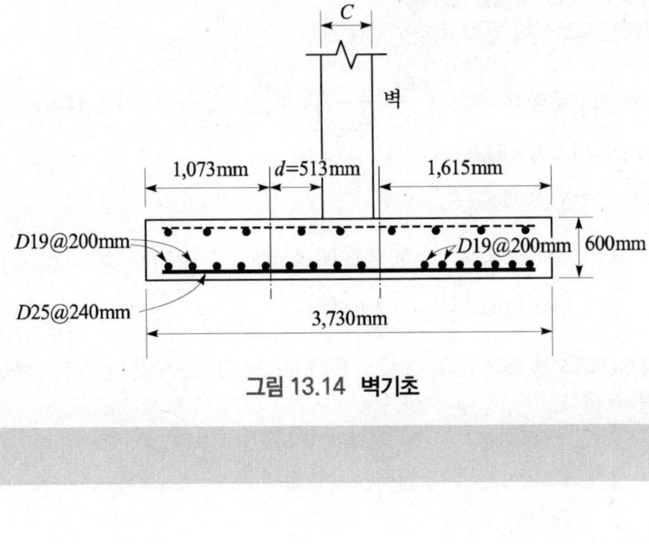

그림 13.14 벽기초

예제 13.2

8개의 D29 철근으로 보강된 45cm의 정사각형 띠철근 기둥을 지지하기 위하여 정사각형 독립 기초를 설계하라. 기둥은 축방향 고정하중 1,000kN과 축방향 활하중 900kN을 지지하고 있다. 기초의 하부는 지표면으로부터 1.2m 아래에 있고 허용지지력= 250kN/m^2이며, $f_{ck}=30\text{MPa}$, $f_y=400\text{MPa}$이다.

▌풀이

1. 흙의 유효지지력을 계산한다. 기초의 총 깊이를 650mm라 가정하면,

$$\text{기초의 중량}=650\times 25=16.3\text{kN/m}^2$$

흙의 단위중량을 17kN/m^3라 가정하면, 기초 위의 흙의 중량= $(1200-650)\times 17=9.4\text{kN/m}^2$

$$\text{유효지지력}=250-16.3-9.4=224\text{kN/m}^2$$

2. 기초의 면적을 계산한다.

$$\text{실제하중}=D+L=1000+900=1{,}900\text{kN}$$

$$\text{기초의 면적}=\frac{1900}{224}=8.48\text{m}^2$$

기초의 폭 = 2.83m, 3m(그림과 같이 기초 폭은 3*3—로 한다).

3. 순상향력= $\dfrac{\text{계수하중}}{\text{기초면적}}$

$$P_u=1.2D+1.6L=1.2\times 1000+1.6\times 900=2640\text{kN}$$

$$\text{단위상향압력}\quad q_u=\frac{2640}{3\times 3}=293\,\text{kN/m}^2$$

4. 1방향 전단작용에 의한 깊이를 검토한다.

위험단면은 기둥면으로부터 거리 d점에 있다.

$$\text{기초 가장자리로부터의 거리}=\left(\frac{L}{2}-\frac{c}{2}-d\right)=\left(\frac{3}{2}-\frac{0.45}{2}-0.55\right)=0.73\text{m}$$

$$V_u=293\times 0.73\times 3=642\text{kN}$$

$$\begin{aligned}\text{단면의 전단능력}&=0.53\phi\sqrt{f_{ck}}\,bd\\&=\frac{1}{6}\times 0.75\times\sqrt{30}\times 3000\times 550\\&=1{,}129{,}678\text{N}=1{,}130\text{kN}\end{aligned}$$

이 값은 전단력 642kN보다 크므로 그 깊이는 적당하다. 이 깊이는 다른 방법으로 가정치 $d=550\text{mm}$와 비교 계산될 수 있다.

5. **휨모멘트와 철근을 계산한다.**

위험단면은 기둥면에 있으므로

$$\text{기초의 가장자리로부터의 거리} = \left(\frac{L}{2} - \frac{c}{2}\right) = 1.5 - \frac{0.45}{2} = 1.3\text{m}$$

$$M_u = \frac{1}{2} \times q_u \times \left(\frac{L}{2} - \frac{c}{2}\right)^2 b = \frac{1}{2} \times 293 \times 1.3^2 \times 3 = 743\,\text{kN}\cdot\text{m}$$

$$M_u = \phi A_s f_y\left(d - \frac{a}{2}\right)$$

$$A_s = \frac{M_u}{\phi f_y\left(d - \frac{a}{2}\right)}$$

$$R_u = \frac{M_u}{bd^2} = \frac{743 \times 10^6}{(3 \times 1000)(550^2)} = 0.819\text{MPa}$$

$$\rho = 0.004$$

$$A_s = \rho bd = 0.004 \times 3 \times 1000 \times 550 = 6600\text{mm}^2$$

$$A_{s,\min} = 0.002 \times 3 \times 1000 \times 550 = 3300\text{mm}^2 < 6600\text{mm}^2$$

따라서 $A_s = 6600\text{mm}^2$를 사용한다. 필요한 최소철근은 $0.002 \times 3 \times 1000 \times 550 = 3300\text{mm}^2$, 이 값은 계산된 A_s보다 작다. 기초의 각 방향으로 D22 철근 20개($A_s = 7740\text{mm}^2$)를 사용하여, 한쪽은 길게 하여 나머지 철근의 위에서 묶는다.

$$\text{철근의 간격} = \frac{3000 - 150}{19} = 150\text{mm}$$

(기초의 가장자리로부터 피복두께 75mm는 남겨둔다.)

6. 2방향 전단에 의한 깊이를 검토 : 전단보강이 사용되지 않는다면, 2방향 전단은 요구되는 기초 깊이를 결정한다. 총 깊이를 650mm라 가정한다면, 기초 안에 두 방향으로 놓여 있는 상부철근의 도심에 대한 d를 계산한다. d를 계산하기 위하여 D25 철근을 사용한다.

$$d = 650 - 75(\text{피복}) - 25(\text{철근직경}) = 550$$

$$b_o = 4(c+d) = 4(450+550) = 4{,}000\,\text{mm}$$

$$c+d = 450 + 550 = 1000\text{mm}$$

$$V_u = P_u - q_u(c+d)^2 = 2640 - 293(1.0)^2 = 2347\,\text{kN}$$

$$\lambda = 1.0$$

$$k_s = (400/500)^{0.25} = 0.923$$

$$k_{bo} = 28\left(\sqrt{b_o/d}\right) = 28\left(\sqrt{4000/550}\right) = 7.55 \le 1.0 = 1.0$$

$$f_{te} = 0.21\sqrt{f_{ck}} = 0.21\sqrt{30} = 1.15$$

$$f_{cc} = 20$$

$$C_u = d[25\sqrt{\rho/f_{ck}} - 300(\rho/f_{ck})] = 550[25\sqrt{0.004/30} - 300(0.004/30)] = 136.8$$

$$\cot\phi = \sqrt{f_{te}(f_{te}+f_{cc})}/f_{te} = \sqrt{1.15(1.15+20)}/1.15 = 4.29$$

$$\text{필요한 } d = \frac{V_u}{\phi V_c \cdot b_o}$$

$$= \frac{V_u}{\phi \lambda k_s k_{bo} f_{te} \cot\phi\,(c_u/d)b}$$

$$= \frac{2347 \times 1000}{\phi 1.0 \times 0.923 \times 1.0 \times 1.15 \times 4.29(136.8/550) \times 4000}$$

$$= 690\,\text{mm}$$

이므로 뚫림 전단에 대해 안전하지 못하며, d를 확대하여야 한다.

7. 기둥의 하부에서 지지응력을 검토한다.

지압강도 $N_1 = \phi(0.85 f_{ck} A_1)$

이 값은 기둥에 재하된 $P_u = 2640\,\text{kN}$보다 크므로 지지응력은 적당하다(N_2는 극한값이 아니다). 콘크리트구조설계기준에 따른 필요한 연결철근의 최소면적은 $0.005A_1 = 0.005 \times 450^2 = 1000\text{mm}^2$이고, 최소 철근의 수는 4개이다. 기초에 정착 길이를 확장하기 위해 기둥의 모서리에 철근 4개를 사용한다.

$$\text{압축에서 } l_d = \frac{0.08 f_y d_b}{\sqrt{f_{ck}}}$$

$$= \frac{0.25 \times 400 \times 28.6}{\sqrt{30}} = 522\text{mm}$$

그러나 이 값은 $l_d = 0.0043 d_b f_y = 491.92\text{mm} = 492\text{mm} \geq 200\text{mm}$보다 작아서는 안 된다. 그러므로 거리 530mm까지 확장하여 철근을 구부려 주철근의 위에다 적당히 묶는다. 만약 필요한 l_d가 기초의 길이보다 크다면, 더 작은 크기의 장부철근이나 받침대(pedestal)를 사용한다는 것에 주의한다. 만약 연결철근이 기초나 기둥까지 확장된다면 같은 l_d가 기둥 내에서 필요하다.

8. 주철근 D22에 필요한 정착 길이는 $l_d = 390\text{mm}$이다. 이때의 정착 길이는 기둥면으로부터 기초의 가장자리 75mm 앞의 거리와 동일하다. 즉, $\left(\frac{L}{2} - \frac{c}{2}\right) - 7.5 = 1{,}276\text{mm}$. 이 값은 필요한 390mm보다 크다.

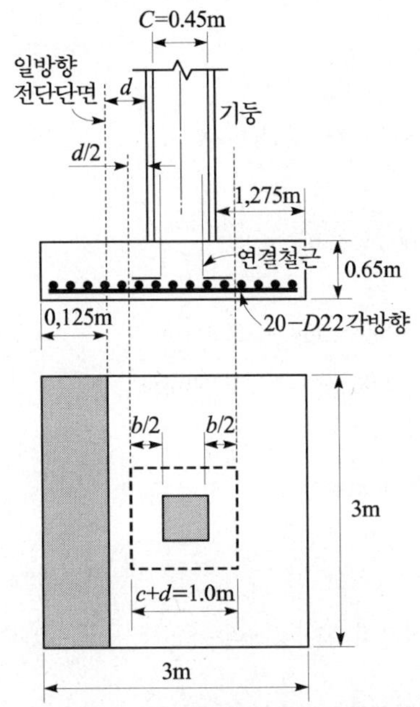

그림 13.15 정방향 기초

예제 13.3

앞 예제의 기둥에서 기초의 한 변이 2.5m로 제한되어 있다면 직사각형 기초를 설계하라.

▌풀이

1. 직사각형 기초의 설계과정은 정방형 기초의 경우와 비슷한데 각 방향에서 기초에 작용하는 힘을 각각 고려하여야 한다.

2. 앞 예제에서 필요한 기초의 넓이는 8.48m^2

   기초의 길이 $= \dfrac{8.48}{2.5} = 3.39\text{m}$ 즉, 3.4m

   기초의 크기 $= 2.5 \times 3.4 = 8.5\text{m}^2 = 8.5 \times 10^6\text{mm}^2$

3. $P_u = 2640\,\text{kN}$

   단위 상향 압력 $= q_u = \dfrac{2640}{(2.5 \times 3.4)} = 311\,\text{kN/m}^2$

4. 종방향 철근을 설계한다. 위험단면은 지지면에 있다. 기초 가장자리로부터의 거리

$$\frac{L}{2}-\frac{c}{2}=\frac{3.4}{2}-\frac{0.45}{2}=1.5\text{m}$$

$$M_u=\frac{1}{2}\times 311\times(1.5)^2\times 2.5=0.875\text{kN.m}$$

$$R_u=\frac{M_u}{bd^2}=\frac{875\times 10^6}{2.5\times 1000\times 550^2}=1.16\text{MPa}$$

$\rho=0.0063$

$A_s=0.0063\times 2.5\times 1000\times 550=8660\text{mm}^2$

$A_{s,\min}=0.002(2.5\times 1000)\times 550=2750\text{mm}^2$

$\therefore\ A_s=8660\text{mm}^2$ 사용

14-D29 사용($A_s=8990\text{mm}^2$)

5. 횡방향 철근을 설계한다.

기둥면에서 기초 가장자리까지의 거리$=\dfrac{2.5}{2}-\dfrac{0.45}{2}=1.03\text{m}$

$$M_u=\frac{1}{2}\times 311\times 1.03^2\times 3.4=561\,\text{kN·m}$$

$$R_u=\frac{561\times 10^6}{3.4\times 1000\times 550^2}=0.5445\text{MPa}$$

$\rho=0.0026$

$A_s=0.0026\times 3.4\times 1000\times 550=4862\text{mm}^2$

$A_{s,\min}=0.002\times 3.4\times 1000\times 550=3740\text{mm}^2$

$A_s=4862\text{mm}^2$, D22 철근 13개를 사용한다($A_s=5032\text{mm}^2$).

$$\frac{\text{유효폭에서 철근}}{\text{단변방향 철근}}=\frac{2}{\beta+1}=\frac{2}{(3.5/2.5)+1}=0.83$$

2.5m폭에서 철근의 수$=13\times 0.83=10.8$

즉, 11개이다. 각 측면에서 남겨진 철근의 수 = (13−11)/2 = 1. 그러므로 D22 철근 11개를 중앙부에 설치하고 철근 2개는 밴드의 각 측면에서 $(3.5-2.5/2)=0.5\text{m}$ 내에 설치한다.

필요한 최소 $A_s=0.002\times 550\times(0.5\times 1000)=550\text{mm}^2<774\text{mm}^2$

설계결과는 그림 13.18에서 상세히 보여주고 있다.

6. 1방향 전단에 의한 깊이를 검토한다. 위험단면은 기둥면으로부터 거리 d점에 있다. 종방향에서

$$V_u=q_u\left(\frac{L}{2}-d-\frac{C}{2}\right)b=311\times\left(\frac{3.4}{2}-\frac{55}{100}-\frac{45}{2\times 100}\right)\times 2.5=719\text{kN}$$

이것이 전단을 결정한다. 단변 방향에서 $V_u=593\text{kN}$(극한 값이 아님)

필요한 $d=\dfrac{V_u}{\frac{1}{6}\phi\sqrt{f_{ck}}b}=\dfrac{719\times 1,000}{\frac{1}{6}\times 0.75\times\sqrt{30}\times 2.5\times 1000}=420\text{mm}$

제시된 $d=550\text{mm}>420\text{mm}$

7\. 앞의 예제와 동일한 조건이므로

$$V_u=P_u-q_u(c+d)^2=2640-311\times 1.0^2=2329\text{kN}$$

필요한 $d=\dfrac{V_u}{\phi\lambda kk_{bo}f_{te}\cot\phi(C_u/d)b_o}$

$$=\frac{2329\times 1000}{0.75\times 1.0\times 0.923\times 1.0\times 1.15\times 4.29(136.8/550)\times 4000}$$

$$=685.4\text{mm}$$

이상이므로 뚫림전단에 안전하지 않으므로 단면을 확대하여 다시 계산한다.

8\. 앞 예제에서 설명한 바와 같이, 기둥의 하부에서 지지응력을 검토한다. D29 철근 4개를 장부철근으로 사용한다.

9\. D22 철근에서 주철근의 정착 길이 $l_d=297\text{mm}$이고, D29 철근에서 $l_d=383\text{mm}$이다.

$$l_d(\text{종방향})=\left(\frac{L}{2}-\frac{c}{2}-75\text{mm}\right)=1400\text{mm}>383\text{mm}$$

$$l_d(\text{횡방향})=975\text{mm}>297\text{mm}$$

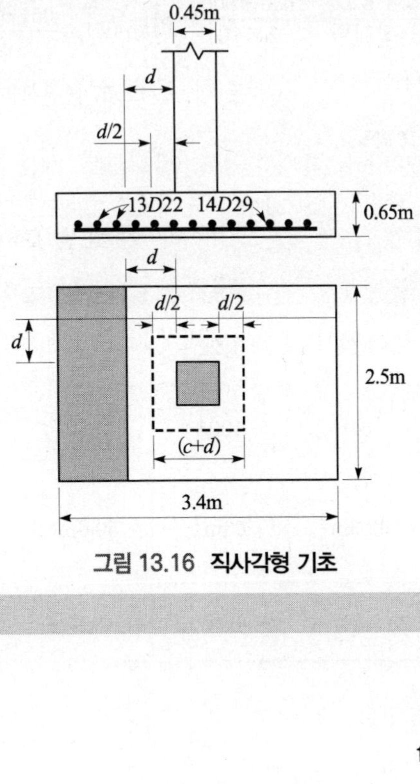

그림 13.16 직사각형 기초

예제 13.4

일반 활하중이 모든 기초에 대해 20%라면, 동일침하(균형기초설계)에 대해 필요한 기초 면적을 결정하라. 기초는 아래와 같은 고정하중과 활하중을 받으며 허용단위지지력은 $30\,kN/m^2$이다.

	기 초 번 호				
	1	2	3	4	5
고정하중(kN)	540	810	630	860	950
활하중(kN)	680	990	900	770	1080

풀이

1. 고정하중에 대한 활하중의 비가 가장 큰 값을 갖는 기초를 결정한다. 이 예제에서는 기초 번호 3번의 1.43이 가장 크다.

2. 모든 기초에 대한 일반하중을 계산한다. 일반하중이란 고정하중에다 구조물에 가장 빈번하게 발생하는 활하중의 부분을 더한 값이다.

   $$\text{일반하중(Usual Load)} = \text{고정하중}(D.L.) + 0.2 \times \text{활하중}(L.L.)$$

   일반하중의 값은 아래의 표에 나타나 있다.

3. $L.L./D.L.$의 비가 가장 큰 값을 갖는 기초의 면적을 결정한다.

   $$\text{기초 3의 면적} = \frac{D.L. + L.L.}{\text{허용 지지력}} = \frac{630+900}{3\times 10} = 51\text{m}^2$$

   기초 3 아래의 일반 지지력은

   $$\frac{\text{일반하중}}{\text{기초면적}} = \frac{810}{51} = 16\,\text{kN/m}^2$$

	기 초 번 호				
	1	2	3	4	5
$\frac{\text{활하중}}{\text{고정하중}}$	1.26	1.22	1.43	0.90	1.14
일반하중 $= D.L. + 0.2L.L.$(kN)	676	1008	810	1014	1166
필요한 면적 $= \frac{\text{일반하중}}{1.6}$ kN/m^2	42.3m^2	63m^2	50.6m^2	63.4m^2	72.9m^2
최대지지력$= \frac{(D+L)}{\text{면적}}$	28.8kN/m^2	28.6kN/m^2	30.2kN/m^2	25.7kN/m^2	27.8kN/m^2

4. 각 기초의 일반하중을 기초 3의 지지력으로 나눔으로서 각 기초에 필요한 면적을 계산한다. 각 면적들이 아래 표에 나타나 있다. 예를 들어 기초 1에 대해, 필요한 면적$=680/16=42.5\text{m}^2$

5. 각 기초 아래에서 최대 지지력을 계산한다.

$$q_{\max}=\frac{D+L}{\text{면적}}\leq 30\text{kN/m}^2(\text{허용 지지력})$$

13.6 연결확대기초

기둥이 토지경계선 근처에 위치하고 있을 때, 독립기초는 인접하는 토지경계선까지만 설치할 수 있고, 이때 기둥은 기초의 측면 혹은 가장자리에 위치하게 되어 편심하중이 발생하게 된다. 이것은 경제적인 해결이 아니며, 구조적으로 적절하지 않은 방법이다. 더 나은 방법은 가장 근접한 기둥 기초를 갖는 기초를 연결하여 얻어질 수 있는데 이를 연결확대기초라 하며, 연결확대기초의 도심은 두 기둥에 작용하는 하중의 합력선과 일치하여야 한다. 연결기초가 필요한 다른 경우는 지반이 양호하지 않거나 한 기둥의 기초가 인접기초와 중복될 경우이다.

연결확대기초의 형태는 그림 13.17과 같이 직사각형일 수도 있고 사다리꼴일 수도 있다. 토지경계선 근처에 있는 외부 기둥의 하중이 내부 기둥의 하중보다 클 때, 기초의 중심을 두 기둥 하중의 합력선과 일치시키기 위해서는 사다리꼴 기초가 사용된다. 그러나 대부분 경우에는 직사각형 기초가 사용된다.

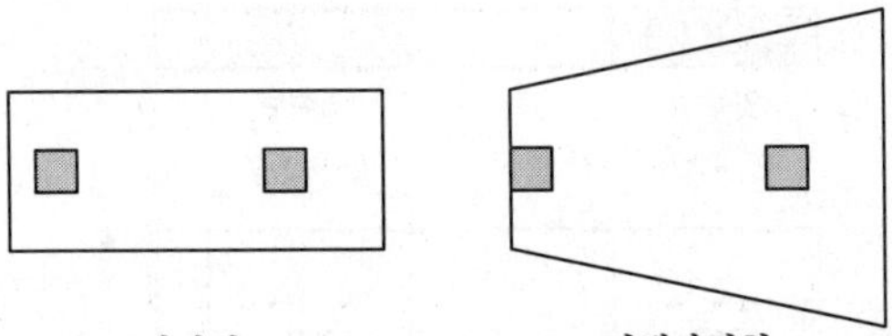

그림 13.17 연결기초

연결확대기초의 길이와 폭은 기초 아래 압력의 변동이 작도록 계획되어야 하며 일반적으로 작은 범위의 압력변동은 허용된다. 균일한 상향압력에 대한 기초는 그림 13.18과 같은 처짐을 일으킨다. 현행 콘크리트 구조기준에는 연결확대기초의 설계에 대한 상세한 방법이 명시하고 있으며, 일반적으로 이 설계는 경험을 토대로 하고 있다.

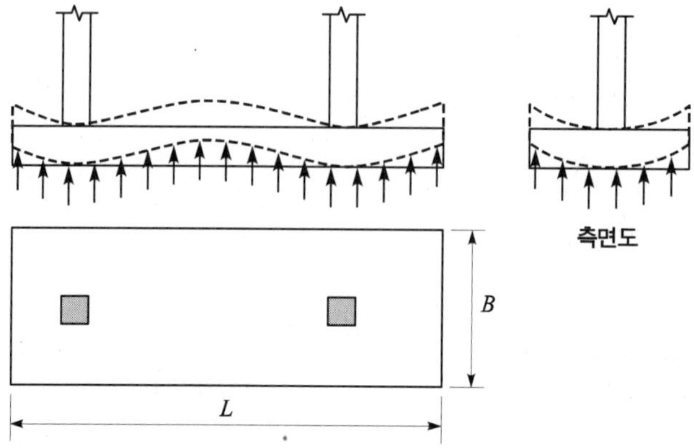

그림 13.18 2방향에서 연결기초의 상향 처짐

간단한 해석방법은 기초를 종방향으로 설치된 보로 가정하여 균일한 상향압력 q_u 의 하중을 받는다고 가정하는 것이다. 횡방향에 있어서, 가능하다면 기둥하중은 기둥 아래의 폭(각 측면에서의 기둥 폭에 이를 더한 값)에 거쳐 분포한다고 가정한다. 즉, 기둥하중은 최대 폭 $(c+2d)$와 기초의 짧은 변과 동일한 길이를 갖는 기초 내 기둥 아래에서 보에 작용한다(그림 13.19). 더욱 적은 폭$(c+d)$를 사용할 수도 있다. 다음의 예제는 설계방법을 상세히 설명하고 있다.

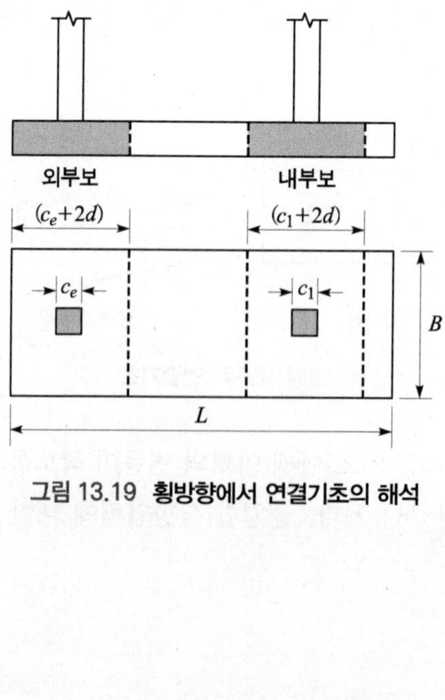

그림 13.19 횡방향에서 연결기초의 해석

예제 13.5

그림 13.21과 같은 2개의 기둥을 지지하는 직사각형 연결기초를 설계하라. 가장자리 기둥 I는 $40\text{cm} \times 40\text{cm}$의 단면을 가지며 $D.L. = 800\text{kN}$과 $L.L. = 550\text{kN}$을 받는다. 내부기둥 $I = 50\text{cm} \times 50\text{cm}$의 단면을 가지며 $D.L. = 1100\text{kN}$과 $L.L. = 600\text{kN}$을 받는다. 순허용토압은 250kN/m^2이고, $f_{ck} = 27\text{MPa}$, $f_y = 400\text{MPa}$이며 강도설계법을 사용하라.

▌풀이

1. 기둥하중의 합력위치를 결정한다. 외부기둥 I의 중심에 대한 모멘트를 취하면

$$x = \frac{(1100+600)\times 4.8}{(1100+600)+(800+550)} = 2.7\text{m}(\text{기둥 } I\text{로부터})$$

토지경계선으로부터 합력의 거리는

$2.7+0.6 = 3.3\text{m}$, 기초의 길이 $= 2\times 3.3 = 6.6\text{m}$

이 경우, 기둥 하중의 합력은 기초에 작용하는 상향 압력의 합력과 일치할 것이다.

2. 기초의 면적을 결정한다.

기초의 총 두께는 1m라 가정한다($d = 1000-110 = 890\text{mm}$).

총 작용하중 $= 1350+1700 = 3050\text{kN}$

단위 상향압력 $= q_u = 250 - 1\times 25 = 225\text{kN/m}^2$

(이 예제에서 뒤채움 흙은 적으므로 무시한다.)

$$\text{필요면적} = \frac{3050}{225} = 13.6\text{m}^2$$

$$\text{기초의 폭} = \frac{13.6}{6.6} = 2.06\text{m}$$

즉, 2.1m. 면적이 $6.6\times 2.1\text{m}$인 기초를 선택한다(면적 13.9m^2).

3. 계수하중을 사용하여 극한 상향압력을 결정한다.

$P_{u1}(\text{기둥 } I) = 1.2\times 800 + 1.6\times 550 = 1840\text{kN}$

$P_{u2}(\text{기둥 } II) = 1.2\times 1100 + 1.6\times 600 = 2280\text{kN}$

$$\text{극한 단위 지지력} = q_u = \frac{1840+2280}{13.9} = 296\text{kN/m}^2$$

4. 2개의 기둥으로 지지되어있는 상향압력 $296\text{kN/m}^2 \times 2.1(\text{기초의 폭}) = 621.6\text{kN/m}$(기초 1m 길이당)를 받는 $L = 6.6\text{m}$인 보로 가정하여 하중계수를 곱한 전단력도를 그린다.

$V_u(\text{기둥}I\text{의 외부면}) = 621.6\times(0.6-0.2) = 249\text{kN}$

$U_u(\text{기둥}I\text{의 내부면}) = 1840 - 621.6\times(0.6+0.2) = 1343\text{kN}$

$V_u(\text{기둥}II\text{의 외부면}) = 621.6\times(1.2-0.25) = 519\text{kN}$

$U_u(\text{기둥 }II\text{의 내부면}) = 2280 - 621.6\times(1.2+0.25) = 1379\text{kN}$

전단력이 0인 지점 x를 구한다.

기둥 I과 기둥 II의 내부면 사이의 거리$=4.8-0.2-0.25=4.35\text{m}$

$$x=\frac{1343}{1343+1379}\times 4.35=2.146 ≒ 2.1\text{m}$$

5. 기초를 2개의 기둥에 의해 지지되는 $L=6.6\text{m}$인 보로 가정하여 하중계수를 곱한 모멘트도를 그린다.

균일 상향 압력$=621.6\text{kN/m}$

$$M_{u1}(\text{기둥 } I\text{의 외부면})=\frac{621.6\times 0.4^2}{2}=50\text{kN}\cdot\text{m}$$

$$M_{u2}(\text{기둥 } II\text{의 외부면})=\frac{621.6\times 0.95^2}{2}=280\text{kN}\cdot\text{m}$$

전단력이 0인 점에서 최대모멘트가 발생한다.

$$\text{최대 } M_u(\text{기둥 } I \text{ 측면에서})=1840\times(2.1+0.2)-\frac{621.6}{2}\times(2.1+0.2+0.6)^2 =1618\text{kN}\cdot\text{m}$$

$$\text{최대 } M_u(\text{기둥 } II \text{ 측면에서})=2280\times(2.3+0.25)-\frac{621.6}{2}\times(2.3+0.25+1.2)^2 =1443\text{kN}\cdot\text{m}$$

기초의 양측면으로부터 계산된 모멘트는 충분히 근접하므로 $M_{u(\max)}=1618\text{kN}\cdot\text{m}$가 채택될 수 있을 것이다. 이 오차는 기초의 길이와 폭의 조정 때문에 발생하였다.

6. 모멘트에 대한 깊이를 검토하고 종방향에서 필요한 철근을 결정한다.

$$\text{최대 휨모멘트}=1618\text{kN}\cdot\text{m},\ R_u=\frac{M_u}{bd^2}=\frac{1618\times 10^6}{2.1\times 1000\times 890^2}=0.97\text{MPa}$$

부록 A의 표로부터 최소 철근비를 사용하면

$$\rho=\frac{1.4}{f_y}=\frac{1.4}{400}=0.0035$$

$$A_s=0.0035\times 2100\times 890=6542\text{mm}^2$$

D25 철근 13개를 사용한다($A_s=6587\text{mm}^2$).

$$\text{철근의 간격}=\frac{2000-150(\text{콘크리트 피복 두께})}{12(\text{간격 수})}=162.5\text{mm}$$

총 깊이 1m는 높은 철근비와 기초 내에 있는 여러 개의 루프 스터럽 형상에서 전단철근을 사용하여 줄일 수 있다. 주철근 콘크리트 피복 두께 75mm는 남겨두고 기초의 위에 있는 기둥 사이까지 확장된다. 양의 모멘트를 위하기 위해 기둥을 지나 기초의 돌출부 바닥끝에 최소 철근을 설치한다. 철근을 기둥 너머 정착 길이 $l_d=380\text{mm}$까지 확장한다. 최소 수축 철근$=0.002\times 2100\times 1000=4200\text{mm}^2$, D25 철근 9개를 사용한다($A_s=4560\text{mm}^2$). 상부 주철근에 필요한 정착 길이는 $1.4l_d=1.4\times 380=532\text{mm}$ 최대 모멘트 발생점을 지나서 있다.

7. 1방향 전단에 대한 깊이를 결정한다.

최대 전단은 기둥 II의 내부면으로부터 거리 $d = 890\text{mm}$점에서 발생한다(그림 13.22).

$$V_u = 1379 - 0.89 \times 621.6 = 826\text{kN}$$

$$d = \frac{V_u}{\phi(\frac{1}{6}\sqrt{f_{ck}})b} = \frac{826 \times 10^3}{0.75 \times \frac{1}{6} \times \sqrt{27} \times 2100} = 606\text{mm}$$

제시된 유효깊이는 890mm > 606mm이나 기초는 적당하고, 전단철근은 필요하지 않다.

8. $\lambda = 1.0$

$$k_s = (400/890)^{0.25} = 0.819$$

$k_{bo} = 2.8/\sqrt{5600/890} = 7.02 \leq 1.0$이므로 1.0 사용

$$f_{te} = 0.21\sqrt{27} = 1.09$$

$$f_{cc} = (2/3)f_{ck} = 2/3.27 = 18$$

$$C_u = d\left[25\sqrt{\rho/f_{ck}} - 300(\rho/f_{ck})\right] = 890\left[25\sqrt{0.0035/27} - 300(0.0035/27)\right] = 218.7$$

$$\cot\phi = \sqrt{f_{te}(f_{te} + f_{cc})}/f_{te} = \sqrt{1.09(1.09+18)}/1.09 = 4.18$$

$$\text{필요한 } d = \frac{1700 \times 1000}{0.75 \times 1.0 \times 0.819 \times 1.0 \times 1.09 \times 4.18(218.7/890) \times 5600}$$

$$= 441.4\text{mm}$$

이므로 뚫림전단에 대해 안전하다.

9. 횡방향 철근에 대해 횡방향 휨모멘트를 계산한다. 이것은 단일 기초의 경우와 같다. 각 기둥 아래 철근은 기둥 폭에 기초의 유효깊이의 2배를 더한 값과 동일한 최대 band 폭 내에 위치한다(그림 13.23).

외부기둥 I 아래의 철근

구간 폭 = 500mm(기둥 폭) + 400mm(기둥의 외부면에서) + 890mm

= 1790mm = 1.8m

기둥 I 아래 횡방향에서 단위상향압력은

$$\frac{P_{u1}}{\text{기초의 폭}} = \frac{1840}{2.1} = 876\text{kN/m}$$

자유단에서 기둥면까지의 거리는

$$\frac{2.1}{2} - \frac{20}{200} = 0.85\text{m}$$

$$M_u(\text{기둥 } I\text{의 면에서}) = \frac{1}{2} \times 876 \times 0.85^2 = 316\text{kN}\cdot\text{m}$$

$$R_u = \frac{M_u}{bd^2} = \frac{316 \times 10^6}{1700 \times 890^2} = 2.3\text{MPa}$$

철근비 $\rho <$ 수축 철근비 0.002에 대한 ρ

$$A_{s(\min)} = 0.002 \times 1700 \times 1000 = 3400\text{mm}^2$$

구간 폭 1.7m 내에 D25 철근 7개를 위치시킨다($A_s = 3550\text{mm}^2$).

내부기둥 II 아래의 철근

구간 폭$=500+890+890=2280\text{mm}=2.3\text{m}$

$$\text{단위 상향 압력}=\frac{P_u}{\text{기초의 폭}}=\frac{2280}{2.1}=1086\text{kN/m}$$

$$\text{기둥면까지의 거리}=\frac{2.1}{2}-0.25=0.8$$

$$M_u(\text{횡방향으로 기둥 }II\text{의 면에서})=\frac{1}{2}\times 1086\times 0.8^2=348\text{kN}\cdot\text{m}$$

$$R_u=\frac{348\times 10^6}{2280\times 890^2}=0.19\text{MPa}$$

이 값은 매우 적다. 최소 수축철근비 0.002를 사용하면

$$A_s=0.002\times 228o\times 1000=4560\text{mm}^2$$

D25 철근 9개를 사용하여 기둥 II 아래 구간 폭 2,280mm 내 위치시킨다. 혹은 D25 철근 10개를 사용한다. 횡방향에서 D25 철근의 정착 길이 340mm이다. 제시된 정착 길이 860mm와 800mm는 340mm(510mm)보다 크다.

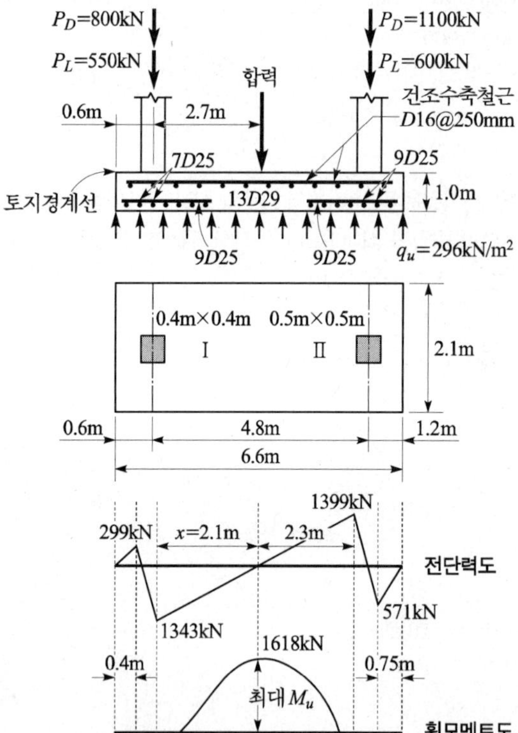

그림 13.20 연결기초의 설계

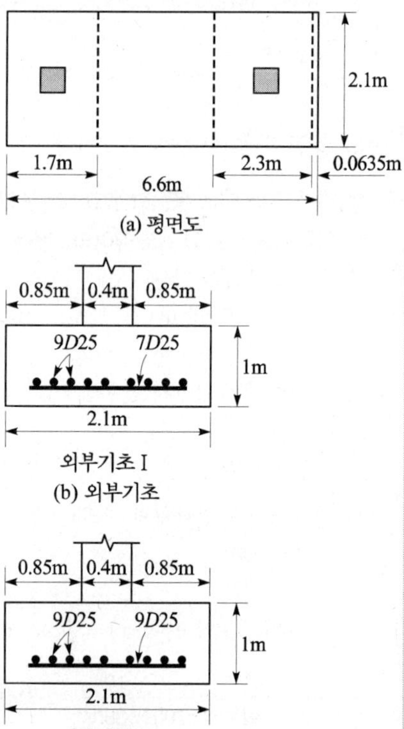

그림 13.21 연결기초의 설계, 횡방향

예제 13.6

두께 40cm의 콘크리트 벽을 지지하는 무근 콘크리트 기초를 설계하라. 벽이 받는 하중은 벽의 자중을 포함하여 고정하중= 200kN와 활하중= 100kN이다. 기초의 하부는 지표면으로부터 1.2m 아래에 있는 허용지지력= $250\,\mathrm{kN/m^2}$이며, $f_{ck}=24\,\mathrm{MPa}$이다.

▌풀이

1. 유효지지력을 계산한다.

기초의 총 깊이를 700mm라 가정하면

$$\text{기초의 중량}=0.70\times 2.5=17.5\mathrm{kN/m^2}$$

흙의 단위중량을 $17\mathrm{kN/m^3}$라 가정하면 기초 위의 흙의 중량은

$$(1.2-0.7)\times 17=8.5\,\mathrm{kN/m}$$

$$\text{유효지지력}=250-17.5-8.5=224\mathrm{kN/m^2}$$

2. 벽의 1m 길이에 대한 기초의 폭을 계산한다.

$$\text{기초의 폭}=\frac{\text{총 하중}}{\text{유효지지력}}=\frac{200+100}{224}=1.34\mathrm{m},\ \text{즉 } 1.4\mathrm{m}$$

$b=1000\mathrm{mm}$

3. $P_u=1.2D+1.6L=1.2\times 200+1.6\times 100=400\mathrm{kN}$

$$\text{단위 순상향력 } q_u=\frac{400}{1.4\times 1}=286\mathrm{kN/m^2}$$

4. 휨 응력을 검토한다. 위험단면은 벽면에 있으므로 벽과 기초의 1m 길이에 대해

$$M_u=\frac{1}{2}q_u\left(\frac{L}{2}-\frac{c}{2}\right)^2=\frac{286}{2}\times\left(\frac{1.4}{2}-\frac{40}{2\times 100}\right)^2=35.8\mathrm{kN\cdot m}$$

바닥 깊이 75mm가 효과적이라 가정하여

$$\text{유효깊이}=700-75=625\mathrm{mm}$$

$$I_g=\frac{bd^3}{12}=\frac{1000\times 625^3}{12}=203\times 10^{10}\mathrm{mm^4}$$

$$\text{휨 인장응력}=f_t=\frac{M_u c}{I}=\frac{35.8\times 10^6}{2.03\times 10^{10}}\times\frac{625}{2}=0.55\mathrm{MPa}$$

5. 허용 휨 인장응력$=0.63\phi\sqrt{f_{ck}}=0.63\times 0.55\sqrt{24}=1.70\mathrm{MPa}$

이 값은 휨 인장응력 $f_t=0.55\mathrm{MPa}$보다 크다.

6. 전단응력을 검토한다.

위험단면은 벽면으로부터 $d=625\mathrm{mm}$ 거리에 있으므로

$$V_u = q_u\left(\frac{L}{2} - d - \frac{c}{2}\right) = 286\left(\frac{1.4}{2} - \frac{625}{100} - \frac{40}{2\times 100}\right) = -35.8\text{kN}$$

$$\text{전단응력 } \tau_u = \frac{V_u}{\phi bd} = \frac{-35.8\times 1,000}{0.85\times 100\times 625} = -0.067\text{MPa}$$

$$\text{허용전단 } \tau_u = \frac{1}{6}\sqrt{f_{ck}} = \frac{1}{6}\times\sqrt{24} = 0.82\text{MPa}$$

그러므로 단면은 적당하다. 이런 종류의 기초는 최소 철근을 사용하거나 콘크리트 기초를 사용하는 것이 유리하다.

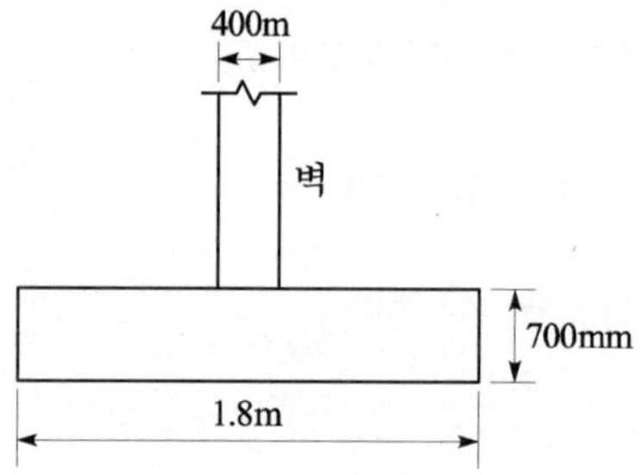

그림 13.22 무근 콘크리트 벽기초

13.7 편심하중을 받는 기초

13.7.1 1축 편심을 받는 기초

기둥이 단지 축하중만을 전달할 때, 하중은 기초의 중심에 작용하여 기초 아래에 균일한 압력이 발생한다고 가정함으로써 기초를 설계할 수 있다. 그런데 경우에 따라서 고정단 골조의 기초에서처럼 기둥은 축하중과 휨모멘트를 전달한다. 이때 흙에 발생하는 압력 q는 균일하지 않으므로 다음 식에 따라 계산될 수 있다.

$$q = \frac{P}{A} \pm \frac{Mc}{I} \geq 0 \tag{13.14}$$

여기서, A : 기초의 면적

I : 기초의 관성모멘트

P와 M의 크기, 그리고 허용 지내력에 따라 여러 형태의 토압이 존재한다. 여러 가지 설계 상태가 그림 13.23에 나타나 있다.

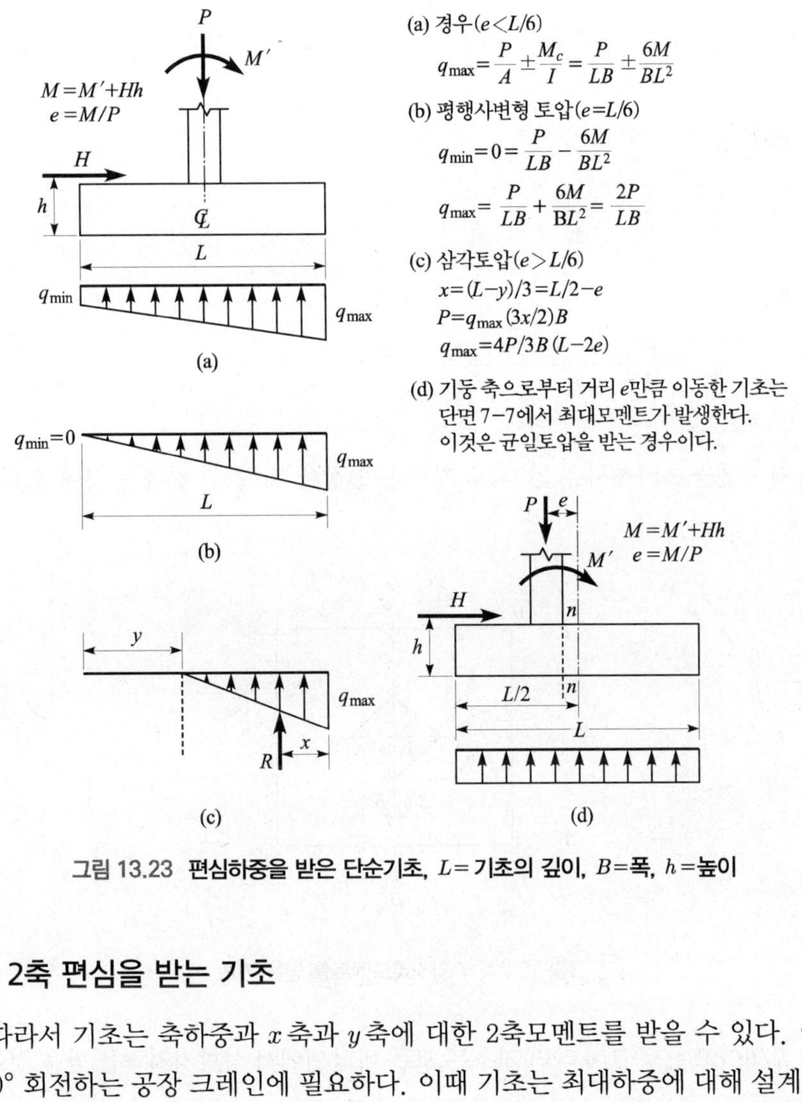

그림 13.23 편심하중을 받은 단순기초, L= 기초의 깊이, B=폭, h=높이

13.7.2 2축 편심을 받는 기초

경우에 따라서 기초는 축하중과 x축과 y축에 대한 2축모멘트를 받을 수 있다. 이러한 기초는 360° 회전하는 공장 크레인에 필요하다. 이때 기초는 최대하중에 대해 설계되어야 한다. 그림 13.24를 참고로 하여, 하중 P가 x축과 y축에 대해 각각 거리 e_x, e_y인 점에 작용한다면

$$M_x = Pe_y,\ M_y = Pe_x$$

모서리 1에서 지지력

$$q_{max} = \frac{P}{A} + \frac{M_x c_y}{I_x} + \frac{M_y c_x}{I_y} \tag{13.15}$$

모서리 2에서

$$q_2 = \frac{P}{A} - \frac{M_x c_y}{I_x} + \frac{M_y c_x}{I_y} \tag{13.16}$$

모서리 3에서

$$q_3 = \frac{P}{A} - \frac{M_x c_y}{I_x} - \frac{M_y c_x}{I_y} \tag{13.17}$$

모서리 4에서

$$q_4 = \frac{P}{A} + \frac{M_x c_y}{I_x} - \frac{M_y c_x}{I_y} \tag{13.18}$$

역시 허용지지력을 초과해서는 안 되고 지반은 인장을 가질 수 없다는 것에 주의한다. 즉, $q_i \geq 0$.

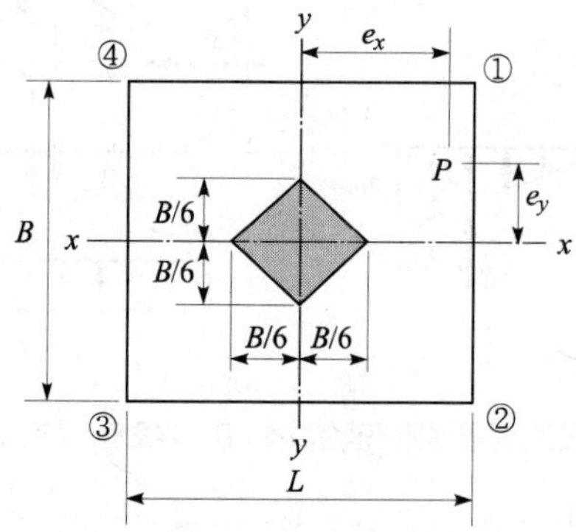

그림 13.24 *P*와 2축모멘트를 받는 기초

만약 $e_x < L/6$이고 $e_y < B/6$라면 기초는 모든 바닥면에서 상향지지력을 받을 것이다(비균일 압력).

예제 13.7

그림 13.25(a)에 보여진 $30 \times 60\text{cm}$ 단면을 갖는 비대칭 창고 기둥이 고정하중에 의해 축하중 $P_d = 1000\text{kN}$과 $M_d = 240\text{kN}$를 받고 활하중에 의해 축하중 $P_1 = 7400\text{kN}$과 $M_1 = 190\text{kN}\cdot\text{m}$를 받고 있다. 기초의 하부는 지표면에서 1.5m 아래에 있고 허용지지력은 250kN/m^2이다. $f_{ck} = 27\text{MPa}$와 $f_y = 400\text{MPa}$를 사용하여 기초를 설계하라.

▌풀이

1. 기초는 축하중과 모멘트를 받고 있다.

$$P = 1000 + 740 = 1740\text{kN}$$

$$M = 240 + 190 = 430\text{kN}\cdot\text{m}$$

$$\text{편심 } e = M/P = \frac{430}{1740} = 0.25\text{m, 즉 } 250\text{mm}$$

기초는 2가지 방법으로 설계할 수 있다.

방법 1 : 기초의 중심을 기둥의 중심으로부터 거리 $e = 250\text{mm}$에 이동시킨다. 이 경우 지지력은 기초 아래에서 균일하게 분포한다고 생각할 수 있다.

방법 2 : 기초를 기둥의 중심에 일치하게 설치한다. 이 경우 지지력은 사다리꼴 분포나 삼각형 분포를 이룰 것이고 최대 및 최소치는 그림 13.25에 나타난 바와 같이 계산될 수 있다.

두 방법을 아래에 간략히 소개한다.

첫 번째 방법은 기초 두께가 $500\text{mm}(d = 420\text{mm})$이고, 흙의 단위중량을 17kN/m^3라 가정한다.

$$\text{단위 상향 압력} = 250 - 2.8 \times 2.5(\text{기초}) - (1.5 - 0.5) \times 17 = 221\text{kN/m}^2$$

$$\text{기초의 면적} = \frac{1740}{233} = 7.5\text{m}^2$$

기초의 폭을 2.7m라 가정하면, 기초의 길이$= 7.5/2.7 = 2.8\text{m}$, 즉 3m이다. 그림 13.27(d)와 같이 $2.7 \times 3\text{m}$ 기초를 선택하고 기둥이 편심을 받게 위치시킨다. 기초의 중심은 기둥의 중심으로부터 25cm 떨어져 있다.

2. 이제 설계과정을 독립 기초의 경우와 비슷하다.

2방향 전단과 1방향 전단에 대한 깊이를 검토한다. 종방향과 횡방향에 대해 기둥의 면에서 휨모멘트를 결정한다. 기초의 편심 때문에 위험단면은 기둥의 왼쪽 면에 있을 것이다.

$$\text{기초단까지의 거리} = 1.5 - 0.05 = 1.45\text{m}$$

$$P_u = 1.2D + 1.6L = 1.2 \times 1000 + 1.6 \times 740 = 2384\text{kN}$$

$$q_u = \frac{2384}{(2.7 \times 3)} = 294\text{kN/m}^2$$

$$\text{최대 } M_u = \frac{(294 \times 2.7) \times (1.45)^2}{2} = 834\text{kN}\cdot\text{m}(\text{폭 } 2.7\text{m에서})$$

횡방향에 있어서

$$M_u = \frac{(294\times3)\times(1.2)^2}{2} = 635\text{kN}\cdot\text{m}$$

단일 기초의 예에서 설명한 것처럼 필요하다면 가정치를 다시 택하고, 기초의 양방향에서 필요한 철근을 선택한다.

3. 두 번째 방법은, 첫 번째 방법과 같이 기초의 면적을 계산한 후, 최대 지지력을 계산하여 설계하중을 사용하여 얻은 허용지지력과 비교한다.

축하중 $P = 1740\text{kN}$

기초의 크기$= 3\times2.7\text{m} = 8.1\text{m}^2$

편심 $e = 250\text{mm} < \frac{L}{6} = \frac{3}{6}\times1000 = 500\text{mm}$

그러므로 상향지지력의 형상은 사다리꼴이다. 최대 및 최소 지지력을 계산한다.

$$q_{\max} = \frac{P}{LB} + \frac{6M}{BL^2} = \frac{1740}{3\times27} + \frac{6\times430}{2.7\times3^2}$$
$$= 2148 + 106.2 = 321\text{kN/m}^2 > 221\text{kKN/m}^2$$

이 기초는 안전하지 못하다. $2.8\times4\text{m}$ 기초(면적$= 11.2\text{m}^2$)를 택한다.

$$q_{\max} = \frac{1740}{2.8\times4} + \frac{6\times430}{2.8\times4^2} = 155.4 + 57.6 = 213\text{kN/m}^2 < 221\text{kN/m}^2$$

하중계수 조합된 하중을 사용하여 극한 상향압력을 계산한다. 그러면 전행된 예에서 설명된 것처럼 모멘트와 전단력을 계산할 수 있다.

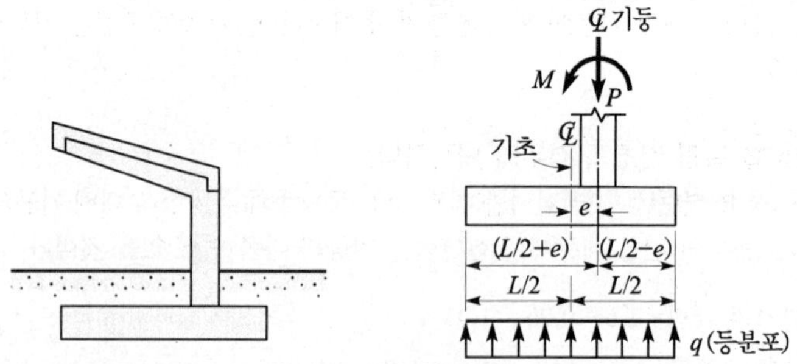

(a) (b)

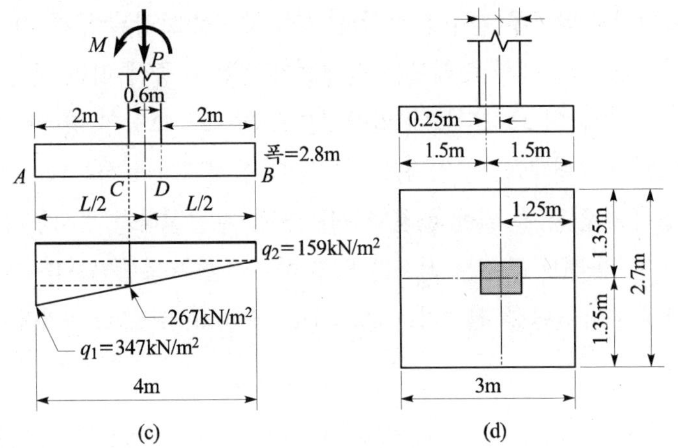

그림 13.25

13.8 매트 기초

지반에 직접적으로 설치된 콘크리트 슬래브를 매트기초(mat foundation)라고 부르며, 일반적으로 다음 하중들을 받는다.

- 작은 내부응력을 발생시키는 콘크리트 표면에서의 등분포하중
- 모멘트와 전단력을 발생시키는 비균일 분포하중 혹은 집중하중, 이 경우에는 인장응력을 발생하고 슬래브의 몇 부분에 균열이 발생한다.

인장응력은 일반적으로 다음의 조합에 의해 발생된다.

- 슬래브와 지표면 사이의 마찰억제로 인한 수축과 온도로 인한 수축인장응력
- 슬래브의 뒤틀림
- 하중조건
- 침하

매트기초의 설계방법은 지판은 상향의 하중을 받고 기둥은 하향의 반력을 받도록 설계하면 된다.

슬래브에서 인장응력을 감소시키기 위해 수축이음(contraction joint)이 시공되고, 두께

25cm 이내의 얇은 슬래브에서는 시공이음(expansion joint)이 시공된다.

주거용 구조물에서 바닥마루(철구조 보강)는 양방향으로 보강된 두께 10~15cm 콘크리트 슬래브로 만들어진다. 창고에서 슬래브는 슬래브가 받는 하중에 따라 두께는 15~30cm 정도이고, 양방향으로 철근이 보강되는데 일반적으로 철구조 보강의 형태로 한다.

바닥마루는 상향 지지력과 물의 압력을 견디도록 설계되어야 하는데, 만약 슬래브가 매우 안정되거나 압축이 없는 흙 위에 설치되었을 때는, 부등침하를 무시한다. 이 경우, 지하수의 영향이 없다면, 슬래브 두께는 최소가 되고 하부기둥은 독립기초를 가질 것이다. 만약 부등침하가 예상된다면 단단한 전면기초(stiff raft foundation)로 설계되어야 한다.

13.9 말뚝 위의 확대 기초

지반이 깊고 연약한 흙으로 구성되어 있을 때 지지력은 매우 낮으므로 기초를 지반 위에 직접 설치하는 것은 바람직하지 못하다. 말뚝을 통해 하중을 지지할 수 있고 말뚝면 근처에 충분한 마찰력을 지닐 수 있는 깊은 층까지 하중을 전달하는 것이 바람직하다.

기초로 사용되는 말뚝에는 여러 종류가 있다. 어떤 것을 선택하느냐 하는 것은 지반의 상태, 지하수의 존재여부, 기초의 기능과 가격에 달려있고 말뚝은 콘크리트나 강 혹은 목재로 만들어진다.

일반적으로, 기둥으로부터의 하중을 여러 말뚝의 머리에 분포시키기 위해 말뚝받침(pile cap)이 필요하다. 이 받침은 말뚝 상부의 이탈을 방지할 만큼 충분히 커야 하고 이 말뚝 상부와 기둥으로부터의 집중하중 사이를 연결하는 보로 가정하여 설계되어야 한다. 기둥이 2개의 말뚝으로 지지되어 있을 때 이 받침은 삼각형 모양의 철근콘크리트 트러스로 설계된다.

현행 콘크리트구조설계기준에서는 말뚝 위의 확대 기초에 대한 모멘트, 전단, 그리고 임의의 말뚝으로부터의 반력은 말뚝 중심에 작용한다고 가정하여 계산한다고 명시하고 있다. 기초의 면적과 말뚝의 수는 하중계수를 곱하지 않는 힘과 모멘트에 의해 결정된다.

말뚝 위의 확대 기초에서 철근 위로의 최소 콘크리트 두께는 30cm로 제한하고 있다. 말뚝이나 말뚝 기초에 대해 상세한 것은 기초공학에 관한 책을 참고하기 바란다.

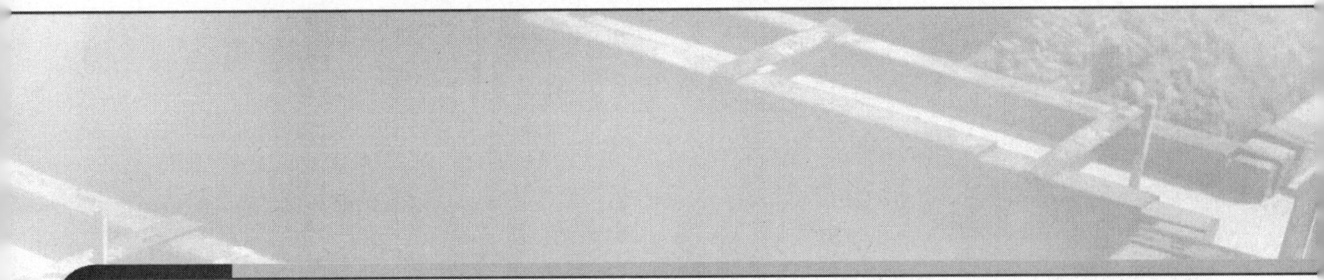

연습문제

13.1 등분포 고정하중$=220\mathrm{kN/m}$와 활하중$=120\mathrm{kN/m}$를 받는 350mm 콘크리트 벽을 지지하는 철근콘크리트 기초를 설계하라. 기초의 바닥은 지표면으로부터 1.2m 아래에 있고 $f_{ck}=24\mathrm{MPa}$, $f_y=300\mathrm{MPa}$, 허용지지력$=20\mathrm{MPa}$이고, 흙의 단위중량은 $17\mathrm{kN/m^3}$이다.

13.2 고정하중$=400\mathrm{kN/m}$, 활하중$=300\mathrm{kN/m}$일 때 13.1을 풀어라. $f_{ck}=27\mathrm{MPa} f_y=400\mathrm{MPa}$이다.

13.3 축 고정하중$=700\mathrm{kN/m}$과 활하중$=650\mathrm{kN/m}$을 받는 D29 철근을 사용한 400mm 정방형 띠철근 기둥을 지지하는 정방형 단일기초를 설계하라. $f_{ck}=27\mathrm{MPa}$, $f_y=400\mathrm{MPa}$, 허용지지력$=25\mathrm{kN/cm^2}$이고, 기초의 바닥은 지표면으로부터 1.8m 아래에 있다.

13.4 기둥의 단면이 길이가 폭의 1.5배인 직사각형일 때 13.3의 기초를 설계하라.

13.5 만약 기둥이 $35\mathrm{cm}\times 50\mathrm{cm}$인 단면을 가질 때 13.3의 기초를 설계하라. 기초는 길이가 폭의 1.4배인 직사각형이다.

13.6 그림 13.26의 2개의 기둥을 지지하는 직사각형 연결기초를 설계하라. 외부 기둥의 중심은 토지경계선으로부터 0.3m 떨어져 있고, 내부 기둥의 중심으로부터 4.2m 떨어져 있다. 외부 기둥은 한 변이 45cm인 정사각형이고, D25 철근으로 보강되어 있으며 축 고정하중 700kN과 활하중 650kN를 받고 있다. 내부 기둥은 한 변이 50cm인 정방형이고 철근으로 보강되어 있으며 축 고정하중$=650\mathrm{kN}$과 활하중$=670\mathrm{kN}$을 받고 있다. 기초의 바닥은 지표면 아래 1.5m에 있고 $f_{ck}=30\mathrm{MPa}$, $f_y=400\mathrm{MPa}$, 허용지지력$=0.25\mathrm{MPa}$이다.

13.7 모든 기초에서 일반하중= 25%일 때 평형기초설계에 필요한 기초면적을 결정하라. 허용지지력은 25kN/cm^2이고, 고정하중과 활하중은 다음과 같다.

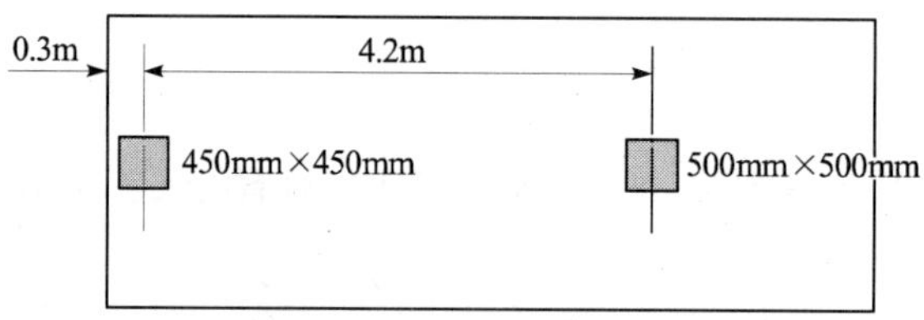

그림 13.26 문제 13.7

	기 초 번 호					
	1	2	3	4	5	6
고정하중(tonf)	58.5	99	67.5	81	90	108
활하중(tonf)	72	99	94.5	81	99	90

13.8 그림 13.27의 골조기둥(30cm × 50cm)이 고정하중으로 인한 축하중 $P_D = 900\text{kN}$과 모멘트 $M_D = 160\text{kN}\cdot\text{m}$와 활하중으로 인한 축하중 $P_L = 750\text{kN}$과 모멘트 $M_L = 1600\text{kN}\cdot\text{m}$를 받는다. 기초의 바닥은 지표면에서 1.2m 아래에 있다. $f_{ck} = 27\text{MPa}$, $f_y = 400\text{MPa}$, 허용지지력= 0.2MPa을 사용하여 기초를 설계하라.

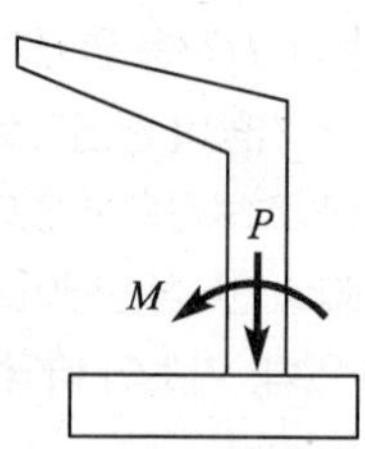

그림 13.27 문제 13.8

CHAPTER 14

옹벽설계

CHAPTER

14

Design of Reinforced Concrete Structures

옹벽설계

14.1 옹벽의 종류

옹벽은 흙이나 다른 재료를 안정하게 지지하고 자연적인 사면이탈의 방지하기 위해 사용되는 구조물이다. 이러한 목적으로 축조되는 옹벽은 앞, 뒷면에서 흙의 높이가 다르다. 따라서 높은 곳에서 구속된 흙은 옹벽에 전도나 파괴를 일으키는 힘을 발생시킨다. 이와 같은 옹벽은 다리에서는 교대로 사용되고, 건물에서는 기초벽으로 사용되며 제방으로도 사용된다. 일반적으로 사용되고 있는 여러 종류의 옹벽이 그림 14.1에 나타나 있다.

1. 중력식 옹벽은 일반적으로 무근 콘크리트나 벽돌로 이루어져 있고 지지된 물질의 전도에 대한 안전성은 완전히 자중에 의존한다. 이 옹벽은 벽에 생기는 힘으로 인해 콘크리트나 벽돌에 인장응력이 발생하지 않도록 조절되고 실용적인 높이는 3m를 초과하지 못한다.
2. 반 중력식 옹벽은 옹벽의 안전성을 개선하여 밑면에서 인장응력의 발생을 억제하기 위해 넓은 저판을 갖는 중력식 옹벽이다. 옹벽의 단면이 커지는 것을 막기 위해 때때로 약간의 철근이 저판이나 벽체에 사용된다.
3. 캔틸레버식 옹벽은 보통 높이가 3~7m일 때 사용되는 철근콘크리트 옹벽인데 경제성과 시공의 단순함으로 인해 가장 일반적으로 사용되는 옹벽이다. 이 옹벽은 3개의 캔틸레버 보로써 이루어지는데 그들은 다음과 같이 불리운다.
   - 수직벽 혹은 벽체(stem)

- 앞판(toe) : 흙에 의하여 아래로 압력을 받는 밑면의 일부분(앞굽판)
- 뒷판(heel) : 지반으로부터 들어 올리는 힘을 받는 밑면의 일부분(앞굽판)

4. 뒷부벽식 옹벽 : 6m 이상의 캔틸레버 옹벽은 벽체의 밑면에 상당히 큰 휨모멘트를 발생시키는데, 이것은 옹벽의 설계를 비경제적으로 만든다. 이 경우 하나의 해결방법은 저판과 벽체를 잇는 횡벽(뒷부벽)을 설치하는 것이다. 이 뒷부벽은 수직벽을 지지하는 인장띠로서 작용한다. 이러한 옹벽은 뒷부벽 사이를 경간으로 하는 연속슬래브로 설계되고, 뒷판은 3개의 측면에서 지지되는 슬래브로 설계되기 때문에 경제성을 얻을 수 있다.

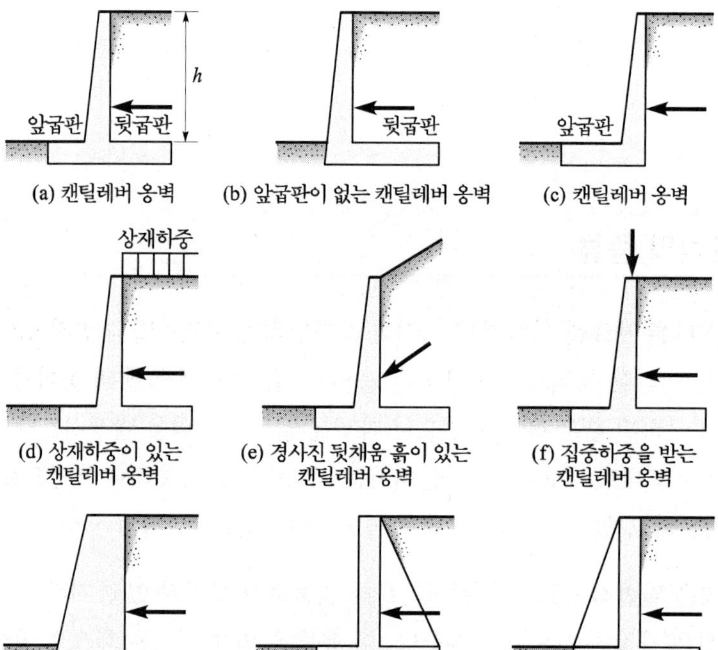

그림 14.1 옹벽의 종류

5. 앞부벽식 옹벽은 뒷부벽식 옹벽과 비슷하지만 횡벽의 위치가 다르다. 즉, 부벽이 눈에 보이는 앞면에 위치하여 압축부재로서 작용한다. 이 벽의 설계는 6m 이상의 높이일 때 경제적이 된다. 이 옹벽은 눈에 보이는 앞부벽으로 인해 널리 사용되지 못한다.
6. 교량의 교대는 교량의 상판에 의해 상부에서 지지되는 옹벽이다. 이 옹벽은 밑면에서는 고정되고 윗면에서는 단순지지된다고 가정된다.

7. 정착벽(anchored retaining wall)은 일반적으로 여러 층의 지하건물 현장에서 지표면 아래를 굴착 시 흙을 지지하기 위해 사용된다. 이 벽은 강봉이나 긴장된 스트랜드(prestressed strands)에 의해 거대한 흙이나 콘크리트 속에서 고정된다.
8. 지하벽(basement wall)은 벽의 한 측면으로부터 토압을 저항하고 지하 바닥슬래브에서 첫 번째 바닥슬래브까지 수직으로 뻗쳐있다. 이 벽은 밑면에서 고정되고 윗면에서 단순지지되거나 부분적으로 구속된 것으로 취급된다.

14.2 옹벽에 작용하는 힘

옹벽은 일반적으로 옹벽에 의하여 지지된 재료의 자중과 토압을 받는다. 지지물질의 자중은 쉽게 구해진다. 옹벽에 작용하는 토압의 크기와 방향은 지지된 재료의 종류 등 몇 가지 요소들에 따라서 달라지고 자중처럼 정확하게 결정될 수 없다. 토질역학에 관한 여러 참고서적들에 옹벽에 대한 토압을 결정하기 위한 이론과 과정이 잘 설명되어 있다. 본 교재에서는 옹벽의 토압을 계산하기 위해 Rankine과 Coulomb의 식이 사용될 것이다.

모래와 같은 입자성 물질의 거동은 진흙과 같은 접착성 물질 혹은 이 두 물질의 조합된 경우와는 달리 거동한다. 압력의 크기는 깊이에 따라 선형적으로 증가하고 그 값은 옹벽의 높이와 흙의 중량과 종류의 함수이다. 지표면 아래 h인 점에서 압력의 크기 P는 다음과 같다.

$$P = Cwh \tag{14.1}$$

여기서, w : 흙의 단위중량

C : 흙의 물리적 성질에 따른 토압계수

토압계수 C의 값은 모래와 같은 느슨한 입자성 흙에서 0.3으로부터 젖은 진흙과 같은 점착성 흙에서 약 1.0까지 변화한다.

만약 옹벽의 강성이 무한하다면 이 경우는 정지토압의 상태가 된다. 토압 하에서 옹벽은 휘어지거나 지면에서 약간의 이동을 하고 이 경우에는 주동토압이 발생한다(그림 14.2). 만약 옹벽이 흙 쪽으로 이동한다면, 수동토압이 발생한다. 주동토압과 수동토압은 벽의 깊이에 따라 선형적으로 변화한다고 가정한다(그림 14.2). 건조한 입자성의 비점착성 물질에 있어서 가정된 선형 압력선도는 충분히 만족스럽지만, 점착성의 흙 혹은 젖은 모래에서는 비선형을 이룬다. 그러므로 충분한 선형 압력선도를 만족하기 위해 입자성의 흙을 뒤채움으로 사용하고, 옹벽의 뒷면까지는 배수구를 두는 것이 일반적이다.

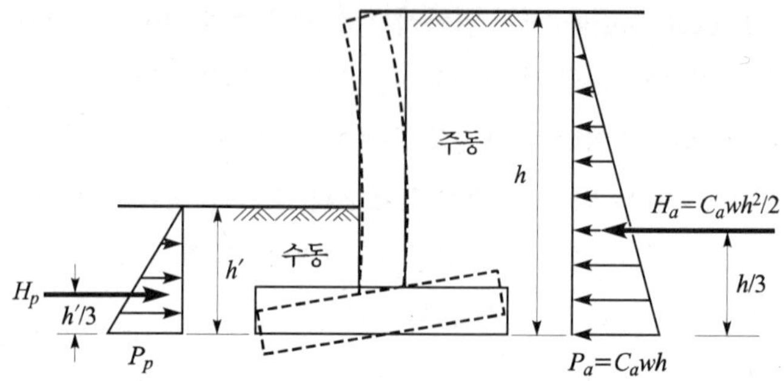

그림 14.2 주동 및 수동토압

선형 압력 분포에서 주동 및 수동토압의 크기는 다음과 같이 결정된다.

$$P_a = C_a wh \tag{14.2}$$

$$P_p = C_p wh' \tag{14.3}$$

여기서 C_a와 C_p는 주동 및 수동토압계수이다. $C_a w$와 $C_p w$의 값은 유체의 압력과 같은 방법으로 취급된다.

14.3 토압이론

토압의 계산에 있어서 일반적으로 Rankine과 Coulomb의 이론이 사용된다.

14.3.1 Rankine 토압론

1857년 William J.M. Rankine은 옹벽 구조물에 작용하는 토압을 계산하기 위한 이론을 발표하였다. 그는 벽면의 흙에서 소성평형상태를 일으킬 만큼 옹벽은 충분히 압력을 받는다고 가정했다. 나머지 흙은 탄성상태를 유지한다. 이 이론은 주로 동종의 비압축성의 점착력이 없는 흙에 응용되고 흙과 벽의 마찰은 무시한다. 주동 및 수동토압은 다음과 같이 계산된다.

• 주동토압 : 주동토압은 횡방향 토압에 의해 옹벽이 뒤채움으로 휘어질 때 발생한다. 수평 뒷채움을 가진 옹벽에서 깊이 h인 점에서 주동토압은 다음과 같이 결정된다.

$$P_a = C_a wh = wh\left(\frac{1-\sin\phi}{1+\sin\phi}\right) \tag{14.4}$$

여기서, C_a : $\dfrac{1-\sin\phi}{1+\sin\phi}$

ϕ : 흙의 내부마찰각

따라서 총 주동토압은

$$H_a = \frac{wh^2}{2}\left(\frac{1-\sin\phi}{1+\sin\phi}\right) \tag{14.5}$$

합력 H_a는 밑면에서 $h/3$점에 작용한다(그림 14.2). 뒷채움 흙이 수평에 대해 δ각으로 경사져있을 때는

$$C_a = \cos\delta\left(\frac{\cos\delta - \sqrt{\cos^2\delta - \cos^2\phi}}{\cos\delta + \sqrt{\cos^2\delta - \cos^2\phi}}\right) \tag{14.6}$$

$$P_a = C_a wh,\ H_a = C_a\frac{wh^2}{2}$$

합력 H_a는 $h/3$인 점에 작용하고 수평에서 각 δ만큼 기울어져 있다(그림 14.3). δ와 ϕ에 따른 C_a값이 표 14.1에 나타나 있다.

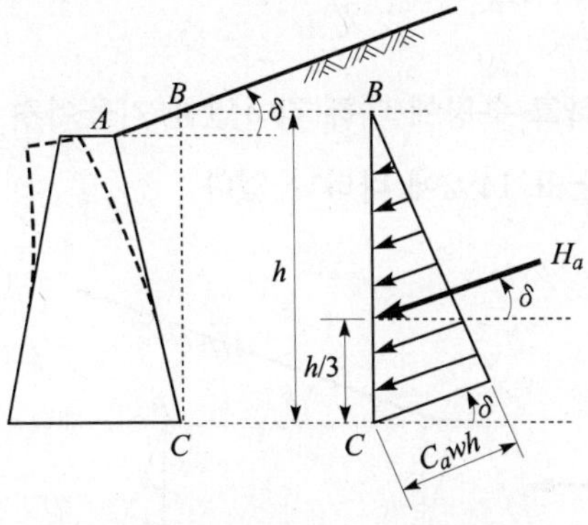

그림 14.3 경사면을 갖는 경우의 주동토압

표 14.1 C_a 값

δ	ϕ (내부마찰각)						
	28°	30°	32°	34°	36°	38°	40°
0°	0.361	0.333	0.307	0.283	0.260	0.238	0.217
10°	0.380	0.350	0.321	0.294	0.270	0.246	0.225
20°	0.461	0.414	0.374	0.338	0.306	0.277	0.250
25°	0.573	0.494	0.434	0.385	0.343	0.307	0.275
30°	0	0.866	0.574	0.478	0.411	0.358	0.315

• 수동토압 : 수동토압은 옹벽이 흙 쪽으로 이동하여 흙을 압출할 때 발생한다. 수평한 뒷채움을 가진 옹벽에서 깊이 h' 점의 수동토압은 다음과 같다.

$$P_p = C_p w h' \left(\frac{1+\sin\phi}{1-\sin\phi} \right) \tag{14.7}$$

$$\text{여기서,}\ C_p = \frac{1+\sin\phi}{1-\sin\phi} = \frac{1}{C_a} \tag{14.8}$$

따라서 총 수동토압은

$$H_p = \frac{wh'^2}{2} \left(\frac{1-\sin\phi}{1+\sin\phi} \right)$$

합력 H_p는 밑면에서 $h'/3$점에 작용한다(그림 14.4). 흙이 수평에 대해 각 δ만큼 기울어져 있을 때

$$C_p = \cos\delta \left(\frac{\cos\delta + \sqrt{\cos^2\delta - \cos^2\phi}}{\cos\delta - \sqrt{\cos^2\delta - \cos^2\phi}} \right) \tag{14.9}$$

$$P_p = C_p w h',\ H_p = C_a \frac{wh'^2}{2}$$

H_p는 $h'/3$인 점에 작용하고 수평에 대해 각 δ만큼 기울어져 있다(그림 14.4). 식 (14.9)의 C_p값은 δ와 ϕ에 따라 표 14.2에 나타나 있다.

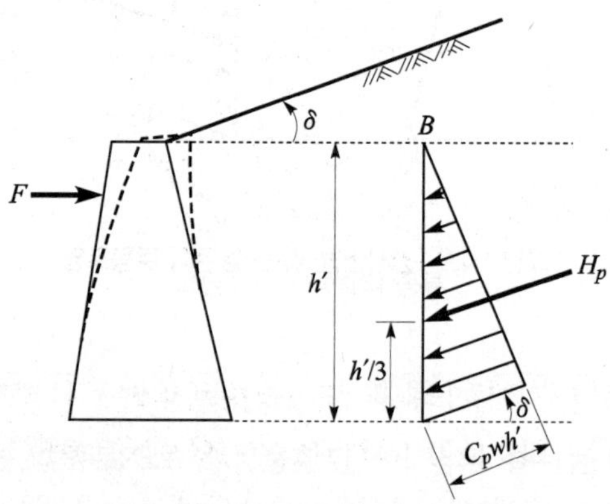

그림 14.4 상재하중을 가진 수동토압

표 14.2 C_p 값

δ	ϕ (내부마찰각)						
	28°	30°	32°	34°	36°	38°	40°
0°	2.77	3.00	3.25	3.54	3.85	4.20	4.60
10°	2.55	2.78	3.02	3.30	3.60	3.94	4.32
20°	1.92	2.13	2.36	2.61	2.89	3.19	3.53
25°	1.43	1.66	1.90	2.14	2.40	2.68	3.00
30°	0	0.87	1.31	1.57	1.83	2.10	2.38

14.3.2 Coulomb의 토압론

Coulomb의 이론에서 주동토압은 옹벽의 표면에 대해 활동을 일으키는 흙의 쐐기 영향의 결과라고 가정한다. 그러므로 Coulomb의 이론은 쐐기 이론이라고도 한다. 이 이론은 옹벽에 대해 흙의 마찰을 고려하는데, 실제 활동면은 곡선이지만, 평면이라고 가정한다. 이 가정의 오차는 주동토압을 계산하는데 있어서 무시할 수 있다. 주동 및 수동토압을 계산하는 Coulomb의 식은 다음과 같다.

• 주동토압

$$P_a = C_a wh$$

여기서, C_a :

$$\frac{\cos^2(\phi-\theta)}{\cos^2\theta\cos(\theta+\beta)\left[1+\sqrt{\frac{\sin(\theta+\beta)\sin(\phi-\delta)}{\cos(\theta+\beta)\cos(\theta-\delta)}}\right]^2} \qquad (14.10)$$

ϕ : 흙의 내부마찰각

θ : 수직에 대한 토압면의 각

β : 벽면에 따른 마찰각(흙과 콘크리트 사이의 각)

δ : 수평에 대한 상재하중의 각

따라서 총 주동토압은

$$H_a = C_a\frac{wh^2}{2} = P_a\frac{h}{2}$$

벽면이 수직일 때, $\theta = 0°$, $\beta = \delta$라면 식 (14.10)의 C_a는 Rankine 식 (14.6)과 같다.

표 14.3 w와 ϕ의 값

뒷채움재의 종류	단위중량 $w(\mathrm{kN/m^3})$	내부마찰각 (Deg.)
연약한 점토	14.40 – 19.20	$0° - 15°$
중간 점토	16.00 – 19.20	$15° - 30°$
건조하고 느슨한 실트	16.00 – 19.20	$27° - 30°$
건조하고 조밀한 실트	17.60 – 19.20	$30° - 35°$
느슨한 모래와 자갈	16.00 – 21.00	$30° - 40°$
조밀한 모래와 자갈	19.20 – 21.00	$25° - 35°$
건조하고 느슨한 모래	18.40 – 21.00	$33° - 35°$
건조하고 조밀한 모래	19.20 – 21.00	$42° - 46°$

• 수동토압

$$P_p = C_p w h', \; H_p = \left(\frac{wh'^2}{2}\right) C_p = P_a \frac{h'}{2} \tag{14.11}$$

$$\text{여기서, } C_p : \frac{\cos^2(\phi+\theta)}{\cos^2\theta\cos(\theta-\beta)\left[1-\sqrt{\dfrac{\sin(\theta+\beta)\sin(\phi+\delta)}{\cos(\theta-\beta)\cos(\theta-\delta)}}\right]^2}$$

ϕ와 w는 사용된 뒷채움 흙의 종류에 따라 다르다. ϕ와 w의 일반적인 값들이 표 14.3에 나타나 있다.

14.4 지하수위 이하의 토압

흙이 지하수위보다 아래에 존재할 때는 물이 포화되어 있으므로 토립자 사이의 물에 의한 정수압을 발생시킨다. 이 경우 포화 단위중량이 사용된다. 포화 단위중량은 수정된 흙의 단위중량으로 w에서 흙으로 대체된 물의 단위중량을 뺀 값과 같다. 정수압의 영향은 지하수위가 높고 물에 잠긴 흙의 옹벽설계에 반드시 고려되어야 한다. 다만, 옹벽 이면의 배수가 충분하게 이루어질 경우에는 이를 무시할 수 있다. 내부마찰각의 값들은 표 14.3에 나타나 있다.

14.5 상재하중의 영향

여러 종류의 하중이 옹벽의 뒷채움 흙 위에 재하된다. 만약 하중이 등분포하다면 그로 인해 증가된 압력을 고려하기 위해 흙의 등가높이 h_s 가 옹벽에 작용한다고 가정한다. 그림 14.5의 옹벽에서 상재하중에 의한 수평압력은 옹벽의 깊이를 통해 일정하다.

$$h_s = \frac{w_s}{w} \tag{14.2}$$

여기서, h_s : 흙의 등가높이(m)

w_s : 상재하중의 압력(kN/m^2)

w : 흙의 단위중량(kN/m^3)

총 압력은

$$H_a = H_{a1} + H_{a2} = C_a w\left(\frac{h}{2} + h_s\right)h \tag{14.3}$$

옹벽에서 어느 정도 떨어져서 부분 등분포 재하되는 경우, 오직 상재하중의 부분만이 벽에 영향을 미친다(그림 14.6). 부분 상재하중에 의한 압력의 유효깊이는 B 점에서 옹벽의 밑면까지 측정된 h' 이다. 선 AB는 수평선에서 45° 각을 이룬다. 옹벽에서 떨어져 작용하는 윤하중의 경우 그 하중은 콘크리트 구조설계기준규정에 명시된 특정 면적에 걸쳐 분포한다.

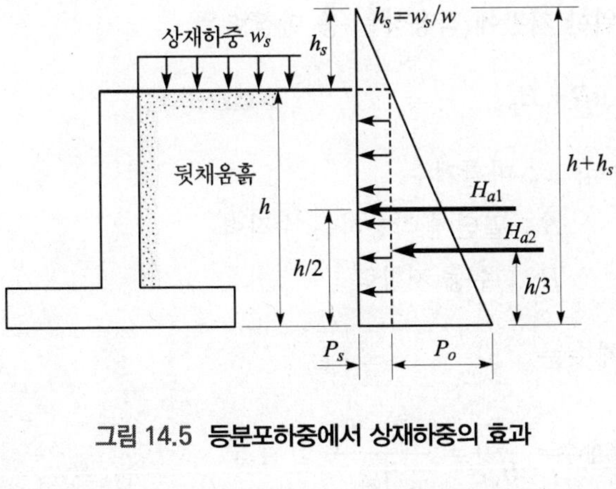

그림 14.5 등분포하중에서 상재하중의 효과

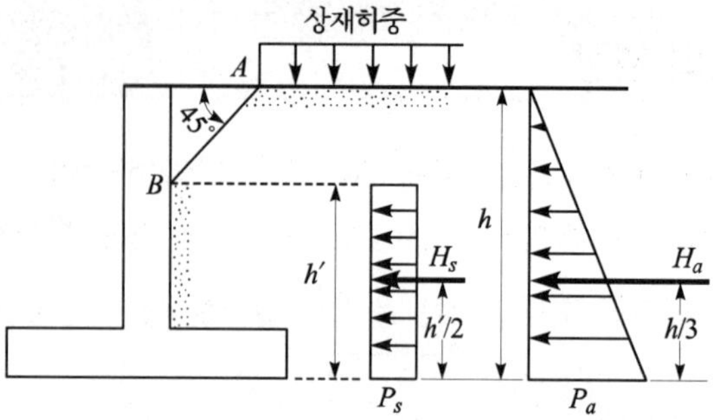

그림 14.6 부분 등분포하중 하에서 상재하중의 효과

14.6 옹벽 저면에서의 마찰

옹벽에 작용하는 모든 힘의 수평분력은 옹벽을 수평으로 밀어내려고 한다. 옹벽의 밑면은 벽의 활동에 저항할 만큼 충분히 커야 한다. 여기에 사용되는 마찰계수는 흙의 종류에 따라 다르며 일반적으로 다음 값이 사용된다.

- 실트가 없는 조립성의 흙 $\mu = 0.55$
- 실트가 있는 조립성의 흙 $\mu = 0.45$
- 실트질의 흙 $\mu = 0.35$
- 경암 $\mu = 0.60$

활동을 억제하기 위한 저판에 작용하는 총 마찰력은

$$F = \mu R + H_p \tag{14.14}$$

여기서, μ : 마찰계수

R : 밑면에 작용하는 수직력

H_p : 수동 저항력

활동에 대한 안전계수는

$$\text{안전계수} = \frac{F}{H_{ah}} = \frac{\mu R + H_p}{H_{ah}} \geq 1.5 \tag{14.15}$$

여기서, H_{ah} : 주동토압(H_a)의 수평분력

수동저항력 H_p가 무시된다면 활동에 대한 안전계수는 1.5보다 작아서는 안 되고, H_p가 고려될 때는 2.0보다 작아서는 안 된다.

14.7 전도에 대한 안정

주동 토압 H_a의 수평분력은 앞굽판의 O점(그림 14.7)에 대해 옹벽을 전도시키려는 경향이 있다.

$$\text{전도모멘트} = M_o = H_a \frac{h}{3}$$

콘크리트와 흙의 중량은 전도모멘트에 저항하기 위해 균형(balancing) 모멘트나 복원모멘트를 발생시킨다. 그림 14.7에 나타난 옹벽의 경우에 대한 균형모멘트는

$$M_b = w_1 x_1 + w_2 x_2 + w_3 x_3 = \sum wx$$

전도에 대한 안전계수는 다음과 같이 정의되며 이 값은 2.0보다 커야 한다.

$$\text{안전계수} = \frac{M_b}{M_o} = \frac{\sum wx}{Hh/3} \geq 2.0 \tag{14.16}$$

옹벽에 작용하는 모든 힘의 합력 R_A는 밑변의 C점에 작용한다(그림 14.7). 일반적으로, C점은 길이가 L인 밑면의 중심과 일치하지 않는다. 그러므로 기초에 편심하중을 유발시킨다. C점은 기초의 중앙 1/3 내에 위치하는 것이 바람직하다.

14.8 침하에 대한 안정

자중을 포함해서 옹벽에 작용하는 모든 외력의 합력은 R이라 하고, 그 연직 분력을 $\sum W$라 하자. 옹벽도 1방향 슬래브의 경우와 마찬가지로 단위 폭에 대하여 설계하므로 옹벽의 정면을 향하여 1m 폭을 생각한다. $\sum W$가 편심거리 e를 가지고 작용한다면 저판 밑에 일어나는 지반반력은 다음과 같다.

$$\left.\begin{matrix} q_{\max} \\ q_{\min} \end{matrix}\right\} = \frac{P}{A} \pm \frac{M}{I} y = \frac{\sum W}{B \times 1} \pm \frac{\sum W \times e}{\frac{1 \times B^3}{12}} \times \frac{B}{2} = \frac{\sum W}{B}\left(1 \pm \frac{6e}{B}\right) \tag{14.17}$$

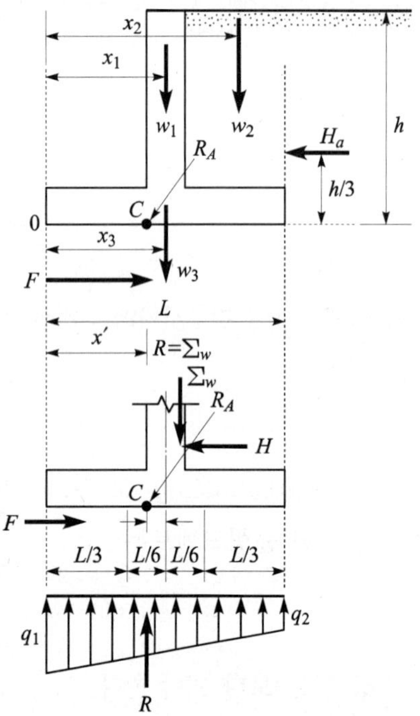

그림 14.7 캔틸레버 옹벽의 전도

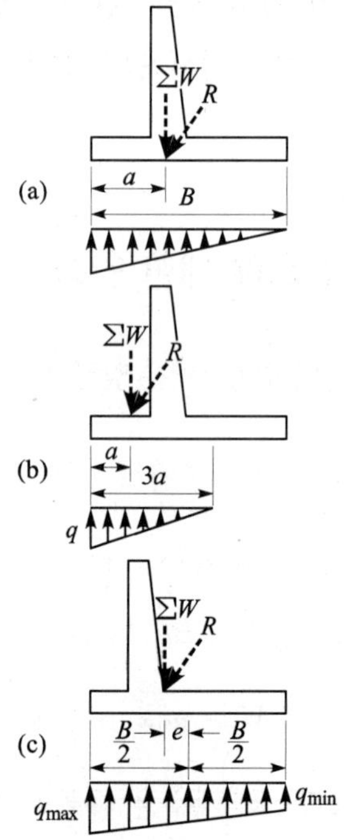

그림 14.8 기초 저판의 압력

- $e < \dfrac{B}{6}$ 일 때

이때는 $\sum W$가 저판길이 B의 중앙 1/3안에 있는 경우이며, 압력의 분포는 그림 14.8(c)와 같다. 이 경우 압력 q는 위 식으로 계산된다.

- $e = \dfrac{B}{6}$ 일 때

이때는 $\sum W$가 $a = B/3$되는 점에 작용하는 경우이며, 압력의 분포는 그림 14.8(a)와 같다. 이때의 최대 압력 $q_{\max}$는 $a = B/3$을 위 식에 대입하여 $q_{\max} = 2\dfrac{\sum W}{B}$가 된다.

- $e > \dfrac{B}{6}$ 일 때

이 경우는 $a < B/3$ 이며 압력 분포는 그림 14.8(b)와 같이 되어 q를 위 식으로 계산할 수 없게 된다. 콘크리트 저판과 기초지반 사이에는 인장응력이 작용할 수 없으므로 압력분포는 그림과 같이 된다. 따라서 이때 압력분포 삼각형의 합력의 크기는 $\sum W$와 같아야 하고, 그 작용선은 $\sum W$와 동일한 직선상에 있어야 한다. 그러므로 이 경우에는

$\sum V=0$에 의하여 다음 관계가 성립한다.

$$\left(q\times 3a\times\frac{1}{2}\right)\times 1=\sum W$$

$$\therefore\ q=\frac{2(\sum W)}{3a}$$

14.9 옹벽 단면의 가정

옹벽의 설계는 단면을 가정함으로써 시작한다. 이 가정된 단면은 안전성과 구조적 적합성에 대해 검토된다. 캔틸레버 옹벽의 가정 단면의 크기 결정은 일반적으로 다음 값을 사용하고 있다.

1. 옹벽의 높이 : 옹벽의 높이는 필요한 높이에 일반적으로 0.9~1.2m를 더한 값으로 사용하는데, 이 값은 예상되는 동결 깊이보다 커야 한다.
2. 벽체의 두께 : 압력의 크기는 벽체의 깊이에 따라 증가하고, 맨 밑면에서 최댓값에 도달한다. 결과적으로 벽체에서 최대 휨모멘트와 전단은 밑면에서 발생한다. 벽체 밑면의 두께는 높이 h의 1/12~1/10로 사용된다. 벽체 윗면의 두께는 20~30cm로 가정된다. 또한 옹벽은 벽의 처짐을 유발하는 주동토압에 대해 설계되므로 옹벽 앞면의 처짐을 보강하기 위해 벽면에다 경사면(taper)을 설치하는 것이 바람직하다. 높이 3m 이내의 짧은 벽체에서는 일정 두께가 채택된다.
3. 밑면의 길이 : 밑면 길이의 치수는 벽 높이 h의 2/5~2/3를 채택한다.
4. 밑면의 두께 : 벽체 아래 밑면의 두께는 밑면에서 벽체와 동일한 두께로서 사용된다. 즉, 벽 높이의 1/12~1/10이다. 최소 두께는 30cm를 추천하고 있다. 밑면은 균일 두께이거나 휨모멘트가 0인 앞판과 뒤판의 끝에서 점점 줄어들 수도 있다.

이상에서 언급된 캔틸레버 옹벽의 가정 단면의 크기가 그림 14.9에 나타나 있다.

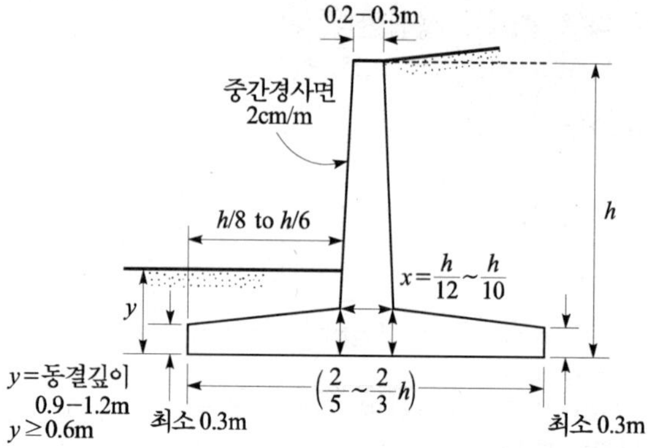

그림 14.9 캔틸레버 옹벽의 가정단면 크기

14.10 배 수

지금까지 논의된 토압에는 정수압이 포함되지 않았다. 만약 옹벽 배면에 물이 존재한다면, 설계 시 수압이 포함되어야 한다. 지표수나 지하수는 뒷채움에 스며들어 흙을 물에 잠기게 한다. 정수압을 피하기 위해 배수장치가 옹벽 뒤에 설치되어야 한다. 만약 배수가 잘되고 점착력이 없는 흙이 뒷채움으로 사용된다면, 그 벽은 단지 토압에 대해서만 설계될 수 있다.

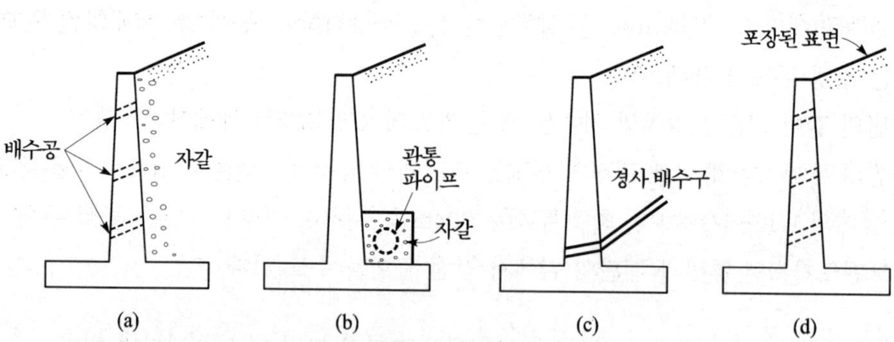

그림 14.10 배수장치

이러한 목적의 배수장치는 다음 나열된 방법 중 하나 이상을 조합하여 이루어진다.

- 직경이 10cm 혹은 그 이상이고, 중심에서 수평 및 수직으로 1.5m의 간격을 두고 설치된 배수공(그림 14.10(a))

- 자갈로 둘러싸여, 벽의 밑면을 따라 설치된 직경 20cm의 관통 파이프(그림 14.10(b))
- 물의 누수를 방지하기 위해 아스팔트로 뒷채움의 표면을 덮는 방법(그림 14.10(d))
- 표면의 물을 배수하기 위한 기타 다른 방법

예제 14.1

반 중력식 무근 콘크리트 옹벽의 시행단면이 그림 14.11에 나타나 있다. 전도와 활동에 대한 안전과 기초의 지지력을 검토하라. 뒷채움 흙의 단위중량= 19kN/m^3, 내부마찰각 $\phi=35°$, 콘크리트와 흙의 마찰계수 $\mu=0.5$, 허용토압 $=150\text{kN/m}^2$, $f_{ck}=24\text{MPa}$, 콘크리트 단위중량= 23kN/m^3

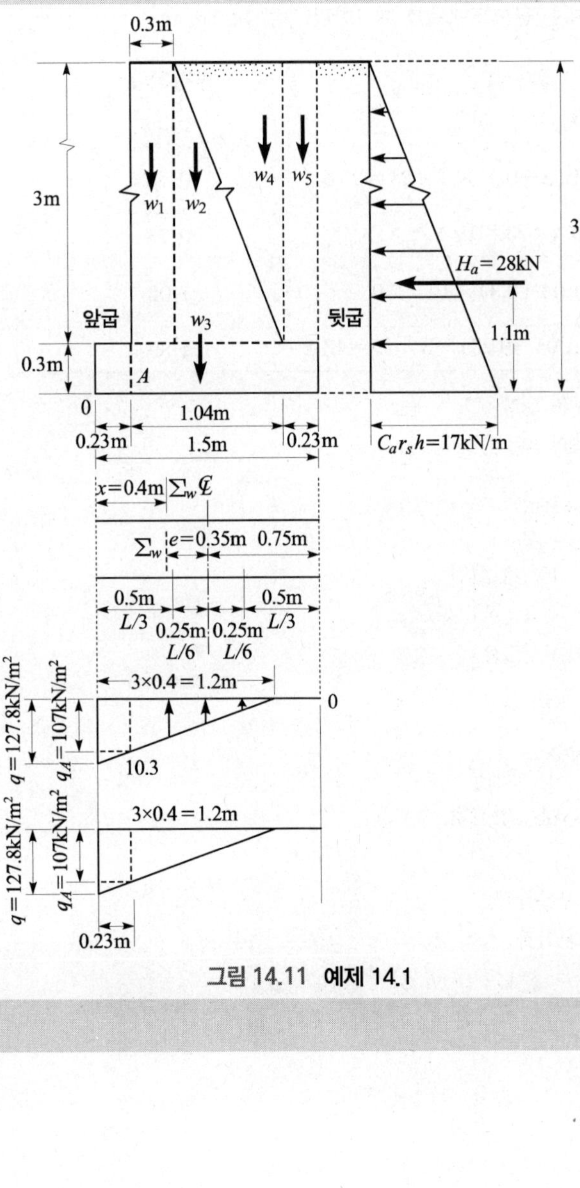

그림 14.11 예제 14.1

▌풀이

1. Rankine식을 사용하여

$$C_a = \frac{1-\sin\phi}{1+\sin\phi} = \frac{1-0.574}{1+0.574} = 0.271$$

$$H_a = \frac{C_a w h^2}{2} = \frac{0.271}{2} \times 19 \times 3.3^2 = 28\text{kN}$$

H_a는 밑면에서 높이 h/3=3.3/3=1.1m인 점에 작용한다.

2. 전도모멘트 M_o = 28kN×1.1m=30.8kN·m

3. 앞굽판의 끝점에 대한 균형모멘트를 계사한다(그림 14.11).

힘(kN)	팔길이(m)	모멘트(kN · m)
$w_1 = 0.3 \times 3 \times 23 = 20.7$	0.38	7.90
$w_2 = \frac{1}{2} \times (1.03-0.3) \times 3 \times 23 = 25.5$	0.78	19.9
$w_3 = 1.5 \times 0.3 \times 23 = 10.4$	0.75	7.8
$w_4 = \frac{1}{2} \times (1.04-0.3) \times 19 = 7.0$	1.02	7.1
$w_5 = (1.5-1.04-0.23) \times 3 \times 19 = 13.1$	1.39	18.2

$\Sigma W = R = 76.7\text{kN}$

$\Sigma M = 60.9\text{kN} \cdot \text{m}$

4. 전도에 대한 안전계수는

$\frac{60.9}{30.8} = 1.98 < 2.0$, 안전함.

5. 활동에 저항하는 힘 $F = \mu R$

F = 0.5×76.7=38.4kN

활동에 대한 안전계수

$\frac{38.4}{28} = 1.37 < 1.5$, 안전함.

6. 밑면 아래 토압을 계산한다.

앞 끝 O에서 합력의 위치

$$X = \frac{M_b - M_o}{R} = \frac{\Sigma M - H_a(h/3)}{R} = \frac{60.9-30.8}{76.7} = 0.39\text{m} \cong 0.4\text{m}$$

$e = 0.75 - 0.4 = 0.35\text{m}$

합력 R은 밑면 중앙 1/3의 바로 바깥에 작용하고 편심 e는 밑면 중앙에서 $e = 0.35$m를 갖는다. $e > B/6(=0.25m)$이므로 본 상태는 그림 14.8의 (b)의 경우에 해당하며, 기초의 1m 길이에 대해, $3a = 3 \times 0.4 = 1.2$m임.

$$q = \frac{2\sum W}{3a} = \frac{2 \times 76.7}{3 \times 0.4} = 127.8\text{kN/m}^2$$

그러므로 $q = 127.8\text{kN/m}^2 < 150\text{kN/m}^2$ (허용토압)이고, 지지력은 적정하다.

7. 앞굽판의 A점에서 휨응력을 검토한다. A점에서의 토압

$$q_A = \frac{127.8 \times (1.4 - 0.23)}{1.4} = 107\text{kN/m}^2$$

$$M_A = 107 \times \frac{(0.23)^2}{2} + (19 \times 0.23 \times \frac{1}{2}) \times (\frac{2}{3} \times 0.23) = 3.17\text{kN}\cdot\text{m}$$

콘크리트에서 휨응력

$$\frac{M_A}{I}c = \frac{3.17 \times 10^6}{\frac{1,000 \times 300^3}{12}} \times 150 = 0.21\text{MPa}$$

파괴계수 $f_r = 0.63\sqrt{24} = 3.10$MPa이므로 상기 계산된 A점에서의 응력은 파괴계수에 비하여 매우 낮다.

$$\text{균열에 대한 안전 계수} = \frac{3.1}{0.21} = 14.8$$

그러므로 압굽판의 단면은 적당하다.

예제 14.2

높이 5.5m의 흙 제방을 지지하는 캔틸레버 옹벽을 설계하라. 뒷채움 흙의 위에는 16kN/m^2의 상재하중이 있다. 뒷채움의 단위중량$=18\text{kN/m}^3$, 내부마찰각 $\phi=35°$, 콘크리트와 흙의 마찰계수 $\mu=0.5$, 토층 간의 마찰계수 $\mu=0.7$, 허용지지력$=200\text{kN/m}^2$, $f_{ck}=24\text{MPa}$, $f_y=400\text{MPa}$를 사용하라.

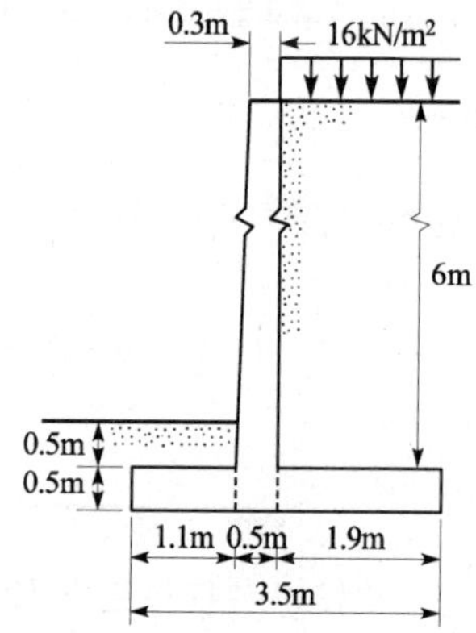

그림 14.12 예제 14.2. 옹벽의 시행단면

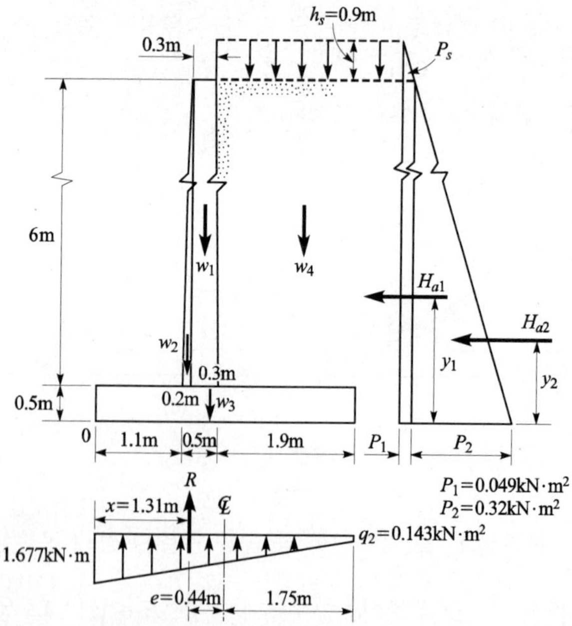

그림 14.13 예제 14.2. 옹벽에 작용하는 힘

▌풀이

1. Rankine의 식을 사용하여

$$C_a = \frac{1-\sin\phi}{1+\sin\phi} = \frac{1-0.574}{1+0.574} = 0.271$$

또는 표 14.1에서 $\delta = 0$, $\phi = 35°$일 때 $C_a = 0.271$

2. 그림 14.9에 나타난 시행단면치수를 사용하여 옹벽의 크기를 결정한다.

- 벽의 높이 : 동결깊이를 1m라 할 때
  벽의 높이 $h = 5.5 + 1 = 6.5\text{m}$
- 밑면의 두께 : 밑면의 두께를 $0.08h$라 가정한다. $0.08h = 0.08 \times 6.5 = 0.52\text{m}$, 즉 0.5m
  축의 높이$= 6.5 - 0.5 = 6\text{m}$
- 밑면의 길이 : 밑면의 길이는 $0.04h \sim 0.67h$로 한다. 중간치인 $0.53h$라 가정할 때, 밑면 길이는 $0.53 \times 6.5 = 3.45\text{m}$, 즉 3.5. 축 정면에서 밑면의 돌출부는 $0.17h \sim 0.125h$의 값을 갖는다. 돌출부를 $0.17h$라 가정하면 $0.17h = 0.17 \times 6.5 = 1.105\text{m}$, 즉 1.10m.
- 벽체의 두께 : 최대 벽체의 두께는 벽의 바닥에 있고 $0.08h \sim 0.1h$ 사이의 값을 갖는다. 밑면의 두께와 동일한 최대 벽체 두께$= 0.5\text{m}$를 선택한다. 벽의 뒷면에서 실용적인 벽체 두께$= 0.3\text{m}$를 선택한다. 벽면의 최소 taper는 200mm/m이다. 6m 높이의 벽에서 최소 taper$= 2 \times 6 = 12\text{cm}$. 이 값은 제시된 $0.5 - 0.3 = 0.2(200\text{mm})$보다 적다. 옹벽의 시행단면 크기가 그림 14.12에 나타나 있다.

힘(kN)	팔길이(m)	모멘트(kN · m)
$w_1 = 0.3 \times 6 \times 24 = 43.2$	1.45	62.6
$w_2 = \frac{1}{2} \times 6 \times 0.2 \times 24 = 14.4$	1.23	17.7
$w_3 = 3.5 \times 0.5 \times 24 = 42$	1.75	73.5
$w_4 = 1.9 \times 6.0 \times 18 = 205$	2.55	523.3

$\Sigma W = R = 304.8\text{kN}$ $\qquad$ $\Sigma M = 677.1\text{kN}\cdot\text{m}$

3. 전도에 대한 안전계수

옹벽에 작용하는 실제 외부하중을 계산한다. 첫 번째로 벽을 전도시키려는 힘에 대해서

$$h_s = (\text{상재하중에 의한}) = \frac{w_s}{w} = \frac{1.6}{1.8} = 0.9\text{m}$$

$$P_1 = C_a w h_s = 0.271 \times (18 \times 0.9) = 4.39/\text{m}^2$$

$$P_2 = C_a w h = 0.271 \times (18 \times 6.5) = 31.7\text{kN/m}^2$$

$$H_a = 4.39 \times 6.5 = 28.54\text{kN}, \quad \text{팔길이} = \frac{6.5}{2} = 3.25\text{m}$$

$H_{a2} = \frac{1}{2} \times 31.7 \times 6.5 = 103\text{kN}$, 팔길이$= \frac{6.5}{3} = 2.17\text{m}$

전도모멘트$= 28.5 \times 3.25 + 103 \times 2.17 = 316\text{kN} \cdot \text{m}$

다음은 전도에 대한 균형모멘트(그림 14.13)

전도에 대한 안전계수$= \frac{677.1}{316} = 2.14 > 2.00$

시방서에 따라 임계 하중계수를 곱한 하중을 사용하여 안전성을 검토를 실시한다.

$U = 1.2D + 1.6L$

혹은

$U = 1.2D + 1.6(L + \alpha_H + H_v) + 0.8H_h$

여기서, H_h : 수평토압

α_H : 토피 두께에 따른 연직방향 하중 H_v에 대한 보정계수

$h \leq 2\text{m}$에 대해서 $\alpha_H = 1.0$

$h \geq 2\text{m}$에 대해서 $\alpha_H = 1.05 - 0.025\text{h} \geq 0.875$

4. 밑면 토압을 계산한다. 수직력의 합력 R의 위치를 결정하기 위해 앞판 끝 0점에서 모멘트를 취한다(그림 14.13).

$$x = \frac{\Sigma M - \Sigma H_y}{R} = \frac{\text{균형}M - \text{전도}M}{R} = \frac{677 - 316}{305}$$

$$= 1.18\text{m} > \frac{3.5}{3} = 1.16\text{m} \ \text{ 혹은 } 1.2\text{m}$$

$$\text{편심 } e = \frac{3.5}{2} - 1.18 = 0.57\text{m} < \frac{3.5}{6} = \frac{\text{B}}{6} = 0.58\text{m}$$

합력 R은 밑면 중앙 1/3 내에 위치하고 밑면의 중앙으로부터 편심 $e = 0.58\text{m}$이다. 기초 1m 길이에 대한 면적$= 3.5 \times 1 = 3.5\text{m}^2$

$$I = 1 \times \frac{(3.5)^3}{12} = 3.6\text{m}^4$$

$$q_1 = \frac{R}{A} + \frac{(Re)c}{I} = \frac{305}{3.5} + \frac{305 \times 0.44 \times 1.75}{3.6}$$

$$= 87 + 65 = 152\text{kN/m}^2 < 200\text{kN/m}^2$$

$$q_2 = 87 - 65 = 22\text{kN/m}^2$$

토압은 적당하다. 따라서 침하에 대해 안정

5. 활동에 대한 안전계수를 계산한다. 이 예제에서 활동 방지벽(key)이 사용되지 않으면 활동에 대한 수동토압은 무시된다. 최소 안전계수는 1.5로 한다.

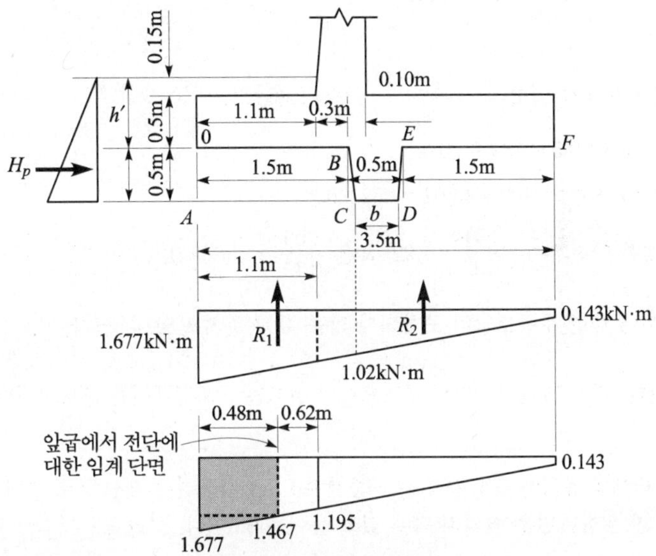

그림 14.14 예제 14.2. 기초의 상세도

활동을 일으키는 힘$=H_a=H_{a1}+H_{a2}=28.5+103=132\text{kN}$

저항력$=\mu R=0.5\times 305=152.5\text{kN}$

활동에 대한 안전계수$=\dfrac{152.5}{132}=1.15 < 1.5$

제시된 저항력은 활동에 대해 적당한 안전을 주지 않는다. 이 경우, 활동을 일으키는 과잉력에 충분히 저항할 만큼 큰 수동토압을 일으키기 위한 활동방지벽이 제공되어야 한다. 활동방지벽의 다른 기능은 벽체의 도웰에 충분한 정착 길이를 제공하는 것이다. 그러므로 활동방지벽의 면이 벽체의 뒷면에서 약 10cm가 되도록 설치한다(그림 14.14). 수동토압의 계산에 있어서 앞판 위에 있는 흙은 보통 무시한다. 활동방지벽의 깊이는 $t=0.5\text{m}$, 폭 $b=0.5\text{m}$라 가정할 때

$$C_p=\frac{1-\sin\phi}{1+\sin\phi}=\frac{1}{C_a}=\frac{1}{0.271}=3.69$$

$$H_p=\frac{1}{2}C_p w(h'+t)^2=\frac{1}{2}\times 3.69\times 1.8\times(0.65+0.5)^2=43.92\text{kN}$$

이제 활동은 면 AC, CD, EF에서 일어날 것이다(그림 14.14). 예제에서 주어진 것처럼 활동면 AC는 내부마찰계수$=\tan\phi=\tan 35°=0.7$을 갖는 토층에 존재하고, 면 CD와 EF는 내부마찰계수 0.5를 갖는 콘크리트와 흙 사이에 존재한다.

마찰저항 $F=\mu_1 R_1+\mu_2 R_2$

$R_1=AC$ 면에서의 반력$=\left(\dfrac{168+102}{2}\right)\times 1.5=203\text{kN}$

$R_2 = R - R_1 = 336 - 202 = 134\text{kN}$

혹은

$R_2 = CDF$ 면에서 반력$=\left(\dfrac{102+24}{2}\right)\times 2 = 126\text{kN}$

$F = 0.7 \times 203 + 0.5 \times 134 = 208\text{kN}$

총저항력$= F + H_p = 209 + 43.92 = 252.92\text{kN}$

활동에 대한 안전계수$=\dfrac{241}{132}=1.92$ 혹은 $\dfrac{209}{132}=1.58 > 1.5$

이 계수는 활동에 대한 수동토압이 포함되지 않을 때 기준치 1.5보다 크다.

6. 벽체를 설계한다. 다른 철근콘크리트 구조요소의 설계는 구조설계기준 강도설계법을 사용하여 실시할 수 있다.

(가) 주철근 : 벽에 작용하는 횡방향 힘은 하중계수 1.8을 사용하여 계산할 수 있다. 휨모멘트에 대한 위험단면은 벽의 바닥에 있고 높이는 6m이다. 극한력

$P_1 = 1.8 C_a w h_s = 1.8 \times 0.271 \times 18 \times 1 = 8.78\text{kN/m}$

$P_2 = 1.8 C_a w h = 1.8 \times 0.271 \times 18 \times 6 = 52.7\text{kN/m}$

$H_{a1} = 8.78 \times 6 = 52.7\text{kN}$, 팔길이$=\dfrac{6}{2}=3\text{m}$

$H_{a2} = \dfrac{1}{2} \times 52.7 \times 6 = 158\text{kN}$, 팔길이$=\dfrac{6}{3}=2\text{m}$

M_u(벽의 바닥에서)$= 52.7 \times 3 + 158 \times 2 = 474\text{kN}\cdot\text{m}$

사용된 총 깊이$= 500\text{m}$, $b = 1{,}000\text{mm}$

$d = 500 - 5$(콘크리트 피복두께)$- 1.3$(철근의 반경)$= 437\text{mm}$

$R_u = \dfrac{M_u}{bd^2} = \dfrac{474 \times 10^6}{1{,}000 \times 43.7^2} = 2.48\text{MPa}$

부록 A의 표 1로부터 $R_u = 2.48\text{N/mm}^2$, $f_{ck} = 240\text{MPa}$, $f_y = 280\text{MPa}$에 대한 철근비 $\rho = 0.0115 < \rho_{\max} = 0.0278$, 경제성을 위해 일반적으로 근사치 $\rho \le 0.5\rho_{\max}$를 사용한다.

$A_s = 0.0115 \times 1{,}000 \times 437 = 5{,}026\text{mm}^2$

10cm 간격으로 수직철근 D25를 사용한다(사용된 $A_s = 5070\text{mm}^2$). 설계기준에 따라 필요한 최소 수직 철근량 A_s는

$A_s = 0.0025 \times 1{,}000 \times 500 = 1{,}250\text{mm}^2 < 5070\text{mm}^2$

모멘트는 벽의 높이에 따라 감소하므로, A_s는 모멘트 조건에 따라 감소될 것이다. 필요한 철근과 철근의 절단점을 결정하기 위해 모멘트 저항선도가 그려진다. 그리고 일반적으로 벽의 높이를 2등분하여 각각 철근의 간격을 달리하는데 어떤 경우에는 벽의 높이를 3등분하여 3가지

간격을 사용한다. 벽의 중앙점, 즉 위로부터 3m인 점에서 모멘트를 계산하면

$$P_1 = 1.8 \times (0.271 \times 18 \times 0.9) = 8.78\text{kN/m}$$

$$P_2 = 1.8 \times (0.271 \times 18 \times 3) = 263\text{kN/m}$$

$$H_{a1} = 8.78 \times 3 = 26.3\text{kN}$$

$$H_{a2} = \frac{1}{2} \times 26.3 \times 3 = 39.5\text{kN},\ \text{팔길이} = \frac{2}{3} = 1.5\text{m}$$

$$M_u = 2.64 \times 1.5 + 3.9 \times 1 = 7.80\ \text{tonf}\cdot\text{m}$$

$$\text{벽의 중앙점에서 총 깊이} = \frac{50+30}{2} = 40\text{cm}$$

$$d = 400 - 50 - 13 = 337\text{mm}$$

$$R_u = \frac{M_u}{bd^2} = \frac{79.0 \times 10^6}{1{,}000 \times 337^2} = 0.7\text{MPa}$$

$$\rho = 0.0029,\ A_s = 0.0029 \times 100 \times 33.7 = 9.77\text{cm}^2$$

벽에서 하부수직철근과 비슷하게 12cm의 간격으로 D13 수직철근을 사용한다.

(나) 온도와 수축철근

시방서에 따른 벽의 밑면에서 최소 수평철근

$$A_{s(\min)} = 0.0025 \times 1{,}000 \times 500 = 1{,}250\text{mm}^2\ (\text{바닥의 } \frac{1}{3} \text{ 에서})$$

$$A_{s(\min)} = 0.0025 \times 1{,}000 \times 400 = 1{,}000\text{mm}^2\ (\text{상부의 } \frac{2}{3} \text{ 에서})$$

벽체의 정면은 대개 온도변화를 받으므로, 벽의 외부면에서 수평철근의 2/3까지 반을 사용하고 내부면에 반을 설치한다.

$$0.5A_s = 0.5 \times 1250 = 625\text{mm}^2$$

벽의 내부와 외부 양면에 200mm의 간격을 두고 D13 수평철근을 사용한다(A_s =634mm^2). 수평온도와 수축철근을 지지하기 위해 벽의 정면에 300mm의 간격을 두고 D13 수직철근을 사용한다.

(다) 벽체의 수직철근에 대한 장부철근

기초의 내부까지의 D25 철근의 정착 길이는 최소한 590mm이어야 한다(부록 A의 표 A.7). 기초와 벽체아래 활동방지벽까지의 매설길이는 0.6m를 사용한다.

(라) 전단에 대한 위험단면은 벽체의 바닥에서 거리 $d = 437\text{mm}$에 위치하고 이 단면에서 윗면으로부터의 거리는 $6 - 0.44 = 5.56\text{m}$이다.

$$P_1 = 7.90\text{kN/m}$$

$$P_2 = 1.8 \times (0.271 \times 18 \times 5.56) = 48.8\text{kN}$$

$$H_{a1} = 0.88 \times 5.56 = 4.9\text{tonf}$$

$$H_{a2} = \frac{1}{2} \times 48.8 \times 5.56 = 136\text{kN}$$

$$\therefore \ H = 48.8 + 136 = 185\text{kN}$$

$$\phi V_c = \phi(\frac{1}{6}\sqrt{f_{ck}})bd = 0.75 \times \frac{1}{6} \times \sqrt{24} \times 1{,}000 \times 440 = 269\text{kN} > 185\text{kN}$$

7. 뒷굽치의 설계

뒷채움과 콘크리트로 인한 하중계수를 곱한 휨모멘트와 전단력을 계산하기 위해 하중계수 1.4를 사용하고, 상재하중에 대해서는 하중계수 1.7을 사용한다. 상향지지력은 뒤판에 있는 뒷채움과 콘크리트의 영향을 감소시키므로 무시한다. 그림 14.12를 참고하여 뒷굽치에 작용하는 축하중은

$$V_u = 1.2[(6 \times 1.9 \times 18) + (0.7 \times 1.9 \times 24)] + 1.6(0.9 \times 1.9 \times 16) = 317.38\text{kN}$$

$$M_u(\text{벽의 면에서}) = V_u \times \frac{1.9}{2} = 317.38 \times 0.95 = 302\text{kN} \cdot \text{m}$$

반력이 구조물의 끝까지 압축을 일으킨다면, 전단에 대한 임계단면은 일반적으로 벽면에서부터 거리 d점에 위치한다. 이 경우 콘크리트에는 압축이 아니라 인장이 발생하므로 임계단면은 벽면에 위치할 것이다.

$$V_u = 317.38\text{kN}$$

$$\phi V_c = \phi(\frac{1}{6}\sqrt{f_{ck}})bd = 0.75 \times \frac{1}{6} \times \sqrt{24} \times 1{,}000 \times 413 = 253\text{kN}$$

ϕV_c는 $V_c = 372\text{kN}$보다 작다. 그러므로 단면은 372/253배만큼 커야 하거나 전단 철근이 보강되어야 한다.

$$\text{필요한 } d = \frac{372}{253} \times 413 = 607\text{mm}$$

$$\text{필요한 총 두께} = 607 + 88 = 695\text{mm}$$

밑면의 두께= 700mm, $d = 620\text{mm}$를 사용하여,

$$R_u = \frac{M_u}{bd^2} = \frac{302 \times 10^6}{1{,}000 \times 620^2} = 0.79\text{MPa}$$

철근비 $\rho = 0.0043$, 이 값은 $\rho_{\min} = 14/f_y = 0.005$보다 작다.

$$A_s = 0.005 \times 1000 \times 620 = 3{,}100\text{mm}^2$$

20cm의 간격을 두고 D29 철근을 사용한다($A_s = 3{,}212\text{mm}^2$). D29 상부철근에 대한 정착 길이는 $1.4l_d$와 동일하다. 그러므로 철근은 밑면의 앞굽치 0.9까지 확장된다. 뒤판이나 앞판에서 종방향으로 온도 및 수축철근을 필요하지 않다. 그러나 최소의 철근을 사용하는 것이 효과적이다. 즉, 30cm 간격을 두고 D13 철근을 사용한다.

8. 앞판의 설계

밑면의 앞판을 단계 4에서처럼 상향압력을 받는 캔틸레버 보와 같이 작용한다. 하중계수를 곱한 토압은 사용하중토압에 하중계수 1.8을 곱함으로써 얻어지는데 1.8은 횡방향 힘에 의한 것이다.

휨철근에 대한 위험단면은 벽체의 정면에 위치하고 전단에 대한 위험단면은 벽체의 정면에서 거리 d점에 위치한다. 왜냐하면 전단방향의 반력은 앞판에 압축을 일으키기 때문이다. 그림 14.14를 참고로 하여, 앞판은 흙으로부터 상향압력을 받고, 또한 앞판 슬래브의 자중으로 인한 하향압력을 받는다.

$$V_u = 1.8 \times \left(\frac{168+147}{2} \right) \times 0.48 - 1.2 \times 0.7 \times 2.4 \times 0.48 = 153\text{kN}$$

이 값은 단계 7의 뒤판에 대해 계산된 $\phi V_c = 252\text{kN}$보다 작다.

$$M_u = 1.8\left[\frac{120}{2} \times 1.1^2 + (168-120) \times 1.1 \times 0.5 \times \left(\frac{2}{3} \times 1.1 \right) \right]$$
$$-1.2\left[(60 \times 24) \times \frac{1.1^2}{2} \right] = 153\text{kN}\cdot\text{m}$$

$$R_u = \frac{M_u}{bd^2} = \frac{1523 \times 10^6}{1000 \times 620^2} = 0.398\text{MPa}$$

R_u가 매우 적고, $\rho = 0.0017 < \rho_{\min} = 0.005$ 이므로

$$A_s = \rho_{\min} bd = 0.005 \times ,0100 \times 620 = 3{,}100\text{mm}^2$$

뒤판의 철근과 비슷하게 간격 200mm의 철근을 사용한다. 바닥철근으로서 D25 철근에 필요한 정착 길이는 600mm이다. 철근을 벽면에서 거리 0.6m인 뒤판 내까지 확장시킨다. 마지막 철근의 배치도가 그림 14.15에 나타나있다.

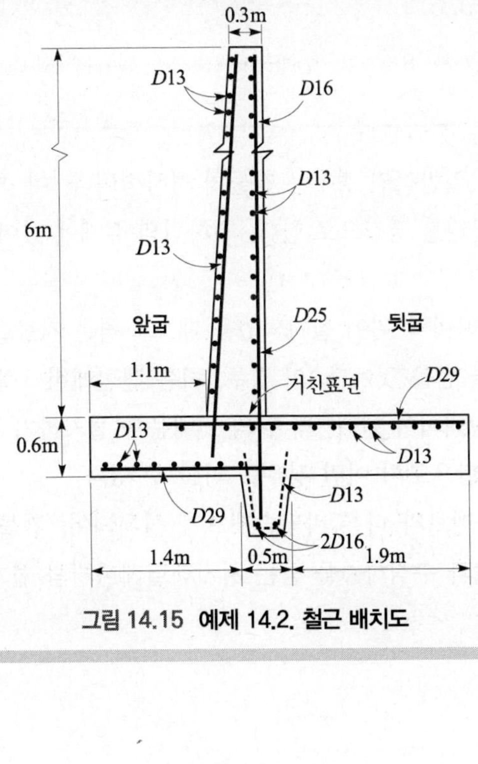

그림 14.15 예제 14.2. 철근 배치도

9. 벽과 기초사이의 전단 키(key)
   옹벽의 축조에 있어서, 기초가 먼저 설치되고 며칠이 지난 후 기초의 위에 벽이 설치된다. 벽의 바닥이 시공면으로 사용되고 접합면은 keyway를 갖는데 이는 그림 14.16과 같이 왼쪽에 위치하고 표면의 상태가 매우 거칠다(그림 14.15). 이 접합면은 축의 전단을 기초에 전달할 수 있어야 한다.

10. 이 설계도에서도 적당한 뒷채움의 배수가 필수적이다. 벽에 직경이 100mm의 배수구를 설치하는데 수평 및 수직방향으로 1.5m의 간격을 두고 설치한다.

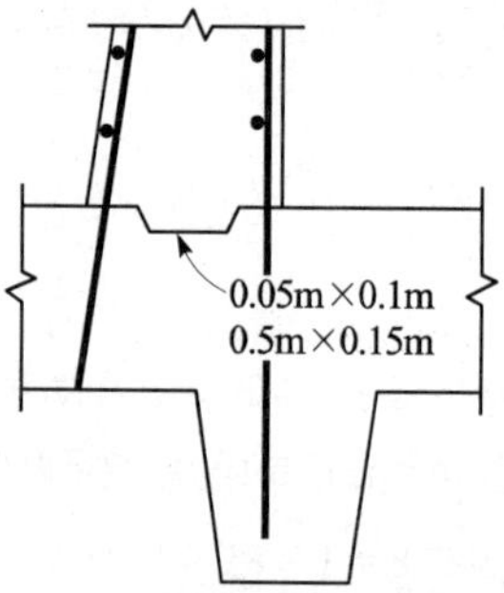

그림 14.16 전단키 상세도

14.11 지하벽

뒷채움을 지지하는 벽의 일반적인 경우는 건물의 지하벽이다. 이 벽은 지하바닥 슬래브와 1층 슬래브 사이의 수직거리를 경간으로 한다. 지하벽의 설계에 있어서는 다음의 2가지 경우가 있을 수 있다.

첫째, 오직 벽만이 지하바닥 위에 설치되었을 때, 그 벽은 자중을 제외한 수직하중을 받지 않고 횡방향의 토압을 받을 것이다. 이 경우, 벽은 캔틸레버처럼 작용하고, 캔틸레버 설계에 적당한 철근이 보강되어야 한다. 벽 뒤의 뒷채움을 설치하기 전에 지하바닥 슬래브와 1층 바닥 슬래브를 설치함으로써 이런 경우를 피할 수 있다.

둘째, 첫 번째 바닥슬래브와 다른 바닥슬래브가 설치되어, 건물이 완전히 하중을 받을 때, 이 경우의 벽은 토압과 수직하중을 받는 지지캔틸레버처럼 설계될 것이다.

예제 14.3

그림 14.17에 나타난 지하벽의 두께와 필요한 철근을 결정하라. 뒷채움의 단위중량= 18kN/m^3, 내부마찰각= $35°$, $f_{ck} = 27\text{MPa}$, $f_y = 400\text{MPa}$이다.

▮풀이

1. 벽은 수직으로 경간을 갖고, 바닥끝에서 고정되고 윗면에서 지지되는 것으로 생각한다. 그림 14.17 같이 경간 $L = 3\text{m}$라 생각한다. 위의 수치에서 벽의 1m 길이당 작용하는 각각의 횡방향 압력은

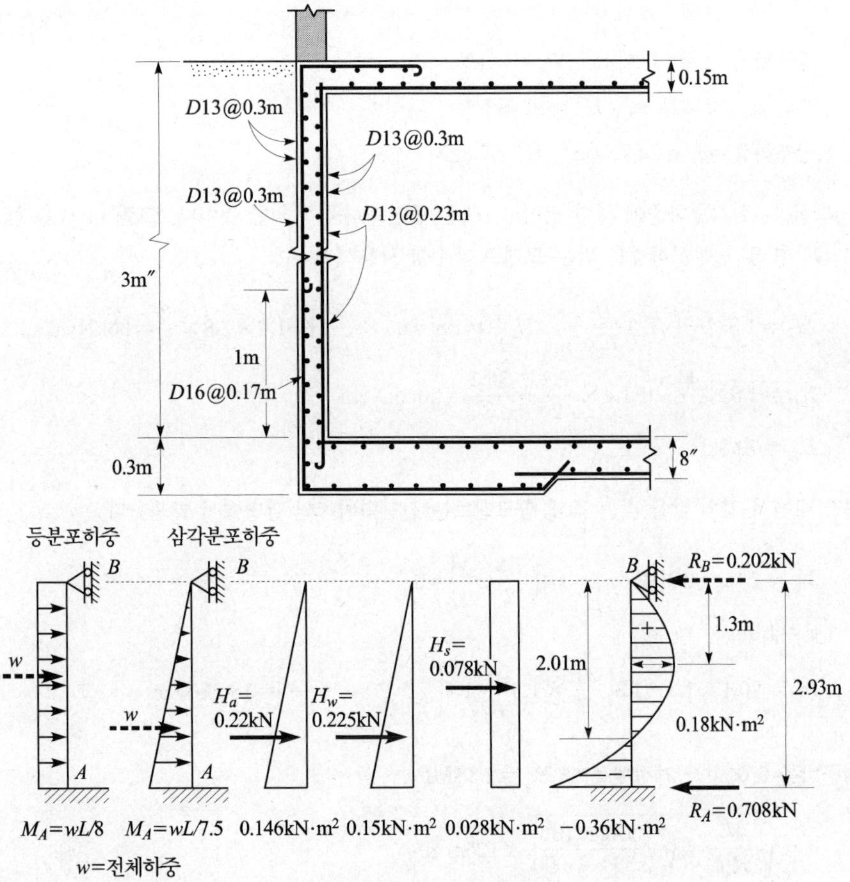

그림 14.17 예제 14.3. 지하벽

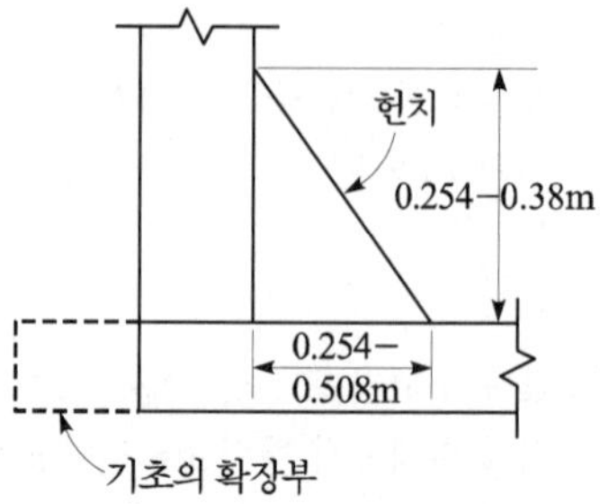

그림 14.18 예제 14.3. 벽 밑면의 수정

주동토압 $p_a = 14\text{kN/m}^2$, $H_a = 22\text{kN}$

수압 $p_w = 15\text{kN/m}^2$, $H_w = 22.5\text{kN}$

상재하중$= p_s = 2.6\text{kN/m}^2$, $H_s = 7.8\text{kN}$

H_a와 H_w는 삼각형하중에 의한 것이고, H_s는 등분포하중에 의한 것이다. 그림 14.17을 참고로 하고 삼각형 및 등분포하중을 받는 모멘트 계수를 사용하여

$$M_u = 1.8(H_a + H_w)\frac{L}{7.5} + 1.4H_s\frac{1}{8} = 1.8\left(44.5\times\frac{3}{7.5}\right) + 1.4\times 7.8\times\frac{3}{8} = 36\text{kN}\cdot\text{m}$$

$$R_B = 1.8\times\frac{44.5}{3} + 1.4\times\frac{7.8}{2} - \frac{36.1}{3} = 20.1\text{kN}\cdot\text{m}$$

$$R_A = 70.8\text{kN}$$

경간 내에서 양의 값을 갖는 최대 휨모멘트는 전단력이 0인 단면에서 발생한다.

$$V_u = 20.1 - 1.8\left\{(2.6x) - 1.4\left(\frac{7.8}{2}x^2\right)\right\} = 0$$

$$x = 1.3\text{m}$$

$$M_c = 20.1\times 1.3 - 1.8\left(\frac{2.6}{2}\times 1.3^2\right) - 1.4\left(\frac{1}{2}\times 7.8\times\frac{1.3^2}{3}\right) = 18.2\text{kN}\cdot\text{m}$$

2. 철근비를 0.01이라 가정했을 때 $R_u = 2.33\,\text{MPa}$

$$d = \sqrt{\frac{M_u}{R_u b}} = \sqrt{\frac{36.1\times 10^6}{2.33\times 1{,}000}} = 125\text{mm}$$

총 깊이 = 125+40(콘크리트 피복두께)+6.4 = 171mm

200mm 슬래브와 $d = 144\text{mm}$를 사용한다.

$$R_u = \frac{M_u}{bd^2} = \frac{3.6\times 10^6}{1000\times 144^2} = 1.74\text{MPa}$$

철근비 $\rho = 0.008$, $A_s = 0.008 \times 1000 \times 144 = 1{,}152\text{mm}^2$

그러므로 200mm의 간격을 두고 D19 철근을 사용한다($A_s = 1430\text{mm}^2$).

3. 양의 모멘트에서, $M_c = 18.2\text{kN}\cdot\text{m}$

$$R_u = \frac{18.2 \times 10^6}{100 \times 144^2} = 0.88\text{MPa}$$

$$\rho = 0.004 > 0.002(\rho_{\min})$$

$$A_s = 0.004 \times 1000 \times 144 = 576\text{mm}^2$$

그러므로 250mm의 간격으로 D16 철근을 사용한다($A_s = 794\text{mm}^2$).

4. 모멘트가 0인 지점은 윗면에서 거리 2.01m이고 밑면에서는 0.92m인 거리에 있다. D16 철근의 정착 깊이는 300mm이므로 D16 철근을 밑면 위 거리$= 0.92 + 0.3 = 1.22\text{m}$, 즉, 1.3m까지 확장시킨다. 그리고 외부면에는 300mm의 간격으로 D13 철근을 사용한다. 내부면에는 250mm의 간격으로 D16 철근을 사용한다.

5. 종방향 철근

최소 철근비 0.002를 사용한다. $A_s = 0.0025 \times 25 = 100 = 500\text{mm}^2$. 그러므로 벽의 양쪽으로 25cm 간격을 두고 D13($A_s = 507\text{mm}^2$) 철근을 사용한다.

6. 만약 벽의 밑면에서 휨모멘트가 매우 크다면, 벽 슬래브의 두께는 300mm 이상이 필요하다. 이 경우 그림 14.18에 나타난 것처럼 헌치(haunch)가 설치될 수 있다. 이 방법은 벽의 두께를 감소시킬 수 있는데 이것은 헌치로 윗 단면에 대한 모멘트에 대해 설계된다.

7. 지하 슬래브는 벽두께보다 더 큰 두께를 가지고 250mm 또는 그 이상으로 벽 바깥으로 확장된다.

연습문제

14.1 그림 14.19와 그림 14.20의 옹벽의 전도와 활동 그리고 지지력에 대한 안전성을 검토하라. 뒷채움의 단위중량$=17.60\text{kN/cm}^3$, 내부마찰각 $\phi=30°$, 콘크리트와 흙 사이의 마찰계수 $\mu=0.5$, 허용지지력$=170\text{kN/m}^2$, $f_{ck}=24\text{MPa}$

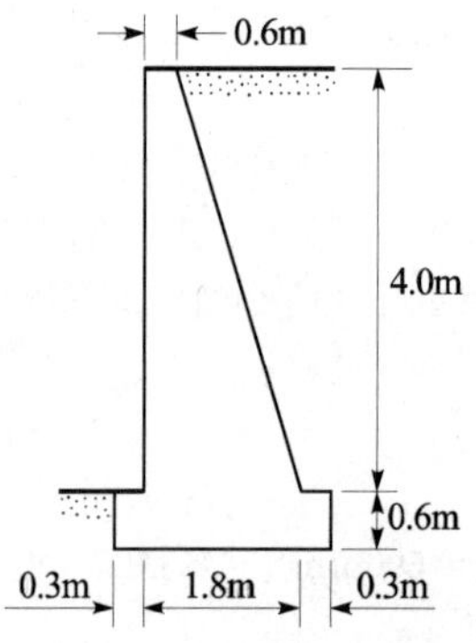

그림 14.19 **문제 14.1. 중력식 옹벽**

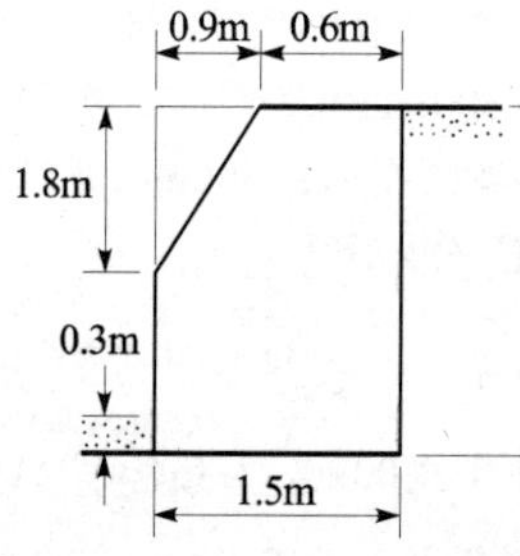

그림 14.20 **문제 14.1. 반중력식 옹벽**

14.2 그림 14.21의 캔틸레버 옹벽을 설계하라. 뒷채움 위에는 상재하중이 없다. 뒷채움의 단위중량$=19.20\text{kN/cm}^3$, 내부마찰각 $\phi=35°$, 콘크리트와 흙 사이의 마찰계수 $\mu=0.52$, 토층 간의 마찰계수$=0.7$, 허용지지력$=200\text{kN/m}^2$, $f_{ck}=24\text{MPa}$, $f_y=300\text{MPa}$

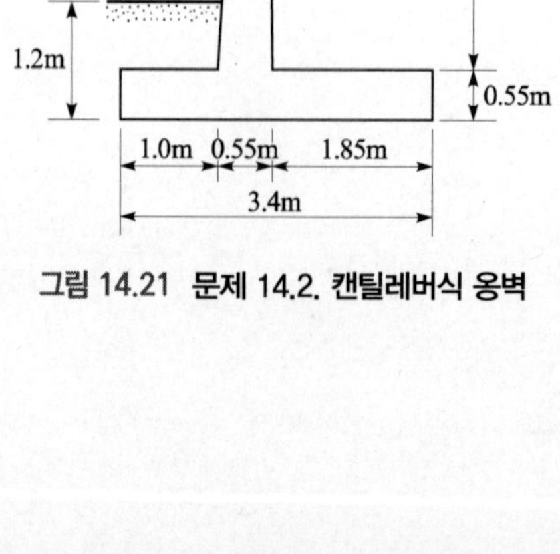

그림 14.21 **문제 14.2. 캔틸레버식 옹벽**

14.3 뒷채움 경사가 수평에 대해 30°의 각을 이룰 때 문제 14.3을 풀어라.

14.4 높이 3.6m의 흙 제방을 지지하는 캔틸레버 옹벽을 설계하라(그림 14.22). 뒷채움의 위에는 상재하중이 없다. 동결침투 깊이는 1.2m라 가정한다. 뒷채움의 단위중량$=17.60\mathrm{kN/cm^3}$, 내부마찰각 $\phi=35°$, 콘크리트와 흙 사이의 마찰계수 $\mu=0.55$, 허용지지력$=2.0\mathrm{MPa}$, $f_{ck}=27\mathrm{MPa}$, $f_y=400\mathrm{MPa}$

14.5 그림 14.23의 지하벽에서 벽두께와 필요한 철근량을 결정하라. 뒷채움의 단위중량$=19.20\mathrm{kN/cm^3}$, 내부마찰각 $\phi=30°$, 상재하중은 $20\mathrm{kN/m^2}$이고, $f_{ck}=24\mathrm{MPa/cm^2}$, $f_y=400\mathrm{MPa}$

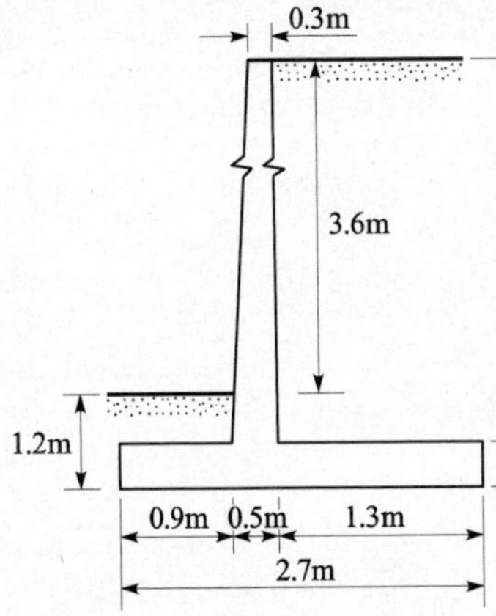

그림 14.22 문제 14.4. 캔틸레버식 옹벽

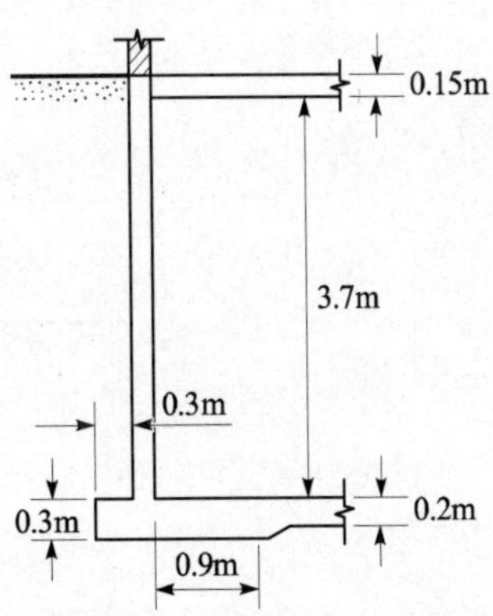

그림 14.23 문제 14.5. 지하벽

부 록

부록

부록 A 철근콘크리트 구조설계 도구

표 A.1 : $f_{ck} = 21\text{MPa}$에 대한 R_u 및 a/d의 값

A.2 : $f_{ck} = 28\text{MPa}$에 대한 R_u 및 a/d의 값

A.3 : $f_{ck} = 35\text{MPa}$에 대한 R_u 및 a/d의 값

A.4 : $\rho_{\max}$, $R_{u(\max)}$, ρ_b 그리고 $\rho_{\min}$의 값

A.5 : 사각단면에서 압축철근이 항복하기 위한 최소 철근율$(\rho - \rho')$

A.6 : 보통콘크리트의 탄성계수

A.7 : 정착길이 l_d (단위 : mm, 보통중량콘크리트이며, 도막되지 않은 철근인 경우)

A.8 : 철근의 면적 $A_s(\text{mm}^2)$ 이형철근개수와 철근단면적(mm^2)

A.9 : 슬래브의 1m 폭에 대한 철근의 면적(mm^2)

A.10 : 나선철근의 크기와 피치

표 A.1 $f_{ck}=21\text{MPa}$ **에 대한** R_u **및 a/d의 값**

ρ (철근비)	$f_y=300\text{MPa}$		$f_y=400\text{MPa}$		$f_y=500\text{MPa}$	
	R_u (MPa)	a/d	R_u (MPa)	a/d	R_u (MPa)	a/d
0.003	0.75	0.050	0.99	0.067	1.22	0.084
0.004	0.99	0.067	1.30	0.090	1.60	0.112
0.005	1.22	0.084	1.60	0.112	1.98	0.140
0.006	1.45	0.101	1.90	0.134	2.34	0.168
0.007	1.68	0.118	2.19	0.157	2.68	0.196
0.008	1.90	0.134	2.48	0.179	3.02	0.224
0.009	2.12	0.151	2.75	0.202	3.34	0.252
0.01	2.34	0.168	3.02	0.224	3.65	0.280
0.011	2.55	0.185	3.28	0.246	3.95	0.308
0.012	2.75	0.202	3.53	0.269	4.24	0.336
0.013	2.95	0.218	3.78	0.291	$\rho_{\max}=0.01114$	
0.014	3.15	0.235	4.01	0.314		
0.015	3.34	0.252	4.24	0.336		
0.016	3.53	0.269	4.46	0.359		
0.017	3.72	0.286	4.68	0.381		
0.018	3.90	0.303	$\rho_{\max}=0.0163$			
0.019	4.07	0.319				
0.02	4.24	0.336				
0.021	4.41	0.353				
0.022	4.57	0.370				
	$\rho_{\max}=0.0217$					

표 A.2 f_{ck}= 28MPa 에 대한 R_u 및 a/d의 값

ρ (철근비)	$f_y = 300\text{MPa}$		$f_y = 400\text{MPa}$		$f_y = 500\text{MPa}$	
	R_u (MPa)	a/d	R_u (MPa)	a/d	R_u (MPa)	a/d
0.003	0.75	0.038	0.99	0.050	1.23	0.063
0.004	0.99	0.050	1.31	0.067	1.63	0.084
0.005	1.23	0.063	1.63	0.084	2.01	0.105
0.006	1.47	0.076	1.94	0.101	2.39	0.126
0.007	1.71	0.088	2.24	0.118	2.76	0.147
0.008	1.94	0.101	2.54	0.134	3.11	0.168
0.009	2.16	0.113	2.83	0.151	3.46	0.189
0.01	2.39	0.126	3.11	0.168	3.80	0.210
0.011	2.61	0.139	3.39	0.185	4.13	0.231
0.012	2.83	0.151	3.67	0.202	4.46	0.252
0.013	3.04	0.164	3.94	0.218	4.77	0.273
0.014	3.26	0.176	4.20	0.235	5.08	0.294
0.015	3.46	0.189	4.46	0.252	5.37	0.315
0.016	3.67	0.202	4.71	0.269	5.66	0.336
0.017	3.87	0.214	4.95	0.286	$\rho_{max} = 0.01114$	
0.018	4.07	0.227	5.19	0.303		
0.019	4.26	0.239	5.43	0.319		
0.02	4.46	0.252	5.66	0.336		
0.021	4.65	0.265	5.88	0.353		
0.022	4.83	0.277	6.10	0.370		
0.023	5.01	0.290	6.31	0.387		
0.024	5.19	0.303	6.51	0.403		
0.025	5.37	0.315	6.71	0.420		
0.026	5.54	0.328	$\rho_{max} = 0.0217$			
0.027	5.71	0.340				
0.028	5.88	0.353				
0.029	6.04	0.366				
0.03	6.20	0.378				
0.031	6.36	0.391				
0.032	6.51	0.403				
0.033	6.66	0.416				
	$\rho_{max} = 0.0289$					

표 A.3 f_{ck}= 35MPa 에 대한 R_u 및 a/d의 값

ρ (철근비)	f_y = 300MPa R_u (MPa)	f_y = 300MPa a/d	f_y = 400MPa R_u (MPa)	f_y = 400MPa a/d	f_y = 500MPa R_u (MPa)	f_y = 500MPa a/d
0.002	0.50	0.020	0.67	0.027	0.84	0.034
0.003	0.75	0.030	1.00	0.040	1.24	0.050
0.004	1.00	0.040	1.32	0.054	1.64	0.067
0.005	1.24	0.050	1.64	0.067	2.04	0.084
0.006	1.48	0.061	1.96	0.081	2.42	0.101
0.007	1.72	0.071	2.27	0.094	2.80	0.118
0.008	1.96	0.081	2.57	0.108	3.17	0.134
0.009	2.19	0.091	2.87	0.121	3.54	0.151
0.01	2.42	0.101	3.17	0.134	3.89	0.168
0.011	2.65	0.111	3.46	0.148	4.24	0.185
0.012	2.87	0.121	3.75	0.161	4.59	0.202
0.013	3.10	0.131	4.03	0.175	4.92	0.218
0.014	3.32	0.141	4.31	0.188	5.25	0.235
0.015	3.54	0.151	4.59	0.202	5.57	0.252
0.016	3.75	0.161	4.85	0.215	5.89	0.269
0.017	3.96	0.171	5.12	0.229	6.19	0.286
0.018	4.17	0.182	5.38	0.242	6.49	0.303
0.019	4.38	0.192	5.63	0.255	6.79	0.319
0.02	4.59	0.202	5.89	0.269	ρ_{max} = 0.0179	
0.021	4.79	0.212	6.13	0.282		
0.022	4.99	0.222	6.37	0.296		
0.023	5.18	0.232	6.61	0.309		
0.024	5.38	0.242	6.84	0.323		
0.025	5.57	0.252	7.07	0.336		
0.026	5.76	0.262	7.29	0.350		
0.027	5.95	0.272	7.51	0.363		
0.028	6.13	0.282	7.73	0.376		
0.029	6.31	0.292	7.94	0.390		
0.03	6.49	0.303	8.14	0.403		
0.031	6.67	0.313	ρ_{max} = 0.0255			
0.032	6.84	0.323				
0.033	7.01	0.333				
0.034	7.18	0.343				
0.035	7.35	0.353				
0.036	7.51	0.363				
0.037	7.67	0.373				
0.038	7.83	0.383				
0.039	7.99	0.393				
0.04	8.14	0.403				
	ρ_{max} = 0.034					

표 A.4 ρ_{max}, $R_{u(max)}$, ρ_b 그리고 ρ_{min}의 값

$$R_u = \phi\rho \cdot f_y\left(1 - \frac{\rho \cdot f_y}{1.7 f_{ck}}\right)$$

	300				400				500			
f_{ck} (MPa)	ρ_{max} (%)	$R_{u(max)}$ (MPa)	ρ_b (%)	ρ_{min} (%)	ρ_{max} (%)	$R_{u(max)}$ (MPa)	ρ_b (%)	ρ_{min} (%)	ρ_{max} (%)	$R_{u(max)}$ (MPa)	ρ_b (%)	ρ_{min} (%)
18	1.86%	3.61	2.89%	0.005	1.39%	3.57	1.95%	0.0035	0.98%	3.21	1.42%	0.0028
21	2.17%	4.22	3.37%	0.005	1.63%	4.17	2.28%	0.0035	1.14%	3.75	1.66%	0.0028
28	2.89%	5.62	4.50%	0.005	2.17%	5.55	3.03%	0.0035	1.52%	5.00	2.21%	0.0028
35	3.40%	6.71	5.30%	0.004	2.55%	6.63	3.57%	0.003	1.79%	5.95	2.60%	0.002
42	3.84%	7.65	5.97%	0.004	2.88%	7.56	4.03%	0.003	2.01%	6.77	2.93%	0.002

표 A.5 사각단면에서 압축철근이 항복하기 위한 최소 철근율($\rho - \rho'$)

d'/d	f_{ck}	β_1	f_y (300MPa)	f_y (400MPa)	f_y (500MPa)
0.1	18	0.85	0.00867	0.009754	0.015606
	21	0.85	0.010115	0.011379	0.018207
	28	0.85	0.013487	0.015173	0.024276
	35	0.80	0.015867	0.01785	0.02856
	42	0.75	0.01785	0.020081	0.03213
0.12	18	0.85	0.010404	0.011705	0.018727
	21	0.85	0.012138	0.013655	0.021848
	28	0.85	0.016184	0.018207	0.029131
	35	0.80	0.01904	0.02142	0.034272
	42	0.75	0.02142	0.024098	0.038556
0.15	18	0.85	0.013005	0.014631	0.023409
	21	0.85	0.015173	0.017069	0.027311
	28	0.85	0.02023	0.022759	0.036414
	35	0.80	0.0238	0.026775	0.04284
	42	0.75	0.026775	0.030122	0.048195

표 A.6 보통콘크리트의 탄성계수

f_{ck}	E_c
18	23.8
21	24.9
28	27.0
35	28.8
42	30.5
49	31.9
56	33.3
60	34.4
65	35.2

표 A.7 정착길이 l_d (단위 : mm, 보통중량콘크리트이며, 도막되지 않은 철근인 경우)

철근 직경 (mm)	f_y	f_{ck}=18MPa 상부철근	f_{ck}=18MPa 하부철근	f_{ck}=21MPa 상부철근	f_{ck}=21MPa 하부철근	f_{ck}=28MPa 상부철근	f_{ck}=28MPa 하부철근	f_{ck}=35MPa 상부철근	f_{ck}=35MPa 하부철근
D10	300	323	420	300	390	300	390	300	390
	400	431	561	399	519	346	450	309	402
	500	539	701	499	649	432	562	387	503
D13	300	431	560	399	519	346	449	309	402
	400	575	747	532	692	461	599	412	536
	500	718	934	665	865	576	749	515	670
D16	300	540	702	500	650	433	563	387	503
	400	720	935	666	866	577	750	516	671
	500	899	1169	833	1083	721	938	645	839
D19	300	648	843	600	780	520	676	465	604
	400	864	1124	800	1040	693	901	620	806
	500	1080	1405	1000	1300	866	1126	775	1007
D22	300	942	1224	872	1134	755	982	675	878
	400	1256	1633	1163	1511	1007	1309	901	1171
	500	1570	2041	1453	1889	1259	1636	1126	1463
D25	300	1078	1401	998	1297	864	1123	773	1005
	400	1437	1868	1330	1729	1152	1498	1030	1340
	500	1796	2335	1663	2162	1440	1872	1288	1674
D29	300	1213	1577	1123	1460	973	1265	870	1131
	400	1618	2103	1498	1947	1297	1686	1160	1508
	500	2022	2629	1872	2434	1621	2108	1450	1885
D32	300	1349	1754	1249	1624	1082	1406	968	1258
	400	1799	2339	1665	2165	1442	1875	1290	1677
	500	2249	2923	2082	2706	1803	2344	1613	2096
D35	300	1481	1925	1371	1782	1187	1543	1062	1380
	400	1974	2567	1828	2376	1583	2058	1416	1841
	500	2468	3208	2285	2970	1979	2572	1770	2301

표 A.8 철근의 면적 A_s(mm²) 이형철근개수와 철근단면적(mm²)

	호칭 (mm)	D10	D13	D16	D19	D22	D25	D29	D32	D35	D38
	직경 (mm)	9.53	12.7	15.9	19.1	22.2	25.4	28.6	31.8	34.9	38.1
	단면적 (mm²)	71.33	126.7	198.6	286.5	387.1	506.7	642.4	794.2	956.6	1140
철근본수	2	143	253	397	573	774	1013	1285	1588	1913	2280
	3	214	380	596	860	1161	1520	1927	2383	2870	3420
	4	285	507	794	1146	1548	2027	2570	3177	3826	4560
	5	357	634	993	1433	1936	2534	3212	3971	4783	5700
	6	428	760	1192	1719	2323	3040	3854	4765	5740	6840
	7	499	887	1390	2006	2710	3547	4497	5559	6696	7980
	8	571	1014	1589	2292	3097	4054	5139	6354	7653	9120
	9	642	1140	1787	2578	3484	4560	5782	7148	8609	10260
	10	713	1267	1986	2865	3871	5067	6424	7942	9566	11400
	11	785	1394	2185	3152	4258	5574	7066	8736	10523	12540
	12	856	1520	2383	3438	4645	6080	7709	9530	11479	13680
	13	927	1647	2582	3725	5032	6587	8351	10325	12436	14820
	14	999	1774	2780	4011	5419	7094	8994	11119	13392	15960
	15	1070	1901	2979	4298	5807	7601	9636	11913	14349	17100
	16	1141	2027	3178	4584	6194	8107	10278	12707	15306	18240
	17	1213	2154	3376	4871	6581	8614	10921	13501	16262	19380
	18	1284	2281	3575	5157	6968	9121	11563	14296	17219	20520
	19	1355	2407	3773	5444	7355	9627	12206	15090	18175	21660
	20	1427	2534	3972	5730	7742	10134	12848	15884	19132	22800
	주장 (mm)	30	40	50	60	70	80	90	100	110	120
	단위중량 (kgf/m)	0.560	0.995	1.56	2.25	3.04	3.98	5.04	6.23	7.51	8.95

표 A.9 슬래브의 1m 폭에 대한 철근의 면적(mm^2)

호칭(mm)	D10	D13	D16	D19	D22	D25	D29	D32	D35	D38
직경(mm)	9.35	12.7	15.9	19.1	22.2	25.4	28.6	31.8	34.9	38.1
단면적 (mm^2)	71.33	126.7	198.6	286.5	387.1	506.7	642.4	794.2	956.6	1140
100	713	1267	1986	2865	3871	5067	6424	7942	9566	11400
120	594	1056	1655	2388	3226	4223	5353	6618	7972	9500
125	571	1014	1589	2292	3097	4054	5139	6354	7652	9120
140	510	905	1419	2046	2765	3619	4589	5673	6833	8143
150	476	845	1324	1910	2581	3378	4283	5295	6377	7600
160	446	792	1241	1791	2419	3167	4015	4964	5978	7125
175	408	724	1135	1637	2212	2895	3671	4538	5466	6514
180	396	704	1103	1592	2151	2815	3569	4412	5314	6333
200	357	634	993	1433	1936	2534	3212	3971	4783	5700
220	324	576	903	1302	1760	2303	2920	3610	4348	5182
225	317	563	883	1273	1720	2252	2855	3530	4252	5067
240	297	528	828	1194	1613	2111	2677	3309	3986	4750
250	285	507	794	1146	1548	2027	2570	3177	3826	4560
275	260	461	722	1042	1408	1843	2336	2888	3479	4145
300	238	422	662	955	1290	1689	2141	2647	3189	3800
350	204	362	567	819	1106	1447	1835	2269	2733	3257
400	178	317	497	716	968	1267	1606	1986	2392	2850

표 A.10 나선철근의 크기와 피치

f_y (MPa)	기둥의 직경 (mm)	나선철근의 바깥에서 바깥까지 (mm)	f_{ck}		
			21MPa	28MPa	31MPa
300	360, 280	280, 300	10~44	13~64	13~44
	410	330	10~44	13~64	13~51
	430~480	360~410	10~44	13~64	13~51
	510~580	430~510	10~44	13~64	13~51
	610~760	530~690	10~51	13~64	13~51
400	360, 380	280, 300	10~70	10~51	13~70
	410~580	330~510	10~70	10~51	13~70
	610~740	530~660	10~76	10~57	13~76
	760	690	10~76	10~57	13~83

부록 B　구조해석 도구

표 B.1 단순보 (W=하중/단위길이)

1. 등분포 하중

W=전하중$=wL$

$$R_A = R_B = V_A = V_B = \frac{W}{2}$$

$$M_x = \frac{Wx}{2}\left(\frac{1-x}{L}\right)$$

$$M_{\max} = \frac{WL^2}{8}\ (\text{중심에서})$$

$$\Delta_{\max} = \frac{5}{384}\frac{WL^3}{EI}$$

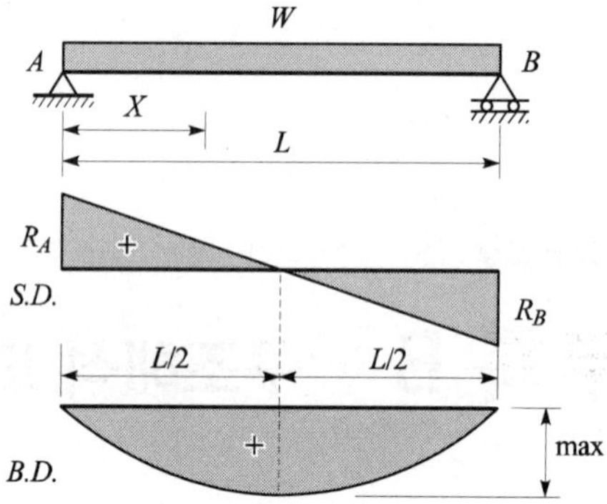

2. 부분등분포 하중

W=전하중$=wb$

$$R_A = V_A = \frac{W}{L}\left(\frac{b}{2}+c\right)$$

$$R_B = V_B = \frac{W}{L}\left(\frac{b}{2}+a\right)$$

$$M_{\max} = \frac{W}{2b}(x^2-a^2),\ x = a + \frac{R_A b}{W}\ \text{일 때}$$

$$\Delta_{\max} = \frac{W}{384EI}(8L^3-4Lb^2+b^3),\ a=c\text{일 때}$$

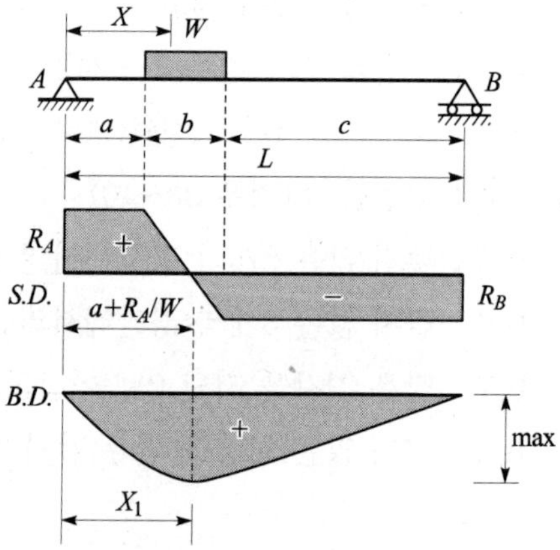

3. 한 받침부에서의 부분등분포 하중

W=전하중$=wa$

$$R_A = V_A = W\left(1-\frac{a}{2L}\right)$$

$$R_B = V_B = \frac{Wa}{2L}$$

$$M_{\max} = \frac{Wa}{2}\left(1-\frac{a}{2L}\right)^2,\ x = a\left(1-\frac{a}{2L}\right)\text{일 때}$$

$$\Delta = \frac{WL^4}{24aEI}n^2\left[2m^3-6m^2+m(4+n^2)-n^2\right],\ x \geq a\text{일 때}$$

$$\Delta = \frac{WL^4 m}{24aEI}\left[n^2(2-n^2)-2nm^2(2-n)+m^3\right],\ x < a\text{일 때}$$

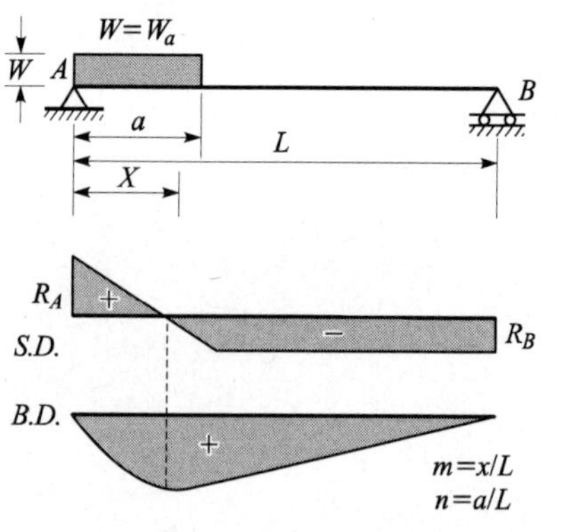

4. 한 받침부에서의 부분등분포 하중

W=전하중$=\dfrac{WL}{2}$

$R_A = V_A = \dfrac{W}{3}$

$R_B = V_B = \dfrac{2W}{3}$

$M_x = \dfrac{Wx}{3}\left(1-\dfrac{x^2}{L^2}\right)$

$M_{\max} = 0.128WL$, $x = 5774L$일 때

$\varDelta_{\max} = \dfrac{0.01304WL^3}{EI}$, $x = 0.5163L$일 때

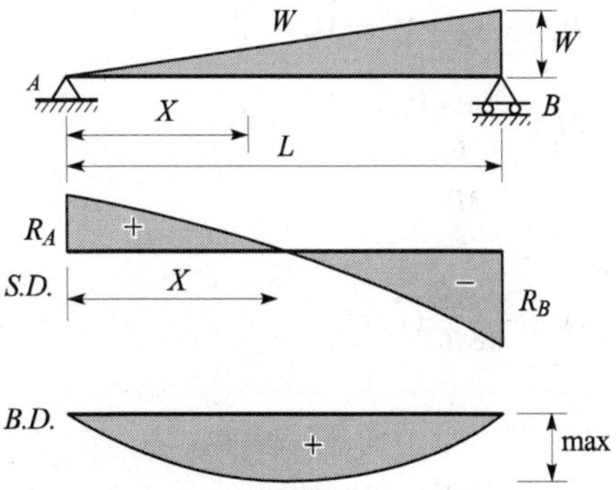

5. 경간 중간에서 최댓값을 가지는 삼각분포 하중

W=전하중$=\dfrac{wL}{2}$

$R_A = R_B = V_A = V_B = \dfrac{W}{2}$

$M_x = Wx\left(\dfrac{1}{2}-\dfrac{2x^2}{3L^2}\right)$

$M_{\max} = \dfrac{WL}{6}$ (경간 중간에서)

$\varDelta_{\max} = \dfrac{WL^3}{60EI}$ (경간 중간에서)

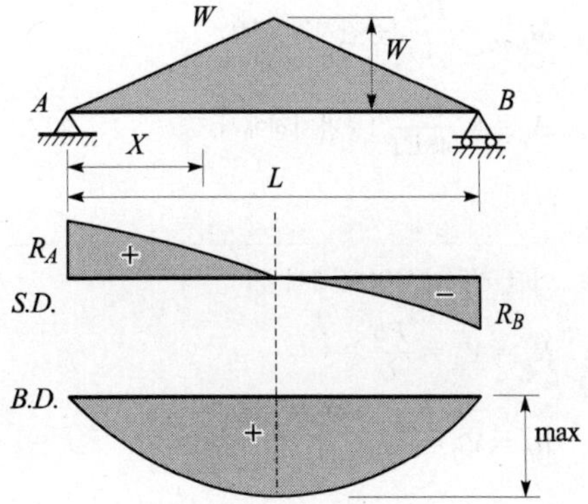

6. 받침부에서의 모멘트

$R_A = R_B = V_A = V_B = \dfrac{M_A - M_B}{2}$

$\varDelta_{\max}$(경간 중간에서)$=\dfrac{ML^2}{8EI}$, $M_A = M_B$일 때

$\varDelta$(경간 중간에서)$=\dfrac{M_AL^2}{16EI}$, $M_B = 0$일 때

$\varDelta$(경간 중간에서)$=\dfrac{M_BL^2}{16EI}$, $M_A = 0$일 때

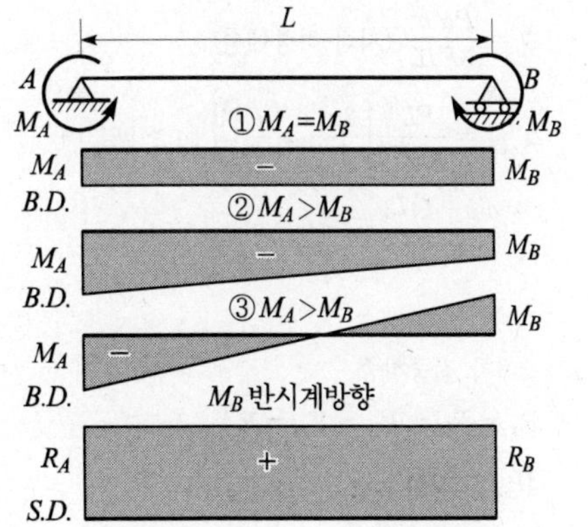

7. 어떤 지점에서의 외부모멘트

$$R_A = -R_B = V_A = V_B = \frac{M}{2}$$

$$M_{CA} = \frac{Ma}{L}$$

$$M_{CB} = \frac{Mb}{L}$$

$$\Delta_c = \frac{-Mab}{3EIL}(a-b)$$

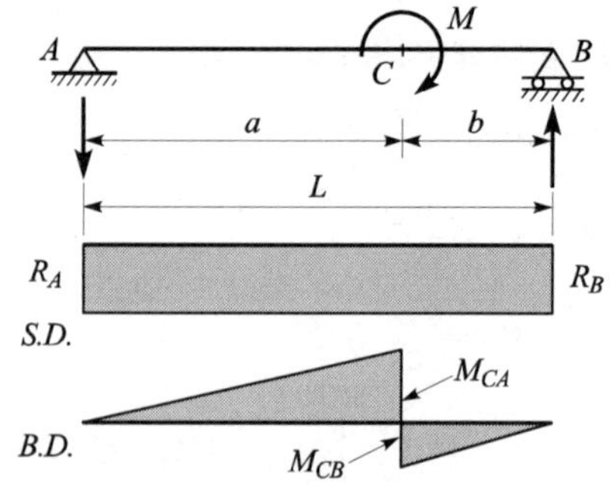

8. 중간지점에서의 집중하중

$$R_A = R_B = V_A = V_B = \frac{P}{2}$$

$$M_{\max} = \frac{PL}{4} \text{ (중간지점에서)}$$

$$\Delta_{\max} = \frac{PL^3}{48EI} \text{ (중간지점에서)}$$

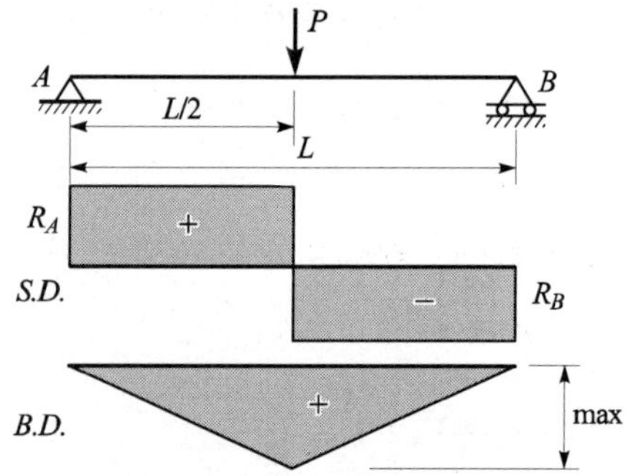

9. 어떤 지점에서의 집중하중

$$R_A = V_A = \frac{Pb}{L}$$

$$R_B = V_B = \frac{Pa}{L}$$

$$M_{\max} = \frac{Pab}{L} \text{ (지점 하중에서)}$$

$$\Delta_c = \frac{Pa^2b^2}{3EIL} \text{ (지점 하중에서)}$$

$$\Delta_{\max} = \frac{PL^3}{48EI}\left[\frac{3a}{L} - 4\left(\frac{a}{L}\right)^3\right] \text{ } (a \geq b\text{일 때})$$

$$x = a(b+L)/3$$

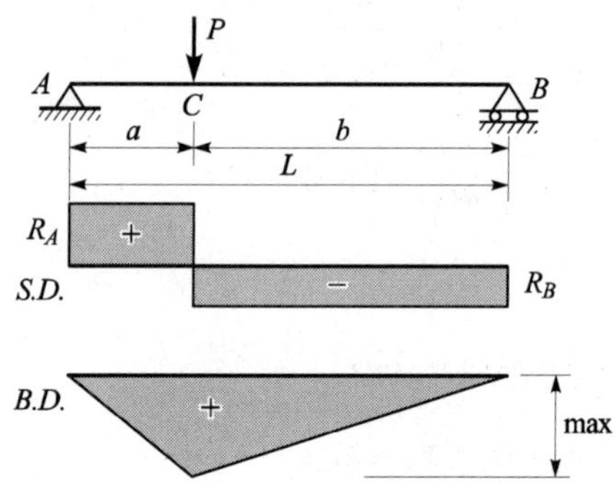

10. 2대치 집중하중

$$R_A = R_B = V_A = V_B = P$$

$$M_{\max} = Pa$$

$$\Delta_{\max} = \frac{PL^3}{6EI}\left[\frac{3a}{4L} - \left(\frac{a}{L}\right)^3\right] \text{ (중간지점에서)}$$

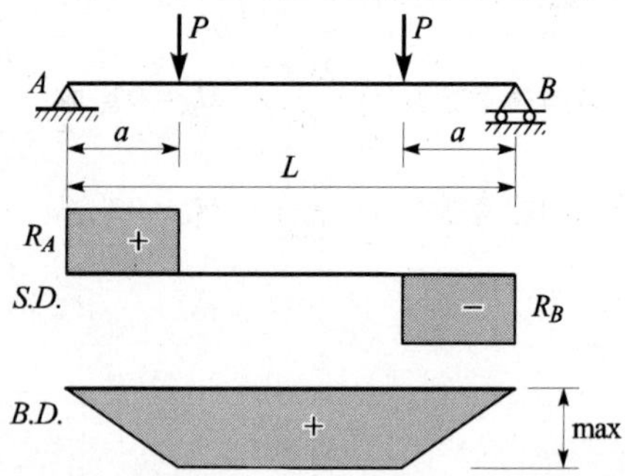

11. 2개의 집중하중

$$R_A = V_A = \frac{P(b+2c)}{L}$$

$$R_B = V_B = \frac{P(b+2a)}{L}$$

$$M_C = \frac{Pa(b+2c)}{L}$$

$$M_D = \frac{Pc(b+2a)}{L}$$

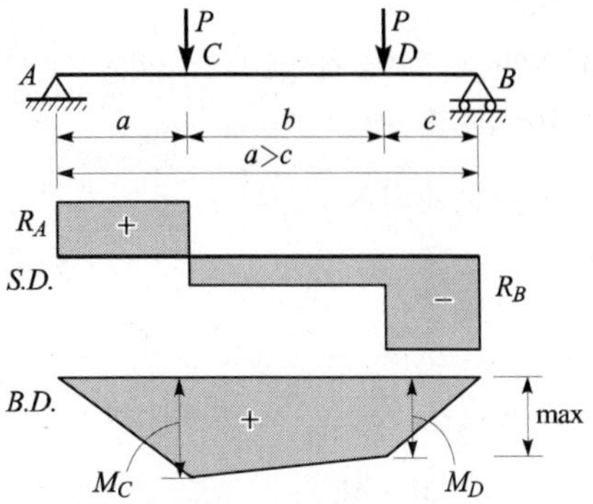

12. 1/3 지점들에서의 2개의 집중하중

$$R_A = R_B = V_A = V_B = P$$

$$M_{\max} = \frac{PL}{3}$$

$$\Delta_{\max} = \frac{23PL^3}{648EI} \text{ (중간지점에서)}$$

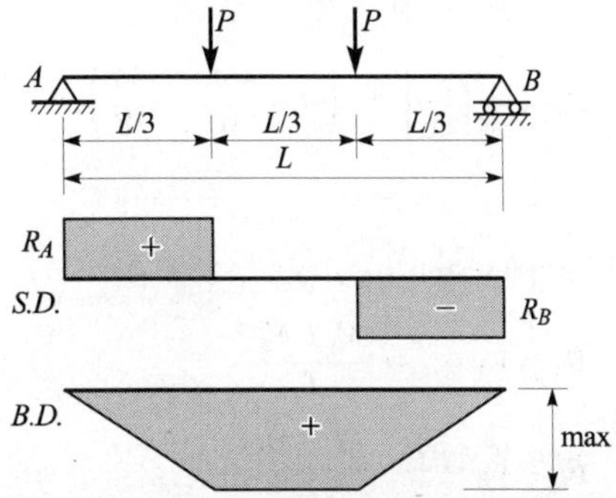

13. 1/4 지점에서의 3개의 집중하중

$$R_A = R_B = V_A = V_B = \frac{3P}{2}$$

$$M_C = M_E = \frac{3PL}{8}$$

$$M_D = \frac{PL}{2}$$

$$\Delta_{\max} = \frac{19PL^3}{384EI} \text{ (중간지점에서)}$$

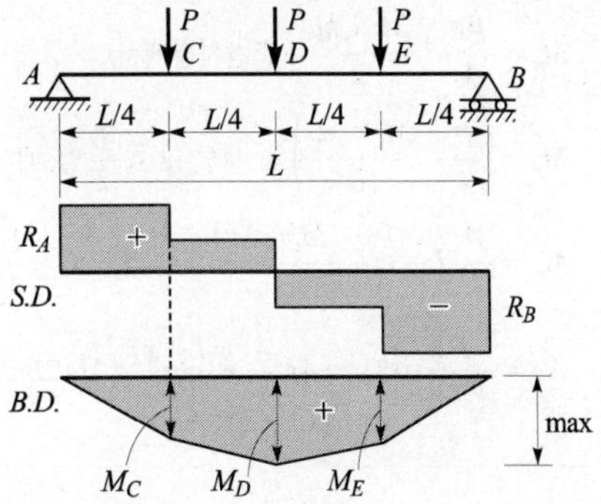

14. 그림과 같은 3개의 집중하중

$$R_A = R_B = V_A = V_B = \frac{3P}{2}$$

$$M_C = M_E = \frac{PL}{4}$$

$$M_D = \frac{5PL}{12}$$

$$\Delta_{\max} = \frac{53PL^3}{1296EI} \text{ (중간지점에서)}$$

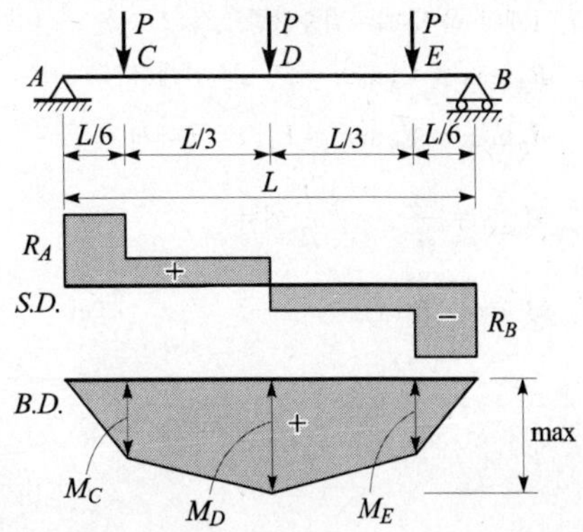

15. 균일하게 분포된 하중과 단부 모멘트

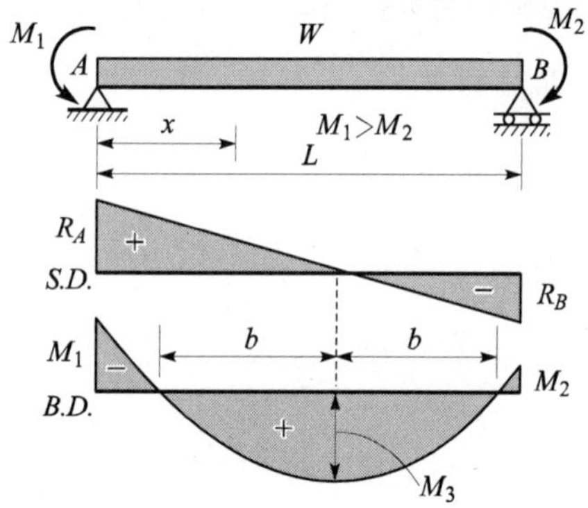

W=전하중=wL

$$R_A = V_A = \frac{W}{2} + \frac{M_1 - M_2}{L}$$

$$R_B = V_B = \frac{W}{2} - \frac{M_1 - M_2}{L}$$

$$M_3 = \frac{WL}{8} - \frac{(M_1 - M_2)^2}{2WL}$$

$tx = \dfrac{L}{2} + \dfrac{M_1 - M_2}{W}$ 에서

$$\Delta x = \frac{Wx}{24EIL}\left[x^3 - \left(2L + \frac{4M_1}{W} - \frac{4M_2}{W}\right)x^2 + \frac{12M_1L}{W}x + L^3 - \frac{8M_1L_2}{W} - \frac{4M_2L_2}{W}\right]$$

16. 중간부에서의 집중하중과 단부 모멘트

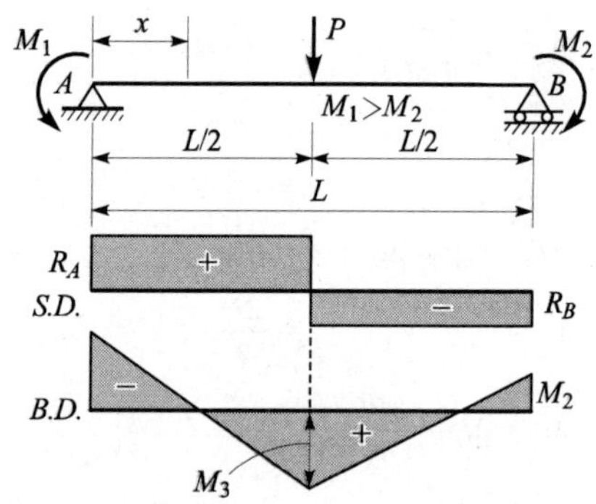

$$R_A = V_A = \frac{P}{2} + \frac{M_1 + M_2}{L}$$

$$R_B = V_B = \frac{P}{2} - \frac{M_1 - M_2}{L}$$

$M_3 = \dfrac{PL}{4} - \dfrac{M_1 + M_2}{2}$ (중간지점에서)

$M_x = \left(\dfrac{P}{2} + \dfrac{M_1 - M_2}{L}\right)x - M_1$, $x < \dfrac{L}{2}$ 일 때

$M_x = \dfrac{P}{2}(L-x) + \dfrac{(M_1 - M_2)}{L}x - M_1$, $x > \dfrac{L}{2}$ 일 때

$\Delta x = \dfrac{Px}{48EIL}\left[3L^2 - 4x^2 - \dfrac{8(L-x)}{PL}\{M_1(2L-x) + M_2(L+x)\}\right]$, $x < \dfrac{L}{2}$ 일 때

17. 1개의 움직이는 집중하중

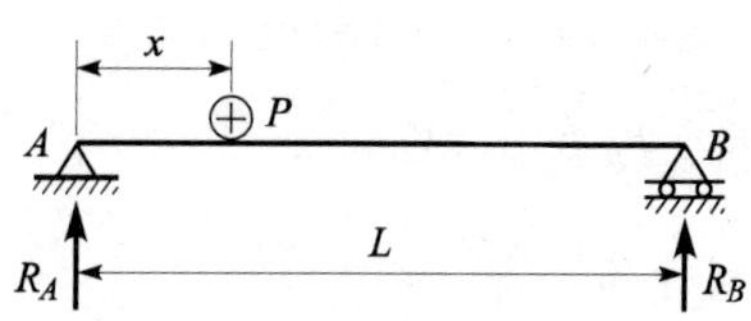

$R_A \max = V_A \max = P$, $x = 0$에서

$R_B \max = V_B \max = P$, $x = L$에서

$M_{\max} = \dfrac{PL}{4}$, $x = \dfrac{L}{2}$ 에서

$$M_x = \frac{P}{L}(L-x)x$$

18. 같은 2개의 움직이는 집중하중

$R_A \max = V_A \max = P\left(2 - \frac{a}{L}\right)$, $x = 0$에서

$M_{\max} = \frac{P}{2L}\left(L - \frac{a}{L}\right)^2$

when $a < 0.586L$　1이라는 하중 아래에서 $x = \frac{1}{2}\left(L - \frac{a}{2}\right)$

$M_{\max} = \frac{PL}{4}$ 중간지점에서 1개의 하중을 지닌 $a > 0.5L$일 때

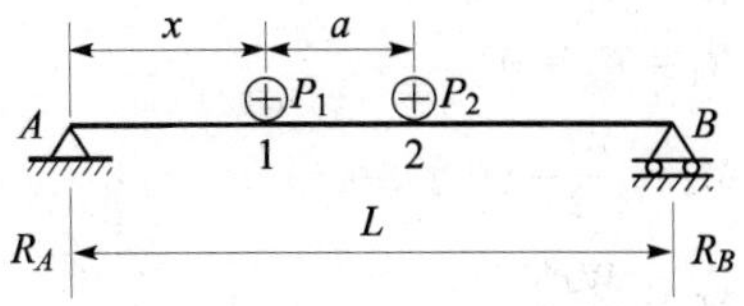

19. 같지 않은 2개의 움직이는 집중하중 1에서

$R_A \max = V_A \max = P_1 + P_2\left(\frac{L-a}{L}\right)$, $x = 0$에서

$M_{\max} = (P_1 + P_2)\frac{x^2}{L}$

하중 P_1 아래에서 $x = \frac{1}{2}\left(L - \frac{P_2 a}{P_1 + P_2}\right)$

$M_{\max} = \frac{P_1 L}{4}$는 최대모멘트는 지간중간에서 보다 큰 하중을 가질 때 발생한다.

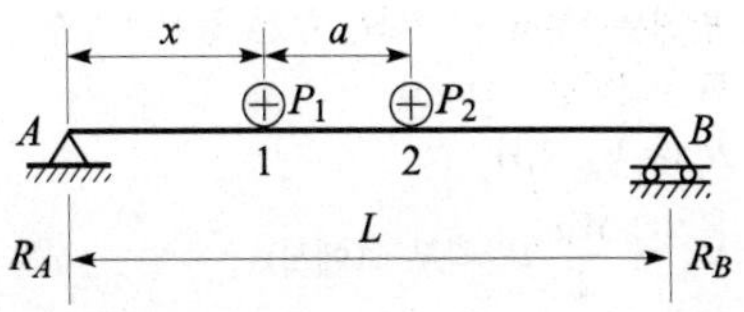

20. 집중하중을 수반하고 있는 단순보에 대한 일반적인 규칙

$V_{\max}$는 하나의 간격과 경간의 다른 하중에서 발생한다.

하중의 중력 중심과 가장 가까운 집중하중 사이에 보의 중앙선을 놓아라.

$M_{\max}$는 이러한 하중 아래에서 발생한다(여기서는 P_1).

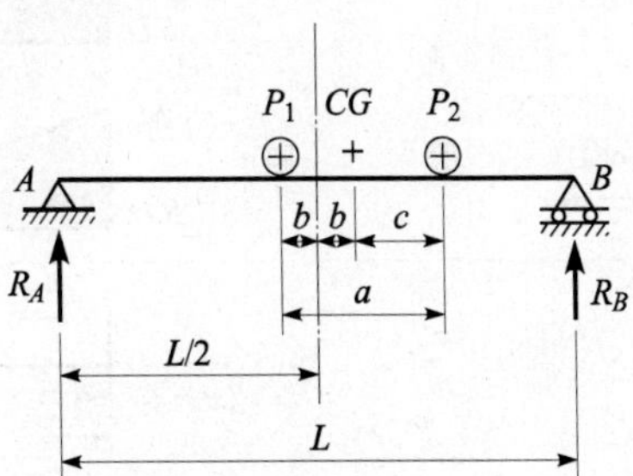

표 B.2 캔틸레버 보

21. 등분포하중

W=전하중$=wL$

$R_A = V_A = W$

$M_A = \dfrac{WL^2}{2}$ (지점 A에서)

$M_x = \dfrac{Wx^2}{2L}$

$\Delta_s \max = \dfrac{WL^3}{8EI}$

$\Delta x = \dfrac{W}{24EIL}(x^4 - 4L^3 x + 3L^4)$

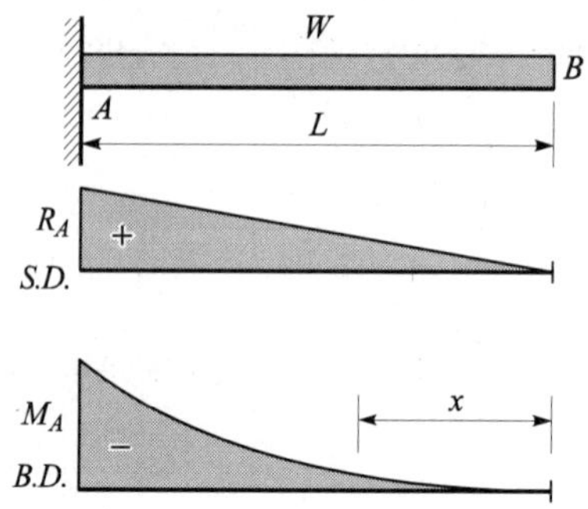

22. 받침부로부터 시작하는 부분 등분포하중

W=전하중$=wa$

$R_A = V_A = W$

$M_A = \dfrac{Wa}{2}$ (받침부 A에서)

$M_x = \dfrac{Wx^2}{2a}$

$\Delta_c = \dfrac{Wa^3}{8EI}$

$\Delta_s \max = \dfrac{Wa^3}{8EI}\left(1 + \dfrac{4b}{3a}\right)$

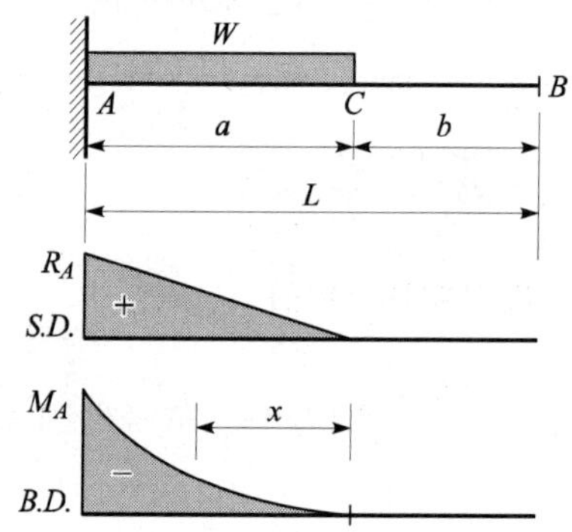

23. 집중하중

$R_A = V_A = P$

$M_{\max} = Pa$ (받침부 A에서)

$M_x = Px$

$\Delta_c = \dfrac{Pa^3}{3EI}$

$\Delta_s \max = \dfrac{Pa^3}{3EI}\left(1 + \dfrac{3b}{2a}\right)$ (자유단에서)

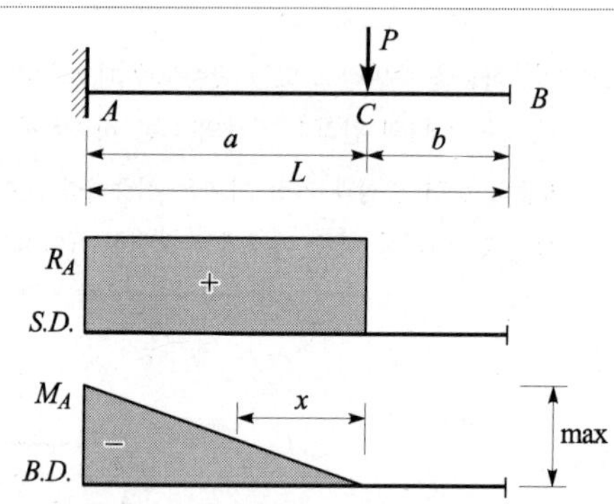

24. 자유단에서의 집중하중

$R_A = V_A = P$

$M_{\max} = PL$ (A에서)

$M_x = Px$

$\Delta_c = \dfrac{Pa^3}{3EI}$

$\Delta_x = \dfrac{P}{6EI}(2L^3 - 3L^2 x + x^3)$

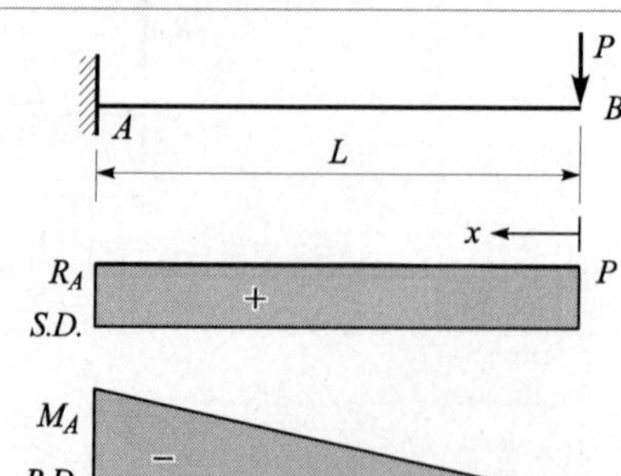

표 B.3 1단 힌지 1단 고정보

25. 등분포하중

W=전하중$=wL$

$R_A = V_A = \dfrac{5W}{8} \qquad R_B = V_B = \dfrac{3W}{8}$

$M_A = -\dfrac{WL}{8} \qquad M_C = \dfrac{9WL}{128}\left(x = \dfrac{3}{8}L\right)$에서

$\Delta x = \dfrac{WL^3}{48EI}(m - 3m^3 + 2m^4)$, 여기서 $m = \dfrac{x}{L}$

$\Delta_{\max} = \dfrac{WL^3}{185EI}$, 받침부 B로부터 $x = 0.4215L$의 거리에서

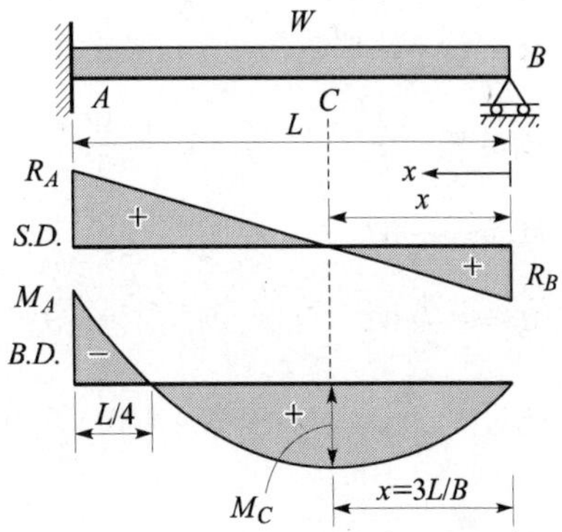

26. 한 받침부로부터 시작하는 부분등분포하중

$W = wb \quad n = \dfrac{b}{L} \quad M = \dfrac{x}{L}$

$R_A = V_A = \dfrac{Wn}{8}(6 - n^2)$

$R_B = V_B = \dfrac{W}{8}(n^3 - 6n + 8)$

$M_A = -\dfrac{Wb}{8}(2 - n^2) \qquad M_C = \dfrac{Wb}{8}(6n - n^3 - 4)$

$\Delta x = \dfrac{WbL^2}{48EI}\left[(n^2 - 6)m^3 - (3n^2 - 6)m^2\right]$, $x \le a$일 때

$\Delta x = \dfrac{WL^4}{48bEI}\left[2P^4 - P^3 n(n - 6n + 8) + Pn^2(3n^2 - 8n + 6)\right]$

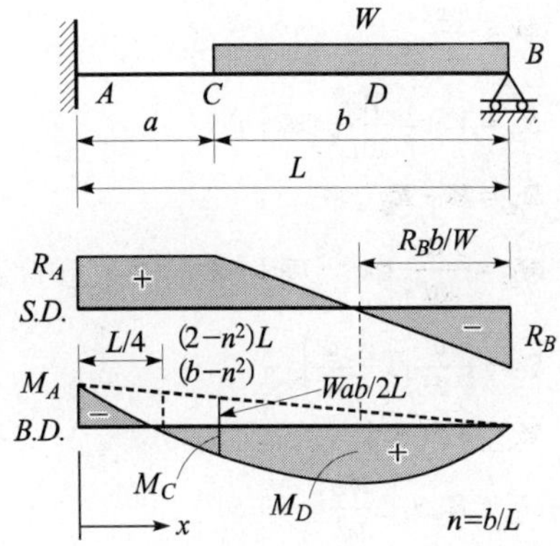

27. 고정단에서 시작하는 부분등분포하중

$W = wa \quad n = \dfrac{a}{L}$

$R_A = V_A = \dfrac{W}{8}\left[8 - n^2(4 - n)\right]$

$R_B = V_B = \dfrac{Wn^2}{8}(4 - n) \qquad y = b + an^2(4 - n)$

$M_A = -\dfrac{Wa}{8}(2 - n^2)$

$M_{\max} = \dfrac{Wa}{8}\left\{-\dfrac{\left[8 - n^2(4 - n)\right]^2}{16} + 4 - n(4 - n)\right\}$

$\Delta c = \dfrac{Wa^3}{48EI}(6 - 12n + 7n^2 - n^3)$

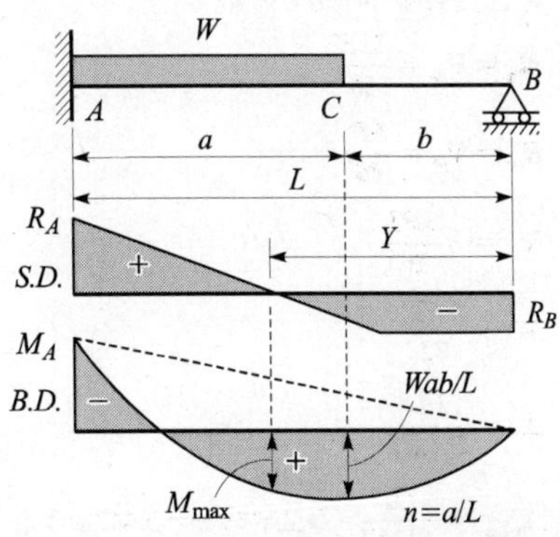

28. 전경간 L에서의 삼각분포하중

$W=$ 전하중 $=\dfrac{wL}{2}$

$R_A = V_A = \dfrac{4}{5}W \qquad R_B = V_B = \dfrac{W}{5}$

$M_A = -\dfrac{2}{15}WL$

$M_C = +\dfrac{3}{50}WL$

$\Delta_{\max} = \dfrac{WL^3}{212EI}$, ($x = 0.447L$에서)

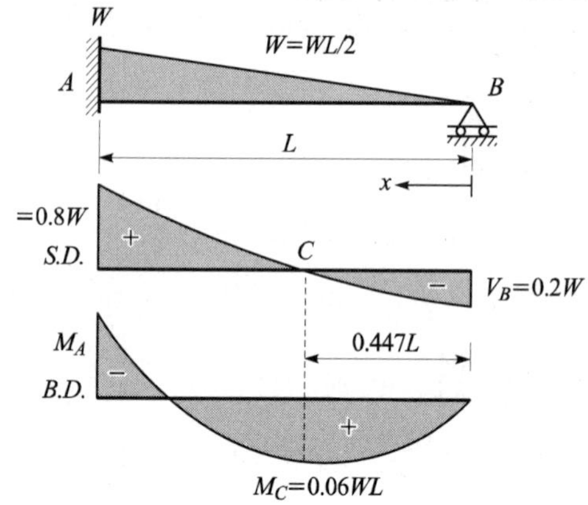

29. 경간의 일부에서의 감각분포하중

$W=\dfrac{wa}{2}$

$R_B = V_B = \dfrac{Wa^2}{20L^3}(5L-a)$

$R_A = W - R_B$

$M_A = \dfrac{Wa}{60L^2}(3a^2 - 15aL + 20L^2)$에서 최대 정모멘트

$S = b + \dfrac{a^2}{2L}\left(1 - \dfrac{a}{5L}\right)$

$M_{\max} + D$에서

$M_D = R_B S - \dfrac{WL}{3a^3}(-b+S)^3$

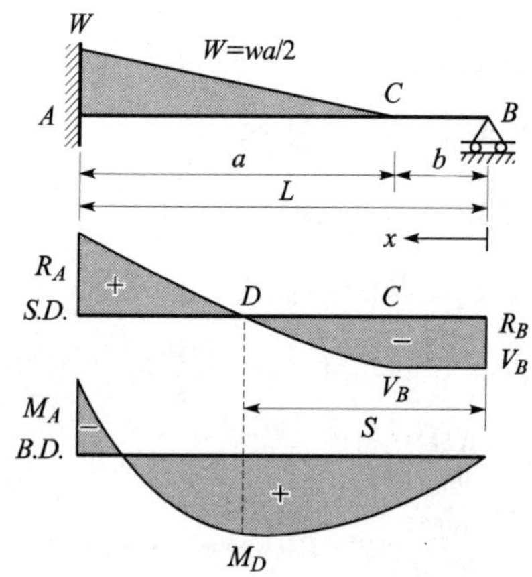

30. 중간 지점에서의 집중하중

$R_A = V_A = \dfrac{11P}{16}$

$R_B = V_B = \dfrac{5P}{16}$

$M_A = -\dfrac{3PL}{16}$

$M_C = \dfrac{5PL}{32}$

$\Delta c = \dfrac{7PL^3}{768EI}$

$\Delta_{\max} = \dfrac{PL^3}{107EI}$ (B로부터 $x = 0.447L$에서)

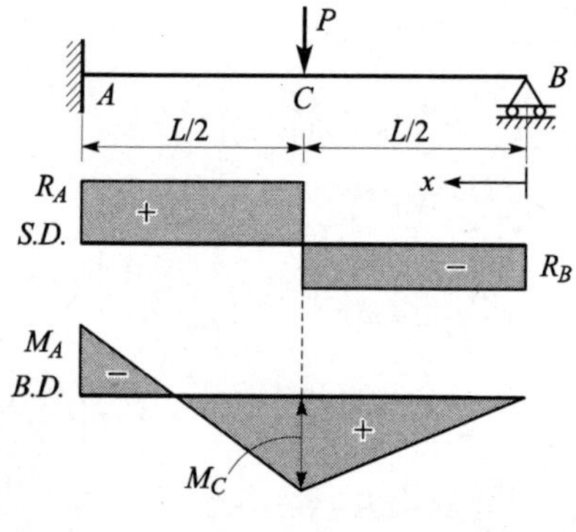

31. 어떤 점에서의 집중하중

$R_A = V_A = P - R_B \qquad R_B = V_B = \frac{Pa^2}{2L^3}(b+2L)$

$M_A = -\frac{Pb(L^2-b^2)}{2L^2}$

$M_A \max = 0.193PL,\ b = 0.577L$일 때

$M_C = \frac{Pb}{2}\left(2 - \frac{3b}{L} + \frac{b^3}{L^3}\right)$

$M_C \max = 0.174PL,\ b = 0.366L$일 때

$\Delta c = \frac{Pa^3b^2}{12EIL^3}(4L-a)$

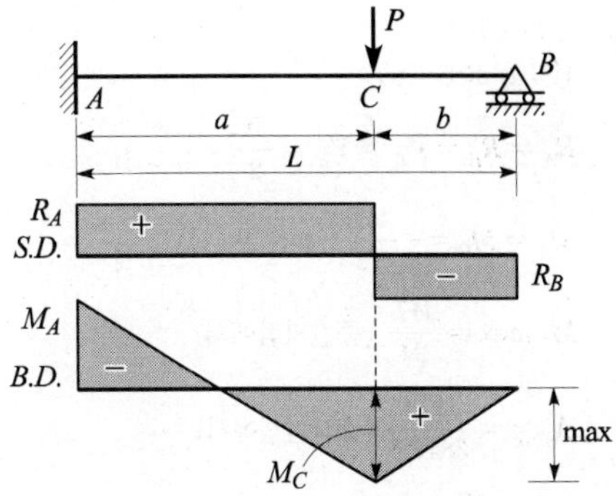

32. 1/3 점들에서 2개의 집중하중

$R_A = V_A = \frac{4P}{3}$

$R_B = V_B = \frac{2P}{3}$

$M_A = -\frac{PL}{3}$

$M_C = \frac{PL}{9} \qquad M_D = \frac{2PL}{9}$

$\Delta_{\max} = \frac{PL^3}{65.8EI}$

받침부 B로부터 지점$=0.423L$ 에서 발생한다.

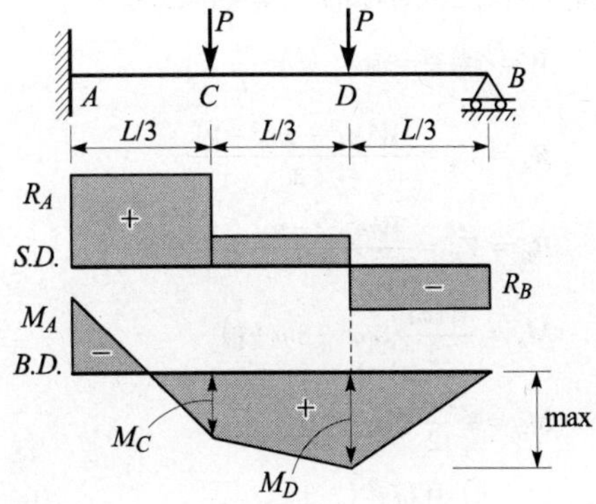

표 B.4 고정단보

33. 등분포하중

$W=\text{전하중}=wL$

$R_A = R_B = V_A = V_B = \frac{W}{2}$

$M_A = M_B = -\frac{WL}{12}$ (받침부에서)

$M_C \max = \frac{WL}{24}$ (중간지점에서)

$\Delta_{\max} = \frac{WL^3}{384EI}$ (중간지점에서)

$\Delta x = \frac{Wx^2}{24EIL}(L-x)^2$

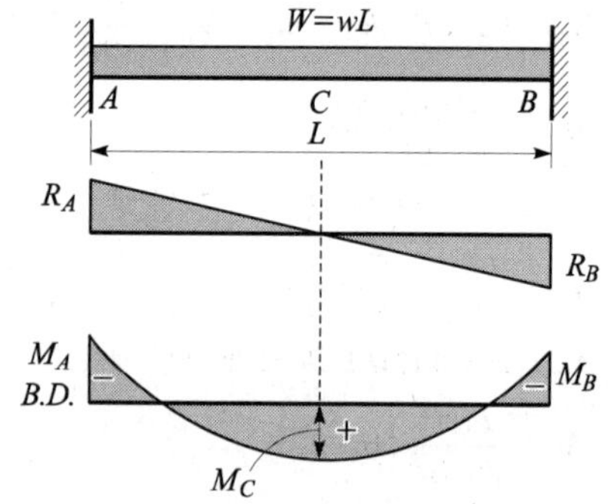

34. 하나의 고정단에서의 부분등분포하중

$W=\text{전하중}=wa \quad m=\frac{a}{L}$

$R_A = V_A = \frac{W(m^3-2m^2+2)}{2}$

$R_B = V_B = \frac{Wm^2(2-m)}{2} = W - R_A$

$M_A = \frac{WLm}{12}(3m^2-8m+6)$

$M_B = \frac{WLm}{12}(4-3m)$

$M_{\max} = \frac{WLm^2}{12}\left(-\frac{3}{2}m^5+6m^4-6m^3-6m^2+15m-8\right)$

$x=\frac{a}{2}(m^3-3m^2+2)$일 때

$\Delta_{\max} = \frac{WL^3}{333EI} \qquad \Delta c = \frac{WL^3}{384EI}$

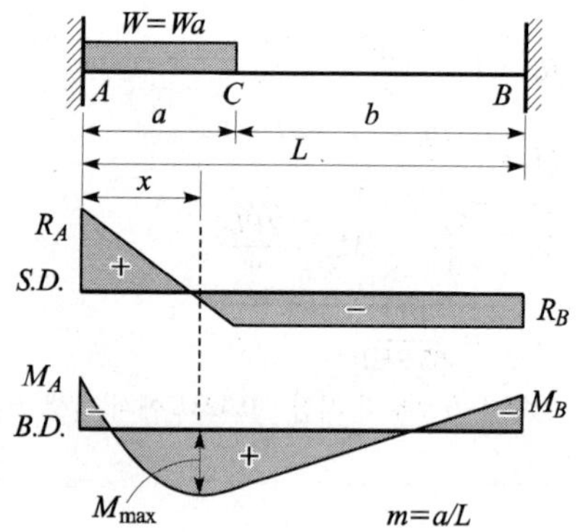

35. 삼각분포하중

$W=\text{전하중}=\frac{wL}{2}$

$R_A = V_A = 0.7W$

$R_B = V_B = 0.3W$

$M_A = \frac{WL}{10} \qquad M_B = \frac{WL}{15}$

$\Delta_{\max} = \frac{WL^3}{382EI}$ (B로부터 $x=0.55L$에서)

M_C(최대 정모멘트)$=\frac{WL}{23.3}$ (B로부터 $0.55L$에서)

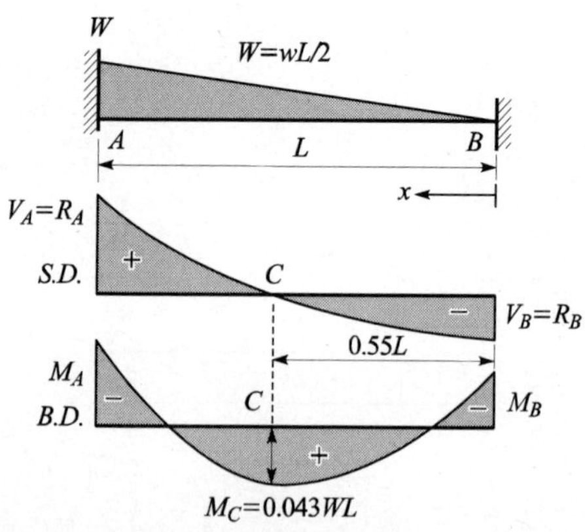

36. 경간의 일부에서의 삼각분포하중

$W=\frac{wa}{2} \qquad m=\frac{a}{L}$

$R_B = V_B = \frac{Wa^2}{10L^3}(5L-2a)$

$R_A = W - R_B$

$M_A = \frac{Wa}{30L^2}(3a^2+10bL)$

$M_B = \frac{Wa}{30L^2}(-3a^2+5aL)$

최대 정모멘트는 $S=b+\frac{a^2}{3.16L}\left(5-\frac{2a}{L}\right)$에서

$M_D = R_B S - \frac{WL}{3a^3}(a+S-L)^3 - M_B$

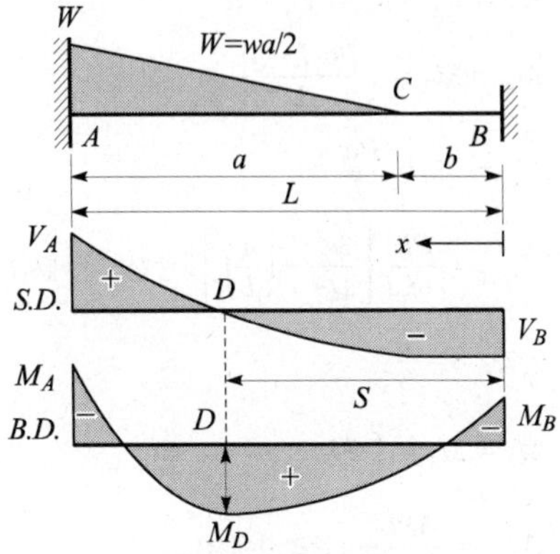

37. 중간지점에서의 삼각분포하중, 최대강도

$W=\text{전하중}=\frac{wL}{2}$

$R_A = R_B = \frac{W}{2}$

$M_A = M_B = -\frac{5}{48}WL$

M_C(최대 정모멘트)$=\frac{WL}{16}$

$\Delta_{\max} = \frac{1.4WL^3}{384EI}$ (B로부터 $x=0.55L$에서)

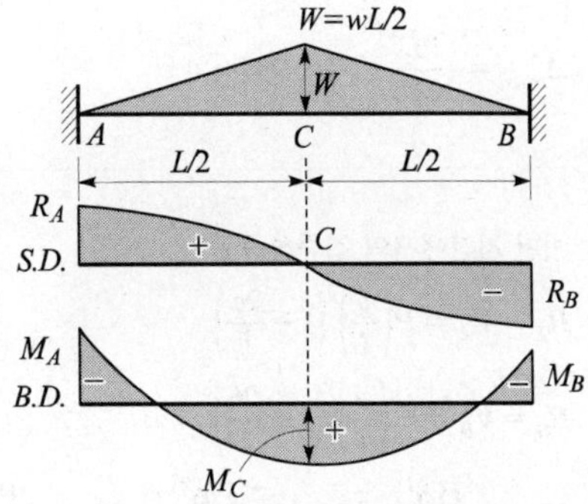

38. 중간지점에서의 집중하중

$R_A = V_A = R_B = V_B = \frac{P}{2}$

$M_A = M_B = M_C = -\frac{PL}{8}$

$\Delta_{\max} = \frac{PL^3}{192EI}$ (중간지점에서)

$\Delta x = \frac{Px^2}{48EI}(3L-4x)\left(x<\frac{L}{2}\right)$

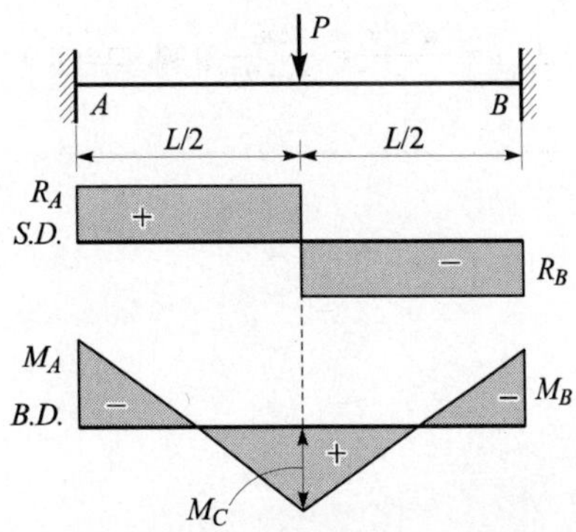

39. 대칭하는 2개의 집중하중

$R_A = V_A = R_B = V_B = P$

$M_A = M_B = -\dfrac{Pa(L-a)}{L}$

$M_C = M_D = \dfrac{Pa^2}{L}$

$\Delta_{max} = \dfrac{PL^3}{6EI}\left[\dfrac{3a^2}{4L^2} - \left(\dfrac{a}{L}\right)^3\right]$ (중간지점에서)

만약, $a = \dfrac{L}{3}$,

$M_A = M_B = \dfrac{2}{9}PL$

$\Delta_{max} = \dfrac{5PL^3}{648EI}$ (중앙선에서)

만약, $a = \dfrac{L}{4}$,

$M_A = M_B = \dfrac{3}{16}PL$

$\Delta_{max} = \dfrac{PL^3}{192EI}$ (중앙선에서)

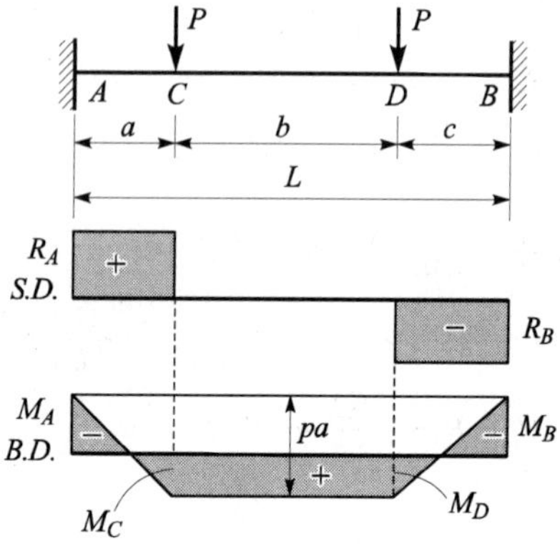

40. 어떤 지점에서의 집중하중

$R_A = V_A = P\left(\dfrac{b}{L}\right)^2\left(1 + \dfrac{2a}{L}\right)$

$R_B = V_B = P\left(\dfrac{a}{L}\right)^2\left(1 + \dfrac{2b}{L}\right)$

$M_A = -\dfrac{Pab^2}{L^2}$ $\quad M_B = -\dfrac{Pba^2}{L^2}$ $\quad M_C = \dfrac{2Pa^2b^2}{L^3}$

$\Delta c = \dfrac{Pa^3b^3}{3EIL^3}$ (C지점에서)

$\Delta_{max} = \dfrac{2Pa^3b^3}{c} = \dfrac{2bL}{3b-2a}$ 일 때, 그리고 $b > a$일 때

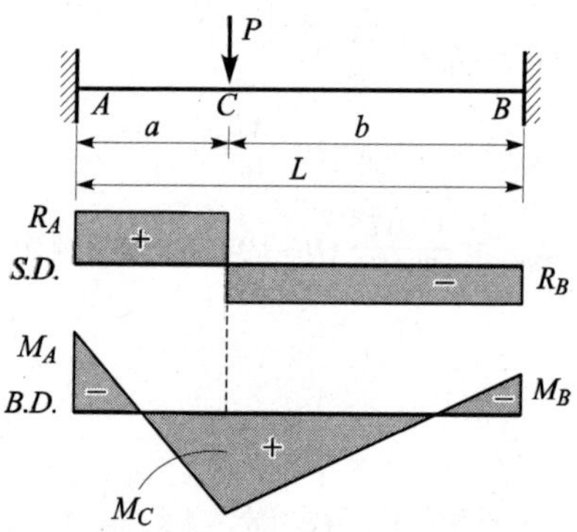

표 B.5 같지 않은 2개의 경간에서의 모멘트와 k의 값$\left(k = \frac{\text{단위하중}}{\text{단위길이}}\right)$

1. 짧은 경간에서의 하중

$$M_B = \frac{wL_2^3}{8(L_1 + L_2)} = \frac{wL_2^2}{K}$$

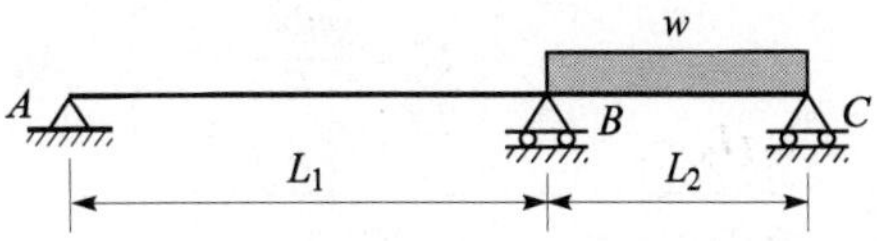

L_2/L_1	0.20	0.25	0.30	0.40	0.50	0.60	0.70	0.80	0.90	1.00
K	46.0	40.0	34.7	28.0	24.0	21.4	19.5	18.0	16.9	15.9

2. 긴 경간에서의 하중

$$M_B = \frac{wL_1^3}{8(L_1 + L_2)} = \frac{wL_1^2}{K}$$

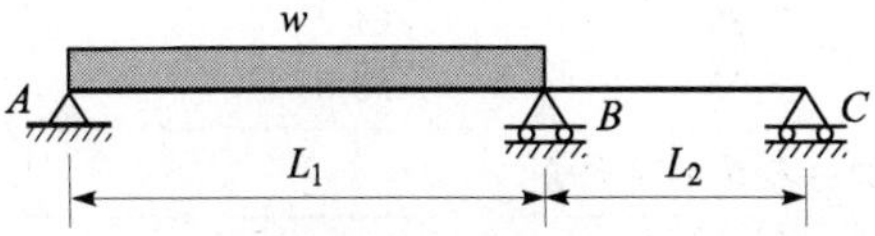

L_2/L_1	0.20	0.25	0.30	0.40	0.50	0.60	0.70	0.80	0.90	1.00
K	9.6	10.0	10.4	11.2	12.0	12.8	13.6	14.4	15.2	15.9

3. L_1 위의 w_1과 L_2 위의 w_2를 지닌 경간

$$M_B = \frac{w_1L_1^3 + w_2L_2^3}{8(L_1 + L_2)}$$

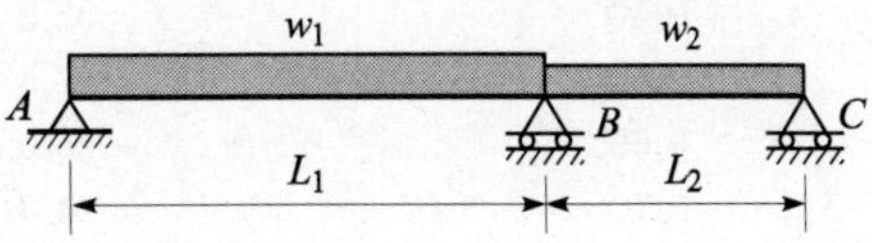

표 B.6 같지 않은 3개의 경간에서의 모멘트와 k의 값($k = \frac{\text{단위하중}}{\text{단위길이}}$)

4. 경간 CD 위의 하중

L_2/L_3	$M_B = \frac{wL_1^2}{K}$ (+)	$M_C = \frac{wL_3^2}{K}$ (−)
0.25	100.0	9.9
0.30	90.9	10.3
0.40	76.3	11.0
0.50	70.4	11.7
0.60	65.8	12.3
0.70	62.9	13.0
0.80	61.7	13.7
1.00	59.9	14.9

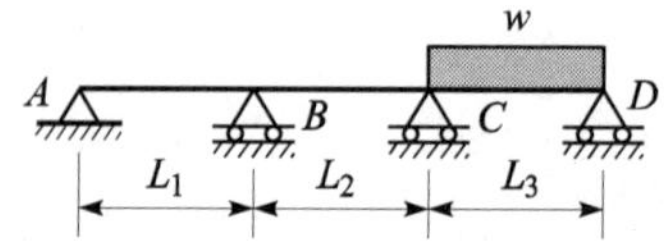

5. 중간 경간 위의 하중

L_2/L_3	$M_B = M_C = \frac{wL_2^2}{K}$ (−)
0.25	43.5
0.30	38.5
0.40	32.3
0.50	27.8
0.60	25.6
0.70	23.3
0.80	22.2
1.00	20.0

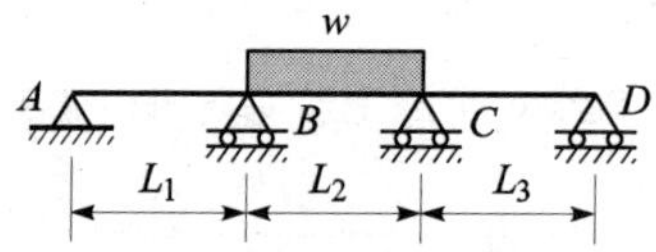

6. 경간 AB 위의 하중

L_2/L_3	$M_B = \frac{wL_1^2}{K}$ (−)	$M_C = \frac{wL_1^2}{K}$ (+)
0.25	9.9	100.0
0.30	10.3	90.9
0.40	11.0	76.3
0.50	11.7	70.4
0.60	12.3	65.8
0.70	13.0	62.9
0.80	13.7	61.7
1.00	14.9	59.9

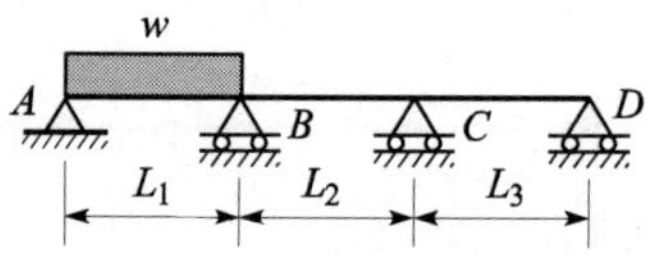

표 B.7 같은 경간을 지닌 연속에서의 최대 그리고 최소 모멘트

7. 등분포하중

$$M=\frac{wL^2}{K}$$

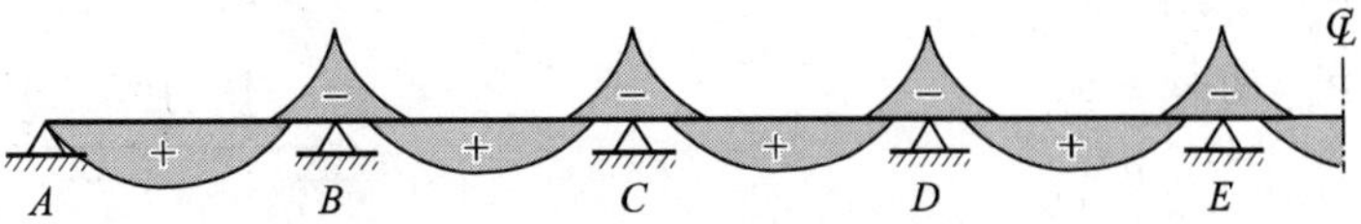

여기서, 단위길이당 $w=(D.L.+L.L.)$ $D.L.$ =고정하중 $L.L.$ =활하중

고정하중/w 비	첫 번째 경간계수 k의 값(정모멘트)				두 번째의 지지점 B(부모멘트)			
	경간의 수				경간의 수			
	2	3	4	5	2	3	4	5
0.0	10.5	10.0	10.2	10.1	8.0	8.6	8.3	8.3
0.1	10.8	10.2	10.4	10.3	8.0	8.7	8.4	8.5
0.2	11.1	10.4	10.6	10.6	8.0	8.8	8.5	8.6
0.3	11.4	10.6	10.9	10.8	8.0	9.0	8.6	8.7
0.4	11.8	10.9	11.1	11.0	8.0	9.1	8.6	8.8
0.5	12.1	11.1	11.4	11.3	8.0	9.2	8.8	8.9
0.6	12.5	11.4	11.7	11.6	8.0	9.4	8.9	9.0
0.7	12.9	11.6	12.0	11.9	8.0	9.5	9.0	9.1
0.8	13.3	11.9	12.3	12.2	8.0	9.7	9.1	9.2
0.9	13.8	12.2	12.6	12.5	8.0	9.8	9.2	9.4
1.0	14.3	12.5	13.0	12.8	8.0	9.9	9.3	9.5

고정하중/w 비	두 번째의 경간 BC (정모멘트)			세 번째 받침부 C (부모멘트)		세 번째 경간 CD (정모멘트)	내부경간 (정모멘트)	내부받침부 (부모멘트)
	경간의 수			경간		경간		
	3	4	5	4	5	5		
0.0	13.4	12.4	12.7	9.3	9.0	11.7	12.0	8.8
0.1	14.3	13.2	13.5	9.7	9.3	12.3	12.6	9.1
0.2	15.4	14.0	14.3	10.0	9.6	12.9	13.3	9.8
0.3	16.7	14.9	15.3	10.4	9.9	13.6	14.1	9.5
0.4	18.2	16.0	16.5	10.8	10.2	14.3	15.0	9.9
0.5	20.0	17.2	17.9	11.5	10.5	15.2	16.0	10.1
0.6	22.2	18.7	19.5	11.7	10.9	16.2	17.2	10.5
0.7	25.0	20.4	21.4	12.2	11.3	17.3	18.4	10.8
0.8	28.6	22.4	23.8	12.7	11.7	18.5	20.0	11.2
0.9	33.3	24.9	26.6	13.3	12.2	20.0	21.8	11.6
1.0	40.0	28.3	30.0	14.0	12.7	21.7	24.0	12.0

예 : K값

1. $\frac{\text{고정하중}}{w}=0.4$

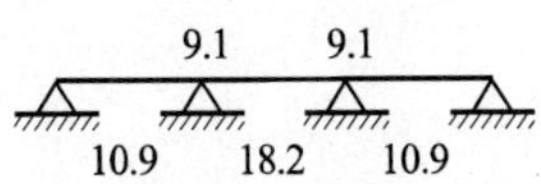

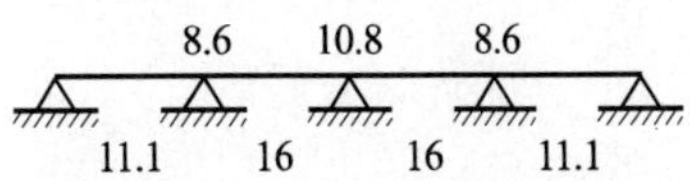

2. $\frac{\text{고정하중}}{w}=1.0$

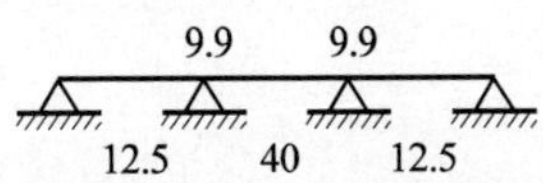

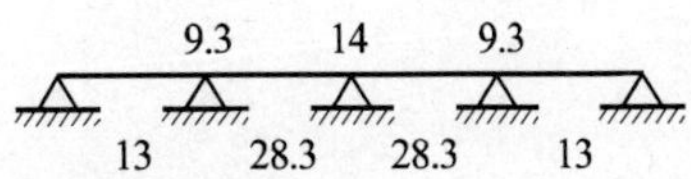

8. 집중하중

P' = 집중사하중

P'' = 집중활하중

$$M=\left(\frac{P'}{K_1}+\frac{P''}{K_2}\right)L$$

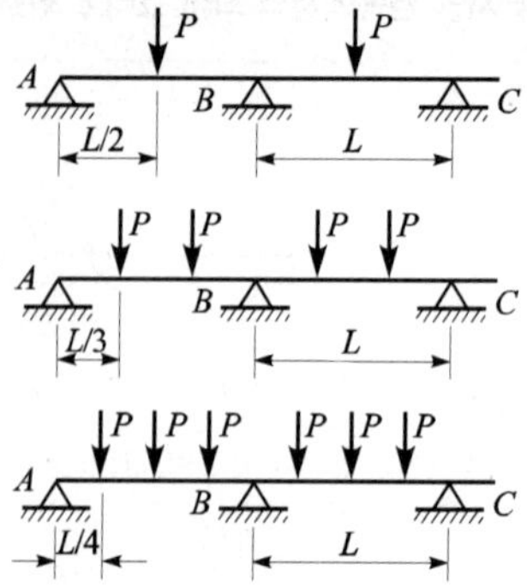

경간의 수	첫 번째 경간 AB						두 번째 경간 B					
	K_1(고정하중)			K_2(활하중)			K_1(고정하중)			K_2(활하중)		
	2	3	4	2	3	4	2	3	4	2	3	4
중앙에서의 하중	6.40	5.71	5.89	4.92	4.70	4.76	5.35	6.67	6.22	5.33	5.71	5.33
1/3지점에서 하중	4.50	4.09	4.20	3.60	3.46	3.50	3.00	3.75	3.50	3.00	3.21	3.11
1/4지점에서 하중	3.67	3.20	3.34	2.61	2.46	2.50	2.13	2.67	2.49	2.13	2.28	2.21

경간의 수	두 번째 경간 BC				세 번째 받침부 C	
	K_1		K_2		K_1	K_2
	3	4	3	4	3	4
중앙에서의 하중	10.00	8.61	5.71	5.46	9.33	6.22
1/3지점에서 하중	15.00	9.00	5.00	4.50	5.25	3.50
1/4지점에서 하중	8.00	6.05	3.20	3.01	3.72	2.49

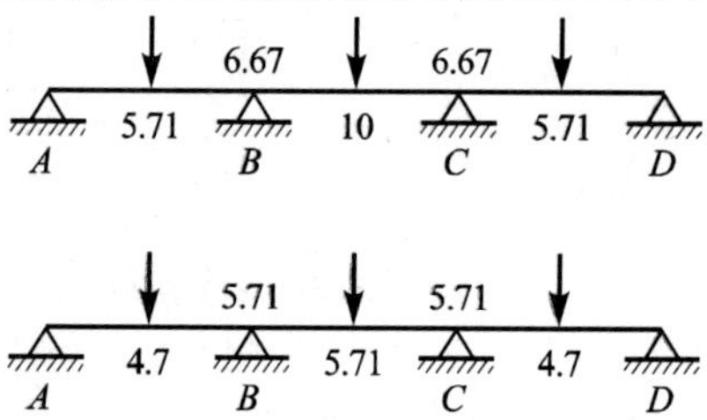

예 : K값

K_1(고정하중) $$M_{AB}(\max)=\left(\frac{P'}{5.71}+\frac{P''}{4.7}\right)L$$

$$M_B(\max)=\left(\frac{P'}{6.67}+\frac{P''}{5.71}\right)L$$

K_2(활하중) $$M_{BC}(\max)=\left(\frac{P'}{10}+\frac{P''}{5.71}\right)L$$

표 B.8 같지 않은 하중을 받는 같지 않은 경간을 지닌 연속보에서의 모멘트

9. 같지 않은 경간과 하중 대략, 연속보에서의 휨모멘트는 다음을 사용한다.
   L' =2지지단에서 연속되는 경간에 대해서는 $0.8L$
   L' =단지 1개의 지지단에서만 연속되는 경간에 대해서는 $0L$

1. 등분포하중(2개의 근접한 경간 위에서의 하중)

$$M_B = \frac{w_1 L'^3_1 + w_2 L'^3_2}{8(L'_1 + L'_2)}$$

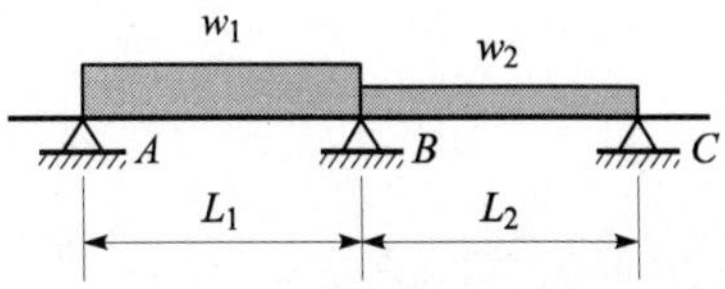

2. 집중하중

$$(P_1\text{에 기인한})\ M_B = \frac{KP_1 L'^2_1}{L'_1 + L'_2}$$

$$(P_2\text{에 기인한})\ M_B = \frac{KP_2 L'^2_1}{L'_2 + L'_2}$$

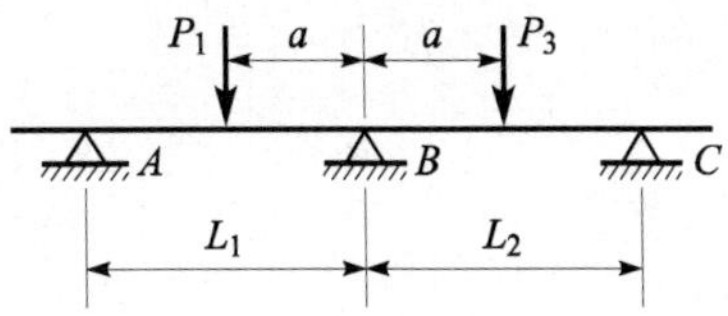

a/L	0.1	0.2	0.3	0.4	0.5	0.6	0.7	0.8	0.9	1.0
K	0.080	0.136	0.168	0.182	0.176	0.158	0.128	0.090	0.050	0.000

3. 경간 안에서의 모멘트
   - 최대 정모멘트는 고정하중+활하중에 기인한 겹쳐놓은 휨모멘트에 의해서 얻어진다. 그리고 지점에서의 부모멘트는 단지 고정하중에 의해 기인한다.
   - 최대 부모멘트는 단지 고정하중에 기인한 겹쳐놓은 휨모멘트에 의해 얻어진다. 그리고 지지점에서의 부모멘트는 고정하중+활하중에 기인한다.

예 : $M_B = -\dfrac{30(0.8\times5)^3 + 40(0.8\times6)^3}{8.5(0.8\times5 + 0.8\times6)} = -84.8\,\text{kN}\cdot\text{m}$

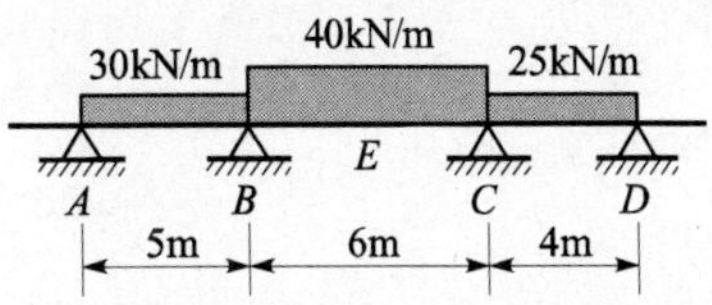

$M_C = -\dfrac{40(0.8\times6)^3 + 25(0.8\times4)^2}{8.5(0.8\times4 + 0.8\times6)} = -77.1\,\text{kN}\cdot\text{m}$

M_E =(BC의 중앙선에서)

$$= +\frac{wL^2}{8} + \frac{1}{2}(M_B + M_C) = \frac{40\times36}{8} + \frac{1}{2}(-84.8 - 77.1) = +99\,\text{kN}\cdot\text{m}$$

찾아보기

저자 소개

심종성

한양대학교 토목공학과를 졸업한 후, 미국 미시건주립대학교에서 석사 및 박사학위를 받았다. 1987년부터 한양대학교 건설환경공학과에서 교수로 재직 중이며, 한국콘크리트학회 회장, 대한토목학회 회장, 아시아콘크리트연맹 회장 등을 역임하였다. 현재 우리나라 건설산업표준인 KS 및 국제표준인 ISO 콘크리트분야의 업무를 맡고 있으며, 미국콘크리트학회(ACI) CSAO 위원회 및 유럽콘크리트학회(fib) Com-9에서 콘크리트 설계기준 관련 업무를 수행 하고 있다.

오홍섭

한양대학교 토목공학과에서 학사와 석, 박사학위를 받았으며, 미국 콜럼비아 대학교에서 박사 후 연구원으로 근무하였다. 2005년부터 경상국립대학교에서 교수로 재직 중이며, 한국콘크리트학회, 한국구조물유지관리공학회 및 건설순환자원학회 등에서 부회장, 이사를 역임하였다. 현재 중앙건설심의위원, 한국도로공사, 한국토지주택공사 및 철도시설공단과 지자체 등에서 기술위원 등으로 활동하고 있다.

문도영

한양대학교에서 토목공학 학사, 석사 및 박사학위를 받았다. 캐나다 쉐브룩대학에서 박사 후 연구원으로 근무하였으며, 고려대학교에서 연구교수를 하였다. 2010년부터 경성대학교 건설환경도시공학부에서 토목공학전공교수로 재직 중이며, 철근콘크리트 교과목을 강의하고 있다. 주된 연구 분야는 강섬유보강콘크리트, GFRP 보강재를 활용한 철근콘크리트 구조물의 보강기술 등이다.

김용재

한양대학교에서 토목공학 석사 및 박사학위를 받았으며, 국토안전관리원, ㈜삼보기술단에서 근무하였다. 2018년부터 강원대학교 건설융합학부에서 토목공학전공 교수로 재직중이며, 수치해석, 철근콘크리트공학 등을 강의하고 있다. 주 연구분야는 GFRP 보강근 활용기술, 연속철근 콘크리트 포장, 순환골재 콘크리트 및 다기능 콘크리트 등이다.

제7판 철근콘크리트 구조설계 정가 29,000원

저자 : 심종성 · 오홍섭 · 문도영 · 김용재

발행인 : 임해진
발행처 : 도서출판 구미서관

발행 : 1997년 1월 7일 초 판
2000년 2월 24일 제2판
2005년 2월 10일 제3판
2009년 1월 30일 제4판
2017년 2월 27일 제5판
2020년 3월 10일 제6판
2023년 3월 13일 제7판

등록 : 1979년 6월 29일 No.9-6호
주소 : 서울시 마포구 신촌로 2길 5-15 구미빌딩
전화 : 02-333-1101
팩스 : 02-335-2201
http://www.goomibook.com

ISBN 979-11-6257-254-2 (93530)